CBT 2019 최·신·판

MASTER CRAFTSMAN WELDING

용접기능장 CBT 필기시험 대비

용접기능장 필기

이영진 저

이 책의 구성
PART 01 이론편　PART 02 과년도문제풀이편
PART 03 CBT문제풀이편

Master Craftsman Welding

용접은 조선, 기계, 자동차, 전자 및 건설 등의 산업에서 제품이나 설비의 제조, 조립, 설치, 보수 등에 이르기까지 광범위하게 사용되고 있다. 이렇듯 용접은 산업 발전의 근간이 되는 필수 기술이며 전문 지식과 다양한 용접 기술을 지닌 용접 인력에 대한 수요가 점차 증가하고 있다.

이러한 추세를 반영하듯 최근에는 용접 기술을 배워 산업 현장에서 일하거나 자격증을 취득하려는 사람이 많아지고 있다. 이에 용접기능장 필기시험을 준비하는 사람들을 위해 이 책을 기획하였고, 오랜 학원 강의 경험과 건설 분야에서 직접 발로 뛴 현장 경험 및 노하우를 충분히 반영하여 집필하였다.

또한 이 한 권으로만 공부해도 부족하지 않을 정도로 출제경향을 세세하게 파악하여 수험생들이 쉽고 빠르게 학습할 수 있도록 기출문제를 분석·해설하였다. 시간이 부족한 직장인은 물론이고 누구나 쉽게 외울 수 있는 독특한 암기법도 수록하였으므로 이를 잘 활용한다면 용접기능장 합격에 한 걸음 가까워질 수 있을 것이다.

이 책의 구성은 다음과 같다.

- 개정된 출제 기준에 맞추어 필기 및 실기 시험에 대비하도록 하였다.
- 용접기능장의 전체적인 흐름을 한눈에 파악할 수 있는 요점 정리와 암기법을 수록하였다.
- 국가직무능력표준(NCS)과 CBT 시험에 맞추어 요점을 정리하였다.

끝으로 이 책이 모든 수험생에게 용접기능장 시험을 준비하는 데 좋은 길잡이가 되기를 바라고, 책을 출간하기까지 도움을 주신 도서출판 예문사 직원들에게 감사 인사를 전한다.

저자 이 영 진

출제기준

직무 분야	재료	중직무 분야	금속재료	자격 종목	용접기능장	적용 기간	2017. 1. 1. ~ 2020. 12. 31.

○ 직무내용 : 용접에 관한 최고의 숙련기능을 가지고, 산업현장에서 작업관리, 소속기능자의 지도 및 감독, 현장교육훈련, 환경관리, 경영층과 생산계층을 유기적으로 결합시켜주는 현장관리 등의 직무 수행

필기검정방법	객관식	문제수	60	시험시간	1시간

필기 과목명	문제수	주요 항목	세부 항목	세세 항목
용접공학, 용접설계 시공, 용접재료, 용접자동화, 용접검사, 공업경영에 관한 사항	60	1. 용접공학	1. 용접공학	1. 용접의 원리 2. 용접의 장·단점 3. 용접의 종류 및 용도
			2. 피복아크 용접법	1. 피복아크용접기기 2. 피복아크용접용 설비 3. 피복아크용접봉 4. 피복아크용접기법
			3. 가스용접법	1. 가스 및 불꽃 2. 가스용접설비 및 기구 3. 산소, 아세틸렌 용접기법
			4. 절단 및 가공	1. 가스절단 장치 및 방법 2. 플라스마, 레이저 절단 3. 특수가스절단 및 아크절단 4. 스카핑 및 가우징
			5. 특수용접 및 기타 용접	1. 서브머지드 아크용접 2. TIG, MIG 아크용접 3. 이산화 탄소가스 아크용접 4. 플럭스 코어드 용접 5. 플라즈마 용접 6. 일렉트로슬랙, 테르밋 용접 및 그래비티 용접 7. 전자빔 용접 8. 레이저 용접 9. 저항 용접 10. 납땜 및 기타용접
			6. 각종금속의 용접	1. 탄소강 및 저합금강의 용접 2. 주철 및 주강의 용접 3. 스테인리스강의 용접 4. 알루미늄 및 그 합금의 용접 5. 동 및 그 합금의 용접 6. 기타 철금속, 비철금속 및 그 합금의 용접
			7. 용접안전	1. 피복아크용접 작업안전보건관리

필기 과목명	문제수	주요 항목	세부 항목	세세 항목
		2. 용접재료	1. 용접재료 및 금속재료	1. 금속재료의 일반적성질 2. 금속의 결정구조 및 결함 3. 금속 및 합금 4. 철강의 종류 및 특징 5. 비철재료의 종류 및 특징 6. 열처리 7. 표면경화 및 처리법
		3. 용접 설계시공	1. 용접설계	1. 용접 구조물의 설계 2. 용접이음의 강도 3. 용접도면 해독
			2. 용접시공	1. 용접 시공계획 2. 용접 준비 3. 본 용접 4. 용접 전,후처리 5. 용접결함, 변형 및 방지대책
		4. 용접 자동화	1. 용접의 자동화	1. 자동화 절단 및 용접 2. 로봇 용접
		5. 용접 검사 (시험)	1. 파괴, 비파괴 및 기타 검사(시험)	1. 인장시험 2. 굽힘시험 및 경도시험 3. 충격시험 4. 방사선투과시험 5. 초음파탐상시험 6. 자분탐상시험 및 침투탐상시험 7. 현미경조직시험 및 기타시험
		6. 공업경영	1. 품질관리	1. 통계적 방법의 기초 2. 샘플링 검사 3. 관리도
			2. 생산관리	1. 생산계획 2. 생산통제
			3. 작업관리	1. 작업방법연구 2. 작업시간연구
			4. 기타공업경영에 관한 사항	1. 기타공업경영에 관한 사항

차 례

PART 01 이론편

용접기능장 요점총정리 ·············· 2

PART 02 과년도문제편

2008년 제43회 ·············· 86	2013년 제54회(7.21) ·············· 238
2008년 제44회 ·············· 100	2014년 제55회(4.6) ·············· 254
2009년 제45회(3.29) ·············· 113	2014년 제56회(7.20) ·············· 268
2009년 제46회(7.12) ·············· 126	2015년 제57회(4.4) ·············· 282
2010년 제47회(3.8) ·············· 141	2015년 제58회(7.19) ·············· 294
2010년 제48회(7.11) ·············· 155	2016년 제59회(4.2) ·············· 306
2011년 제49회(4.17) ·············· 169	2016년 제60회(7.10) ·············· 318
2011년 제50회(8.1) ·············· 183	2017년 제61회(3.5) ·············· 333
2012년 제51회(4.9) ·············· 197	2017년 제62회(7.8) ·············· 345
2012년 제52회(7.23) ·············· 210	2018년 제63회(3.31) ·············· 359
2013년 제53회(4.14) ·············· 224	

PART 03 CBT문제풀이편

CBT 1회 ·············· 374
CBT 2회 ·············· 387

PART 01

Master
Craftsman
Welding

이론편

용접기능장은 용접에 관한 최상급 숙련기능을 가진 전문기능인력으로서 산업현장에서 작업을 관리하고, 소속 기능자의 현장훈련, 지도와 감독 등의 업무를 수행하며, 경영층과 생산계층을 유기적으로 결합시켜 주는 현장의 중간관리자의 역할을 수행한다.

용접기능장 요점총정리 — 이론편

001 용접 [37, 39회]

① 접합하려는 2 이상의 물체를 용융 혹은 반용융 상태로 해서 직접 접합하거나 용가재(용접봉)을 첨가 간접적으로 접합
② 금속과 금속을 10^{-8}cm 정도 충분히 접근시키면 그들 사이에 원자 간의 인력이 작용해 서로 결합하는 것

▼ 주요 용접법과 개발자

| 전기저항용접 – 톰슨 | 금속아크용접 – 슬라비아노프 |
| 탄소아크용접 – 베르나도스 | 가스용접 – 푸세 |

암기팜 ▶ 전.톰이 금.슬이 좋아 탄.베를 숨가푸게 노를 젓네

002 기계적 접합

볼트, 나사, 리벳, 핀, 시임(접어잇기) 등으로 접합하는 것

003 야금적 접합

2개의 금속 재료를 압력이나 열 혹은 압력과 열을 동시에 가하여 접합하는 것

004 용접의 종류

융접, 압접, 납땜 등

005 융접(fusion welding) [37, 39, 40회]

접합하려는 두 모재의 접합부를 가열, 모재만으로 접합(일명 재살용접) 하거나 모재와 용가재(용접봉, 와이어, 납)를 첨가해서 접합하는 것

▼ 융접종류

| 아크, 가스, 일렉트로 슬래그, 플라즈마 제트, 테르밋, 일렉트로 가스, 전자 빔 |

암기팜 ▶ 아.가.슬.플.테.일.전

006 압접(pressure welding)

접합하려는 부분을 적당한 온도로 가열하거나 냉간상태에서 기계적 압력을 가해 접합하는 것으로 일명 '**가압용접**'이라고 한다.

007 납땜(brazing and soldering)

모재는 녹이지 않고 첨가봉(용가재, 납)만 녹여서 접합하는 것으로 이때 용융점이 **450℃ 이상이면 경납땜**(brazing), **450℃ 이하면 연납땜**(soldering)이라 한다.

008 용접의 장점 [32, 34, 36, 37, 40, 43회]

① **이음효율**(joint efficiency)이 **높다**.
② 재료가 절감되어 중량이 가볍고 **시간이 절약**된다.
③ 기밀, 수밀, 유밀성이 우수하다. (이음효율 향상)
④ 이종 재료 접합이 가능하다.
⑤ 공수가 감소되어 경제적이다.
⑥ 이음효율이나 제품의 **성능 및 수명**이 향상된다.
⑦ 보수와 수리가 용이하다. (주물 파손부 등)
⑧ 용접 준비 및 작업이 간단하고 **자동화가 용이**하다.
⑨ 두께에 관계없이 **결합**이 가능하다.
⑩ **형상의 자유화**를 추구할 수 있다.

009 용접의 단점

① **품질 검사가 곤란**하다.
② 용접사 **숙련** 여부에 따라 품질 및 강도가 **좌우**된다.
③ 고온으로 인한 **잔류응력** 및 **수축, 변형**이 생기기 쉽다.
④ **유해광선** 및 **가스폭발 위험**이 있다.
⑤ **취성, 균열**에 주의해야 한다.
⑥ 용접부는 응력 집중에 극히 민감하다.

010 피복아크용접 원리

피복된 용접봉과 모재 사이에 아크를 이용하여 용접하는 것으로 피복 아크용접 또는 전기용접이라 하며 이때 아크열은 3,500~5,000℃ 정도이다.

011 피복 아크용접기 회로

용접기(전원) → 전극케이블 → 용접봉홀더 → 피복아크용접봉 → 아크 → 모재 → 접지케이블 → 용접기(전원)

012 융접의 종류

① **아크용접**(서브머지드, 이산화탄소아크, 원자수소, 피복아크, 플라스마, 아크스폿, 스텃, 불활성가스 아크용접)
② **가스용접**(산소아세틸렌 용접, 산소수소 용접, 산소프로판 용접)

암기팡 ▶ 아.가.슬.플.테.일.전줄래

③ 일렉트로 **슬래그** 용접
④ **플라스마 제트** 용접
⑤ **테르밋** 용접
⑥ **일렉트로 가스** 용접
⑦ **전자 빔** 용접

013 압접의 종류

암기팡 ▶ 저.마.초.가.냉.단.폭발.확산

① **전기저항** 용접
  • 겹치기 이음(**점, 심, 프로젝션**)
  • 맞대기 이음(**업셋, 플래시, 퍼커션**)

② **마찰**용접   ③ **초음파**용접
④ **가스**압접   ⑤ **냉간**용접
⑥ **단**접   ⑦ **폭발**용접
⑧ **확산**용접   ⑨ **고주파**용접

014 납땜의 종류 및 용제

1. 용제의 역할

① 좁은 틈새에 용가재를 스며들게 하면 산화물이 떠오른다.
② 산화를 방지하고 산화물을 용해한다.

2. 납땜의 종류

① **연납땜**(450℃ 이하)
  • 부식성 용제 : 염산, 염화암모늄, 염화아연
  • 비부식성 용제 : 올리브유, 수지, 송진

② **경납땜**(450℃ 이상)
  • 저항납땜, 유도가열납땜, 노내납땜
  • 경납용 용제 : 빙정석, 산화제1동, 붕사, 붕산, 붕산염, 염화리튬, 염화나트륨, 알카리 등

015 피복 아크용접의 장점

① **열효율이 높다.**
② **효율적인 용접**이 가능하다.
③ 가스용접에 비해 **용접변형이 적고 폭발 위험이 없다.**
④ **기계적 강도가 양호**하다.

016 피복 아크용접의 단점
① **감전(전격) 위험**이 있다.
② **유해광선 발생**이 가스용접에 비해 많다.

017 아크(arc)
피복 아크용접 시 용접봉과 모재 사이에 전기적 방전에 의해 청백색을 띤 불꽃 방전이 일어나는 현상이며 온도는 **5,000~6,000℃**이다.
① 아크 드라이브(arc drive) 전압(V)은 보통 16V로 고정되어 있다. 31회
② 피복 아크용접에서 아크 길이가 길어지면 전압도 함께 높아진다. 35회

018 용융풀(용융지)
모재가 녹은 쇳물 부분

019 용적(globule)
용접봉이 녹아서 모재로 이행되는 쇳물방울

020 용입(penetration)
모재가 녹는 깊이

021 용착(deposite)
용접봉이 녹아 용융지에 들어가는 것

022 용락
모재가 녹아 쇳물이 떨어져 흘러내려 구멍이 나는 현상

023 직류 정극성(DCSP) 32, 34, 35, 38, 57회
① 모재(+)에서 70%열, 용접봉(-)에서 30%열이 발생한다.
② 모재는 용입이 깊고 **용접봉은 느리게 녹는다.**
③ 비드폭은 좁으며 **후판** 등 **일반 용접**에 사용한다.

024 직류 역극성(DCRP)
① 모재(-)에서 30%열, 용접봉(+)에서 70%열이 발생된다.
② 모재는 용입이 얕고 **용접봉은 빨리 녹는다.**
③ 비드폭은 넓고 **박판, 비철금속**에 사용한다.
※ 용입이 깊은 순서 : DCSP>AC>DCRP

025 피복제의 역할
① 용융점이 낮고 적당한 **점성의 가벼운 슬래그 생성**
② **아크를 안정화**시키고 스패터 발생을 적게 함
③ 중성, 환원성 분위기로 대기 중으로부터 **용착금속을 보호**
④ **탈산 정련 작용**
⑤ 적당한 **합금원소 보충**
⑥ **전기 절연 작용**
⑦ 용착금속 응고와 **냉각속도를 느리게** 해 급랭 방지
⑧ 용적을 미세화, **용적 효율을 높임**
⑨ 슬래그를 쉽게 제거하고 **파형이 고운 비드**를 만든다.
⑩ 어려운 용접 자세를 쉽게 함(수직, 수령, 위보기 등 자세를 쉽게)
⑪ 공기로 인한 **산화 질화 방지**

026 피복 배합제 종류 및 작용

① 아크 안정제
- **적철강**, **석회석**, 규산칼륨, 규산나트륨, **자철강**, **산화티탄**, **탄산소다**
- 아크열에 의해 이온화되기 쉬운 물질을 만들어 아크 전압을 경화시키고 재점호 전압을 낮추어 아크를 안정화시킨다.

망기꽝 ➡ 적.석.칼.나.자.산.탄

② 가스 발생제
- **환원성 가스**나 **중성가스**를 만들어 대기로부터 산소나 질소 침입으로 인한 용융금속의 산화나 질화 방지
- **셀룰로오스**, **석회석**, **탄산바륨**, **톱밥**, **녹말** 등이다.

망기꽝 ➡ 셀.석.탄에 톱이 녹는다

③ 슬래그 생성제
- 용융점이 낮은 가벼운 슬래그를 만들어 용융 금속의 표면을 덮어 산화, 질화를 방지하며 냉각속도도 느리게 한다.
- **일**미나이트, **형**석, **규**사, **석**회석, **탄**산나트륨, **이산**화망간, **산**화티탄, **산**화철

망기꽝 ➡ 일.형.규.석.탄.이.산.산이 부서진다

④ 탈산제
- 용융 금속 중에 있는 산소를 제거하는 것
- 페로**망**간(Fe-Mn), 페로**실**리콘(Fe-Si), 페로**티**탄(Fe-Ti), **알**루미늄(Al) 등이 있다.

망기꽝 ➡ 탈산은 티.알이 보여 실.망

⑤ 고착제
- 피복제가 심선에 달라붙게 하는 역할을 한다.
- **소**맥분, **아**교, **규**산나트륨, **규**산칼륨, **해**초

망기꽝 ➡ 소.아.규.규.해

⑥ 합금 첨가제
- 화학 성분을 개선하는 것
- **망**간, **구**리, **몰**리브덴, **실**리콘, **크**롬, **니**켈

망기꽝 ➡ 망.구.몰.실.일에 크.니

027 용접입열(weld heat input)

① 용접 작업 시 외부에서 모재에 주어지는 열량을 용접입열이라 하며 용접입열은 75~85%이다.

② $H = \dfrac{60E \cdot I}{V}$ (joule/cm)

여기서, H : 용접입열
E : 아크전압(V)
I : 아크전류(A)
V : 용접속도(cm/min)

※ 용접 입열에 관계되는 인자는 용접전류, 용접속도, 용접층수, 아크 전압 등이다.

028 직류 용접기와 교류 용접기의 비교

구분	직류	교류
아크안정	안정	불안정
자기 쏠림방지	불가능	가능
극성변화	가능	불가능
무부하전압	40~60V	70~80V
전격위험	적다.	많다.
비피복봉	사용 가능	사용 불가
구조	복잡	간단
역률	우수	불량
소음	발전형은 크다.	조용하다.
가격	고가	저렴
고장	회전기에 많다.	적다.
용도	박판	후판

※ 피복 아크용접기 용량 표시는 정격 2차 전류로 표시한다.

029 아크 쏠림(arc blow, 아크 블로)
= 자기불림(magnetic blow, 마그네틱 블로)

① 직류용접 시 전류에 의해 아크 주위에 발생하는 자장이 용접에 대해 비대칭으로 **한쪽으로만 쏠리는 현상**
② 전류 방향이 바뀌는 교류에서는 일어나지 않고 **직류용접에서만 아크 쏠림 현상**이 일어난다.

030 아크 쏠림방지 대책

① 직류용접 대신 **교류용접**을 하며 용접봉 끝을 **쏠림 반대 방향**으로 기울인다.
② 이음의 처음과 끝에 **엔드 탭**을 사용한다.
③ 긴 용접일 때 **후퇴법**으로 용접한다.
④ 접지점을 용접부에서 멀리하며 **접지점 두 개**를 연결한다.
⑤ **짧은 아크**를 사용한다.(피복재가 모재에 닿을 정도로)
⑥ 용접을 마친 부분 또는 **가접이 큰 부분 방향**으로 용접한다.
⑦ 접지 지점을 바꾸며 **용접 지점과 거리를 멀리**한다.

031 아크 쏠림 발생 시

① **아크가 불안정**하다.
② 용착금속에 **재질 변화**가 생긴다.
③ **슬래그 섞임과 기공이 발생**한다.

032 아크의 특성

① **부(저항) 특성**: 전류가 커지면 저항이 작아지고 전압도 낮아지는 특성으로 옴의 법칙(ohm's law)과는 다르다.
② **절연회복 특성**: 보호가스에 의해 순간적으로 꺼졌던 아크가 다시 절연 회복되는 특성이다.
③ **아크 길이 자기제어 특성**: 아크 전류가 일정할 때 아크 전압이 높아지면 용접봉의 용융속도가 느려지고, 아크 전압이 낮아지면 용융속도가 빨라지는 현상이다.
  ※ 아크 길이는 3mm 정도이고 2.6mm 용접봉은 심선 지름과 동일하게 한다. 아크가 길어지면 전압에 비례해 증가하며 발열량도 증가한다.
  ※ 아크 길이가 너무 길면 아크가 불안정하고 용융금속이 산화, 질화되기 쉽고 용입불량 및 스패터가 심하다.
④ **전압회복 특성**: 아크가 꺼진 후 다시 아크를 발생시키기 위해서는 높은 전압이 필요한데 이때 아크회로의 과도 전압을 급속히 상승, 회복시키는 특성을 말한다.

⑤ 직류 아크의 전압분포

$$아크전압(Va) = 음극전압\ 강하(Vk) + 양극전압\ 강하(Vp) + 아크기둥전압\ 강하(Vd)$$

033 아크 플라스마(arc plasma) = 아크기둥

전원의 양(+)에 접속한 쪽을 양극(애노드), 음(−)에 접속된 쪽을 음극(캐소드)이라 하며 양극과 음극 간을 아크 기둥 또는 **아크 플라스마**라 한다.

034 용접기에 필요한 특성

① **수하 특성**: 부하전류가 증가하면 단자 전압이 저하하는 특성으로 아크를 안정화시킨다. 수동 피복아크용접에서 볼 수 있다.
② **부저항 특성**: 부하 전류가 증가하면 단자 전압이 저하하는 특성이다.
③ **상승 특성**: 전류 증가에 따라 전압이 약간 높아지는 특성이다.
④ **정전류 특성**: 부하 전압이 변해도 단자 전류는 거의 변화하지 않는 특성으로 수동 피복아크용접에서 볼 수 있다.
⑤ **정전압 특성**: 부하 전류가 변해도 단자 전압은 거의 변화하지 않는 특성으로 탄산가스 아크용접, 서브머지드 용접, MIG용접 등에서 볼 수 있다.
⑥ **아크쏠림(자기불림)**: 직류용접에서 용접 중에 아크가 용접봉 방향에서 한쪽으로 치우쳐 쏠리는 현상이다.
※ 수하 특성, 정전류 특성은 수동 아크용접기가 갖추어야 할 특성이다.
⑦ **아크 길이 자기제어 특성**: 아크전류가 일정할 때 아크 전압이 높아지면 용접봉의 용융속도가 늦어지고, 아크전압이 낮아지면 용융속도가 빨라지는 특성

035 용융금속의 이행 형식

암기팡 ▶ 단.스.글

① **단락형**(short circuit type)
- **저수소계 용접봉** 또는 **비 피복 용접봉**에서 나타난다.
- 표면 장력 작용으로 모재 쪽으로 이행하는 형식이다.

② **스프레이형**(spray type)
- 작고 미세한 용적이 스프레이와 같이 날려 이행하는 형식으로 분무상 이행형이라고도 한다.
- **일미나이트계, 고산화티탄계** 등에서 발생한다.

③ **글로뷸러형**(globular type)
- 큰 용적(덩어리)이 단락되지 않고 옮겨가는 형식으로 입상 이행형식, **핀치 효과형**이라로도 한다.
- 서브머지드 용접과 같이 **대전류 사용 시** 자주 볼 수 있다.

036 용접속도

모재에 대한 용접선 방향의 아크 속도로서 운봉속도 혹은 아크속도라 한다. 용접변형을 적게 하기 위해 가능한 한 높은 전류를 사용하고 용접속도를 빠르게 한다.

> 용접봉의 용융속도 = 아크전류 × 용접봉 쪽 전압강화

※ **용융속도**는 단위 시간당 소비되는 용접봉 무게 또는 길이

▼ 용접속도에 영향을 주는 요소
- 모재 재질과 이음 모양
- 용접봉의 종류 및 전류 값
- 위빙의 유무

037 연강용 피복 아크용접봉 종류 및 특징

① E4301(일미나이트계)
- 일미나이트(산화티탄, 광석, 산화철)를 30% 이상 포함하며 작업성·용접성이 우수하며 가격이 저렴하다.
- 내균열성·연성이 우수하며 후판 용접이 가능하다.
- 전 자세 용접이 가능하다.
- 70~100℃에서 1시간 정도 건조한다.
- 중요 강재 부재, 차량, 철도, 조선, 압력용기 등에 사용한다.

② E4303(라임 티타니아계)
- 산화티탄을 30% 이상 포함하는 슬래그 생성계이다.
- 비드 외관이 좋고 깨끗하며 언더컷 발생이 적다.
- 용입이 낮아 박판 용접에 적당하다.
- 전자세 용접이 가능하다.

③ E4311(고셀룰로오스계)
- 셀룰로오스를 30% 정도 함유한 가스 실드계이다.
- 피복제가 얇고 슬래그 양이 적어 위보기, 수직 상하진과 좁은 홈 용접이 가능하다.
- 피복제에 유기물이 다량 첨가되어 있어 보관 시 습기를 흡수하기 쉬워 기공 발생이 우려되므로 70~100℃로 0.5~1시간 정도 건조한다.
- 아크는 스프레이형으로 빠른 용융속도를 내나 비드 표면이 거칠고 스패터가 많은 결점이 있다.
- 파이프 용접에 사용한다.

④ E4313(고산화티탄계)
- 산화티탄(TiO_2)을 약 30% 함유한 슬래그 생성제이다.
- 비드 표면이 고우며 작업성이 우수하다.
- 고온 균열 발생 등 기계적 성질이 좋지 못해 중요한 부분의 용접에는 부적당하다.
- 박판용접, 수직하진 용접이 가능하다.

⑤ E4316(저수소계)
- 주성분: 석회석=탄산칼슘($CaCO_3$), 형석=불화칼슘(CaF_2)을 주성분으로 한다.
- 수소량이 다른 용접봉에 비해 1/10 정도 적다.
- 피복제가 습기를 잘 흡수하기 때문에 반드시 사용 전에 300~350℃로 1~2시간 정도 건조 후 사용한다.
- 아크가 불안정하며 초보자일 경우 용접봉이 모재에 달라붙는 등 아크가 다소 불안정하고, 작업성이 떨어진다.
- 용접속도가 느리며 용접이 출발된 시점에서 기공이

생기기 쉽기 때문에 후진법(back step)을 사용한다.
- 다른 연강봉보다 용접성이 우수하므로 후판, 중요 구조물, 구속이 큰 용접, 고탄소강, 유황 함유량이 큰 강 등에 용접 결함 없이 용접부가 양호하다.
- 피복제의 염기도가 높을수록 내 균열성이 우수하다.
- 구속이 큰 용접 유황 함유량이 높은 용접에 양호한 용접부를 얻는다.
- 작업성 : 고산화티탄계(E4313) > 일미나이트계(E4301) > 저수소계(E4316)
- 기계적 성질 : 저수소계(E4316) > 일미나이트계(E4301) > 고산화티탄계(E4313)
- 다층 용접 시 첫 층에 저수소계를 사용함으로써 수소와 잔류응력으로 인한 균열을 방지한다.
- 비드 이음부에서 기공(porosity)이 생기기 쉬우므로 짧은 아크 길이로 하며 운봉 시 주의해야 한다.
- 피복제 염기성이 높고 내균열성이 좋다.

⑥ E4324(철분 산화티탄계)
- 고산화티탄계에 철분을 약 50% 첨가한 봉이다.
- 작업성이 좋고 스패터가 적으며 용입이 얕다.
- 저합금강, 저탄소강, 고탄소강 등에 사용한다.

⑦ E4326(철분 저수소계)
- 저수소계 용접봉 피복제에 30~50% 정도 철분을 첨가한 용접봉이다.
- 기계적 성질이 우수하고 슬래그 박리성이 저수소계보다 우수하다.
- 수평 필릿, 아래보기 자세 사용으로 한정된다.

⑧ E4327(철분 산화철계)
- 산화철에 규산염을 30~45% 첨가, 산성 슬래그를 생성한다.
- 용착 효율이 크고 능률적이다.
- 스패터가 적은 스프레이형으로 슬래그 제거가 쉽고 용입이 양호하다.(비드 표면이 곱다.)
- 아래보기나 수평 필릿용접에서 많이 사용한다.

039 아크용접 시 주의사항

① 용접봉은 구입 후 70~100℃에서 0.5~1시간 정도로 1회에 한하여 재건조하여 사용한다.
② 작업자 보호를 위해 필터렌즈는 피복 아크용접 시 10~11번, 가스 용접에서 4~6번을 사용한다.
③ 용접 아크 길이는 용접봉 심선의 지름 1배 이하(대략 1.5~4mm)로 3mm 정도로 한다.
④ 아크를 중단할 때는 아크 길이를 짧게 하면서 크레이터를 채우면서 용접 진행 반대 방향으로 조금 들어준다.

040 용접용 케이블

① 1차측 케이블 : 전원에서 용접기에 연결하는 케이블로 고정된 선으로 유동성이 없어야 하므로 단선으로 지름(mm)을 사용해 크기를 표시한다.
② 2차측 케이블 : 유연성, 즉 용접 홀더를 작업하기 위해 자유자재로 움직여야 하기 때문에 전선 지름이 0.2~0.5mm인 가는 구리선을 수백선, 수천선 꼬아 만든 캡타이어 전선을 사용하고 있다. 단위도 단면적(mm^2)을 사용한다. 홀더(모재)에서 용접기로 연결된 케이블이 2차 케이블이다.

구분	200A	300A	400A
1차측 지름(mm)	5.5	8	14
2차측 단면적(mm^2)	38	50	60

041 전격방지장치(votage reducing device)

교류 용접기 사용 시 1차 무부하 전압이 85~95V이므로 전격(감전)위험이 있어 2차 **무부하 전압을 20~30V** 이하로 유지하다가 부하가 가해진 순간(용접봉과 모재가 접촉되는 순간)에 릴레이(relay)가 작동, 용접 작업을 할 수 있도록 한 안전장치이다.(작업자를 보호하는 안전장치)
※ 무부하 전압(개로전압)을 낮게 하여 감전 사고를 방지하는 장치

042 핫 스타트 장치(hot start and arc booster)

아크 발생 초기는 모재가 차가워 아크가 불안정하므로 **0.2~0.25초 짧은 순간에 대전류를 흘려** 초기에 용접 전류를 안정시키는 장치로 아크 부스터라 한다.

▼ 장점
- 용접 시점에서 기공이나 결함 발생이 적다.
- 용접 시점에서 초기의 비드 용입을 개선한다.
- 아크 발생을 쉽게 한다.

043 고주파 발생 장치(high frequency ionizer)

고주파 방법은 비접촉식 방식으로 용접봉 오염을 줄일 수 있고 용접봉과 모재사이 틈이 1.2~3.0mm인 범위에서 아크를 발생한다.
① 전류가 순간적으로 변할 때마다 아크가 불안정하기 때문에 사용한다.
② 교류 아크용접에 고주파를 병용하면 아크가 안정된다.
③ 고주파 병용 시 무부하 전압을 낮출 수 있다.
④ 고주파 발생 장치 사용 시 전원입력을 적게 함으로써 역률 개선과 전격 위험도 적어진다.
⑤ 용접기의 경우 GTAW 혹은 PAW용접기가 사용된다.

044 원격제어장치(remote control equipment)

① 용접사가 용접기에서 멀리 떨어져 작업할 때 현 작업 위치에서 전류를 조정하는 장치이다.
② 작업자 위치에서 원격 **전류를 조정**한다.

▼ 종류
- 전동기 조작형
- 가포화 리액터형 : 가변저항기 부분을 분리

045 직류 아크용접기 종류 및 특징

① 전동발전형(motor gemerator D.C arc welder)
   교류전원이 없는 곳에서는 사용한다.(현재 사용하지 않는다.)

② 엔진 구동형(engine driven D.C arc welder)
   액체 연료인 가솔린, 디젤 엔진으로 발전기를 구동시켜 직류 전원을 얻는 것이다. 공사장에서 사용하고 있다.

③ 정류형(rectifier type D.C arc welding machine)
   - 소음이 없고 보수 · 점검이 간단하고 가격이 저렴하나 완전한 직류를 얻지 못한다.
   - 정류기 파손에 주의한다.(셀렌 80℃, 실리콘 150℃ 이상)
   - 교류를 정류하여 직류를 얻지만 완전한 직류가 아니다.
   - 종류 : **게**르마늄형, **실**리콘형, **셀**렌형

암기팡 ▶ 게.실.셀

046 교류 아크용접기 규격

종류		AW200	AW300	AW400	AW500
정격 2차전류(A)		40	40	40	60
정격 사용률(%)		40	40	40	60
정격부하(V)		28	32	36	40
최고 2차 무부하 전압(V)		85V 이하	85V 이하	85V 이하	90V 이하
출력 전류	최댓값	220	330	440	550
	최솟값	200	300	400	500
사용 가능한 용접봉지름(mm)		2.0~4.0	2.6~6.0	3.2~8.0	4.0~8.0

※ AW500에서 AW는 교류용접기, 500은 정격 2차전류(A)를 뜻하며 최고 2차 무부하 전압(개로전압)은 AW400까지는 85V 이하, AW500 이상에서는 95V 이하이다.
※ 정격 2차전류 조정범위는 20~110%이다.
※ 전원의 무부하 전압이 항시 재점호 전압보다 높아야 아크가 안정된다.

047 교류 아크용접기 종류 및 특징

1. 종류
가동철심형, **가동코**일형, **가**포화 **리**액터형, **탭**전환형

> 암기짱 ▶ 가철.가코.가리.탭

2. 특징
① 가동철심형(moving core arc welder)
- 가동 철심으로 누설 자속을 가감, 전류 조정
- 미세한 전류 조정 가능
- 현재 가장 많이 사용

② 가동코일형(moving coil arc welder)
- 1, 2차 코일 중 1차 코일을 이동시켜 전류를 조정
- 가격이 비싸며 현재 거의 사용하지 않음

③ 가포화 리액터형(saturable arc welder)
- 원격 제어가 간단하고 가변저항 변화로 전류 조정
- 소음이 없고 수명이 긺

④ 탭 전환형(tap bend arc welder)
- 탭 전환으로 전류를 조정하기에는 미세 전류 조정이 어려움
- 탭 전환부 소손이 발생할 우려가 많아 전격(감전)위험이 있음
- 코일 감김수에 따라 전류를 조정
- 주로 소형에서 많이 사용

048 전자유도작용

피복아크용접기에서 교류 변압기의 2차 코일에 전압이 발생하는 것은 전자 유도 작용에 의한 것이다.

049 핀치효과

플라스마 속에서 흐르는 전류와 그것으로 생기는 자기장의 상호작용으로 플라스마 자신이 가는 줄 모양으로 수축하는 현상

050 용접기 사용률과 역률 효율

① 사용률(%)
$$= \frac{\text{아크시간}}{\text{아크시간} + \text{휴식시간}} \times 100$$

② 허용 사용률
$$= \frac{(\text{정격2차전류})^2}{(\text{실제용접전류})^2} \times \text{정격 사용률}$$

③ 용접기 역률과 효율
- 역률(%) $= \dfrac{\text{소비전력(kW)}}{\text{전원입력(kW)}} \times 100(\%)$
- 효율(%) $= \dfrac{\text{아크전력(kW)}}{\text{소비전력(kW)}} \times 100(\%)$

※ 아크전력 = 아크 전압 × 정격 2차전류
※ 소비전력 = 아크 전력 + 내부 손실력
※ 전원입력 = 무부하 전압 × 정격 2차전류

051 용접기 취급 시 주의사항

① 용접기 설치 시 습기, 먼지가 많은 장소는 피하고 환기가 잘 통하는 곳을 선택한다.
② 전기적 접속부인 전환 탭, 전환 나이프 끝 등은 자주 샌드페이퍼 등으로 청소한다.
③ 용접케이블이나 파손 부위는 즉시 절연테이프를 사용해 감아 준다.
④ 조정핸들 미끄럼 부분, 냉각용 선풍기 바퀴 등은 수시로 주유한다.
⑤ 폭발성, 부식성 가스가 체류하지 않는 장소에 설치한다.
⑥ 진동, 충격이 없는 장소에 설치한다.

052 퓨즈 용량

$$\text{퓨즈 용량} = \frac{\text{전력(kVA)}}{\text{전압(V)}}$$

※ 1차 입력 20kVA이고 전압 200V이면 퓨즈 용량은?
$$\frac{20{,}000\text{kVA}}{200\text{V}} = 100\text{A}$$

053 용접봉 홀더(electrode holder)

① A형 : 손잡이 부분을 포함 **전체가 절연**된 것
   B형 : **손잡이 부분만 절연**된 것
② 홀더 번호는 정격 용접 전류를 A단위로 나타낸 것으로 만약 100호일 경우 100A, 200호일 때는 200A를 의미한다.

홀더의 종류	사용률 (%)	용접전류 (A)	용접봉 지름 (mm)	아크 전압	케이블 단면적 (mm^2)
100호	70	100	1.2~3.2	25	22
200호		200	2.0~5.0	30	38
300호		300	3.2~6.4	30	50
400호		400	4.0~8.0	30	60
500호		500	5.0~9.0	30	80

054 저탄소 림드강

피복 아크용접봉 심선의 재질은 **저탄소 림드강**이다. 저탄소 림드강을 사용하는 이유는 균열(crack)을 방지하는 데 있다.

055 차광유리

① 용접 헬멧이나 핸드실드는 유해광선인 적외선, 자외선으로부터 용접사의 눈을 보호하기 위해 **차광유리**를 사용한다.
② 차광유리 앞과 뒷면에 맨유리를 부착하는 이유는 차광유리를 보호하기 위해서이다.
③ 필터렌즈 크기 : 50.8×108mm 직사각형
④ 차광유리 종류
   • 납땜작업 : No 2~4번
   • 가스용접 : No 4~6번
   • 가스절단 : No 3~6번
   • 피복아크용접 : No 10~12번
※ No 10~11번은 100A 이상 300A 미만의 아크용접 및 절단용에 사용 31회

056 직류 아크용접기에서 발전형과 정류형의 비교

발전형	정류형
완전한 직류를 얻음	완전한 직류를 얻기 어려움
소음이 심하고 고장 나기 쉬움	소음이 없고 정류기 소손에 주의
교류 전원이 없는 장소에도 가능	반드시 교류 전원이 있어야 함
가격이 비쌈	가격이 저렴함
보수 점검이 어려움	보수 점검이 쉽고 고장도 적음

057 용착 금속 보호 형식

① **반 가스 발생식** : 슬래그 생성식과 가스 발생식의 혼합
② **가스 발생식** : 수소(H_2), 일산화탄소(CO), 탄산가스(CO_2) 등 환원성 가스나 불활성 가스에 의해 용착금속을 보호하는 형식, 유기물형이다.
   • 안정된 아크를 얻는다.
   • 스패터가 많다.
   • 슬래그는 다공성이며, 제거가 쉽다.
   • 작업능률이 양호하다.
   • 전 자세 용접이 가능하다.
③ **슬래그 생성식** : 슬래그로 둘러싸 공기와 접촉하지 못하도록 해 용착금속을 보호하는 형식으로 무기질형이다.

058 아크(용접) 전류

용접봉 단면적 $1mm^2$에 대해 10~11A
피상입력＝1차측 전압×1차측 전류

059 고장력강용 피복아크용접봉(covered arc welding electrodes)

항복점 $32kg/mm^2$, 인장강도 $50kg/mm^2$ 이상(50, 53, $58kg/mm^2$)으로 KSD7006에서 규정한 저합금 용접봉 (Mn, Cr, V, Mo, Ti, Ni, Si, Cu)

▼ 사용 목적
- 구조물 자체 중량 감소 및 재료 절감
- 기초 공사가 간단
- 작업공정수 절약
- 내식성 향상
- 취급 용이

060 주철용 피복아크용접봉(covered electrode for cast iron)

① 주철의 화학 조성 성분은 C, P, Si, Mn 등이다.
② 용융점이 낮고 주물 만들기가 용이하며 값이 저렴하다.
③ **주물의 결함, 보수 및 수리** 시 사용한다.

061 스테인리스강 피복아크용접봉(stainless steel coated electrode)

크롬(Cr)과 니켈(Ni)을 주성분으로 하는 피복아크용접봉이다. 크롬 니켈강계(오스테나이트 조직)와 크롬을 주성분으로 하는 크롬 스테인리스(주로 페라이트 조직 또는 마텐자이트 조직)가 있다.

062 고장력강 용접 시 균열 예방법

① 예열 및 후열 시공
② 저수소계 용접봉 사용과 건조 관리
③ 적당한 속도로 운봉
④ 용접금속 중 불순물 성분 저하
⑤ 용접 조건의 선택에 의해 비드 단면 형상 조정

063 라멜라티어(lamellar tear)

십자형 맞대기 이음부나 필릿 다층 용접 이음부같이 모재 표면에 직각방향으로 인장 구속 응력이 강하게 형성되는 이음부의 용접 열영향부 및 그 인접부 모재 표면과 평행하게 **계단 모양으로 발생하는 균열**을 라멜라티어라고 한다.

064 융점이 450℃ 이상인 경납땜의 종류

황동납, 은납, 인동납 등

065 피복아크용접

용접봉(용가재)과 모재 사이에서 발생하는 아크열을 이용하는 용극식 용접법이다.

066 아크 길이(arc length)

① 아크 길이는 3mm 정도이고 2.6mm 용접봉은 심선 지름과 동일하게 한다.
② 품질이 좋은 용접을 하려면 짧은 아크를 사용해야 한다.
③ 아크 발생 중 용접전압은 약 20~35V이며, 아크 전압은 아크 길이에 비례한다.
④ **아크 길이가 너무 길면** 아크 값이 불안정하고 용융금속이 산화, 질화되기 쉽고 **기공 균열의 원인**이 된다.
⑤ 아크 길이가 너무 길면 **스패터가 심하며 용입이 얕고** 나빠진다.
⑥ 아크 길이가 **너무 짧으면 용접봉이 모재에 달라붙는다.**
⑦ 아크 길이가 너무 짧으면 슬래그 혼입이 우려되며 입열이 적어 **용입이 불충분하다.**
⑧ 아크 길이가 길어지면 전압에 비례하여 증가하며 발열량도 증대된다.
⑨ 아크 길이가 너무 길면 **아크 실드효과**(arc shielded) 가 감소된다.

※ 아크 실드효과 : 아크 및 용착금속을 보호매질로서 대기로부터 차단하는 효과

067 안전전압

사고 시 인체에 가해져도 위험이 없는 전압으로 산업안전보건법상 안전전압은 30V이다.

① 영국, 프랑스, 독일 : 24V
② 대한민국 : 30V
③ 벨기에 : 35V

④ 스위스 : 36V

▼ 절대 안전전압(세계적 공통 안전 전압)

- 마른 손 : 30V
- 젖은 손 : 20V
- 욕조 : 10V

068 감전의 위험

전류	증상
1mA	감전을 조금 느낌
5mA	상당히 아픔
10mA	심한 고통
20mA	근육 수축, 호흡 곤란
50mA	상당히 위험(사망 위험 있음)
100mA	치명적 결과(사망)

069 감전 재해 예방 대책

① **절연이 완전한 홀더**를 사용하며 파손된 홀더는 신품으로 교체 후 작업할 것
② 본체와 연결부는 반드시 **절연 테이프**로 감아서 사용할 것
③ 피복이 벗겨지거나 손상된 용접 홀더선은 수리 시 절연 테이프를 사용할 것
④ 용접 작업 시 용접봉 끝부분이 충전부에 접촉되지 않도록 할 것
⑤ 전격 방지기를 설치하고 **무부하 전압**(개로전압)이 필요 이상 높지 않도록 한다.
⑥ 용접 작업 중지 시에는 반드시 **메인(주)전원 스위치**를 내릴 것
⑦ 신체노출을 피하고 특히 좁은 장소에서 작업 시 주의할 것
⑧ 안전보호구를 반드시 착용하며 **땀이나 습기** 등이 신체나 의복에 젖지 않도록 주의할 것
⑨ 용접 작업 전 반드시 용접기 절연상태, 접지나 접속 상태, 케이블 등의 **파손여부를 점검**하고 확인할 것
⑩ 용접봉 교환 시 홀더에 몸이 접촉되지 않도록 할 것
⑪ 위험한 장소에서는 반드시 **절연용 홀더**를 사용할 것
⑫ 용접 작업 중 홀더 노출부는 가장 위험한 부분
⑬ 전격 방지 장치는 매일 점검할 것
⑭ 용접기 내부에 함부로 손을 대지 말 것
⑮ 어스(earth)를 완전하게 접속할 것

070 용접 구조물의 장점

① **이음효율**(joint efficiency) 향상(유효 단면적 감소가 없다.)
② **수밀 기밀성**이 좋다.(리벳 이음에 비해)
③ 작업**공정수**가 **단축**되며 경제적이다.
④ **중량이 경감**되고 이종 재질도 접합이 가능하다.
⑤ **보수 수리가 용이**하다.(주물 파손부 등)
⑥ 재료 **두께에 관계없이 접합이 가능**하다.
⑦ 제품의 **수명과 성능이 향상**된다.

071 용접구조물 설계상 주의 사항

① 용접 치수는 강도상 **필요한 치수** 이상으로 크게 하지 않는다.
② 이음의 열역학적 특징을 고려하여 **구조상 불연속 부가 없도록** 한다.
③ 용접 이음의 집중과 교차 및 접근을 피한다.
④ 용접성 및 노치 인성이 **우수한 재료**를 사용한다.
⑤ 용접 변형 및 **잔류응력을 경감**할 수 있는 용접 순서를 정하여 준다.
⑥ **가능한 한 층**(layer)**수를 줄인다.**
⑦ **아래보기 용접**을 많이 하도록 한다.

072 엔드 탭(end tab)

① 모재와 같은 재질, 홈의 형상이 같으며 용접선의 시작과 끝부분에 설치하는 보조 판
② 모재를 구속하며 용접이 불량하게 되는 것을 방지
③ 용접 끝부분에서 자기쏠림 방지 효과

073 용접 비드 부근

용접 비드 부근은 잔류응력에 의해서 용접변형, 특히 부식이 잘된다. 국부적인 가열 혹은 불규칙한 가열로 외력이나 모멘트를 가하지 않아도 존재하는 응력으로 용접 비드 부근이 부식되기 쉽다.

074 저수소계 용접봉 사용

하드보드(hard board) 박스에서 저수소계 용접봉을 꺼낸 후 흡습에 주의하고 건조로에 넣어 보관하면 가장 좋다. 그렇지 않더라도 사용 전 건조로에서 건조 후 사용한다.

075 가포화 리액터형 용접기

가변 저항으로 전류를 조절하는 가포화 리액터형은 원격 조정이 가능한 용접기다.

076 E4340 용접봉의 피복제 계통

특수계 계통의 피복제이다. 용착금속 43kg/mm², 연신율 22%, 샤르피 흡수 에너지 27J 이상이다.

077 용접봉 기호 해석

예 E4316-AC-4-400

여기서, E : 전극봉의 첫 글자
  43 : 용착금속의 최소인장강도(kg/mm²)
  1 : 전 자세
  6 : 저수소계 용접봉
  AC : 교류 용접기
  4 : 용접봉 직경(mm)
  400 : 용접봉 길이(mm)

078 땜납의 구비조건

① 표면장력이 작아서 모재 표면에 잘 퍼질 것
② 모재와 친화력이 있을 것
③ 모재보다 용융점이 낮을 것
④ 유동성이 양호해 틈을 잘 메워줄 수 있을 것

079 고장력(HT50급)강의 용접 시 주의사항

① 용접 시작점보다 20~30mm 앞에서 아크를 발생시켜 예열 후 용접 시작점으로 후퇴하여 시작점부터 용접한다.
② 사용 전에 300~350℃로 2시간 정도 건조한 후 저수소계 용접봉을 사용한다.
③ 아크 길이는 가능한 한 짧게 유지한다.
④ 위빙은 용접봉 지름 3배 이하로 하며 위빙폭이 너무 크면 인장강도가 저하해 기공이 생기기 쉽다.
⑤ 엔드 탭(end tab)을 사용한다.
⑥ 용접 시작 전에 이음부 내부 혹은 용접할 부분을 깨끗이 청소한다.
⑦ 열영향부가 연성 저하로 저온 균열 발생 우려가 있다.

080 라멜라 티어링(lamellar tearing) 현상

① 판 두께 방향으로 강력한 인장응력이 생기는 용접 이음으로, 용접 열영향부 외측이나 재료 표면과 평행하게 계단모양으로 진행되는 층간 박리를 칭하며 박리 균열이라 한다.
② 고온가열과 냉각 온도차로 열영향부에 수축과 평행이 발생하며 용접 내부에 생기는 미세한 균열 현상이다.
③ 다층 용접으로 완전 용입할 경우 압연 강판 두께 방향 응력에 의해 구속이 심할 때 용접 금속의 수축을 수반하는 국부적인 변형이 주원인으로, 압연 강판의 층(라미네이션) 사이에 생기는 현상이다.

081 라미네이션(lamination)

① 강판 및 강판 내부에 기포로 내부에서 2장 이상으로 분리되는 재료 결함이다.
② 보일러 강판이나 관의 스케줄 속에 기공 등 불순물이 있는 상태에서 압연 가공함에 따라 평행하게 늘어나 층상 조직을 형성하는 것
③ 라미네이션 결함 발생 시 초음파 탐상 검사로 검토

▼ 라미네이션 장애
- 균열 발생
- 강판의 강도 저하
- 열전도 저하 등 장애 발생

082 청열 취성(blue shortness)

① 탄소강을 200~300℃로 가열하면 인장강도, 경도가 최대치로 되며 연신율과 단면 수축률이 최소치이다.
② 200~300℃ 부근에서는 상온보다 취약한 성질이 있는데 이때 인(P)이 주원인이 되어 청색의 산화 피막이 생성되면 200~300℃ 부근에선 소성 가공을 피하는 것이 좋다.

083 적열 취성(red shortness) 또는 고온 취성
(high temperature)

암기팜 ➡ 황(S)건 적은 인(P) 상!

① 황(S)은 적열 취성의 원인이다.
② 황(S)은 인장강도, 연율, 인성을 저하시키고, FeS는 융점이 낮아 그 온도에서 공작물이 취약하는 것을 적열 취성이라 한다.
③ 황(S)은 철강 재료의 용접 시 균열을 일으키는 가장 예민한 원소이다.

084 상온 취성(cold shortness)

암기팜 ➡ 황(S)건 적은 인(P) 상!

① P(인)은 상온 취성의 원인이다.
② 온도가 상온 이하로 내려가면 충격치가 감소하고 쉽게 파손되는 성질이 있다.
③ P으로 인한 유해는 C양이 많을수록 크고, 공구강에서는 0.025% 이하, 반경강에서는 0.04%, 연강에서는 0.06% 이하로 제한한다.

085 편심률

용접봉 사용 전에 편심 여부를 확인 후 **편심률 3% 이내** 용접봉을 사용할 것

$$편심률 = \frac{D' - D}{D} \times 100(\%)$$

▼ 편심률이 클 경우
- 아크쏠림과 아크 불안정
- 슬래그 섞임 현상
- 용접부 약화

086 용접자세

① 아래보기(Flat position) : "F", (1G) 재료를 수평으로 놓고 용접봉을 아래로 향해 용접하는 자세
② 수평자세(Horizontal position) : "H", (2G) 모재가 수평면과 90° 또는 45° 이상의 경사를 가지며, 용접선이 수평이 되게 하는 용접자세
③ 수직자세(Vertical position) : "V", (3G) 모재가 수평면과 90° 또는 45° 이상의 경사를 가지며, 용접선이 수직이 되게 하는 용접자세
④ 위보기자세(Overhead position) : "O", (4G) 모재가 눈 위로 올려진 수평면의 아래쪽에서 용접봉을 위로 향하여 용접하는 자세
⑤ 전 자세(All Position) : "AP", 위 자세의 2가지 이상을 조합하여 용접하거나 4가지 전부를 응용하는 자세
⑥ 파이프 수평 고정의 전 자세 : (5G)
⑦ 파이프 45° 경사 전 자세 : (6G)
⑧ 파이프 45° 경사 장애물 전 자세 : (6GR)

087 연강용 피복 금속 아크용접봉

① 용접봉 길이 : $3.2\phi(350mm)$, $4.0\phi(400mm)$
② 심선 지름의 굵기 허용차 : ±0.05mm
③ 심선 길이 허용 오차 : ±3mm

088 아크 발생법

① 긁기법(scratching method) : 초보자가 사용
② 점찍기법(tapping method) : 점을 찍듯이 대었다가 재빨리 떼어 아크를 발생시키는 법

089 위빙 비드(weaving bead)

위빙 폭은 심선 직경의 2~3배 정도가 원칙이며 실제는 10~15mm가 일반적이다. 유의할 점은 위빙 끝부분에서 약간 주춤한다. 즉, 양 끝은 잠시 멈추고 중앙은 빠르게 한다는 것이다.

090 고능률 피복 아크용접

1. 그래비티 용접(gravity arc welding)

모재와 경사를 이루는 금속제 지주인 슬라이드를 따라서 용접 홀더가 내려가면서 홀더에 끼워진 긴 용접봉을 일정한 각도로 유지하면서 중력에 의해 천천히 하강시키면서 자동적으로 용접하는 방법

▼ 장점

- 조작이 간단하여 여러 대 조작 가능
- 균일하고 정확한 용접 가능
- 수평 필릿과 아래보기 용접 가능
- 최근 교량, 건축, 조선 등에 사용하고 있으며 추후 기대되는 용접법
- 용접봉의 길이가 일반 용접봉에 비해 긴 500~700mm가 사용됨(일반 용접봉은 450~400mm)

2. 오토콘 용접(auto-contact welding)

길이가 700mm 정도인 용접봉 끝에 아크를 발생시킨 다음 영구자석이나 스프링의 힘을 이용하여 용접봉이 회전하면서 용접을 진행시키는 저각도 용접이 오토콘 용접이다.

※ 그래비티 용접이나 오토콘 용접은 하향 필릿용접부에만 적용이 가능하며, 소형으로 가볍고 설치 조작이 간단해 한 사람이 여러 대(3~5대)를 용접할 수 있어 매우 능률적이다.

091 납땜 용제의 구비조건

① 모재나 땜납에 대한 부식작용이 최소일 것
② 인체에 무해할 것
③ 모재에 산화피막 같은 불순물을 제거하고 유동성이 좋을 것
④ 납땜 후 슬래그 제거가 쉬울 것
⑤ 전기저항 납땜일 경우 전도체일 것
⑥ 침지 땜에 사용될 경우 수분을 함유하지 않을 것
⑦ 납땜의 온도와 용제의 유효 온도 범위가 일치할 것
⑧ 청정한 금속면의 산화를 방지할 것
⑨ 땜납의 표면 장력을 맞춰 모재와 친화도가 양호할 것
⑩ 장시간 납땜일 때는 용제의 유효 온도 범위가 넓고 용제의 탄화가 일어나기 어려울 것

092 용접 포지셔너(positioner)

용접하기 쉬운 상태로 용접할 물체를 놓기 위한 지그(jig)로, 바닥에 고정되어 있는 작업 영역 한계를 확대시켜준다.

093 가스용접의 장점

① **전기가 불필요**하다.
② 설치비가 전기용접에 비해 **저렴**하다.
③ 전기용접에 비해 **유해광선 발생이 적다**.
④ 가열 조절이 쉽고(불꽃은 조절로), **박판 용접에 적당**하다.
⑤ **응용 범위가 넓다**.
⑥ **기술 습득이 쉽다**.
⑦ 용접기 **운반이 비교적 자유롭다**.

094 가스용접의 단점

① **폭발, 화재 위험**이 크다.
② 열효율이 낮아 **용접속도가 느리다.**
③ 불꽃 온도가 아크용접에 비해 낮다.
④ **산화, 탄화**될 우려가 많다.
⑤ 기계적 강도가 떨어진다.
⑥ 열 집중성이 나빠서 **효율적인 용접이 어렵다.**
⑦ 가열 범위가 넓어 용접 잔류응력이 크며 **가열시간이 오래** 걸린다.
⑧ 일반적으로 **신뢰성이 적다.**

095 산소(Oxygen, O_2)의 특징

① 산소는 **공기 중에 21% 존재**하며 물에 산소가 조금 녹아 수중생물의 호흡에 쓰이고 있다.
② 산소는 다른 물질의 연소를 돕는 가스이므로 조연성 가스 또는 **지연성 가스**라 한다.
③ 액체산소는 **연한 청색**을 띠며 액체 산소가 기화하면 800배 기체체적이 된다.
④ 모든 원소와 화합 시 산화물을 만들며 금, 수은, 백금 등은 제외한다.
⑤ 고압용기에 **35°C에서 150kg/cm²** 고압으로 압축 충전한다.
⑥ 무색, 무미, 무취한 기체이며 비중이 1.105로 공기보다 무겁다.
⑦ 산소의 제조법 3가지
  • 화학 약품에 의한 방법
  • 공기에서 산소를 채취하는 법
  • 물을 전기 분해하는 법
⑧ −119°C에서 50기압 이상 압축 시 담황색 액체가 된다.

096 아세틸렌(C_2H_2)의 특징

① 화합물 생성 : 구리(Cu), 구리합금(구리 62% 이상), 은(Ag), 수은(Hg) 등과 접촉하면 120°C 근방에서 폭발성 화합물을 생성한다.(폭발성 물질인 **아세틸라이트 생성**)
② 혼합가스 : 아세틸렌 15%, 산소 85% 부근이 가장 폭발 위험성이 크다. **인화수소가 0.02% 이상일 때 폭발 위험성이 크고, 0.06% 이상이면** 일반적으로 **자연 발화되어 폭발**한다.
③ 외력 : 압력이 가해진 아세틸렌가스에 충격, 마찰, 진동 등의 외력이 작용하면 폭발 위험성이 있다.
④ 압력 : **1.3기압** 이하에서 **사용**하며 **1.5기압** 이상이면 가열 충격으로 **폭발**하고, **2.0기압** 이상이면 **자연 폭발**한다.
⑤ 온도
  • 자연발화온도 : 406~408°C
  • 폭발위험 : 505~515°C
  • 자연폭발 : 780°C
⑥ **아세틸렌가스 용해량** : **물**(1배), **석유**(2배), **벤젠**(4배), **알콜**(6배), **아세톤**(25배) 용해량은 압력에 따라 증가한다. 다만, 소금물에는 용해하지 않는다.
⑦ 인화수소(PH_3), 황화수소(H_2S), 암모니아(NH_3) 같은 불순물이 포함되어 악취가 난다.
⑧ 비중이 0.906으로 **공기보다 가볍다.** 15°C, 1kg/cm² 에서 아세틸렌 1*l* 무게는 1.176g이다.(산소보다 가볍다. 산소 1*l* 의 무게는 1.429g)

097 용해 아세틸렌

① 강철제 용기 안에 규조토, 목탄, 석면, 분말 등 다공질 물질을 채워 아세톤을 흡수시킨 후 가스를 **15°C에서 15.5기압 충전 용해시킨 것**
② **아세톤 1*l* 에 324*l* 용해**
③ 용해 아세틸렌 1kg을 기화시키면 905*l* 의 아세틸렌 가스 발생
④ 용기 안의 아세틸렌 양

$$C = 905(A - B)$$

여기서, C : 아세틸렌가스 양
A : 병 전체무게
B : 빈 병의 무게

⑤ 압력이 높아 역화 위험 적음
⑥ 저장·운반 간단
⑦ 낮은 저온에서도 작업 가능
⑧ 순도를 높일 수 있고 가스 압력을 일정하게 유지할 수 있음

098 용해 아세틸렌 용기

① 용기를 용접하여 제작하는 이유는 고압으로 사용하지 않기 때문이다.
② 용기의 나사 방향은 **왼나사**, 용기색은 **황색**이다.
③ 폭발 방지를 위해 105±5℃에서 녹는 퓨즈 2개가 있다.
④ 용기의 크기는 $15l$, $30l$, $40l$, $50l$ 등 4종이 있고 $30l$가 주로 사용된다.
⑤ 15℃에서 1.5기압으로 충전하여 사용, 아세틸렌이 25배 녹으므로 25×15=375l가 용해된다.
⑥ 규조토, 목탄, 석연, 분말 등 다공성 물질에 아세톤을 흡수, 압축시킨다.(다공도는 75% 이상, 92% 미만)
⑦ 아세틸렌 호스(도관)색은 적색이며 $10kg/cm^2$의 내압 시험에 합격해야 한다.

099 산소와 아세틸렌 용기 취급 시 주의사항

① 산소병 내에 다른 가스와 함께 보관하지 말 것
② 산소병 운반 시 충격을 주지 말 것
③ 산소병을 세워서 사용하며 병에 충격을 주지 말 것
④ 산소병은 **40℃ 이하 온도에서 보관**하고 직사광선을 피할 것
⑤ 압력계는 금유 표시가 있는 산소 전용 압력계를 사용할 것
⑥ 산소병과 가연성 가스 용기는 구분해서 저장할 것
⑦ 밸브 개폐를 천천히 열 것
⑧ 산소병은 화기로부터 **5m 이상 이격**할 것
⑨ 누설 시험 시 **비눗물을 사용**할 것
⑩ 산소 충천은 **35℃에서 150kg/cm²으로 압축**하여 충전한다.
⑪ 산소병의 색은 녹색, 의료용은 백색
⑫ 용해 아세틸렌 사용 후 용기 내 약간 잔압($0.1kg/cm^2$)을 남길 것
⑬ 용해 아세틸렌 용기 밸브는 **1/2~1/4만 열 것**
⑭ 용해 아세틸렌 운반 시 **캡**을 씌우고 **운반**할 것
⑮ 동결부분은 **35℃ 이하 온수로 녹일 것**
⑯ 용해 아세틸렌 가용 전 안전밸브는 끓는 물이나 증기를 쐬지 말 것(용융점이 105±5℃이므로)
⑰ 산소병은 나사 부분에 윤활유를 사용하면 발화할 위험이 있으므로 산소밸브, 기름 묻은 천으로 조정기 등을 절대로 닦지 말 것

100 각 용기 충전, 내압, 기밀시험 압력

구분	최고충전압력	내압시험압력	기밀시험압력
산소용기	35℃ 150kgf/cm²	최고충전압력 ×5/3배	
아세틸렌용기	15℃ 15.5kgf/cm²	최고충전압력 ×3배	최고충전압력 ×1.8배
LPG용기	최고충전량 20kg, 50kg	30kgf/cm²	

101 가스 용기의 각인

```
□  O₂              10.2013
ABC 1234          TP250
V 40.7L           FD150
W 71Kg
```

여기서, □ : 제조자 명칭
O_2 : 충전가스 명칭(산소)
ABC 1234 : 제조자의 용기번호 및 제조번호
V40.7L : 내용적 40.7L
W71kg : 용기중량 71kg
10.2013 : 내압시험 연월(2013년 10월)
TP250 : 용기내압시험압력 $250kg/cm^2$
FD150 : 최고충전압력 $150kg/cm^2$

※ 선박(ship) 노천 갑판상에서 산소병을 저장할 때, 태양광선의 직사광선을 피해야 할 경우 최대 허용온도는 54℃

102 아세틸렌가스 중의 불순물

종류	1급(%)	2급(%)
인화수소(PH_3)	0.06 이하	0.10 이하
황화수소(H_2S)	0.20 이하	0.20 이하

아세틸렌(C_2H_2)가스는 무색, 무취 가스지만 인화수소, 황화수소, 암모니아 같은 불순물이 혼합되면 악취가 난다.

103 압력에 따른 발생기 분류

① 저압식 발생기 : $0.07kg/cm^2$ 미만
  (수주 1,500mm까지)
② 중압식 발생기 : $0.07 \sim 1.3kg/cm^2$
  (수주 2,000mm까지)
③ 고압식 발생기 : $1.3kg/cm^2$ 이상
  (수주 3,000mm 까지)

104 아세틸렌가스 발생기 종류

① 침지식
  - 카바이트 괴(덩어리)를 물에 침지시키는 형식
  - 구조가 간단하며 이동식 발생기로 적합
  - 온도 상승이 크고 불순 가스와 사고가 많이 발생

② 투입식
  - 물에 카바이트를 조금씩 투입
  - 많은 양의 아세틸렌을 발생시켜야 할 경우 사용
  - 청소, 취급 및 가스 조절이 쉽고 가장 안전함

③ 주수식
  - 발생기 안에 있는 카바이트에 필요한 양의 물을 주수
  - 기능이 간단해 자동 조절 가능
  - 과열되기 쉽고 지연가스가 되기 쉬움

105 용기도색

종류	색	종류	색	종류	색
산소	녹색	암모니아	백색	수소	주황색
염소	갈색	아세틸렌	황색	기타	쥐색
탄산가스	청색				

산소	녹색	이 우거진	백색	암모니아	산에	(수)소	주황색	를

들고	염소	갈색	비를 안주삼아	황색	아세틸렌	에 가니

쥐색	들이	기타	를 치며	탄산가스	청색	을 부리네

106 가스의 발열량(kcal/m^3)과 최고불꽃온도

가스 종류	발열량(kcal/m^3)	최고불꽃온도(°C)
부탄	26,691	2,926
프로판	20,780	2,820
아세틸렌	12,690	3,430
메탄	8,080	2,700
수소	2,420	2,900

① 발열량이 큰 순서 : **부탄**>**프로판**>**아세틸렌**>**메탄**>수소

> 암기짱 ▶ 부.프.아.메.수

② 불꽃온도가 큰 순서 : 아세틸렌>부탄>수소>프로판>메탄

107 가스용접 토치(GAS welding torch)

1. 이심형(A형, 불변압식) : 독일식
① 토치에서 고압산소와 예열용 불꽃이 **서로 다른 장소에서 분출**된다.
② 짧은 곡선 절단은 곤란하고 **곧고 긴 직선 절단에 유리**하다.
③ 니들 밸브가 없어 압력 변화는 적고 역화 시 **인화 가능성이 적다**.
④ 팁의 능력은 팁이 용접할 수 있는 판 두께이다.
  - 1번 팁 : 1mm 강판 용접
  - 2번 팁 : 2mm 강판 용접

2. 동심형(B형, 가변압식) : 프랑스식
① 토치에서 고압산소와 예열용 불꽃이 같은 장소에서 분출된다.
② 작은 곡선 등을 자유롭게 절단할 수 있다.
③ 팁의 능력은 1시간 동안 표준불꽃(중성불꽃)으로 용접 시 아세틸렌 소비량으로 나타낸다.
④ 니들 밸브가 있어 압력 유량 조절이 쉽다.
  - 100번 팁 : 시간당 아세틸렌 소비량 $100l$
  - 200번 팁 : 시간당 아세틸렌 소비량 $200l$
※ 강철을 가스절단하는 경우 예열온도는 800~1,000℃

108

1. 인화(flash back or back fire)
① 팁 끝이 순간적으로 막혀 가스가 분출되지 못하고 불꽃이 토치의 **가스 혼합실까지 들어오는 현상**이다.
② 역류나 역화에 비해 **매우 위험**하다.

▼ 방지대책
- 가스 유량을 적당하게 조절
- 팁을 항상 깨끗이 청소
- 토치, 기구 등을 평소에 점검
- 인화 발생 시 아세틸렌 차단 후 산소 차단

2. 역화(flash back or back fire)
① 가스용접 작업 시 팁 끝이 모재에 닿는 순간 팁 끝이 막히거나
② 팁 끝이 과열, 조임 불량 및 압력이 적당하지 않을 때 "빵빵" 소리가 나면서 꺼졌다가 다시 나타났다가 하는 현상을 역화라 한다.

▼ 방지대책
- 아세틸렌(C_2H_2)을 차단 후 산소 차단
- 팁을 물에 담갔다가 냉각

3. 역류(contra flow)
① 산소 압력이 아세틸렌가스 압력보다 높게 될 때
② 토치 내부 청소 불량이나 토치 팁 끝이 막혔을 때
③ 높은 압력의 산소가 정상적으로 흐르지 못하고 산소보다 압력이 낮은 C_2H_2 호스 쪽으로 흘러 폭발위험성이 있는 현상이다.

▼ 원인
- C_2H_2 공급량 부족
- 팁 청소 불량
- 산소압력 과다

▼ 방지 대책
- 팁 끝을 깨끗이 청소
- 역류발생 시 먼저 산소 차단 후 아세틸렌(C_2H_2) 차단

109 가스 절단 작업 안전
① 절단 진행 중에 시선은 절단면에 집중해야 한다.
② 호수가 용융금속이나 산화물의 비산으로 손상되지 않도록 한다.
③ 토치의 불꽃 방향은 안전한 쪽을 향하도록 해야 하며 조심스럽게 다뤄야 한다.
④ 호스가 꼬여 있는지, 혹은 막혀 있는지를 확인한다.
⑤ 가스 절단에 적합한 보호구 등을 착용한다.
⑥ 절단부가 날카롭고 예리하므로 상처를 입지 않도록 안전사고에 주의한다.

110 연강 가스 용접봉

① 종류
- GA46(SR46 이상, NSR51 이상)
- GA43(SR43 이상, NSR44 이상)
- GA35(SR35 이상, NSR37 이상)
- GB46(SR46 이상, NSR51 이상)
- GB43(SR43 이상, NSR44 이상)
- GB35(SR35 이상, NSR37 이상)
- GB32(NSR32 이상)

② GA46이라면 SR용착 금속의 **최소 인장강도 46kg/mm² 이상**이다.

③ NSR : 용접한 그대로의 응력을 제거하지 않을 경우

111 GA43의 의미

G A 43

여기서, G : 가스 용접봉
A : 용착 금속의 연신율
43 : 용착 금속의 최소 인장강도(kg/mm²)

지름은 1.0, 1.6, 2.0, 2.6, 3.2, 4.0, 5.0, 6.0, 길이는 모두 1,000mm이다.

112 가스 용접봉

① 모재와 같은 재질이고 불순물이 포함되지 않을 것
② 기계적 성질에 나쁜 영향을 주지 않으며, 모재에 충분한 강도를 줄 수 있을 것
③ 인, 유황 등이 적은 저탄소강(연강용일 경우)
④ $D = \dfrac{T}{2} + 1$
   여기서, D : 지름, T : 판 두께
⑤ SR(용접 후 62.5±25℃에서 풀림)
  NSR(용접 후 그대로 응력을 제거하지 않을 경우)

113 가스 용접 용제(flux)

① 연강 외 합금이나 주철 알루미늄 등의 가스 용접에는 용제를 사용해야 한다.

금속	용제
연강	사용하지 않음
반경강	중탄산소다+탄산소다
주철	붕사+중탄산소다+탄산소다
동합금	붕사
알루미늄	염화리튬 15%
	염화칼리 45%
	염화나트륨 30%
	불화칼리 7%
	황산칼리 3%

② 용제는 단독으로 사용하는 것보다 혼합제로 사용한다. (**중탄산소다+탄산소다, 붕사+중탄산소다+탄산소다**)
③ 모재 및 용접봉에 용제를 얇게 바른 후 불꽃을 태워 사용한다.
④ 용제는 적당량을 사용해야 하며 많은 양을 쓰면 용접하기 어렵다.
⑤ 연강은 용제를 사용하지 않지만, 용제 작용을 충분히 돕기 위해 붕사, 붕산, 규산나트륨을 사용하는 경우도 있다.
⑥ 용제는 분말, 액체로 된 것이 있는데 분말로 된 것은 물이나 알코올 등에 개어 사용한다.
⑦ 용제는 모재 표면에 **산화물이나 불순물을 제거**하도록 도와준다.
⑧ 산화물과 유해물을 용융시켜 **슬래그**를 만든다.

114 용접법의 종류

① 전진법(좌진법)
- **오른쪽에서 왼쪽으로 용접**하는 방법
- 5mm 이하의 얇은 판이나 변두리 용접에 사용

② 후진법(우진법)
왼쪽에서 오른쪽으로 용접하는 방법이며 후진법은 비드 모양만 나쁘고 모두 다 좋다.

③ 전진법과 후진법 비교

구분	전진법(좌진법)	후진법(우진법)
용접 속도	느리다.	빠르다.
열 이용률	나쁘다.	좋다.
변형	크다.	작다.
산화성	크다.	작다.
용도	박판	후판
비드 모양	좋다.	나쁘다.
홈 각도	크다.(80°)	작다.(60°)

115 보안경(welding goggles)

① 자외선, 적외선으로부터 눈을 보호
② 스팩터나 불티 등으로부터 눈을 보호
③ **연납땜 2번, 경납땜 3~4번, 가스용접 4~8번**을 사용

116 팁 클리너(tip cleaner)

팁 구멍이 스팩터, 그을음 등에 막혔을 경우 팁 클리너로 막힌 구멍을 뚫은 후 용접 작업을 계속한다. 이때 구멍이 늘어나는 것을 방지하기 위해 구멍보다 약간 지름이 작은 팁 클리너를 사용한다.
※ 팁의 재질보다 연한 것을 사용해야 한다.

117 가스 용접기 설치 및 불꽃 조정

① 용기 고압 밸브를 열어 조정기 설치부 등을 깨끗이 한다.
② 압력 조정기에 누설은 없는지 **비눗물 검사**를 한다.
③ 아세틸렌 압력계는 **왼나사**이다.
④ 아세틸렌 용기 탈·부착 시 왼나사이므로 **오른쪽으로 돌리면 풀리고**, 몽키 등으로 왼쪽으로 돌리면 잠긴다.
⑤ **아세틸렌 호스는 적색**이다.(**산소 - 녹색** 또는 흑색)

> **암기팁** ▶ 아.적.산.녹

⑥ 아세틸렌 0.1~0.3기압, 산소 3~4기압으로 조정한다.
⑦ 아세틸렌 밸브를 1/4~1/5 정도 먼저 열고 산소 밸브를 조금씩 열면서 점화한다.
⑧ 점화 후 처음엔 그을음이 나므로 산소 밸브를 조금씩 열어서 중성불꽃을 만든다.
※ 중성불꽃(표준불꽃) : 산소와 아세틸렌가스의 용적이 1 : 1로 혼합된 불꽃으로 용접에 가장 적합한 불꽃이다.

118 연납용 용제와 경납용 용제의 종류

① **연납용 용제 종류** : 염산(HCl), 염화아연($ZnCl_2$), 염화암모니아(NH_4Cl), 송진(resin), 인산(H_3PO_4)
※ 염화아연 사용 시 반드시 깨끗이 세척할 것(부식성이 강하므로)

② **경납용 용제 종류** : 붕사, 붕산, 붕산염, 불화물, 염화물(염화나트륨, 염화리튬 방정식)
※ 납땜 작업 중 청강수(염산)가 피부에 튀어 묻을 때는 빨리 물로 깨끗이 세척해야 하며 손으로 절대 문지르지 말 것

119 양호한 가스 절단면을 얻기 위한 조건

① **드래그(drag)는 가능한 한** 작을 것
② **슬래그(slag)는 이탈성**이 좋을 것
③ 절단면 위 표면각이 예리할 것
④ 절단면이 평활하며 드래그 홈이 낮을 것
⑤ 산소 순도(99.5% 이상)가 높을 것(절단 속도가 빠르고 절단면이 양호)
⑥ 예열 불꽃의 백심 끝을 모재 표면에서 1.5~2.0mm 이격시킬 것

120 드래그(drag)

① 가스 절단 가공에서 절단재 표면(절단가스 입구)과 절단재 이면(절단가스 출구) 사이의 **수평거리**를 말한다.
② 절단면에 일정한 간격의 곡선이 진행방향으로 나타난 것을 드래그라인(drag line)이라 한다.
③ 표준 드래그 길이는 **보통 판 두께의 20% 정도**이다.
④ 절단면 말단부가 남지 않을 정도의 드래그를 표준 드래그 길이라고 한다.

$$드래그 = \frac{드래그 \; 길이(mm)}{판 \; 두께(mm)} \times 100$$

판 두께(mm)	드래그 길이(mm)
12.7	2.4
25.4	5.2
51.0	5.6
51.0~152.0	64

121 드래그라인(drag line : 지연곡선)

절단면에 거의 일정한 간격으로 평행된 곡선으로 드래그라인의 양끝 거리, 즉 입구점과 출구점 간의 수평거리이다.

122 커프(kerf)

절단용 고압 산소에 의해 잘려나간 절단 홈

123 은납

① **아연+은+구리**가 주성분
② 융점이 황동보다 낮고 유동성, 전연성, 인장강도가 우수하며 아름다운 은백색을 띰
③ 철강, 스테인리스강, 구리, 구리합금 등에 사용
④ 불꽃, 경납땜, 노내 경납땜, 고주파 가열 경납땜에 사용

124 수중 절단(under water cutting)

① **침몰선 해체, 교량건설, 항만, 방파제 공사** 등에 사용되며, **수심 45m** 정도까지 작업이 가능하다.
② 예열 가스로 아세틸렌(폭발위험 있음), 수소(수심에 관계없이 사용 가능하나 예열온도 낮음), 벤젠(C_6H_6), 프로판 가스(LPG) 등이 사용되고 있다.
③ 예열 불꽃은 육지에서보다 4~8배 높으며 산소절단 압력은 1.5~2.0배이며 절단 속도는 느리게 한다.

※ 수심 45m이면 압력이 4.5kg/cm^2(0.45MPa)

125 TIG 아크 절단(Tungsten Inert Gas arc cutting)

① 열적 핀치 효과에 의한 고온 고속의 제트상 플라스마로 절단하는 방법으로, 텅스텐 봉(비소모식)을 쓰고 직류 정극성을 이용한다.
② TIG 절단은 **마**그네슘, **구**리 및 구리합금, **알**루미늄, **스**테인리스강 등의 금속 절단에 사용된다.

암기짱 ▶▶ 마.구.알.스

126 TIG용접에 사용되는 전극의 조건

① 고용융점의 금속일 것
② 전자방출이 잘 되는 금속일 것
③ 전기 저항률이 적은 금속일 것
④ 열 전도성이 좋은 금속일 것

127 아크 에어 가우징(arc air gouging)

탄소 아크 절단 장치에 압축공기를 병용해서 아크열로 용융시킨 부분을 압축공기(5~7kg/cm²)로 불어 날려서 홈을 파내는 작업이다. 절단 작업도 가능하다.

▼ 특징

- 그라인딩 치핑, 가우징 작업보다 작업능률이 2~3배 높다.
- 순간적으로 불어내므로 모재에 악영향이 없다.
- 용접 결함부 발견이 쉽다.
- 소음이 적고 조작이 간단하다.
- 응용범위가 넓고 경비가 싸다.
- 철, 비철금속에 사용한다.
- 용접부의 홈 가공, 뒷면 따내기(back chipping), 용접 결함부 제거 등에 사용한다.
- 아크 에어 가우징 장치에는 가우징 토치, 가우징 봉(용접봉), 전원(직류 역극성), 압축공기(콤프레서) 등이 있다.

128 아크 절단법의 종류

① 산소 아크 절단
② 아크 에어 가우징
③ 탄소 아크 절단
④ 티그(TIG) 절단
⑤ 미그(MIG) 절단
⑥ 플라스마 아크 절단
⑦ 금속 아크 절단

129 가스 가우징(Gas gouging)

① 용접 표면 뒷면을 따내기 하는 데 사용한다.
② 가스 용접에 절단용 장치로 이용할 수 있어 가접 제거나 용접부 결함 제거 작업에 사용 가능하다.
③ 저압으로 대용량 산소 방출이 가능하도록 슬로 다이버전트 팁을 사용한다.
④ 작업이 용이하도록 팁 끝이 구부러져 있다.
⑤ H형, U형의 용접 홈을 가공하기 위해 깊은 홈을 파내는 가공법으로 일명 가스파내기라 칭한다.
⑥ 가우징 팁 예열 작업 각은 30~40°, 작업 시 각도는 20°, 홈의 깊이와 가스 폭의 비율은 1 : 1~1 : 3 정도가 많이 쓰인다. 스카핑(scarfing)에 비해 너비가 좁은 홈을 간다.

※ 사용가스압력 : 산소 − 3~7kg/cm², 아세틸렌 − 0.2~0.3kg/cm²

130 플라스마 아크 절단(plasma arc cutting)

① 냉각수로 플라스마 아크의 바깥 둘레를 강제로 냉각해 생성된 고온, 고속의 플라스마를 이용한 절단법
② 아르곤+수소 혼합가스 : Al 등 경금속에 사용하는 가스
③ 질소+수소 혼합가스 : 스테인리스강에 사용하는 가스
④ 이행형 아크 절단(transferred arc cutting) : 텅스텐 전극과 모재 사이에 아크 플라스마 발생
⑤ 비이행형 아크 절단(non transferred arc cutting) : 텅스텐 전극과 수랭 노즐 사이에 접촉시켜 아크 발생(플라스마 제트 절단)
⑥ 열적 핀치 효과 이용
⑦ 금속 외에 내화물, 콘크리트 등의 비금속 재료도 절단 가능
⑧ 절단부에 슬래그가 부착되지 않으며 열 영향이 적어 변형이 거의 없음
⑨ 플라스마는 10,000~30,000℃의 높은 에너지를 이용하여 절단
⑩ 전극으로 비소모식 텅스텐 봉과 직류 정극성 사용

131 플라스마(plasma)

기체를 수천 도의 높은 온도로 가열하면 그 속의 가스원자가 원자핵과 전자로 분리되며, 양(+)이온인 원자핵과 음(-)이온인 전자로 분리되는 상태를 말한다.
발생온도 : 1만~3만℃

132 플라스마 절단 방법

① 플라스마 제트 절단법으로 **알루미늄, 구리, 스테인리스강** 및 **내화물 재료**를 절단할 수 있다.
② 플라스마 절단 방식은 **이행형 아크 절단**과 **비이행형 아크 절단**으로 분류된다.
③ 텅스텐 전극과 모재 사이에서 아크 플라스마를 발생시키는 것을 **이행형 아크 절단**이라 한다.
④ 무부하 전압이 높은 직류 정극성을 쓰며 전극은 비소모식 텅스텐 봉을 쓴다.
⑤ 알루미늄 등의 경금속에 작동가스로 아르곤과 수소의 혼합가스를 사용한다.

133 절단 산소 중 불순물 증가 시

① 절단면이 거칠어진다.
② 절단속도가 느려진다.
③ 산소 소비량이 많아진다.
④ 슬래그 이탈성이 나빠진다.
⑤ 절단 개시 시간이 길어진다.
⑥ 절단 홈 폭이 넓어진다.
⑦ **산소 순도가 1%** 저하 시 **절단속도는 25%** 저하된다.

134 분말 절단(powder cutting)

① 스테인리스강, 비철금속, 주철 등은 가스 절단이 쉽지 않기 때문에 철분이나 **플럭스 분말**을 연속해서 산소에 공급함으로써 산화 열 또는 화학작용을 이용한 절단법으로, **철분 절단**과 **분말(플럭스) 절단** 두 종류가 있다.
② 철분 절단은 구리, 주철, 크롬, 철, 스테인리스강, 청동에 사용한다.
③ 분말 절단은 비철금속, 고합금강, 주철절단에 적합
④ 절단면이 매끄럽지 못하다.

135 산소창 절단

① 토치 대신 가늘고 긴 강관(내경 : 3.2~6.0mm, 길이 : 1.5~3.0mm)창을 통해 절단 산소를 내보내 절단한다.
② 용광로(고로), 평로의 탭 구멍 천공, 콘크리트 절단, 암석 천공(구멍 뚫기), 후판 절단에 사용한다.
③ 아세틸렌가스가 불필요하다.

136 절단 가공

① **산소창 절단**은 강괴, 용광로(고로), 평로의 탭 구멍 천공, 콘크리트 절단, 암석 천공(구멍 뚫기), 후판 절단에 사용한다.
② **아크 에어 가우징**은 탄소 아크 절단에 압축공기를 같이 사용하는 방법이다. 용접부 홈 파기, 결함부를 제거하며 소음이 없고 경비가 싸며 균열 발견이 쉽고 가스 가우징보다 작업능률이 2~3배 좋다.
③ **수중 절단**은 교량·교각 제조, 침몰선 해체, 방파제 절단에 사용되며, 수중 절단에 사용되는 연료 가스로는 수소, 아세틸렌, LPG 등이 쓰인다.
④ **레이저 절단**은 다른 절단법에 비해 에너지 밀도가 높고 정밀 절단이 가능하며 공업용으로는 적외선 레이저를 이용하고 있다.

137 레이저 절단기 구성요소

레이저 발진기, 가공 테이블, 광송전부

138 레이저용접(laser welding)의 장점

① **한 방향 용접** 가능
② **소입열 용접** 가능
③ 고속 및 일반 용접에 공정 융통성 부여
④ **불량 도체 및 접근성이 곤란한 물체**도 용접 가능
⑤ **원격 조작**과 육안으로 확인해 용접 가능하다.

139 자동가스 절단 조건

① 산소 절단에서 불꽃이 너무 강할 경우 위 모서리가 녹아 둥글게 된다.
② 산소 절단에서 산소 압력이 낮고 절단 속도가 느리면 위 가장자리가 녹는다.
③ **산소 순도가 99%** 이상 높으면 절단 속도가 빠르고 절단면도 곱지만 **순도가 1% 정도** 낮으면 **절단 속도는 급격히 떨어진다**.
④ 산소 중에 불순물이 증가하면 슬래그 이탈성도 떨어진다.
⑤ 팁의 위치가 높으면 가장자리가 둥글어진다.

140 스카핑(scarfing)

① 강재 표면의 **홈, 탈탄층을 제거**하기 위해 사용
② 표면을 얇고 넓은 타원형으로 깎아내는 가공법
③ 스카핑 토치와 공작물 표면 각도를 75°로 유지
④ 냉간재 속도는 5~7m/min, 열간재 속도는 20m/min

141 포갬 절단

① 포갬 절단 시 판과 판 사이 거리(틈)를 0.08mm이하로 포개어 압착 후 절단한다.
② 산소 프로판 불꽃은 예열불꽃이 적당하다.
③ 작업 효율을 높이기 위해 6mm 이하 얇은 판을 겹쳐 절단한다.

142 TIG용접의 특징 – 1

① 모재 표면과 텅스텐 전극봉 선단 사이가 접촉되지 않아도 아크가 발생되는 용접이다.
② 응용범위가 넓다.(모든 금속 용접 가능)
③ 연성, 내식성, 기밀성 강도가 우수하다.
④ 200A 이하는 공랭식 토치, 200A 이상은 수랭식 토치를 사용한다.
⑤ 혼합 가스는 **아르곤 25%, 헬륨 75%를 가장 많이 사용**한다.
⑥ 슬래그 제거가 불필요하다.(용제를 사용하지 않으므로)
⑦ 박판 용접에 능률적이고 모든 용접 자세가 가능하다.
⑧ 아름다운 비드를 생성한다.
⑨ 후판에는 사용할 수 없다.(3mm 이하 박판에만 사용)
⑩ 옥외 작업 시 방풍대책 필요, 용접기 가격이 비싸다.
⑪ 전극봉 식별 색은 **순 텅스텐**(녹색), **지르코니아**(갈색), **1% 토륨**(노란색), **2% 토륨**(적색)이다.

143 불활성 가스

아르곤(Ar), 헬륨(He), 네온(Ne)

144 TIG용접 – 2

청정효과가 가장 우수한 TIG용접은 직류 역극성에서 아르곤 가스를 사용할 때 가스 이온이 모재 표면에 충돌하면서 산화막을 제거·파괴하는 **청정작용**(cleaning action)을 한다.

145. TIG(tungsten inert gas) 용접의 특징 – 3

① 비용극식이고 비소모식이다.
② 헬륨(헬리) 아크, 헬리웰드, 아르곤 아크, 불활성 가스 텅스텐 아크라고도 한다.
③ 직류 역극성(DCRP) 사용 시 청정작용을 한다.
④ 알루미늄, 마그네슘 등을 TIG용접할 때 고주파 교류(ACHF)를 사용한다.
⑤ 직류 정극성 용접 시 전극 선단의 각도는 30~50°이다.
⑥ 텅스텐 금속이 TIG용접의 전극에 가장 적합하다.

146. 텅스텐 전극봉의 식별색

① 순 텅스텐 : 초록
② 1% 토륨 : 노랑
③ 2% 토륨 : 빨강
④ 지르코니아 : 갈색

암기짱 ▶ 텅초.일노.이빨.지갈

147. TIG용접의 특징 – 4

① TIG용접은 직류 정극성, 직류 역극성, 고주파 교류를 용접에 사용하고 있다.
② TIG용접은 산화하기 쉬운 금속인 알루미늄, 구리, 스테인리스강을 비롯한 대부분 금속 등의 용접이 용이하고 용착부 성질이 우수하다.
③ 연성, 강도, 기밀성 등이 우수하다.
④ TIG용접에 사용하는 아르곤 가스는 용착 금속의 산화, 질화를 방지한다.
⑤ 후판 용접에 부적당하고 박판 용접에 적당하며 전 자세 용접이 용이하다.
⑥ 박판 용접 시 용가재를 사용하지 않아도 용접부는 양호하다.

148. 펄스 TIG용접의 특징

① **모재에 전극을 접촉하지 않아도** 아크가 발생하여 전극의 오손을 줄일 수 있다.
② 전극봉의 소모가 적어 **수명이 길다.**
③ **저주파 펄스** 용접기와 **고주파 펄스** 용접기가 있다.
④ 직류 용접기에 펄스 **발생회로를 추가**한 것이다.
⑤ **전 자세 용접**이 가능하다.
⑥ 일정한 용접봉 사이즈로 용접할 수 있는 범위가 넓다.
⑦ **20A 이하** 저전류에서도 아크 발생이 용이하다.

149. TIG용접 시 텅스텐 혼입이 일어나는 이유 (경우)

① 전극와 용융 쇳물이 접촉할 때
② 전극의 굵기보다 큰 전류를 사용할 때
③ 바람 등의 영향으로 전극이 산화될 때

150. TIG용접에 사용되는 전극 조건

① **전자 방출 능력**이 좋은 금속
② **고용융점 금속**(토륨 1~2%를 포함한 텅스텐 용융점 3,400℃)
③ 열 전도성이 좋은 금속
④ **전기 저항률**이 적은 금속

151 불활성 가스 금속 아크용접(MIG, GMAW)의 특징

① 전원은 정전압 특성, 상승 특성을 가진 **직류 역극성**에 직류 용접기가 사용된다.
② 전자동 용접기 또는 반자동식 용접기로 **용접속도가 빠르다**.
③ 전류 밀도가 높아 3mm 이상인 두꺼운 판의 용접에 능률적이다.
④ **아크 자기 제어 특성**이 있다.
⑤ 전극 자체가 녹으므로 **소모 용극식**이다.
⑥ 바람의 영향을 받지 않도록 **방풍대책**이 필요하다.
⑦ 용적은 분무(스프레이)형으로 **3mm 이상 후판**에 사용되며 TIG용접에 비해 능률이 크다.
⑧ **전 자세 용접이 가능**하며 전류 밀도는 피복 아크용접의 6~8배, TIG용접의 2배 크다.
⑨ CO_2 용접에 비해 스패터 발생량이 적고 비드가 깨끗하고 아름답다.
⑩ 직류 역극성을 이용하면 청정작용으로 알루미늄(Al), 마그네슘(Mg) 등의 용접이 용이하다.
⑪ 와이어 송급 방식에는 **푸시, 풀, 푸시-풀, 더블 푸시** 방식 송급 장치가 있다.

152 전자동 MIG용접의 장점

① 용접 속도가 빠르고 용착 효율이 높아 **능률이 매우 좋다**.
② 반자동 용접에 비해 용접의 **품질이 우수하다**.
③ 숙달이 비교적 쉽고 용접사 기량에 의존하지 않는다.
④ **제품 생산비를 최소화** 할 수 있다.

153 서브머지드 아크용접 점화 방법

고주파 점화, **용접** 금속에 의한 점화, **전극봉** 점화, **탄소봉** 점화, 스틸울(steel wool, 강모)

암기팜 ➡ 고.용.전에 탄. 쁘스

154 서브머지드 아크용접 사용 재료

주강, 스테인리스강, 탄소강

암기팜 ➡ 주.스.탄

155 MIG용접원리

금속 용접봉인 용가재와 모재 사이에 발생하는 아크열을 이용하는 방법으로 CO_2 용접에 비해 스패터 발생이 적다. 용극식이며 소모식이다.

※ 탄산가스 아크용접의 원리와 같은 용극방식은 미그용접이다.
※ MIG용접(MIG, GMAW) 시 송금롤러 형태에는 롤렛형, 기어형, U형 등이 있다.

156 서브머지드 아크용접(불가시용접=잠호용접)

상품명인 **유니온멜트** 용접법, **링컨** 용접법이라고도 부른다.

① 원리 : 모재 이음부 표면에 입상의 용제를 공급하고 용제 속으로 전극 와이어를 연속 송급해 그 속에 모재와 용접봉 안에서 아크를 일으켜 용접하는 방법이다. 아크가 보이지 않으므로 잠호, 불가시용접이라고도 한다.

② 장점
  - 용융속도 및 **용착속도가 빠르고 용입도 깊다**.(수동용접에 비해 용접 속도가 10~20배, 용입은 2~3배 깊다.)
  - 용접 홈(개선각)을 작게 해 용접봉 절약 및 **용접 패스 수가 줄어들어 용접 변형도 적어진다**.
  - 1회 용접으로 75mm까지 가능하다.
  - 열효율이 높고 비드 외관이 아름다우며 용접속도가 빠르다.
  - 용접사 기량 차가 품질에 영향을 미치지 않아 신뢰도가 높다.(용착 금속 품질이 양호하다.)
  - 기계적 성질이 우수하며 유해 광선이나 퓸(fume) 등이 적게 발생해 작업 환경이 청결하다.
  - 직류와 교류 전원을 쓰고 직류 역극성으로 시공하면

아름다운 비드를 얻을 수 있다.
- 교류는 설비비가 적고 자기불림(magnetic blow)이 없다.
- 콘택트 팁에서 통전되어 와이어 중에 저항열이 적게 발생되므로 고전류 사용이 가능하다.
- 용입이 깊어 용접 홈의 크기가 작아도 되며, 용접재료 소비와 변형이 적다.(용접변형 및 잔류응력이 적다.)

③ 단점
- 적용 자세에 제약을 받는다.(아래보기, 수평 필릿 자세가 대부분)
- 용접 진행 상태의 양부를 **육안으로 확인 불가**하다.(치명적 결함 등 식별 불가능) 38회
- 용접선이 복잡하거나 짧을 경우 수동용접에 비해 **비능률적**이다.
- **장비가 고가**이며 재료로 탄소강, 스테인리스강, 합금강 등만 사용된다.(사용에 제약을 받는다.)
- 용접 입열량이 커 열영향부가 크다.
- 루트 간격이 너무 크면 용락될 위험이 있다.

157 소결형 용제(sintered type flux)

서브머지드 아크용접의 용접용 용제 중 합금제, 페로망간 및 페로실리콘 등은 탈산제의 손실이 거의 없기 때문에 용융 금속의 탈산작용 및 조직의 미세화가 비교적 용이한 소결형 용제이며 흡습성이 강하다.

158 탄산가스 아크용접 시 전진법의 특징

① **스패터가 비교적 많으며** 진행방향 쪽으로 흩어진다.
② 용착 금속이 아크보다 선행하기(앞서기) 쉬워 **용입이 얕다**.
③ 비드 높이가 낮고 **평탄한 비드가 형성**된다.
④ 용접선이 잘 보여 **운봉을 정확하게** 잘 할 수 있다.

159 이산화탄소 아크용접

① 장점
- 전류 밀도가 높고 용입이 깊어 **용접속도를 빠르게 할 수 있다.
- 용착 금속의 **기계적, 금속학적 성질이 우수**하다.
- **가시 아크**로 시공이 편리하다.
- 박판은 단락이행 용접법에 의해 0.8mm까지 가능하며 **전 자세 용접**도 가능하다.
- 용제를 사용하지 않아 슬래그 혼입이 없고 용접 후 처리가 간단하다.(솔리드 와이어 사용 시)
- **용접 작업 시간을 길게** 할 수 있다.

② 단점
- 풍속 2m/sec 이상 시 **방풍 장치가 필요**하다.
- 적용되는 재질이 Fe(철) 계통에 한정된다.(저탄소강 등)
- 비드 외관이 다른 용접에 비해 약간 거칠다.

160 MIG용접의 특징(GMAW)

① CO_2 용접에 비교해 스패터 양이 적다.(용접 후 처리 불필요)
② 수동 피복 용접에 비해 능률적이다.(조작과 운전이 쉬움)
③ 여러 가지 금속 용접에 다양하게 적용 가능하다.(응용 범위가 넓다.)
④ 후판 용접에 적당(3mm 이하 박판 용접은 곤란)하다.
⑤ 용접속도가 빠르고 전 자세 용접이 가능하다.
⑥ 용착효율이 높다.(수동피복 아크용접은 60%, MIG는 95%)
⑦ 용입이 크고 전류밀도는 TIG용접의 2배, 일반용접의 4~6배이다.
⑧ 방풍대책이 필요하다.(바람의 영향을 크게 받기 때문에 옥외에서 사용하기 어렵다.)
⑨ 상품명으로 에어코우메틱, 시그마, 필터 아크, 아르고 노트 용접법이 있다.

161 테르밋 용접

① 테르밋제 주성분 : 산화철 분말(3~4) : 알루미늄 분말(1)의 중량비
② 테르밋 원리 : 외부로부터 용접 열원을 가한 것이 아니므로 테르밋 화학 반응온도가 2,800℃ 이상 고온에 도달하는 데 매우 짧은 시간이 소요된다.
    ※ 테르밋 반응 : Al에 의해 산소를 빼앗기는 반응
③ 접합제 : 과산화바륨, 마그네슘
④ 특징
   - 용접시간이 비교적 짧고 작업이 단순하며 용접결과 재현성 높다.
   - 용접 기구가 간단하고 설비비가 싸며 전력이 불필요하다.
   - 이동이 용이하며 용접 시공 후 변형이 적다.
   - 종류에는 용융테르밋 용접법과 가압테르밋 용접법이 있다.
   - 작업이 단순하고 기술 습득이 쉽다.
   - 특별한 모양의 홈 가공이 필요하지 않다.
⑤ 용도 : 철도레일의 맞대기용접, 배의 프레임, 크랭크축 등 보수용접에 사용한다.

162 탄산가스 아크용접에서 아크 안정을 위해 사용하는 혼합가스의 종류

① 이산화탄소 – 아르곤(CO_2-Ar)
② 이산화탄소 – 아르곤 – 산소(CO_2-Ar-O_2)
③ 이산화탄소 – 산소(CO_2-O_2)

163 아르곤 가스의 성질

① 대기 중에 0.94%가 포함되어 있으며, 독성이 없는 무색, 무미, 무취 가스이다.
② 아크 전압이 낮기 때문에 박판 용접에 적당하다.
③ 용입이 얕고 청정작용이 있다.

164 플라스마 아크용접

기체를 가열하여 양이온과 음이온으로 혼합된 도전성을 띤 가스를 플라스마 상태라 하며, 이때 온도는 10,000~30,000℃ 정도이다.
용도로 탄소강, 스테인리스강, 티탄, 니켈합금, 구리 등에 적합하다.

165 용접작업 시 유의사항

이산화탄소 아크용접, 피복아크용접 등에 사용되는 용제 등에서 가스에 의해 퓸(fume)이 발생하여 용접작업 등에서 가스중독을 일으킬 수 있다. 그러므로 환기장치 등이 반드시 필요하며 지나치게 좁은 장소는 피한다.
또 한 편 적당한 용접전류 값, 전압선택, 용접조건의 설정 등 매연 발생이 적은 작업이 필요하다.

166 탈산제

① 용융금속 중에 산화물을 탈산, 정련작용을 한다.
② 알루미늄(Al), 바나듐(V), 페로티탄(Fe-Ti), 페로망간(Fe-Mn), 크롬(Cr), 페로실리콘(Fe-Si)

> 암기팁 ▶ 알.바.티.망.크.실

167 고장력강

인장강도가 50kg/mm² 이상인 강으로 망간강, 함동석출강, 몰리브덴 함유강 등이 있다.

▼ 고장력강 용접 시 주의사항
- 위빙폭을 작게 하고 아크 길이는 가능한 한 짧게 할 것
- 엔드 탭을 설치해 사용할 것
- 용접봉은 저수소계로 300~350℃로 1~2시간 건조한 봉을 사용할 것
- 용접 개시 전에 용접할 부분 및 이음부 내부를 청소할 것

168 고장력강 피복 아크용접봉

① 저수소계 용접봉을 사용한다.
② 인장강도와 항복점을 높이기 위해 Ni, Cr, Mn, Si, Cu, Ti 등의 합금 원소를 일정량 이상 첨가한 저합금강이다.
③ 용접 시 아크 길이는 가능한 짧게 한다.
④ 위빙폭을 크게 하지 않는다.
⑤ 용접 시공할 부위는 청소를 철저히 한다. 특히 기름, 습기 등을 완전히 제거한다.

169 전자 빔 용접(EBW, electronic beam welding)

10^{-4}mmHg 이상 고진공 속에서 충격, 충돌에 의한 전자 운동 에너지를 열에너지로 변환시켜 용접하는 것

170 전자 빔 용접의 특징

① 고진공 속에서 용접하므로 대기의 유해한 원소와 차단되어 용접부가 양호하다.
② 고용융 재료나 이종금속 용접이 용이하다.
③ 박판에 두꺼운 후판까지 광범위하게 용접이 가능하다.
④ 고속용접이 가능하므로 이음부, 열영향부가 적고 용접부 변형이 없어 정밀도가 높다.
⑤ 고진공형, 저진공형, 대기압형이 있다.
⑥ 슬래그 섞임 등 결함이 생기지 않는다.(용접봉을 사용하지 않기 때문에)
⑦ 진공 중에 용접하기 때문에 기공 발생, 합금성분 등이 감소한다.
⑧ 대기압형 용접기를 사용할 경우 X선 방호장치가 필요하다.
⑨ 아연(Zn), 카드뮴(Cd)은 진공용접 시 증발하기 때문에 부적당하다.

171 일렉트로 슬래그 용접

① 원리 : 용융 슬래그 저항열에 의한 와이어와 모재를 용융시키면서 연속 주조 방식에 의한 단층 수직 상진 용접을 한다.
② 특징
  • 후판 용접에 적합하다.(단층으로 한 번에 용접 가능)
  • 특별한 홈 가공이 필요하지 않다.(홈 가공 준비 간단, 각(角) 변형 적음, 홈 I형 그대로 사용)
  • 용접 시간이 단축되기 때문에 능률적, 경제적이다. (아래보기 서브머지드 용접에 비해 1/3~1/5 정도 감소)
  • 아크가 눈에 보이지 않고 아크불꽃도 없다.
  • 전극 와이어는 주로 지름 2.5~3.2mm를 사용한다.
  • 용접시간에 비해 준비시간이 길다.
  • 각 변형이 적고 용접 품질이 우수하다.
  • 전기 저항열을 이용하여 용접한다.(줄 열의 법칙 적용)
  • 스패터 발생이 적고 용융금속 용착량이 100%이다.
  • 고가이며 기계적 성질이 나쁘다.
  • 박판 용접에는 적용할 수 없다.
  • 용접 장치가 복잡하고 냉각장치(수랭식 동판 등)가 필요하다.
  • 보일러 드럼, 대형부품 로울, 수력 발전소 터어빈축 등에 쓰인다.

172 용제가 들어 있는 CO_2법

① 유니온 아크법(자성온)
② 버나드 아크용접(NCG법)
③ 컴파운드 와이어(아고스 아크법)
④ 퓨즈 아크법

암기짱 ▶▶ 유.버.컴.퓨터

173 일렉트로 가스용접(EGW, Electro Gas arc Welding)

이산화탄소(CO_2) 가스를 보호가스로 사용하며 CO_2 가스 속에서 아크를 발생시키고 아크열로 모재를 용접 · 접합한다.

▼ 특징

- 판 두께가 두꺼울수록 경제적이며, 판 두께에 관계없이 단층으로 상진 용접한다.
- 용접속도는 빠르고 용접 홈은 가스절단 그대로 사용한다.
- 용접속도는 자동으로 조절되며 용접 홈의 기계가공이 필요하다.
- 용접장치가 간단하고 취급이 쉬우며 고숙련이 필요하지 않다.
- 가스 발생량이 많으며 용접작업 시 바람의 영향을 많이 받는다.

174 가스 퍼징(Gas purging)

일정하게 이면(뒷면) 비드를 얻기 위한 방법으로 용접 전면과 같이 후면에도 아르곤(Ar), 헬륨(He) 등을 공급해 용착금속의 산화를 방지한다. 가스 공급량은 분당 $27l$ 정도이다.

175 일렉트로 가스 아크용접에 사용되는 가스

보호가스로 Ar(아르곤), He(헬륨), CO_2(탄산가스) 그리고 이들을 혼합한 가스가 사용되지만 CO_2 가스가 많이 사용된다.

암기팸 ▶ 탄.알.이 헬. 기에서 떨어진다

176 플래시 용접(flash welding)

① 용접하고자 하는 2개 금속 단면을 가볍게 접촉시켜 대전류를 통해 전기불꽃을 발생·비산시켜 그 열로 접합하는 용접법이다.
② 플래시가 비산되므로 작업자 안전조치가 필요하다.
③ 이음 강도가 높고 신뢰도 또한 좋다.
④ 이종 재료 용접이 가능하며, 강재, 니켈, 니켈합금에 적합하다.
⑤ 예열 – 플래시 – 업셋 순으로 진행된다.

177 TIG용접과 비교한 플라스마 아크용접의 단점

① 무부하가 높고 설비비가 많이 든다.
② 모재 표면에 오염이 있으면 플라스마 아크 상태가 변해 **용접부의 품질이 떨어진다**.

178 전기저항 용접 3대 요소

용접**전류**, **통전시간**, **가압력**

암기팸 ▶ 전.통.가.요

179 돌기용접의 장점

① 동시에 많은 점용접이 가능해 생산성이 높다.
② 판 두께가 서로 다른 이종금속도 용접이 가능하다.
③ 작업능률이 높고 수명이 길다.
④ 좁은 공간이라도 많은 개수의 점을 용접할 수 있다.

180 초음파 용접의 특징

① 이종재료나 판 두께 0.01~2.0mm 정도 **얇은 판 용접이 가능하다**.(박판 및 foil 용접이 가능)
② **압연한 그대로 용접**이 된다.
③ 판 두께에 따라 용접강도가 달라진다.
④ 냉간 압접에 비해 가해지는 압력이 작아 **변형도 적다**.

181 프로젝션 용접(돌기용접)의 특징

① 모재 한쪽 혹은 양쪽에 작은 **돌기**(projection)를 만들어 압접하는 방법이다.
② 돌기를 내는 쪽은 두꺼운 판, **열전도와 용융점이 높은** 쪽에 만든다.
③ 돌기 지름은 (판 두께×2+0.7), 높이는 (판 두께×0.4+0.25)하여 구한다.
④ 돌기의 **정밀도가 높아야 정확한 용접**이 된다.

⑤ 용접 **설비비가 비싸다.**
⑥ **전극의 소모가 적다.** (작업능률이 높고 수명이 길다.)
⑦ 이종금속도 용접이 가능하다.
⑧ 동시에 많은 점용접이 가능하다.

182 일렉트로 가스 아크용접

① 저항 발열을 이용한 **수직 자동용접**이다.
② 판 두께에 관계없이 **단층으로 상진 용접**하여 판 두께가 두꺼울수록 경제적이다.
③ 용융금속이 흘러내리지 않도록 수랭 구리판을 설치한다. (이동용 냉각 동판에 급수장치 필요)

183 아크센서

용접 파라미터를 감지하여 용접선을 추적하면서 **용접 위빙을 진행하는 센서**이다.

184 플라스마 아크용접장치

플라스마 아크용접장치로 가스 공급 장치, 용접토치, 제어장치 등이 필요하다.

185 페룰(ferrule)

아크 스터드 용접에서 피스톤형 홀더에 볼트나 환봉을 끼워 볼트와 모재 사이에 순간적으로 플래쉬(아크)를 발생시켜 급열, 급랭을 받아 용융금속을 담고 아크안정과 보호를 위해 스터드 끝부분을 둘러싸고 있는 **세라믹 부품**을 말한다.

186 이산화탄소 아크용접

① 솔리드(solid) 와이어 : 솔리드 와이어 고전류 용접은 입상이행(글로블러형) 아크이므로 스패터가 많으며 외관은 나쁘다.

② 복합 와이어 : 솔리드 와이어보다 스패터가 적으며 비드 외관도 아름답다.

187 핫 와이어(Hot wire)법

불활성 가스 텅스텐(TIG)용접에서 용착금속을 향상시키는 방법으로 용가재에 전류를 가할 때 발생되는 저항열을 이용하여 아크열과 더불어 용가재를 용융시키는 방식이다.

188 탄산가스 아크용접

① 자기제어 특성을 이용해 전극와이어를 정속 송급함 (일정속도로 송급)
② 팁과 모재 간의 거리가 200A 이하 시 10~15mm이고 200A 이상 시 15~25mm이다.

189 오버레이 용접

마모 손상된 부위의 **보수** 등에 사용되고 있는 용접법으로 내식, 내열, 내마모성을 갖기 위해 **1mm 이상** 두께로 용접 금속을 입히는 방법이다.

190 인버터 용접기

직류 전력을 교류 전력으로 변환하는 장치가 인버터로, 소형화, 경량화, 고속 정밀 제어가 가능하고, 아크 스타트도 향상되었다. 하지만 전자식이라서 유지 및 보수가 곤란하다.

191 불활성 가스 아크용접(TIG, GTAW)의 특징

① 비철금속인 **구리** 및 **구리합금, 아연, 알루미늄, 니켈** 등 비철금속 용접이 용이하다.
② 용접부 변형이 적고 **박판용접, 특히 6mm** 이하에서 많이 사용된다.

③ 용제와 슬래그 제거가 불필요하다.
④ 용제 스패터를 최소화하여 **전 자세 용접이 가능**하다.
⑤ 용접부의 강도가 더 커지며 내 부식성이 증가하는 등 **기계적 성질이 우수**하여 가장 널리 쓰이고 있다.
⑥ 후판에는 사용할 수 없다.
⑦ 소모성 용접을 쓰는 용접보다 용접속도가 느리다.
⑧ 공기에 노출되면 용접부 금속이 오염된다.
⑨ 티탄(Ti) 합금으로 용접할 때 용접이 가장 잘 된다.

192 서브머지드 아크용접 시 와이어 표면에 구리를 도금하는 이유

① 와이어 녹 방지(결과 : 기공 발생이 적어진다.)
② 전기적 접촉 원활
③ 용접속도가 빨라짐(전류가속을 개선)
④ Y S 308 : Y(와이어), S(서브머지드 아크용접), 308 (화학 성분)
⑤ 입자는 입도로 표시
   예 20×200 : 20메시에서 200메시까지
   20×D : 20메시에서 미분까지
※ 메시(mesh) : 1inch² 내의 체눈의 수

193 번백 시간(burn back time)

MIG의 제어장치로 크레이터 처리 기능에 의해서 전류가 줄어들면서 결국에는 아크가 끊어지는 기능으로, **이면(뒷면) 용접 부위가 녹아내리는 것을 방지하는 제어기능**

194 크레이터 충전 시간

MIG의 **전류와 전압 값을 조절하는 시간**으로, 토치의 스위치를 누르면 전류와 전압 값이 낮아져 결국엔 크레이터가 채워진다.

195 CO_2 가스 아크용접의 복합 와이어 구조

아코스(컴파운드) 와이어, NCG(버나드) 와이어, S관상 와이어, Y관상 와이어

196 MIG 용접에서 용융속도 표시 방법

분당 용융되는 와이어의 길이, 무게

197 전기적 에너지를 열원으로 사용하는 용접법

암기짬 ▶ **피.플.**국민의 홍**일.점.**에게 **심.플.**하게 **프로.퍼.**즈 했다

피복금속 아크용접,   **플**라스마 아크용접
일렉트로 슬래그 용접,   **점**용접,
심용접   **플**래시 버트용접,
프로젝션 용접   **퍼**커션 용접

198 원자수소 용접

수소가스 분위기 중 분자상 수소를 원자상으로 해리시켜 재차 결합할 때 발생하는 열을 이용해 순 원자상과 분자상의 수소가스 분위기 속에서 용접하는 방법으로, 원자 상태로 열 해리되면서 다시 결합될 때 방출되는 3,000~4,000℃ 열을 이용한 용접

199 일렉트로 슬래그 용접 특징

① 후판 용접에 적합하다.(단층으로 한 번에 용접 가능)
② 특별한 홈 가공이 필요하지 않다.(가공 준비 간단, 각 변형 적음, I형 홈)
③ 용접 시간이 단축되기 때문에 능률적이다.(아래보기, 서브머지드 용접에 비해 1/3~1/5 정도 감소)
④ 다른 용접에 비해 경제적이다.
⑤ 아크가 눈에 보이지 않고 아크불꽃도 없다.
⑥ 전극 와이어 지름은 2.5~3.2mm가 주로 사용된다.

200 초음파 검사(UT, Ultrasonic Test)

인간이 들을 수 없는 비가청주파수(0.5~15MHz)를 시험편 내부에 침입시켜 불균일 층이나 결함을 찾는 방법으로, 이때 탐상시험에 사용되는 음파는 저음파, 청음파, 초음파이다.

암기팡 ▶ 청순한 저.청.초

▼ 초음파 검사의 특징
- 길이나 두께가 큰 물체 탐상에 적합
- 검사자에게 위험이 없고 한쪽에서 탐상 가능
- 얇은 시편이나 표면이 심하게 울퉁불퉁한 것은 곤란하다.

201 플래시 용접기의 속도제어 방식

① 수동 플래시 용접기
② 전기식 플래시 용접기
③ 공기가압식 플래시 용접기
④ 유압식 플래시 용접기

202 노즐(nozzle)

CO_2 용접에서 용접부에 가스를 잘 분출시켜 양호한 실드(shield)작용을 하도록 하는 부품이다.

※ 실드 아크용접(shield arc welding) : 아크 및 용접금속을 아르곤, 헬륨, 탄산가스 등의 보호매질로 대기로부터 차단하면서 하는 아크용접

203 엔드 탭(end tab)

서브머지드 아크용접 등에서 강구조물 용접 시공 시 아크 용접의 시작점과 끝나는 부분에 생기기 쉬운 결함을 방지하기 위해 임시로 부착하는 강판으로, 중요한 부분이나 크기가 큰 용접에는 반드시 필요한데 엔드 탭은 용접 후에 가스절단과 그라인더 다듬질이 필요하다.

※ 서브머지드 아크용접은 엔드 탭(end tab)을 붙여서 시공하는 용접법이다. 38회

204 I형 홈

I형 홈은 접합하려는 두 모재 양단을 직각으로 절단해서 I형으로 맞댄 홈으로 일렉트로 슬래그 용접에서 주로 사용한다. 용접 홈 가공 시 준비가 간단하다.

205 용접봉 심선의 화학성분

연강용 아크용접봉 심선 화학성분(KSD 3508)에 의하면 C(탄소), P(인), S(황), Si(규소), Mn(망간), Cu(구리) 등이다.

206 용접기 사용률(duty cycle)

높은 전류 값으로 용접 작업을 계속하면 용접기가 소손되는 것을 방지하기 위해 사용률을 정하고 있다.

- 피복아크용접기 : 40%, 자동용접기 : 100%

※ 사용률 40%란 10분 중에서 4분만 용접 작업을 수행했고 6분은 휴식을 취한 것이다.

$$사용율(\%) = \frac{아크발생시간}{아크발생시간 + 휴식시간} \times 100$$

207 천이온도(transition temperature)

(1) 성질이 급변하는 온도를 천이온도라 할 수 있는데 변태점도 천이온도라 볼 수 있다. 또한 연성파괴에서 취성파괴(또는 그 반대)로 변화하는 온도를 말한다.
(2) 금속 재료를 저온에서 사용 시 성질이 급변하여 충격값이 급히 떨어지는 온도를 **천이온도**라 한다.

208 CO_2 가스 아크용접의 기공 발생원인

① 노즐에 **스패터가 많이 부착**되어 있다.
② CO_2 가스 유량이 부족하다.
③ 노즐과 모재 간 거리가 지나치게 길다.
④ **질소가 1% 이상** 되면 용착금속이 질화되고 메지게 되며 **기포 발생 원인**이 된다.
⑤ 수분이 많아도 용착금속에 **은점이나 기포**가 생긴다.

209 오토콘 용접과 그래비티

구분	오토콘	크래비티
구조	간단하다.	복잡하다.
부피	작다.	크다.
중량	가볍다.	무겁다.
사용법	쉽다.	어렵다.
자세	F, Hi-Fil	F, Hi-Fil
종류	연강, 고장력강	연강, 고장력강
운봉속도	조절 불가	조절 가능
스패터	약간 많다.	보통
용입깊이	약간 얕다.	보통
비드모양	양호	양호

210 플럭스 코어 아크용접(Flux Cored Arc Welding, FCAW)

와이어 중심부에 플럭스가 채워져 있는 플럭스 코어 와이어(FCW)를 사용한다. 플럭스 코어 아크용접(FCAW)은 플럭스 코어 와이어를 일정한 속도로 공급하고 와이어와 모재 사이에 아크 발생열로 용접비드를 형성한다.
기공 발생원인은 순도가 나쁜 가스를 사용할 때, 아크 길이가 길 때, 탄산가스가 공급되지 않을 때 등이다.

211 심용접(seam welding)

원판형 전극 사이에 모재를 삽입해 전극에 압력을 주면서 전극을 회전시켜 모재를 이동, 점용접을 반복하는 용접법이다.

▼ 심용접 종류

- **매기 심용접** : 판 두께 정도로 이음부 겹침을 겹치고 겹쳐진 판 전체를 롤러로 가압하여 심용접을 하며 주로 1.2mm 이하 박판에 사용
- **맞대기 심용접** : 심 파이프(seam pipe) 제조 시 판 끝을 서로 마주보게 맞대어 놓고 가압하여 두 개의 롤러로 맞댄 면에 통전하여 접합
- **포일 심용접** : 모재를 마주보게 맞대고 이음부에 같은 종류의 얇은 판(foil)을 대고 가압하는 방법
- **롤러 심용접** : 통전 단속 간격을 길게 하고 롤러간격을 이용해 점용접을 연속으로 하는 방법

암기팡 ▶ 매.맞는 포.롤을 구출하라!

212 불활성 가스 텅스텐 아크용접

불활성 가스 텅스텐 아크용접을 할 때 모재와 텅스텐 용접봉의 산화를 방지하기 위해 불활성 가스인 아르곤(Ar), 헬륨(He) 등을 사용하며 상품명으로는 헬륨 아크용접, 아르곤 용접 등으로 부른다.

213 서브머지드 아크용접의 단점

① 공간이 좁거나 용접선이 짧거나 복잡한 경우 수동용접에 비하여 비능률적이다.
② 루트 간격이 너무 크면 용락될 위험이 있다.
③ 용입이 크기 때문에 루트 간격 0.8mm 이하로 개선 홈의 정밀이 필요하다.
④ 적용재료에 제약이 필요하다.(탄소강, 저합금강, 스테인리스강)
⑤ 용접 아크가 보이지 않으므로(잠호용접) 치명적 결함의 식별이 불가능하다.

214 산소가스 절단

① 산소와 금속의 산화 반응열을 이용해 절단한다.
② 약 850~900℃ 정도로 예열 후 고압의 산소를 분출시켜 Fe의 연소 및 산화로 절단한다.

215 스카핑(scarfing)

① 강괴, 슬래그 탈탄층 주름, 홈 등 표면 결함 등을 제거할 목적으로 얕고 타원형 모양으로 표면을 깎는 가공이다.
② 팁은 슬로 다이버전트, 수동토치는 긴 것이 좋다.
③ 스카핑 속도 : 냉간재 5~7m/min, 열간재 20m/min
④ 스카핑 토치 각도 : 75°

216 플라스마

기체를 수천도 높은 온도로 가열하면 그 속의 가스 원자가 원자핵과 전자로 분리되며 양(+), 음(-)의 이온 상태가 되는 것을 말한다.
플라스마 아크 절단 작동 가스 중 Al 등 경합금에 사용되는 가스는 아르곤, 수소 2~5%, 혼합가스이다.

217 지그(jig)의 설계목적

① 모재 등을 고정할 수 있기 때문에 아래보기 자세 용접이 가능하다.
② 미숙련자도 작업을 쉽게 할 수 있고 불량률도 낮출 수 있다.
③ 제품의 정밀도를 향상시킨다.
④ 대량생산을 위해 경제적 생산이 가능하다.
⑤ 공정수가 줄어들고 생산능률이 향상된다.

218 플라스마 아크용접의 특징

① 아크 방향성와 집중성이 좋고 **용접속도가 빠르다**.
② 아크 길이가 변해도 **용접부는 영향이 없다**.
③ **1층 용접**으로 완성할 수 있다.
④ **기계적 성질이 우수**하다.
⑤ 수동 용접도 쉽게 할 수 있다.
⑥ **설비비가 고가**이다.
⑦ **무부하 전압이 높다**.
⑧ 용접속도가 빠르므로 **가스보호가 불충분**하다.

219 용접 후 열처리 목적

① 치수 **안정화** 및 **잔류응력 완화**
② 용접 후 **변형 방지**
③ 용접부의 **연성 및 인성 향상**
④ 내응력, **내균열성 향상**
⑤ 용접부 **균열 방지**
⑥ 수소 등 **함유가스 방출**

220 일렉트로 슬래그 용접

전기 저항열 ($Q=0.24I^2Rt$)을 이용한 용접

221 수동 TIG용접장치

수동 TIG용접장치에는 토치, 제어장치, 냉각수 순환장치 등이 있으며 불활성 가스를 사용해 용접하기 때문에 플럭스는 필요하지 않다.

222 불활성 가스 금속아크(MIG, GMAW)용접의 장점

① 전류밀도는 일반용접의 4~6배, TIG용접의 2배로 매우 크고 용적 이행은 스프레이형이다.
② 대체로 전 자세 용접과 모든 금속 용접이 가능하다.
③ 용접속도가 빠르며 용접기 조작이 간단하며 쉽게 용접할 수 있다.
④ 직류 역극성을 사용하며 청정작용이 있다.
⑤ 정전압 특성, 상승 특성, 자기제어 특성이 있다.
⑥ 용착효율이 좋다.(MIG 95%, 수동피복 아크용접 60%)

223 아크 길이(CO_2, MIG용접 시)

CO_2 또는 MIG용접에서 아크 길이가 길어지면 전류 세기가 작아진다.

224 서브머지드 아크용접에서 용융형 용제, 소결형 용제, 혼성형 용제의 각각의 원료광석 가열 용융온도

① 용융형 용제 : 1,300℃ 이상
② 소결형 용제 : 300~1,000℃ 정도
③ 혼성형 용제 : 300~400℃

225 서브머지드 아크용접에서 아크 전압이 낮을 때

용입은 깊어지고 비드폭이 좁아진다.

226 원자수소 아크용접

수소가스 분위기 속에 있는 2개의 텅스텐 전극 사이에 아크를 발생시키고 수소가스 유출 시 방출되는 3,000~4,000℃의 열을 이용 용접하는 방법이다.

$$H_2(분자상태) \xrightarrow{흡열} 2H(원자상태) \xrightarrow{발열} H_2(분자상태)$$

특징

① 산화나 질화가 없어 특수금속인 스테인리스강, 몰리브덴강, 크롬, 니켈, 용접이 용이하다.

암기팜 ▶ 스.몰이크.니라지가 크지

② 3,000~4,000℃ 정도로 발열량이 많아 용접속도가 빠르고 변형이 적다.
③ 표면이 깨끗한 용접부를 얻는다.(용입도 좋다.)
④ 토치 구조가 복잡하고 기술적 어려움이 있다.
⑤ 비용이 많이 들어 응용범위가 줄어드는 추세다.

227 용접 구조물 설계 시 주의사항

① 용접 치수는 강도상 필요한 치수 이상으로 크게 하지 않는다.
② 이음의 열역학적 특징을 고려하여 구조상 불연속부가 있도록 한다.
③ 가능한 한 층(layer) 수를 줄인다.
④ 아래보기 용접을 많이 하도록 한다.
⑤ 용접변형 및 잔류응력이 경감할 수 있는 용접순서를 정해 둔다.
⑥ 용접성이 양호한 재료를 선정한다.
⑦ 용접 이음 집중과 교차 접근을 피한다.

228 텅스텐 극성에 따른 용입 깊이

DCSP > AC > DCRP

229 아크 절단법의 종류

암기팜 ▶ 탄.피.불.발 꿈을 풀.아라

탄소아크 절단, 피복 아크 절단, 불활성 가스 아크 절단(TIG절단, MIG절단), 플라스마 아크 절단, 아크 에어 가우징

※ 특수절단 : 분말절단, 수중절단

230 용접 열에 관계되는 인자

① 용접속도가 빠르면 언더컷이 발생한다.
② 용접 층수가 많아지면 열응력이 관계되므로 가능한 한 층수를 적게 한다.
③ 용접 전류는 일반적으로 용접봉 심선의 단면적 $1mm^2$에 대하여 10~13A 정도이다.

231 용접 지그 사용 시 이점

① 동일 제품을 대량 생산할 수 있다.(공수 절감으로)
② 제품의 정밀도와 용접 신뢰도를 높인다.(물체를 고정시켜 변형을 방지하기 때문에)
③ 용접 능률을 높인다.(제품 수치를 정확하게 하기 때문에)

232 알루미늄과 알루미늄 합금용접

① 가스용접은 탄화불꽃을 사용한다.
② 얇은 판을 가스용접으로 할 때는 스킵법(skip method)과 같은 용접법을 한다.
③ 200~400℃로 예열을 한다.
④ TIG용접일 경우 용제나 피복제를 사용하지 않기 때문에 슬래그를 제거할 필요가 없다.
⑤ 직류 역극성일 경우 청정작용으로 용접부가 깨끗하다.
⑥ MIG용접 시 대 전류가 필요하다.(와이어로 Al선을 사용하기 때문에)

233 주철 용접 시 주의사항

① 보수용접을 할 경우 본바닥이 날 때까지 잘 깎아낸 후 용접한다.
② 가열되었을 때는 피닝 작업을 해 변형을 줄이는 것이 좋다.
③ 용접봉은 될수록 지름이 가는 것을 사용한다.
④ 비드배치는 짧게 여러 번 한다.
⑤ 파열 보수는 파열의 연장을 방지하기 위해 파열 끝에 작은 구멍(stop hole)을 뚫는다.
⑥ 용접 전류는 필요 이상 높이지 말고 직선 비드를 배치하며 지나치게 용입을 깊게 하지 않는다.
⑦ 예열, 후열 후 서랭 작업을 행한다.(큰 물건, 두께가 다른 모재, 복잡한 형상 용접 시)
⑧ 가스용접 시 중성불꽃, 약한 탄화불꽃을 사용하며 플럭스를 충분히 사용해 용접부를 필요 이상 크게 하지 않는다.

234 점용접의 종류

단극식, 다전극, 직렬식, 맥동, 인터랙 점용접

> **암기팡** ▶▶ 단.다.직접맥.인.점을

235 레이저 용접

레이저에서 얻는 접속성이 강한 단색 광선을 이용한다.

▼ 특징

- 비접촉식 용접방식이다.(접근하기 곤란한 물체에 용접가능)
- 모재의 열 변형이 없다.
- 진공 중에 용접이 가능하다.
- 미세하고 정밀한 용접이 가능하다.
- 용접장치는 고체금속형, 가스방전형, 반도체형이 있다.
- 육안으로 확인하여 용접, 원격조작도 가능하다.

236 테르밋 용접에서 테르밋제 주성분

① 산화철 분말(3~4) : 알루미늄 분말(1)
② 점화제 : 과산화바륨, 마그네슘

237 일렉트로 가스 아크용접에 사용되는 가스

CO_2, CO_2+O_2가 저렴해 많이 사용된다. Ar, He 등 가스가 사용되기도 한다.

238 CO_2 용접의 복합 와이어 구조

① 아코스(컴파운드) 와이어
② S관상 와이어
③ NCG(버나드) 와이어
④ Y관상 와이어

239 탄산가스 아크용접 시 CO_2 농도가 인체에 미치는 영향

① 3~4% : 두통
② 15% 이상 : 위험
③ 30% 이상 : 치명적

240 불활성 가스 텅스텐 아크용접(TIG, GTAW)

① 직류 역극성의 경우 폭이 넓고 얕은 용입을 얻는다.
② 모재는 용접기 음극, 토치는 양극에 연결하므로 청정 작용이 있다.
③ 청정작용이란 아르곤 가스의 이온이 모재 표면 산화막에 충동하여 산화막을 파괴, 제거하는 작용으로 He 가스보다 Ar가스가 효과가 크다.

241 불활성 가스 금속 아크용접(MIG, GMAW)의 특징

① 슬래그가 없고 스패터가 미량이므로 용접 후 처리가 불필요하다.
② 수동 아크용접보다 능률적이다.
③ 용접기 조작이 간단하다.
④ 박판(3mm 이하) 용접에서는 곤란하다.
⑤ 주용적 이행은 스프레이형이고 TIG용접에 비해 능률이 커 3mm 이상 용접에 사용한다.
⑥ 전 자세 용접이 가능하며 전류 밀도는 피복 아크용접의 6~8배, TIG용접의 2배이다.

242 서브머지드 아크용접에서 소결형 플럭스의 특성

① 높은 전류부터 낮은 전류에 이르기까지 동일 입도의 용제로 용접이 가능하다.
② 비드 외관이 용융형에 비해 거칠다.
③ 다층 용접에는 부적합하다.
④ 흡습성이 강해 사용 전에 150~300℃로 한 시간 정도 재건조 후 사용한다.
⑤ 후판의 고능률 용접에 우수하다.

243 염화아연을 사용해 납땜을 사용한 부분이 부식이 되는 주원인

① 염화아연($ZnCl_2$), 염화암모늄(NH_4Cl) 등은 부식성 용제로 납땜 작업 후 깨끗이 닦아내야 부식을 방지한다.
② 염화아연은 연납땜에 사용되는 용제이다.

244 기공의 원인

① 용접봉에 습기가 존재할 때
② 용접속도가 너무 빠를 때
③ 아크 길이나 전류 값이 부적당할 때
④ 유황 함유량이 과다할 때
⑤ 기름, 페인트 등 불순물이 모재 표면에 묻어 불결할 때
⑥ 수소, 일산화탄소가 과잉하거나 급랭 하였을 때

245 압접(pressure welding)

접합하고자 하는 부분을 열간 혹은 냉간 상태로 압력을 주어 접합하는 방법

▼ 압접의 종류

- 저항용접(점 · 심 프로젝션, 플래시 맞대기, 업셋 맞대기, 방전충격 등)
- 단접
- 냉간압접
- 유도가열
- 초음파 마찰
- 가압 테르밋
- 가스압접

246 서브머지드 아크용접에서 다전극 방식에 따른 분류

① 텐덤식 : 2개의 전극을 독립전원에 접속
② 횡 직렬식 : 2개의 용접봉 중심이 한 곳에 만나도록 배치
③ 횡 병렬식 : 2개 이상의 용접봉을 나란히 옆으로 배열

247 알루미늄 용접의 전처리 방법

① 전처리는 용접 시공 전에 하는 것이 좋으며 표면을 줄이나 브러시로 깨끗이 문지른다.
② 용접할 표면을 물이나 약품을 사용해 깨끗이 한다.
③ 불활성 가스용접일 경우 전처리를 하지 않아도 된다.

248 스테인리스강 용접 시 입계부식 저항이 일어나는 원인과 방지법

① 입계부식 원인 : C 0.02% 이상에서 용접으로 인한 열에 의해 탄화크롬이 생겨 카바이트 석출을 일으켜 내식성을 잃게 된다.(탄화물 석출로 크롬 함유량 감소)

② 입계부식 방지법
  - 탄소(C)를 극히 적게 한다.(0.02% 이하)
  - Ti, V, Zr을 첨가해 크롬(Cr) 감소를 막는다.

※ stainless steel(스테인리스강) : 크롬이 11.5% 이상 함유되면 금속 표면에 산화크롬막이 생겨 녹이 슬지 않는 내식강이 된다. (불수강)

249 피닝(peening) 법

끝이 둥근 특수한 해머로 연속 타격해서 표면에 소성 변형을 주어 인장응력을 완화하는 방법이다.

※ 용접 작업 시 피닝하는 가장 큰 이유는 잔류응력을 제거하려는 것이다.

250 언더컷과 오버랩의 발생원인

① 언더컷의 발생원인
  - 용접 전류가 높을 때
  - 아크 길이가 너무 길 때
  - 부적당한 용접봉 사용 시
  - 용접속도가 너무 빠를 때
  - 용접봉 선택 부적당(불량)

② 오버랩의 발생원인
  - 용접봉 선택 불량
  - 용접전류가 너무 낮을 때
  - 운봉이나 용접봉의 유지각도가 불량할 때

※ 방사선 투과 검사(RT)는 가장 확실하게 널리 쓰이며 투과사진상 언더컷의 모양은 가늘고 긴 검은 선으로 나타난다. 언더컷의 깊이는 보통 사양서에 명시하며 0.8mm까지 허용하고 있다.

251 초음파 탐상법의 종류

① 투과법 : 시험편 물체에서 송신 후 반대편에서 수신하여 초음파 강도를 가지고 결함 여부를 판별하는 법
② 펄스 반사법 : 시험 물체에 펄스를 입사시켜 반사파를 같은 탐독자에게서 받아 전압 펄스를 브라운관으로 관찰하는 법
③ 공진법 : 송수신파가 공진하여 정상이 되는 원리를 이용한 방법

252 캐스케이드(cascade) 법

한 부분에 몇 층을 용접하다 다음 부분의 층으로 연속해 용접하는 방법으로, 후진법과 같이 사용하여 용접 결함은 적지만 특별한 경우 외에 잘 사용하지 않는다.

253 제조서(mill sheet)

금속 재료의 시험 성적 증명서를 일컬으며 용접 모재 재료 회사에서 해당 규격, 화학성분, 재료치수 등을 표시한 증명서를 발행한다.

254 잔류응력 경감법과 용접변형 방지법의 종류

① 잔류응력 경감법
  - 노내 풀림법
  - 국부 풀림법
  - 저온응력 완화법
  - 기계적 응력 완화법
  - 피닝법

② 용접변형 방지법
- 용착법
- 도열법
- 역변형법
- 억제법

255 스트롱 백(strong back)
가접을 하지 않을 목적으로 피용접체를 구속시키는 방법으로 맞대기용접 등을 할 때 모재 간의 거리등을 수정, 각변형 방지 등을 수행하기 위해 설치하는 일종의 지그이다.

256 포지셔너(positioner)
자유롭게 회전하면서 언제든지 용접하기 쉽게 모재를 자유롭게 회전할 수 있도록 유지시키는 장치

257 매니퓰레이터(manipulator)
사람의 팔과 유사한 기능을 가진 기계, 로봇 등

258 터닝롤러(turning roller)
철로 된 바퀴 위에 파이프나 작업 모재를 올려 놓고 모재를 정 또는 역회전으로 변속하면서 용접하는 장비

259 부식시험(corrosion test)
부식시험은 용접재료의 내식성을 검사하는 시험으로 부식제로는 산, 알칼리, 염의 용액 등이 있다.

260 용접 자동화의 장점
① 노동력 대체 및 작업자 보호
② 원가 절감
③ 균일하고 양질의 제품 생산
④ 생산성 향상
⑤ 재고 감소

261 역편석(inverse segregation, liqation)
청동이나 황동에서 볼 수 있는 현상으로 황편석 중 외부로부터 중심부를 향하여 감소·분포되는 것이다. 역편석을 일으키는 데는 합금의 응고 범위가 넓을 것과 급랭이 필요조건이다.

262 가스용접 시 전진법
① 토치를 오른쪽에서 왼쪽으로 이동하는 방법이다.
② 5mm 이하 박판이나 변두리 용접에 사용한다.
③ 열 이용률은 나쁘고 용접속도는 느리다.
④ 용착금속의 냉각속도는 급랭되고 조직은 거칠다.
⑤ 용접 변형이 크다.

263 다이캐스트용 알루미늄 합금이 갖추어야 할 성질
① Fe 함유 시 접착성, 절삭성, 내식성을 해치므로 1%까지만 Fe을 허용할 것
② 열간 취성이 없을 것
③ 금형에 점착하지 않을 것
④ 응고 수축에 대한 용탕 보급성이 양호할 것

264 탈산제
탈산제로 Fe-Si(페로실리콘), Fe-Mn(페로망간), Al(알루미늄) 등이 사용된다.
※ CO_2 아크용접에서 와이어에 적당한 탈산제를 첨가하여 용착금속 내 기공을 방지하는 데는 Mn, Si가 사용된다.

265 용접 변형 교정법
① 박판에 대한 점 수축법

② 형재에 대한 직선 수축법
③ 가열 후 해머링법
④ 롤러에 의한 법
⑤ 후판에 대한 가열 후 압력을 가한 후 수랭법
⑥ 절단 성형 후 재용접하는 방법
⑦ 소성 변형시켜 교정하는 방법
⑧ 피닝법

266 열효율(thermal efficiency)

용접 입열의 몇 %가 모재에 흡수되었는지 나타내는 비율이며 열효율과 상관관계가 있는 인자

① 용접속도
② 아크 길이
③ 아크전류
④ 모재의 판 두께
⑤ 이음의 형상
⑥ 용접봉의 지름
⑦ 예열온도
⑧ 피복제 종류와 두께
⑨ 모재와 용접봉의 열전도율
⑩ 온도 확산율

267 자동제어(automatic control)

물체 제조공장 기계 등에서 외부에서 주어지는 어느 양을 목표치와 맞추기 위해서 그 양을 검출해 목표 값과 비교하여 상이할 경우 자동으로 정정동작을 작동시키는 제어

▼ 자동제어 분류

- 시퀀스(sequence)제어 : 미리 정해진 순서에 의해서 차례대로 동작해 제어하는 방법
- 피드백(feed back)제어 : 실제 상태와 운동 상태가 일치하는지의 여부를 검사하여 목표 값이 일치하도록 기기, 프로세스 등을 제어하는 방법. 즉, 제어 량을 측정해서 목표 값과 비교해 그 차를 정정신호로 바꾸어 제어장치로 되돌리며 목표 값이 일치할 때까지 수정동작을 하는 자동제어

268 용접시공 순서

① 이음 부분이 많을 때 수축은 가능한 한 자유단으로 보낸다.
② 수축이 큰 이음은 먼저 용접하고 수축이 작은 이음은 나중에 시공한다.(맞대기용접 후 필렛용접)
③ 수축력 모멘트 합이 중심축에 대하여 영(zero)이 되도록 시공한다.
④ 물품 중심에 대하여 항상 대칭적으로 용접 시공한다.
⑤ 용접 이음을 먼저 시공 후 나중에 리벳이음을 한다.

269 지그를 구성하는 기계요소

클램핑(clamping)장치, 위치결정장치, 공구안내장치

270 자분탐상 검사(MT, Magnetic Test)

검사하고자 하는 제품 표면에 쇳가루 같은 철분 등 강자성 물질을 살포하면 결함이 있는 부분에서는 자력선에 교란 즉 불균형, 불균일이 생기기 때문에 육안으로 결함이 있는 부분을 찾을 수 있다. 단, 오스테나이트계 스테인리스강 등 비자성체 재료는 사용 또는 이용할 수 없으며, 작은 결함이 많이 있는 제품은 강자성체 일지라도 검출이 곤란하다. MT종류에는 **축**통전법, **코**일법, **극**간법, **관**통법, **직**각 통전법이 있다.

> **암기팜** ➡ **축**! **코**가 **극**히 커서 **관**직에 채용되었다

271 정성적 방법 종류

용접 잔류응력(welding residual stress) 측정에서 정성적 방법에는 **부**식법, **자**기적 방법, **응**력 와니스법 등이 있다.

> **암기팜** ➡ 정성적으로 하니 **부.자**가 **응**하네

272 용접 이음부 설계 시 주의사항

① 필릿용접은 피하고 **맞대기용접**을 한다.
② 맞대기용접 시 뒷면 용접을 해서 **용입 부족이 없도록** 한다.

③ **아래보기 자세**는 될 수 있는 한 많이 하도록 한다.
④ 용접할 때 **작업공간을 충분히 확보**한다.
⑤ 가능하면 용접량이 최소가 되어 **응력집중이 되지 않도록** 한다.
⑥ 이종두께일 때 단면 변화를 주어 **집중응력 현상을 방지**한다.(테이퍼가공 등)
⑦ 인성(질긴 성질)이 높은 재료를 선택한다.
⑧ 물품 중심에 대해서 대칭용접을 한다.
⑨ 큰 구조물은 중앙에서 끝을 향해 용접을 할 것

273 비드 밑 균열

① 저탄소강 혹은 고탄소강 등 담금질에 의해 경화성이 강렬한 재료 등을 용접할 경우 생기는 균열
② 용접 비드 아래 용접선 가까이에 평행되면서 모재 열영향부 비드 밑에 생기는 균열

274 알루미늄 또는 알루미늄합금의 용접성이 불량한 이유

① 용융응고 시 수소가스를 흡수하여 기공이 생기기 쉽다.
② 열전도와 비열이 대단히 높아 단시간 내에 용융온도에 도달하기 힘들다.
③ 용접 후 균열발생이 쉽고 변형이 크다.
④ 알루미늄 용융점은 660℃로 낮은 편이며, 불꽃색에 따라 가열온도 판정이 곤란해 지나치게 용융되기 쉽다.
⑤ 산화알루미늄(Al_2O_3)은 용융온도가 2,050℃로 알루미늄의 용융온도보다 높기 때문에 용접성이 나쁘다.
⑥ 산화알루미늄 비중은 4이고 알루미늄 비중은 2.7로 비중이 높은 산화알루미늄이 용융되어 표면으로 떠오르기가 어렵다.

275 알루미늄 판을 양면으로 TIG용접하고자 할 때 모재 두께별 이음 형식

① 6mm 이하 : I형 맞대기 이음
② 19mm 두께 : X형 맞대기 이음
③ 50mm 이상 : H형 맞대기 이음

276 관절좌표 로봇(articulated robot) 동작기구의 특징

① 3개의 회전축을 가지고 있어야 한다.(로봇이 3차원의 위치를 인식해야 하기 때문에 좌표는 X, Y, Z의 공간좌표이다.)
② 장애물의 상하 접근이 가능하다.
③ 작은 설치공간으로 작업 공간을 크게 활용할 수 있다.
④ 간편한 매니퓰레이터 구조를 갖는다.

※ 매니퓰레이터(manipulator) : 사람의 팔과 유사한 기능을 가진 기계나 로봇

277 용접 포지셔너(positioner)

용접할 물체를 용접하기 쉬운 상태로 놓기 위한 지그(jig)로, 바닥에 고정되어있는 작업영역한계를 확대시켜 준다.

▼ 장점

- 가장 적당한 용접자세를 유지할 수 있다.
- 로봇 작업영역을 확대해 준다.(바닥에 고정된 로봇일지라도)
- 까다로운 위치의 용접도 가능하게 한다.
- 리드 각(lead angle)과 래그 각(lag angle)의 변화를 줄일 수 있다.

278 비파괴 시험

① ET : 와류검사   ② LT : 누설검사
③ MT : 자분검사   ④ RT : 방사선검사
⑤ UT : 침투검사   ⑥ VT : 육안검사

279 선상 가열법(lineal heating) = 이면 담금질 법

맞대기용접 이음 또는 필렛 이음 시 각 변형을 교정하기 위해 가스불꽃 등을 이용해서 직선모양으로 가열함으로

써 생기는 응력으로 인한 굴곡효과를 이용하여 굽힘 가공 등을 해 변형을 교정하는 법

280 각 변형(angular distorsion)

판재가 용접부에 꺾인 모양으로 구부러지는 현상을 각 변형이라 하며 맞대기용접이나 필렛 용접 시공 시 발생한다.

▼ 각 변형 방지법
- 구속 지그를 사용한다.
- 용접 속도를 빠르게 한다.
- 모재 두께가 얇을수록 첫 층의 개선 깊이를 크게 한다.

281 CO_2 아크용접 시 기공발생 원인

① CO_2 가스 유량이 부족할 때
② 용접할 부위가 불순물, 기름 등으로 불결할 때
③ 노즐과 모재 간 거리가 지나치게 길 때
④ CO_2 가스 순도가 낮아 품질이 불량할 때
⑤ 노즐에 스패터 부착이 많을 때
⑥ CO_2 가스에 공기 혼입 시

282 예열하는 목적

① 수축응력 감소
② 비드 밑 균열방지
③ 경화방지
④ 서랭(냉각속도를 느리게)

283 금속현미경 순서

시료채취 → 성형 → 연삭 → 광연마 → 물 세척 및 건조 → 부식 → 알코올 세척 및 건조 → 현미경 검사
※ 현미경검사는 시편을 샌드페이퍼 등으로 연마 후 광택을 내고 광학현미경으로 미소 결함 등을 관찰하는 검사이다.

284 압연강재 응력제거

① 용접 구조용 압면강재 응력제거 시 유지온도 625 ± 25℃
② 용접 구조용 압연강재 응력제거 시 유지시간 판 두께 25mm에 대해 1시간
③ 보일러 열교환기용 탄소강관, 고압배관용 탄소강관, 배관용 탄소강관
- 응력제거 유지온도 : 725 ± 25℃
- 응력제거 유지시간 : 2시간
- 두께 : 25mm

285 아세틸렌가스 통로에 구리나 구리합금을 사용해서는 안 되는 이유

아세틸렌가스가 구리, 구리합금(62% 이상 구리), 수은 등과 만나면 120℃에서 맹렬한 폭발성 화합물인 아세틸라이드를 생성한다.

286 수동용접

자동용접(MIG, 서브머지드 아크, 플럭스 코어 아크용접 등)에 비해 용착효율이 가장 낮다.

287 서브머지드 아크용접용 용제의 종류

① 용융형 용제
- 외관은 유리모양의 광택이 나고 흡습성이 적어 보관이 편리하다.
- 용접 후 필요로 하는 기계적 성질에 따라 적당한 와이어를 선정한다.
- 입자가 가늘수록 고전류를 사용하며 전류가 낮을 때는 굵은 입자를, 전류가 높을 때는 가는 입자를 사용한다.
- 탄소강에서 우수한 성질이다.

- 광물성 원료를 1300℃ 이상 고온으로 용융한 다음 분쇄하며, 유리와 같은 광택을 낸다.
- 입자는 입도로 표시한다.[(20×200, 20×D : 20메시(mesh)에서 200메시까지, 20메시에서 미분까지 포함)]
  ※ 메시(mesh) : 1inch^2 내의 구멍의 수(체눈의 수)

② 소결형 용제
- 흡습성이 강해 사용 전 150~300℃로 한 시간 정도 재건조 후 사용한다.
- 낮은 전류에서 높은 전류까지 동일 입도의 용제로 용접이 가능하다.
- 다층 용접에는 적합하지 못하다.
- 비드 외관이 용융형에 비해 거칠다.
- 합금제 및 탈산제 손실이 거의 없기 때문에 용융금속의 탈산작용이나 조직의 미세화가 비교적 용이하다.
- 페로실리콘, 페로망간 등을 함유시켜 직접 탈산, 정련 작용을 가능하게 한다.

③ 혼성형 용제
용융형 + 소결형

288 가스용접 및 절단작업 시 주의사항

① 작업자 눈을 보호하기 위해 보안경을 착용하고 작업복은 간편하고 깨끗한 복장일 것
② 납, 아연합금과 도금재료의 절단이나 용접 시 방독마스크 착용과 작업장 환기를 잘 할 것
③ 밀폐된 용기를 용접 또는 절단하고자 할 때는 용기 내부에 잔여 성분이 팽창해 폭발할 가능성을 충분히 고려, 검토 후 작업에 임할 것
④ 산소병에 들어 있는 산소는 조연성 가스이므로 나사부 등은 절대로 금유, 즉 기름이나 기름 묻은 헝겊 등을 가까이 접근시키지 말 것(발화 위험)

289 티탄 합금 용접

티탄 합금 용접은 불활성 가스 아크용접이 가장 잘 된다.

290 입계부식

① 예민화(sensitize)라 하며, 오스테나이트, 스테인리스강이 결정 입계 부근에 크롬이 탄소와 결합해 70% 크롬 이하로 줄어들어 부식을 일으키는 현상으로 크롬탄화물(Cr_4C)이 생성된다.
② 입계부식을 방지하기 위해 탄화물을 분해하는 가열온도 1,000~1,100℃로 충분히 유지한 후 급랭해 Cr 합금 성분 석출을 저해한다.
③ 티탄, 니오브 등을 섞어 주면 입계부식을 방지할 수 있다.
④ 오스테나이트, 스테인리스강은 황산, 염산, 염소가스에 약하고 결정입계 부식 발생이 쉽다.
⑤ 스테인리스강 용접 시 용접 열영향부(HAZ부) 450~850℃ 온도 구간에서 크롬 고갈 층이 생기는 예민화(sensitization)현상이 발생하고 크롬 함유량이 낮은 결정 입계 부근에서 부동태 특성을 잃어버려 내식성이 감소되어 입계부식이 일어난다. 즉, 주원인은 탄화물의 석출에 따른 크롬 함유량 감소이다.

291 자분탐상검사(MT)의 특징

① 자분탐상검사는 어두운 곳에서도 적용이 가능하다.
② 작업이 신속하며 간단하다.
③ 강자성체의 표면 균열 검출 감도가 높지만, 오스테나이트계 비자성체인 스테인리스강 같은 재료는 사용 불가능하다.
④ 자동화가 가능하며 얇은 도장, 도금 등의 검사가 가능하다.
⑤ 내부 결함 등 검출은 어렵다.
⑥ 대형 구조물일 경우 대전류가 필요하다.

292 산소-아세틸렌 자동절단 조건

판 두께(mm)	팁 구멍지름(mm)
3.0	0.5~1.0
6~9	0.8~1.5
15	1.0~1.5
20	1.2~1.5
40~50	1.7~2.0
100	2.1~2.2

293 눈이 따갑거나 전광성 안염 발생 시 조치할 사항

눈이 따갑거나 전광성 안염 발생 시 냉수로 얼굴과 눈을 닦은 후 냉습포를 얹어 놓는다.
자외선을 직접 보게 되면 결막염, 안막염증을 일으키고 적외선은 망막을 상하게 할 우려가 있다.

294 피복마크 용접봉의 기호

E 43 △ □
E : 전기 용접봉의 첫글자
43 : 용착금속의 최소인장강도(kg/mm^2)
△ : 용접자세
   0, 1 : 전자세
   2 : 아래보기 및 수평필릿 자세
   3 : 아래보기 자세
   4 : 전자세 또는 특정자세
□ : 피복제 종류(극성에 영향)

295 용접 후 열처리 목적

① 잔류응력 완화나 제거
② 변형방지 및 변형교정
③ 용접부 균열 방지

296 오스테나이트계 스테인리스강 용접 시 냉각을 하면 고온균열(hot crack)이 발생하는 경우

① 구속력이 가해진 상태에서 용접할 때
② 모재가 불순물로 오염되었을 때
③ 크레이터 처리를 실시하지 않았을 때
④ 아크 길이가 너무 길 때

297 오스테나이트계 스테인리스강 용접 시 주의사항

① 낮은 전류 값으로 용접할 것(용접 입열을 억제하기 위해)
② 가는 용접봉을 사용하며 모재와 같은 재료를 쓸 것
③ 아크를 중단하기 전에 반드시 크레이터 처리를 할 것
④ 짧은 아크 길이를 유지할 것
⑤ 예열을 하지 말 것
⑥ 층간 온도는 320℃ 이상을 넘지 말 것

298 불스아이 조직(bull's eye structure)

페라이트가 구상흑연주철, 가단주철의 현미경조직, 구상 혹은 괴상의 흑연 둘레를 둘러싸 바탕이 펄라이트로 되어 마치 황소의 눈(bull's eye)처럼 된 조직을 말한다.

299 용접균열과 저온균열

① 용접균열(weld crack)
   용접금속이 응고할 때 수축 또는 구속응력에 의해 발생한다.

② 저온균열
   • 약 200℃ 이하 비교적 낮은 온도에서 발생하는 균열로 용접 후 온도가 상온부근으로 떨어지고 나서 발생하는 균열이다.
   • 루트균열, 지단균열(끝 균열), 비드 밑 균열이 있다.

300 스킵법(Skip) = 비석법

용접 전 길이를 뛰어 넘어서 용접하는 방법으로, 변형이나 잔류응력을 균일하게 하지만 능률이 좋지 않아 용접 시작부분과 끝나는 부분에 결함이 생기는 경우가 많다.

301 용접 후 변형을 교정하는 방법

① 가열한 후 해머링하여 변형 교정
② 형제에는 직선 수축법을 이용
③ 롤러에 걸어서 변형 교정
④ 절단 성형 후 재용접하여 변형 교정
⑤ 피닝법을 사용해 변형 교정
⑥ 후판은 가열 후 압력을 걸고 수랭
⑦ 박판은 점 수축법으로 교정(가열시간 20초 정도, 가열온도 500~600℃, 가열지름 20~30mm, 가열 즉시 수랭처리 하는 법)
⑧ 소성 변형시켜 교정

302 가접(tack welding)

공작물에 비틀림이나 휨을 방지하기 위해 모재 양단이나 뒷면에 잠정적으로 교정하기 위한 짧은 용접법이다.
① 응력이 집중되는 곳은 피할 것(강도상 중요부분 피할 것)
② 본용접보다 지름이 가는 것을 사용
③ 전류는 본용접보다 높게 하고 가접을 너무 짧게 하지 않을 것
④ 가접사도 본용접사와 동등한 기량일 것
⑤ 시단·종단에 엔드 탭을 설치할 것
⑥ 슬래그 섞임, 용입 불량, 루트균열 등 결함이 동반되기 쉬우므로 모서리 부분이나 끝부분은 피할 것

303 스패터링 발생원인

① 용접전류가 높을 때
② 아크 길이가 너무 길 때
③ 모재온도가 낮을 때
④ 용접봉의 흡습(미건조)

304 플레이 백 로봇(playback robot)

① 직접형과 간접형이 있는데, 직접형은 인간이 직접 로봇을 잡고 가르치는 형식이며, 간접형은 원격제어장치를 사용한다.
② 교시 프로그래밍을 통해 입력된 작업 프로그램을 반복 실행하는 로봇이다.

305 방사선 투과 검사(RT)의 특징

① 가장 확실하고 검사결과의 기록이(필름 등) 보존이 우수하며 널리 사용되고 있다.(신뢰성이 가장 높다.)
② 내부결함 검출(균열, 기공, 슬래그 섞임, 융합불량 등)에 사용되는 것이 주목적이다.
③ X선 종사자는 자주 백혈구 검사를 받아 X선양을 알아둔다.(인체 위험 등 안전관리 차원)
④ 감마(γ)선은 X선보다 더 투과력이 크며 방사선을 계속 끊임없이 발생하므로 특히 주의를 요한다.
⑤ 유효선량한도(단위 : 밀리시버트)
  • 일반인 : 연간 1
  • 수시출입자 : 연간 6
  • 작업종사자 : 연간 50을 넘지 않는 범위에서 5년간 100
⑥ 검사할 용접부에 X선 또는 γ선을 투과시켜 결함 유무 등을 검사하는 방법이 방사선 투과 검사이다.

306 후열의 목적

① 용접 후 급랭으로 인한 균열 방지
② 용접 금속의 수소량 감소 효과

307 Fe(철)의 천이온도

400~600℃

308 인버터 아크용접기 특징

① 유지, 보수가 전자식으로 복잡하다.
② 용접기가 소형 경량으로 휴대가 간편하다.
③ 아크 스타트(arc start)율이 높다.
④ 고속 정밀 제어도 가능하다.
⑤ 전격 방지기(용접 시 필요한 만큼의 전기를 흘려보내 감전사고 방지)가 내장된 것이 출시되고 있다.

309 아세틸렌(C_2H_2)의 특징

① 자연 발화온도 : 406~408℃
② 폭발 : 505~515℃
③ 산소가 없어도 780℃ 이상이면 자연폭발
④ $1.3kg/cm^2$ 이하에서 사용
⑤ $1.5kg/cm^2$ 이상 충격 · 가열에 의해 분해 폭발
⑥ $2.0kg/cm^2$ 이상 폭발

310 용접 수축량에 미치는 용접시공 조건

① 용접 밑면 루트간격이 커질수록 수축도 크다.
② 용접속도가 느리면 느릴수록 각 변형이 커진다.
③ 용접봉 직경이 큰 것은 수축이 적다.
④ 용접홈인 V형 홈이 X형보다 수축이 크다.

311 화재 종류

구분	A급	B급	C급	D급
화재 종류	일반	유류 가스	전기	금속
표시 색	백색	황색	청색	무색

암기짱 ▶ 일.유.전.금이 하얗고 노란무인 백.황.청.무를 먹는구나

▼ 연소색과 온도

- 암적색 : 700~750℃
- 적색 : 850℃
- 휘적색 : 925~950℃
- 황적색 : 1,100℃
- 백적색 : 1,200~1,300℃
- 휘백색 : 1,500℃

312 화재 분류

① 전기 화재에는 CO_2 분말 소화기를 사용할 것
② 화재 연소 3요소 : **가**연물, **산**소 공급원, **점**화원

암기짱 ▶ 가.산.점

③ 인화성 액체의 반응이나 취급은 폭발범위 이외의 농도로 한다.

313 화재 발생원인

① 합선(단락)
② 과전류(과부하)에 의한 발화
③ 누전(절연저항 감소)으로 인한 발화
④ 전열기 과열
⑤ 전기 불꽃
⑥ 용접 불꽃
⑦ 낙뢰

314 점화원이 될 수 없는 것

흡착열, 기화열, 융해열

315 아크광선

① 아크광선 중 자외선은 화학선이라 하며 자외선을 직접 보게 되면 결막염, 안염(전안염) 등의 눈병이 생기며, 자외선은 가시광선보다 파장이 짧다.
② 눈에 화상이 일어났을 때 응급처치로 환부에 냉습포 찜질을 한다.

316 탄소량이 증가할 때 용접 시 영향

① 충격 차 감소
② 연신율, 단면 수축률 감소
③ 강경도, 항복점, 항자력, 비저항성 증가

317 오스테나이트 스테인리스강 용접 시 주의사항

① 예열을 하지 말 것
② 낮은 전류로 용접하고 용접 입열을 억제할 것
③ 짧은 아크 길이를 유지하고, 크레이터 처리를 꼭 할 것
④ 용접봉은 가는 것으로 쓰며, 모재와 동일한 재료를 사용할 것
⑤ 층간 온도가 320℃를 넘지 말 것

318 탄소강 용접

탄소 함유량에 따라서 저탄소강(0.3% 이하), 중탄소강(0.3~0.5%), 고탄소강(0.5~1.3%)이라 부른다. 순철은 연하기 때문에 일반 구조용 재료로는 부적당하다. C(탄소), P(인), S(황), Si(규소), Mn(망간) 등을 첨가해 일반 구조용 강으로 만든 것을 '탄소강'이라 한다.

① 저탄소강은 25mm까지 예열이 불필요하다.
② 중탄소강 용접에는 650℃ 이하 예열이 필요하다.
③ 고탄소강은 탄소 함유량이 많아 경화로 용접 균열 위험성이 있다.
④ 노치 인성 필요시 저수소계 용접봉을 사용한다.

319 융합 불량(lack of fusion)

용접금속과 용접금속 사이가 충분하게 융합되지 않은 것

▼ 원인
- 운봉속도가 불규칙할 때
- 두 모재 두께 차이가 클 경우
- 용접부에 오물 또는 스케일이 두꺼울 때
- 용접 홈(개선 각도)이 좁을 때

320 용착부 단면적 A, 허용 인장응력 σt, 인장 하중 P

① 허용응력$(\sigma t) = \dfrac{\text{인장하중}(P)}{\text{단면적}(A)}$

∴ $P = A\sigma t$

② 맞대기 이음에서 최대인장하중

$$P = \sigma h l = \sigma t l$$

여기서, P : 최대인장하중
σ : 인장강도
h : 목 두께
l : 용접 길이
t : 판 두께

③ 필릿용접 이론상

$$\text{목두께}(N) = \text{목길이}(L) \times \cos 45° = 0.707 L$$

여기서, L : 다리 길이
N : 목 두께

321 안전율(safety factor)

재료의 극한강도(인장강도) $6u$, 허용응력 $6a$의 비

$$\text{안전율} = \dfrac{\text{극한강도}(6u)}{\text{허용응력}(6a)} = \dfrac{\text{인장강도}}{\text{허용응력}}$$

① 정하중 : 3~4   ② 동하중 : 6~8
③ 교반하중 : 8   ④ 진동하중 : 10~13
⑤ 충격하중 : 12

322 용접 지그(jig)의 사용목적

① 작업을 쉽게 할 수 있다.
② 동일제품을 대량 생산할 수 있다.
③ 용접부에 신뢰성을 높인다.
④ 공수가 절감되고 능률이 향상된다.
⑤ 아래보기 자세로 용접이 가능하다.
⑥ 단점 : 구속력을 크게 하면 잔류응력이나 균열발생 우려가 있다.

323 용접 기호

- ◯ : 스폿용접
- ⊖ : 심용접
- △ : 필릿용접
- ⊓ : 플러그용접
- ⌣ : 뒷면용접
- ⋏ : 양면플랜지형 맞대기용접
- || : 평면형 맞대기용접
- V : 한쪽면 V형홈 맞대기용접
- ⋁ : 한쪽면 K형홈 맞대기용접
- Y : 부분용입 한쪽면 V형 맞대기용접

324 용접부 파괴시험의 종류

굽힘시험, **피**로시험, **경**도시험, **내**압시험, **낙**하시험, **인**장시험, **충**격시험

암기팡 ▶ 굽.피.경.내에서 나쁜놈으로 낙.인찍히니 충격이 컸다

325 용접방법(용착법)

① 캐스케이드법 : 한 부분에 대해 몇 층을 용접하다가 다음 부분으로 연속 용접하는 법
② 블록법(전진 블록법) : 짧은 용접 길이로 표면까지 용착하는 방법. 첫 층 균열이 발생하기 쉬울 때 사용
③ 스킵법(skip) = 비석법 : 용접 이음의 전 길이를 뛰어넘어 용접하는 방법
④ 빌드업법(덧살 올림법) : 용접 전 길이에 대해 각 층을 연속 용접하는 방법
⑤ 대칭법 : 이음 중앙에 대해 대칭으로 용접하는 법
⑥ 후진법 : 용접 진행 방향과 용착방법이 반대되는 법
⑦ 전진법 : 이음의 한쪽 끝에서 다른 쪽 끝으로 용접을 진행하는 법

326 스톱 홀(stop hole)의 원리

균열의 끝에는 다른 곳보다 큰 응력이 작용한다. 균열의 끝이 점점 이어져 가는 끝에 구멍을 뚫어 응력을 분산시키는 것을 스톱 홀이라고 한다.

① 균열 : 치명적인 결함이 발생되면 양단에 드릴로 구멍(stop hole)을 뚫고 균열 부분을 연삭하여 정상 홈으로 한 후 용접
② 은점(fish eye) : 용착 금속의 파단면에 나타나는 은백색 물고기 눈모양의 결함부
③ 언더컷(under cut) : 가는 용접으로 재용접
④ 기공, 슬래그, 오버랩 발생 시 : 발생부분을 깎아 내고 재용접

327 작업장 배치에 관한 원칙(M. Bames 교수가 제시)

① 공구와 재료는 작업이 용이하도록 작업자 주위에 둔다.
② 가급적 낙하식 운반 방법을 이용한다.
③ 공구 및 재료는 동작이 가장 편리한 순서로 배치한다.
④ 모든 공구와 재료는 지정된 위치에 둔다.
⑤ 충분한 조명을 해 작업자가 잘 볼 수 있도록 한다.
⑥ 재료를 될 수 있는 대로 사용 위치 가까이에 공급한다.
⑦ 의자와 작업대의 모양과 높이는 각 작업자에게 알맞게 설계하고 지급한다.

328 전기적 충격(전력) 전류 값

① 1mA : 감전을 조금 느낌
② 5mA : 상당히 아픔
③ 10mA : 심한 고통을 느끼는 최소전류값
④ 20mA : 근육 수축, 호흡 곤란
⑤ 50mA : 사망 위험
⑥ 100mA : 사망(치명적 결과)

329 염화아연을 사용해 납땜 후 그 부분이 부식한 이유

납땜 후 염화아연을 닦아 내지 않았기 때문이다.

※ 연납땜 용제 : 염화아연, 염화암모니아, 염산, 인산
※ 경납땜 용제 : 붕사, 붕산, 염화리튬, 염화나트륨(식염), 산화제일구리, 빙정석

330 너깃(nugget)

① 겹치기 저항 용접에서 접합부에 나타나는 용융 응고된 금속 부분
② 용접 중에 접합면 일부가 녹아 바둑알 모양 단접으로 용접되는 것

331 용접결함

① 선상조직
  - 아크용접부 파단면에 생기는 것으로 용접부의 냉각속도가 너무 빠르고 모재의 탄소, 탈산 생성물 등이 너무 많을 때의 원인으로 생기는 결함
  - 대책 : 용접부에 급랭을 피하고 모재 재질에 적당한 용접봉을 선택할 것

② 언더컷 발생원인
  - 아크 길이가 길 때
  - 용접전류가 너무 높을 때
  - 부적당한 용접봉 사용 시
  - 용접봉 선택이 불량할 때
  - 용접속도가 너무 빠를 때

③ 스패터 발생원인
  - 아크 길이가 너무 길 때
  - 용접전류가 높을 때
  - 용접봉에 습기가 있을 때

332 잔류응력 완화법(용접 후 처리)

① 기계적 응력 완화법 : 잔류응력이 존재하는 구조물에 인장이나 압축하중을 걸어 용접부를 약간 소성 변형시킨 후 하중을 제거하면 잔류응력이 감소하는 현상이다.
② 저온응력 완화법 : 가스불꽃에 의해 너비의 60~130mm에 걸쳐 150~200℃로 가열 후 곧 수랭하는 법이다.
③ 국부 풀림법 : 커다란 제품이나 현장 구조물인 경우 노내 풀림이 곤란할 때 용접선 좌우 양측을 각각 250mm 범위 또는 판 두께 12배 이상의 범위를 가열한 후 서랭한다. 이 경우 주의할 점은 국부풀림은 온도를 불균일하게 할 뿐만 아니라 오히려 잔류응력이 발생될 수 있으므로 주의를 해야 한다.
④ 노내 풀림법 : 유지시간이 길수록, 유지온도가 높을수록 효과가 크다. 제품 전체를 가열로 안에 넣고 적당한 온도에서 일정한 시간 유지한 다음 노에서 서랭한다.

333 변형방지냉각법

① 용접부 열 영향으로 변형을 방지하기 위한 냉각법의 종류 : **살**수법, **수**랭동판법, **석**면포 사용법

② 변형방지법
  - 억제법 : 공작물을 가접 혹은 구속 지그 등을 사용, 변형을 억제한다. 잔류응력이 생기기 쉽다.
  - 역변형법 : 용접한 후 변형 각도만큼 용접 전에 미리 반대 방향으로 용접하는 방법이다.(150mm×9t에서 변형을 2~3° 준다)
  - 도열법 : 용접부 주위에 물 적신 석면 동판을 접촉시켜 수랭으로 열을 낮추는 방법이다.(수랭동판 사용법)
  - 용착법 : 스킵법, 대칭법, 후퇴법 등을 사용한다.
  ※ 피닝법 : 끝이 둥근 특수해머로 연속 타격하여 표면에 소성 변형을 주어 인장응력을 완화하는 법

334 용접부 기호

- 표면육성(서피싱) : ⌒ **40회**
- 표면(Surface) 이음 : =
- 가장자리(Ledge)용접 : |||
- 심(Seam) : ⊖
- 점(Spot) 용접 : ○
- 겹침접합 : ⊋
- 평면 : —
- 끝단부 매끄럽게 함 : ⌊
- 볼록 : ⌒
- 오목 : ⌄
- 영구적인 덮개판 : M
- 제어 가능한 덮개판 : MR

335 제어 형태에 따른 산업용 로봇 분류

논 서브 제어로봇, 서브 제어로봇, CP 제어로봇

> **암기팡** ▶ 산업용 로봇은 **논.서브.CP**에 있어요

※ CP제어로봇 : 전체 궤도나 경로가 지정되는 제어로봇 **38회**

336 용착법의 종류

① 블록법(block sequence) : 짧은 용접 길이로 표면까지 용착하므로 첫 층에 균열이 발생하기 쉬울 때 사용하는데, 용접할 홈을 한 부분씩 여러 층으로 쌓은 후 다른 부분으로 용접한다.
② 빌드업법(덧살올림법, build up sequence) : 용접 전체 길이에 대해 각 층을 연속하여 용접하는 방법. 판 두께가 두꺼울 때는 첫 층에 균열발생 우려가 있다.
③ 캐스케이드법(cascade sequence) : 한 부분에 대해 몇 층을 용접하다가 다음 부분으로 연속 용접하는 법이다.
④ 스킵법(skip sequence) : 용접이음의 전 길이를 뛰어 넘어서 용접하는 방법으로 변형 잔류응력을 균일하게 하고 있지만 시, 종점 부분에 결함이 생길 때가 있다.
⑤ 대칭법(symmetric) : 이음 중앙에 대칭으로 용접하는 법으로 잔류응력 변형을 대칭으로 유지하고자 할 때 사용한다.
⑥ 후진법(back step method) : 용접진행 방향과 용착방법이 반대되는 방법으로 잔류응력을 균일하게 해 변형을 적게 할 수 있다.
⑦ 전진법(progressive method) : 이음 한쪽 끝에서 다른 쪽 끝으로 진행하는 방법으로 시작부분보다 끝나는 부분이 수축이나 잔류응력이 더 크다.

337 용접 지그의 선택기준

① 청소가 용이하고 작업능률을 향상시킬 수 있을 것
② 용접 변형을 억제할 수 있는 구조일 것
③ 용접하는 물체를 고정할 수 있는 크기 및 강성이 있을 것
④ 아래보기 자세 용접이 가능할 것
⑤ 구조가 간단하며 저렴할 것

338 주철 보수 용접의 종류

로킹법, 스텃법, 비녀장법, 버터링법

> **암기팡** ▶ 로.스.비.버

339 맞대기홈의 형상

① I형(판 두께 6mm까지)
② V형(6~9mm)
③ J형(6~9mm, 양면 : J형 : 12mm)
④ U형(6~50mm)
⑤ H형(50mm 이상)

※ V형 홈은 보통 판두께가 4~19mm 이하인 경우 한쪽에서 용접하여 완전 용입을 얻고자 할 때 사용하며 홈가공이 비교적 쉬우나 판의 두께가 두꺼워지면 용착 금속의 양이 증가하는 맞대기 이음이다.

340 용접 작업시간

$$\frac{용착금속준량(g)}{용착속도(g/n) \times 아크타임(\%)}$$

341 단면수축률

$$\frac{최초단면적 - 최종단면적}{최초단면적} \times 100$$

342 용접부 결함의 종류

① 언더컷
- 아크 길이가 길 때
- 용접전류가 너무 높을 때
- 부적당한 용접봉 사용 시
- 용접봉 선택 불량
- 용접속도가 너무 빠를 때

※ 언더컷 발생 시 가는 용접봉으로 재용접할 것

② 슬래그 혼입
- 용접 전류가 흐를 때
- 용접봉 각도 부적당
- 용접 속도가 너무 느릴 때
- 슬래그가 융용 풀보다 선행 시
- 용접 이음 부적당
- 슬래그 제거를 불완전하게 할 때
- 루트 간격이 좁을 때

※ 슬래그 발생 시 발생 부분을 깎아내고 재용접할 것

③ 선상 조직
아크용접부 파단면에 생기는 것으로 용접부의 냉각 속도가 너무 빠르고 모재의 탄소 탈산 생성물 등이 너무 많을 때의 원인으로 생기는 결함
- 용접부에 급랭을 피하고(냉각 속도가 빠를 때)
- 모재의 재질이 불량할 때

④ 오버랩
- 용접전류가 너무 낮을 때
- 용접 속도가 너무 느릴 때
- 용접봉 유지각도 불량 시(위빙불량)

343 논가스 아크용접 특징

① 교류 직류전부 가능하며 전 자세 용접이 가능하다.
② 보호 가스나 용제를 필요로 하지 않는다.
③ 용접 장치가 간단하고 운반이 편리하다.
④ 아크 길이가 긴 용접물에 아크를 중단하지 않고 연속 용접할 수 있다.
⑤ 바람이 부는 옥외에서도 작업이 가능하다.
⑥ slag 박리성이 우수하고 용접 비드가 아름답다.
⑦ wire 가격이 고가이다.
⑧ arc 빛이 강해 보호가스 발생이 많아 용접선이 잘 보이지 않는다.
⑨ 기계적 성질이 조금 떨어진다.

344 레이저 빔 용접

① 레이저에서 얻은 강렬한 단색광선으로, 강한 에너지를 가진 단색 광선 출력을 이용한 용접법이다.
② 용접 장치의 기본형이 고체 금속형, 가스 방전형, 반도체형 등으로 구분한다.

345 땜납(납땜)의 구비조건

① 유독성이 좋고 금속과 친화력이 있어야 한다.
② 모재보다 용융점이 낮고 접합 강도가 우수해야 한다.
③ 표면 장력이 적어 모재의 표면에 잘 퍼져야 한다.
④ 강인성, 내식성, 내마멸성, 화학적 성질 등이 사용 목적에 적합해야 한다.

346 안전보건표시

① 백색 : 통로(**백색통로**에는)
② 적색 : 금지(**적색이 금지**되고)
③ 황색 : 주의(**황색 주의**보는)
④ 흑색 : 보조(**흑색 보조**로)
⑤ 보라색 : 방사능 표시(**보라! 방사능**)
⑥ 녹색 : 안전(**녹색 안전**지대로)
⑦ 청색 : 지시(**청색을 지**시하라)

347 노즐

CO_2 용접에서 용접부에 가스를 잘 분출시켜 양호한 실드(Shield)작용을 하는 부품

348 CO_2 가스 아크용접에서 복합와이어 구조에 따른 분류

① S관상 와이어 ② NCG 와이어
③ Y관상 와이어 ④ 아코스 와이어

349 열전대 온도계

2종 금속에 열기전력을 이용한 온도계
① PR(백금 – 백금로듐) : 0~1,600℃
② CR(크로멜 – 알루멜) : 1~1,200℃
③ IC(철 – 콘스탄탄) : 20~850℃
④ CC(동 – 콘스탄탄) : −200~350℃
※ 순서 PR > CR > IC > CC

350 용접 잔류응력 경감법

① 용접 시공이 끝난 다음 냉각된 후의 응력이 잔류응력인데 예열을 이용하면 잔류응력이 경감된다.
② 용착 금속의 양을 될 수 있으면 적게 한다.
③ 적당한 용접 순서와 용착법을 선택한다.
④ 노내 풀림법, 국부 풀림법, 저온응력 완화법, 기계적 응력 완화법, 피닝법 등을 사용하여 용접 잔류응력 경감에 사용한다.

351 지그나 고정구 설계 시 주의 상항

① 모든 부품 조립은 쉽게 눈으로 볼 수 있을 것
② 부품의 고정과 이완이 신속할 것
③ 구조가 간단하고 효과적인 결과일 것
④ 부품 고정 후 수정 없이 고정이 정확할 것
⑤ 아래보기 자세가 가능하도록 회전될 것
⑥ 지그는 변형을 막고 구속력도 크지 않을 것

352 용접 구조물 설계 시 주의사항

① 후판 용접할 때 고장력 강용 용접봉을 사용해 가능한 한 층수를 줄일 것
② 치수는 강도상 필요 이상 크게 하지 말 것
③ 리벳과 용접 혼용 시 충분히 주의할 것
④ 용접성 노치 인성이 우수한 재료를 선택, 시공하기 쉽게 설계할 것
⑤ 구조상 불연속부가 없도록 할 것
⑥ 용접 이음의 집중과 교차 및 접근을 피할 것
⑦ 용접 변형 빛 잔류응력을 경감할 수 있는 용접 순서를 정할 것
⑧ 가능한 한 층(layer) 수를 줄일 것
⑨ 아래보기 용접을 많이 할 것

353 지그 설계 목적

① 불량률이 적고 미숙련자도 작업용이
② 제품 정밀도 증가
③ 경제적 생산가능
④ 공정수가 줄어들고 생산능률 향상

354 용접부의 금속학적 시험 종류

① 종류 : 파면시험(육안검사), 매크로 조직(육안 조직), 현미경 시험, 설좌 프린트법 등이 있다.
② 매크로 조직시험 : 용접부의 단면을 연삭기나 샌드 페이퍼 등으로 연마하고 적당한 부식을 해서 육안이나 저배유율의 확대경으로 관찰하여 용입의 상태, 열영향부의 범위, 결함의 유무 등을 알아보는 시험이다.

355 용접순서 결정기준

① 수축이 큰 이음을 먼저 용접하고 수축이 작은 이음을 나중에 한다.
② 한 평면 내에 이음부가 많을 경우 수축은 가능한 한 자유단으로 내보내어 외적 수고에 의한 잔류응력을 적게 한다.
③ 가능한 한 물품의 중심에 대칭으로 용접한다.
④ 용접선의 직간 단면 중립축에 대하여 용접 수축력의 총합이 0이 되도록 하여 용접 방향에 대한 굽힘을 줄인다.
⑤ 용접 구조물이 조립되어 감에 따라 용접 작업이 불가능한 곳이나 곤란한 경우가 생기지 않도록 한다.

356 예열(pre-heating)의 목적

① 용착 금속 중에 있는 수소 성분이 나갈 수 있는 시간을 주어 비드 밑 균열 방지(저온 균열 방지)
② 용착 금속에 냉각 속도를 느리게 서랭함으로써 모재 취성 방지
③ 용접부의 기계적 성질을 향상시키고 경화조직의 석출 방지

357 용접 시 기공 발생 방지 대책

① 습기가 없는 충분히 건조된 저수소계 용접봉을 사용한다.
② 정해진 전류범위 안에서 약간 긴 아크를 사용하거나 용접빔을 조절한다.
③ 표면에 부착된 불순물(기름, 페인트, 녹, 이물질)을 제거하여 청결히 한다.
④ 용접 속도가 빠르면 기공이 발생하므로 적당한 전류와 용접 속도를 조절한다.

358 저온 균열의 종류

① 힐 균열(heel crack) : 필릿(fillet) 용접 시 루트부분에 발생하는 저온 균열로 모재의 열팽창 및 수축에 의한 비틀림이 주원인인 균열이다.
② 루트균열(root crack) : 맞대기용접 시 가접한 첫 층 용접의 루트 근방 열영향부에 발생한다.
③ 비드 밑 균열(bead under crack) : 비드 바로 밑 모재 열영향부에 생기는 균열이다.
④ 마이크로 피셔균열(micro fissure crack) : 현미경적 균열이 저온에서 발생, 용착 금속 연성이 떨어진다.
⑤ 토 균열(toe crack) : 모재에 회전 변형을 심하게 구속하거나 용접을 끝마친 후 각 변형을 주면 생긴다.
⑥ 라멜라 티어 균열(lamella tear crack) : 모서리 이음, T 이음 등에서 평행하게 층상으로 발생한다.

359 자분검사(MT, Magnetic Test) 종류

직각통전법, **코**일법, **관**통법, **축**동전법, **극**간법

> 암기팜 ▶ 직.코.관.축.극

360 산업용 로봇의 주요 작업 기능부

제어부, **검**출부, **구**동부

> 암기팜 ▶ 제.검.구

361 용융 금속의 이행 형태(용적 이행)

① 단락형
  - 저수소계 용접봉, 비피복 용접법
  - 표면장력 작용으로 모재 쪽으로 이행하는 형식

② 글로불러형
  - 입상이행형식, 핀치효과형이라 함
  - 큰 용적(덩어리)이 단락되지 않고 옮겨 가는 형식

③ 스프레이형
  - 작고 미세한 용적이 스프레이와 같이 날려 이행하는 형식
  - 분무상 이행형
  - 일미나이트계, 고산화티탄계 등에서 발생

362 아크 길이가 적당할 때 나타나는 현상

① 정상적인 입자가 형성된다.
② 양호한 용접부를 얻을 수 있다.
③ 아크가 안정된다.

363 용접부에 생기는 결함

① 구조상 결함
- 오버랩
- 언더컷
- 용입 불량
- 균열
- 기공
- 슬래그 혼입
- 용락
- 스패터
- 선상조직
- 피트

② 치수상 결함
- 변형
- 치수 및 형상 불량

364 정류작용

불활성 가스 아크용접에서 교류 용접기를 사용할 경우 모재 표면의 불순물 등에 의해 전류가 불평행하게 흘러 아크가 불안정하게 되는 것

365 용제가 들어 있는 와이어 CO_2 법의 종류

① 아코스 아크법(arcos) ② 퓨즈 아크법(fuse)
③ 유니언 아크법(union) ④ 버나드 아크법(NCG)

366 용제(flux)

연강은 용제가 필요 없고 그 외 모든 합금이나 알루미늄(Al) 주철 등은 용제가 필요하다.

납땜의 용제

① 연납 : 450℃ 이하
연납용 용제에는 염산, 인산, 염화암모늄, 염화아연, 송진 등이 있다.

② 경납 : 450℃ 이상
경납용 용제에는 붕사, 붕산, 붕산염, 염화나트륨, 염화리튬, 산화 제1구리, 빙정석 등이 있다.

367 MIG용접기

CO_2 용접기에 비해 아크열이 강하므로 공냉식(200A 이하)과 수랭식 토치를 사용한다.

368 산소 아세틸렌 용기 취급 시 주의사항

① 직사광선을 피하고 40℃ 이하 온도에서 통풍이 잘 되는 곳에 보관
② 운반 시 충격을 주지 말 것
③ 동결 부분은 35℃ 이하 온수로 녹인 후 사용할 것
④ 화기와 격리시킬 것(불씨로부터 5m 이상의 격)
⑤ 기름이 묻은 손이나 장갑을 끼고 취급하지 말 것
⑥ 밸브 개폐는 조용히 할 것
⑦ 산소 밸브는 반드시 캡을 씌우고 세워서 보관하거나 운반할 것
⑧ 가스 누설 검사는 비눗물로 할 것
⑨ 저장실의 전기 스위치, 전등은 방폭구조로 할 것

369 알루미늄과 알루미늄합금의 용접성이 불량한 이유

① 용융 응고 시 수소 가스를 흡수하며 기공발생이 쉽다.
② 비열이나 열전도가 대단히 커서 단시간 내에 용융온도까지 이르기가 힘들다.
③ 용접 후 변형이 크며 균열이 생기기 쉽다.
④ 용융점이 660℃로서 낮은 편이고 색채에 따라 가열온도의 판정이 곤란하여 지나치기 쉽기 때문이다.
⑤ 강에 비해 팽창계수가 2배, 응고수축이 1.5배 크다.

370 주철 용접 시 예열 및 후열의 온도범위

모재 전체를 500~600℃ 온도에서 예열 및 후열하는 설비가 필요하다.

371 용접 후 시험 중 야금학적 방법(금속학적 시험)

1. 파면시험 = 파면 육안 조직시험

눈으로 관찰하는 시험으로 슬래그 섞임, 선상조직은 점, 결점의 조밀, 터짐 기공들을 조사한다.

2. 현미경 조직시험

시편을 연마 후 고배율 현미경으로 미소결함을 관찰한다.

① 철강, 주철용 : 5% 초산이나 피크린산 알코올 용액
② 탄화작용 : 피크린산 가성소다 용액
③ 동 및 동합금 : 염화 제2철 용액
④ Al, Al 합금 : AF(불화수소) 용액

3. 매크로 조직시험

용접부를 연마나 연삭 후 매크로 에칭한 다음 육안 또는 확대경으로 검사한다.

① 시험순서

　시편채취 → 마운팅 → 연마 → 부식 → 검사

② 에칭액의 종류
- 염산+물
- 염산+황산+물
- 초산+물

372 비드를 쌓는 다층 용접법의 종류

전진블록법, 캐스케이드법, 빌드업법

373 용접 지그의 장점

① 대량생산 가능
② 제품의 정밀성, 정밀도 유지
③ 제품의 신뢰성과 작업 능률 향상

374 초음파 검사(UT, Ultrasonic Test)

인간의 가칭주파수(0.5~15MHZ)를 검사물 내부에 침투시킴으로써 내부 결함이나 불균일층 유무를 알 수 있다.

▼ 종류
- 공진법
- 투과법
- 펄스반사법

375 용접용 로봇의 동작 기능을 나타내는 좌표계의 종류

① 원통좌표 로봇
② 극좌표 로봇
③ 관절좌표 로봇

376 천이온도

연상파괴에서 취성파괴로 변화하는 온도

377 연강용 피복 아크용접봉 종류

① E4301 : 일미나이트
② E4303 : 라임티탄
③ E4311 : 고셀룰로오스계
④ E4313 : 고산화티탄
⑤ E4316 : 저수소계
⑥ E4324 : 철분산화티탄계
⑦ E4340 : 특수계
⑧ E4327 : 철분산화철계

378

① 가스가우징(gas gouging) : 주로 홈가공에 이용되는데 U형, H형 등의 용접홈을 가공하기 위한 홈의 깊이와 너비는 1 : 2~3 정도이며, 팁은 저압으로서 대용량의 산소를 방출할 수 있도록 슬로다이버전트로

되어 있다.
- 용도 : 구멍 뚫기, 용접부 홈파기, 결함부 제거나 절단 등

② 스카핑(scarfing) : 강재, 강괴, slag, 주조결함 탈탄층 등을 제거하기 위해 표면을 얕고 넓게 깎는다.

③ 분말 절단(powder cutting) : 철분 혹은 플럭스 분말을 자동으로 절단용 산소에 공급함으로써 용제의 화학열, 산화열 작용으로 절단하는 것으로 철분 절단과 플럭스 절단 2종류가 있다.
- **철분 절단** : 철분으로 크롬철, 구리, 청동, 스테인리스강을 절단하는 데 사용한다.
- **플럭스 절단** : 비금속 플럭스 분말로 크롬철, 스테인리스강을 절단하는 데 사용한다.

④ 산소창 절단(oxygen lance cutting) : 용광로 팁구멍, 주강 슬래그 덩어리, 암석 등 뚫기에 사용한다.

⑤ 포갬 절단 : 얇은 판(두께 12mm 이하)을 포개 쌓아 놓고 한 번에 절단하는 방법으로 절단 능률이 우수한 판과 판 사이에 산화물 또는 틈(8mm 이상)이 있으면 절단하기 곤란하다.

⑥ 아크에어가우징(arc air gouging) : 탄소아크 절단에 압축공기(5~7kg/cm)를 병용하여 전원은 직류 역극을 이용, 아크열로 용융시킨 부분을 압축 공기로 홈을 파낸다.

379 산소절단

① 산소-아세틸렌을 사용한 수동 절단 시 팁 끝과 연강판 사이의 거리는 1.5~2.0mm 정도가 가장 적당하다.

② 가스절단 조건
- 모재 융점보다 금속 산화물 융점이 낮을 것
- 산화물이 모재에서 쉽게 떨어지며 유동성이 좋을 것
- 연소를 방해하는 성분이 모재 성분에 적을 것
- 절단부가 쉽게 연소개시 온도에 도달할 것
- 산소절단은 산소와 철의 화학반응열로 할 것
- 화학반응열은 예열에 이용
- 철(Fe)에 포함된 탄소(C)는 절단을 방해한다.

380 프로판가스가 연소할 때 산소가 4.5배 필요

$C_3H_8 + 5O_2 \rightarrow 3CO_2 + 4H_2O$

381 저온균열과 고온균열의 종류

① 저온균열
- **토균열**(toe crack) : 맞대기 및 필릿용접 시 비드 표면과 모재와의 경계부에 생기는 균열이며 예열했거나 강도가 낮은 용접봉을 사용하면 방지할 수 있다.
- **비드 밑 균열**(under bead crack) : 비드 아래 용접선 가까이에 거의 이와 평행되게 모재 열영향부에 생기는 균열이다. 터짐의 일종이지만 모재 표면까지 나타나지 않는다.
- **루트균열**(root crack) : 첫 층 용접의 루트근방에 발생하는 균열로 저온 균열에서 가장 주의해야 할 균열이다.
- **라멜라 티어균열**(lamellar tear crack) : T 이음, 모서리 이음 등에서 강의 내부에 평행하게 층상으로 발생되는 균열이다.
- **힐균열**(heel crack) : T형 필릿의 가용접 등에서 힐부의 본드에 따라 일어나는 균열로 비드길이가 짧거나 필릿 연속 용접인 경우 힐균열이 일어난다. 예열에 의해 방지가 가능하다.

② 고온균열
크레이터균열(crater crack) : 용접 비드부에 맨 끝부분이 급랭으로 응고됨으로써 수축이 원인이 되어 발생한다. 형상에 따라 별 모양균열, 종균열, 횡균열 등이 있다.

382 산업용 로봇의 작업기능

① 작업기능 : 동작기능, 구속기능, 이동기능
② 제어기능 : 동작제어기능, 교시기능
③ 계측인식기능 : 계측기능, 인식기능

383 측면 필릿용접에서 이론 목두께를 구하는 공식

이론 목두께 = h(다리길이) $\times \cos 45° h \times 0.707$

384 용접 시 잔류응력 경감시공법

① 적절한 용착법(비석법 등)을 선정한다.
② 용착 금속량을 적게 한다.
③ 적당한 예열을 한다.
④ 용접부를 수축시킴으로써 잔류응력을 경감시킨다.

385 면외 변형과 면내 변형

① 면외 변형(out-of-plane deformation)
평판 또는 곡면판에서 판면과 직각으로 교차하는 방향의 변형

▼ 종류

굽힘 변형(가로, 세로 방향), 좌굴 변형, 비틀림 변형(나사 변형)

② 면내 변형(in-plane-strain)
평판 또는 곡면판에서 판면과 접선 방향의 변형

▼ 종류

가로수축, 세로수축, 회전수축

386 피닝법

끝이 둥근 특수한 구면상 해머로 용접부를 연속적으로 타격하며 용접 표면에 소형 변형을 주어 인장응력을 완화한다. 첫 층 용접에서 균열방지 목적으로 700℃에서 열간 피닝한다.

387 용제의 종류

① 연납용 용제 : 염화아연, 염화암모늄, 염산, 송진, 인산
② 경납용 용제 : 붕사, 붕산, 붕산염, 불화물, 염화물
③ 경금속용 용제 : 염화리튬, 염화나트륨, 염화갈륨, 플로화리튬, 염화아연 이들을 여러 가지 혼합해서 사용한다.

388 전격방지기(voltage reducing device)

교류 아크용접기는 무부하 전압이 85~95V 정도로 비교적 높아 전격 위험이 있으므로 용접사 보호 차원에서 2차 **무부하 전압을 20~30V**로 맞추어 유지하는 장치

389 연소의 3요소

가연물, **산**소공급원, **점**화원이다.
용접 작업 시 가연성 물질이 있는 장소에서 하면 용접 불씨가 불꽃에 의해 점화원이 되고 화재나 폭발사고가 발생한다.

> 암기팁 ➡ 연소 3요소는 가.산.점

390 설퍼밴드(sulphur band)

강재 중에 편석된 유황물질의 층

391 탄소강 용접 시 주의사항

① 노치 인성이 요구되는 경우 저수소 계통의 용접봉이 사용된다.(서브머지드용접에서 용착 금속의 노취 인성이 낮아지는 것이 문제일 때 저수소계 용접봉 사용)
② 중탄소강의 용접에서는 100~200℃의 예열이 필요하다.(저온 균열 위험성이 커지므로 예방을 위함)
③ 저탄소강의 경우 일반적으로 판 두께 25m까지는 예열이 필요 없다.

392 오스테나이트계(Cr 18% – Ni 8%)(= 불수강) 용접 시 주의사항

① 두꺼운 판을 제외하고 예열을 하지 않는다.
② 중간온도가 320℃ 이상을 넘어서는 안 된다.
③ 짧은 아크 길이를 유지한다.(아크 길이가 길면 크롬의 탄화크롬석출이 생겨 부식 저항이 저하된다.)
④ 될수록 가는 용접봉을 사용한다.
⑤ 연강보다 낮은 전류로 작업한다.
⑥ 반드시 크레이터를 채우도록 한다.

393 응력제거 풀림(annealing) 효과

① 열영향부의 뜨임(tempering) 연화
② 응력 부식에 대한 저항력 증대
③ 용착금속 중의 수소(H_2) 제거에 의한 연성의 증대
④ 풀림(annealing) 목적
  • 내부응력 제거(응력 제거 풀림)
  • 기계적 성질 개선(구상화 풀림)
  • 강(steel)을 연하게 하여 기계가공성 향상(완전 풀림)

394 용접구조물 설계 시 주의 사항

① 용접 길이는 짧게, 용착량도 최소로 한다.
② 후판 용접 시 용접 층수를 가능한 한 적게, 용접봉은 저수소계(E 4316) 용접봉과 같은 고장력강 용접봉으로 한다.
③ 아래보기 용접을 많이 한다.
④ 용접 이음은 집중 접근 및 교차를 피한다.
⑤ 필릿용접은 되도록 피하고 맞대기용접을 한다.
⑥ 맞대기용접은 뒷면(이면) 용접을 하여 용입 부족이 없도록 한다.
⑦ 용접 금속은 가능한 한 다듬질 부분에 포함되지 않게 주의한다.
⑧ 용접성 노치 인성이 우수한 재료를 선택하여 시공하기 쉽게 설계한다.
⑨ 용접선을 될 수 있는 한 교차하지 않도록 한다.

395 열원 전방에 구속이 없을 때 연속 용접에 의한 홈 간격

용접 진행에 따라 홈 간격은 자동 용접에서 넓어진다.

396 잔류응력(residual stress) 경감법

① **노내 풀림법**(furnace stress relief)
② **국부 풀림법**(local stress relief)
③ **기계적 응력완화법**(mechanical stress relief)
④ **저온 응력완화법**(low temperature stress relief)
⑤ **피닝법** : 끝이 둥근 특수 해머로 연속 타격하여 표면에 소성 변형을 주어 인장응력을 완화하는 법

397 용입 불량 원인

① 용접봉 선택이 불량할 경우 : 용접봉 선택을 잘 할 것
② 용접 속도가 빠를 경우 : 빠르지 않게 할 것
③ 용접 전류가 낮을 경우 : slag가 벗겨지지 않는 한도 내로 전류를 높일 것
④ 이음설계 결함(용접 홈 각도가 좁을 때) : 이음 홈의 각도, 루트간격 치수를 크게 한다.
※ 수소(H_2)가 과잉될 경우 기공, 은점, 헤어크랙의 원인이 된다.

398 로봇의 동작 기구에 따른 분류

직각좌표 로봇, 극좌표 로봇, 관절 로봇, 원통좌표 로봇

399 굽힘 시험

결함이나 연성의 유무 등에 관해 검사하는 시험으로 용접부 연성시험, 작업성시험, 표면균열유무검사 등이 있으며 용접 관련 국가 검정시험으로 합격여부 판정을 하고 있다.

400 형광침투검사

점도가 낮은 기름에 형광물을 녹인 것을 침투액으로 사용한다.
순서 : 전처리 → 침투 → 수세 → 현상제 살포와 건조 → 검사

401 압력조정기(가스용접용) 구비조건

① 사용압력과 조정압력 차이가 적을 것
② 사용 시 빙결하는 일이 없을 것
③ 가스 방출량이 많아도 유량이 안정될 것
④ 용기 내 가스양이 변하더라도 조정압력은 일정할 것

402 압력조정기 취급 시 유의사항

① 연결부는 가스가 누설되지 않게 정확히 연결한다.
② 나사부나 조정기 각부에 그리스, 기름 등을 절대 사용하지 않는다.
③ 가스 누설검사 시 비눗물을 사용한다.
④ 조정기 바늘이 잘 보이도록 설치한다.

403 화상

① 1도화상 : 피부가 붉게 되고 약간의 통증과 부종이 생긴다. 냉찜질이나 붕산수에 찜질한다.
② 2도화상 : 피부가 빨갛게 되고 물집이 생기는데 절대 물집을 터뜨리지 말고 1도화상과 같은 조치를 한다.
③ 3도화상 : 피하조직층까지 손상되며 2도화상 시의 응급조치를 한 후 즉시 의사에게 치료를 받는다.
※ 전신 30% 이상 화상 시엔 1도화상일지라도 생명이 위험하므로 주의

404 납땜에 사용되는 용제 조건

① 슬래그 제거가 가능할 것
② 금속면의 산화를 방지할 것
③ 모재와 친화력이 높을 것
④ 전기저항 납땜에 사용 시 전도체일 것
⑤ 인체에 무해할 것
⑥ 침지땜에 사용되는 것은 수분이 함유되지 않을 것
⑦ 용재 유효온도 범위와 납땜온도가 일치할 것

405 강의 담금질 조직 경도순서

마텐자이트 > 트루스타이트 > 솔바이트 > 펄라이트 > 오스테나이트 > 페라이트

| 암기팜 ▶ 마>트>솔>펄>오>페 |

406 변태점

① $A_0 = 210°C$ 시멘타이트 자기변태점
② $A_1 = 723°C$ 강의 특유변태
③ $A_2 = 768°C$ (curie point) 순철의 자기변태점
④ $A_3 = 910°C$ 순철의 동소변태
⑤ $A_4 = 1,400°C$ 순철의 동소변태

407 Y합금과 로엑스

① Y합금 : 알루미늄, 구리, 마그네슘, 니켈

| 암기팜 ▶ 알>구>마>니 |

② 로엑스(lo-ex) : 알루미늄, 구리, 마그네슘, 니켈, 실리콘

| 암기팜 ▶ 알>구>마>니>시 |

408 티탄(Ti)

융점이 1,670°C인 고온에서 산소, 질소, 탄소와 반응이 쉬워 주조가 어렵다.
용접이 용이한 용접 구조용 판재, 관재로 Ti 2종이 강도가 높다.

409 구철 용접이 곤란하고 어려운 이유

① 500~600℃ 고온에서 예열 및 후열할 수 있는 설비가 필요하다.
② 주철은 인장강도가 낮고 상온에서 연성 및 가단성이 없다.
③ 용접 시 탄소가 많으므로 기포 발생에 주의한다.
④ 예열 및 후열 등 용접 조건을 지켜 시멘타이트층이 생기지 않도록 한다.
⑤ 주철은 수축이 크기 때문에 균열이 생기기 쉽다.
⑥ CO 가스 발생으로 기공이 생기기 쉽다.

410 알루미늄과 알루미늄 합금의 용접성이 불량한 이유

① 강에 비해 팽창계수가 2배, 응고 수축이 1.5배 크므로 용접변형도 크고 합금에 따라 응고균열이 생기기 쉽다.
② 열전도와 비열이 크므로 짧은 시간 내에 용융온도에 도달하기 어렵다.
③ 응고 및 용융 시 수소가스 흡수로 인한 기공이 발생하기 쉽다.
④ 융점이 650℃로 색채에 따른 가열온도 판정이 곤란하다.

411 양은

아연(11%) + 니켈(42%) + 구리(47%)

암기짱 ➡ 김. 양은 아.니.구 이 양이다

※ 양은은 융점이 높고 강인하여 철강, 동, 황동, 백동, 모넬메탈 납땜에 사용

412 합금의 일반적 특징

① 강도, 경도, 내식, 내열성, 내마모성이 증가한다.
② 주조성이 좋아진다.
③ 열처리가 양호해진다.
④ 융점이 낮아진다.
⑤ 성분금속 비율에 따라 광택(색)이 달라진다.
⑥ 연성·전성 비중, 가단성이 저하된다.

413 아연의 특성

① 아연(Zn)은 철강재의 부식 방지용으로 많이 쓰인다. (예 백관은 흑관에 아연을 도금한 pipe)
② 아연은 건조한 공기 중에서 거의 산화되지 않지만 산, 알칼리에 약하며, Cu, Sb, Fe 등의 불순물은 아연 부식을 촉진시키며 Hg은 부식을 억제한다.
③ 비중은 7.3, 용융온도는 420℃이다.
④ 조밀육방격자의 회백색 금속이다.

414 구상흑연주철(노듈러 주철 = 닥타일주철)

① 용융금속에 Mg, Ce, Mg-Cu 등을 첨가하고 흑연을 편상에서 구상화 석출한 것
  • 인장강도 : $50 \sim 70 kg/m^2$
  • 연신율 : 2~6%

② 900℃에서 1시간 정도 풀림하면 인장강도 $45 \sim 55 kg/m^2$, 연신율 12~20% 정도 강과 비슷하다.

③ 조직
  • **시멘타이트형** : Mg 첨가량 많고, C, Si가 적고, 냉각속도가 빠를 때 연성은 없다.
  • **펄라이트형** : 시멘타이트와 페라이트의 중간형
  • **페라이트형** : Mg 양이 적당, C 및 Si가 많고, 풀림 처리나 냉각속도가 느릴 때 만들어진다.

④ 특징
  • 성장이 적고 표면이 산화되기 쉽다.
  • 가열 시 주철에서 발생되는 산화나 균열 성장을 방지한다.
  • 회주철(보통주철)보다 조금 굳고 내열 내마멸성이 좋다.

415 구리 및 구리 합금

① 용접 후 응고 시 수축 변형이 생기기 쉽다.(열팽창 계수가 크므로)
② 구리 합금의 경우 아연 증발로 중독을 일으키기 쉽다.(이유 : 고온에서 증발로 황동 표면에 아연이 없어지는 고온 탈 아연 현상 때문)
  • 황동 = 동(Cu) + 아연(Zn)
  • 청동 = 동(Cu) + 주석(Sn)

> **암기팜** ▶ 황동은 동+아연에 무법자가 청동 주석을 마신다.

③ 황동의 경우 산화불꽃으로 용접한다.
④ TIG용접으로 할 경우 6mm 이하 판 두께에 많이 사용한다.

416 니켈 합금

① 콘스탄탄 : Cu(40%) - Ni(50%), 열전쌍, 전열선, 통신기재
② 인코넬 : Ni(72~76%) - Cu(14~17%) - Fe, Mn, Si, C(8%) 열전대 보호관, 진공관 필라멘트
③ 모네메탈 : Cu(35~30%) - Ni(65~70%), 터빈날개, 펌프 임펠러

▼ 마그네슘 합금

• 다우메탈 : Mg + Al 합금
• 다우메탈은 Mg 합금 중에서 비중이 가장 작고 용해, 구조, 단조가 쉬워 일정하고 균일한 제품을 만드는 주물용 마그네슘 합금이다.

417 고체 침탄법 특징

① 침탄제인 목탄이나 코크스 분말과 침탄 촉진제($BaCO_3$, 소금, 적혈염)를 침탄 상자에 소재와 함께 900~950℃로 3~4시간 가열, 표면에 침탄층을 얻는 방법이다.
② 고도의 기술이 필요하지 않고 방법이 간단하다.
③ 전기, 가스, 중유, 경유에 상관없이 가열용 열원으로 사용 가능하다.

418 금속 침투법

강재 표면에 다른 금속을 침투, 확산시켜 강재 표면에 내식, 내산성을 높인다.

① **크로마이징** : 크롬(Cr)분말을 재료 표면에 침투시켜 내식, 내열, 내마모성 향상
② **칼로라이징** : 알루미늄(Al)을 재료 표면에 침투시켜 내열, 내산, 내식성 향상
③ **세라다이징** : 아연(Zn)분말을 침투, 확산시켜 내식성 향상 및 표면 경화층 얻음
④ **실리코나이징** : Si를 침투시켜 내식성 향상
⑤ **브로나이징** : B를 침투, 확산시켜 표면 경도 향상

> **암기팜** ▶ 크로-크롬, 칼로-카알, 세라-세아, 실리-실리콘, 브로-붕소

419 필릿용접 목두께

다리길이 × cos45°

420 언더컷 원인

① 용접전류가 클 때
② 부적당한 용접봉 사용 시
③ 용접속도가 빠를 때
④ 용접봉 유지각도가 부적당할 때

421 아크 길이

CO_2나 MIG용접 작업 시 아크 길이가 길어지면 전류세기가 작아진다.

422 주철의 성장

장시간 고온으로 유지 혹은 가열, 냉각을 반복하면 부피가 커지면서 변형, 균열이 생기는 현상을 주철의 성장이라 한다.

423 주철의 성장 방지법

① C 및 S 양을 감소
② 편상 흑연을 구상화
③ 흑연의 미세화로 치밀한 조직 형성
④ Fe_3C의 분해 방지

424 주철의 흑연화 촉진제

알루미늄(Mg), 규소(실리콘, Si), 니켈(Ni), 티탄(Ti), 코발트(Co), 인(P), 황(S), 망간(Mn), 몰리브덴(Mo), 텅스텐(W), 크롬(Cr), 바나듐(V)

암기팝 ▶▶ 알.시.니.티.코.인.황.망.한 몰.텅.크.바

425 티탄계 합금 특성

① 강도가 커 항공기 부품, 화학용기, 제트엔진 축류 등에 사용한다.
② Al은 수소함유량이 미량이어서 고온강도를 높일 수 있다.
③ 몰리브덴, 바나듐 등은 내식성을 높인다.

426 마텐자이트계 스테인리스강

① 피복 아크용접 시 발생하는 잔류응력 과대 및 균열발생 방지를 위해 예열 시 온도는 200~400℃이다.
② 기계구조용, 의료기기, 계측기기 등에 사용한다.
③ 13% Cr강, 18% Cr강 등은 용접성이 취약하므로 용접 후 열처리를 해야 한다.

427 페이턴팅(patenting)

오스템퍼 처리온도의 상한에서 조직하여 미세한 솔바이트상의 펄라이트 조직을 얻기 위해 실시하는 것으로 오스테나이트 가열온도에서 500~550℃로 용융해 담금질하여 항온 변태를 완료시킨 다음 공냉하는 열처리

428 알루미라이트법

방식법 중 황산액 15~25%에서 산화물에 피막을 형성하는 방법

429 화염 경화법

① 도펠-듀로법 또는 쇼트라이징이라 하며 국부 담금질이 가능한 표면 경화 처리법
② 0.4%C 전후의 탄소강을 산소-아세틸렌 화염으로 표면만 물로 냉각하는 방법
③ 보통 주철, 구상흑연주철, 중탄소강, 기계부품에 사용

430 탄소강에서 탄소량 증가 시

① 경도, 강도 증가
② 내식성, 비중, 선팽창 계수, 연신율, 충격 값 감소

431 불변강의 종류

① 인바(invar, Ni36%)
  - 팽창 계수가 적음
  - 표준척, 열전쌍, 시계 등에 사용

② 엘린바(elinvar, Ni36%-Cr12%)
  - 상온에서 탄성률이 변하지 않음
  - 정밀계측기, 시계, 스프링 등에 사용

③ 플라티나이트(platinite, Ni10~16%)
  - 유리 백금선 대용품
  - 전구, 진공관, 유리의 봉압선 등에 사용

④ 퍼멀로이(permalloy, Ni75~80%)
  - 고투자율 합금
  - 해저 전선의 장하 코일용

⑤ 코엘린바
  엘린바를 계량한 것

432 비커스 경도

비커스 경도는 내면 136°인 다이아몬드 사각추의 압입자에 일정하중(1~120kgf)으로 시험편에 압입한 후 생긴 오목자국의 대각선을 측정함으로써 경도를 구한다.

$$\text{비커스 경도} = \text{하중(kg)}/\text{자국의 표면적(mm}^2)$$
$$= 1.8544P/d^2$$

433 산소가스 절단

산소와 금속의 산화반응열을 이용해 절단한다. 약 850~900℃ 정도로 예열하고 고압의 산소를 분출시켜 Fe의 연소 및 산화로 절단한다.

434 역화(back fire)

가스용접 작업을 할 때 팁 끝이 모재에 닿는 순간 팁 끝이 막히거나 팁 끝이 과열, 조임불량 및 압력이 적당하지 않을 때 "빵빵" 소리가 나면서 꺼졌다가 다시 나타났다가 하는 현상을 역화라 한다.
역화 발생 시 우선 아세틸렌을 차단 후 산소를 차단한다.

1. 역류(contra flow)

산소압력이 아세틸렌 압력보다 높은데 토치 내부 청소 불량이나 토치 팁 끝이 막혔을 때 높은 압력의 산소가 정상적으로 흐르지 못하고 산소보다 압력이 낮은 아세틸렌 호스 쪽으로 흘러 폭발 위험성이 있는 현상

2. 원인

① 아세틸렌 공급량 부족
② 산소압력 과다
③ 팁 청소 불량

3. 대책

① 팁 끝을 깨끗이 청소
② 역류 발생 시 산소차단 후 아세틸렌 차단

4. 인화(flash back, back flash)

① 팁 끝이 순간적으로 막혀 가스가 분출되지 못하고 불꽃이 토치의 가스 혼합실까지 들어오는 현상
② 역류나 역화에 비해 매우 위험하다.
③ 방지대책
   • 가스유량을 적당하게 조정한다.
   • 팁을 항상 깨끗이 청소한다.
   • 토치 및 기구 등을 평소에 점검한다.
   • 인화 발생 시 아세틸렌 차단 후 산소를 차단한다.

435 황동 합금의 종류

① 톰백 : 구리 80% − 아연 8~20%
② 네이벌 황동 : 6.4황동 − 주석(Sn) 1~2%
③ 에드미럴티 : 7.3황동 − 주석 1~2%
④ 델타메탈(Fe 황동) : 6.4황동에 철(Fe) 1~2%
⑤ 문츠메탈 : 6.4황동
⑥ 두라나메탈 : 7.3황동에 Fe 1~2%
⑦ 토빈브라스 : 6.4황동 − Sn 0.7~2.5%, 소량의 Pb, Al, Fe 첨가

436 풀림의 종류

저온풀림, 완전풀림, 구상화풀림, 항온풀림, 연화풀림

> **암기짬** ▶ 저 완구는 항연이 것이다

437 슬랙 담금질(slack quenching)

오스테나이트 온도로 가열, 유지 후 절삭유 또는 연삭유의 수용액 등에 담금질해 미세 펄라이트 조직을 얻는 방법으로 200℃ 이하에서 공냉

438 합금의 종류

① 일렉트론 : Al 5~6% + Zn 2~4%

② 도우메탈 : Mg + Al

암기짱 ▶ 마.알.도

③ 하이드로 날륨 : Al + Mg

암기짱 ▶ 알.마.하

④ 두랄루민 : Al + Cu + Mg + Mn

암기짱 ▶ 알.구.마.망

⑤ Y합금 : Al + Cu + Mg + Ni

암기짱 ▶ 알.구.마.니

⑥ 로엑스 : Al + Cu + Mg + Ni + Si

암기짱 ▶ 알.구.마.니.시

⑦ 알드레이 : Al + Mg + Si

암기짱 ▶ 알.마.시

⑧ 코비탈륨 : Y합금에 Ti, Cu를 첨가

암기짱 ▶ Y.티.구

439 액체 침탄법(청화법)

시안화소다, 시안화칼륨을 주성분으로 한 소금을 사용해 침탄온도 750~900℃에서 30분~1시간 침탄시키는 방법

440 아세틸렌(C_2H_2) 가스 성질

① 발열량이 12.690kcal/m³다.
② 비중이 0.096으로 공기보다 가볍다.
③ 물 1배, 석유 2배, 벤젠 4배, 알콜 6배, 아세톤 25배로 각 액체에 용해된다.
④ 카바이트(CaC_2)와 물(H_2O)이 반응하여 아세틸렌(C_2H_2)을 발생한다.

$$CaC_2 + 2H_2O \rightarrow C_2H_2 + Ca(OH)_2 + 31.872kcal$$

441 주석계 화이트메탈(babbit metal)

안티몬(Sb 3~15%), 주석(Sn 75~90%), 구리(Cu 3~10%)

암기짱 ▶ 안.주.구 뭐하니?

442 스텔라이트(stellite)

텅스텐(W) – 크롬(Cr) – 코발트(CO) – 탄소(C)

암기짱 ▶ 텅.크.코.탄

※ 스텔라이트는 열처리를 하지 않아도 충분한 경도를 가지며 코발트를 주성분으로 한 것으로 단련이 불가능하기 때문에 금형 구조에 의해 필요한 모양으로 만들어 사용하는 합금이다.

443 고속도강(High speed steel)

텅스텐 – 크롬 – 바나듐

암기짱 ▶ 텅.크.바

444 Al – Cu 합금

① 알루미늄 – 구리계 합금은 4.5% 주조성도 좋으며 강도가 열처리에 의해 증가
② 알루미늄 합금 종류 중 내열성, 연신율, 절삭성이 좋으나 고온취성이 크고 수축에 의한 균열 등의 결점이 있는 합금
③ 스프링, 항공기 바퀴, 자동차 하우징 등에 쓰임

445 열처리법

① 담금(quenching, 소입) : 강을 A_3 또는 A_1선 이상 30~50℃로 가열한 후 수랭 또는 유랭으로 급랭시켜 경도와 강도 증가
② 뜨임(tempering, 소려) : 담금질한 후 내부응력 제거와 인성을 증가시키고 안정된 조직으로 변화시키는 열처리
③ 풀림(annealing, 소둔) : 재질의 연화, 내부응력제거

목적으로 노내에서 서랭한다.
④ 불림(normalizing, 소준) : 재질을 표준화하기 위한 목적으로 A_3, A_{cm} 선 이상 30~60℃까지 가열 후 공냉하는 열처리

446 강의 표면 경화법

① 침탄법 : 고체 침탄법, 액체 침탄법, 가스 침탄법
② 질화법 : 액체 질화법, 연 질화법, 가스 질화법, 화염 경화법, 도금법, 방전 경화법, 금속 침투법, 고주파 경화법, 쇼트피닝

447 마그네슘(Mg)의 성질

① 알칼리에 강하며 건조한 공기 중에서 산화하지 않는다.
② 비중이 1.74로 실용 금속 중 가장 가볍다.
③ 고온에서 쉽게 발화한다.
④ 열 및 전기 전도도가 구리 알루미늄보다 낮다.
⑤ 조밀육방격자이고 용융점은 650℃, 저온에서 소성가공 곤란, 재결정 온도는 150℃이다.
⑥ 습한 공기 중에서 표면이 산화마그네슘, 탄산마그네슘이 되어 내부 부식을 방지한다.

448 스테인리스강 종류

오스테나이트계, 마텐자이트계, 페라이트계, 석출 경화형 스테인리스강

> 암기팜 ▶ 오.마.페.석

449 구리용접

① 가접은 되도록 많이 하고 에버듀르봉, 인청동봉, 토빈청동봉, 규소청동봉을 사용한다.
② 용접용 구리 재료로는 전해구리보다 탈산구리를 사용해야 하고 용접봉은 합금용접봉, 탈산구리용접봉을 사용한다.
③ TIG용접은 판 두께 6mm 이하에 많이 사용되며 직류역극성이 주로 사용된다.
④ 구리용접은 TIG용접과 가스용접이 많이 사용된다.
⑤ 구리는 용융될 때 심한 산화를 일으키며 가스를 흡수하기 쉽다.

450 자기변태

자성만 변하고 원자배열은 변화가 없는 것

▼ 자기변태 금속의 종류

> 철(Fe, 775℃), 니켈(Ni, 358℃), 코발트(Co, 1,160℃)

451 순철이 응고에서 상온까지 냉각할 때 변태

① A_2(자기변태 768℃)
② A_3(동소변태 910℃)
③ A_4(동소변태 1,400℃)

452 주상조직

용융금속이 냉각되기 시작하면서 가늘고 긴 형상이 생기는 조직

453 펄라이트 주철(강력주철, 고급주철)

① 조직이 펄라이트+흑연, 인장강도 25kg/mm² 이상인 주철
② 주철 중에서 기계 구조물로 우수해 널리 쓰이며 강력주철이라 부른다.

454 가단주철

가단주철 종류에는 백심가단주철(WMC), 흑심가단주철(BMC), 펄라이트 가단주철이 있고, 가단주철은 칼슘이나 규소를 첨가해 흑연화를 촉진시켜 미세 흑연을 균일하게 분포시키거나 백주철을 열처리하여 연신율을 향상 시킨 주철이다.

455 내열용 알루미늄 합금 종류

Y합금, 코비탈륨, 로엑스(Lo-ex)

암기팜 ▶ Y.코.로

456 라우탈

알루미늄, 실리콘, 구리 합금으로 주조용으로서 절삭성을 개선한다.

암기팜 ▶ 알.시.구

457 니켈, 구리계 합금 종류

어드밴스, 큐프로 니켈, 콘스탄탄

암기팜 ▶ 어.큐.콘

458 니켈-크롬계 합금 특징

① 열전대 전기저항, 열선 내열, 내식용으로 사용한다.
② Cu, Fe에 대한 전열효과가 크다.
③ 전기저항이 크다.
④ 내열성이 크고 고온에서 경도 및 강도 저하가 적다.

459 페라이트계 스테인리스강

① 유기산, 질산에는 침식이 되지 않으나 다른 산에는 침식된다.
② 오스테나이트계 스테인리스강에 비해 내산성이 낮다.
③ Cr 12~16%, C 0.2% 이하 함유된 스테인리스강
④ 표면을 잘 연마한 것은 침식이 되지 않으나 다른 산에는 침식된다.

460 듀콜강(ducol)

① 펄라이트 조직으로 저망간강 중에 나타남
② 용접성이 우수하며 구리를 첨가하면 내식성 개선

461 심랭처리(서브제로 처리)

① 잔류 오스테나이트를 마텐자이트화 하기 위한 처리
② 담금질된 강의 경도를 증가시키고 시료경화를 방지할 목적으로 0℃ 이하의 온도에서 처리하는 것

462 교류 아크용접기 종류

가동 철심형, 가동 코일형, 가포화 리액터형, 탭 전환용

암기팜 ▶ 가.가.가.탭

463 교류 아크용접기 부속장치

원격제어장치, 전격방지장치, 핫 스타트장치, 고주파 발생장치

암기팜 ▶ 원.전.핫.고

464 철강 고온풀림의 종류

확산풀림, 완전풀림, 항온풀림

465 저온풀림의 종류

연화풀림(중간풀림), 구상화풀림, 응력제거풀림

466 크롬(Cr) 원소 첨가 효과

크롬은 적은 양을 첨가해도 경도, 인장강도가 증가되고, 함유량 증가로 내식성, 내열성, 자경성이 커지며 탄화물을 만들기 쉬우므로 내식성, 내마멸성 증가

467 알루마이트법(alumite method)

① 금속재료를 부식되지 않도록 하는 방식으로 알루미늄 또는 알루미늄합금을 양극으로, 납을 음극으로 한 것
② 황산액 15~25% 산성 수용액 속에서 전해하면 양극의 Al이 용출하여 산화물계의 피막 형성
③ 장식품, 내식 겸 미장용, 건축자재, 식기 등에 사용

468 침탄법(carburization)

탄소 함유량이 적은 저탄소강 제품의 표면 표층부에 탄소를 침투시킨 다음 담금질을 해서 표층부만 경화시키는 표면 경화법이다. 종류에는 액체 침탄법, 기체 침탄법, 고체 침탄법이 있다.

469 고체 침탄법

목탄 조각(3~5mm 각)에 침탄 촉진제로 탄산바륨 적혈염, 탄산소다를 첨가한 다음 침탄할 물건을 함께 900~950℃에서 3~4시간 가열해 표면에서 0.5~2mm의 침탄층을 얻는다.

470 액체 침탄법

시안화나트륨(NaCN), 시안화칼륨(KCN)에 염화물(NaC, KCl, $CaCl_2$ 등), 과탄산염($Na_2CO_3K_2CO_3$)을 사용, 750~900℃에서 30분~1시간 침탄시키는 방법이다.

471 기체 침탄법

메탄가스(CH_4)나 프로판가스(C_3H_8) 등을 이용하여 강 제품을 침탄하는 방법으로 균일한 침탄층을 얻을 수 있고 열효율이 높고 작업이 간단하다.

472 아연(Zn)의 특성

① 비중 7.1, 용융점 420℃ 조밀육방격자 금속으로 청회색으로 부서지기 쉬운 금속
② 철강 재료의 내부식성 도금으로 부식방지 피복용으로 사용(아연 도금, 강관 등)
③ 황동제조(동+아연), 건전지, 인쇄용 등에 사용

473 쇼터라이징(shorterizing)

일명 도펠 듀로법(doppelduro process)으로, 산소, 아세틸렌 불꽃으로 강의 표면을 국부적으로 급격히 가열하여 즉시 수랭시켜 경화하는 방법이다. 쇼터법, 불꽃 담금질법 이라고도 하며 미국, 독일에서 주로 쓰고 일본에서는 KKK식 담금질법이라 한다.

474 실루민(silumin)

① 주조용 알루미늄 합금(Al 86~89%, Si 11~14%)으로 가볍고 전연성이 크며 주조 후 수축이 매우 작고 해수에 잘 침식되지 않는다. 절삭성은 불량하다.
② 실루민에 소량의 마그네슘(Mg) 1% 이하를 첨가, 시료성을 부여한 것을 감마(γ) 실루민(Si 9%, Mg 0.5%)이라고 한다.
③ 실루민에 구리를 넣어 시료성을 부여한 것을 구리 실루민(Cu 3%, Si 9%)이라고 한다.
※ 개량처리 : 실루민이 0.1% Na(나트륨)을 첨가시 조직이 미세하게 된 것

475 페라이트(ferrite)

900℃ 이하에서 안정한 체심 입방격자 결정의 철에 합금

원소 또는 불순물이 용융된 고용체로, 외관은 순철과 같지만 **규소철** 또는 **실리콘 페라이트**라 한다. 탄소강을 현미경으로 보면 탄소가 조금 녹아 있는 페라이트 흰 결정(흰 부분)과 펄라이트의 검게 보이는 부분이 섞여 보인다. 대단히 연하며 전연성이 크고 A_2 이하에선 **강자성** 조직이다.

476 6.4황동의 탈아연 현상

6.4황동에서는 7.3황동과 동일하게 알파(α)고용체 합금 결정과 구리-아연의 베타(β)금속 간 화합물 결정으로 되어 있어 산에 침식되면 베타 쪽이 빨리 녹아 거친 표면이 된다. 이를 탈아연(dezincification, dezinking) 현상이라 한다.

477 주철의 흑연화(graphitization)

주철을 오랜 시간 적당한 온도(900~1,000℃)로 가열하여 조직 중의 시멘타이트(Fe_3C)를 유리탄소와 페라이트로 분해시키며 탄소를 흑연모양으로 한 것
$Fe_3C \leftrightarrow 3Fe + C$(화합탄소가 $3Fe$와 C로 분리되는 것을 말한다.)

① 흑연화 촉진제 : 알루미늄(Al), 실리콘, 규소(Si), 니켈(Ni), 티탄(Ti), 코발트(Co), 인(P)
② 흑연화 방지제 : 황(S), 망간(Mn), 몰리브덴(Mo), 텅스텐(W), 크롬(Cr), 바나듐(V), 텔루륨(Te)

478 인코넬(inconel)

Ni 70~80%, Cr 14%, Fe 6%의 합금으로 내산성, 내식성, 내열성이 우수하며 900℃ 이상 온도에서도 산화되지 않기 때문에 전열기 부품품, 고온계 보호판, 항공기 배기밸브, 우유 가공기 등에 이용된다.

479 니켈 합금

① 퍼멀로이 : 니켈-철계 합금으로 Ni 75~80%, Co 0.5%, C 0.5%, 나머지는 철이며 고투자율 합금이다. 해리전선, 장하 코일용, 전자, 차폐용관 등에 쓰인다.
② 어드밴스 : Cu 54%, Ni 44%, Mn 1%, Fe 0.5%, 전기저항 값이 크므로 정밀한 전기기계, 저항선 등에 쓰인다.
③ 큐프로 니켈 : 백동이라 한다. Cu 80%, Ni 20%, 구리에 소량의 니켈을 첨가하면 홍황색을 띤 백색 합금이 되며 니켈을 10% 이상 함유하면 진백색으로 변한다.
④ 콘스탄탄 : 구리 50~60%, 니켈 40~45%, 망간 1% 합금으로 열전대, 계측기기 등에 사용한다.

480 담금질 균열 방지책

① 될 수 있으면 서랭한다.(시간 담금질을 채용한다.)
② 날카로운 모서리를 피하기 위해 설계할 때 직각부분을 되도록 적게 한다.
③ 냉각할 때 온도의 불균일을 적게 하기 위해 부분단면을 적게 하고 변태는 동시에 일어나게 한다.
④ 석면이나 찰흙으로 구멍을 채운다.
⑤ 구멍을 뚫어서 부품의 각 부분을 균일하게 냉각한다.

481 탈아연 부식현상

① 6,4황동에서 주로 발생
② 다공질로 되어 강경도 감소
③ 오염된 물 또는 해수 등 부식성 물질들과 접촉하면 황동 표면에 아연이 가용해서 연차로 산화물이 많은 동으로 되는 현상

482 미하나이트 주철

① 규소(Si)철, Ca-Si 분말을 접종 해 흑연의 형상을 미세하고 균일하게 해 흑연의 핵형성을 촉진시킨다.
② 시멘타이트(Fe_3C) 또는 펄라이트 일부를 남겨 강경도를 적당하게 유지시킨다.

③ 조직은 펄라이트 + 흑연(미세)으로 되어 있다.
④ 담금질이 가능하고 내열, 내마모, 고강도 주철이다.

483 표면은 내마모성을 갖고 중심은 강인성을 필요로 하는 열처리법의 종류

침탄법, 질화법, 화염 경화법

※ 소성 가공법(plastic working) : 소성을 이용해 물체를 변형시켜 여러 가지 필요로 하는 모양으로 만드는 가공법

484 탄소강을 질화처리 시 특징

① **암모니아**(NH_3) **가스를 이용해** 520℃에서 50~100 시간 가열 시 알루미늄(Al), 크롬(Cr), 몰리브덴(Mo) 등이 질화된다.
② 경도가 **침탄법보다 크고 경화층은 얕다.**
③ 부식이나 마모에 대한 저항이 크다.
④ 질화강은 담금질할 필요가 없지만 침탄강은 **침탄 후 담금질이 필요하다.**

485 주철의 마우러 조직도

탄소와 규소의 양과 냉각속도에 따라 변화하는 주철의 조직도를 마우러 조직도라 칭한다.

486 고주파 경화법

0.4% 정도 탄소에 **고주파를 이용해** 고탄소강을 물에 급랭시켜 표면만 경화시키는 법

▼ 특징
- 가열 시간이 짧아 탈탄 산화 결정입자에 조대화가 일어나지 않지만 탄화물을 고용시키기 쉽다.
- 가열 후 수랭 등으로 급열, 급랭하며 특히 이동 가열 시에는 **분수 냉각법**을 사용하고 있다.
- 복잡한 모재도 쉽게 적응하고 있지만 급열, 급랭으로 조직이 마텐자이트 형성에 따른 **담금 균열 발생**이 우려되고 있다.

487 서브제로 처리(subzero treatment)

강을 담금질한 후 **0℃ 이하**(드라이아이스, 액체산소 -183℃)로 냉각함으로써 잔류 오스테나이트를 마텐자이트화로 완료하기 위한 열처리법

488 주강(cast steel)의 특성

① **용접 보수가 용이**하고 주철에 비해 기계적 성질이 우수하다.
② 망간 함유 증가 시 인장강도는 커지지만 탄소에 비교할 때 영향은 크지 않다.
③ 고온 인장강도가 낮고 유동성이 나쁘다.
④ 탄소 함유량이 증가하면 강도는 증대하고 연성 충격값이 감소하며 **용접성은 나빠진다.**
⑤ **수축이 크다.**

489 화염 경화법(flame hardening)의 특징

① 탄소 함유량이 0.4% 정도에 아공석강 등을 산소-아세틸렌 혼합비 1 : 1 화염으로 가열 후 물로 수랭시키면 표면만 단단하게 된다.(담금질 변형이 적다.)
② 국부 담금질이 가능하다.
③ 부품 형상이나 크기에 제한 없이 쉽게 시공할 수 있다.
④ 시설, 설비비가 적게 든다.
⑤ 크랭크축, 샤프트, 레일, 롤, 선반 베드 등의 표면경화에 응용된다.
⑥ **쇼터법, 도펠 듀로법** 등은 화염 경화법이다.

490 펄라이트(pearlite)

① 723℃에서 오스테나이트가 페라이트와 시멘타이트의 층상의 공석정으로 변태한 것
② 페라이트보다 강경도가 크며 연성, 자성이 있다.
③ 페라이트와 탄화철이 파상 배치된 조직, 브리넬 경도 300, 인장강도 600kgf/mm^2 정도 서랭조직 33회

491 배빗메탈(babbit metal)

① Sn 75~90%, Sb 3~15%, Cu 3~10%가 주성분이다.
② 주석을 주성분으로 한 합금으로 납을 주성분으로 하는 합금보다 경도, 인장강도, 충격, 진동에 잘 견딘다.
③ 주조성이 양호해 고하중 기계용에 사용된다.

492 화염 경화법(flame hardening)

탄소강을 산소(1) : 아세틸렌(1) 혼합비로 가열한 다음 수랭시켜 표면만 경화시키는 법

$$담금질경도 = C\% \times 100 + 15$$

여기서, C : 탄소 함유량

493 고급주철(High grade cast iron)

① 인장강도 294MPa(25kg/mm²) 이상
② 펄라이트 주철이다.
③ 조직은 펄라이트 + 흑연
④ 종류 : 파워스키, 란츠, 코살리, 에멜, 미하나이트 주철

암기팜 ▶ 파.란.코.에.미 국사람

494 시퀀스 제어(sequence control)

미리 정해진 순서에 따라 제어의 각 단계를 차례로 행하는 것
① **시퀀스 로봇** : 미리 설정된(정해진) 순서 조건에 따라 동작을 진행하는 로봇
② **조건제어** : 입력조건에 상응된 각종 패턴 제어를 실행하는 제어. 엘리베이터제어, 자동화 기계의 각종 위험 방지 조건, 불량품 처리 제어 등

495 품질관리에서 4M

재료(Material), **설비**(Machine), **작업자**(Man), **가공방법**(Method)

암기팜 ▶ 재.설.작.가

496 품질관리 효과

① 원가절감 및 품질 향상
② 클레임 감소 및 납기 지연 방지
③ 불량처리 비용 감소
④ 작업의욕 향상 및 표준화
⑤ 제품 판매량 증가

497 품질관리의 기능

① Plan : 품질의 설계, 계획
② Do : 공정의 관리, 실행
③ Check : 품질의 보증, 검토
④ Action : 품질의 조사 및 개선, 조치

※ 관리사이클(cycle)
 P → D → C → A

498 TQC(Total Quality Control)

종합적 품질관리로 전사적인 품질정보의 교환으로 품질 향상을 기도하는 기법

499 가공시간

준비작업시간 + 로트 수 × 정미시간(1 + 여유율)

500 통계적 용어

① **런** : 관리도 내에서 점이 관리 한계 내에 있고 중심선 한쪽에 연속해서 나타나는 점
② **주기** : 점이 주기적으로 상하로 변동되어 파형을 나타내는 경우
③ **경향** : 연속 7점 이상의 점이 점점 올라가거나 내려가는 것

는 상태
④ 산포 : 측정치가 고르지 않은 정도. 측정 값이 평균 중심으로 집중되었나, 얼마만큼 퍼져 있는가의 정도

501 생산 합리화 3원칙(3S)

전문화(Specialization), **단**순화(Simplization), **표**준화(Standardization)

> 암기팜 ➡ 전.단.표 어디 있어?

502 생산 3요소

원자재(Material), **노**동(Man), 기계**설비**(Machine)

> 암기팜 ➡ 생산은 원.노가 잘한다는 설비

503 규준형 샘플링 검사

공급자에 대한 보호와 구입자에 대한 보증의 정도를 규정해 두고 공급자의 요구와 구입자 요구 양쪽을 만족하도록 하는 샘플링 검사

504 상대적 열화

설비의 구식화에 의한 열화

505 PTS(Predetermined Time Standard)법

모든 작업을 기본동작으로 분해해 실제로 작업에 필요한 소요시간을 각 작업방법에 따라 이론적으로 정해 놓은 시간치를 적용한다. 정미시간을 정하는 방법에는 MTM법과 WF법이 있다.
① MTM(Method Time Measurement)법 : 작업을 몇 개의 기본동작으로 분석, 기본동작 간의 관계나 필요로 하는 시간 값을 밝히는 것
② WF(Work Factor)법 : 표준 시간을 정하기 위해 정밀한 계측 시계를 사용, 아주 미소한 극소 동작에 대한 상세한 데이터를 분석한 결과 기초적인 동작 시간 공식을 작성, 분석하는 방법

506 스톱워치법(stopwatch)

스톱워치를 사용해 실제 작업 현장의 모든 작업 공정에 대해 사전에 미리 구분하여 시간 연구를 통해 표준시간을 결정한다.

507 WS(Work Sampling)법

통계적 수법을 이용하거나 무작위로 현장에서 작업하는 내용에 대해 측정률 및 가동시간에 대한 측정결과를 조합하여 표준시간을 설정하는 법

508 표준시간 = 정미시간 + 여유시간

① 표준시간 : 단위작업량을 완성하는 데 필요한 소요시간
② 정미시간 : 작업수행 시 직접적으로 필요한 시간
③ 여유시간 : 기계고장, 수리, 작업의 지연, 재료부족 등으로 소비되는 시간

509 작업자 공정분석

작업자가 장소를 이동해 가면서 작업을 수행하는 일련의 행위로 가공, 검사, 운반, 저장, 감독자 행동 등 분석을 통해 업무 범위와 경로 등을 개선하는 데 사용

510 제품 공정분석

원료 재료가 상품화, 제품화되는 과정을 분석, 기록한 것으로 가공, 검사, 운반, 지연, 저장 등에 관한 정보를 수집하여 분석하고 검토하는 것이며 여러 계획의 기초자료로 쓰인다.

511 1회 샘플링 검사

제품에서 시료를 단 1회 샘플링하여 그 시험 결과를 합격, 불합격으로 판정한다.

▼ 샘플링 검사가 유리한 경우

- 생산자에게 품질 향상 자극을 주고 싶을 때
- 검사비용을 적게 하는 것이 이익일 때
- 검사항목이 많을 때
- 대량이므로 어느 정도 불량품이 섞여도 허용될 때
- 불완전한 전수검사에 비해 높은 신뢰성이 확보될 때
- 파괴검사같이 전수검사가 불가능할 때는 1회 샘플링 검사가 필요하다.

512 비용구배

$$\frac{특급비용 - 정상비용}{정상시간 - 특급시간}$$

513 파레토 그림(pareto diagram)

① 파레토 그림에 나타난 불량품 1~2개 항목만 없애면 불량률은 크게 줄어든다.
② 현재의 중요 문제점을 객관적으로 발견하므로 관리방침 수립이 가능하다.
③ 제품 불량, 클레임, 손실금액 등을 원인별, 상황별로 분류해 왼쪽에서부터 오른쪽으로 비중이 큰 항목부터 작은 항목 순으로 나열한 것이다.
④ 손실금액의 상당부분을 차지하는 항목을 발견할 수 있어 원가절감 효과를 얻을 수 있다.
⑤ 원인별로 분류해 크기 순서대로 막대 그래프화한 차트이다.
⑥ 불량 등의 발생 건수를 항목별로 분류하고 그 크기 순서대로 나열해 놓은 그림이다. (막대차트)

514 품질의 분류

① **사용품질** : 소비자가 요구하는 품질
② **제조품질** : 설계품질을 생산·제품화했을 경우의 품질
③ **설계품질** : 품질 시방서상 품질

515 품질관리 효과

원가절감, 생산량증가, 작업의욕 향상, 검사비용 절감, 품질향상, 신용향상, 소비자 관계 호응 또는 개선

516 도수 분포표

① 여러 제품을 측정해 측정치를 순서대로 기록해 놓은 표
② 여러 데이터의 흩어진 모양을 알고자 할 때
③ 여러 데이터로부터 평균 값과 표준편차를 알고자 할 때
④ 원데이터를 규격과 대조(비교)하고자 할 때
⑤ 데이터 분포와 집단 품질 확인 가능

517 히스토그램(histogram)

도수 분포표를 만든 후 정리된 변수 분포 특징을 한눈에 알아볼 수 있도록 기둥모양 형태로 그린 그림

518 특성 요인도

어떤 문제가 되는 결과와 원인의 관계가 어떻게 영향을 미치고 있는가를 알 수 있도록 생선 뼈 형태로 그린 그림 (결과나 문제점에 대한 특성치를 구할 때 쉽게 도표로 나타낸 것)

519 체크시트(check sheet)

분류항목 중에서 데이터 계수 값이 어느 곳에 집중되었는지 알기 쉽게 나타낸 그림

520 정확성

어떤 측정법으로 동일 시료를 무한 횟수 측정하였을 때 데이터 분포의 평균치와 참 값과의 차

521 오차

모집단의 참 값과 측정데이터의 차

522 이상 원인

공정에서 계속해서 만성적으로 존재하는 것은 아니며 가끔 산발적으로 발생하고 품질의 변동에 크게 영향을 미치는 요주의 원인으로 우발적 원인이다.

523 관리도

① 관리도는 공정의 관리, 공정 및 과거 데이터 해석에 이용된다.
② 관리도는 과거 데이터 해석에 이용된다.
③ 계량치인 경우 $\bar{x}-R$ 관리도가 일반적으로 이용된다.
④ 관리도 종류에는 계량치 관리도와 계수치 관리도가 있다.

524 계량치 관리도

① 종류 : $\bar{x}-R$ 관리도, X 관리도, $X-R$ 관리도, R 관리도
② 측정 : 강도, 전압, 전류, 무게, 길이

525 계수치 관리도

① 종류 : P(불량률) 관리도, nP(불량 개수) 관리도, C(결점 수) 관리도, U(단위당 결점 수) 관리도
② 측정 : 직물의 얼룩, 흠 등과 같이 한 개, 두 개로 계수되는 수치, 그에 따른 불량률 측정

526 $\bar{x}-R$ 관리도

① 계량치인 경우 $\bar{x}-R$ 관리도가 일반적으로 이용된다.
② 데이터가 연속적인 계량 값으로 나타나는 공정을 관리할 때 사용

527 동작 분석

작업자 동작을 미세 동작으로 분석하고 낭비, 무리, 불합리한 동작 등 비능률적인 동작을 없앰으로써 최선의 작업방법으로 개선하는 기법

▼ 종류

| 동작경제 원칙, 필름 분석법, 서블리그 분석법 |

528 서블리그(therblig, 미세동작 기호)는 어떤 분석에 주로 이용되는가?

동작 분석

529 오차와 정확도

① 오차 : 측정 값 − 모집단의 참 값
② 정확도 : 계통적 오차의 작은 정도, 참 값에 대한 치우침의 작은 정도

530 C 관리도

① 미리 정해진 일정 단위 중에 포함된 부적합(결점) 수에 의해 공정을 관리할 때 사용하는 관리도가 C 관리도이다.
② M타입의 자동차 혹은 LCD TV를 조립·완성한 후 부적합 수(결점 수)를 점검하는 데이터로 C 관리도를 사용한다.

531 P 관리도

공정률, 부적합률 P에 의해 관리할 경우 사용

532 샘플링 검사가 유리한 경우

① 검사비용이 적게 드는 것이 이익이 되는 경우
② 다량, 다수의 것으로 어느 정도 불량품이 섞여도 허용되는 경우
③ 검사항목이 많은 경우
④ 불완전한 전수검사에 비해 높은 신뢰성을 얻을 때
⑤ 생산자에게 품질향상의 자극을 주고 싶을 때

533 샘플링 검사가 필요한 경우

① 물품 검사가 파괴검사일 때
② 대량 생산품이고 연속제품일 때

534 전수(전체) 검사가 필요한 경우

① 불량품이 단 한 개라도 혼입되면 안 될 때
② 불량품이 다음 공정으로 가면 경제적 손실이 클 때
③ 불량품이 섞이면 안전에 중대한 영향을 미칠 때

535 전수 검사가 유리한 경우

① 검사비용에 비해 효과가 클 때
② 물품의 크기가 작고 파괴검사가 아닐 때

536 규준형 샘플링 검사 방식

공급자와 구입자 양쪽의 요구를 모두 만족하도록 하는 검사로서 공급자, 구입자 모두 보증의 정도를 규정한다.

① 1회 샘플링 검사
  - 단 1회 샘플링하여 그 시험 결과로 합격, 불합격을 판정한다.
  - 검사에 제출된 로트의 제조공정에 관한 사전정보가 없어도 샘플링 검사가 가능하다.
  - 생산자, 소비자 모두의 품질보호 요구를 동시에 만족하도록 샘플링 검사 방식을 선정한다.

② 2회 샘플링 검사 : 1회 검사로 합격, 불합격 판정이 쉽지 않을 때 2회째 시료를 시험하여 그 결과를 시험결과에 합하여 합격, 불합격을 판정한다.

③ 다회 샘플링 검사 : 2회 샘플링 검사를 3회 이상의 검사로 하는 방식

537 반즈(Ralph M. Barnes) 동작 경제 원칙

① 공구 및 설비의 디자인에 관한 원칙
② 작업장 배치에 관한 원칙
③ 신체의 사용에 관한 원칙

538 품질관리 기능 사이클

품질설계 – 공정관리 – 품질보증 – 품질개선

539 계수치 관리도

① C 관리도 : 미리 정해진 일정 단위 중에 포함된 결점 수를 취급할 때(결점 수)
② P 관리도 : 측정이 불가능해 계수치만 나타낼 수 없는 품질특성 합격여부 판정이 목적일 때(불량률)
③ nP 관리도 : 공정을 불량개수 nP에 의해 관리할 때 (불량개수)
④ U 관리도 : 시료의 면적이나 길이 등이 일정하지 않은 경우에 사용(단위당 결점 수)

540 검사 공정에 따른 분류

① 최종 검사 : 완성품에 대한 검사
② 공정 검사(중간 검사) : 제조 공정이 끝나고 다음 제조

공정으로 이동하는 사이 행하는 검사
③ 수입 검사 : 재료제품을 받을지의 여부를 판정하기 위한 검사
④ 출하 검사 : 재료제품을 출하할 때 행하는 검사

암기팡 ▶ 최.공을 수.출

541 수요 예측 값

$$\frac{\sum 월 판매량}{월 수}$$

542 샘플링 종류

① 랜덤 샘플링
- 시료 수가 증가하면 할수록 샘플링 정도가 높다.
- 모집단의 어느 부분이라도 목적하는 특성을 확률로 시료 중에 뽑혀 지도록 샘플링하는 방법
- 단순 랜덤 샘플링, 계통 샘플링, 지그재그 샘플링 방법 등이 있다.

② 2단계 샘플링 : 모집단을 몇 개 부분으로 나누어 1단계로 그것들 중 몇 개를 취출하고 2단계로 그 부분 중 몇 개를 단위체 또는 단위량을 취출하는 방법

③ 취락 샘플링(집락 샘플링) : 모집단을 여러 집단으로 나누고 이 중에 몇 개를 무작위로 선택한 후 선택된 집단 전체를 검사하는 방법

④ 층별 샘플링 : 모집단을 몇 개의 층으로 나눌 수 있을 때, 각 층별로 샘플링하는 것이 좋을 때, 각각의 층에 포함한 품목 수에 따라서 시료 크기를 비례 배분하여 추출하는 방법

⑤ 다단계 샘플링 : 모집단에서 무작위로 1차 시료를 샘플링한 다음 1차 시료에서 다시 2차 시료를 샘플링하고, 다시 2차 시료에서 3차 시료를 샘플링해 나가는 방법

⑥ 유의 샘플링 : 일부 특정 부분을 샘플링하여 그 시료의 값으로 전체를 내다보는 방법

543 시장조사법

신제품에 대한 수요 예측 방법으로 가장 적합하다.

544 사내 표준 작성 시 조건

① 기여도가 큰 것부터 중점적으로 취급할 것
② 내용이 구체적이고 객관적일 것
③ 적시에 개선·향상시킬 것
④ 당사자에게 의견을 말하는 기회를 부여하는 방식으로 정할 것
⑤ 작업 표준에는 수단 및 행동을 체계하에서 추진할 것
⑥ 장기적 방침 및 체계하에서 추진할 것
⑦ 직관적으로 보기 쉬운 표현으로 할 것

545 ASME(American Society of MEchanical Engineers)기호

◯ : 작업   D : 정체
☐ : 검사   ▽ : 저장
〰 : 구분   ⌀ : 가공하며 양 검사
◆ : 질 중심 양 검사   ⧫ : 양 중심 질 검사
⇨ : 가공하여 운반

546 워크 팩터 기호

① D : 정지   ② P : 정지
③ S : 방향조절   ④ U : 방향변경

547 제1종 과오와 제2종 과오

① 제1종 과오 : 실제로는 진실인데 거짓으로 판정된 과오(합격될 제품이 불합격될 확률)
② 제2종 과오 : 실제로는 거짓인데 진실로 판정된 과오(불합격 제품이 합격될 확률, 소비자 위험)

548 손익분기점 매출액

$$\frac{변동비}{\left(1-\dfrac{변동비}{매출액}\right)}$$

549 예방 보존의 효과

① 예비 기계를 보유해야 할 필요성이 감소한다.
② 기계의 수리비용이 감소한다.
③ 생산 시스템의 신뢰가 향상된다.
④ 고장으로 인한 중단 시간이 감소한다.

550 브레인스토밍(brain storming)

생선 뼈 형태로 그린 그림으로 문제가 되는 결과와 이에 대응하는 원인과의 관계를 알 수 있다.
파레토도(pareto diagram)에 나타난 부적합 항목이 영향을 주는 여러 가지 요인을 찾아내는 데 유용한 기법이다.

551 작업 개선을 위한 공정분석

① 작업자 공정분석 : 작업자가 A장소에서 B장소로 이동할 때 수행하는 모든 행위를 분석하는 것
② 사무 공정분석 : 공장이나 사무실 제도나 수속 등을 분석하여 개선하는 데 쓰이며 서비스 분야에 적용
③ 제품 공정분석 : 어떤 재료가 제품이 되어 가는 과정을 분석, 기록하는 것
④ 부대분석 : 특정 항목을 연구해 구체적인 개선안을 마련하고 작업 현장의 실태를 알기 위해 실시되는 것

552 로트 검사 특성은 QC곡선이다

로트의 크기가 시료의 크기에 비해 10배 이상 클 경우 시료 크기와 합격판정 개수를 일정하게 하고 로트의 크기를 증가시키면 QC곡선은 거의 변화가 없다.

553 시계열 분석법

미리 수요를 예측하는 방법으로 예전(과거) 수요를 수리적으로 분석하는 것을 기초로 하는 기법

554 품질 코스트(quality cost) 분류

① 평가 코스트(appraisal cost) : 제품의 품질을 정식으로 평가해 회사의 품질 수준을 유지하는 데 드는 비용. 수입검사 코스트, 공정검사 코스트, 완성품 검사 코스트, 시험코스트, PM코스트 등
② 실패 코스트(failure cost) : 소정의 품질 수준을 유지하는 데 실패하여 생긴 불량품에 의한 손실. 현지 서비스 코스트, 대품 서비스 코스트, 재가공 코스트, 설계 변경 코스트, 외주 부적합 코스트, 불량대책 코스트, 폐각 코스트 등
③ 예방 코스트(prevention) : 처음부터 불량품 생산을 예방하기 위해 소요되는 모든 비용. QC기술 코스트, QC사무 코스트, QC교육 코스트, QC계획 코스트 등

555 계획 공정도에서 주공정

① 처음부터 끝까지 활동 기간이 가장 긴 공정을 연결하는 선을 말한다.
② 주공정은 가장 긴 작업시간이 예상되는 공정이다.

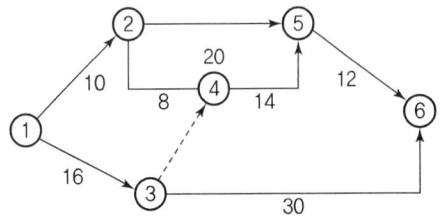

㉠ ①-③-⑥ : 16+30=46
㉡ ①-②-⑤-⑥ : 10+20+12=42
㉢ ①-②-④-⑤-⑥ : 10+8+14+12
　=44시간
㉣ ①-③-④-⑤-⑥ : 16+14+12=42시간
주공정은 ㉠, 46시간이다.

556 정확성(accuracy)

참 값에서 평균 값을 뺀 값. 편차가 적은 정도이며 정밀성과 구별하여 사용한다.

※ 정밀성(precision) : 측정 값의 편차가 적은 정도

557 도수분포표 작성 목적

① 규격과 비교해서 부적합품을 알고 싶을 때
② 로트의 평균치와 표준편차를 알고 싶을 때
③ 로트의 분포를 알고 싶을 때
④ 분포가 통계적으로 어떤 분포형에 근접한지 알기 위해
⑤ 규격 차와 비교해 공정 현황을 파악하기 위해

558 비용구배

$$\frac{특급비용 - 정상비용}{정상시간 - 특급시간}$$

559 ZD(Zero Defect)운동 = 무결점 운동

미국 항공사인 마틴 사에서 처음 시작된 품질 개선을 위한 동기부여 프로그램으로 작업자 오류에 의한 일체의 결함이나 결점을 없애기 위한 경영 기법이다.

560 컨베이어 작업

컨베이어 작업과 같이 일정하고 단조로운 작업을 계속해서 하게 되면 작업자는 구속감과 무력감을 더욱 가지게 되므로 직무는 순환이 좋고 하나의 연속작업 시간은 짧게 하는 것이 좋다.

561 여유율

$$\frac{여유시간}{정미시간 + 여유시간}$$

562 샘플링 검사

로트에서 무작위(랜덤)로 시료를 추출해 검사 후 결과에 따라 합격 불합격을 판정하는 법

563 관리 사이클 순서

계획(P) → 실시(D) → 체크(C) → 조치(A)

> **암기팜** ▶ 계.실이가 체.조하네

564 계량값 관리도

$Me - R$관리도, $\bar{x} - R$관리도

565 최빈값(mode)

자료 분포 중에서 가장 빈번히 관찰되는 최다 도수를 갖는 자료값이다. 즉, 모집 단위에 중심적 경향으로 나타낸 측도로, 예를 들어 A, B, C, D, E로 구성되었다면 B가 가장 빈도가 많이 관찰되었고 나머지는 한 번 존재하므로 B가 최빈값이 된다.

566 관리도의 종류

① C 관리도 : 관리 항목이 에나멜 동선의 일정한 길이 중의 핀홀 수, 라디오, 컴퓨터 한 대 중의 납땜 불량 수 등과 같이 미리 정해진 일정 단위 중에 포함되는 결점 수
② P 관리도 : 공기 불량률 P에 의거, 관리할 경우에 사용
③ U 관리도 : 직물의 얼룩, 에나멜 동선의 핀홀 등과 같은 결점 수를 취급
  - 계량형 관리도 : $\bar{x} - R$ 관리도, nP관리도
  - 계수형 관리도 : C 관리도, nP 관리도, U 관리도, P 관리도

※ $\bar{x} - R$ 관리도는 다른 관리도에 비해 많은 정보를 제공하기 때문에 가장 많이 사용되고 있으며 매번 검사대상을 반복해서 측정하므로 다른 관리도에 비해 공정변화를 쉽게 탐지할 수 있다.

567 로트의 크기

로트의 크기가 증가하게 되면 검사 특성 곡선의 기울기가 급경사, 급해지게 되지만 로트의 크기가 시료 크기에 비해 10배 이상 아주 큰 경우에는 영향을 미치지 않는다.

568 직접측정법과 간접측정법

① 직접 측정법
- 스톱워치(stopwatch)법 : 스톱워치를 사용하여 표준시간을 측정하는 법
- WS(Work Sampling)법 : 통계적 수법을 이용하여 작업자 혹은 기계의 작업 상태를 파악하는 방법

② 간접 측정법(PTS법, Predetermined Time Standard)
- 작업을 시작하기 전에 모든 작업을 기본 동작으로 세분해서 각각의 동작에 대해 미리 작업 소요 시간을 정하는 방법으로 MTM법과 WF법이 있다.
- MTM(Method Time Measurement)법 : 몇 개의 기본동작으로 작업을 분석해서 그 기본동작과의 관계나 시간을 파악하는 법
- WF(Work Factor)법 : 정밀한 계측 시계를 사용하여 아주 미세한 동작을 상세하게 데이터를 분석하여 그 결과를 이용, 기초적인 동작 시간 공식을 작성해 분석하는 방법

569 표준시간과 여유율 공식

① 표준시간 = 정미시간 × (1 + 여유율)

② 여유율 = $\dfrac{준비작업시간}{개당작업시간 \times 로트 수}$

570 시장 품질

판매나 설계에 소비자가 시장에서 요구하는 품질을 반영하는 품질

571 전수 검사가 유리한 경우

불량품이 한 개라도 존재하면 안 될 경우. 예를 들어 인공위성이나 전투기 불량부품이 한 개라도 존재하면 치명적인 사고로 연결되므로 전수 검사를 해야 한다.

572 단계여유

가장 늦은 예정일 – 가장 빠른 예정일

573 브레인스토밍

각 팀별로 일정한 테마에 대해 회의 형식으로 택하고 각자의 자유발언을 통해 아이디어의 연쇄반응을 일으켜 자유롭게 아이디어를 발표함으로써 문제점의 개선 내지 해결책을 찾는 데 사용한다.

574 특성요인도

특성에 대해 문제점을 해결하려면 어떠한 대책이 필요할 것인지 검토할 수 있도록 명확히 하여 원인규명을 쉽게 할 수 있도록 하는 기법

575 유통 공정도

작업검사, 운반, 저장 등 제품이 생산되는 과정을 도표로 도식하여 소요시간, 운반거리 등의 정보가 기재된 도표이다.

576 설계품질

제품의 설계시 품질명세에 설정한 최적의 품질목표

577 제조품질

실제로 제조 공정을 거쳐서 생산한 제품의 품질

578 작업현장 5요소(5S)

청소(Seishoh), 정리(Seiri), 정돈(Seition),
청결(Seiketsu), 습관(Shitske)

> **암기팜** ▶ **청소**는 **정리정돈**을 **청결**하게 하는 **습관**이다

579 작업현장의 3정과 5S

정량, 정품, 정위치
5S : 정리, 정돈, 습관, 청소, 청결

> **암기팜** ▶ **5S**는 **정리 정돈**을 잘하는 **습관**을 길러 **청소**로 **청결**을 유지하자!

580 품질관리 시스템 4요소(4M)

① **재**료(Material)
② **설**비(Machine)
③ **작**업자(Man)
④ **가**공방법(Method)

> **암기팜** ▶ 품질관리는 재.설.작.가

581 작업개선의 6원칙

① **자**동화 원칙
② **동**작개선 원칙
③ **기**계화 원칙
④ **동**기화 원칙
⑤ **분**업화 원칙
⑥ **표**준화 원칙

> **암기팜** ▶ 작업개선은 자.동.기.동.분.포

582 공정도에 사용하는 기호

KS 원용기호				
ASME식		길브레스식	
기호	명칭	기호	명칭
○	작업	○	가공
→	운반	○	운반
▽	저장	△	원재료의 저장
		▽	제품의 저장
D	정체	✡	(일시적) 정체
		▽	(로트) 대기
□	검사	◇	질검사
		□	양검사
		◇	양과 질검사
보조 도시기호		∿	관리구분
		+	담당구분
		╪	생략
		✕	폐기

583 자동분석표 사용기호

분석 기호	시간 기호	호칭	내용설명
○	■	서브오퍼레이션 (1, 2, 3)*	작업장소 내의 한 작업 영역에서 신체부위의 활동
○	▦	신체부위의 이동	작업장소 내의 한 작업 영역에서 다른 작업 영역으로 신체부위의 이동
⊖	▨	화물운반 및 이동	작업장소의 한 작업 영역에서 다른 작업 영역으로 화물 운반 및 이동
▽	▧	保持(보지)	작업을 추진하기 위하여 대상물을 정위치에 그대로 유지
▽	□	정체(1, 2, 3)*	손대기 또는 유휴시간

584 서블릭 분석기호 : 동작 분석에 주로 사용

31회

종류	기호		명칭
제1종류	TE	∪	빈손이동
	G	∩	잡는다.
	TL	⌣	운반한다.
	P	9	위치를 정한다.
	A	#	조립한다.
	U	U	사용한다.
	DA	++	분해한다.
	RL	∩	놓는다.
	I	∩	검사한다.
제2종류	Sh	○	찾는다.
	St	→	선택한다.
	Pn	⚲	생각한다.
	PP	8	준비한다.
제3종류	H	∩	잡고 있다.
	R	᧛	쉰다.
	UD	⌒	불가피한 지연
	AD	⌣	피할 수 있는 지연

※ 서블릭 기호를 제1종, 제2종, 제3종으로 나누고 가능한 제3종, 다음 제2종의 동작을 제외하고, 제1종의 동작을 빨리하는 것이 작업개선에 도움을 줌

585 작업자 공정분석 사용기호

분석기호	시간기호	호칭
○	■	작업
○	▦	신체이동
⊖	▩	운반 및 이동
▽	□	정체
▽	▨	保持(보지)
◇	▥	검사
N	⊠	중단

586 생산활동의 6W

① Why(왜) : 생산의 방침, 원인분석
② Who(누가) : 생산의 주체
③ What(무엇을) : 생산 대상(재료, 제품)
④ Where(어디서) : 장소
⑤ When(언제) : 시간, 날짜
⑥ How(어떻게) : 방법, 방식

PART 02

Master
Craftsman
Welding

과년도문제편

용접기능장은 용접에 관한 최상급 숙련기능을 가진 전문기능인력으로서 산업현장에서 작업을 관리하고, 소속 기능자의 현장훈련, 지도와 감독 등의 업무를 수행하며, 경영층과 생산계층을 유기적으로 결합시켜 주는 현장의 중간관리자의 역할을 수행한다.

2008년 제43회

01 아세틸렌가스의 용해에 대한 설명으로 틀린 것은?

① 물에는 1배 용해된다.
② 석유에는 2배 용해된다.
③ 벤젠에는 10배 용해된다.
④ 아세톤에는 25배 용해된다.

해설

아세틸렌가스의 용해량
물 1배, 석유 2배, 벤젠 4배, 알콜 6배, 아세톤 25배

암기팁 ➡ 물 1. 석 2. 벤 4. 알 6. 아 25.

- 자연발화온도 : 406~408℃
- 폭발위험 : 505~515℃
- 자연폭발 : 780℃
- 1.3기압 이하 : 사용
- 1.5기압 : 가열충격으로 폭발
- 2기압 : 자연폭발

02 피복아크용접봉의 피복제 역할이 아닌 것은?

① 아크를 안정시킨다.
② 파형이 고운 비드를 만든다.
③ 용착금속을 보호한다.
④ 스패터의 발생을 많게 한다.

해설

피복제의 역할 및 작용
- 아크 안정화
- 파형이 고운 비드 생성
- 스패터의 발생 적게
- 용착금속 보호
- 탈산 정련작용
- 급랭 방지 및 취성방지

- 산화, 질화 방지
- 용착 효율 향상
- 필요한 원소 보충
- 슬래그 박리성 증대
- 전기 절연 작용
- 모재 표면 산화물 제거

03 가스용접에서 압력조정기의 구비조건 중 잘못된 것은?

① 용기 내 가스량의 변화에 따라 조정압력이 변할 것
② 조정압력과 사용압력의 차이가 적을 것
③ 사용할 때 빙결하는 일이 없을 것
④ 가스의 방출량이 많아도 유량이 안정되어 있을 것

해설

1. 압력조정기 구비조건
   - 사용압력과 조정 압력의 차이 적을 것
   - 빙결하는 일이 없을 것
   - 가스 방출량 변해도 유량 안정될 것
   - 용기 가스량 변해도 조정압력은 변하지 말 것

2. 압력조정기 취급 유의사항
   - 연결부는 가스 누설 없게 정확히 연결
   - 그리스, 기름 등을 절대 사용금지
   - 가스누설검사는 비눗물
   - 조정기 바늘이 잘 보이도록 설치

04 아크전류가 일정할 때 아크전압이 높아지면 용접봉의 용융속도가 늦어지고 아크전압이 낮아지면 용융속도가 빨라지는 아크 특성은?

① 부저항 특성
② 절연회복 특성
③ 전압회복 특성
④ 아크 길이 자기제어 특성

정답 01 ③ 02 ④ 03 ① 04 ④

> 해설

아크길이 자기제어 특성
- 아크전류가 일정할 때 아크전압이 높아지면 용접봉의 용융속도가 늦어지고 아크전압이 낮아지면 용융속도가 빨라지는 특성
- 부저항 특성(부특성) : 전류가 적은 범위에서 증가하면 아크 저항이 작아져 결국 ARC 전압이 낮아지는 특성

05 필릿용접의 이음강도를 계산할 때 다리길이가 10mm라면 이론 목두께는 약 mm인가?

① 5　　　　② 7
③ 9　　　　④ 11

> 해설

목두께 = 다리길이(각장) × cos45°(0.707)
목두께 = $l \times \cos 45° = 10 \times 0.707 = 7.07$mm

06 정격 2차 전류 250A, 정격사용률 40%의 아크용접기로서 실제로 200A의 전류로 용접한다면 허용사용률은 몇 %인가?

① 22.5　　　② 42.5
③ 62.5　　　④ 82.5

> 해설

허용 사용률 = $\dfrac{(정격2차전류)^2}{(실제용접전류)^2} \times 정격사용률 = \dfrac{250^2}{200^2} \times 40\%$
= 62.5%

07 가스용접 작업에서 일어날 수 있는 재해가 아닌 것은?

① 화상　　　② 화재
③ 전격　　　④ 가스폭발

> 해설

가스용접작업 재해
화상, 화재, 가스폭발 등이 있고 전격(전기적 충격)은 재해가 아니며 사고이다.

08 용접구조물을 리벳구조물과 비교할 때 용접구조물의 장점으로 틀린 것은?

① 잔류응력이 발생하지 않는다.
② 재료의 절약도 가능하게 되고 무게도 경감된다.
③ 리벳구멍에 의한 유효단면적의 감소가 없으므로 이음효율이 높다.
④ 리벳이음에 비해 수밀, 유밀, 기밀유지가 잘 된다.

> 해설

용접구조물의 장점 (리벳구조물과 비교할 경우)
- 재료 절약, 무게 경감, 시간 절약
- 유효단면적의 감소가 없으므로 이음효율이 높다.
- 수밀, 유밀, 기밀유지가 잘 된다.
- 형상의 자유화 추구와 이종 재질 접합 가능
- 보수 수리 용이, 재료 원가 절감
- 재료 두께에 제한이 없고, 자동화가 용이

09 프로판가스용 절단팁에 대한 고려사항이 아닌 것은?

① 프로판은 아세틸렌보다 연소속도가 느리므로 가스분출속도를 느리게 한다.
② 예열불꽃의 구멍을 크게 하고 개수도 많게 하여 불꽃이 꺼지지 않게 한다.
③ 팁 선단에 슬리브를 약 1.5mm 정도 가공면보다 길게 한다.
④ 프로판가스와 산소의 비중에 차이가 있으므로 토치의 혼합실을 작게 한다.

> 해설

프로판가스용 절단팁에 대한 고려사항
- 팁 선단에 슬리브를 약 1.5mm 정도 가공면보다 길게 한다.
- 예열불꽃의 구멍을 크게 하고 개수도 많게 하여 불꽃이 꺼지지 않게 한다.
- 프로판은 아세틸렌보다 연소속도가 늦기 때문에 가스분출속도를 느리게 한다.
- 프로판가스와 산소의 토치 혼합실은 적정하게 한다. (혼합비는 산소+아세틸렌 가스 사용 시 1 : 1 이지만, 산소+프로판가스 사용 시 1 : 4.5. 즉 산소(O_2)가 4.5배가 더 필요하므

정답　05 ②　06 ③　07 ③　08 ①　09 ④

로 혼합실이 적정해야 한다.)
- 절단면이 곱고 슬래그(slag)가 잘 떨어진다.
- 중첩 절단 및 후판에서 속도가 빠르다.

10 토치를 사용하여 용접부분의 뒷면을 따내든지 U형, H형의 용접 홈 가공법으로 일명 '가스 파내기'라고도 하는 것은?

① 스카핑 ② 가스 가우징
③ 산소창 절단 ④ 포갬 절단

> 해설

1. 가스 가우징 : 토치 사용 용접 뒷면 따내든지 H형, U형 용접 홈 가공, 가스 파내기라 하며 홈 길이와 폭 비는 1 : 2~3, 토치 예열각도 30~45° 슬로다이버전트팁 사용
2. 스카핑 : 강편, 슬래그, 주름, 탈탄층, 표면균열 등의 표면결함을 불꽃가공에 의해 제거하는 방법으로 얕고 넓게 깎는 것
3. 아크에어가우징 : 탄소 아크절단 장치에 압축공기($5\sim7kg/cm^2$)를 병용하여서 아크열로 용융시킨 부분을 압축공기로 날려서 홈을 파내는 작업. 용접부 가우징, 결함부 제거. 절단, 구멍 뚫기 적합
   ㉠ 사용극성 : 직류역극성(DCRP)
   ㉡ 장점
   - 작업능률이 2~3배 높다.(가스 가우징보다)
   - 용접결함의 발견이 쉽다.(결함부를 그대로 밀어붙이지 않으므로)
   - 응용범위가 넓고 경비가 저렴.(소음이 없고 경비가 싸다. 철, 비철금속도 사용된다.)
   - 용융금속을 순간적으로 불어내어 모재에 악영향을 주지 않음
4. 분말절단 : 스테인리스강, 비철금속, 주철 등은 가스절단이 용이하지 않으므로 철분 또는 플럭스 분말을 연속적으로 절단용 산소에 혼합 공급함으로써 그 산화열 또는 용제의 화학작용을 이용 절단
   - 철분절단 : 철분(iron powder)을 사용(용도 : 주철, 구리, 청동 및 기타 합금, 스테인리스강, 크롬철)
   - 플럭스절단 : 비금속 플럭스 분말 사용(용도 : 크롬철, 스테인리스강)
5. 포갬절단 : 얇은 판(두께 12mm 이하)을 포개 쌓아놓고 한 번에 절단하는 방법. 절단능력이 우수하지만 판과 판 사이에 산화물 또는 틈이 8mm 이상일 때는 절단이 곤란하다.

11 연강용 피복아크용접봉 E4316의 피복제 계통은?

① 일미나이트계 ② 저수소계
③ 고산화티탄계 ④ 철분산화철계

> 해설

연강용 피복아크 용접봉
- E4301 : 일미나이트계
- E4303 : 라임티탄계
- E4311 : 고셀룰로오스계
- E4313 : 고산화티탄계
- E4316 : 저수소계
- E4324 : 철분산화티탄계
- E4326 : 철분저수소계
- E4327 : 철분산화철계
- E4340 : 특수계

12 가스 절단에 대한 설명으로 틀린 것은?

① 가스 절단은 아세틸렌과 공기의 화학작용에 의한 것이다.
② 절단재의 두꺼운 것을 절단하기 위해서는 절단산소의 양을 증가시켜야 한다.
③ 가스 절단 시 화학반응열은 예열에 이용된다.
④ 철에 포함된 많은 탄소는 절단을 방해한다.

> 해설

- 가스 절단은 강 혹은 합금강 절단에 사용되며 "산소 절단"이라 한다. 산소와 철의 화학반응을 이용한 절단법
- 강재의 절단할 부분을 산소-아세틸렌 불꽃으로 800~900℃ 예열 후 고압산소를 불어 내면서 절단

13 수동 피복아크용접에서 양호한 용접을 하려면 짧은 아크를 사용하여야 하는데 아크 길이가 적당할 때 나타나는 현상이 아닌 것은?

① 아크가 안정된다.
② 양호한 용접부를 얻을 수 있다.
③ 산화 및 질화되기 쉽다.
④ 정상적인 입자가 형성된다.

> 해설

1. 아크길이가 적당할 때 나타나는 현상
   - 산화 및 질화가 안 된다.
   - 정상적인 입자가 형성된다.
   - 양호한 용접부를 얻을 수 있다.
   - 아크가 안정화된다.
2. 아크길이(아크전압) : 아크길이는 용접봉 심선 지름 1배 이하 (대략 1.5~4mm)
   ※ 아크길이에 따라 아크전압은 비례한다.

14 용접 케이블에 대한 설명으로 틀린 것은?

① 2차 측 케이블은 유연성이 좋은 캡타이어 전선을 사용한다.
② 전원에서 용접기에 연결하는 케이블을 2차 측 케이블이라 한다.
③ 2차 측 케이블은 저전압 대전류를 사용한다.
④ 2차 측 케이블에 비하여 1차 측 케이블은 움직임이 별로 없다.

> 해설

용접 케이블
- 전원에서 용접기에 연결하는 케이블을 1차측 케이블이라 한다.(입력측)
- 2차측 케이블은 저전압 대전류를 사용
- 2차측 케이블에 비해 1차측 케이블은 움직임이 별로 없다.
  (이유 : 전선에서 발열로 인한 위험을 방지하기 위해 충분한 전선의 굵기를 사용하므로)
- 2차측 케이블은 유연성이 좋은 캡타이어 전선을 사용

구분	200A	300A	400A
1차측 지름(mm)	5.5	8	14
2차측 단면적(mm²)	38	50	60

15 가스 절단에서 예열불꽃의 역할이 아닌 것은?

① 절단 개시점을 발화온도로 가열한다.
② 절단 산소의 순도 저하를 촉진시킨다.
③ 절단 산소의 운동량을 유지한다.
④ 절단재의 표면 스케일 등을 박리시켜 절단 산소와의 반응을 용이하게 한다.

> 해설

예열불꽃의 역할
1. 절단 산소의 운동량을 유지하며 항상 절단부를 연소온도로 유지시켜 준다.
2. 절단 개시점을 발화온도로 가열한다.(산소-아세틸렌 가스 불꽃을 850~900℃ 될 때까지 가열)
3. 절단재의 표면 스케일 등을 박리시켜 절단 산소와의 반응을 용이하게 한다.(절단 때 표면에 녹을 용해 제거)
   - 팁거리 : 예열불꽃 백심 끝 부분이 모재 표면에서 약 1.5~2.0mm
   - 예열불꽃 강할 때 : 절단면 거칠고 철성분 박리가 어렵고 모재에 드로스 등이 발생한다.
   - 드로스(dross) : 가스 절단 시 완전히 배출되지 않는 용융 금속이 절단 후 밑 부분에 매달리어 응고된 것.

16 피복 금속 아크용접 시 발생하기 쉬운 재해가 아닌 것은?

① 전격
② 결막염
③ 폭발
④ 화상

> 해설

피복 금속 아크용접 시 발생하기 쉬운 재해
- 화상(반드시 보호구 착용)
- 결막염, 안막염증
- 전격(전류값 : 10mA-심한 고통, 20mA-근육수축, 50mA-사망우려, 100mA-사망(치명적))

17 다음 중 압접에 해당되는 용접법은?

① 스폿 용접
② 피복금속 아크용접
③ 전자 빔 용접
④ 테르밋 용접

정답 14 ② 15 ② 16 ③ 17 ①

해설
- 스폿 용접 : 압접 중 저항 용접
- 피복금속 아크 용접 : 용접
- 전자 빔 용접 : 융접 중 특수용접
- 테르밋 용접 : 융접 중 특수용접

암기팜 ➤ 저항 용접 3요소 : 용접전류, 통전시간, 가압력

암기팜 ➤ 전.통.가.요가 저항을 받다.

18 탄산가스 아크용접(CO_2 Gas Shielded Arc Welding)의 원리와 같은 용접방식은?

① 미그(MIG) 용접
② 서브머지드 용접
③ 피복금속 아크용접
④ 원자수소 용접

해설
- 탄산가스 아크용접의 원리와 같은 용접 방식 : 미그용접
- 탄산가스 아크용접은 불활성 가스 금속 Arc 용접과 원리가 같고 불활성 가스 대신 탄산가스를 사용하는 용극식 용접법이다.
- 불활성가스 Arc 용접에는 불활성 가스 텅스텐 아크 용접(GTAW, TIG)과 불활성 가스 금속 아크 용접(GMAW, MIG)이 있다.

19 납땜에 사용되는 용재가 갖추어야 할 조건으로 잘못된 것은?

① 납땜의 표면장력을 맞추어서 모재와의 친화력을 높일 것
② 청정한 금속면의 산화를 방지할 것
③ 모재나 납땜에 대한 부식작용이 최대일 것
④ 납땜 후 슬래그의 제거가 용이할 것

해설
납땜에 사용되는 용제가 갖추어야 할 조건
- 슬래그의 제거가 가능할 것
- 청정한 금속면의 산화를 방지할 것
- 납땜의 표면장력을 맞추어서 모재와 친화력을 높일 것
- 전기 저항 납땜에 사용되는 것은 전도체일 것
- 침지 땜에 사용되는 것은 수분이 함유되지 않을 것

- 인체에 해가 없을 것
- 용제 유효 온도 범위와 납땜 온도가 일치할 것

20 미그(MIG) 용접에서 용융속도의 표시 방법은?

① 모재의 두께
② 분당 보호가스 유출량
③ 용접봉의 굵기
④ 분당 용융되는 와이어의 길이, 무게

해설
미그 용접에서 용융속도 표시방법
- 분당 용융되는 와이어의 길이, 무게로 나타낸다.
- 불활성 가스 금속 아크 용접(MIG, GMAW)은 전극 와이어를 연속적으로 보내어 Arc를 발생시키는 용접법
- "아르고 노트", "필러아크", "시그마", "코메틱" 용접법 등의 상품명으로 부른다.

21 플라스마 아크용접에서 플라스마 아크는 일반적으로 몇 도의 온도를 얻을 수 있는가?

① 30,000~50,000℃
② 10,000~30,000℃
③ 5,000~8,000℃
④ 4,000~6,000℃

해설
- 플라스마 아크 용접온도 : 10,000~30,000℃
- 원자수소용접 : 3,000~4,000℃
- 플라스마를 좁은 틈으로 고속 분출시킴으로써 생성되는 고온 불꽃을 이용해서 절단 용접하는 방법으로 10,000~30,000℃의 고온 플라스마를 분출시킨다. 열적 핀치효과와 자기적 핀치효과를 이용한다.

22 이산화탄소 아크용접 $20l/min$의 유량으로 연속 사용할 경우 액체 이산화탄소 25kgf들이 용기는 대기 중에 가스량이 약 12,700l라 할 때 약 몇 시간 정도 사용할 수 있는가?

① 6
② 10
③ 15
④ 20

정답 18 ① 19 ③ 20 ④ 21 ② 22 ②

> [해설]

1분(min)당 20l 사용하는데 1시간당은 20l/min × 60min/h
= 1,200l/h
가스량이 12,700l ÷ 1,200l/h = 10.58시간이 된다.

23 서브머지드 아크용접용 용제의 구비조건이 아닌 것은?

① 아크 발생을 안정시켜 안정된 용접을 할 수 있을 것
② 적당한 수분을 흡수하고 유지하여 양호한 비드를 얻을 것
③ 용접 후 슬래그의 이탈성이 좋을 것
④ 적당한 입도를 가져 아크의 보호성이 좋을 것

> [해설]

서브머지드 아크용접용 용제의 구비조건
- 양호한 비드를 얻을 것
- 아크발생을 안정시켜 양호하고 안정된 용접을 할 수 있을 것
- 용접 후 슬래그의 이탈성이 좋을 것
- 적당한 입도를 가져 아크의 보호성이 좋을 것
- 회수된 용제는 새 용제와 1 : 1 비율로 혼합하여 사용한다.

24 TIG 용접봉 토치는 사용 전류에 따라 공랭식과 수랭식으로 분류하는데 일반적으로 공랭식 토치는 전류 몇 A 이하에서 사용하는가?

① 200 ② 300
③ 400 ④ 500

> [해설]

- TIG 용접봉 토치 공랭식은 전류 200A 이하에서 사용
- 티그(GTAW, TIG) 텅스텐 전극봉 돌출 길이는 맞대기 3~5mm 필릿용접 6~9mm가 적당

25 다음 중 원자수소용접에 이용되는 용접열은 얼마나 되는가?

① 2,000~3,000℃ ② 3,000~4,000℃
③ 4,000~5,000℃ ④ 5,000~6,000℃

> [해설]

- 원자수소용접에 이용되는 용접열 : 3,000~4,000℃
- 원자수소 용접원리는 수소가스 분위기 중에서 2개 텅스텐 용접봉 사이에 아크를 발생시키면 수소(H_2) 분자는 아크 고열을 흡수하여 원자상태 수소로 열 해리되며, 다시 모재 표면에서 냉각되어 분자 상태로 결합되는 방출 열을 이용하는 용접이다.

26 서브머지드 아크용접의 다전극 용접기에서 비드폭이 넓고 용입이 깊은 용접부를 얻을 수 있는 방식은?

① 텐덤식   ② 횡직렬식
③ 횡병렬식   ④ 유니언식

> [해설]

1. 텐덤식
   - 비드폭이 좁고 용입이 깊다.
   - 용접속도가 빠르다.

2. 횡직렬식
   - 아크 복사열에 의해 용접
   - 용입이 매우 얕다.
   - 자기불림이 생길 수 있다.

3. 횡병렬식 : 서브머지드 아크용접의 다전극 용접기에서 비드폭이 넓고 용입이 깊은 용접부를 얻는 방식

27 가스용접기의 안전사항을 바르게 설명한 것은?

① 고무 호스의 길이는 가스용기와 멀리 떨어져 작업하기 위하여 되도록 길게 한다.
② 도관은 되도록 굴곡이 많을수록 가스의 흐름에 좋다.
③ 호스 연결부의 가스누설검사는 비눗물로 한다.
④ 산소 용기 밸브와 압력 조정기의 연결부는 부식되지 않도록 그리스를 칠하여 연결한다.

> [해설]

가스용접기의 안전사항
- 호스 연결부의 가스누설검사는 비눗물로 검사
- 도관은 되도록 굴곡 없도록 해 가스흐름을 좋게 한다.
- 고무호스의 길이는 가스용기와 가까이 하여 작업한다.

정답 23 ② 24 ① 25 ② 26 ③ 27 ③

- 산소 용기 밸브와 압력조정기 연결부는 부식되지 않게 연결
- 빙결된 호스는 더운물을 사용하여 녹인다.
- 용접용 호스는 90kgf/cm²의 내압 시험에 합격해야 한다.
- 호스 연결은 고압 조임 밴드를 사용한다.
- 도관의 크기는 6.3mm, 7.9mm, 9.5mm 3종이 있다.

28 TIG 용접에서 사용되는 전극의 조건으로 틀린 것은?

① 저용융점의 금속
② 전자방출이 잘 되는 금속
③ 전기저항률이 적은 금속
④ 열 전도성이 좋은 금속

해설

TIG 용접에서 사용되는 전극의 조건
㉠ 고용융점의 금속
㉡ 열 전도성이 좋은 금속
㉢ 전자 방출이 잘 되는 금속
㉣ 전기저항률이 적은 금속
- 순 텅스텐 : 초록
- 1% 토륨 : 노랑
- 2% 토륨 : 빨강
- 지르코니아 : 갈색

암기팡 ▶▶ 텅.초. 1.노. 2.빨. 지.갈.

29 다음 용접 중 저항열(줄의 열)을 이용하여 용접하는 것은?

① 탄산가스 아크용접
② 일렉트로 슬래그 용접
③ 전자 빔 용접
④ 테르밋 용접

해설

일렉트로 슬래그 용접
저항열을 이용하는 용접으로 서브머지드 아크 용접과 같이 플럭스 안에서 모재와 용접봉 사이에 Arc가 발생하여 플럭스가 녹아서 액상 슬래그가 되면 전류를 통하기 쉬운 도체의 성질을 갖게 되면서 아크는 꺼지고 와이어와 용융 슬래그 사이에 흐르는 저항 발열을 이용하는 수직 자동 용접법

30 순철에 포함되어 있는 불순물 중 AC₃ 점의 변태 온도를 저하시키는 원소가 아닌 것은?

① Mn
② Cu
③ C
④ V

해설

- A^0=210℃ 시멘타이트 자기 변태점
- A^1=723℃ 강의 특유 변태
- A^2=768℃ 퀴리점(Qurie point) 순철의 자기 변태점
- A^3=910℃ 순철의 동소 변태
- A^4=1,400℃ 순철의 동소 변태

※ 변태온도를 저하시키는 원소 : 니켈(Ni), 망간(Mn), 구리(Cu), 실리콘(=규소 Si), 탄소(C)

암기팡 ▶▶ 니.망.구.실.탄.을 보렴

31 연강에서 탄소가 증가할수록 기계적 성질은 일반적으로 어떻게 변하는가?

① 인장강도, 경도 및 연신율이 모두 감소한다.
② 인장강도, 경도 및 연신율이 모두 증가한다.
③ 인장강도와 연신율은 증가하나 경도는 감소한다.
④ 인장강도와 경도는 증가되고 연신율은 감소한다.

해설

탄소량 증가 시 기계적 성질 변화
- 인장강도, 경도 증가
- 연신율, 충격값 감소

※ 탄소 0.04~0.85%의 압연강(아공석강)의 평균 강도는?
= 20+100×C% [kg/mm²]
탄소가 0.04%일 때는 20+100×0.04=24kg/mm²
탄소가 0.86%일 때는 20+100×0.86=106kg/mm²

32 주철과 비교한 주강의 특징 설명으로 옳은 것은?

① 기계적 성질이 좋다.
② 주조성이 좋다.
③ 용융점이 낮다.
④ 수축률이 작다.

정답 28 ① 29 ② 30 ④ 31 ④ 32 ①

해설

주강의 특징
- 기계적 성질이 좋다.
- 용융점이 높다.
- 수축률이 크다.
- 주조성이 나쁘다.

※ 주철강은 탄소 함유량이 0.15~1.0%로 보다 적으며 연신율과 인장강도는 높다.

33 강재의 KS 기호 중 틀린 것은?

① STS : 절삭용 합금 공구강재
② SKH : 고속도 공구강 강재
③ SNC : 니켈 크롬강 강재
④ STC : 기계구조용 탄소 강재

해설
- SM : 기계 구조용 탄소강 강관
- STC : 탄소 공구강

34 표면경화법 중 침탄법에 속하는 것들로만 짝지어진 것은?

① 질화침탄법 – 고주파침탄법 – 방전침탄법
② 고체침탄법 – 액체침탄법 – 가스침탄법
③ 세라침탄법 – 마템퍼침탄법 – 크로마이징침탄법
④ 항온침탄법 – 칼로침탄법 – 뜨임침탄법

해설

침탄법
- **고체침탄법** : 고체침탄제(목탄, 코크스분말, 침탄 촉진제)를 사용하여 강표면에 **침탄탄소를 확산 침투**시켜 표면을 경화시키는 방법
- **액체침탄법** : 시안화나트륨(NaCN), 시안화칼륨(KCN)을 주성분으로 한 열을 사용하여 침탄온도 750~950℃에서 30~60분 침탄시키는 방법으로 침탄 질화법이라고도 한다.
- **가스침탄법** : 메탄가스와 같은 탄화수소가스(메탄가스, 프로판가스)를 사용하여 침탄하는 방법

35 스테인리스강 용접 시 열영향부 부근의 부식저항이 감소되어 입계부식 저항이 일어나기 쉬운데 이러한 현상의 주된 원인은?

① 탄화물의 석출로 크롬 함유량 감소
② 산화물의 석출로 니켈 함유량 감소
③ 수소의 침투로 니켈 함유량 감소
④ 유황의 편석으로 크롬 함유량 감소

해설
- 스테인리스강 용접 시 열영향부 부근의 부식저항이 감소되어 입계부식 저항이 일어나기 쉬운 원인은 탄화물의 석출로 크롬 함유량이 감소되기 때문이므로 냉각속도를 빠르게 하든지 용접 시공 후에 용체화 처리를 하는 것이 중요하다.
- 스테인리스강은 0.8mm까지는 피복 아크 용접을 할 수 있다.

36 강의 담금질 조직에서 경도 순서를 바르게 표시한 것은?

① 마텐자이트 > 트루스타이트 > 솔바이트 > 오스테나이트
② 마텐자이트 > 솔바이트 > 오스테나이트 > 트루스타이트
③ 마텐자이트 > 트루스타이트 > 오스테나이트 > 솔바이트
④ 마텐자이트 > 솔바이트 > 트루스타이트 > 오스테나이트

해설

경도 순서

마텐자이트 > 트루스타이트 > 솔바이트 > 펄라이트 > 오스테나이트 > 페라이트

암기팡 ▶ 마.트.솔.펄.오.페.

37 다이캐스팅용 알루미늄합금에 요구되는 성질이 아닌 것은?

① 유동성이 좋을 것
② 금형에 대한 접착성이 좋을 것
③ 응고수축에 대한 용탕 보급성이 좋을 것
④ 열간 취성이 작을 것

정답 33 ④ 34 ② 35 ① 36 ① 37 ②

해설

다이캐스팅용 알루미늄합금에 요구되는 성질
- 열간 취성이 작을 것
- 유동성이 좋을 것
- 응고 수축에 대한 보급성이 좋을 것
- 금형에 대한 접착성이 없을 것

※ Y합금 : 알루미늄, 구리, 마그네슘, 니켈

암기짱 ▶ (알.구.마.니.) 주로 피스톤 그 외 실린더, 실린더 헤드

※ LO-EX(로우엑스) : 알루미늄, 구리, 마그네슘, 실리콘

암기짱 ▶ (알.구.마.실.) 내열성 우수, 피스톤 재료에 쓰임

---

38 용접부에 생기는 잔류응력을 없애기 위한 열처리 방법은?

① 뜨임   ② 풀림
③ 불림   ④ 담금질

해설

열처리
- 담금=소입=퀜칭 : A₃변태 및 A₁선 이상 30~50℃로 가열한 후 물 또는 기름으로 급랭. 경도 및 강도 증가
- 뜨임=소려=템퍼링 : 담금질된 강을 A₁변태점 이하의 일정 온도로 가열하여 인성 증가
- 풀림=소둔=어니얼링 : 재질 연화 목적으로 내부응력 및 잔류응력 제거
- 불림=소준=노멀라이징 : 가공조직의 균일화, 결정립의 미세화, 기계적 성질의 향상 목적

---

39 티탄(Ti)의 종류 중 강도가 높고 용접이 용이한 용접구조용 판재, 관재로 가장 일반적인 것은?

① Ti 1종   ② Ti 2종
③ Ti 3종   ④ Ti 4종

해설

티탄(Ti)
- 융점이 1,670℃ 고온에서 산소, 질소, 탄소와 반응주조가 어렵다.
- 용접이 용이한 용접구조용 판재, 관재로 Ti 2종이 강도가 높다.

---

40 주철 용접에서 용접이 곤란하고 어려운 이유로 해당하지 않는 것은?

① 주철은 수축이 커서 균열이 생기기 쉽다.
② 일산화탄소가 발생하여 용착금속에 기공이 생기기 쉽다.
③ 용접물 전체를 500~600℃의 고온에서 예열 및 후열을 할 수 있는 설비가 필요하다.
④ 주철은 연강보다 연성이 많고 급랭으로 인한 백선화가 되기 어렵다.

해설

주철용접이 곤란하고 어려운 이유
- 용접물 전체를 500~600℃의 고온에서 예열 및 후열하는 설비가 필요
- 일산화탄소가 발생하여 용착금속에 기공이 생기기 쉽다.
- 주철은 수축이 커서 균열이 생기기 쉽다.
- 주철은 인장강도가 낮고 상온에서 연성 및 가단성이 없다.
- 용접 시 탄소가 많으므로 기포 발생에 주의한다.
- 예열과 후열 등 용접 조건을 지켜 시멘타이트층이 생기지 않도록 한다.

---

41 알루미늄 및 그 합금은 대체로 용접성이 불량하다. 그 이유로 틀린 것은?

① 비열과 열전도가 대단히 커서 단시간 내에 용융 온도까지 이르기가 힘들다.
② 용융점이 660℃로서 낮은 편이고, 색채에 따라 가열온도의 판정이 곤란하여 지나치게 용융되기 쉽다.
③ 강에 비해 응고수축이 적어 용접 후 변형이 적으나 균열이 생기기 쉽다.
④ 용융 응고 시에 수소가스를 흡수하여 기공이 발생되기 쉽다.

해설

알루미늄 및 그 합금이 용접성이 불량한 이유
- 용융 응고 시에 기공이 발생되기 쉽다.(수소를 흡수하기 때문에)
- 색채에 따라 가열온도의 판정이 곤란하여 지나치게 용융되기 쉽다.
- 짧은 시간 내에 용융온도까지 이르기 힘들다.(비열과 열전도율이 크므로)
- 강에 비해 팽창계수가 2배, 응고수축이 1.5배 크므로 용접변형이 클 뿐 아니라 합금에 따라서 응고균열이 생기기 쉽다.

정답 38 ② 39 ② 40 ④ 41 ③

42 구리(47%)-아연(11%)-니켈(42%)의 합금으로 니켈 함유량이 많을수록 융점이 높고 색은 변색한다. 융점이 높고 강인하므로 철강을 위시하여 동, 황동, 백동, 모네메탈 등의 납땜에 사용하는 것은?

① 양은납 ② 은납
③ 인청동납 ④ 황동납

[해설]
양은납
아연(11%) 니켈(42%) 구리(47%) 합금으로 융점이 높고 강인하므로 동, 황동, 백동, 모네메탈 등의 납땜에 사용

암기팁 ▶ 김 양은 아(연)니(켈)구(리)

43 다음 이음부의 홈 형상 중 가장 두꺼운 판에 적합한 것은?

① I형 ② H형
③ V형 ④ J형

[해설]
- H형 : 이음부의 홈 형상 중 가장 두꺼운 판에 적합
- I형 : 6mm까지
- r형(베벨형), J형 : 6~19mm
- X형, K형, 양면 J형 : 12mm 이상
- U형 맞대기 이음 : 16~50mm
- H형 맞대기 이음 : 50mm 이상

44 그림과 같은 맞대기 용접 시 P=6,000kgf의 하중으로 잡아당겼을 때 모재에 발생되는 인장응력은 몇 kgf/mm²인가?

① 20
② 30
③ 40
④ 50

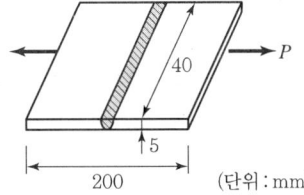
(단위 : mm)

[해설]
인장응력 = $\frac{6,000}{5 \times 40}$ = 30kgf/mm²

45 다음 용접기호를 바르게 설명한 것은?

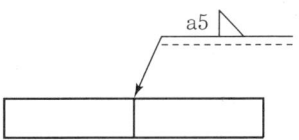

① 필릿 용접이다.
② 플러그 용접이다.
③ 목길이가 5mm이다.
④ 루트 간격은 5mm이다.

[해설]
a5는 필릿 용접에서 목두께 5mm

46 용접 시 예열에 대한 설명 중 틀린 것은?

① 용접성이 좋은 연강이라도 두께가 약 25mm 이상이 되면 예열을 하는 것이 좋다.
② 예열은 용접부의 냉각속도를 느리게 한다.
③ 예열온도는 모재의 재질에 따라 각각 다르다.
④ 연강은 0℃ 이하의 저온에서는 예열이 불필요하다.

[해설]
예열은 모재의 취성 방지나 비드 밑 균열 방지를 위해 용접 전 피용접물 전체나 용접 이음부 부근의 온도를 올리는 것

용접 시 예열
- 예열온도는 모재의 재질에 따라 각각 다르다.
- 예열은 용접부의 냉각속도를 느리게 한다.
- 용접성이 좋은 연강이라도 두께가 약 25mm 이상이 되면 예열은 하는 것이 좋다.(50~350℃ 정도로 홈을 예열하여 줄 것)
- 열전도가 좋은 구리합금, 알루미늄합금은 예열이 필요하다.
- 0℃ 이하에서 용접할 경우 이음폭 100mm 정도를 40~75℃ 정도 예열 후 용접한다.
- 고장력강, 저합금강, 주철의 경우 용접 홈을 50~350℃로 예열한다.
- 탄소 당량이 커지거나 판두께가 두꺼울수록 예열온도를 높인다.

정답 42 ① 43 ② 44 ② 45 ① 46 ④

47 변형이나 잔류응력을 적게 하기 위한 용접순서 중 잘못된 것은?

① 동일 평면 내에 이음이 많은 경우 수축은 가능한 한 자유단으로 보낸다.
② 가능한 한 중앙에 대하여 대칭이 되도록 한다.
③ 용접선의 직각 단면 중심축에 대해 수축력 모멘트의 합이 0이 되게 한다.
④ 리벳이음과 용접이음을 동시에 할 경우는 리벳작업을 우선한다.

해설

변형, 잔류응력을 적게 하기 위한 용접순서
- 리벳이음과 용접이음을 동시에 할 경우 용접이음을 먼저
- 용접선의 직각단면 중심축에 대해 수축력 모멘트의 합이 0(Zero)이 되게
- 가능한 한 중앙에 대하여 대칭
- 동일 평면 내에 이음이 많은 경우 수축은 가능한 자유단으로 보낸다.
- 수축이 큰 맞대기 이음을 먼저 용접하고 다음에 필릿 용접한다.

48 용접패스상의 언더컷이 발생하는 가장 큰 원인은?

① 용접전류가 너무 높을 때
② 짧은 아크 길이를 유지할 때
③ 이음 설계가 부적당할 때
④ 용접부가 급랭될 때

해설

언더컷이 발생하는 주요 원인
- 아크길이가 길 때
- 부적당한 용접봉을 사용했을 때
- 전류가 너무 높을 때
- 용접속도가 너무 빠를 때
- 용접봉 선택이 불량할 때
- 용접봉 유지각도가 부적당할 때

49 끝이 둥근 해머로 용접부를 두들겨 주는 피닝(Peening)의 목적과 관계없는 것은?

① 잔류응력 완화
② 용접변형의 감소 및 방지
③ 용착금속의 균열방지
④ 용착금속의 기공방지

해설

1. 피닝의 목적
   - 용착금속의 균열방지
   - 잔류응력완화
   - 용접변형의 감소 및 방지

2. 피닝
   - 끝이 둥근 특수 해머로 용접부를 연속적으로 타격함으로써 소성변형을 주어 인장 응력을 완화한다.
   - 용접의 균열방지 목적으로 700℃ 정도에서 열간 피닝한다.

50 와류탐상검사의 특징 설명으로 맞지 않는 것은?

① 표면결함의 검출 감도가 우수하다.
② 강자성 금속에 작용이 쉽고 검사의 숙련도가 필요 없다.
③ 표면 아래 깊은 곳에 있는 결함의 검출이 곤란하다.
④ 파이프, 환봉, 선 등에 대하여 고속자동화가 가능하여 능률이 좋은 On-Line 생산의 전수검사가 가능하다.

해설

와류탐상검사(ET, Eddy Current Test)의 특징
- 강자성 금속에 작용이 쉽고 검사의 숙련도가 필요하다.
- 표면결함의 검출이 우수하다.
- 파이프, 환봉, 선 등 고속자동화가 가능하고 생산제품의 전수검사가 가능하다
- 표면 깊은 곳의 결함의 검출이 곤란하다.
- 와류탐상검사는 파이프검사, 튜브검사 분야에 가장 많이 적용되고 있다.

정답 47 ④ 48 ① 49 ④ 50 ②

51 용접성 시험 중 용접연성시험에 해당되는 것은?

① 코머렐 시험 ② 슈나트 시험
③ 로버트슨 시험 ④ 카안 인열 시험

> **해설**
> 용접연성시험은 코머렐 시험으로써 시편 표면에 작은 홈을 파서 일정 조건으로 용접 후 지그를 구부림으로써 용접부에 균열 발생 여부를 관찰하는 시험

52 다음 중 각 변형의 방지대책으로 옳지 않은 것은?

① 개선각도는 용접에 지장이 없는 한도 내에서 작게 한다.
② 판 두께가 얇을수록 첫 패스의 개선깊이를 작게 한다.
③ 용착속도가 빠른 용접방법을 선택한다.
④ 구속 지그 등을 활용한다.

> **해설**
> **각 변형의 방지대책**
> - 판 두께가 얇을수록 첫 패스 측의 개선 깊이를 크게 한다.
> - 개선 각도는 용접에 지장이 없는 한도 내에서 작게 한다.
> - 구속 지그 등을 활용한다.
> - 용착속도가 빠른 용접 방법을 선택한다.
> - 역 변형법, 구속법 등을 활용하여 변형을 방지한다.
> - 적당한 조립 및 용접 순서를 결정해 시공한다.

53 용접작업에서 가접의 일반적인 주의사항이 아닌 것은?

① 본 용접지그와 동등한 기량을 갖는 용접자가 가접을 시행한다.
② 용접봉은 본 용접 작업 시에 사용하는 것보다 약간 가는 것을 사용한다.
③ 본 용접과 같은 온도에서 예열을 한다.
④ 가접 위치는 부품의 끝 모서리나 각 등과 같은 곳에 한다.

> **해설**
> **가접의 일반적인 주의사항**
> - 본 용접과 같은 온도에서 예열한다.
> - 용접봉은 본 용접 작업 시에 사용하는 것보다 약간 가는 것을 사용한다.
> - 가접도 본 용접과 동등한 기량을 갖는 용접자가 가접을 한다.
> - 응력이 집중하는 곳은 피한다.
> - 큰 구조물에서는 구조물의 중앙에서 끝으로 향하여 용접실시
> - 수축이 큰 맞대기 이음을 먼저 용접하고 다음에 필릿용접을 한다.
> - 홈 안에 가접을 피하고 불가피한 경우 본 용접 전에 갈아낸다.
> - 시 종단에 엔드 탭을 설치한다.

54 일반적인 산업용 로봇의 분류에서 미리 설정된 정보의 순서, 조건 등에 따라 동작이 진행되는 로봇은?

① 플레이 배 로봇 ② 지능 로봇
③ 감각제어 로봇 ④ 시퀀스 로봇

> **해설**
> - 시퀀스 로봇 : 미리 설정된 정보의 순서, 조건 등에 따라 동작이 진행되는 로봇
>   ※ 시퀀스 제어(Sequence Control) : 미리 정해진 순서에 따라 제어의 각 단계를 차례로 행한 것
> - 조건제어 : 입력조건에 상응된 각종 패턴 제어를 실행하는 제어(엘리베이터 제어, 자동화 기계의 각종위험방지 조건, 불량품 처리 제어)

55 C 관리도에서 k=20인 군의 총부적합(결점)수 합계는 58이었다. 이 관리도의 UCL, LCL을 구하면 약 얼마인가?

① UCL=6.92, LCL=0
② UCL=4.90, LCL=고려하지 않음
③ UCL=6.92, LCL=고려하지 않음
④ UCL=8.01, LCL=고려하지 않음

> [해설]

UCL = C + 3√C 이며, LCL = C − 3√C, C = $\frac{58}{20}$ = 2.9(중심선)이므로

UCL = 2.9 + 3√2.9 = 8.01이고
LCL = 2.9 − 3√2.9 = −2.209

56 일반적으로 품질코스트 가운데 가장 큰 비율을 차지하는 코스트는?

① 평가코스트   ② 실패코스트
③ 예방코스트   ④ 검사코스트

> [해설]

1. **실패코스트** : 품질코스트 가운데 가장 큰 비율 차지
2. **품질코스트** : 제품과 공정이 완전하다면 발생하지 않았을 코스트
   - 품질이 완전하지 않아 발생하는 모든 코스트
   - 품질을 완전히 하기 위해 노력하는 모든 코스트

57 다음 중 데이터를 그 내용이나 원인 등 분류 항목별로 나누어 크기의 순서대로 나타낸 그림을 무엇이라 하는가?

① 히스토그램(Histogram)
② 파레토도(Pareto Diagram)
③ 특성요인도(Causes and Effects Diagram)
④ 체크시트(Check Sheet)

> [해설]

파레토도
- 데이터를 그 내용이나 원인 등 분류항목별로 나누어 크기의 순서대로 나열하여 나타낸 그림
- 세로축에 퍼센트(%) 가로측에 불량 항목 등 분석 또는 관리 대상을 취해 각 항목 상대 도수를 막대 그래프로 나타낸 것
- 파레토그램에서 나타난 1~2개 부적합품(불량) 항목만 없애면 불량률은 크게 줄어든다.

58 로트로부터 시료를 샘플링해서 조사하고, 그 결과를 로트의 판정기준과 대조하여 그 로트의 합격, 불합격을 판정하는 검사를 무엇이라 하는가?

① 샘플링 검사   ② 전수검사
③ 공정검사   ④ 품질검사

> [해설]

샘플링 검사
- 로트로부터 시료를 샘플링해서 조사하고 그 결과를 로트의 판정기준과 비교하여 그 로트의 합격, 불합격을 판정하는 검사
- 검사 공정에 따른 분류 : 최종검사, 공정검사, 수입검사, 출하검사, 기타검사로 나뉘어진다.

> 암기팁 ▶ 최.공.수.출.기.

59 일정 통제를 할 때 1일당 그 작업을 단축하는 데 소요되는 비용의 증가를 의미하는 것은?

① 비용구배(Cost Slope)
② 정상소요시간(Normal Duration Time)
③ 비용견적(Cost Estimation)
④ 총비용(Total Cost)

> [해설]

비용구배
- 일정 통제를 할 때 1일당 그 작업을 단축하는 데 소요되는 비용의 증가를 의미
- 비용구배 = $\frac{특급비용 - 정상비용}{정상시간 - 특급시간}$
  ※ 쉽게 말하면 비용을 시간(작업시간)으로 나눈 값

60 모든 작업을 기본동작으로 분해하고, 각 기본 동작에 대하여 성질과 조건에 따라 미리 정해 놓은 시간치를 적용하여 정미시간을 산정하는 방법은?

① PTS법   ② WS법
③ 스톱워치법   ④ 실적자료법

정답 56 ② 57 ② 58 ① 59 ① 60 ①

해설

1. **PTS법** : 모든 작업을 기본동작으로 분해하고 각 기본동작에 대하여 성질과 조건에 따라 정해 놓은 시간치를 적용하여 **정미시간 산정**
2. **스톱워치법** : 사전에 미리 구분하여 별도의 측정표를 통해 **표준시간 결정**
3. **WS법** : 작업자가 작업하는 내용에 대해 측정률 및 가동시간에 대한 측정결과를 조합하여 **표준시간 설정**

2008년 제44회

01 아크 용접봉의 피복제 작용에 관한 설명 중 틀린 것은?

① 아크를 안정하게 한다.
② 용적을 크게 하고 용착효율을 낮춘다.
③ 용착금속에 적당한 합금원소를 첨가한다.
④ 용착금속의 응고와 냉각속도를 느리게 한다.

해설

피복제 작용
- 대기 중 산소(O_2)나 질소(N_2)의 침입을 방지하고, 중성 또는 환원성 분위기를 만들어 용융금속을 보호
- 아크(Arc)를 안정화시킨다.
- 용융점이 낮고 정당한 점성을 갖는 가벼운 슬래그(Slag) 생성
- 용착금속에 필요한 원소 보충
- 용접금속(Weld Metal)의 탈산 정련 작용
- 용적을 미세화하고 용착 효율을 높인다.
- 용접금속의 냉각 속도와 응고를 느리게 한다.
- 어려운 용접 자세(위보기 등)를 쉽게
- 전기절연 작용
- 모재 표면의 산화물을 제거하며 용접을 안전하게 한다.
- 비드 파형을 곱게 해 슬래그(Slag) 제거도 쉽게 한다.

02 가스용접 시 산화불꽃으로 용접하는 것이 좋은 재료는?

① 알루미늄, 아연
② 청동, 황동
③ 주철, 가단주철
④ 모넬메탈, 니켈

해설

산화불꽃
- 일명 산소 과잉 불꽃
- 백심이 짧아지고 속 불꽃이 없어 바깥 불꽃만으로 되어 있다.
- 일반금속 용접에는 사용하지 않는다.(산화성 분위기를 만들기 때문에)
- 구리, 황동, 청동 용접에 사용한다.
- 불꽃 온도 3,320~3,430℃ 정도

03 사용되는 아세틸렌가스의 압력에 따라 가스용접 토치를 분류한 것 중 해당되지 않는 것은?

① 저압식
② 차압식
③ 중압식
④ 고압식

해설

사용 압력에 따른 분류 : 저압식, 중압식, 고압식
1. 저압식(Low Pressure Torch) : 인젝터(injector) 식이라 하며, 저압 아세틸렌가스를 사용하는 데 적합하고 $0.07kg/cm^2$ 이하에서 사용
2. 중압식(Medium Pressure Torch) : 등압식 토치(Equal Pressure Torch)라고도 한다. 아세틸렌가스의 압력이 $0.07~1.3kg/cm^2$
3. 고압식(High Pressure Torch) : 용해 아세틸렌 또는 고압 아세틸렌 발생기용으로 사용 가스압력이 $1.3kg/cm^2$ 이상
※ 팁의 종류
  - 독일식 : 1번 – 두께 1mm 연강판 용접에 적당, 2번 – 두께 2mm 연강판 용접에 적당
  - 프랑스식 : 100번 – 1시간 동안 $100l$ 아세틸렌 소비량

04 아세틸렌가스의 폭발성과 관계없는 것은?

① 수은
② 압력
③ 온도
④ 암모니아

해설

- 수은 : 아세틸렌가스는 구리 또는 구리합금(62% 이상 구리 함유), 은(Ag), 수은(Hg) 등과 접촉하면 폭발성 화합물이 생성(아세틸라이트)되므로 접촉을 금할 것
- 압력 : 1.3기압 이하에서 사용, 1.5기압 – 충격, 가열 등의 자극으로 폭발, 2기압 – 자연 폭발
- 온도 : 406~408℃ – 자연발화, 505~515℃ – 폭발위험, 780℃ – 자연폭발

정답 01 ② 02 ② 03 ② 04 ④

05 후판 절단에 이용되는 가스 절단 팁의 노즐 형태로 알맞은 것은?

① 직선형　　　　② 스트레이트형
③ 다이버전트형　　④ 저속다이버전트형

해설
- 직선 노즐 : 후판 절단에 이용
- 스트레이트 노즐 : 보통 절단용
- 다이버전트 노즐 : 최소 에너지 손실 속도로 변화
- 저속 다이버전트 노즐 : 가우징, 스카핑 등에 사용

06 알루미늄을 플라스마 제트 절단할 때 작동 가스로 적합한 것은?

① 아르곤+수소　　② 아르곤+질소
③ 헬륨+수소　　　④ 질소+수소

해설
1. 자동절단
   - 알루미늄, 스테인리스강, 비철금속 : 아르곤+수소, 질소+수소
   - 탄소강, 주철, 합금강 : 질소, 산소, 압축공기(산소, 압축공기를 쓰는 경우 텅스텐 용접봉의 산화로 용접봉 수명이 단축된다.)
2. 수동절단
   - 절단가스 : 아르곤 80%+수소 20% 혼합가스

07 $\phi 3.2$ 용접봉으로 작업 중 아크 길이를 길게 하였을 때 나타나는 현상이 아닌 것은?

① 용융금속이 산화된다.　② 열집중이 부족하다.
③ 용입불량이 되기 쉽다.　④ 스패터가 적다.

해설
아크 길이가 길어지면 아크 전압이 높아지고 아크는 불안정해지며, 용착 금속부의 보호가 원활하지 못하므로 용착 금속이 산화가 된다.

08 연강용 피복금속 아크용접봉의 종류 중 라임티타니아계에 해당되는 것은?

① E4316　　② E4313
③ E4311　　④ E4303

해설
- E4301 : 일미나이트계
- E4303 : 라임티탄계
- E4311 : 고셀룰로오스계
- E4313 : 고산화티탄계
- E4316 : 저수소계
- E4324 : 철분산화티탄계
- E4326 : 철분저수소계
- E4327 : 철분산화철계
- E4340 : 특수계

09 용접기의 자동전격 방지장치에서 아크를 발생하지 않을 때는 보조변압기에 의해 용접기의 2차 무부하 전압을 몇 V 이하로 유지하는 것이 가장 적합한가?

① 30　　② 50
③ 70　　④ 90

해설
전격 방지기는 작업을 하지 않을 때 보조 변압기(이때 주회로를 제어)에 의해 2차 무부하 전압을 85~95V로 유지한다.
전압을 20~30V 이하로 유지하다 용접봉과 모재 사이가 닿는 순간(용접시작) 릴레이(relay)가 작동되는 장치가 전격 방지장치이다.

10 AW200 무부하 전압 80V 아크 전압 30V인 교류 용접기를 사용할 때의 역률과 효율은?(단, 내부 손실은 4kW이다.)

① 역률 62.5%, 효율 60%
② 역률 30%, 효율 25%
③ 역률 80%, 효율 90%
④ 역률 84.55, 효율 75%

해설

역률과 효율

- 역률 = $\dfrac{\text{소비전력(kW)} \times 100}{\text{전원입력(kVA)}}$

- 효율 = $\dfrac{\text{아크출력(kW)} \times 100}{\text{소비전력(kW)}}$

- 소비전력 = 아크출력 + 내부손실
- 전원입력 = 무부하 전압 × 정격 2차전류
- 아크출력 = 아크전압 × 정격 2차전류
- 아크출력 = 30 × 200 = 6,000W = 6kW
- 소비전력 = 6 + 4 = 10kW
- 전원입력 = 80 × 200 = 16,000 = 16kVA
- 역률 = $\dfrac{10 \times 100}{16}$ = 62.5%
- $\dfrac{6 \times 100}{10}$ = 60%

11 다음 용접 종류 중에서 압접에 해당하는 것은?

① 피복 금속 아크용접
② 산소-아세틸렌 용접
③ 초음파 용접
④ 불활성가스 아크용접

해설

- 피복 금속 아크용접 : 융접
- 산소-아세틸렌 용접 : 융접
- 초음파 용접 : 압접
- 불활성가스 아크용접 : 융접

12 가스 절단 시 양호한 절단면을 얻기 위한 조건이 아닌 것은?

① 드래그(drag)가 가능한 한 클 것
② 절단면 표면의 각이 예리할 것
③ 슬래그 이탈이 양호할 것
④ 절단면이 평활하여 노치 등이 없을 것

해설

드래그(drag)가 가능한 한 작을 것

13 아크 에어 가우징 시 압축공기의 압력은 몇 kgf/cm² 정도가 좋은가?

① 3~5   ② 5~7
③ 7~9   ④ 10~11

해설

1. 아크 에어 가우징(Arc Air gauging) : 탄소 아크 절단에 피복되지 않은 탄소 전극봉과 표면에 구리 도금한 것을 전극으로 하며, 직류 역극성을 이용, 용접부 가우징, 용접 결함부 제거, 절단 및 구멍 뚫기 등에 적합
2. 장점
   - 작업 능률이 2~3배 높다.(가스 가우징에 비해)
   - 모재에 나쁜 영향을 주지 않는다.
   - 용접부 결함, 균열 등을 쉽게 발견한다.
   - 소음 적고 조작이 간단하다.
   - 경비가 저렴하며 응용 범위가 넓다.
   - 철, 비철 금속도 어느 정도 사용한다.
   - 아크 전압 35V 압축공기 5~7kg/cm²

14 잠호용접(SAW)에 대한 특징 설명으로 틀린 것은?

① 용융속도 및 용착속도가 빠르다.
② 개선각을 작게 하여 용접 패스 수를 줄일 수 있다.
③ 용접진행 상태의 양·부를 육안으로 확인할 수 없다.
④ 적용 자세에 제약을 받지 않는다.

해설

1. 잠호용접(SAW) = 서브머지드 아크 용접(Submerged Arc Welding), 유니온 멜트 용접법, 링컨 용접법 : 아크나 발생가스가 용제 속에 잠겨 눈에 보이지 않으므로 불가시 용접이라 부른다.
2. 단점
   - 적용 자세에 제약을 받는다.(대부분 아래보기 자세)
   - 장비 가격이 고가이다.
   - 용접선이 짧거나 복잡한 경우 수동에 비하여 비능률적이다.
   - 육안 확인 곤란으로 치명적 결함을 식별할 수 없다.

15 발전기형 직류아크용접에는 전동기형, 엔진구동형이 있다. 공통적인 특징으로 옳지 않은 것은?

① 완전한 직류를 얻는다.
② 회전하므로 고장 나기 쉽고 소음이 발생한다.
③ 구동부, 발전기부로 되어 가격이 고가이다.
④ 보수와 점검이 쉽다.

해설
직류 아크 용접기
- 전동 발전형 : 교류 없는 곳에선 사용 불가
- 엔진 구동형 : 출장 공사장에서 많이 사용
- 정류형 : 완전한 직류 못 얻음, 보수 점검 간단
  ※ 엔진 구동형은 보수 점검이 복잡하다.

16 서브머지드 아크용접에서 용융형 용제의 특징이 아닌 것은?

① 비드 외관이 아름답다.
② 흡습성이 거의 없으므로 재건조가 불필요하다.
③ 미용융 용제는 다시 사용이 가능하다.
④ 용융 시 분해되거나 산화되는 원소를 첨가할 수 있다.

해설
서브머지드 아크 용접 시 용융형 용제 특징
- 비드 외관이 아름답다.(유리형상의 형태)
- 흡습성이 없어 보관이 편리(재건조 불필요)
- 미용융 용제는 재사용이 가능하다.
- 용제에 합금 첨가제가 거의 들어가 있지 않아 용접 후 원하는 적당한 와이어를 선정한다.
- 전류가 낮을 때는 굵은 입자를 전류가 높을 때는 가는 입자
- 입자가 가늘수록 고전류, 용입은 얕고 비드폭이 넓은 평활한 비드를 얻는다.

17 서브머지드 아크용접의 플럭스 중 분말 원료에 고착제를 첨가하여 500~600℃에서 건조하여 제조한 것은?

① 용융형 용제   ② 저온소결형 용제
③ 고온소결형 용제   ④ 혼합형 용제

해설
저온소결형 용제는 서브머지드 아크용접의 플럭스 중 분말 원료에 고착제를 첨가하여 500~600℃에서 건조 제조한다.

18 TIG 용접에 대한 설명으로 틀린 것은?

① 불활성가스 분위기 속에서 용접한다.
② 전극봉은 순텅스텐전극봉, 토륨(1~2%) 텅스텐전극봉, 지르코늄 텅스텐전극봉이 사용된다.
③ Al, Mg 합금의 용접에 사용되는 전극봉은 1~2% 토륨텅스텐 전극봉이 사용된다.
④ 공랭식 토치는 사용전류 200A 이하에서 사용된다.

해설
TIG 용접
- Al, Mg 합금 용접에서 사용되는 전극봉은 지르코늄을 0.15~0.5% 함유한 지르코늄 텅스텐전극봉이다.
- 토륨 텅스텐전극봉은 토륨 1~2% 함유. 주로 강, 스테인리스 강 용접에 사용된다.
- 200A 이하는 공랭식 토치, 200A 이상은 수랭식 토치

19 TIG 용접 시 청정효과(cleaning action)에 대한 설명으로 틀린 것은?

① 이 현상은 가속된 가스이온이 모재 표면에 충돌하여 산화막이 제거되는 현상이다.
② 직류 정극성에서 잘 나타난다.
③ Ar 가스 사용 시 잘 나타난다.
④ 강한 산화막이 있는 금속도 용제 없이 용접이 가능하다.

해설
불활성 가스 텅스텐 아크 용접(TIG, GTAW)에서 직류 역극성일 경우 폭이 넓고 얕은 용입을 얻는다. 이는 모재는 용접기 음극에, 양극에는 토치를 연결하는 것으로 청정 작용이 있다.
※ 청정 작용이란 아르곤 가스의 이온이 모재 표면 산화막에 충돌하여 산화막을 파괴 제거하는 작용으로 He 가스보다 Ar 가스가 효과가 크다.

정답 15 ④ 16 ④ 17 ② 18 ③ 19 ②

20 MIG 용접의 특징 설명으로 틀린 것은?

① 수동 피복아크용접에 비하여 능률적이다.
② 각종 금속의 용접에 다양하게 적용할 수 있다.
③ 박판(3mm 이하) 용접에서는 적용이 곤란하다.
④ CO_2 용접에 비해 스패터의 양이 많다.

[해설]

불활성 가스 금속 아크 용접(MIG, GMAW)의 장점
- 슬래그가 없고 스패터가 최소이므로 용접 후 처리 불필요
- 수동 피복 아크 용접에 비하여 능률적이다.
- 용접기 조작이 간단하여 쉽게 용접한다.
- 박판(3mm 이하) 용접에서는 적용이 곤란하다.
- 주용적 이행은 스프레이형이고, TIG 용접에 비해 능률이 크므로 3mm 이상의 용접에 사용한다.
- 전자세 용접에 가능하며 전류 밀도는 피복 아크 용접의 6~8배, TIG 용접의 2배 크다.

21 탄산가스 아크용접 시 발생하기 쉬운 CO_2에 의한 중독에서 극히 위험하게 되려면 작업장의 단위체적당 CO_2 농도가 몇 % 정도이어야 하는가?

① 5% 이하　　② 5~15%
③ 15~25%　　④ 30% 이상

[해설]

CO_2 농도에 따른 인체 영향
- 3~4% : 두통, 빈혈
- 15% 이상 : 위험상태
- 30% 이상 : 치명적(치사량)
  아르곤 가스의 순도는 99.9% 이상, 수분 0.02% 이하 것이 좋다.

22 CO_2 용접의 복합 와이어 구조에 해당하지 않는 것은?

① 아고스 와이어　　② S관상 와이어
③ T관상 와이어　　④ NCG 와이어

[해설]

복합(용제가 들어있는) 와이어 구조
아코스(컴파운드) 와이어, S관상 와이어, NCG(버나드) 와이어, Y관상 와이어

23 일렉트로 가스 아크용접에서 사용되지 않는 보호 가스는?

① CO_2　　② Ar
③ He　　④ H_2

[해설]

일렉트로 가스 아크용접은 일렉트로 슬래그 용접의 슬래그 용제 대신 CO_2 또는 $CO_2 + O_2$가 저렴하여 사용, Ar, He 등도 사용되기도 하는 수직 자동 용접의 일종이다.

24 테르밋 용접에서 테르밋제의 주성분은?

① 과산화바륨과 마그네슘
② 알루미늄 분말과 산화철 분말
③ 아연과 철의 분말
④ 과산화바륨과 산화철 분말

[해설]

- 테르밋 용접은 용접 열원을 외부로부터 얻는 것이 아니고 테르밋 반응에 의한 열을 이용한 용접이다.
- 산화철 분말 약 3~4 알루미늄 분말 1로 혼합(약 2,800℃의 열을 발생한다.)
- 점화제로는 과산화바륨, 마그네슘(또는 알루미늄)

25 레이저 용접의 특징 설명으로 틀린 것은?

① 모재의 열변형이 거의 없다.
② 진공 중에서의 용접이 가능하다.
③ 미세하고 정밀한 용접을 할 수 있다.
④ 접촉식 용접방식이다.

> 해설

레이저 용접은 레이저에서 얻는 접속성이 강렬한 강한 단색 광선을 이용한다.

레이저 용접의 특징
- 비 접촉식 용접 방식이다.
  (접근하기 곤란한 물체에 용접 가능)
- 모재의 열 변형이 없다.
- 진공 중에서 용접이 가능하다.
- 미세하고 정밀한 용접 가능
- 용접 장치는 고체 금속형, 가스 방전형, 반도체형이 있다.
- 육안으로 확인하며 용접, 원격 조작도 가능하다.

26 점 용접의 종류에 속하지 않는 것은?

① 직렬식 점 용접
② 맥동 점 용접
③ 인터랙 점 용접
④ 플래시 점 용접

> 해설

점 용접 종류에는 인터랙, 맥동, 단극식, 다전극직렬식 용접이 있다.

암기팜 ▶ 인.맥.을 단.다.

27 납땜에는 경납땜과 연납땜이 있다. 연납땜 시 용제를 사용하게 되는데 연납용 용제의 종류가 아닌 것은?

① 염화아연
② 붕산염
③ 염화암모늄
④ 염산

> 해설

용제
- 연납용 용제 : 염화아연, 염화암모늄, 염산, 송진, 인산
- 경납용 용제 : 붕사, 붕산, 붕산염, 불화물, 염화물
- 경금속용 용제 : 염화리튬, 염화나트륨, 염화칼륨, 플루오르화리튬, 염화아연들을 여러 가지 혼합하여 사용

28 아크용접 작업의 안전 중 전격에 의한 재해 예방법으로 틀린 것은?

① 좁은 장소의 용접작업자는 열기에 의하여 땀을 많이 흘리게 되므로 몸이 노출되지 않게 항상 주의하여야 한다.
② 전격을 받은 사람을 발견했을 때에는 즉시 스위치를 꺼야 한다.
③ 무부하 전압이 90V 이상 높은 용접기를 사용한다.
④ 자동 전격 방지기를 사용한다.

> 해설

전격 방지기(Voltage Reducing Device)
교류 아크 용접기는 무부하 전압이 85~95V 정도로 비교적 높아 전격 위험이 있어 용접사 보호 차원에서 2차 무부하 전압을 20~30V로 맞추어 유지하는 장치

29 가스용접의 안전작업 설명 중에서 틀린 것은?

① 아세틸렌가스 집중장치시설에는 소화기를 준비한다.
② 산소병은 직사광선을 피해 보관해야 한다.
③ 용접작업은 가연성 물질이 있는 장소에서 한다.
④ 작업 종료 시 메인 밸브 및 콕 등을 완전히 잠근다.

> 해설

연소의 3요소는 가연물, 산소 공급원, 점화원이다. 용접 작업을 가연성 물질이 있는 장소에서 하면 용접 불씨나 불꽃에 의해 점화원이 되고 화재나 폭발 사고가 발생한다.

암기팜 ▶ 가.산.점.

30 일반적인 합금의 특징 설명으로 틀린 것은?

① 경도가 높아진다.
② 내열성, 내산성, 응력을 증가시킨다.
③ 용융온도가 높아진다.
④ 열전도율이 저하된다.

> 해설

합금의 특징
- 강도, 경도, 내식, 내열성, 내마모성 증가

정답 26 ④ 27 ② 28 ③ 29 ③ 30 ③

- 주조성이 좋아진다.
- 열처리가 양호해진다.
- 성분 금속 비율에 따라 광택(색)이 달라진다.
- 연성, 전성, 비중, 가단성은 저하된다.
- 융점(용융 온도)이 낮아진다.

31 철강재료의 용접에서 설퍼밴드를 만들어 용접균열을 일으키는 원소는?

① F ② Si
③ S ④ Mg

해설

설퍼 밴드(Sulphur Band)
강재 중에 편석된 유황 물질의 층

32 구상흑연주철 중 마그네슘의 첨가량이 많을 때, 규소가 적을 때, 냉각속도가 빠를 때 나타나는 조직은?

① 페라이트형 ② 시멘타이트형
③ 펄라이트형 ④ 오스테나이트형

해설

구상흑연주철(노듈러 주철＝덕타일 주철)
- 용융 금속에 Mg, Ce, Mg-Cu 등을 첨가, 흑연을 편상에서 구상화로 석출시킨 것으로 인장 강도 50~70kg/mm² 연신율 2~6% 정도이다.
- 900℃에서 1시간 정도 풀림하면 인장 강도 45~55kg/mm² 연신율은 12~20% 정도. 강과 비슷하다.

1. 조직
    - Cementite 형(시멘타이트) : Mg 첨가량 많고, C, Si가 적고 냉각속도 빠를 때 연성은 없다.
    - Pearlite 형(펄라이트) : Cementite 와 Ferrite 중간
    - Ferrite 형(페라이트) : : Mg 양이 적당, C 및 Si가 많고 풀림처리나 냉각 속도가 느릴 때

2. 특징
    - 성장이 적고 표면이 산화되기 쉽다.
    - 가열 시 주철에서 발생되는 산화나 균열 성장 방지
    - 회주철(보통 주철)보다 조금 굳고 내열 내마멸성이 좋다.

33 주철의 용접 시 주의사항 중 틀린 것은?

① 보수 용접을 행하는 경우는 본 바닥이 나타날 때까지 잘 깎아낸 후 용접한다.
② 가열되어 있을 때 피닝작업을 하여 변형을 줄이는 것이 좋다.
③ 용접봉은 될 수 있는 대로 지름이 큰 것을 사용한다.
④ 비드의 배치는 짧게 해서 여러 번의 조작으로 완료한다.

해설

주철 용접 시 주의사항
- 보수 용접을 행하는 경우 본 바닥이 나타날 때까지 잘 깎아 낸 후 용접한다.
- 가열되어 있을 때 피닝 작업을 하여 변형을 줄이는 것이 좋다.
- 용접봉은 될 수 있는 대로 가는 지름의 것을 사용한다.
- 비드의 배치는 짧게 해서 여러 번의 조작으로 완료한다.
- 파열의 보수는 파열의 연장을 방지하기 위해 파열 끝에 작은 구멍(Stop hole)을 뚫는다.
- 용접 전류는 필요 이상 높이지 말고, 직선 비드를 배치할 것, 지나치게 용입을 깊게 하지 않는다.
- 예열 후 서랭 작업을 반드시 행한다.(큰 물건, 두께가 다른 모재, 복잡한 형상 용접 시)
- 가스 용접 시 중성 불꽃, 약한 탄화 불꽃을 사용하며 flux를 충분히 사용함으로써 용접부를 필요 이상 크게 하지 말 것

34 탄소강의 용접에 대한 설명으로 틀린 것은?

① 노치 인성이 요구되는 경우 저수소계 계통의 용접봉이 사용된다.
② 중탄소강의 용접에는 650℃ 이상의 예열이 필요하다.
③ 저탄소강의 경우 일반적으로 판두께 25mm까지의 예열이 필요 없다.
④ 고탄소강의 경우는 용접부의 경화가 현저하여 용접 균열이 발생될 위험이 있다.

정답 31 ③ 32 ② 33 ③ 34 ②

해설

탄소강 용접 시
- 노치 인성이 요구되는 경우 저수소계 용접봉이 사용된다.(서브머지드 용접에서 용착 금속의 노치 인성이 낮아지는 것이 문제일 때 저수소계 용접봉 사용)
- 중탄소강의 용접에서는 100~200℃의 예열이 필요하다.(저온 균열 위험성이 커지므로 예방을 위하여)
- 저탄소강의 경우 일반적으로 판 두께 25mm까지는 예열이 필요 없다.

35 오스테나이트계 스테인리스강 용접 시 유의해야 할 사항 중 틀린 것은?

① 예열을 해야 한다.
② 층간 온도가 320℃ 이상을 넘어서는 안 된다.
③ 짧은 아크 길이를 유지한다.
④ 될수록 가는 용접봉을 사용한다.

해설

오스테나이트(Cr 18%, Ni 8%)(=불수강) 용접 시 주의사항
- 예열을 하지 않는다.(두꺼운 판을 제외하고)
- 층간 온도가 320℃ 이상을 넘어서는 안된다.
- 짧은 아크 길이를 유지한다.(아크 길이가 길면 크롬, 탄화크롬 석출이 생겨 부식 저항이 저하된다.)
- 될수록 가는 용접봉을 사용한다.
- 연강보다 낮은 전류로 작업한다.
- 반드시 크레이터를 채우도록 한다.

36 알루미늄과 알루미늄 합금의 용접에 대한 설명으로 틀린 것은?

① 가스 용접할 때는 약한 산화불꽃을 사용한다.
② 가스 용접 시 얇은 판의 용접에서는 변형을 막기 위하여 스킵법과 같은 용접방법을 채택한다.
③ TIG 용접으로 할 경우 용제 사용 및 슬래그의 제거가 필요 없다.
④ 저항 점용접으로 접합할 경우는 표면의 산화막을 제거해야 한다.

해설

알루미늄과 알루미늄합금의 용접
- 가스 용접 할 때에는 **탄화불꽃**을 사용한다.
- 가스 용접 시 얇은 판 용접에서는 변형을 막기 위해 스킵법과 같은 용접법을 채택한다.
- 200~400℃ 예열을 한다.
- TIG 용접으로 할 경우 용제나 피복제를 사용하지 않아 Slag 제거가 필요 없다.
- MIG 용접 시 대전류 필요(wire로 Al선을 사용하므로)

37 구리 및 구리합금에 관한 설명으로 틀린 것은?

① 용접 후 응고 시 수축변형이 생기기 쉽다.
② 구리 합금의 경우 아연 증발로 중독을 일으키기 쉽다.
③ 황동의 경우 산화 불꽃으로 용접한다.
④ TIG 용접으로 할 경우 판두께 6mm 이상에 많이 사용된다.

해설

구리 및 구리 합금
- 용접 후 응고 시 수축 변형이 생기기 쉽다.(열 팽창 계수가 크므로)
- 구리 합금의 경우 아연 증발로 중독을 일으키기 쉽다.(이유 : 고온에서 증발로 황동 표면에서 아연(Zn)이 없어지는 고온 탈 아연 현상 때문에)
    ※ 황동 : 동(Cu)+아연(Zn)
    ※ 청동 : 동(Cu)+주석(Sn)

> 암기짱 ▶ 황(동)아(연)의 무법자가 청(동)주(석)를 마신다.

- 황동의 경우 산화 불꽃으로 용접한다.
- TIG 용접을 할 경우 판 두께 6mm 이하에 많이 사용된다. 이 때는 직류 정극성(DCSP)을 사용한다.

38 니켈 합금이 아닌 것은?

① 콘스탄탄   ② 인코넬
③ 모넬메탈   ④ 다우메탈

정답 35 ① 36 ① 37 ④ 38 ④

> [해설]

니켈 합금
- 콘스탄탄 : Cu(40%) – Ni(50%) / 열전쌍(대) 선, 전열선, 통신기재
- 인코넬 : Ni(72~76%) – Cr(14~17%) – Fe, Mn, Si, C(8%) / 열전대 보호관, 진공관 필라멘트
- 모네메탈 : Cu(35~30%) – Ni(65~70%) / 터빈 날개, 펌프 임펠러
- 다우메탈 : Mg + Al 합금 / 다우메탈은 Mg 합금 중에서 비중이 가장 작고, 용해, 주조, 단조가 쉬워 일정하게 균일한 제품을 만드는 주조용 마그네슘 합금이다.

39 아연에 대한 설명 중 틀린 것은?

① 아연(Zn)은 철강재의 부식 방지용으로 많이 쓰인다.
② 아연은 공기 중에 산화되며 알칼리에 강하다.
③ 비중이 7.1, 용융점이 420℃ 정도이다.
④ 조밀육방격자의 금속이다.

> [해설]

아연의 특성
- 아연은 철강재의 부식 방지용으로 수도관의 경우도 아연을 도금한다.
- 아연은 건조한 공기 중에선 거의 산화되지 않지만 산, 알칼리에 약하며 Cu, Sb, Fe 등의 불순물은 아연 부식을 촉진시키며 Hg은 부식을 억제한다.
- 비중 7.1, 용융 온도 420℃
- 조밀육방격자의 회백색 금속이다.

40 표면경화법 중 고체침탄법의 특징 설명으로 틀린 것은?

① 고도의 기술이 필요 없고 방법이 간단하다.
② 부품의 크기에 구애받지 않는다.
③ 가열용 열원으로 전기, 가스, 중유, 경유 등 어느 것이나 사용이 가능하다.
④ 현대화된 방법으로 대량 생산에 적합하다.

> [해설]

고체침탄법 특징
- 침탄제인 목탄이나 코크스 분말과 침탄촉진제($BaCO_3$, 소금, 적혈염)를 침탄 상자에 소재와 함께 900~950℃로 3~4시간 가열하여 표면에 침탄층을 얻는 방법
- 고도의 기술이 필요치 않고 방법이 간단하다.
- 전기, 가스, 중유, 경유 어느 것이나 가열용 열원으로 가능하다.

41 용접 후 응력제거 풀림의 효과로 틀린 것은?

① 크리프 강도의 저하
② 열영향부의 뜨임 연화
③ 응력 부식에 대한 저항력 증대
④ 용착금속 중의 수소 제거에 의한 연성의 증대

> [해설]

응력 제거 풀림(Annealing)의 효과
㉠ 열영향부의 뜨임(Tempering) 연화
㉡ 응력 부식에 대한 저항력 증대
㉢ 용착금속 중의 수소(H_2) 제거에 의한 연성의 증대
㉣ 풀림(Annealing) 목적
  - 내부 응력 제거(응력 제거 풀림) : 150~600℃에서 실시하는 풀림
  - 기계적 성질 개선(구상화 풀림)
  - 강(Steel)을 연하게 하여 기계 가공성 향상(완전 풀림)

42 다음 표면경화법 중 금속 침투법이 아닌 것은?

① 크로마이징   ② 갈바나이징
③ 칼로라이징   ④ 세라다이징

> [해설]

금속 침투법
강재 표면에 다른 금속을 침투 확산시킴으로써 강재표면에 내식 내산성을 높인다.
- 크로마이징(Chromizing) : Cr 분말을 재료 표면에 침투, 내식, 내열, 내마모성 향상
- 칼로라이징(Calorizing) : Al을 재료 표면에 침투, 내열, 내산, 내식성 향상
- 세라다이징(Sheradizing) : Zn 분말을 침투, 확산시켜 내식성 향상 및 표면 경화층을 얻음

정답 39 ②   40 ④   41 ①   42 ②

- 실리코나이징(Siliconizing) : Si을 침투시켜 내식성 향상
- 보로나이징(Boronizing) : B를 침투, 확산시켜 표면 경도 향상

암기팡 ▶ 크로-크롬(Cr), 칼로-카알(Al), 세라-세아(Zn),
실라-실리콘(Si), 보로-(B)붕소.

43 용접구조물 설계 시 주의할 사항 중 틀린 것은?

① 용접이음은 집중, 접근 및 교차를 피한다.
② 용접성, 노치인성이 우수한 재료를 선택하여 시공하기 쉽게 설계한다.
③ 용접금속은 가능한 한 다듬질 부분에 포함되지 않게 주의한다.
④ 후판을 용접할 경우는 용입을 깊게 하기 위하여 용접 층수를 가능한 한 많게 설계한다.

해설

용접 구조물 설계 시 주의 사항
- 용접 길이는 짧게, 용착량도 최소로 할 것
- 후판 용접 시 용접 층수를 가능한 적게 용접봉은 저수소계(E4316) 용접봉과 같은 고장력강용접봉으로
- 아래보기 용접을 많이 한다.
- 용접 이음은 집중 접근 및 교차를 피한다.
- 필릿 용접은 되도록 피하고 맞대기 용접을 한다.
- 맞대기 용접은 뒷면(이면) 용접을 하여 용입 부족이 없도록 한다.
- 용접 금속은 가능한 다듬질 부분에 포함되지 않게 주의한다.
- 용접성, 노치인성이 우수한 재료를 선택하여 시공하기 쉽게 설계한다.
- 용접선은 될 수 있는 한 교차하지 않도록 한다.

44 필릿 용접의 이음강도는 목두께로 결정되는데 만약 다리길이 20mm로 필릿용접할 경우 이론 목두께는 약 몇 mm로 정해야 하는가?(단, 간편법으로 계산하였을 경우)

① 7.81
② 9.81
③ 12.14
④ 14.14

해설

목두께=다리길이×cos45°=20×0.707=14.14

45 다음 그림의 용접 도면을 설명한 것 중 맞지 않는 것은?

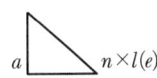

① a : 목두께
② l : 용접 길이
③ n : 목길이의 개수
④ (e) : 인접한 용접부 간격

해설

- n : 필릿 용접의 개수
- a : 목두께
- l : 용접 길이
- (e) : 인접한 용접부 간격

46 용접지그 사용 시 이점이 아닌 것은?

① 동일 제품을 다량 생산할 수 있다.
② 제품의 정밀도와 용접부 신뢰성을 높인다.
③ 용접능률을 높인다.
④ 구속력이 크면 잔류응력이 발생하기 쉽다.

해설

용접지그 사용 시 이점
- 동일 제품을 대량 생산(공수 절감으로)
- 제품의 정밀도와 용접 신뢰성을 높인다.(물체를 고정시켜 변형을 방지하므로)
- 용접 능률을 높인다.(제품 수치를 정확하게 하므로)

47 맞대기 홈 용접에서 열원의 전방에 구속이 없는 경우 연속용접에 의한 홈 간격은 용접 진행에 따라 변화를 일으킨다. 이에 따른 설명으로 맞는 것은?

① 자동용접에서는 홈 간격이 넓어진다.
② 전속 소 입열에서는 개선이 넓어진다.
③ 고속 대 입열에서는 개선이 좁아진다.
④ 수동용접에서는 홈 간격이 넓어진다.

정답 43 ④ 44 ④ 45 ③ 46 ④ 47 ①

해설
열원의 전방에 구속이 없는 경우 연속 용접에 의한 홈 간격은 용접 진행에 따라 홈 간격은 자동 용접에서 넓어진다.

48 용접변형에 영향을 미치는 인자 중 용접열에 관계되는 인자와 거리가 가장 먼 것은?

① 용접 속도　　② 용접 층수
③ 용접 전류　　④ 부재 치수

해설
용접열에 관계되는 인자
- 용접 속도가 빠르면 언더컷이 발생한다.
- 용접 층수가 많아지면 열응력이 관계되므로 가능한 층수를 적게 한다.
- 용접 전류는 일반적으로 용접봉 심선의 단면적 $1mm^2$에 대하여 10~13A 정도이다.

49 용접부에 발생한 잔류응력을 제거하기 위해서 열거한 방법 중 옳은 것은?

① 풀림 처리를 한다.　　② 담금질 처리를 한다.
③ 뜨임 처리를 한다.　　④ 서브제로 처리를 한다.

해설
잔류응력(Residual Stress) 경감법
- 노내 풀림법(Furnace Stress Relief)
- 국부 풀림법(Local Stress Relief)
- 기계적 응력 완화법(Mechanical Stress Relief)
- 저온 응력 완화법(Low Temperature Stress Relief)
- 피닝법 : 끝이 둥근 특수 해머로 연속 타격하여 표면에 소성변형을 주어 인장 응력을 완화하는 방법

50 용접결함 중 용입불량의 원인으로 틀린 것은?

① 용접봉의 선택이 불량할 경우
② 용접 속도가 너무 빠를 경우
③ 용접 전류가 낮을 경우
④ 용접 분위기 가운데 수소가 과잉일 경우

해설
용입불량의 원인
- 용접봉 선택이 불량할 경우 : 용접봉 선택을 잘할 것
- 용접 속도가 너무 빠를 경우 : 빠르지 않게 할 것
- 용접 전류가 낮을 경우 : Slag가 벗겨지지 않는 한도 내로 전류를 높일 것
- 이음 설계 결함(용접 홈의 각도가 좁을 때) : 이음 홈의 각도, 루트 간격 치수를 크게 한다.
※ 수소(H_2)가 과잉일 경우 기공, 은점, 헤어 크랙 원인이 됨

51 용접 비드의 토(toe)에 생기는 작은 홈을 말하는 것으로 용접전류가 과대할 때, 아크 길이가 길 때, 운봉속도가 너무 빠를 때 생기기 쉬운 용접결함은?

① 언더컷　　② 오버랩
③ 기공　　　④ 용입불량

해설
언더컷의 원인
용접전류가 너무 높을 때, 부적당한 용접봉 사용 시, 용접 속도가 너무 빠를 때, 용접봉 유지 각도가 부적당할 때

52 로봇을 동작기구에 따라 분류한 것은?

① 시퀀스 로봇　　② 수치제어 로봇
③ 지능 로봇　　　④ 극좌표 로봇

해설
동작 기구에 따른 분류
관절 로봇, 원통 좌표 로봇, 직각 좌표 로봇, 극좌표 로봇

암기팁 ➡ 관.원.직.극.

53 다음 중 파괴시험의 용접성 시험에 해당되는 것은?

① 용접연성시험　　② 초음파 시험
③ 맴돌이 전류시험　　④ 음향시험

> [해설]
>
> **파괴 시험의 용접성 시험**
>
> 굽힘 시험(Bend Test)은 결함이나 연성의 유무 등에 관해 검사하는 시험으로 용접부 연성 시험, 작업성 시험, 표면 균열 유무 검사, 용접 관련 국가 검정 시험의 합격여부 판정을 하고 있다.

54 형광 침투검사법의 단계를 올바르게 표현한 것은?

① 전처리 → 침투 → 수세 → 현상제 살포와 건조 → 검사
② 수세 → 침투 → 현상제 살포와 건조 → 전처리 → 검사
③ 전처리 → 수세 → 현상제 살포와 건조 → 침투 → 검사
④ 수세 → 현상제 살포와 건조 → 전처리 → 침투 → 검사

> [해설]
>
> 형광 침투 검사는 형광물을 점도가 낮은 기름에 녹인 것을 침투액으로 사용한다.
> 전처리 → 침투 → 수세 → 현상제 살포와 건조 → 검사 순으로 진행

55 공정에서 만성적으로 존재하는 것은 아니고 산발적으로 발생하며, 품질의 변동에 크게 영향을 끼치는 요주의 원인으로 우발적 원인인 것을 무엇이라 하는가?

① 우연원인
② 이상원인
③ 불가피 원인
④ 억제할 수 없는 원인

> [해설]
>
> 공정에서 만성적으로 존재하는 것은 아니고 산발적으로 발생하며, 품질의 변동에 크게 영향을 끼치는 요주의 원인으로 우발적 원인인 것을 이상 원인이라 한다.

56 계수규준형 1회 샘플링 검사(KS A 3102)에 관한 설명 중 가장 거리가 먼 내용은?

① 검사에 제출된 로트의 제조공정에 관한 사전 정보가 없어도 샘플링 검사를 적용할 수 있다.
② 생산자 측과 구매자 측이 요구하는 품질보호를 동시에 만족시키도록 샘플링 검사방식을 선정한다.
③ 파괴검사의 경우와 같이 전수검사가 불가능한 때에는 사용할 수 없다.
④ 1회만의 거래 시에도 사용할 수 있다.

> [해설]
>
> 1. 1회 샘플링 검사 : 제품에서 시료를 단 1회 샘플링하여 그 시험 결과로 합격, 불합격을 판정
> 2. 샘플링 검사가 유리한 경우
>   - 생산자에게 품질 향상 자극을 주고 싶을 때
>   - 검사 비용을 적게 하는 것이 이익일 때
>   - 검사 항목이 많을 때
>   - 다량임으로 어느정도 불량품이 섞여도 허용될 때
>   - 불완전한 전수 검사에 비해 높은 신뢰성이 확보될 때
>   - 파괴 검사의 경우 같이 전수 검사가 불가능할 때에는 더욱 1회 샘플링 검사가 필요하다.

57 어떤 공장에서 작업을 하는 데 있어서 소요되는 기간과 비용이 다음 [표]와 같을 때 비용구배는 얼마인가?(단, 활동시간의 단위는 일(日)로 계산한다.)

정상 작업		특급 작업	
기간	비용	기간	비용
15일	150만 원	10일	200만 원

① 50,000원
② 100,000원
③ 200,000원
④ 300,000원

> [해설]
>
> 비용구배 $= \dfrac{\text{특급비용} - \text{정상비용}}{\text{정상시간} - \text{특급시간}} = \dfrac{2{,}000{,}000 - 1{,}500{,}000}{15 - 10}$
> $= 100{,}000$

58 방법 시간 측정법(MTM ; Method Time Measurement)에서 사용되는 1TMU(Time Measurement Unit)는 몇 시간인가?

① $\dfrac{1}{100{,}000}$ 시간
② $\dfrac{1}{10{,}000}$ 시간
③ $\dfrac{6}{10{,}000}$ 시간
④ $\dfrac{36}{1{,}000}$ 시간

해설

1TMU = 0.00001시간 = $\frac{1}{100,000}$ 시간

= 0.0006분 = 0.036초

59 품질특성을 나타내는 데이터 중 계수치 데이터에 속하는 것은?

① 무게
② 길이
③ 인장강도
④ 부적합품의 수

해설

계수치(=계수값=계량형)

- c 관리도 : 미리 정해진 단위 중에 부적합(결점)수에 의거 공정을 관리할 때 사용(납땜 불량의 수, 직물의 일정 면적 중 흠의 수)
- np 관리도 : 측정이 불가능해 계수값으로만 나타낼 때(단, 자료군의 크기(n)는 일정할 것)

60 다음 중 품질관리시스템에 있어서 4M에 해당하지 않는 것은?

① Man
② Machine
③ Material
④ Money

해설

재료(Material), 설비(Machine), 작업자(Man), 가공방법(Method)

암기짱 ▶▶ 재.설.작.가.

정답 59 ④ 60 ④

2009년 제45회(3.29)

01 정격 2차 전류가 200A인 용접기로 용접전류 160A로 용접을 할 경우 이 용접기의 허용사용률은? (단, 용접기의 정격사용률은 40%임)

① 62.5% ② 6.25%
③ 0.625% ④ 50%

해설

$$허용사용률 = \frac{(정격2차전류)^2}{(실제용접전류)^2} \times 정격\,사용률 = \frac{200^2}{160^2} \times 40 = 62.5\%$$

02 연강용 피복 금속 아크용접봉의 종류 중 철분산화철계에 해당되는 것은?

① E4324 ② E4340
③ E4326 ④ E4327

해설

연강용 피복 Arc 용접봉
- E4301 : 일미나이트계
- E4303 : 라임티탄계
- E4311 : 고셀룰로오스계
- E4313 : 고산화티탄계
- E4316 : 저수소계
- E4324 : 철분산화티탄계
- E4326 : 철분저수소계
- E4327 : 철분산화철계
- E4340 : 특수계

03 강괴, 강편, 슬래그 기타 표면의 흠이나 주름, 주조결함, 탈탄층 등을 제거하는 방법으로 가장 적합한 가공법은?

① 가스 가우징(gas gouging)
② 스카핑(scarfing)
③ 분말 절단(powder dutting)
④ 아크 에어 가우징(arc air gouging)

해설

- 가스 가우징(gas gouging) : 용접 뒷면을 따내든지 U형, H형 등의 용접 홈을 가공시키기 위해 깊은 홈을 파내는 가공법, 홈의 길이와 너비의 비는 1 : 2~3
- 스카핑(scarfing) : 강괴, slag, 주조결함, 탈탄층 등을 제거하기 위해 표면을 얕고 넓게 깎는다.
- 분말 절단(powder cutting) : 용제 또는 철분을 연속으로 절단용 산소에 공급함으로써 용제의 화학열, 산화열 작용으로 절단한다.
- 아크 에어 가우징(arc air gouging) : 탄소 아크 절단에 압축공기(5~7kg/cm²)를 병용해서 전원은 직류 역극성을 이용하여 아크열로 용융 시킨 부분을 압축 공기로 홈을 파낸다.

04 가스의 흐름에 대한 용어의 설명 중 틀린 것은?

① 역류는 아세틸렌가스가 산소 쪽으로 흘러들어 가는 현상
② 역화는 팁 끝이 모재에 닿아 팁의 과열 등으로 팁 속에서 폭발음이 나며 불꽃이 꺼졌다가 다시 생기는 현상
③ 역류는 산소가 아세틸렌가스 발생기 안으로 흘러 들어가는 현상
④ 인화는 팁 끝이 순간적으로 막히게 되면 가스의 분출이 나빠지고 혼합실까지 불꽃이 들어가는 현상

해설

가스 흐름
- 역류(Contra Flow) : 토치의 벤투리와 팁 사이가 청소 불량 등으로 막혀, 높은 압력의 산소가 아세틸렌 도관(호스) 쪽으로 흘러 들어가는 것
- 역화(Back Fire or Poping) : 불꽃이 순간적으로 "뻥뻥" 폭음을 내면서 꺼졌다가 다시 켜졌다가 하는 역화는 팁이 과열되었거나 가스 압력과 유량이 부적당할 때 발생된다.
- 인화(Flash Back or Back Fire) : 팁 끝이 순간적으로 막히게 되면 가스의 분출이 나빠지고 혼합실까지 불꽃이 들어가는 현상

정답 01 ① 02 ④ 03 ② 04 ①

05 산소-아세틸렌을 사용한 수동 절단 시 팁 끝과 연강판 사이의 거리는 백심에서 약 몇 mm 정도가 가장 적당한가?

① 0.5~1.0
② 2.5~3.5
③ 1.5~2.0
④ 3.4~4.5

해설

산소-아세틸렌을 사용한 수동 절단 시 팁 끝과 연강판 사이 거리는 1.5~2.0mm 정도가 좋다.

가스 절단 조건
- 모재 융점보다 금속 산화물 융점이 낮을 것
- 산화물이 모재에서 쉽게 떨어지며 유동성이 좋을 것
- 연소를 방해하는 성분이 모재 성분에 적을 것
- 절단부가 쉽게 연소개시 온도에 도달할 것

06 아크 절단법의 종류에 해당되지 않는 것은?

① TIG 절단
② 분말 절단
③ MIG 절단
④ 플라스마 절단

해설

아크 절단법의 종류

탄소 아크 절단, 피복 아크 절단, 불활성 가스 아크 절단(TIG절단, MIG절단), 플라스마 아크 절단, 아크 에어 가우징
※ 분말 절단은 특수 가스 절단에 속한다.

07 용접의 단점(短點) 설명으로 가장 관계가 먼 것은?

① 용접부는 응력 집중에 극히 민감하다.
② 용접부에는 재질의 변형이 생긴다.
③ 재료의 두께에 제한을 받으며 이음효율이 낮다.
④ 용접부에는 잔류응력이 존재한다.

해설

용접의 단점
- 용접부에는 수축 변형 및 잔류 응력이 발생한다.
- 용접부에는 재질 변형이 생긴다.
- 용접부는 응력 집중에 극히 민감하다.
- 품질 검사가 곤란하다.
- 용접사 숙련 여부에 따라 이음부의 강도가 좌우된다. (기량차이)
- 취성 및 균열에 주의해야 한다.

08 프로판가스가 연소할 때 몇 배의 산소를 필요로 하는가?

① 2
② 2.5
③ 3
④ 4.5

해설

$C_3H_8 + 5O_2 \rightarrow 3CO_2 + 4H_2O$

09 산소-아세틸렌 용기의 취급 시 주의사항으로 가장 거리가 먼 것은?

① 운반 시 충격을 금지한다.
② 직사광선을 피하고 50℃ 이하 온도에서 보관한다.
③ 가스 누설 검사는 비눗물을 사용한다.
④ 저장실의 전기스위치, 전등 등은 방폭구조여야 한다.

해설

산소-아세틸렌 용기의 취급 시 주의사항
- 직사광선을 피하고 40℃ 이하 온도에서 통풍이 잘 되는 곳에 보관
- 운반 시 충격을 금지한다.
- 동결 부분은 35℃ 이하 온수로 녹인 후 사용한다.
- 충격을 금지한다.
- 화기와 격리시킨다.(불씨로부터 5m 이상 이격)
- 기름이 묻은 손이나 장갑을 끼고 취급하지 말 것
- 밸브개폐는 조용히 한다.
- 산소 밸브는 반드시 캡을 씌우고 세워서 보관하거나 운반한다.
- 가스 누설 검사는 비눗물로 한다.
- 저장실의 전기 스위치, 전등 등은 방폭 구조여야 한다.

정답 05 ③ 06 ② 07 ③ 08 ④ 09 ②

10 연강용 피복금속아크 용접봉의 피복제 작용이 아닌 것은?

① 아크를 안정하게 하고, 스패터의 발생을 적게 한다.
② 중성 또는 환원성 분위기로 대기 중으로부터 용착 금속을 보호한다.
③ 용융금속의 용적을 미세화하여 용착효율을 높인다.
④ 용융점이 높은 적당한 점성의 무거운 슬래그를 만든다.

> **해설**
>
> **피복제 작용(역할)**
> - 용융점이 낮은 적당한 점성의 가벼운 슬래그를 만든다.
> - 아크를 안정하게 하고, 스패터의 발생을 적게 한다.
> - 중성 또는 환원성 분위기로 대기중으로부터 용착 금속을 보호한다.
> - 탈산 정련 작용
> - 적당한 합금 원소를 보충
> - 전기 절연 작용
> - 용착 금속 응고와 냉각 속도를 느리게 하여 급랭 방지
> - 용적을 미세화하여 용적 효율을 높인다.
> - Slag를 쉽게 제거하게 하고 파형이 고운 비드를 만든다.
> - 어려운 자세 용접을 쉽게 한다.
> - 공기로 인한 산화, 질화 방지

11 교류용접기에서 2차 무부하 전압 80V, 아크전압 30V, 아크전류 300A라고 하면 역률은 약 몇 %인가? (단, 용접기의 2차 측 내부손실(동손, 철손, 그 밖의 손)은 4kW로 한다.)

① 69　　　② 54
③ 48　　　④ 26

> **해설**
>
> - 역률 = $\dfrac{\text{소비전력}}{\text{전원입력}} \times 100 = \dfrac{13}{24} \times 100 = 54.16\%$
> - 전원입력 = 무부하 전압 × 정격 2차전류 = 80 × 300
>   = 24,000 = 24kW
> - 소비전력 = 아크전력 + 내부손실 = 아크전압 × 정격 2차전류 + 내부손실
>   = 30 × 300 + 4 × 1,000 = 9,000 + 4,000
>   = 13,000W = 13kW

12 용접 구조물 설계상 주의할 사항으로 가장 거리가 먼 것은?

① 이음의 역학적 특징을 고려하여 구조상 불연속부가 없도록 한다.
② 용접 치수는 강도상 필요한 치수 이상으로 충분하게 한다.
③ 용접이음의 교차와 집중을 피한다.
④ 용접성 및 노치인성이 우수한 재료를 사용한다.

> **해설**
>
> **용접 구조물 설계상 주의할 사항**
> - 치수는 강도상 필요한 치수 이상으로 크게 하지 말 것
> - 구조상 불연속부가 없도록 한다.
> - 이음의 집중과 교차 및 접근을 피한다.
> - 노치인성과 용접성이 우수한 재료를 사용한다.
> - 용접 변형 및 잔류 응력을 경감할 수 있는 용접 순서를 정하여 준다.
> - 가능한 층(Layer)수를 줄일 것
> - 아래보기 용접을 많이 하도록 한다.

13 가스 절단 시 절단속도에 관한 설명 중 틀린 것은?

① 절단속도는 절단산소의 압력이 낮고 산소 소비량이 많을수록 증가한다.
② 모재의 온도가 높을수록 고속 절단이 가능하다.
③ 다이버젠트 노즐을 사용하면 절단속도를 20~25% 증가시킬 수 있다.
④ 절단속도는 절단 산소의 분출 상태와 속도에 따라 영향을 받는다.

> **해설**
>
> **가스절단 시 절단속도**
> - 절단속도는 절단산소의 압력이 높고 산소 소비량이 많을수록 증가한다.
> - 다이버젠트 노즐을 사용하면 절단속도를 20~25% 증가시킬 수 있다.
> - 모재의 온도가 높을수록 고속절단이 가능하다.
> - 절단 속도는 절단 산소의 분출 상태와 속도에 따라 영향을 받는다.

정답　10 ④　11 ②　12 ②　13 ①

14 피복 금속 아크용접법으로 다층용접을 할 때, 첫 번째 패스를 저수소계 용접봉을 사용하는 가장 큰 이유는?

① 위빙을 하지 않아도 좋기 때문이다.
② 수소와 잔류응력에 기인하는 균열을 방지하기 때문이다.
③ 비드 외관을 좋게 하기 때문이다.
④ 가접을 하지 않아도 좋기 때문이다.

[해설]
- 저수소계 용접봉은 수소 함유량이 다른 용접봉에 비해 1/10 정도로 현저하게 적은 특성이 있다.
- 저수소계 용접봉은 구속이 큰 용접, 유황 함유량이 높은 용접에 양호한 용접부를 얻는다.
- 다층 용접 시 첫 패스를 저수소계 용접봉을 사용하는 이유는 수소와 잔류응력에 기인하는 균열을 방지하기 때문이다.

15 아크용접 전원의 외부 특성으로 부하전류 증가 시 단자전압은 낮아지는 특성을 나타내며, 아크를 안정하게 유지시키는 것은?

① 수하특성   ② 정전압특성
③ 동전류특성   ④ 역극성특성

[해설]
- 수하특성(drooping characteristic) : 부하 전류가 증가하면 단자 전압이 낮아지는 특성으로 아크를 안정하게 유지시키는 특성
- 정전압특성(constant voltage [potential] characteristic) : 부하 전류가 변하여도 단자 전압은 거의 변화하지 않는 특성
- 정전류(동전류)특성(constant current characteristic) : 부하 전압이 변하여도 단자 전류는 거의 변화하지 않는 특성
- 상승특성 : 전류 증가에 따라서 전압이 약간 높아지는 특성

16 불활성가스 텅스텐 전극(GTAW) 아크용접에서 텅스텐 극성에 따른 용입 깊이를 가장 적절하게 표시한 것은?

① DCSP > AC > DCRP
② DCRP > AC > DCSP
③ DCRP > DCSP > AC
④ AC > DCSP > DCRP

[해설]
텅스텐 전극 아크 용접(GTAW, TIG)에서 텅스텐 극성에 따른 용입 깊이는?
DCSP > AC > DCRP

17 원자 수소 아크용접은 수소의 변화에 의하여 방출되는 열을 이용하여 수소가스 분위기 내에서 용접이 이루어지는데, 용접할 때 수소의 변화 상태가 맞는 것은?

① H_2 (분자 상태) —(발열)→ $2H$ (원자 상태) —(흡열)→ H_2 (분자 상태)

② H_2 (분자 상태) —(발열)→ H_2 (분자 상태) —(흡열)→ $2H$ (원자 상태)

③ H_2 (분자 상태) —(흡열)→ $2H$ (원자 상태) —(발열)→ H_2 (분자 상태)

④ $2H$ (원자 상태) —(흡열)→ H_2 (분자 상태) —(발열)→ H_2 (분자 상태)

[해설]
원자 수소 아크용접은 수소가스 분위기 속에 있는 2개의 텅스텐 전극 사이에 아크를 발생시키고 수소가스 유출 시 열해리를 일으켜 방출되는 3,000~4,000℃ 열을 이용하여 용접하는 방법이다.
H_2(분자 상태) → [흡열]→ $2H$(원자 상태) → [발열]→ H_2(분자 상태)

원자 수소 아크용접의 특징
- 산화나 질화가 없어 특수금속인 스테인리스강, 크롬, 니켈, 몰리브덴강 용접이 용이하다.
- 3,000~4,000℃ 발열량이 많아 용접 속도가 빠르고 변형이 적다.
- 표면이 깨끗한 용접부를 얻는다.(용입도 좋다.)
- 토치 구조가 복잡하고 기술적 어려움이 있다.
- 과비용이 들므로 응용 범위가 줄어드는 추세다.

정답 14 ② 15 ① 16 ① 17 ③

18 탄산가스 아크용접 작업에서 용접 진행방향에 대한 토치 각도에 따라 전진법과 후진법으로 구분하는데, 전진법에 대해 설명한 것 중 틀린 것은?

① 토치각은 용접 진행 반대쪽으로 15~20°로 유지하는 것이 좋다.
② 용접선이 잘 보이므로 운봉을 정확하게 할 수 있다.
③ 비드 높이가 높고, 폭이 좁은 비드를 얻는다.
④ 스패터가 비교적 많다.

해설

탄산가스 아크용접의 전진법 특징
- 비드 높이가 낮고 평탄한 비드 형성
- 용접선이 잘 보이므로 운봉을 정확하게 할 수 있다.
- 토치각은 용접 진행 반대쪽으로 15~20°로 유지하는 것이 좋다.
- 스패터가 비교적 많고 진행방향으로 흩어짐
- 모든 용접 자세로 용접이 되며 조작이 간단하다.
- 가시 아크이므로 시공이 용이

19 가스용접작업의 안전 및 화재, 폭발 예방에 대한 설명 중 맞지 않는 것은?

① 가스용접작업은 가연성 물질이 없는 안전한 장소를 선택한다.
② 작업 중에는 소화기를 준비하여 사고에 대비한다.
③ 산소는 지연성 가스이므로 산소병 내에 다른 가스와 혼합하여 사용한다.
④ 산소병은 40℃ 이하 온도에서 보관하고 직사광선을 피해야 한다.

해설

가스용접작업의 안전 및 화재 폭발에 대한 설명
- 산소는 지연성(조연성) 가스이므로 산소병 내에 다른 가스와 혼합사용을 금한다.
- 가스용접작업은 가연성 물질이 없는 안전한 장소를 택한다.
- 작업중에 소화기를 준비하여 사고에 대비한다.
- 산소병 아세틸렌 병은 40℃ 이하 온도에서 보관하고 직사 광선을 피해야 한다.
- 충격을 주지 말 것
- 동결 부분은 35℃ 이하의 온수로 녹인 후 사용
- 밸브 등 고장 시 누설이 되면 통풍이 잘 되는 곳으로 옮기고 구매처에 연락하여 안전 조치할 것
- 비눗물로 가스 누설 검사를 한다.
- 불씨로부터 이격하고 화기로부터 5m 이상 떨어져 사용
- 빈 병과 새 병을 구분하여 보관
- 기름 묻은 장갑을 끼고 작업하지 말 것

20 저항 용접 조건의 3대 요소로 가장 적절한 것은?

① 용접전류, 통전시간, 전극 가압력
② 용접전류, 유지시간, 용접전압
③ 용접전류, 초기가압시간, 전극 가압력
④ 용접전류, 정지시간, 전극 가압력

해설

저항 용접의 3대 요소 : 용접전류, 통전시간, 가압력

암기팁 ▶▶ 전통.가.요가 저항을 받다.

21 불활성가스 금속아크(MIG) 용접의 장점이 아닌 것은?

① 대체로 전자세 용접이 가능하다.
② 대체로 모든 금속의 용접이 가능하다.
③ TIG 용접에 비해 전류밀도가 낮아 용융속도가 느리다.
④ 비교적 아름답고 깨끗한 비드를 얻을 수 있다.

해설

불활성 가스 금속 아크용접(MIG, GMAW) 장점
- 전류밀도는 일반 용접의 4~6배, TIG 용접의 2배로 매우 크고 용적 이행은 스프레이형이다.
- 대체로 전자세 용접이 가능하다.
- 대체로 모든 금속 용접이 가능하다.
- 용접속도가 빠르며 용접기 조작이 간단하여 쉽게 용접이 가능하다.
- 직류 역극성을 사용하며 청정 작용이 있다.
- 정전압 특성, 상승특성, 자기제어특성이 있다.
- 용착 효율이 좋다.(MIG는 95%, 수동 피복 아크 용접 60%)

정답 18 ③ 19 ③ 20 ① 21 ③

22 CO_2 또는 MIG 용접에서 아크 길이가 길어지면 어떠한 현상이 일어나는가?

① 전류의 세기가 커진다.
② 전류의 세기가 작아진다.
③ 전압은 변화가 없다.
④ 전압이 낮아진다.

해설

CO_2 또는 MIG 용접에서 아크 길이가 길어지면 전류 세기가 작아진다.

23 감전방지대책으로 틀린 것은?

① 안전보호구를 착용한다.
② 전격방지기를 장치한다.
③ 작업 후에 반드시 접지상태를 확인한다.
④ 절연된 홀더를 사용한다.

해설

감전방지대책
- 접지 상태, 케이블 파손 여부 등을 작업 전에 반드시 확인
- 안전 보호구 착용
- 절연된 홀더를 사용한다.
- 좁은 장소에서 작업 시 신체 노출을 피한다.
- 작업하지 않을 때는 반드시 메인 스위치를 내릴 것
- 신체나 의복 등이 물기, 습기에 젖지 않도록 할 것

24 전기저항열을 이용한 용접법은 어느 것인가?

① 전자빔 용접
② 일렉트로 슬래그 용접
③ 플라스마 용접
④ 레이저 용접

해설

일렉트로 슬래그 용접은 전기저항열($Q=0.24I^2Rt$)을 이용하여 용접

25 수동 TIG 용접장치가 아닌 것은?

① 토치
② 제어장치
③ 냉각수 순환장치
④ 플럭스 호퍼

해설

수동 TIG 용접 장치에는 토치, 제어장치, 냉각수 순환장치 등이 필요하며, 불활성 가스를 사용해 용접하기 때문에 플럭스(Flux) 호퍼는 필요치 않다.

26 경납땜의 설명으로 가장 적합한 것은?

① 융점이 650℃ 이하인 용가제(땜납)를 사용한다.
② 융점이 650℃ 이상인 용가제(은납, 황동납)를 사용한다.
③ 융점이 450℃ 이하인 용가제(땜납)를 사용한다.
④ 융점이 450℃ 이상인 용가제(은납, 황동납)를 사용한다.

해설

450℃ 이하는 연납(Soldering), 이상은 경납(Brazing)
- 경납 용가제 : 황동납, 은납, 구리납, 인동납, 금납, 알루미늄납, 양은납
- 연납 용가제 : 주석(Sn) – 납(Pb) 합금

27 서브머지드 아크용접에서 아크전압이 낮으면 용입과 비드의 폭은 어떻게 되는가?

① 용입은 깊어지며, 비드 폭은 넓어진다.
② 용입은 얕아지며, 비드 폭은 넓어진다.
③ 용입은 깊어지며, 비드 폭은 좁아진다.
④ 용입은 얕아지며, 덧붙여진 비드가 생긴다.

해설

서브머지드 아크용접에서 아크전압이 낮으면 용입은 깊어지고, 비드 폭이 좁아진다.

정답 22 ② 23 ③ 24 ② 25 ④ 26 ④ 27 ③

28 플라스마 아크용접의 특징 설명으로 맞는 것은?

① 용입이 얕고 비드폭이 넓다.
② 용접 홈은 H형이면 되고 아크의 안정성 나쁘다.
③ 아크의 방향성과 집중성이 좋고 용접속도가 빠르다.
④ 용접부의 금속학적 기계적 성질이 좋고 변형이 크다.

해설

플라스마 아크용접의 특징
- 아크 방향성과 집중성이 좋고 용접속도가 빠르다.
- 아크 길이가 변해도 용접부는 영향이 없다.
- 1층 용접으로 완성 가능
- 기계적 성질 우수
- 수동 용접도 쉽게 할 수 있다.
- 설비비가 많이 든다.
- 무부하 전압이 높다.
- 용접 속도가 빠르므로 가스 보호가 불충분하다.

29 서브머지드 아크용접에 사용되는 용융형 플럭스(fused flux)는 원료광석을 몇 ℃로 가열 용융시키는가?

① 1,300℃ 이상
② 800~1,000℃
③ 500~600℃
④ 150~300℃

해설

- 용융형 용제 : 1,300℃ 이상
- 소결형 용제 : 800~1,000℃ 정도
- 혼성형 용제 : 300~400℃

30 실용금속 중에서 가장 가볍고 비강도가 Al합금보다 우수하므로 항공기, 자동차 부품에 이용되는 합금은?

① Pb 합금
② W 합금
③ Mg 합금
④ Ti 합금

해설

마그네슘(Mg)은 비중이 1.74~2.0, 인장강도 15~35kg/mm²로 실용 금속 중 가장 가볍다. 비강도가 Al 합금보다 우수하므로 항공기, 자동차 부품, 선반 등에 사용되고 있으며, 조밀육방격자(HCP) 형태를 갖는다.
한국의 초음속 고등훈련기 T-50 몸체에 Al(알루미늄) 대신 Mg(마그네슘)을 사용하여 전 세계에 국산 비행기를 수출하고 있다.

31 평로제강법에서 탈산제로 사용되는 것은?

① 알루미늄 분말
② 산화철
③ 코크스
④ 암모니아수

해설

- 탈산제인 페로망간(Fe-Mn), 페로실리콘(Fe-Si), 알루미늄 등을 첨가해서 산소(O_2), 질소(N_2) 제거
- 평로(반사로)의 용량은 1회 생산되는 용강의 무게
- 평로 종류는 염기성 평로(저급재료), 산성평로(고급재료)

32 주철의 성장을 방지하는 방법으로 옳지 않은 것은?

① C 및 Si 양을 증가시킨다.
② Cr, Mn, Mo, V 등을 첨가하여 펄라이트 중의 Fe_3C 분해를 막는다.
③ 편상흑연을 구상 흑연화시킨다.
④ 흑연의 미세화로서 조직을 치밀하게 한다.

해설

1. 주철의 성장 : 장시간 고온으로 유지 혹은 가열, 냉각을 반복하면 부피가 팽창하여 균열이 발생하는 현상
    - A_1변태에 따른 체적의 변화
    - 페라이트 중의 규소(Si) 산화에 의한 팽창
    - 불균일한 가열로 생기는 균열에 의한 팽창
    - 흡수된 가스의 팽창에 따른 부피 증가
    - Fe_3C의 흑연화에 의한 팽창

2. 주철의 성장 방지법
    - C 및 Si 양을 증가시킨다.
    - 편상흑연을 구상화시킨다.
    - 흑연의 미세화로 조직을 치밀하게 한다.
    - Fe_3C 분해를 막는다.

※ 흑연화 촉진제 : Al, Si, Ni, Ti, Co, P(알.시.니.티.코.인)
※ 흑연화 방지제 : S, Mn, Mo, W, Cr, V(황.망(한). 모.텅.크.바)

정답 28 ③ 29 ① 30 ③ 31 ① 32 ①

33 용접 후 열처리의 목적으로 관계가 먼 것은?

① 용접 잔류응력 완화
② 용접 후 변형방지
③ 용접부 균열방지
④ 연성 증가, 파괴인성 감소

해설

용접 후 열처리 목적
- 치수 안정화 및 용접 잔류 응력 완화
- 용접 후 변형 방지
- 용접부의 연성 및 인성 향상
- 내부응력 방식 균열성의 향상, 회복
- 용접부 균열 방지
- 수소 등 함유가스 방출

34 450℃까지의 온도에서 강도, 중량비가 높고 내식성이 좋아 항공기 엔진 부품, 화학용기분야에 주로 사용되는 합금은?

① 망간합금
② 텅스텐합금
③ 구리합금
④ 티탄합금

해설

티탄계 합금 특성
- 고온강도가 크기 때문에 제트 엔진의 축류, 항공기 부품, 화학용기분야에 450℃까지 블레이드, 회전자 등에 사용
- Al은 수소 함유량이 적어 고온강도를 높일 수 있음
- Mo, V은 내식성을 향상시킨다.

35 마텐자이트계 스테인리스강의 피복아크 용접 시 발생하는 잔류응력 과대 및 균열 발생을 방지하기 위해 예열을 실시하는데 이때 가장 적절한 예열온도 범위는?

① 100~200℃
② 200~400℃
③ 400~600℃
④ 600~700℃

해설

- 마텐자이트계 스테인리스강의 피복아크 용접 시 발생하는 잔류응력 과대 및 균열 발생을 방지하기 위해 예열 시 온도는 200~400℃이다.
- 기계 구조용, 의료기기, 계측기기 등에 사용
- 13% Cr강, 18% Cr강 등은 용접성이 취약하므로 용접 후 열처리 해야 함

36 오스템퍼 처리 온도의 상한에서 조작하여 미세한 솔바이트상의 펄라이트 조직을 얻기 위해 실시하는 것으로 오스테나이트 가열온도에서 대략 500~550℃의 용융염욕 속에 담금질하여 항온변태를 완료시킨 다음 공랭하는 열처리법은?

① 템퍼링(tempering)
② 노멀라이징(normalizing)
③ 패턴팅(patenting)
④ 어닐링(annealing)

해설

패턴팅
고탄소강 혹은 중탄소강을 오스템퍼 처리 온도의 상한에서 조직하여 미세한 솔바이트상의 펄라이트 조직을 얻기 위해 실시하는 것으로 오스테나이트 가열온도에서 대략 500~550℃의 용융염욕 혹은 Pb 용융 중에 담금질하여 항온 변태를 완료시킨 다음 공랭하는 열처리법

37 일반 고장력강의 용접 시 주의사항으로 틀린 것은?

① 용접봉은 저수소계를 사용한다.
② 아크 길이는 가능한 한 짧게 유지한다.
③ 기공발생을 막기 위해 전류를 낮게 하고 위빙은 용접봉 지름의 3배 이상으로 한다.
④ 용접 시작점보다 20~30mm 앞에서 아크를 발생시켜 예열 후 용접 시작점으로 후퇴하여 시작점부터 용접한다.

해설

고장력(HT50급)강의 용접 시 주의사항
- 용접 시작점보다 20~30mm 앞에서 아크를 발생시켜 예열한 후 처음 시작점부터 용접한다.
- 사용 전에 300~350℃로 2시간 정도 건조시킨 저수소계 용접봉을 사용한다.
- 아크 길이는 가능한 짧게 유지한다.
- 위빙은 용접봉 지름 3배 이하로 하며 위빙 폭이 너무 크면 인장강도가 저하, 기공이 발생할 수 있다.

38 방식법 중 15~25% 황산액에서 산화물계의 피막을 형성하는 방법은?

① 알루마이트법   ② 알루미나이트법
③ 크롬산염법   ④ 하이드로날륨법

해설

알루미나이트법은 방식법 중 15~25% 황산액에서 산화물계의 피막을 형성하는 방법이다.

39 쇼터라이징 또는 도펠-듀로(doppel-durro)법이라 하며, 국부 담금질이 가능한 표면경화 처리법은?

① 화염경화법   ② 구상화 처리법
③ 강인화 처리법 ④ 결정입자 처리법

해설

화염 경화법
- 쇼터라이징 또는 도펠-듀로법이라 하며 국부 담금질이 가능하다.
- 0.4% C 전후의 탄소강을 산소-아세틸렌 화염으로 표면만 물로 가열, 냉각시키는 방법
- 보통주철, 구상흑연주철, 중탄소강 기계 부품에 사용

40 탄소강에서 탄소량이 증가할 경우 알맞은 사항은?

① 경도 감소, 연성 감소
② 경도 감소, 연성 증가
③ 경도 증가, 연성 증가
④ 경도 증가, 연성 감소

해설

탄소강에서 탄소량 증가 시
- 경도, 강도 증가
- 내식성, 비중, 선팽창 계수, 연신율, 충격값 감소

41 Cu와 Zn의 합금 및 이것에 다른 원소를 첨가한 합금으로 판, 봉, 관, 선 등의 가공재 또는 주물로 사용되는 것은?

① 주철   ② 합금강
③ 황동   ④ 연강

해설

- 황동 = 동(Cu) + 아연(Zn)
- 청동 = 동(Cu) + 주석(Sn)

암기팁 ▶ 황아의 무법자가 청주를 마신다.

※ 7:3 황동은 1,200℃, 6:4 황동은 1,100℃를 넘으면 아연(Zn)이 비등하기 때문에 특별히 주의할 것

42 다음 중 불변강의 종류에 해당되지 않는 것은?

① 인바(invar)
② 엘린바(elinvar)
③ 서멧(cermet)
④ 플래티나이트(platinite)

해설

불변강의 종류: 인바, 엘린바, 플래티나이트, 퍼멀로이

1. 인바(Ni 31%)
   - 팽창 계수가 작다.
   - 표준척 열전쌍 시계 등에 사용
2. 엘린바(Ni 36%)
   - 상온에서 탄성률이 변하지 않음
   - 정밀계측기, 시계 스프링
3. 플래티나이트(Ni 10~16%)
   - 유리 백금선 대용
   - 전구, 진공관, 유리의 봉입선 등
4. 퍼멀로이(Ni 75~80%)
   - 고투자율 합금
   - 해저 전선의 장하 코일용

정답 38 ② 39 ① 40 ④ 41 ③ 42 ③

43 용접순서를 결정하는 기준으로 틀린 것은?

① 용접물의 중심에 대하여 항상 대칭으로 용접을 해 나간다.
② 수축이 작은 이음을 먼저 용접하고 수축이 큰 이음을 나중에 용접한다.
③ 용접 구조물이 조립되어감에 따라 용접작업이 불가능한 곳이나 곤란한 경우가 생기지 않도록 한다.
④ 용접구조물의 중립축에 대하여 용접 수축력의 모멘트의 합이 0(제로)이 되게 용접한다.

해설
용접순서 결정 기준
• 수축이 큰 이음을 먼저 용접하고 수축이 작은 이음을 나중에 한다.
• 용접물 중심에 대하여 항상 대칭으로 용접을 한다.
• 용접 구조물이 조립되어 감에 따라 용접 작업이 불가능한 곳이나 곤란한 경우가 생기지 않도록 한다.
• 용접 구조물의 중립축에 대하여 용접 수축력의 모멘트의 합이 0(제로)이 되게 용접한다.
• 같은 평면 내에 많은 이음을 이을 때에는 수축은 가능한 자유단으로 보낸다.

44 KSB 0052에서 표기되는 용접부의 모양이 아닌 것은?

① S형   ② K형
③ J형   ④ X형

해설
용접 홈 형상의 종류
• 한 면 홈이음 : I형, V형, ✓형(베벨형), U형, J형
• 양면 홈이음 : 양면 I형, X형, K형, H형, 양면 J형 / 한쪽 방향에서는 V형 또는 U형이 완전한 용입을 얻을 수 있다.
• 판 두께 6mm까지는 I형, 6~19mm까지는 V형, ✓형(베벨형), J형, 12mm 이상은 X형, K형, 양면 J형이 쓰인다. 16~50mm까지는 U형 맞대기 이음, 50mm 이상은 H형 맞대기 이음

45 용접에 이용되는 산업용 로봇(Robot)은 역할에 따라 크게 3개의 기능으로 구성하는데 이에 해당되지 않는 것은?

① 작업기능   ② 송급기능
③ 제어기능   ④ 계측인식기능

해설
산업용 로봇의 역할
• 작업기능 : 동작기능, 구속기능, 이동기능
• 제어기능 : 동작제어기능, 교시기능
• 계측인식기능 : 계측기능, 인식기능

46 꼭짓각이 136°인 다이아몬드 사각추의 압입자를 시험 하중으로 시험편에 압입한 후에 생긴 오목 자국의 대각선을 측정해서 환산표에 의해 경도를 표시하는 것은?

① 비커스 경도   ② 마이어 경도
③ 브리넬 경도   ④ 로크웰 경도

해설
비커스 경도는 꼭지각 136°인 다이아몬드 사각추의 압입자에 일정 하중으로 시험편에 압입한 후 생긴 오목 자국의 대각선을 측정함으로써 경도를 구한다.

$$Hv = \frac{하중(kg)}{자국의\ 표면적(mm^2)} = 1.8544\frac{P}{d^2}\,(kg/mm^2)$$

47 KSB 0052에서 현장용접을 나타내는 기호는?

해설
깃발이 현장용접 기호이다.

48 용접할 경우 일어나는 균열 결함 현상 중 저온 균열에서 볼 수 없는 것은?

① 토 균열(Toe Crack)
② 비드 밑 균열(Under Bead Crack)
③ 루트 균열(Root Crack)
④ 크레이터 균열(Crater Crack)

해설

- 토 균열 : 맞대기 및 필릿 용접 시 비드 표면과 모재와의 경계부에 생기는 균열. 예열이나 강도가 낮은 용접봉을 사용하면 방지할 수 있다.
- 비드 밑 균열 : 비드 아래에 용접선 가까이 거의 이와 평행하게 모재 영향부에 생기는 균열
- 루트 균열 : 첫 층 용접의 루트 근방에 발생하는 균열로 저온 균열에서 가장 주의해야 할 균열이다.
- 크레이터 균열 : 용접을 끝낸 직후 크레이터 부분에 생기는 균열이다.

49 측면 필릿 용접 이음에서 이론 목두께를 h_t, 필릿 용접의 크기(다리길이)를 h라 할 때 이론 목두께를 구하는 식으로 옳은 것은?

① $h_t = h \cdot \tan 90°$
② $h_t = h \cdot \cos 45°$
③ $h_t = h \cdot \cos 90°$
④ $h_t = h \cdot \tan 60°$

해설

목두께 $= h(\text{다리길이}) \times \cos 45° = h \times 0.707$

50 용접 시 잔류응력을 경감시키는 시공법이 아닌 것은?

① 적당한 예열을 한다.
② 용착금속량을 적게 한다.
③ 적절한 용착법(비석법 등)을 선정한다.
④ 용접부의 수축을 억제한다.

해설

용접 시 잔류응력을 경감시키는 시공법
- 적절한 용착법(비석법 등)을 선정한다.
- 용착 금속량을 적게 한다.
- 적당한 예열을 한다.
- 용접부를 수축함으로써 잔류응력을 경감시킨다.

51 용접할 때 생기는 변형 중 면외 변형이 아닌 것은?

① 굽힘변형
② 좌굴변형
③ 회전변형
④ 나사변형

해설

- 면외 변형의 종류 : 굽힘변형(가로, 세로 방향), 좌굴변형, 비틀림변형(나사변형)
- 면내 변형의 종류 : 가로수축, 세로수축, 회전수축

52 지그(Jig) 설계의 목적이 아닌 것은?

① 공정 수가 늘어나고 생산능률이 향상된다.
② 제품의 정밀도가 증가한다.
③ 경제적 생산이 가능하다.
④ 불량이 적고 미숙련공도 작업이 용이하다.

해설

지그(Jig) 설계의 목적
- 공정 수가 적고 생산능률이 향상된다.
- 제품의 정밀도가 증가한다.(제품의 수치를 정확하게 한다.)
- 경제적 생산이 가능하다.(대량 생산을 위해서)
- 불량이 적고 미숙련공도 작업이 용이하다.
- 아래보기 자세로 용접할 수 있다.

53 용접부의 시험에서 파괴시험이 아닌 것은?

① 형광침투시험
② 육안조직시험
③ 충격시험
④ 피로시험

> [해설]

비파괴 시험(Non Destructive Test)
- 육안조직시험(VT, Visual Test) : 외관검사. 외관의 양부를 판정하는 시험
- 누설검사(LT, Leak Test) : 압력 용기, 저장 탱크 등의 용접부에 수밀, 기밀을 조사할 목적으로 사용된다.
- 침투검사(PT, Penetration Test) : 형광 침투와 염류 침투가 있다.

54 특수한 구면상의 선단을 갖는 해머(hammer)로 용접부를 연속적으로 타격해 잔류응력을 완화시키고 용접 변형을 경감시키는 것은?

① 기계 응력 완화법 ② 저온 응력 완화법
③ 피닝법 ④ 응력제거 풀림법

> [해설]

피닝법
끝이 둥근 특수한 구면상 해머로 용접부를 연속적으로 타격하며 용접 표면에 소성 변형을 주어 인장응력을 완화한다. 첫 층 용접에 균열 방지 목적으로 700℃에서 열간 피닝한다.

55 다음 [표]는 A 자동차 영업소의 월별 판매실적을 나타낸 것이다. 5개월 단순이동평균법으로 6월의 수요를 예측하면 몇 대인가?

(단위 : 대)

월	1	2	3	4	5
판매량	100	110	120	130	140

① 120 ② 130
③ 140 ④ 150

> [해설]

수요 예측 값 = $\dfrac{월판매량}{월수}$ = $\dfrac{100+110+120+130+140}{5}$
= 120

56 다음 검사의 종류 중 검사공정에 의한 분류에 해당되지 않는 것은?

① 수입검사 ② 출하검사
③ 출장검사 ④ 공정검사

> [해설]

검사공정에 따른 분류
최종검사, 공정검사(중간검사), 손질검사, 출하검사
- 최종검사 : 완성품에 대한 검사
- 공정검사(중간검사) : 제조공정이 끝나고 다음 제조공정으로 이동하는 사이 행하는 검사
- 수입검사 : 재료 제품을 받을지 여부를 판정하기 위한 검사
- 출하검사 : 재료 제품을 출하할 때 행하는 검사

57 다음 중 반즈(Ralph M. Barnes)가 제시한 동작경제의 원칙에 해당되지 않는 것은?

① 표준작업의 원칙
② 신체의 사용에 관한 원칙
③ 작업장의 배치에 관한 원칙
④ 공구 및 설비의 디자인에 관한 원칙

> [해설]

반즈 동작경제의 원칙
- 공구나 설비의 디자인에 관한 원칙
- 작업장 배치에 관한 원칙
- 신체의 사용에 관한 원칙

58 품질관리기능의 사이클을 표현한 것으로 옳은 것은?

① 품질개선 – 품질설계 – 품질보증 – 공정관리
② 품질설계 – 공정관리 – 품질보증 – 품질개선
③ 품질개선 – 품질보증 – 품질설계 – 공정관리
④ 품질설계 – 품질개선 – 공정관리 – 품질보증

정답 54 ③ 55 ① 56 ③ 57 ① 58 ②

> [해설]

품질관리 기능 사이클
품질설계 – 공정관리 – 품질보증 – 품질개선

59 다음 중 계수치 관리도가 아닌 것은?

① c 관리도   ② p 관리도
③ u 관리도   ④ x 관리도

> [해설]

- c 관리도 : 미리 정해진 일정 단위 중에 포함된 결점 수를 취급할 때
- p 관리도 : 측정이 불가능해 계수치만 나타낼 수 없는 품질 특성, 합격 여부 판정만이 목적일 때
- np 관리도 : 공정 불량 개수 np에 의해 관리할 때
- u 관리도 : 시료의 면적이나 길이 등이 일정하지 않은 경우에 사용

60 부적합품률이 1%인 모집단에서 5개의 시료를 랜덤하게 샘플링할 때, 부적합품수가 1개일 확률은 약 얼마인가?(단, 이항분포를 이용하여 계산한다.)

① 0.048   ② 0.058
③ 0.48   ④ 0.58

> [해설]

$$P(x=1) = {n \choose x} P^x (1-P)^{n-x}$$
$$= {5 \choose 1} \times 0.01^1 \times (1-0.01)^{5-1}$$
$$= 5 \times 0.01 \times 0.99^4$$
$$= 0.0480298005$$
$$= 0.048$$

정답 59 ④   60 ①

2009년 제46회(7.12)

01 일명 핀치효과형이라고도 하며, 비교적 큰 용적이 단락되지 않고 옮겨가는 이행형식은?

① 단락형　　② 글로뷸러형
③ 스프레이형　④ 입자형

해설

1. 단락형(Short Circuit Type)
   - 저수소계 용접봉, 비피복 용접법
   - 표면장력 작용으로 모재쪽으로 이행하는 형식
2. 글로뷸러형(Globular Type)
   - 입상 이행 형식, 핀치 효과형이라 부른다.
   - 큰 용접(덩어리)이 단락되지 않고 옮겨가는 형식
3. 스프레이형(Spray Type)
   - 작고 미세한 용적이 스프레이와 같이 날려 이행되는 형식
   - 분무상 이행형

02 용접의 장점과 가장 거리가 먼 것은?

① 자재가 절약되고 중량이 가벼워진다.
② 작업공정이 단축되며 재료의 두께에 제한이 없다.
③ 제품의 성능과 수명이 향상되며 이종 재료도 접합할 수 있다.
④ 잔류응력이 발생하고 용접사의 기량에 따라 용접부의 품질이 좌우된다.

해설

용접의 장점
- 이음 효율(joint efficiency) 향상
- 수밀, 기밀성이 좋다.
- 중량이 경감되고 이종 재질도 접합 가능하다.
- 보수 수리가 용이하다.(주물 파손부 등)
- 재료 두께 관계없이 접합이 가능하다.
- 이종 재질도 접합이 가능하다.
- 제품의 수명과 성능이 향상된다.

03 플라스마 아크 절단의 작동가스 중 일반적으로 알루미늄 등의 경금속에 사용되는 가스는?

① 질소와 수소혼합가스
② 아르곤과 수소의 혼합가스
③ 헬륨과 산소의 혼합가스
④ 탄산가스와 산소의 혼합가스

해설

- 플라스마 아크 절단 작동 가스 중 Al 등 경합금에 사용
- 가스 : 아르곤과 수소 2~5% 혼합가스
- 플라스마 : 기체를 수천 도 높은 온도로 가열하면 그 속의 가스 원자가 원자핵과 전자로 분리되어 만들어지는 양(+), 음(−)의 이온 상태를 말한다.

04 용접법을 분류할 때 압접(pressure welding)에 해당되지 않는 것은?

① 전자빔 용접　② 유도 가열 용접
③ 초음파 용접　④ 마찰 용접

해설

압점(pressure welding)
1. 저항 용접
   ㉠ 겹치기 용접
      - 점 용접
      - 시임 용접
      - 프로젝션 용접
   ㉡ 맞대기 용접
      - 플래시 맞대기 용접
      - 업셋 맞대기 용접
      - 방전 충격 용접
2. 냉간 압접
3. 초음파 용접
4. 마찰 용접

정답 01 ② 02 ④ 03 ② 04 ①

5. 고주파 용접
6. 폭발 용접
7. 단접
8. 확산 용접
9. 가스 압접

05 포갬 절단(stack cutting)에 대하여 설명한 것 중 틀린 것은?

① 비교적 얇은 판(6mm 이하)에 사용된다.
② 절단 시 판 사이에 산화물이나 불순물을 깨끗이 제거한다.
③ 0.08mm 이하의 틈이 생기도록 포개어 압착시킨 후 절단한다.
④ 예열 불꽃으로 산소-프로판 불꽃보다 산소-아세틸렌 불꽃이 적합하다.

〔해설〕
예열 불꽃으로는 산소-아세틸렌 불꽃보다 산소-프로판 불꽃이 속도가 빠르므로 포갬절단에 적합하다.

06 저수소계 용접봉은 사용 전에 충분한 건조가 되어야 한다. 가장 알맞은 건조 온도는?

① 150~200℃   ② 200~250℃
③ 300~350℃   ④ 400~450℃

〔해설〕
저수소계(E4316)(Low hydrogen type)
- 보관 또는 사용 중 습기를 잘 흡수하므로 사용 전에 300~350℃ 정도로 2시간 건조시킨 후 사용할 것
- 탄산칼슘($CaCO_3$=석회석)과 불화칼슘(CaF_2=형석)을 주성분으로 용착 금속 중 수소량이 적은(다른 용접봉에 비해 1/10) 용접봉이다.
- 인성, 연성이 풍부하고 기계적 성질이 우수하다.
- 구속력이 큰 구조물, 고장력강, 고탄소강 등에 사용 가능하다.
- 피복제의 염기도가 높을수록 내균열성이 우수하다.

07 아세틸렌가스 소비량이 1시간당 200리터인 저압토치를 사용해 용접할 때, 게이지 압력이 60kgf/cm²인 산소병을 몇 시간 정도 사용할 수 있는가?(단, 병의 내용적은 40리터, 산소는 아세틸렌가스의 1.2배 정도 소비하는 것으로 한다.)

① 2   ② 10
③ 8   ④ 12

〔해설〕

$$\frac{60 \times 40}{200 \times 1.2} = 10(시간)$$

08 용접전류 200A, 아크전압 20V, 용접속도 15cm/min이라 하면 단위길이당 용접 입열은 몇 joule인가?

① 2,000   ② 5,000
③ 10,000   ④ 16,000

〔해설〕

용접 입열 $H = \dfrac{60EI}{V} = \dfrac{60 \times 200 \times 20}{15} = 16,000 Joule$

[H=용접 입열, I=용접 전류{A}, V=용접 속도{cm.min}]

09 가스용접 작업에서 후진법에 비교한 전진법에 대한 설명으로 맞는 것은?

① 열 이용률이 좋다.
② 용접속도가 느리다.
③ 두꺼운 판의 용접에 적합하다.
④ 용접 변형이 적다.

〔해설〕
- 전진법(좌진법) : 오른쪽에서 왼쪽(좌측)으로 용접하는 방법
- 후진법(우진법) : 왼쪽에서 오른쪽(우측)으로 용접하는 방법
- 후진법은 비드 모양만 나쁘고 모두 다 좋다.

정답   05 ④   06 ③   07 ②   08 ④   09 ②

용접작업 \ 구분	후진법	전진법
용접속도	빠르다	느리다
열 이용률	좋다	나쁘다
변형	적다	크다
산화성	적다	크다
용도	후판	박판
비드 모양	나쁘다	좋다

10 가스가우징(Gas Gouging)과 스카핑(Scarfing)에 대한 설명으로 틀린 것은?

① 가스가우징은 용접부의 결함, 가접의 제거 등에 사용된다.
② 스카핑은 강재 표면의 홈이나 개재물, 탈탄층을 제거하기 위해서 사용된다.
③ 가스가우징은 스카핑에 비해서 너비가 매우 큰 홈을 가공하는 데 사용된다.
④ 스카핑은 가우징에 비해서 타원형 모양으로 깎아 내는 가공법으로 제강공장에 많이 사용된다.

해설

1. 가스가우징(Gas Gauging)
   - 용접 뒷면 따내기, H형, U형 용접 표면의 홈 가공을 하기 위해 깊은 홈을 파내는 가공법
   - 홈 깊이와 폭의 비 1 : 2~3 정도
   - 팁은 슬로 다이버전트 팁을 사용한다.
   - 토치의 예열 팁 각도는 30~40° 유지
   - 사용가스 압력 : O_2(산소) 경우는 3~7kg/cm², C_2H_2(아세틸렌) 경우 0.2~0.3kg/cm²
   - 토치의 예열 팁 각도 : 30~40° 유지

2. 스카핑(Scarfing)
   - 강괴, Slag, 탈탄층 주름 또는 홈 등의 표면 결함을 제거하기 위해 사용
   - 표면을 얇고 넓게 깎는 것이다.
   - 스카핑 속도 냉간재 경우 5~7m/min, 열간재 경우 20m/min
   - 스카핑 토치 각도 : 75°

11 아세틸렌가스에 대한 설명으로 틀린 것은?

① 아세틸렌은 충격, 마찰, 진동 등에 의하여 폭발하는 일이 있다.
② 아세틸렌가스는 구리 또는 구리합금과 접촉하면 이들과 폭발성 화합물을 생성한다.
③ 아세틸렌은 공기 중에서 가열하여 406~408℃ 부근에 도달하면 자연발화를 한다.
④ 아세틸렌가스는 수소와 탄소가 화합된 매우 완전한 기체이다.

해설

아세틸렌(C_2H_2)

1. 비중 0.906(15℃ 1기압에서 1l 무게는 1.176g)

2. 순수한 것은 무색무취 가스지만, 인화수소(PH_3), 유화수소(H_2S), 암모니아(NH_3) 등이 1% 정도 포함되어 악취가 난다.

3. 여러가지 물질에 잘 용해되며 물 : 1배, 석유 : 2배, 벤젠 : 4배, 알콜 : 6배, 아세톤 : 25배 용해된다. 그 용해량은 압력에 따라 증가한다. 단, 소금물에는 용해되지 않는다.

암기팡 ▶▶ 물 1. 석 2. 벤 4. 알 6. 아 25.

4. 아세틸렌 특성
   ㉠ 온도 – 406~408℃ : 자연발화, 505~515℃ : 폭발위험, 780℃ : 자연폭발
   ㉡ 압력 – 1.3기압 이하 : 사용, 1.5기압 : 충격, 가열 등의 자극으로 폭발, 2기압 : 자연폭발
   ㉢ 혼합가스
      - 공기나 산소가 혼합되면 폭발성 혼합가스가 된다.
      - 아세틸렌 15%, 산소 85%에서 가장 위험
      - 인화수소를 포함한 경우 : 0.02% 이상 폭발성, 0.06% 이상 자연폭발

5. 구리, 구리합금(구리 62% 이상), 은, 수은 등은 120℃에서 맹렬한 폭발성 화합물 생성

6. 압력이 가해져 있는 C_2H_2가스에 마찰, 진동, 충격 등의 외력이 가해지면 폭발 위험이 있다.

12 산소가스 절단의 원리를 가장 바르게 설명한 것은?

① 산소와 금속의 산화 반응열을 이용하여 절단한다.
② 산소와 금속의 탄화 반응열을 이용하여 절단한다.
③ 산소와 금속의 산화 아크열을 이용하여 절단한다.
④ 산소와 금속의 탄화 아크열을 이용하여 절단한다.

해설

산소가스 절단
산소와 금속의 산화 반응열을 이용하여 절단. 약 850~900℃ 정도로 예열하고 고압의 산소를 분출시켜 Fe의 연소 및 산화로 절단한다.

13 수동 피복 아크용접에서 양호한 용접을 하려면 짧은 아크를 사용하여야 하는데 아크 길이가 적당할 때 나타나는 현상이 아닌 것은?

① 아크가 안정된다.
② 양호한 용접부를 얻을 수 있다.
③ 산화 및 질화되기 쉽다.
④ 정상적인 입자가 형성된다.

해설

아크 길이가 적당할 때 나타나는 현상
• 정상적인 입자가 형성된다.
• 양호한 용접부를 얻을 수 있다.
• 아크가 안정된다.

14 피복 아크용접봉의 피복제의 주요 기능을 설명한 것 중 틀린 것은?

① 아크를 안정하게 하고 슬래그를 제거하기 쉽게 하며, 파형이 고운 비드를 만든다.
② 중성 및 환원성의 가스를 발생하여 아크를 덮어서 대기 중 산소나 질소의 침입을 방지하고 용융 금속을 보호한다.
③ 용착 금속의 탈산 정련 작용을 하며, 용융점이 낮은 적당한 점성의 가벼운 슬래그를 만든다.
④ 용착 금속의 냉각속도를 빠르게 하여 급랭을 방지한다.

해설

피복제 작용(역할 기능)
• 용융점이 낮은 적당한 점성의 가벼운 슬래그를 만든다.
• 아크를 안정하게 하고 스패터 발생을 적게 한다.
• 중성 또는 환원성 분위기로 대기중으로부터 용착 금속을 보호한다.
• 탈산 정련 작용
• 적당한 합금 원소를 보충한다.
• 전기 절연 작용
• 용착 금속 응고와 냉각속도를 느리게 하여 급랭 방지
• 용적을 미세화하고 용착 효율을 높인다.
• Slag를 쉽게 제거하고 파형이 고운 비드를 만든다.
• 어려운 자세 용접을 쉽게 한다.
• 공기로 인한 산화, 질화 방지

15 용접부에 생기는 결함의 종류 중 구조상의 결함이 아닌 것은?

① 기공(blow hole)
② 용접 금속부 형상 부적당
③ 용입 불량
④ 비금속 또는 슬래그 섞임

해설

1. 구조상 결함
   • 오버랩
   • 언더컷
   • 용입 불량
   • 균열
   • 기공
   • 슬래그혼입
   • 용락
   • 스패터
   • 선상 조직
   • 용락
   • 피트

2. 치수상 결함
   • 변형
   • 치수 및 형상 불량

3. 성질상 결함
   • 기계적 성질 불량
   • 화학적 성질 불량

정답 12 ① 13 ③ 14 ④ 15 ②

16 서브머지드 아크용접법의 단점으로 틀린 것은?

① 용접선이 짧거나 불규칙한 경우 수동에 비하여 비능률적이다.
② 홈가공의 정밀을 요하고, 용접 도중 용접상태를 육안으로 확인할 수가 없다.
③ 특수한 지그를 사용하지 않는 한 아래보기 자세로 한정된다.
④ 용융속도와 용착속도가 느리며, 용입이 짧다.

해설

서브머지드 아크 용접의 단점
- 용접선이 짧거나 복잡하거나 좁은 공간의 경우 수동용접에 비해 비능률적
- 장비 가격이 고가이다.
- 용접 적용 자세에 제한을 받는다.(대부분 아래보기 자세 및 수평 필릿 자세)
- 용접 아크가 보이지 않으므로(잠호용접) 치명적 결함을 식별하기 힘들다.
- 적용 재료에 제약을 받는다.(탄소강, 저합금강, 스테인리스강)
- 개선 홈의 정밀을 요한다.(용입이 크기 때문에 루트 간격을 0.8mm 이하로 한다.)
- 루트 간격이 너무 크면 용락될 위험이 있다.

17 불활성가스 텅스텐 아크용접 시 혼합가스로 사용되지 않는 가스는?

① 아르곤
② 헬륨
③ 산소
④ 질소

해설

불활성 가스 텅스텐 아크 용접을 할 때 모재와 텅스텐 용접봉의 산화를 방지하기 위하여 불활성 가스인 아르곤(Ar), 헬륨(He) 등을 사용하며 상품명으로 헬륨-아크용접, 아르곤 용접 등으로 부른다.

18 가스용접작업에서 팁 끝이 모재에 닿아 순간적으로 팁 끝이 막히면서 팁의 과열, 사용가스의 압력이 부적당할 때 팁 속에서 폭발음이 나면서 불꽃이 꺼졌다가 다시 나타나는 현상은?

① 역류
② 역화
③ 인화
④ 산화

해설

1. 역화(Back Fire) : 가스 용접 작업 시 팁 끝이 모재에 닿는 순간 팁 끝이 막히거나 팁 끝의 과열이나 조임 불량 및 압력이 적당하지 않을 때 "빵빵" 소리가 나면서 꺼졌다가 다시 나타났다가 하는 현상. 역화가 발생 시 우선 아세틸렌을 차단 후 산소 차단할 것

2. 역류(Contra Flow) : 산소 압력이 아세틸렌가스 압력보다 높게 사용하는데, 토치 내부 청소 불량이나 토치 팁 끝이 막혔을 때, 높은 압력 산소가 정상적으로 흐르지 못하고 산소보다 압력이 낮은 아세틸렌 호스 쪽으로 흘러 폭발의 위험이 있는 현상
   - 원인 : C_2H_2 공급량 부족, 산소 압력 과다, 팁 청소 불량
   - 대책 : 팁 끝을 깨끗이 청소, 역류 발생 시 먼저 산소를 차단 후 C_2H_2를 차단

3. 인화(Flash Back, Back Fire)
   ㄱ 팁 끝이 순간적으로 막혀 가스 분출이 되지 못하고 불꽃이 토치의 가스 혼합실까지 들어오는 현상
   ㄴ 역류나 역화에 비해 매우 위험하다.
   ㄷ 방지 대책
     - 가스 유량을 적당하게 조정한다.
     - 팁을 항상 깨끗이 청소한다.
     - 토치 및 기구 등을 평소에 점검한다.
     - 인화 발생 시 아세틸렌 차단 후 산소 차단

19 심용접의 종류에 해당되지 않는 것은?

① 매시 심용접(mash seam welding)
② 포일 심용접(foil seam welding)
③ 맞대기 심용접(butt seam welding)
④ 플래시 심용접(flash seam welding)

정답 16 ④ 17 ④ 18 ② 19 ④

> [해설]
>
> **심 용접의 종류**
> 롤러 심, 포일 심, 매시 심, 맞대기 심
> - 롤러 심 용접 : 통전 단속 간격을 길게 하고 롤러 간격을 이용해 점용접을 연속으로 하는 방법
> - 포일 심 용접 : 모재를 마주보게 맞대고 이음부에 같은 종류의 얇은 판(foil)을 대고 가압하는 방법
> - 매시 심 용접 : 이음부의 겹침을 판 두께 정도 겹치고 겹쳐진 판 전체를 롤러로 가압하여 심 용접을 하며 주로 1.2mm 이하 박판에 사용한다.
> - 맞대기 심 용접 : 심 파이프(seam pipe) 제조 시 관 끝을 서로 마주보게 맞대어 놓고 가압하여 두 개의 롤러로 맞댄 면에 통전하여 접합한다.

20 불활성가스 아크용접에서 교류용접기를 사용할 경우 모재 표면의 불순물 등에 의해 전류가 불평형하게 흘러 아크가 불안정하게 되는 것을 무엇이라고 하는가?

① 청정작용
② 정류작용
③ 방전작용
④ 펄스작용

> [해설]
>
> **정류작용**
> 불활성가스 아크용접에서 교류용접기를 사용할 경우 모재 표면의 불순물 등에 의해 전류가 **불평형하게** 흘러 아크가 불안정하게 되는 것

21 플럭스 코어 아크용접에서 기공의 발생 원인으로 가장 거리가 먼 것은?

① 탄산가스가 공급되지 않을 때
② 아크 길이가 길 때
③ 순도가 나쁜 가스를 사용할 때
④ 개선 각도가 적을 때

> [해설]
>
> **플럭스 코어 아크용접에서 기공 발생 원인**
> - 순도가 나쁜 가스를 사용할 때
> - 아크 길이가 길 때
> - 탄산가스가 공급되지 않을 때

22 일렉트로 슬래그 용접의 설명으로 틀린 것은?

① 용제를 사용한다.
② 아크열로 용융시킨다.
③ 비소모 노즐방식이 있다.
④ 두꺼운 판의 용접에 경제적이다.

> [해설]
>
> **일렉트로 슬래그 용접의 특징**
> - 매우 두꺼운 판 용접에 적당(단층으로 용접이 가능)
> - 아크가 눈에 안 보이고 아크 불꽃도 없다.
> - 각(角) 변형이 적고 용접 품질이 우수하다.
> - I형 홈 그대로 사용되므로 홈 가공이 간단하다.
> - 용접시간이 줄어들므로 **능률적**이고 경제적이다.
> - 전기 저항열을 이용해 용접한다.(줄의 법칙 적용)
> - 잠호(서브머지드 아크) 용접에 비해 준비시간이 길다.
> - 매우 능률적이고 변형이 적다.
> - 스패터 발생이 적고 용융 금속 용착량은 100%이다.
> - 가격이 고가이며 기계적 성질이 나쁘다.
> - 박판 용접엔 적용할 수 없다.

23 용제가 들어 있는 와이어 CO_2법은 복합와이어의 구조에 따라 분류하는데, 다음 그림과 같은 와이어는?

① 아코스 와이어
② Y관상 와이어
③ S관상 와이어
④ NCG 와이어

> [해설]
>
> **용제가 들어있는 와이어 CO_2법**
> - 아고스(Argos) 아크법
> - 퓨즈(Fuse) 아크법
> - 유니언(Union) 아크법
> - 버나드 아크 용접(NCG법)

정답 20 ② 21 ④ 22 ② 23 ④

24 연납용으로 사용되는 용제가 아닌 것은?

① 염산
② 염화물
③ 염화아연
④ 염화암모니아

> 해설
>
> 1. 용제(Flux) : 연강은 용제가 필요 없고 그 외 모든 합금이나 알루미늄, 주철 등은 용제가 필요하다.
> 2. 납땜의 용제
>   - 연납 : 450℃ 이하(연납용 용제의 종류 : 염산, 인산, 염화암모늄, 염화아연, 송진)
>   - 경납 : 450℃ 이상(경납용 용제의 종류 : 붕사, 붕산, 붕산염, 염화나트륨, 염화리튬, 산화제 구리, 빙정석)

25 불활성가스 금속 아크용접 작업 시 용접시공에 대한 설명으로 틀린 것은?

① 용접재료의 준비 시 알루미늄은 산화피막을 제거한 후 용접을 하며 특히 화학제는 가성소다 수용액이나 초산수를 사용한다.
② 보호가스는 고순도의 가스를 사용해야 하며 가스공급 계통에 문제가 생겼을 때는 용기 → 감압 밸브 → 유량계 → 제어장치 → 용접토치의 순서로 직접 확인한다.
③ MIG 용접기는 CO_2 용접기에 비하여 아크열을 약하게 받으므로 공랭식 토치가 많고 필터렌즈도 피복아크용접용으로 쓰는 10~12번 정도면 가능하다.
④ MIG 용접의 자외선은 매우 강하여 공기 중의 산소가 오존(O_3)으로 바뀌므로 용접 중에 발생하는 오존, 금속 분진, 세척제 증기 등의 해를 방지하기 위하여 반드시 환기를 시킬 수 있는 장치가 필요하다.

> 해설
>
> MIG 용접기는 CO_2 용접기에 비해 아크열이 강하므로 사용 토치는 공랭식(200A 이하)과 수랭식이 있다.

26 아크용접 종류에서 후판 구조물 제작과 스테인리스강 용접이 가능하며, 잠호용접이라고도 하는 용접법은?

① 일렉트로 슬래그 용접 ② 테르밋 용접
③ 서브머지드 아크용접 ④ 논가스 아크용접

> 해설
>
> **서브머지드 아크용접(Submerged Arc Welding)**
> - 후판 구조물 제작과 스테인리스강 용접이 가능하며 **잠호용접**이라고도 하는 용접법이다.
> - 아크나 발생가스가 다 같이 용제 속에 잠겨 있어 불가시 또는 잠호용접이라 하며, 유니온 멜트 용접법, 링컨 용접이라 한다.

27 테르밋 용접(thermit welding)에서 테르밋은 무엇의 혼합물인가?

① 붕사와 붕산의 분말
② 알루미늄과 산화철의 분말
③ 알루미늄과 마그네슘의 분말
④ 규소와 납의 분말

> 해설
>
> **테르밋 용접**
> 알루미늄 분말과 산화철 분말(FeO, Fe_2O_3, Fe_3O_4)을 1 : 3~4로 혼합한 혼합물로 화학 반응열을 이용한 용접

28 가스용접 및 절단작업의 안전 중 산소와 아세틸렌 용기의 취급사항으로 맞지 않는 것은?

① 산소병은 40℃ 이하 온도에서 보관하고 직사광선을 피해야 한다.
② 산소병을 운반할 때에는 공기가 잘 환기되도록 캡(Cap)을 벗겨서 이동한다.
③ 아세틸렌병은 세워서 사용하며 병에 충격을 주어서는 안 된다.
④ 아세틸렌병 가까이에서는 불똥이나 불꽃을 가까이하지 말아야 한다.

정답 24 ② 25 ③ 26 ③ 27 ② 28 ②

해설

산소-아세틸렌 용기 취급 시 주의사항
- 직사광선을 피하고 40℃ 이하 온도에서 통풍이 잘 되는 곳에 보관
- 운반 시 충격을 금지한다.
- 동결 부분은 35℃ 이하 온수로 녹인 후 사용한다.
- 충격을 금지한다.
- 화기와 격리시킨다.(불씨로부터 5m 이상 이격)
- 기름이 묻은 손이나 장갑을 끼고 취급하지 말 것
- 밸브 개폐는 조용히 한다.
- 산소 밸브는 반드시 캡을 씌우고 세워서 보관하거나 운반한다.
- 가스 누설 검사는 비눗물로 한다.
- 저장실의 전기 스위치, 전등은 방폭 구조여야 한다.

29 오토콘 용접과 비교한 그래비티 용접의 특징을 설명한 것으로 올바른 것은?

① 구조가 간단하다.
② 사용법이 쉽다.
③ 운봉속도의 조절이 가능하다.
④ 중량이 가볍다.

해설

구분 \ 종류	오토콘	그래비티
구조	간단	약간 복잡
부피	작음	큼
중량	가벼움	약간 무거움
사용	쉬움	약간 어려움
자세	F.Hi-Fi	F.Hi-Fi
종류	연강, 고장력강	연강, 고장력강
운봉속도	조절불가	조절가능
스패터	약간 많음	보통
용입 깊이	약간 얕음	보통
비드 모양	양호	양호

30 황동의 종류 중 톰백(Tombac)이란 무엇을 말하는가?

① 0.3~0.8% Zn의 황동
② 1.2~3.7% Zn의 황동
③ 5~20% Zn의 황동
④ 30~40% Zn의 황동

해설

황동 합금의 종류
- 톰백(Tombac) : Cu(80%)에 Zn(8~20%)
- 네이벌(Naval) : 6.4황동에 Sn(1~2%)
- 에드미럴티(Admiralty) : 7.3황동에 Sn(1~2%)
- 델타 메탈(Fe황동) : 6.4황동에 Fe(1~2%)
- 문쯔 메탈(Muntz Metal) : 6.4황동
- 두라나 메탈(Durana Metal) : 7.3황동에 Fe(1~2%)
- 토빈 브라스(Tobin Brass) : 6.4황동에 Sn(0.7~2.5%), 소량의 Pb, Al, Fe 첨가

31 강의 조직을 개선 또는 연화시키는 풀림의 종류에 해당되지 않는 것은?

① 항온 풀림
② 구상화 풀림
③ 완전 풀림
④ 강화 풀림

해설

풀림의 종류
- 저온 풀림
- 완전 풀림
- 구상화 풀림
- 항온 풀림
- 연화 풀림

암기짱 ▶▶ 저. 완.구.는 항.연.이 것이다.

32 일반 고장력강을 용접할 때 주의사항으로 틀린 것은?

① 용접봉은 용접작업성이 좋은 고산화티탄계 용접봉을 사용한다.
② 용접 개시 전에 이음부 내부 또는 용접할 부분에 청소를 한다.
③ 아크 길이는 가능한 한 짧게 한다.
④ 위빙 폭은 크게 하지 않는다.

정답 29 ③ 30 ③ 31 ④ 32 ①

> 해설

일반 고장력강 용접 시 주의사항
- 용접 시작 전에 이음부 내부 또는 용접할 부분을 깨끗이 청소한다.
- 아크 길이는 가능한 짧게 하고 위빙 폭은 크게 하지 말 것
- 저수소계 용접봉을 사용하며 300~350°C에서 1~2시간 건조한 용접봉을 사용한다.
- 엔드탭 등을 사용한다.

33 알루미늄이나 그 합금은 용접성이 대체로 불량한데, 그 이유에 해당되지 않는 것은?

① 비열과 열전도도가 대단히 커서 단시간 내에 용융 온도까지 이르기가 힘들기 때문이다.
② 용접 후의 변형이 크며 균열이 생기기 쉽기 때문이다.
③ 용융점이 660°C로서 낮은 편이고, 색채에 따라 가열 온도의 판정이 곤란하여 지나치게 용융되기 쉽기 때문이다.
④ 용융응고 시에 수소가스를 배출하여 기공이 발생되기 어렵기 때문이다.

> 해설

알루미늄이나 알루미늄 합금이 용접성이 불량한 이유
- 용융응고 시에 수소가스를 흡수하여 기공 발생이 쉽다.
- 비열과 열전도도가 대단히 커서 단시간 내에 용융온도까지 이르기가 힘들기 때문이다.
- 용접 후 변형이 크며 균열이 생기기 쉽기 때문이다.
- 용융점이 660°C로서 낮은 편이고 색채에 따라 가열온도의 판정이 곤란하여 지나치게 용융되기 쉽기 때문이다.
- 강에 비해 팽창 계수가 약 2배, 응고수축이 1.5배 크다.

34 오스테나이트 온도로 가열 유지시킨 후 절삭유 또는 연삭유의 수용액 등에 담금질하여 미세 펄라이트 조직을 얻는 방법으로 200°C 이하에서 공랭하는 것은?

① 슬래그 담금질
② 시간 담금질
③ 분사 담금질
④ 프레스 담금질

> 해설

슬래그 담금질
오스테나이트 온도로 가열 유지시킨 후 절삭유 또는 연삭유의 수용액 등에 담금질하여 미세 펄라이트 조직을 얻는 방법으로 200°C 이하에서 공랭하는 것

35 마그네슘과 그 합금 중 Mg-Al-Zn계 합금의 대표적인 것은?

① 도우메탈
② 일렉트론
③ 하이드로날륨
④ 라우탈

> 해설

- 일렉트론(Electron) : Al 5~6% + Zn 2~4% (알/아/일렉)
- 도우 메탈(Dow Metal) : Mg + Al (마/알/도우)
- 하이드로날륨(Hydronalium) : Al + Mg (알/마/하)
- 두랄루민(Duralumin) : Al + Cu + Mg + Mn (알/구/마/망/두)
- Y합금 : Al + Cu + Mg + Ni (알/구/마/니/와)
- 로엑스(Lo-ex) : Al + Cu + Mg + Ni + Si (알/구/마/니/시/로)
- 알드레이(Aldrey) : Al + Mg + Si (알/마/시/알)

36 Ni 35~36%, Mn 0.4%, C 0.1~0.3%의 Fe의 합금으로 길이표준용 기구나 시계의 추 등에 쓰이는 불변강은?

① 플래티나이트(Platinite)
② 코엘린바(Coelinvar)
③ 인바(Invar)
④ 스텔라이트(Stellite)

> 해설

불변강의 종류
인바, 엘린바, 플래티나이트, 퍼멀로이

1. 인바(Ni 36%)
   - 팽창 계수가 작다.
   - 표준척, 열전쌍, 시계 등에 사용

2. 엘린바(Ni 36%, Cr 12%)
   - 상온에서 탄성률이 변하지 않음
   - 정밀 계측기, 시계 스프링

정답 33 ④ 34 ① 35 ② 36 ③

3. 플래티나이트(Ni 10~16%)
- 유리 백금선 대용
- 전구, 진공관 유리의 봉입선 등

4. 퍼멀로이(Ni 75~80%)
- 고 투자율 합금
- 해저 전선의 장하 코일용

37 제강할 때 편석을 일으키기 쉬우며, 함유량이 0.25%로 되면 연신율이 감소되고, 결정립이 조대하게 되어서 강을 메지게 하여 상온취성의 원인이 되는 성분은?

① 인 ② 망간
③ 황 ④ 수소

[해설]
- 황(S) : 적열취성, 900℃ 이상에서 빨갛게 메진다.
- 인(P) : 상온취성
- 냉간취성 : 충격, 피로 등에 의해 깨지는 성질
- 청열취성 : 강을 200~300℃로 가열하면 강도, 경도가 최대, 연신율 단명 수축율 감소 메지게 된다.

[암기팁] ▶ 황.건.적.은 인.상.파.다

38 마텐자이트계 스테인리스강에 관한 사항 중 관련이 없는 것은?

① Cr 18%-Ni 8%의 18-8 스테인리스강이 대표적이다.
② 950~1,020℃에서 담금질하여 마텐자이트 조직으로 한 것이다.
③ 인성을 요할 때 550~650℃에서 뜨임하여 솔바이트 조직으로 한다.
④ 550℃ 이상에서는 강도 및 경도가 급감하고 연성이 증가한다.

[해설]
마텐자이트 스테인리스강
- 13 Cr을 담금질하여 얻는다.
- 18 Cr보다 강도가 높다.
- 용접성은 나쁘다. (불량)
- 자성체이다.
- 950~1,200℃에서 담금질하여 마텐자이트 조직으로 된 것
- 인성을 요할 때 550~650℃에서 뜨임하여 솔바이트 조직이다.
- 550℃ 이상에서 강도, 경도가 급감하고 연성이 증가한다.

39 내마모성의 표면처리법으로 시안화소다, 시안화칼륨을 주성분으로 한 염(salt)을 사용하여 침탄온도 750~900℃에서 30분~1시간 침탄시키는 방법은?

① 액체 침탄법 ② 고체 침탄법
③ 가스 침탄법 ④ 기체 침탄법

[해설]
시안화소다, 시안화칼륨을 주성분으로 한 염을 사용하여 침탄온도 750~900℃에서 30분~1시간 침탄시키는 방법은 액체 침탄법이다.

40 탄소강에서 탄소량에 따른 물리적 성질에 대한 설명 중 틀린 것은?

① 탄소량 증가와 더불어 비중이 증가한다.
② 탄소량 증가와 더불어 열팽창계수는 감소한다.
③ 탄소량 증가와 더불어 열전도율이 감소한다.
④ 탄소량 증가와 더불어 전기저항은 증가한다.

[해설]
탄소량 증가 시
- 열팽창 계수 감소
- 열전도율 감소
- 비중, 인성 감소
- 연신율 감소
- 전기저항 증가
- 인장강도, 경도 증가

41 주철 용접 시의 예열 및 후열 온도의 범위는 몇 ℃ 정도가 가장 적당한가?

① 500~600℃   ② 700~800℃
③ 300~350℃   ④ 400~450℃

해설

주철 용접 시 예열 및 후열의 온도 범위
모재 전체를 500~600℃ 온도에서 예열 및 후열 설비가 필요하다.

42 유황은 철과 화합하여 황화철(FeS)을 만들어 열간가공성을 해치며 적열취성을 일으킨다. 이와 같은 단점을 제거하기 위해서 일반적으로 많이 사용되는 원소는?

① Mn(망간)   ② Cu(구리)
③ Ni(니켈)   ④ Si(규소)

해설

합금 원소의 영향
- Mn+S ↔ MnS, Mn(망간)은 적열취성 방지
- Mo(몰리브덴)은 뜨임취성 방지
- Cr(크롬)은 내식 내마모성 증가
- Ni(니켈)은 인성 증가, 저온 충격 저항 증가
- Si(규소, 실리콘)는 전자기적 특성 개선

43 용접부에 생기는 잔류응력 제거법이 아닌 것은?

① 노 내 풀림법   ② 국부 풀림법
③ 기계적 응력 풀림법   ④ 역변형 풀림법

해설

잔류응력 제거법
- 노 내 풀림법(Furnace Stress Relief) : 제품 전체를 노 안에 넣고 적당한 온도에서 일정시간 유지 후 노 안에서 서랭한다.
- 국부 풀림법(Local Stress Relief) : 용접한 부분만 국부 풀림이 필요한 경우, 용접선 좌우 양측을 각각 250mm 범위 또는 판두께 12배 이상을 가열하여 필요시간을 유지 후 서랭한다. 이 경우 국부 부풀림은 온도를 불균일하게 하고 또 다른 잔류응력이 발생할 수도 있으므로 주의한다.
- 기계적 응력 완화법(Mechanical Stress Relief) : 잔류응력이 있는 제품에 하중을 가해 용접부에 필요한 소성변형을 준 후 하중을 제거하는 법
- 저온 응력 완화법(Low Temperature Stress Relief) : GAS 불꽃으로 60~130mm를 150~200℃ 낮은 온도로 가열 후 곧 수랭 처리하는 방법. 용접선 방향에 잔류응력 완화가 필요할 경우 사용
- 피닝법 : 끝이 둥근 특수한 해머로 용접부를 연속 타격하며 용접부에 소성변형을 줌으로써 인장응력이 완화된다. 첫 층 용접 균열 방지 목적으로 700℃ 정도에서 열간 피닝을 한다.

44 용접부 시험방법에서 야금학적 방법에 해당하는 것은?

① 피로시험   ② 부식시험
③ 파면시험   ④ 충격시험

해설

1. 야금학적 시험(=금속학적 시험)
   ㉠ 파면시험(=파면 육안 조직 시험) : 눈으로 관찰하는 시험으로 슬래그 섞임, 선상조직, 은점, 결정의 조밀적 층수, 터짐, 기공을 조사한다.
   ㉡ 현미경 조직시험 : 시편을 연마 후 고배율 현미경을 사용하여 미소 결함을 관찰한다.
      - 철강, 주철용 : 5% 초산이나 피크린산 알콜용액
      - 탄화철용 : 피크린산 가소성소다 용액
      - 동 및 동 합금 : 염화 제 2철 용액
      - Al, Al 합금 : HF(불화수소) 용액
   ㉢ 매크로 조직시험 : 용접부를 연마나 연삭 후 매크로 매칭한 다음 육안 또는 확대경으로 검사한다.

2. 시험순서
   시편채취→ 마운팅→ 연마→ 부식→ 검사

3. 에칭액의 종류
   - 염산+물
   - 염산+황산+물
   - 초산+물

정답 41 ① 42 ① 43 ④ 44 ③

45 CO_2 가스 아크용접의 용접 결함 중 기공발생의 원인이 아닌 것은?

① CO_2 가스 유량이 부족하다.
② 노즐과 모재 간 거리가 지나치게 길다.
③ 전원 전압이 불안정하다.
④ 노즐에 스패터가 많이 부착되어 있다.

해설

CO_2 가스 아크용접의 기공발생 원인
- 노즐에 스패터가 많이 부착되어 있다.
- CO_2 가스 유량이 부족하다.
- 노즐과 모재 간 거리가 지나치게 길다.
- 질소(N_2)가 1% 이상 되면 용착 금속이 질화되고 메지게 되며 기포가 발생한다.
- 수분이 많아도 용착 금속에 은점이나 기포의 원인

46 비드를 쌓아 올리는 다층 용접법에 해당되지 않는 것은?

① 덧살 올림법 ② 전진 블록법
③ 캐스케이드법 ④ 스킵법

해설

다층 용접법
- 빌드 업 법(Build Up Sequence)
- 캐스케이드법(Cascade Sequence)
- 전진 블록법(Block Sequence)

47 용접변형의 교정방법에 해당되지 않는 것은?

① 점 가열법 ② 구속법
③ 가열 후 해머링법 ④ 롤러에 의한 법

해설

용접변형 교정방법
- 박판에 대한 점 수축법(가열법)
- 형재에 대한 직선 수축법
- 가열 후 해머링법
- 후판에 대한 가열 후 압력을 가한 후 수랭법
- 롤러에 의한 법
- 절단 정형 후 재용접하는 법
- 소성 변형시켜 교정하는 법
- 피닝법

48 라멜라 티어링(Lamellar Tearing) 균열을 감소하기 위한 가장 좋은 용접 설계는?

해설

라멜라 티어링은 용접 시 열 영향부가 고온가열 및 냉각에 의한 온도차로 수축과 팽창이 발생하여 용접 내부에 미세한 균열이 발생하는 현상이다.
필릿 용접에서 발생하기 쉽고 보기에서 ②번 그림이 그래도 균열 발생이 가장 적게 나온다.

49 지그와 고정구(Fixture)의 선택 기준에 대한 설명으로 틀린 것은?

① 구조물이나 부재의 위치를 결정하며, 고정과 분리가 쉬워야 한다.
② 구조물이나 부재의 지지, 고정시켜 줄 수 있는 크기와 강성이 있어야 한다.
③ 용접 변형을 촉진할 수 있는 구조이어야 한다.
④ 용접작업을 용이하게 할 수 있는 구조이어야 한다.

해설

용접 지그를 사용할 때 이점
- 대량생산이 가능
- 용접 제품이 변형하지 않는 구조 일 것
- 제품의 신뢰성과 작업능률 향상

정답 45 ③ 46 ④ 47 ② 48 ② 49 ③

50 용접이음 설계 시 일반적인 주의사항으로 틀린 것은?

① 가급적 능률이 좋은 아래보기 용접을 많이 할 수 있도록 할 것
② 용접작업에 지장을 주지 않도록 충분하나 공간을 갖도록 할 것
③ 필릿 용접은 될 수 있는 대로 피하고 맞대기 용접을 하도록 할 것
④ 용접이음부를 1개소에 집중되도록 설계할 것

해설

용접이음(구조물) 설계 시 주의사항
- 용접 길이는 짧게, 용착량도 최소로 할 것.
- 후판 용접 시 용접 층수를 가능한 적게 용접봉은 저수소계(E4316) 용접봉과 같은 고장력강용접봉으로 한다.
- 아래보기 용접을 많이 한다.
- 용접 이음은 집중 접근 및 교차를 피한다.
- 필릿 용접은 되도록 피하고 맞대기 용접을 한다.
- 맞대기용접은 뒷면(이면) 용접을 하여 용입 부족이 없도록 한다.
- 용접 금속은 가능한 다듬질 부분에 포함되지 않게 주의한다.
- 용접성, 노치인성이 우수한 재료를 선택하여 시공하기 쉽게 설계한다.
- 용접선은 될 수 있는 한 교차하지 않도록 한다.

51 용접부의 검사에서 초음파 탐상시험 방법에 속하지 않는 것은?

① 공진법   ② 투과법
③ 펄스반사법   ④ 맥진법

해설

1. 초음파 검사(UT, Ultrasonic Test) : 인간의 가청 주파수(0.5~15MHz)를 검사물 내부에 침투시킴으로써 내부 결함이나 불균일층 유무를 알 수 있다.
2. 종류
   - 공진법
   - 투과법
   - 펄스반사법

52 용접부의 천이온도에 관한 설명으로 옳은 것은?

① 천이온도가 높으면 기계적 성질이 좋아진다.
② 용착 금속부, 열영향부, 모재부에서의 천이온도는 각각 같다.
③ 재료가 연성파괴에서 취성파괴로 변화하는 온도범위를 말한다.
④ 최고 가열온도 100~200℃ 부분에서 천이온도가 가장 높다.

해설

천이온도
연상 파괴에서 취성 파괴로 변화되는 온도

53 용접용 로봇을 동작기능을 나타내는 좌표계의 종류로 구분할 때 해당되지 않는 것은?

① 원통 좌표 로봇(cylindrical robot)
② 평행 좌표 로봇(parallel coordinate robot)
③ 극좌표 로봇(polar coordinate robot)
④ 관절 좌표 로봇(articulated robot)

해설

용접용 로봇의 동작기능을 나타내는 좌표계의 종류
- 원통 좌표 로봇
- 극좌표 로봇
- 관절 좌표 로봇

54 다음 그림과 같이 강판의 두께 25mm, 인장하중 10,000kgf를 작용시켜 겹치기 용접 이음을 한다. 용접부 허용응력을 7kgf/mm²이라 할 때 필요한 용접 길이는?(단, 두 장의 판 두께는 동일함)

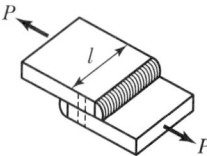

① 57.14mm   ② 42.3mm
③ 45.6mm   ④ 50.5mm

정답 50 ④ 51 ④ 52 ③ 53 ② 54 ①

[해설]

허용응력 = $\dfrac{w}{tI}$

$I = \dfrac{10,000}{7 \times 25} = 57.14$

55 200개들이 상자가 15개 있다. 각 상자로부터 제품을 랜덤하게 10개씩 샘플링할 경우, 이러한 샘플링 방법을 무엇이라 하는가?

① 계통 샘플링　　② 취락 샘플링
③ 층별 샘플링　　④ 2단계 샘플링

[해설]

- **계통 샘플링** : 로트의 이동 중에 모집단으로부터 시간적 양적 또는 공간적으로 일정한 간격으로부터 시료를 채취하는 방법이다. 이때 주의할 점은 품질이나 공정에 주기적인 연동이 있을 때는 사용을 금해야 한다.
- **취락 샘플링**(집락 샘플링) : 여러 개 집단으로 모집단을 나누고 이 중에 몇 개를 무작위로 선택한 후 선택된 집단 전체를 검사하는 방법
- **층별 샘플링** : 모집단을 몇 개의 층으로 나눌 수 있을 때 각 층별로 샘플링하는 것이 좋을 때, 각각의 층에 포함한 품목수에 따라서 시료 크기를 비례 배분하여 추출하는 방법
- **2단계 샘플링** : 모집단을 몇 개 부분으로 나누어 1단계로 그 것들 중 몇 개를 취출하고, 2단계로 그 부분 중 몇 개를 단위체 또는 단위량을 취출하는 방법

56 다음 중 신제품에 대한 수요예측방법으로 가장 적절한 것은?

① 시장조사법　　② 이동평균법
③ 지수평활법　　④ 최소자승법

[해설]

시장조사법
신제품에 대하여 수요예측방법으로 시장조사법이 가장 적합한 방법이다.
수효 예측 결과는 양호하지만 시간과 비용이 많이 드는 단점이 있다.

57 다음 중 사내표준을 작성할 때 갖추어야 할 요건으로 옳지 않은 것은?

① 내용이 구체적이고 주관적일 것
② 장기적 방침 및 체계하에서 추진할 것
③ 작업표준에는 수단 및 행동을 직접 제시할 것
④ 당사자에게 의견을 말하는 기회를 부여하는 절차로 정할 것

[해설]

사내표준 작성 시 조건
- 내용이 구체적이고 객관적일 것
- 당사자에게 의견을 말하는 기회를 주어지는 절차로 정할 것
- 작업표준에는 수단 및 행동을 직접 제시할 것
- 장기적 방침 및 체계 하에서 추진할 것
- 실행 가능성이 있는 내용일 것
- 기여치가 큰 것부터 중점적으로 할 것
- 가장 적당할 때 개정 향상시킬 것
- 직관적으로 보기 쉬운 표현으로 작성할 것
- 상호 모순이나 다른 표준과 조화를 이룰 것

58 $\bar{x}$ 관리도에서 관리상한이 22.15, 관리하한이 6.85, $\bar{R} = 7.5$일 때 시료군의 크기(n)는 얼마인가?

- $n = 2$일 때 $A_2 = 1.88$
- $n = 3$일 때 $A_2 = 1.02$
- $n = 4$일 때 $A_2 = 0.73$
- $n = 5$일 때 $A_2 = 0.58$

① 2　　② 3
③ 4　　④ 5

[해설]

- 관리상한 UCL = $\bar{x} + A_2 R$ ············ Ⓐ
- 관리하한 LCL = $\bar{x} - A_2 R$ ············ Ⓑ

Ⓐ - Ⓑ 하면 UCL - LCL = $2A_2 R$
　　　　　　22.15 - 6.85 = $2 \times A_2 \times 7.5$
　　　　　　15.3 = $15 A_2$
　　　　　　$A_2 = \dfrac{15.3}{15} = 1.02$

주어진 조건이 $n = 3$일 때 A_2는 1.02이므로 정답은 $n = 3$이다.

정답　55 ③　56 ①　57 ①　58 ②

59 ASME(American Society of Mechanical Engineers)에서 정의하고 있는 제품공정 분석표에 사용되는 기호 중 "저장(Storage)"을 표현한 것은?

① ○   ② D
③ □   ④ ▽

> 해설
- ①번 그림 : 가공
- ②번 그림 : 정체
- ③번 그림 : 검사
- ④번 그림 : 저장

60 어떤 측정법으로 동일 시료를 무한횟수 측정하였을 때 데이터 분포의 평균치와 모집단 참값과의 차를 무엇이라 하는가?

① 편차   ② 신뢰성
③ 정확성   ④ 정밀도

> 해설
정확성 혹은 치우침이란 어떤 측정법으로 동일 시료를 무한횟수 측정할 때 데이터 분포의 평균치와 모집단 참값과의 차이다.

정답 59 ④ 60 ③

2010년 제47회(3.8)

01 가스용접에서 공급압력이 낮거나 팁이 과열되었을 때 산소가 아세틸렌 쪽으로 흡입되는 것을 무엇이라고 하는가?

① 역류   ② 역화
③ 인화   ④ 폭발

해설

1. **역류(Contra Flow)** : 산소압력을 아세틸렌가스 압력보다 높을 때 토치 내부 청소 불량이나 토치 팁 끝이 막혔을 때, 높은 압력 산소가 정상적으로 흐르지 못하고 산소보다 압력이 낮은 C_2H_2호스 쪽으로 흘러 폭발 위험성이 있는 현상
   ㉠ 원인
   - C_2H_2공급량 부족
   - 산소 압력 과다
   - 팁 청소 불량
   ㉡ 대책
   - 팁 끝을 깨끗이 청소
   - 역류 발생 시 먼저 산소 차단 후 아세틸렌을 차단한다.

2. **역화(Back Fire)** : 가스용접 작업 시 팁 끝이 모재에 닿는 순간 팁 끝이 막히거나 팁 끝의 과열이나 조임 불량 및 압력이 적당하지 않을 때 "빵빵" 소리가 나면서 꺼졌다가 다시 나타났다가 하는 현상
   ㉠ 대책
   - 아세틸렌을 차단 후 산소를 차단할 것
   - 팁을 물에 담갔다 냉각시키면 방지

3. **인화(Flash Back, Back Fire)** : 팁 끝이 순간적으로 막혀 가스가 분출되지 못하고 불꽃이 토치의 가스 혼합실까지 들어오는 현상. 역류나 역화에 비해 매우 위험하다.
   ㉠ 대책
   - 가스유량을 적당하게 조정한다.
   - 팁을 항상 깨끗이 청소할 것
   - 토치 및 기구 등을 평소에 점검한다.
   - 인화 발생 시 아세틸렌 차단 후 산소 차단

02 수동 가스 절단기 토치의 종류 중 작은 곡선 등의 절단은 어려우나, 직선 절단에 있어서는 능률적이고 절단면이 깨끗한 절단토치의 팁 모양은?

① 동심(同心)형   ② 동심(同心) 구멍형
③ 이심(異心) 타원형   ④ 이심(異心)형

해설

1. **이심형(독일식) 토치**
   - 토치에서 고압산소와 예열용 불꽃이 서로 다른 장소에서 분출된다.
   - 짧은 곡선 절단은 곤란하고 곧고 긴 직선 절단에 유리
   - 팁의 능력은 팁이 용접할 수 있는 판 두께(강판 1mm 두께에 1번 팁, 2mm 두께는 2번 팁)

2. **동심형(프랑스) 토치**
   - 토치에서 고압산소와 예열용 불꽃이 같은 장소에서 분출된다.
   - 작은 곡선 절단 등 자유롭게 절단이 가능하다.
   - 팁의 능력은 1시간 동안 표준불꽃(중성불꽃)으로 용접 시 아세틸렌 소비량으로 나타낸다.(팁 100번 : 시간당 아세틸렌 소비량 $100l$, 팁 200번 : 시간당 아세틸렌 소비량 $200l$)

03 일반적으로 용접기에 대한 사용률(duty cycle)을 계산하는 식으로 맞는 것은?

① 사용률(%) = $\dfrac{\text{아크발생시간}}{\text{아크발생시간} + \text{휴식시간}} \times 100$

② 사용률(%) = $\dfrac{\text{휴식시간}}{\text{아크발생시간} + \text{휴식시간}} \times 100$

③ 사용률(%) = $\dfrac{\text{아크발생시간}}{\text{아크발생시간} - \text{휴식시간}} \times 100$

④ 사용률(%) = $\dfrac{\text{아크발생시간}}{\text{아크발생시간} \times \text{휴식시간}} \times 100$

정답 01 ①   02 ④   03 ①

해설

용접기 사용률
- 높은 전류 값으로 용접 작업을 계속하면 용접기가 손상되는 것을 방지하기 위해 사용률을 정하고 있다. 피복아크 용접기는 사용률 40% 자동용접기는 100%
- 사용률 40%란 10분 중에서 4분은 용접 작업을 수행했고 6분은 휴식을 취했다는 의미이다.
- 사용률(%) = 아크발생시간/(아크발생시간+휴식시간) × 100

04 교류 아크용접기의 부속장치인 핫 스타트장치에 대한 설명으로 틀린 것은?

① 아크 발생을 쉽게 한다.
② 기공 발생을 방지한다.
③ 비드 모양을 개선한다.
④ 아크 발생 초기에만 용접전류를 낮게 한다.

해설

1. 교류 용접기 부속장치인 핫 스타트 : 아크 발생 초기에만 용접전류를 특별히 크게 하는 장치이다.(이유는 초기에는 모재와 용접봉이 냉각되어 있어 아크가 불안정하기 때문이다.)
2. 핫 스타트 장치의 장점
   - 아크 발생 초기의 비드 용입을 좋게 한다.
   - 아크 발생을 쉽게 해 준다.
   - 비드 모양이 개선된다.
   - 시작점의 기공 발생 결함을 방지한다.

05 KS에 규정된 연강 아크용접에 사용하는 용접봉 심선의 화학성분에 해당되지 않는 것은?

① 규소   ② 니켈
③ 구리   ④ 인

해설

용접봉 심선의 화학성분
연강용 아크용접봉 심선 화학성분(KSD3508)에 의하면 C(탄소), P(인), S(황), Si(규소), Mn(망간), Cu(구리)

06 가스가우징 작업에서 홈의 깊이와 폭의 일반적인 비율로 가장 적절한 것은?

① 1 : 2~1 : 3   ② 1 : 4~1 : 5
③ 1 : 6~1 : 7   ④ 1 : 1

해설

가스가우징 작업에서 홈의 깊이와 폭의 일반적 비율은 1 : 2~1 : 3 정도로 스카핑에 비해 너비가 좁은 홈을 가공한다.

07 피복 금속 아크용접에서 아크 쏠림(arc blow)이 발생할 때 그 방지법으로 가장 적합한 사항은?

① 접지점을 될 수 있는 대로 용접부에서 가까이 할 것
② 용접봉 끝을 아크 쏠림 같은 방향으로 기울일 것
③ 교류용접기로 용접을 할 것
④ 가급적 긴 아크를 사용할 것

해설

1. 아크 쏠림(자기 불림, magnetic blow) : 직류 용접을 할 때 용접 중 아크가 용접봉 방향에서 한 쪽으로 쏠리는 현상
2. 방지 대책
   - 접지점을 용접부보다 멀리할 것
   - 용접봉 끝을 아크 쏠림 방향과 반대로 기울일 것
   - 교류용접기로 용접할 것
   - 가급적 아크 길이를 짧게 유지한다.
   - 긴 용접 작업 시 후퇴법으로 용접할 것
   - 용접부 시, 종단에는 엔드 탭을 설치한다.

08 플라스마 절단방법에 대한 설명으로 틀린 것은?

① 텅스텐 전극과 모재 사이에서 아크 플라스마를 발생시키는 것을 이행형 아크 절단이라 한다.
② 플라스마 절단방식은 이행형 아크 절단과 비이행형 아크 절단으로 분류된다.
③ 플라스마 제트 절단법을 이용하여 알루미늄, 구리, 스테인리스강 및 내화물 재료를 절단할 수 있다.
④ 이행형 아크 절단은 특수한 TIG절단토치를 사용하여 만들어지는 아크와 고속의 가스기류에서 얻어지는 플라스마 제트를 이용한 절단으로서 교류전원을 사용한다.

정답 04 ④ 05 ② 06 ① 07 ③ 08 ④

> [해설]

1. 플라스마(Plasma) : 기체를 수천 도의 높은 온도로 가열해서 그 속의 가스 원자가 원자핵과 전자로 분리되며 양(+)이온인 원자핵과 음(-)이온인 전자로 분리된 상태

2. 플라스마 절단방법
   - 플라스마 제트 절단법을 이용하여 알루미늄, 구리, 스테인리스강 및 내화물 재료를 절단할 수 있다.
   - 플라스마 절단 방식은 이행형 아크 절단과 비이행형 아크 절단으로 분류된다.
   - 텅스텐 전극과 모재 사이에서 아크 플라스마를 발생시키는 것을 이행형 아크 절단이라 한다.

09 다음 보기는 어떤 용접봉의 특성을 나타낸 것인가?

> - 주성분은 유기물을 약 30% 정도 포함한다.
> - 가스실드계로 환원가스분위기에서 용접한다.
> - 보관 중 습기에 유의한다.
> - 비드 표면이 거칠고 스패터의 발생이 많다.

① 일미나이트계
② 라임티타니아계
③ 고셀룰로오스계
④ 저수소계

> [해설]

고셀룰로오스계(E4311)
- 셀룰로오스(유기물)가 20~30%
- 가스실드계로 환원가스 분위기에서 용접한다.
- 비드 표면이 거칠고 스패터의 발생이 많다.
- 보관 중 습기에 주의한다.(기공 발생 우려)
- Slag가 적으므로 위보기, 수직 상하진 용접 시 작업성 우수

10 부하전류가 증가하면 단자전압이 저하하는 특성으로서 피복 아크용접에서 필요한 전원 특성은?

① 정전압 특성   ② 수하 특성
③ 부저항 특성   ④ 상승 특성

> [해설]

- **수하 특성(Drooping Characteristic)** : 부하 전류가 증가하면 단자 전압이 저하하는 특성으로 아크를 안정하게 유지시키는 특성이다.
- **정전압 특성(Constant Voltage Characteristic)** : 부하 전류가 변해도 단자 전압이 거의 변화하지 않는 특성, CP특성
- **부 특성(부저항 특성)** : 작은 범위로 전류가 증가하면 아크 저항이 작아져 아크 전압이 낮아지는 특성. 옴의 법칙(Ohm's Law)과 다르다.
- **상승 특성(Rising Characteristic)(=동전류 특성)** : 전류 증가에 따라서 전압이 약간 높아지는 특성

11 $5,000l$의 액체 산소는 가스로 환산하면 $6,000l$의 산소병 몇 병을 충전할 수 있는가?(단, $1l$의 액체산소는 35℃ 대기압에서 $0.9m^3$의 기체 산소가스로 환원된다.)

① 100병   ② 350병
③ 550병   ④ 750병

> [해설]

충전병 $= \dfrac{5,000l \times 900l}{6,000l/병} = 750$병

※ $0.9m^3 = 900l$

12 교류 아크용접기와 직류 아크용접기의 비교에 대한 설명 중 틀린 것은?

① 발전형 직류 아크용접기는 직류발전기이므로 완전한 직류전원이 얻어진다.
② 발전형 직류 아크용접기는 회전부에 고장이 나기 쉽고, 소음이 많다.
③ 직류 아크용접기는 극성 변화가 불가능하다.
④ 무부하 전압은 직류 용접기가 교류 용접기보다 약간 낮다.

정답 09 ③ 10 ② 11 ④ 12 ③

해설

직류 아크 용접기와 교류 아크 용접기 비교

구분	직류	교류
극성 변화	+, − 변환 가능	+, − 변환 불가능
전격 위험	적음	많음
고장	많음	적음
자기쏠림	있음	없음
소음	발전형 : 큼 정류형 : 조용	조용
가격	고가	저가
무부하전압	낮음(40~60V)	높음(70~80V)
아크 안정성	우수	약간 불안
비피복봉	가능	불가능
역률	우수	약간 떨어짐

13 가스 절단에서 드래그에 관한 설명 중 틀린 것은?

① 절단면에 일정한 간격의 곡선이 진행방향으로 나타난 것을 드래그 라인이라 한다.
② 표준드래그의 길이는 보통 판 두께의 40% 정도이다.
③ 절단면 밑단부가 남지 않을 정도의 드래그를 표준드래그 길이라고 한다.
④ 하나의 드래그 라인의 시작점에서 끝점까지의 수평거리를 드래그라 한다.

해설

드래그(Drag)
- 가스 절단 가공에서 절단재 표면(절단가스 입구)과 절단재 이면(절단가스 출구) 사이의 수평거리를 말한다.
- 절단면에 일정한 간격의 곡선이 진행방향으로 나타난 것을 드래그 라인(drag line)이라 한다.
- 표준 드래그 길이는 보통 판 두께의 20% 정도
- 절단면 말단부가 남지 않을 정도의 드래그를 표준 드래그 길이라고 한다.

14 아세틸렌에 관한 설명으로 틀린 것은?

① $1m^3$의 아세틸렌은 23,400kcal의 발열량을 낸다.
② 공기보다 가볍다.
③ 각종 액체에 잘 용해되며 아세톤에서 25배가 용해된다.
④ 카바이드와 물의 화학작용으로 발생한다.

해설

아세틸렌 가스 성질
- $1m^3$의 아세틸렌은 12,600kcal의 발열량을 낸다.
- 공기보다 가볍다.(비중 0.906)
- 각종 액체에 잘 용해되며 아세톤에는 25배가 용해된다.
  (물 : 1배, 석유 : 2배, 벤젠 : 4배, 알콜 : 6배, 아세톤 : 25배 / 단, 소금물에는 용해되지 않는다.)

암기팁 ➡ 물 1. 석 2. 벤 4. 알 6. 아 25.

- 카바이트와 물의 화학작용으로 발생한다.
  $CaCO_2 + 2H_2O \rightarrow C_2H_2 + Ca(OH)_2 + 31,872kcal$

15 피복 아크용접에서 아크 전압이 20[V], 아크 전류가 150[A], 용접속도가 15[cm/min]인 경우 용접 단위 길이[cm]당 발생되는 용접 입열은?

① 10,000[J/cm] ② 12,000[J/cm]
③ 14,000[J/cm] ④ 16,000[J/cm]

해설

용접 입열(weld heat input) : 용접부의 외부에서 가해지는 열량

$$H = \frac{60 \cdot E \cdot I}{V} = \frac{60 \times 20 \times 150}{15} = 12,000$$

16 서브머지드 아크용접의 용접용 용제 중 합금제 및 탈산제의 손실이 거의 없기 때문에 용융금속의 탈산작용 및 조직의 미세화가 비교적 용이하지만 흡습의 단점을 가진 것은?

① 소결형 용제 ② 용융형 용제
③ 산성형 용제 ④ 알칼리형 용제

정답   13 ②   14 ①   15 ②   16 ①

> 해설

- 서브머지드 아크용접 원리는 모재 이음 표면에 입상의 용제를 공급관을 통해 공급하고 용제 속에 연속으로 전극 와이어를 용융시켜 용접부를 대기로부터 보호하는 용접으로 아크가 외부로 보이지 않으므로 잠호 용접, 유니언멜트 용접, 링컨 용접, 불가시 용접으로 부른다.
- 서브머지드 아크용접의 용접용 용제 중 합금제 및 탈산제(페로망간, 페로실리콘)의 손실이 거의 없기 때문에 용융금속의 탈산 작용 및 조직의 미세화가 비교적 용이한 용제가 소결형 용제이며 흡습의 단점이 있다.

17 논 가스 아크용접의 설명으로 틀린 것은?

① 보호 가스나 용제를 필요로 하지 않는다.
② 용접장치가 간단하며 운반이 편리하다.
③ 용접 길이가 긴 용접물에 아크를 중단하지 않고 연속 용접을 할 수 있다.
④ 용접전원으로는 교류만 사용할 수 있고 위보기자세의 용접은 불가능하다.

> 해설

논 가스 아크용접의 특징
- 용접 전원으로는 교류 직류 모두 가능하며, 전자세 용접이 가능하다.
- 보호가스나 용제를 필요로 하지 않는다.
- 용접장치가 간단하고 운반이 편리하다.
- 아크 길이가 긴 용접물에 아크를 중단하지 않고 연속 용접을 할 수 있다.
- 바람부는 옥외에서도 사용가능
- 슬래그(Slag) 박리성이 우수하고 용접비드가 아름답다.
- 와이어(Wire) 가격이 고가이다.
- 아크(Arc) 빛이 강해 보호가스 발생이 많아 용접선이 잘 보이지 않는다.
- 기계적 성질이 조금 떨어진다.

18 용접장치의 기본형이 고체 금속형, 가스 방전형, 반도체형 등으로 구별되는 용접법은?

① 레이저 용접법 ② 플라스마 아크용접법
③ 초음파 용접법 ④ 폭발 압접법

> 해설

레이저 빔 용접(LBW, Laser Beam Welding)
- 레이저에서 얻어진 강렬한 단색 광선으로 강한 에너지를 가진 단색광선 출력을 이용한 용접법
- 용접 장치의 기본형이 고체 금속형, 가스 방전형, 반도체형 등으로 구분한다.

19 땜납의 구비조건에 해당되지 않는 것은?

① 모재보다 용융점이 낮고, 접합강도가 우수해야 한다.
② 유동성이 좋고 금속과의 친화력이 없어야 한다.
③ 표면장력이 적어 모재의 표면에 잘 퍼져야 한다.
④ 강인성, 내식성, 내마멸성, 화학적 성질 등이 사용목적에 적합해야 한다.

> 해설

땜납의 구비조건
- 유동성이 좋고 금속과의 친화력이 있어야 한다.
- 모재보다 용융점이 낮고, 접합 강도가 우수할 것
- 표면 장력이 적어 모재의 표면에 잘 퍼져야 한다.
- 강인성, 내식성, 내마멸성, 화학적 성질 등이 사용목적에 적합해야 한다.

20 안전·보건 표지의 색채에서 녹색의 용도는?

① 금지 ② 지시
③ 안내 ④ 경고

> 해설

안전, 보건 표지
- 녹색 : 안전, 안내, 진행, 유도, 피난
- 청색 : 지시, 조심
- 황색 : 주의, 조심
- 적색 : 금지, 경고, 방화
- 백색 : 통로, 정지
- 흑색 : 다른 색에 대한 보조용
- 보라색 : 방사능 표시

정답 17 ④ 18 ① 19 ② 20 ③

21 TIG 용접 시 청정작용효과가 가장 우수한 경우로 옳은 것은?

① 직류 정극성, 사용가스는 He
② 직류 역극성, 사용가스는 He
③ 직류 정극성, 사용가스는 Ar
④ 직류 역극성, 사용가스는 Ar

해설
TIG 용접시 청정 효과가 가장 우수한 경우 : 직류 역극성(DCRP, DC reverse polarity)에서 아르곤 가스를 사용할 때 가스 이온이 모재 표면에서 충돌하면서 산화막을 제거, 파괴하는 청정작용(cleaning action)을 한다.

22 플래시 용접기를 속도제어 방식에 따라 분류할 때 해당되지 않는 것은?

① 광학식 플래시 용접기
② 수동식 플래시 용접기
③ 공기가압식 플래시 용접기
④ 유압식 플래시 용접기

해설
플래시 용접기 속도 제어 방식 분류
- 수동 플래시 용접기
- 전기식 플래시 용접기
- 공기 가압식 플래시 용접기
- 유압식 플래시 용접기

암기짱 ➡ 수.전.공.유.

※ 플래시 용접과정 : 예열→플래시→업셋

23 CO_2 용접에서 용접부에 가스를 잘 분출시켜 양호한 실드(shield) 작용을 하도록 하는 부품은?

① 토치바디(Torch Body)
② 노즐(Nozzle)
③ 가스 분출기(Gas Diffuse)
④ 인슐레이터(Insulator)

해설
노즐은 CO_2 용접에서 용접부에 가스를 잘 분출시켜 양호한 실드 작용을 하도록 하는 부품이다.

24 CO_2 가스 아크용접법에서 복합 와이어의 구조에 따른 종류가 아닌 것은?

① 아코스 와이어
② Y관상 와이어
③ V관상 와이어
④ NCG 와이어

해설
복합(용제가 들어있는) 와이어 구조
- 아코스(컴파운드) 와이어
- S 관상 와이어
- NCG(버나드) 와이어
- Y 관상 와이어

25 가스 절단 작업안전으로 맞지 않는 것은?

① 절단 진행 중에 시선은 절단면보다 가스용기에 집중시켜야 한다.
② 호스가 꼬여 있는지, 혹은 막혀 있는지 확인한다.
③ 호스가 용융금속이나 산화물의 비산으로 손상되지 않도록 한다.
④ 토치의 불꽃방향은 안전한 쪽을 향하도록 해야 하며 조심스럽게 다루어야 한다.

해설
가스 절단 작업안전
- 절단 진행 중에는 절단면에 시선을 집중시킬 것
- 호스가 용융금속이나 산화물의 비산으로 손상되지 않도록 할 것
- 토치의 불꽃방향은 안전한 쪽을 향하며 조심스럽게 취급할 것
- 호스가 꼬였는지, 막혔는지를 확인할 것
- 가스절단에 적합한 보호구 등을 착용할 것
- 절단부가 날카롭고 예리하므로 주의해서 상처를 입지 않도록 안전사고에 주의할 것

정답   21 ④   22 ①   23 ②   24 ③   25 ①

26 서브머지드 아크용접의 시작점과 끝나는 부분에 결함이 발생되므로 이것을 효과적으로 방지하고 회전변형의 발생을 막기 위해 용접선 양끝에 무엇을 설치하는가?

① 컴퍼지션 배킹   ② 멜트 배킹
③ 동판   ④ 엔드탭

해설
서브머지드 아크용접의 시작점과 끝나는 부분에 결함이 발생되므로 이것을 효과적으로 방지하고 회전 변형의 발생을 막기 위해 용접선 양끝에 설치하는 엔드탭을 사용하고 용접 후 다시 떼어낸다.

27 일렉트로 슬래그 용접작업에서 주로 사용하는 홈의 형상은?

① I형   ② V형
③ J형   ④ U형

해설
홈 형상은 일렉트로 슬래그 용접시 I형 그대로 주로 사용하므로 용접 홈 가공시 준비가 간단하다.

28 불활성가스 금속 아크용접의 특징이 아닌 것은?

① 전자동 또는 반자동식 용접기로 용접속도가 빠르다.
② 전류 밀도가 높아 3mm 이상의 두꺼운 판의 용접에 능률적이다.
③ 부저항 특성 또는 상승 특성이 있는 교류 용접기가 사용된다.
④ 아크 자기 제어 특성이 있다.

해설
불활성가스 금속 아크용접(MIG, GMAW) 특징
- 전원은 정전압 특성을 가진 직류 역극성에 직류 용접기가 사용된다.
- 전자동 용접기 또는 반자동식 용접기로 용접속도가 빠르다.
- 전류 밀도가 높아 3mm 이상의 두꺼운 판의 용접에 능률적이다.
- 아크 자기 제어 특성이 있다.
- 전극 자체가 녹으므로 소모식, 용극식이다.
- 바람의 영향을 받지 않도록 방풍 대책이 필요하다.
- 용적은 분무(스프레이)형으로 3mm 이상 후판에 사용되며 TIG 용접에 비해 능률이 크다.
- 전자세 용접이 가능하며 전류 밀도는 피복 아크용접의 6~8배, TIG 용접의 2배가 크다.

29 각 아크용접법과 관계있는 내용을 연결한 것 중 틀린 것은?

① 탄산가스 아크용접 – 용극식
② TIG 용접 – 소모전극식 가스실드 아크용접법
③ 서브머지드 아크용접 – 입상 플럭스
④ MAG 용접 – Ar+CO_2 혼합가스

해설
TIG(Tungsten Inert Gas)용접
- 비용극식, 비소모식
- 상품명 : 헬리 아크, 헬리 웰드, 아르곤 아크, 불활성가스 텅스텐 아크용접
- 직류 역극성(DCRP) 사용 시 청정작용(Cleaning Action)

30 주석계 화이트 메탈(white metal)의 주성분으로 맞는 것은?

① 주석, 알루미늄, 인
② 구리, 니켈, 주석
③ 납, 알루미늄, 주석
④ 구리, 안티몬, 주석

해설
주석계 화이트 메탈
- 안티몬(Sb 3~15%)
- 주석(Sn 75~90%)
- 구리(Cu 3~10%)

암기팁 ▶ 화이트 메탈은 안.주.구.

정답 26 ④ 27 ① 28 ③ 29 ② 30 ④

31 열처리하지 않아도 충분한 경도를 가지며 코발트를 주성분으로 한 것으로 단련이 불가능하므로 금형주조에 의해서 소정의 모양으로 만들어 사용하는 합금은?

① 고속도강 ② 스텔라이트
③ 화이트 메탈 ④ 합금 공구강

[해설]
- 스텔라이트(Stellite) : 텅스텐(W) – 크롬(Cr) – 코발트(Co) – 탄소(C)

  암기짬 ▶▶ '탱크 코에 탄 사람을 봐라'를 상상하세요.(텅.크.코.탄.)

- 고속도강(High Speed Steel) : 텅스텐(W) – 크롬(Cr) – 바나듐(V)

  암기짬 ▶▶ '고속도로 상에 갑자기 나타난 탱크를 봐라'를 상상하세요. (텅.크.바.)

※ 스텔라이트는 열처리 하지 않아도 충분한 경도를 가지며 코발트(Co)를 주성분으로 한 것으로 단련이 불가능하므로 금형 주조에 의해서 소정의 모양으로 만들어 사용하는 합금

32 알루미늄 합금의 종류 중 내열성, 연신율, 절삭성이 좋으나 고온취성이 크고 수축에 의한 균열 등의 결점이 있는 합금은?

① Al–CO계 합금 ② Al–Cu계 합금
③ Al–Zn계 합금 ④ Al–Pb계 합금

[해설]
- Al–Cu계 합금은 4.5% 구리 합금이 주조성도 좋으며 강도가 열처리에 의해서 현저하게 증가한다. 알루미늄 합금의 종류 중 내열성, 연신율, 절삭성이 좋으나 고온취성이 크고 수축에 의한 균열 등의 결점이 있는 합금
- 용도 : 스프링, 항공기 바퀴, 자동차 하우징

33 담금질할 때 생긴 내부응력을 제거하며 인성을 증가시키고 안정된 조직으로 변화시키는 열처리는?

① 뜨임 ② 표면경화
③ 불림 ④ 담금질

[해설]
- 담금(Quenching, 소입) : 강을 A_3 또는 A_1선 이상 30~50℃로 가열한 후 수냉 또는 유냉으로 급랭시켜 경도와 강도가 증가한다.
- 뜨임(Tempering, 소려) : 담금질 후 내부응력의 제거와 인성을 증가시키고 안정된 조직으로 변화시키는 열처리이다.
- 풀림(Annealing, 소둔) : 대질의 연화, 내부응력 제거 목적으로 노내에서 서랭한다.
- 불림(Normalizing, 소준) : 재질에 표준화하기 위한 목적으로 A_3 또는 A_{cm} 선 이상 30~60℃까지 가열 후 공랭하는 열처리이다.

34 강의 표면경화 방법이 아닌 것은?

① 침탄법 ② 질화법
③ 토머스법 ④ 화염경화법

[해설]
강의 표면경화법
1. 침탄법
   - 고체 침탄법 : 침탄제를 사용해서 탄소를 침투시켜 표면을 경화시키는 방법
   - 액체 침탄법 : C와 N이 동시에 소재 표면에 침투하여 표면을 경화시키는 방법
   - 가스 침탄법 : 메탄, 프로판을 이용한 침탄법

   암기짬 ▶▶ 고/액/가

2. 질화법
   - 액체 질화법
   - 연 질화법
   - 가스 질화법

   암기짬 ▶▶ 액/연/가

3. 화염 경화법
4. 도금법
5. 방전 경화법
6. 금속 침투법
7. 고주파 경화법
8. 쇼트피닝(Short Peening)

35 마그네슘의 성질을 틀리게 설명한 것은?

① 비중 1.74로서 실용금속 재료 중 가장 가볍다.
② 고온에서 쉽게 발화한다.
③ 알칼리에는 부식되나 산에는 거의 부식이 안 된다.
④ 열 및 전기전도도가 구리, 알루미늄보다 낮다.

해설

마그네슘(Mg) 성질
- 알칼리에 강하며 건조한 공기 중에선 산화하지 않는다.
- 비중이 1.74로서 실용금속 중 가장 가볍다.
- 고온에서 쉽게 발화한다.
- 열 및 전기전도도가 구리, 알루미늄보다 낮다.
- 조밀 육방격자이고 용융점 650℃ 저온에서 소성가공 곤란, 재결정온도 150℃
- 습한 공기 중에서 표면이 산화마그네슘, 탄산마그네슘이 되어서 내부 부식 방지

36 스테인리스강의 분류에 속하지 않는 것은?

① 펄라이트계   ② 마텐자이트계
③ 오스테나이트계   ④ 페라이트계

해설

스테인리스강(Stainless Steel)의 종류
오스테나이트계, 마텐자이트계, 페라이트계, 석출 경화형 스테인리스강

암기팡 ▶ 오! 마.페.석.에 재질이 스테인리스강이네.

37 구리의 용접에 관한 설명으로 가장 관계가 먼 것은?

① 불활성가스 텅스텐 아크용접은 판 두께 6mm 이하에 대하여 많이 사용된다.
② 구리의 용접에는 불활성가스 텅스텐 아크용접법과 가스용접이 많이 사용된다.
③ 용접용 구리재료로는 전해구리를 사용하고 용접봉은 전해구리 용접봉을 사용해야 한다.
④ 구리는 용융될 때 심한 산화를 일으키며, 가스를 흡수하기 쉽다.

해설

구리 용접
- 용접용 구리 재료로는 전해구리보다 탈산구리를 사용해야 하고, 용접봉은 합금 용접봉이나 탈산구리 용접봉을 사용한다.
- 불활성가스 텅스텐 아크용접은 판 두께 6mm 이하에 대하여 많이 사용된다.
- 구리 용접은 불활성가스 텅스텐 아크용접과 가스 용접이 많이 사용된다.
- 구리는 용융될 때 심한 산화를 일으키며, 가스를 흡수하기 쉽다.
- 가접은 되도록 많이 하고 에버 듀르봉, 인 청동봉, 토빈 청동봉, 규소 청동봉을 사용한다.

암기팡 ▶ 에.인.토.규. 쇼 무대를 구리 용접했군요.

38 응고에서 상온까지 냉각할 때 순철에 발생하는 변태가 아닌 것은?

① A_1 변태점   ② A_4 변태점
③ A_3 변태점   ④ A_2 변태점

해설

순철이 응고에서 상온까지 냉각할 때 변태
- A_2(자기변태 768℃)
- A_3(동소변태 910℃)
- A_4(동소변태 1,400℃)

〈참고〉
- 자기변태 : 자성만 변하고 원자배열은 변화가 없는 것
- 자기변태 금속 종류 : 철(Fe, 775℃), 니켈(Ni, 358℃), 코발트(Co, 1,160℃)

암기팡 ▶ 긴 코를 상상하세요.(철/니/코)

39 용융금속이 그 주위로부터 냉각되기 시작하면서 결정이 냉각면에 수직하게 가늘고 긴 형상으로 생기는 조직은?

① 주조조직   ② 편석조직
③ 종방향조직   ④ 주상조직

정답 35 ③ 36 ① 37 ③ 38 ① 39 ④

[해설]
주상조직이란 용융금속이 그 주위로부터 냉각되기 시작하면서 결정이 냉각면에 수직하게 가늘고 긴 형상으로 생기는 조직

40 주철 중 기계구조용 주물로서 우수하여 널리 사용되며 강력주철(고급 주철)이라고도 하는 것은?

① 백주철 ② 펄라이트 주철
③ 얼룩주철 ④ 페라이트 주철

[해설]
- 펄라이트 주철은 고급 주철로써 조직은 펄라이트+흑연으로 인장강도 25kg/mm² 이상인 주철이다.
- 주철 중 기계 구조물로서 우수하여 널리 사용되는 것으로 강력 주철(고급 주철)이라고 한다.

41 재료의 선팽창계수나 탄성률 등의 특성이 변하지 않는 불변강에 해당되지 않는 것은?

① 인바(invar)
② 코엘린바(coelinvar)
③ 슈퍼인바(super invar)
④ 슈퍼엘린바(super elinvar)

[해설]
불변강의 종류
인바, 엘린바, 플래티나이트, 퍼멀로이, 슈퍼 인바, 코엘린바, 이소에라스틱 등
- 인바(invar) : Ni 36% 팽창 계수가 작다. 표준척 열전쌍 시계 등에 사용
- 엘린바(elinvar) : Ni 36−Cr 12% 상온에서 탄성률이 변하지 않음, 정밀 계측기, 시계 스프링
- 플래티나이트(platinite) : Ni 10~16% 유리 백금선 대용, 전구, 진공관, 유리의 봉입선 등
- 퍼멀로이(permalloy) : Ni 75~80% 고 투자율 합금, 해저 전선의 장하 코일용

42 열전대 중 가장 높은 온도를 측정할 수 있는 것은?

① 백금−백금로듐 ② 철−콘스탄탄
③ 크로멜−알루멜 ④ 구리−콘스탄탄

[해설]
열전대 온도계
2종 금속에 열기전력을 이용한 온도계
- PR(백금−백금로듐) : 0~1,600℃
- CA(크로멜−알루멜) : 0~1,200℃
- IC(철−콘스탄탄) : 20~850℃
- CC(동−콘스탄탄) : 200~350℃
PR > CA > IC > CC

43 용접 잔류응력을 경감하기 위한 방법 중 맞지 않는 것은?

① 용착금속의 양을 될 수 있는 대로 적게 한다.
② 예열을 이용한다.
③ 적당한 용착법과 용접순서를 선택한다.
④ 용접 전에 억제법, 역변형법 등을 이용한다.

[해설]
용접 잔류응력 경감 방법
- 예열을 이용한다.
- 용착 금속의 양을 될 수 있는 대로 적게 한다.
- 적당한 용착법과 용접 순서를 택한다.
- 노내 풀림법, 국부 풀림법, 저온응력 완화법, 기계적 응력 완화법, 피닝법 등을 사용하여 용접 잔류응력 경감에 사용한다.

44 지그나 고정구의 설계 시 유의사항으로 틀린 것은?

① 구조가 간단하고 효과적인 결과를 가져와야 한다.
② 부품 간의 거리측정이 필요해야 한다.
③ 부품의 고정과 이완은 신속히 이루어져야 한다.
④ 모든 부품의 조립은 쉽고 눈으로 볼 수 있어야 한다.

정답 40 ② 41 ④ 42 ① 43 ④ 44 ②

> 해설

지그나 고정구 설계 시 주의사항
- 모든 부품의 조립은 쉽고 눈으로 볼 수 있어야 한다.
- 부품의 고정과 이완은 신속히 이루어져야 한다.
- 구조가 간단하고 효과적인 결과를 가져와야 한다.
- 부품을 고정시키면 이후 수정 없이 고정이 정확해야 한다.
- 용접 부위가 아래보기 자세가 가능할 수 있도록 회전해야 한다.
- 지그는 변형을 막고 또한 구속력이 크지 않아야 한다.

45 용접구조 설계상의 주의사항으로 틀린 것은?

① 용접치수는 강도상 필요한 이상으로 크게 하지 말 것
② 리벳과 용접의 혼용 시에는 충분한 주의를 할 것
③ 용접성, 노치인성이 우수한 재료를 선택하여 시공하기 쉽게 설계할 것
④ 후판을 용접할 경우는 용입이 얕은 용접법을 이용하여 층수를 늘일 것

> 해설

용접 구조물 설계상 주의사항
- 후판을 용접할 경우에는 고장력강용 용접봉 등을 사용하여 가능한 층수를 줄인다.
- 용접치수는 강도상 필요한 이상으로 크게 하지 말 것
- 리벳과 용접 혼용시에는 충분한 주의를 할 것
- 용접성 노치인성이 우수한 재료를 선택하여 시공하기 쉽게 설계할 것
- 이음의 열역학적 특징을 고려하여 구조상 불연속부가 없도록 한다.
- 용접이음의 집중과 교차 및 접근을 피한다.
- 용접변형 및 잔류응력이 경감할 수 있는 용접순서를 정하여 준다.
- 가능한 층(layer)수를 줄일 것
- 아래보기 용접을 많이 하도록 한다.

46 용접부의 단면을 연삭기나 샌드페이퍼 등으로 연마하고 적당한 부식을 해서 육안이나 저배율의 확대경으로 관찰하여 용입의 상태, 열영향부의 범위, 결함의 유무 등을 알아보는 시험은?

① 응력부식 시험
② 현미경 시험
③ 파면 시험
④ 매크로 조직시험

> 해설

용접부의 금속학적 시험 종류는 파면시험(육안검사), 매크로 조직(육안조직)시험, 현미경 시험, 실파 프린트법 등이 있다.

매크로 조직시험
용접부의 단면을 연삭기나 샌드페이퍼 등으로 연마하고 적당한 부식을 해서 육안이나 저배율의 확대경으로 관찰하며 용입의 상태, 열영향부의 범위, 결함의 유무 등을 알아보는 시험

47 그림과 같은 맞대기 용접 시 $P=6,000\text{kgf}$의 하중으로 잡아당겼을 때 모재에 발생되는 인장응력은 몇 kgf/mm^2인가?

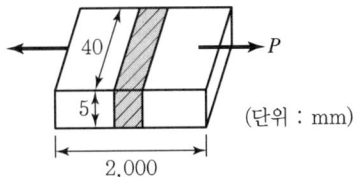
(단위 : mm)

① 20 ② 30
③ 40 ④ 50

> 해설

$$\delta = \frac{P}{A} = \frac{6,000\text{kgf}}{40\text{mm} \times 5\text{mm}} = 30\text{kgf/mm}^2$$

48 다음 그림과 같은 형상을 한 용접부를 용접기호로 나타낸 것은?

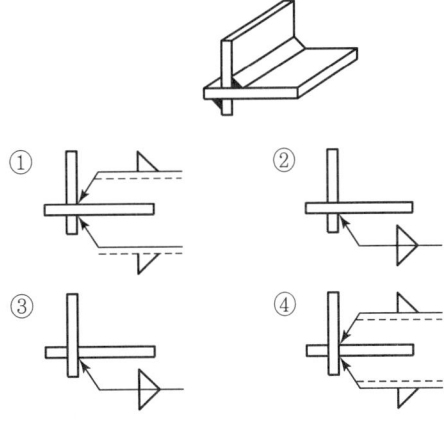

정답 45 ④ 46 ④ 47 ② 48 ①

[해설]

① ─┼─   ② ─┼─
③ ─┼─   ④ ─┼─

49 용접 순서를 결정짓는 설명으로 가장 거리가 먼 것은?

① 동일 평면 내에 이음부가 많을 경우 수축은 가능한 자유단으로 내보내어 외적 구속에 의한 잔류응력을 적게 한다.
② 중심선에 대해 대칭을 벗어나면 수축이 발생하여 변형하거나, 굽혀지거나 뒤틀리는 경우가 있으므로 가능한 한 물품의 중심에 대하여 대칭적으로 용접한다.
③ 가능한 한 수축이 적은 이음용접을 먼저 하여 변형을 최소한으로 줄이고 수축이 큰 이음 용접을 나중에 하여 각 부품의 조립의 정밀도를 높일 수 있도록 한다.
④ 용접선의 직각 단면 중립축에 대하여 용접수축력의 총합이 0이 되도록 하여 용접방향에 대한 굽힘을 줄인다.

[해설]

용접 순서 결정 기준
- 수축이 큰 이음을 먼저 용접하고 수축이 작은 이음을 나중에 한다.
- 동일 평면 내에 이음부가 많을 경우 수축은 가능한 자유단으로 내보내어 외적구속에 의한 잔류응력을 적게 한다.
- 중심선에 대해 대칭을 벗어나면 수축이 발생하여 변형하거나 굽혀지거나 뒤틀리는 경우가 있으므로 가능한 한 물품의 중심에 대하여 대칭적으로 용접한다.
- 용접선의 직각 단면 중립축에 대하여 용접 수축력의 종합이 0이 되도록 하여 용접 방향에 대한 굽힘을 줄인다.
- 용접 구조물이 조립되어 감에 따라 용접 작업이 불가능한 곳이나 곤란한 경우가 생기지 않도록 한다.

50 용접 전에 용접부의 예열을 시키는 목적으로 틀린 것은?

① 열영향부와 융착 금속의 경화를 촉진하고 인성을 증가시킨다.
② 수소의 방출을 용이하게 하여 저온균열을 방지한다.
③ 용접부의 기계적 성질을 향상시키고 경화조직의 석출을 방지시킨다.
④ 온도분포가 완만하게 되어 열응력의 감소로 변형과 잔류응력의 발생을 적게 한다.

[해설]

예열(Pre-Heating)의 목적
- 용착 금속 중에 있는 수소 성분이 나갈 수 있는 시간을 주어 비드 밑 균열을 방지(저온 균열 방지)
- 용착 금속에 냉각 속도를 느리게 서랭함으로써 모재 취성 방지
- 용접부의 기계적 성질을 향상시키고 경화 조직의 석출 방지
- 열영향부와 용착 금속의 인성을 증가시킨다.

51 용접 시 기공 발생의 방지대책으로 틀린 것은?

① 위빙을 하여 열량을 늘리거나 예열을 한다.
② 충분히 건조한 저수소계 용접봉을 사용한다.
③ 정해진 범위 안에 전류로 좀 긴 아크를 사용하거나 용접법을 조절한다.
④ 피닝작업을 하거나 용접 비드 배치법을 변경한다.

[해설]

용접 시 기공 발생 방지대책
- 위빙을 하여 열량을 늘리거나 예열을 한다.
- 용접봉에 습기가 있을 때 충분히 건조한 저수소계 용접봉을 사용한다.
- 정해진 범위 안에 전류로 좀 긴 아크를 사용하거나 용접법을 조절한다.
- 이음부 표면에 부착된 기름, 페인트, 녹 등 이물질을 깨끗이 제거한다.
- 용접 속도가 빠를 경우 기공이 발생하므로 용접 속도를 늦춘다.
- 과대 전류 사용시 발생하므로 알맞은 적정한 전류로 조절한다.

52 필릿 용접 이음부의 루트 부분에 생기는 저온균열로 모재의 열팽창 및 수축에 의한 비틀림이 주원인이 되는 균열의 명칭은?

① 비드 밑 균열   ② 루트 균열
③ 힐 균열   ④ 병배 균열

정답 49 ③ 50 ① 51 ④ 52 ③

해설

저온균열의 종류
- 힐 균열(Heel Crack) : 필릿 용접시 루트 부분에 발생하는 저온균열로 모재의 열팽창 및 수축에 의한 비틀림이 주원인인 균열
- 루트 균열(Root Crack) : 맞대기 용접시 가접, 첫 층 용접의 루트 근방의 열영향부에 발생
- 비드 밑 균열(Bead Under Crack) : 비드 바로 밑 모재 열영향부에 생기는 균열
- 마이크로 피셔 균열(Micro Fissure Crack) : 현미경적 균열이 저온에서 발생, 용착금속에 연성이 떨어진다.
- 토 균열(Toe Crack) : 모재에 회전 변형을 심하게 구속하거나 용접이 끝마친 후 각 변형을 주면 생긴다.
- 라멜라 티어 균열(Lamella Tear Crack) : 모서리 이음, T이음 등에서 평행하게 층상으로 발생

53 자분탐상시험에서 자화방법의 종류가 아닌 것은?

① 축통전법 ② 전류관통법
③ 원통통전법 ④ 코일법

해설

자분 검사(MT, Magnetic Test) 종류
직각통전법, 코일법, 관통법, 축동전법, 극간법

암기팡 ▶ 직.코.관.축.극.

54 산업용 용접로봇의 주요 작업 기능부가 아닌 것은?

① 구동부 ② 용접부
③ 검출부 ④ 제어부

해설

산업용 용접로봇의 주요작업 기능부
제어부, 검출부, 구동부

암기팡 ▶ 제.검.구.를 용접 로봇이 점검을 잘하네요.

55 다음 중 통계량의 기호에 속하지 않는 것은?

① σ ② R
③ s ④ $\bar{x}$

해설
- R : 범위
- S : 시료변화
- $\bar{x}$: 시료평균
- σ : 모집단 분산기호

56 계수 규준형 샘플링 검사의 DC 곡선에서 좋은 로트를 합격시키는 확률을 뜻하는 것은?(단, α는 제1종 과오, β는 제2종 과오이다.)

① α ② β
③ $1-\alpha$ ④ $1-\beta$

해설
- α 제1종 과오 : 실제론 진실인데 거짓으로 판정된 과오(합격될 제품이 불합격될 확률)
- β 제2종 과오 : 실제론 거짓인데 진실로 판정된 과오(불합격 제품이 합격될 확률), 소비자 위험
- $1-\alpha$: 좋은 Lot를 합격시킬 확률

57 다음 중 인위적 조절이 필요한 상황에 사용될 수 있는 워크팩터(Work Factor)의 기호가 아닌 것은?

① D ② K
③ P ④ S

해설

워크팩터(Work Factor) 기호
- D : 정지
- P : 주의
- S : 방향조절
- U : 방향변경

58 어떤 회사의 매출액이 80,000원, 고정비가 15,000원, 변동비가 40,000원일 때 손익분기점 매출액은 얼마인가?

① 25,000원
② 30,000원
③ 40,000원
④ 55,000원

해설

손익분기점(BGP) = $\dfrac{\text{고정비}}{1-\left(\dfrac{\text{변동비}}{\text{매출액}}\right)}$ = $\dfrac{15,000}{1-\left(\dfrac{40,000}{80,000}\right)}$ = 30,000원

59 예방보전(Preventive Maintenance)의 효과로 보기에 가장 거리가 먼 것은?

① 기계의 수리비용이 감소한다.
② 생산시스템의 신뢰도가 향상된다.
③ 고장으로 인한 중단시간이 감소한다.
④ 예비기계를 보유해야 할 필요성이 증가한다.

해설

예방보전의 효과
- 예비기계를 보유해야 할 필요성이 감소한다.
- 기계의 수리비용이 감소한다.
- 생산 시스템의 신뢰도가 향상된다.
- 고장으로 인한 중단시간이 감소한다.

60 u관리도의 관리한계선을 구하는 식으로 옳은 것은?

① $\bar{u} \pm \sqrt{\bar{u}}$
② $\bar{u} \pm 3\sqrt{\bar{u}}$
③ $\bar{u} \pm 3\sqrt{n\bar{u}}$
④ $\bar{u} \pm 3\sqrt{\dfrac{\bar{u}}{n}}$

해설

u관리도의 관리한계선 구하는 식
① 한 개의 중심선 $CL = \bar{u} = \dfrac{\sum c}{\sum n}$

② 두 개의 관리 한계선 $UCL, LCL = \bar{u} \pm 3\sqrt{\dfrac{\bar{u}}{n}}$

　n : 시료의 크기

정답 58 ② 59 ④ 60 ④

2010년 제48회(7.11)

01 피복아크용접에서 아크쏠림 방지대책 중 맞는 것은?

① 교류용접기로 하지 말고 직류용접기로 할 것
② 아크길이를 다소 길게 할 것
③ 접지점은 한 개만 연결할 것
④ 용접봉 끝을 아크쏠림 반대방향으로 기울일 것

해설

아크쏠림 방지대책
- 직류용접을 하지 말고 **교류용접**으로 한다.
- **짧은 아크**를 사용한다.
- 접지점 2개를 연결할 것
- 용접지점을 용접부보다 더 멀리한다.
- 용접부가 길 경우 후퇴법(Back Step)으로 한다.
- 모재와 동일한 재료 편을 용접선에 연장하도록 가용접한다.
- 용접봉 끝을 아크쏠림 반대방향으로 기울인다.
- 시, 종단에 엔드탭을 설치한다.

02 초음파 탐상시험에서 음파의 종류에 해당되지 않는 것은?

① 저음파   ② 청음파
③ 초음파   ④ 고음파

해설

1. 초음파(UT, Ultrasonic Test) 검사 : 인간이 들을 수 없는 비가청주파수(0.5~15MHz)를 시험편 내부에 침입시켜 불균일 층이나 결함을 찾는 방법
2. 탐상시험에 사용되는 음파 종류 : 저음파, 청음파, 초음파

암기짱 ▶▶ 저.청.초.

3. 초음파 검사 특징
   - 길이나 두께가 큰 물체 탐상에 적합
   - 검사자에게 위험이 없고, 한쪽에서 탐상 가능
   - 얇은 시편, 표면이 울퉁불퉁 심한 것은 곤란
   - 종류 : 펄스 반사법, 투과법, 공진법

03 가스용접으로 동합금을 용접하는 데 적당한 용제(flux)는?

① 붕사   ② 황혈염
③ 염화나트륨   ④ 탄산소다

해설

금속	용제
연강	사용하지 않음
반경강	중탄산나트륨+탄산나트륨
주철	붕사(15%), 탄산나트륨(15%), 중탄산나트륨(70%)
구리 합금	붕사(75%), 염화리튬(25%)
알루미늄	염화칼륨(45%), 염화나트륨(30%), 염화리튬(15%), 플루오르화칼륨(7%), 황산칼륨(3%)

04 저압식 절단 토치를 올바르게 설명한 것은?

① 아세틸렌가스의 압력이 보통 0.07kgf/cm^2 이하에서 사용한다.
② 산소가스의 압력이 보통 0.07kgf/cm^2 이하에서 사용한다.
③ 아세틸렌가스의 압력이 보통 $0.07\sim0.4\text{kgf/cm}^2$ 정도에서 사용한다.
④ 산소가스의 압력이 보통 $0.07\sim0.4\text{kgf/cm}^2$ 정도에서 사용한다.

해설

- 저압식 토치 : 0.07kgf/cm^2 이하, 인젝터식
- 중압식 토치 : $0.07\sim1.3\text{kgf/cm}^2$, 팁 능력에 따라 가스유량 조절
- 고압식 토치 : 1.3kgf/cm^2 이상

정답 01 ④ 02 ④ 03 ① 04 ①

05 뉴턴(Newton)의 만유인력의 법칙에 따라서 금속원자 간에 인력이 작용하여 결합하게 된다. 이 결합을 이루게 하기 위해서는 원자들은 보통 몇 cm 접근시켰을 때 결합하는가?

① 10^{-6}
② 10^{-8}
③ 10^{-10}
④ 10^{-12}

> **해설**
> 용접은 금속원자 간에 인력이 작용하여 결합하게 되는데 이 결합을 이루기 위해서는 1옴스트롱(10^{-8}cm : 1억분의 1cm)까지 전기나 가스를 이용해서 접근시킨다.

06 피복금속 아크용접봉의 피복제 역할이 아닌 것은?

① 용융금속을 대기와 잘 접촉하게 한다.
② 아크를 안정시켜 용접을 용이하게 한다.
③ 용착금속의 냉각속도를 지연시킨다.
④ 모재표면의 산화물을 제거한다.

> **해설**
> **피복제 역할(작용)**
> • 용융금속이 대기와 직접적으로 접촉을 하지 않음으로써 산화나 질화를 방지
> • 용융점이 낮은 적당한 점성의 가벼운 슬래그를 만든다.
> • 아크를 안정하게 하고 스패터 발생을 적게 한다.
> • 중성 또는 환원성 분위기로 대기 중으로부터 용착금속을 보호한다.
> • 용착 금속의 탈산 정련 작용
> • 전기 절연 작용
> • 적당한 합금 원소를 첨가(보충)
> • 용착금속 응고와 냉각속도를 느리게 하여 급랭 방지, 취성 방지
> • 용적을 미세화 하여 용적효율을 높인다.
> • Slag를 쉽게 제거하게 하고 파형이 고운 비드를 만든다.
> • 어려운 자세 용접을 쉽게 한다.

07 비교적 큰 용적이 단락되지 않고 옮겨가는 형식이며, 서브머지드 아크용접과 같이 대전류 사용 시에 나타나는 용적이행 형식은?

① 단락형
② 스프레이형
③ 글로뷸러형
④ 반발형

> **해설**
> **용적이행 형식**
> • **단락형(Short Circuit Type)** : 저수소계, 비피복 용접봉 사용 시 표면장력 작용으로 모재로 옮겨가서 용착되는 형식
> • **스프레이형(Spray Type)** = 분무상 이행형 : 미세한 용적이 스프레이같이 날려서 모재에 옮겨가 용착되는 형식, 일미나이트계, 피복 아크 용접봉 사용 시 볼 수 있다.
> • **글러뷸러형(Globular Type)** = 입상이행 형식 : 서브머지드 용접(SAW)과 같이 중, 고 전류 밀도나 아크 길이가 길 때 발생한다. 비교적 큰 용적이 단락되지 않고 옮겨가는 형식

08 가스용접에서 정압 생성열(kcal/m³)이 가장 적은 가스는?

① 아세틸렌
② 메탄
③ 프로판
④ 부탄

> **해설**
> 1. 각 가스의 발열량(kcal/m³)과 최고 불꽃온도(℃)
>   • 부탄 : 26,691kcal/m³, 2,926℃
>   • 프로판 : 20,780kcal/m³, 2,820℃
>   • 아세틸렌 : 12,690kcal/m³, 3,430℃
>   • 메탄 : 8,080kcal/m³, 2,700℃
>   • 수소 : 2,420kcal/m³, 2,900℃
> 2. 발열량이 큰 순서
>   부탄 > 프로판 > 아세틸렌 > 메탄 > 수소
>   **암기팜 ▶** 부.프.아.메.수.
> 3. 불꽃 온도 큰 순서
>   아세틸렌 > 부탄 > 수소 > 프로판 > 메탄
>   **암기팜 ▶** 아.부.수.프.메.

09 피복아크용접의 품질에 영향을 주는 요소가 아닌 것은?

① 전류조정
② 용접기의 사용률
③ 용접속도
④ 아크길이

> **해설**
> **피복아크용접품질에 영향을 주는 요소**
> 용접속도, 전류조정, 아크길이, 용접사 기량

정답 05 ② 06 ① 07 ③ 08 ② 09 ②

10 산소와 아세틸렌 용기 취급 시 주의사항 중 잘못된 것은?

① 산소병 내에 다른 가스를 혼합하여도 된다.
② 산소병 운반 시 충격을 주어서는 안 된다.
③ 아세틸렌 병은 세워서 사용하며, 병에 충격을 주어서는 안 된다.
④ 산소병은 40℃ 이하 온도에서 보관하고 직사광선을 피해야 한다.

해설

산소와 아세틸렌 용기 취급 시 주의사항
- 산소병 내에 다른 가스와 함께 보관하지 말 것
- 산소병 운반 시 충격을 주지 말 것
- 산소병은 세워서 사용한다.
- 산소병은 40℃ 이하 온도에서 보관하고 직사광선을 피해야 한다.
- 압력계는 금유 표시가 있는 산소 전용 압력계를 사용할 것
- 산소병과 가연성 가스 용기와는 구분해서 저장할 것
- 밸브 개폐는 서서히 천천히 열 것
- 산소병은 화기로부터 5m 이상 이격할 것
- 누설 시험할 땐 비눗물을 사용할 것
- 최고 충전 압력 150kg/cm²
- 산소병 색은 녹색, 의료용은 백색이다.
- 용해 아세틸렌 사용 후 용기 내 약간 잔압(0.1kg/cm2)을 남길 것
- 용해 아세틸렌 용기 밸브는 1/2~1/4만 연다.
- 용해 아세틸렌 운반 시 캡을 씌울 것
- 동결 부분은 35℃ 이하 온수로 녹인다.
- 용해 아세틸렌 가용 전 안전밸브는 끓는 물이나 증기를 쐬지 말 것(용융점이 105±5℃이므로)

11 1차 코일을 교류 전원에 접속하면 2차 코일은 70~100V의 저전압으로 되고, 2차 코일은 전환 탭으로 권선비에 따라 큰 전류를 조정하는 용접기는?

① 발전형 직류 아크용접기
② 가동 코일형 교류 아크용접기
③ 가동 철심형 교류 아크용접기
④ 탭 전환형 직류 아크용접기

해설

교류 아크용접기 종류
가동 철심형, 가동 코일형, 가포화 리액터형, 탭 전환형

암기팡 ▶▶ 철.코.가.탭.

1. 가동 철심형 : 1차 코일을 교류 전원에 접속하면 2차 코일은 70~80V의 저전압으로 되고, 2차 코일은 전환 탭으로 권선비에 따라 큰 전류를 조정하는 용접기로 현재 가장 많이 사용한다. 가동 철심형 용접기는 미세한 전류 조정이 가능하다.
2. 가동 코일형 : 가격이 비싸며 현재 거의 사용치 않음. 1차, 2차 코일 중에 하나를 이동해 누설 자속을 변화시켜 전류를 조정한다.
3. 가포화 리액터형 : 원격제어가 되고 가변 저항 변화로 용접 전류를 조정한다. 소음이 없고 기계 수명이 길며 조작이 간단하다.
4. 탭 전환형
   - 주로 소형에 많이 사용되며 적은 전류 조정 시 무부하 전압이 높아 전격 위험이 크다.
   - 탭 전환부 소손이 심하며 넓은 범위의 전류 조정이 어렵다.

12 AW400인 교류아크용접기로 두께가 9mm인 연강판을 용접전류 180A, 아크전압 30V로 접합하고자 할 때 이 용접기의 효율은 약 %인가?(단, 이 교류 아크 용접기의 내부 손실은 4kW이다.)

① 32.4
② 38.7
③ 45.7
④ 57.4

해설

- 역률(%) = $\dfrac{\text{소비전력(kW)}}{\text{전원입력(kW)}} \times 100$
- 효율(%) = $\dfrac{\text{아크전력(kW)}}{\text{소비전력(kW)}} \times 100$
- 소비전력 = 아크전력 + 내부 손실력
- 전원입력 = 무부하 전압 × 정격 2차전류
- 아크전력 = 아크전압 × 정격 2차전류

아크전력 = 30V × 180A = 5,400W = 5.4kW
소비전력 = 5.4kW + 4kW = 9.4kW
효율(%) = $\dfrac{5.4\text{kW}}{9.4\text{kW}} \times 100 = 57.4\%$

정답 10 ① 11 ③ 12 ④

13 가스토치를 사용하여 용접부의 결함, 뒤따내기, 가접의 제거, 압연강재, 주강의 표면결함의 제거 등에 사용하는 가공법은?

① 가스 절단
② 아크 에어 가우징
③ 가스 가우징
④ 가스 스카핑

해설

가스 가우징(Gas gouging)
- 용접부분의 뒷면을 따내든지 U형, H형의 용접홈을 가공하기 위해 깊은 홈을 파내는 가공법으로 가스 토치를 사용하여 용접부의 결함, 뒤따내기, 가접의 제거, 압연강재, 주강의 표면결함의 제거 등에 사용하는 가공법이다.
- 저압으로 대용량의 산소를 방출할 수 있도록 슬로다이버전트 팁을 사용한다.
- 토치 예열 각도 30~45°
- 홈의 깊이와 폭의 비율은 1 : 2~3

14 가스 절단에 쓰이는 예열용 가스로 불꽃의 온도가 가장 높은 것은?

① 수소
② 아세틸렌
③ 프로판
④ 메탄

해설

각 가스의 발열량(kcal/m³)과 최고 불꽃온도(℃)
- 부탄 : 26,691kacl/m³, 2,926℃
- 프로판 : 20,780kcal/m³, 2,820℃
- 아세틸렌 : 12,690kcal/m³, 3,430℃
- 메탄 : 8,080kcal/m³, 2,700℃
- 수소 : 2,420kcal/m³, 2,900℃

15 플라스마 절단에 대한 설명 중 틀린 것은?

① 텅스텐 전극과 모재 사이에서 아크 플라스마를 발생시키는 것을 이행형 아크 절단이라 한다.
② 비이행형 아크 절단은 텅스텐 전극과 수랭 노즐과의 사이에서 아크를 발생시켜 절단한다.
③ 작동가스로는 스테인리스강에 대해서는 헬륨과 산소의 혼합가스를 일반적으로 사용된다.
④ 알루미늄 등의 경금속에 대해서는 작동가스로 아르곤과 수소의 혼합가스를 일반적으로 사용한다.

해설

플라스마 절단
- 플라스마 10,000~30,000℃를 이용하여 절단하는데 아크 플라스마 바깥 둘레를 강제로 냉각하여 고속 고온을 이용 절단한다.
- 이행형 아크 절단이란 텅스텐 전극과 모재 사이에서 아크 플라스마를 발생시키는 것
- 비이행형 아크 절단은 텅스텐 전극과 수랭 노즐과의 사이에서 아크를 발생시켜 절단한다.
- 알루미늄 등의 경금속에 대해서는 작동가스로 아르곤과 수소의 혼합가스를 일반적으로 사용한다.
- 전원은 직류 정극성을 쓰며 전극은 비소모식 텅스텐 봉을 쓴다.
- 아크 시동을 고주파로 하므로 절단 장치는 고주파 발생 장치가 사용된다.

16 서브머지드 아크용접의 장점에 대한 설명으로 틀린 것은?

① 대전류에서 용접할 수 있으므로 고능률적이다.
② 용접입열이 커서 모재에 변형을 가져올 우려가 없으며 열영향부가 넓다.
③ 용접 금속의 품질이 양호하다.
④ 유해광선이나 퓸(fume) 등이 적게 발생되어 작업 환경이 깨끗하다.

해설

서브머지드 아크용접 장점
- 유해광선이나 퓸(Fume) 등이 적게 발생되어 작업환경이 깨끗하다.
- 대전류에서 용접할 수 있으므로 고능률적이다.
- 용접 금속의 품질이 양호하다.
- 용융속도 및 용착속도가 빠르다.
- 용입이 깊다.(1회 용접으로 75mm까지 용접가능)
- 기계적 성질이 우수하다.
- 개선각을 적게 하며 용접 패스 수를 줄일 수 있다.

정답 13 ③ 14 ② 15 ③ 16 ②

17 일렉트로 슬래그 용접의 장점이 아닌 것은?

① 박판 강재의 용접에 적합하다.
② 특별한 홈 가공을 필요로 하지 않는다.
③ 용접시간이 단축되기 때문에 능률적이다.
④ 냉각속도가 느리므로 기공, 슬래그 섞임이 없다.

해설

일렉트로 슬래그 용접 장점
- 후판 용접에 적합(단층으로 한번에 용접이 가능)
- 특별한 홈 가공 불필요(가공준비 간단, 각 변형 적음, 홈 I형)
- 용접시간이 단축되기 때문에 능률적이다.(아래보기 서브머지드 용접에 비해 1/3~1/5정도 감소)
- 다른 용접에 비해 경제적이다.
- 아크가 눈에 보이지 않고 아크 불꽃도 없다.
- 전극 와이어 지름은 보통 2.5~3.2mm를 주로 사용

18 전류가 인체에 미치는 영향 중 순간적으로 사망할 위험이 있는 전류량은 몇 [mA] 이상인가?

① 8   ② 20
③ 35   ④ 50

해설

전기적 충격(전격) 전류 값
- 1mA : 감전 조금 느낌
- 5mA : 상당히 아픔
- 20mA : 근육수축, 호흡곤란
- 50mA : 사망할 위험
- 100mA : 사망(치명적 결과)

19 염화아연을 사용하여 납땜을 하였더니 후에 그 부분이 부식되기 시작했다. 그 이유로 가장 적당한 것은?

① 땜납과 금속판이 전기작용을 일으켰기 때문에
② 땜납의 양이 많기 때문에
③ 인두의 가열온도가 높기 때문에
④ 납땜 후 염화아연을 닦아내지 않았기 때문에

해설

부식된 이유
납땜 후 염화아연을 깨끗하게 닦아내지 않았기 때문에
- 연납땜 용제 : 염화아연, 염화암모니아, 염산, 인산
- 경납땜 용제 : 붕사, 붕산, 염화리튬, 염화나트륨(식염), 산화제일구리, 빙정석

20 CO_2 가스 아크용접에서 사용되는 복합 와이어의 구조가 아닌 것은?

① 아코스 와이어   ② Y관상 와이어
③ S관상 와이어   ④ U관상 와이어

해설

복합(용제가 들어있는) 와이어 구조 종류
- 아코스(컴파운드) 와이어
- S관상 와이어
- NCG(버나드) 와이어
- Y관상 와이어

21 서브머지드 아크용접 시 와이어 표면에 구리도금을 하는 이유로 가장 적당하지 않은 것은?

① 콘택트 팁과 전기적 접촉을 원활히 해준다.
② 와이어의 녹 방지를 함으로써 기공 발생을 적게 한다.
③ 송급 롤러와 접촉을 원활히 해줌으로써 용접속도에 도움이 된다.
④ 용착금속의 강도와 기계적 성질도 저하시킨다.

해설

서브머지드 아크용접 시 와이어 표면에 구리도금 한 이유
- 송급 롤러와 접촉을 원활히 해줌으로써 용접속도에 도움이 된다.
- 와이어의 녹 방지를 함으로써 기공발생을 적게 한다.
- 콘택트 팁과 전기적 접촉을 원활히 해준다.

22 미그(MIG) 용접에서 용융속도의 표시방법은?

① 모재의 두께
② 분당 보호가스 유출량
③ 용접봉의 굵기
④ 분당 용융되는 와이어의 길이, 무게

정답 17 ① 18 ④ 19 ④ 20 ④ 21 ④ 22 ④

> [해설]

미그 용접에서 용융속도의 표시방법 : 분당 용융되는 와이어의 길이, 무게

23 겹치기 저항 용접에 있어서 접합부에 나타나는 용융응고된 금속 부분을 무엇이라고 하는가?

① 오목 자국
② 너깃
③ 튐
④ 오손

> [해설]

너깃(Nugget)
- 겹치기 저항 용접에서 접합부에 생기는 용융 응고된 금속 부분
- 용접 중에 접합면 일부가 녹아 바둑알 모양 단접으로 용접되는 것

24 전기적 에너지를 열원으로 사용하는 용접법에 해당되지 않는 것은?

① 피복 금속 아크용접
② 플라스마 아크용접
③ 테르밋 용접
④ 일렉트로 슬래그 용접

> [해설]

전기적 에너지를 열원으로 사용하는 용접법
- 심용접
- 플라스마 아크용접
- 피복 금속마크 용접
- 플래시 버트 용접
- 점 용접
- 프로젝션 용접
- 일렉트로 슬래그 용접
- 퍼커션 용접

암기팁 ▶ 피.플.홍일.점이.프.심.퍼.플.씨군요.

25 원자 수소 아크용접에 이용되는 용접열로 가장 적당한 것은?

① 2,000~3,000℃
② 3,000~4,000℃
③ 4,000~5,000℃
④ 5,000~6,000℃

> [해설]

원자 수소 아크용접
수소 가스 분위기 중 2개 텅스텐 전극봉 사이에 아크를 발생시키면 수소 분자는 고열을 흡수해 원자 상태 수소로 열해리되면서 다시 결합할 때 방출하는 열(3,000~4,000℃)을 이용한 용접

26 TIG 용접기법 중 용입이 얕고 청정효과가 있는 전극 특성은?

① 직류 역극성(DCRP)
② 직류 정극성(DCSP)
③ 교류 역극성(ACRP)
④ 교류 정극성(ACSP)

> [해설]

TIG 용접 중 용입이 얕고 청정 효과가 있는 전극 특성
직류 역극성(DCRP)

27 KS규격에서 정한 TIG 용접에서 사용되는 2% 토륨 텅스텐(YWTh-2) 전극봉의 식별용 색으로 맞는 것은?

① 녹색
② 갈색
③ 황색
④ 적색

> [해설]

TIG 용접에서 사용되는 2% 토륨 텅스텐 전극봉의 식별용 색
- 적색순 텅스텐 : 초록
- 1% 토륨 : 노랑
- 2% 토륨 : 빨강
- 지르코니아 : 갈색

암기팁 ▶ 텅.초. 일.노. 이.빨. 지.갈.

28 가스용접 및 절단작업 시 안전사항으로 가장 거리가 먼 것은?

① 작업 시 작업복은 깨끗하게 간편한 복장으로 갈아입고 작업자의 눈을 보호하기 위해 보안경을 착용한다.
② 납이나 아연합금 및 도금 재료의 용접이나 절단 시 중독에 우려가 있으므로 환기에 신경을 쓰며 계속적인 작업보다 주기적으로 휴식을 취한 후 작업한다.
③ 산소병은 고압으로 충전되어 있으므로 운반 및 압력 조정기 체결을 정확히 해야 하며 나사부분의 마모를 적게 하기 위하여 윤활유를 사용한다.
④ 밀폐된 용기를 용접하거나 절단할 때 내부의 잔여물질 성분이 팽창하여 폭발할 우려를 충분히 검토한 후 작업을 한다.

해설
산소병 취급 시 주의 사항
- 산소병은 나사 부분에 윤활유를 사용하면 발화할 위험이 있다. 그러므로 산소밸브, 조정기 등을 기름 묻은 천으로 절대로 닦아선 안 된다.
- 산소는 35℃에서 150kg/cm²로 충전하며, 아세틸렌가스는 15℃에서 15.5kg/cm²로 충전한다.
- 산소병의 크기는 5,000l, 6,000l, 7,000l 3종류가 있다.
- 산소병은 화기로부터 5m 이상 이격시킨다.
- 산소 분출 중에는 손을 분출구에 대지 말 것
- 직사광선을 피한다.(40℃ 이하)
- 정기적으로 250kg/cm²의 내압 시험에 합격한 것을 사용한다.

29 탄산가스 아크용접에서 전진법의 특징이 아닌 것은?

① 용접선이 잘 보이므로 운봉을 정확하게 할 수 있다.
② 비드 높이가 낮고 평탄한 비드가 형성된다.
③ 스패터가 비교적 많으며 진행방향 쪽으로 흩어진다.
④ 비드 형상이 잘 보이기 때문에 비드폭, 높이 등을 억제하기 쉽다.

해설
탄산가스 아크용접의 전진법 특징
- 진행방향 쪽으로 스패터가 비교적 많으며 흩어진다.
- 용착금속이 아크보다 선행하기(앞서기) 쉬워 용입이 얕다.
- 비드 높이가 낮고 평탄한 비드가 형성된다.
- 운봉을 정확하게 할 수 있다.

후진법의 특징
- 가시아크(비드형상이 보인다.)이므로 시공 편리(비드 폭, 높이 등)

30 일반적인 합금의 특징 설명으로 틀린 것은?

① 경도가 높아진다.   ② 전기전도율이 저하된다.
③ 용융 온도가 높아진다. ④ 열전도율이 저하된다.

해설
일반적인 합금의 특징
- 전기 및 열전도율이 저하된다.
- 강도, 경도, 내산성, 내열성이 증가한다.
- 주조성이 좋아진다.
- 용융점이 낮아진다.
- 전연성이 떨어진다.
- 성분 금속보다 우수한 성질이 나타날 수 있다.

31 Ni 40~50%와 Fe의 합금으로 열팽창계수가 5~9×10⁻⁶ 정도이며 전구의 도입선으로 사용되는 불변강은?

① 인바   ② 플래티나이트
③ 코엘린바   ④ 슈퍼인바

해설
불변강의 종류
인바, 엘린바, 플래티나이트, 퍼멀로이, 코엘린바, 초인바, 이소엘라스틱

1. 인바(Ni 36%, Mn 0.4%, Co 2%)
   - 팽창계수가 작다. (0.97×10^{-8})
   - 표준척, 열전쌍 시계 등에 사용
2. 엘린바(Ni 36%, Cr 12%), 열팽창계수(8×10^{-6})
   - 상온에서 탄성률이 거의 변화하지 않음
   - 정밀 계측기기, 시계 스프링
3. 플래티나이트(Ni 42~48%), 열팽창계수($5 \sim 9 \times 10^{-6}$)
   - 유리 백금선 대용
   - 전구, 진공관, 유리의 봉입선 등
4. 퍼멀로이(Ni 75~80%, Co 0.5%, C 0.5%)

정답 28 ③ 29 ④ 30 ③ 31 ②

- 고 투자율 합금
- 해저 전선 장하 코일용, 전자 차폐용 관

5. 코엘린바 : 엘린바를 계량한 것

32 이산화탄소 아크용접법은 어느 금속에 가장 적합한가?

① 알루미늄　　② 마그네슘
③ 저탄소강　　④ 몰리브덴

해설

이산화탄소 아크용접

1. 장점
   - 전류 밀도가 높고, 용입이 깊고, 용접속도를 빠르게 할 수 있다.
   - 용착금속의 기계적 금속학적 성질이 우수하다.
   - 가시 아크로 시공이 편리하다.
   - 박판 용접(0.8mm까지)은 단락 이행 용접법에 의해 가능하며 전자세 용접도 가능
   - 용제를 사용치 않아 Slag 혼입이 없고 용접 후 처리가 간단하다.(솔리드 와이어 사용 시)
   - 전자세 용접이 가능
   - 용접 작업시간을 길게 할 수 있다.
2. 단점
   - 풍속 2m/sec 이상 시 방풍 장치 필요
   - 적용되는 재질이 Fe계통에 제한
   - 비드 외관이 다른 용접보다 조금 거칠다.

33 칼슘이나 규소를 첨가해서 흑연화를 촉진시켜 미세 흑연을 균일하게 분포시키거나 백주철을 열처리하여 연신율을 향상시킨 주철은?

① 반주철　　② 가단주철
③ 구상흑연주철　　④ 회주철

해설

가단주철 종류에는 백심가단주철(WMC), 흑심가단주철(BMC), 펄라이트가단주철이 있다. 칼슘이나 규소를 첨가해서 흑연화를 촉진시켜 미세흑연을 균일하게 분포시키거나 백주철을 열처리하여 연신율을 향상시킨 주철이 가단주철이다.

34 내열용 알루미늄 합금의 종류가 아닌 것은?

① Y합금　　② 로우엑스
③ 코비탈륨　　④ 라우탈

해설

내열용 알루미늄 합금의 종류 : Y합금, 코비탈륨, 로우엑스

1. Y합금 : 알루미늄－구리－마그네슘－니켈

   암기팁 ▶▶ 발이 돌부리에 넘어지면서 하는 말－알.구.마.니.

   - 내열용 합금으로 고온강도가 크다.
   - 내연기관 피스톤, 실린더 헤드 등에 쓰인다.
   - 시효 경화성이 있어 사형(모래형) 및 금형 주물에 사용된다.

2. 로우엑스(Lo－Ex) : 알루미늄－구리－마그네슘－니켈－규소(실리콘)

   암기팁 ▶▶ 알.구.마.니.실. 씨가 찾더라.

   - 피스톤 재료에 쓰인다.

3. 코비탈륨 : Y합금에다 Ti, Cu를 첨가, 알루미늄－구리－마그네슘－니켈－티탄－구리

   암기팁 ▶▶ 알.구.마.니.티.구.

   - 피스톤 재료에 쓰인다.

35 니켈－구리계 합금의 종류가 아닌 것은?

① 어드밴스(advance)
② 큐프로 니켈(cupro nickel)
③ 퍼멀로이(permalloy)
④ 콘스탄탄(constantan)

해설

니켈－구리계 합금 종류

콘스탄탄, 어드밴스, 큐프로 니켈

36 Ni-Cr계 합금의 특징 설명으로 틀린 것은?

① 전기저항이 크다.
② 내열성이 크고 고온에서 경도 및 강도 저하가 적다.
③ 내식성이 작고 산화도가 크다.
④ Fe 및 Cu에 대한 전열효과가 크다.

정답　32 ③　33 ②　34 ④　35 ③　36 ③

> [해설]

니켈-크롬계 합금 특징
- Fe 및 Cu에 대한 전열효과가 크다.(열전대, 전기저항 열선, 내열 내식용)
- 내열성 및 전기저항이 크고 고온에서 경도 및 강도 저하가 적다.

37 주철의 용접은 보수용접에 많이 쓰이며 주물의 상태, 결함의 위치, 크기, 겉모양 등에 유의하여야 한다. 주철의 보수용접 종류가 아닌 것은?

① 스터드법 ② 빌드업법
③ 비녀장법 ④ 버터링법

> [해설]

주철 보수용접의 종류
로킹법, 스터드법, 비녀장법, 버터링법

> [암기팡] ➤ 로.스.비.버.

38 철강 표면에 Zn을 확산 침투시키는 방법으로 청분이라고 하는 300mesh 정도의 Zn 분말 속에 제품을 넣고, 300~420℃로 1~5시간 가열하여 경화층을 얻는 금속침투법은?

① 칼로라이징(calorizing)
② 세라다이징(sheradizing)
③ 크로마이징(chromizing)
④ 실리코나이징(siliconizing)

> [해설]

금속 침투법
강재 표면에 다른 금속을 침투 확산시킴으로써 강재 표면에 내식 내산성을 높인다.
- 크로마이징 : Cr 분말을 재료 표면에 침투. 내식, 내열, 내마모성 향상
- 칼로라이징 : Al을 재료 표면에 침투. 내열, 내산, 내식성 향상
- 세라다이징 : Zn 분말을 침투 확산, 내식성 향상 및 표면 경화층 얻음
- 실리코나이징 : Si을 침투시켜 내식성 향상
- 보로나이징 : B을 침투 확산, 표면 경도 향상

> [암기팡] ➤ 크로-크롬(Cr), 칼로-카알(Al), 세라-세아(Zn), 보로-붕소(B).

39 페라이트계 스테인리스강에 대한 설명으로 틀린 것은?

① 표면이 잘 연마된 것은 공기나 물 중에서 부식되지 않는다.
② Cr 12~17%, C 0.2% 이하 함유된 스테인리스강이다.
③ 유기산, 질산, 염산, 황산 등에 잘 침식된다.
④ 오스테나이트계에 비하여 내산성이 낮다.

> [해설]

페라이트계 스테인리스강
- 내산성이 낮다.(오스테나이트계에 비해)
- Cr 15% C 0.2% 이하 함유된 스테인리스강이다.
- 표면이 잘 연마되면 공기나 물 중에서 부식되지 않는다.
- 유기산 질산에는 침식이 안 되나 다른 산에는 침식된다.

40 구리 및 구리합금의 용접 시 판두께 6mm 이하에서 많이 사용되며, 용접부의 기계적 성질이 우수하여 가장 널리 쓰이는 용접법은?

① 불활성가스 텅스텐 아크용접
② 테르밋 용접
③ 일렉트로 슬래그 용접
④ CO_2 아크용접

> [해설]

불활성가스 텅스텐 아크용접은 구리 및 구리 합금의 용접에서 판두께 6mm 이하에서 많이 사용되며, 용접부의 기계적 성질이 우수하여 가장 널리 쓰임

정답 37 ② 38 ② 39 ③ 40 ①

41 듀콜(ducol)강은 어디에 속하는 강종인가?

① 고망간강 중 시멘타이트 조직을 나타낸다.
② 저망간강 중 펄라이트 조직을 나타낸다.
③ 고망간강 중 오스테나이트 조직을 나타낸다.
④ 저망간강 중 페라이트 조직을 나타낸다.

[해설]

듀콜강은 저망간강 중에 펄라이트 조직을 나타낸다. 용접성이 우수하며 Cu를 첨가하면 내식성이 개선된다.

42 잔류 오스테나이트를 마텐자이트화하기 위한 처리를 무엇이라고 하는가?

① 심랭처리   ② 용체화 처리
③ 균질화 처리   ④ 불루잉 처리

[해설]

심랭처리(서브제로처리)
- 잔류 오스테나이트를 마텐자이트화하기 위한 처리
- 담금질된 강의 경도를 증가시키고 시효 경화를 방지할 목적으로 0℃ 이하의 온도에서 처리하는 것

43 잔류응력이 존재하는 구조물에 인장이나 압축하중을 걸어 용접부를 약간 소성변형시킨 후 하중을 제거하면 잔류응력이 감소하는 현상을 이용하는 잔류응력 완화법은?

① 기계적 응력 완화법   ② 저온 응력 완화법
③ 피닝법   ④ 응력제거 풀림법

[해설]

잔류응력 완화법(용접 후 처리)
- 기계적 응력 완화법 : 잔류응력이 존재하는 구조물에 인장이나 압축 하중을 걸어 용접부를 약간 소성 변형시킨 후 하중을 제거하면 잔류응력이 감소하는 현상
- 저온 응력 완화법 : 가스 불꽃에 의해서 너비의 60~130mm에 걸쳐 150~200℃ 가열 후 곧 수랭하는 법
- 국부 풀림법 : 커다란 제품이나 현장 구조물인 경우 노내 풀림이 곤란할 때 용접선 좌우 양측을 각각 250mm 범위 또는 판두께 12배 이상의 범위를 가열한 후 서랭한다. 이 경우 주의할 점은 국부 풀림은 온도를 불균일하게 할 뿐만 아니라 오히려 잔류응력이 발생될 수 있으므로 주의를 해야 한다.
- 노내 풀림법 : 유지시간이 길수록 유지온도가 높을수록 효과가 크다. 제품 전체를 가열로 안에 넣고 적당한 온도에서 일정시간 유지한 다음 노에서 서랭한다.

44 용접을 진행하면서 용접부 부근을 냉각시켜 모재의 열영향부 범위를 축소시킴으로써 변형을 방지하는 데 사용하는 냉각법에 속하지 않는 것은?

① 수랭동판 사용법   ② 살수법
③ 피닝법   ④ 석면포 사용법

[해설]

변형 방지법

1. **억제법**
   - 공작물을 가접 혹은 구속 지그 등을 사용하여서 변형을 억제한다.
   - 잔류응력이 생기기 쉽다.
2. **역변형법** : 용접한 후 변형 각도만큼 용접 전에 미리 반대방향으로 용접하는 방법(150mm×9t에서 변형을 2~3° 준다.)
3. **도열법** : 용접부 주위를 물을 적신 석면 동판을 접촉시킴으로 로써 수랭으로 열을 낮추는 방법(수랭동판 사용법)
4. **용착법** : 스킵법, 대칭법, 후퇴법 등을 사용한
5. **피닝법** : 끝이 둥근 특수 해머로 연속 타격하여 표면에 소성변형을 주어 인장응력을 완화하는 방법.(문제에서 용접부 부근을 냉각시켜 변형을 방지하는 냉각법이 아닌 것은 피닝법뿐입니다.)

45 모재에 라미네이션이 발생하였다. 이 결함을 찾는 데 가장 좋은 비파괴검사방법은?

① 육안시험   ② 자분탐상시험
③ 음향검사시험   ④ 초음파탐상시험

[해설]

1. **라미네이션** : 보일러 강판이나 관의 스케줄 속에서 기공 불순물이 있는 상태에서 압연 가공을 함에 따라 평행하게 늘어나 층상 조직을 형성하는 것(두 장으로 일부 분리)

정답 41 ② 42 ① 43 ① 44 ③ 45 ④

2. 브리스터 : 라미네이션 상태에서 높은 열을 받으면 부풀어 오른다거나 표면이 갈라지는 현상
3. 초음파 검사(UT) : 가청 주파수인 초음파(0.5~15MHz)를 내부에 침투시켜 불균일층, 내부결함 유무를 찾아냄
   - 길이나 두께가 큰 물체를 탐상하는데 적합
   - 요철이 심한 것, 얇은 박피같은 것은 검출이 곤란하다.
   - 위험요소가 없다.

46 아크 용접부 파단면에 생기는 것으로 용접부의 냉각속도가 너무 빠르고 모재의 탄소, 탈산생성물 등이 너무 많을 때의 원인으로 생성되는 결함은?

① 언더필 ② 스패터링
③ 아크 스트라이크 ④ 선상조직

[해설]
1. 선상조직
   - 아크 용접부 파단면에 생기는 것으로 용접부의 냉각속도가 너무 빠르고 모재의 탄소, 탈산 생성물 등이 너무 많을 때의 원인으로 생기는 결함
   - 대책 : 용접부에 급랭을 피하고 모재 재질에 합당한 적당한 용접봉을 선택할 것
2. 언더컷
   - 아크 길이가 길 때
   - 용접전류가 너무 높을 때
   - 부적당한 용접봉 사용 시
   - 용접봉 선택이 불량할 때
   - 용접속도가 너무 빠를 때
3. 스패터
   - 아크 길이가 길 때
   - 용접전류가 높을 때
   - 용접봉에 습기가 존재할 때

47 용접기본기호 중 표면육성기호로 맞는 것은?

① ○ ② ⊖
③   ④ ⌒

[해설]
용접부 기호
○ : 점용접
⊖ : 심용접
⌒ : 표면육성(서페이싱)
⌒ : 겹침접합
— : 평면
||| : 가장자리용접
⌣ : 끝단부 매끄럽게 함

48 제어의 형태에 따라 산업용 로봇을 분류할 때 해당되지 않는 것은?

① 서보제어 로봇 ② 논 서보제어 로봇
③ 원통좌표 로봇 ④ CP제어 로봇

[해설]
제어 형태에 따른 산업용 로봇의 분류
- 논 서보제어 로봇
- 서브제어 로봇
- CP제어 로봇

암기짱 ▶ 논.서브.CP.

49 다음 중 용착법에 대해 잘못 표현된 것은?

① 덧살올림법 : 각 층마다 전체의 길이를 용접하면서 쌓아올리는 방법
② 대칭법 : 용접부의 중앙으로부터 양끝을 향해 대칭적으로 용접해 나가는 방법
③ 비석법 : 용접 길이를 짧게 나누어 간격을 두면서 용접하는 방법
④ 전진블록법 : 한 끝에서 다른 쪽 끝을 향해 연속적으로 진행하면서 용접하는 방법

정답 46 ④ 47 ③ 48 ③ 49 ④

해설

용착법의 종류

1. 블록법(Block Sequence=전진블록법)
   - 낱개 용접봉을 살을 붙일 만한 길이로 구분 용접할 홈을 한 부분씩 여러 층으로 쌓은 후 다른 부분으로 용접을 해가는 방법
   - 전진블록법은 짧은 용접 길이로 표면까지 용착하므로 첫 층에 균열(Crack)이 발생하기 쉬울 때 사용한다.
2. 덧살올림법(Build Up Sequence=빌드업법)
   - 용접 전체 길이에 대해 각 층을 연속하여 용접하는 방법
   - 한냉시나 구속이 클 때, 판 두께가 두꺼울 때에는 첫 층에 균열(Crack) 발생 우려가 있다.
3. 캐스케이드법(Cascade Sequence)
   - 후진법과 병용하여 사용하면 결함이 잘 생기지 않으나 특별한 경우 외에는 사용하지 않는다.
4. 스킵법(Skip Method=비석법)
   - 용접이음 전체 길이에 대해 뛰어 넘어서 용접하는 방법
   - 변형 잔류응력을 균일하게 하고 있지만, 시·종점 부분에 결함이 생길 때가 있다.
5. 대칭법(Symmetric)
   - 용접이음 전 길이를 분할해서 이음 중앙에 대해서 대칭으로 용접을 실시
   - 잔류응력 변형을 대칭으로 유지하려 할 때
6. 후진법(Back Step Method)
   - 용접 진행방향과 용착 방법이 반대로 되는 방법
   - 잔류응력을 균일하게 하여 변형을 적게 할 수 있다.
7. 전진법(Progressive Method)
   - 이음 한쪽 끝에서 다른 끝으로 진행하는 방법
   - 시작 부분보다 끝나는 부분이 수축이나 잔류응력이 더 크다.

50 용접재료시험법 중에서 인장시험 파단 후의 시험편 단면적을 $A\,(\text{mm}^2)$, 최초의 단면적을 $A_0\,(\text{mm}^2)$라 할 때 단면수축률 ϕ를 구하는 식은?

① $\phi = \dfrac{A - A_0}{A_0} \times 100\,(\%)$

② $\phi = \dfrac{A_0 - A}{A_0} \times 100\,(\%)$

③ $\phi = \dfrac{A - A_0}{A} \times 100\,(\%)$

④ $\phi = \dfrac{A_0 - A}{A} \times 100\,(\%)$

해설

단면수축률 $= \dfrac{A_0 - A}{A_0} \times 100\,(\%)$

51 용접지그를 선택하는 기준으로 틀린 것은?

① 용접하고자 하는 물체를 튼튼하게 고정시켜 줄 수 있는 크기와 강성이 있어야 한다.
② 용접변형을 억제할 수 있는 구조이어야 한다.
③ 피용접물과의 고정과 분해가 어렵고 용접할 간극을 적당하게 받쳐 주어야 한다.
④ 청소하기 쉽고 작업능률이 향상되어야 한다.

해설

용접지그 선택 기준

- 청소하기 쉽고 작업능률이 향상되어야 한다.
- 용접 변형을 억제할 수 있는 구조이어야 한다.
- 용접하고자 하는 물체를 튼튼하게 고정시켜 줄 수 있는 크기와 강성이 있어야 한다.
- 아래보기 자세 용접이 가능할 것
- 고정 후 수정 없이 정확하게 고정될 것
- 구조가 간단하고 저렴할 것

52 보통 판 두께 4~19mm 이하의 경우를 한쪽에서 용접으로 완전용입을 얻고자 할 때 사용하며 홈 가공이 비교적 쉬우나 판의 두께가 두꺼워지면 용착 금속의 양이 증가하는 맞대기 이음형상은?

① V형 홈   ② H형 홈
③ J형 홈   ④ X형 홈

해설

맞대기 홈의 형상

- I형(판 두께 6mm까지), V형(6~19mm), J형(6~19mm, 양면 J형 12mm), U형(6~50mm), H형(50mm 이상)
- V형 홈은 보통 판 두께가 4~19mm 이하의 경우 한 쪽에서 용접으로 완전용입을 얻고자 할 때 사용하며 홈 가공이 비교

적 쉬우나 판의 두께가 두꺼워지면 용착 금속의 양이 증가하는 맞대기 이음이다.

53 어떤 부재의 용접시공 시 용착금속의 중량을 Wd(g), 용착속도를 V(g/hr), 용접공의 실동효율(=아크타임)을 Te(%)라 할 때 용접작업시간(총 용접시간) Ta(hr)의 계산식은?

① $\dfrac{Wd \cdot V}{Te}$ ② $\dfrac{V}{Wd \cdot Te}$

③ $\dfrac{Wd}{V \cdot Te}$ ④ $\dfrac{Te}{Wd \cdot V}$

해설

용접 작업시간(총 용접시간) = $\dfrac{Wd}{V \cdot Te}$

- V(g/h) 용착속도
- Te(%) 아크타임
- Wd(g) 용착금속의 중량(g)

54 피복아크용접에서 아크길이가 너무 길거나 용접전류가 지나치게 높을 때 발생되는 용접 결함으로 가장 적당한 것은?

① 슬래그 혼입 ② 언더컷
③ 선상조직   ④ 오버랩

해설

용접부 결함
1. 언더컷
   - 아크 길이가 길 때
   - 용접전류가 너무 높을 때
   - 부적당한 용접봉 사용 시
   - 용접봉 선택이 불량할 때
   - 용접속도가 너무 빠를 때
   ※ 언더컷 발생 시 가는 용접봉으로 재용접할 것
2. 슬래그 혼입
   - 용접전류 낮을 때
   - 용접봉 각도가 부적당할 때
   - 용접속도가 너무 느릴 때
   - 슬래그가 용융 푸울 보다 선행 시

- 용접이음이 부적당할 때
- 슬래그 제거를 불완전하게 할 때
- 루트 간격이 좁을 때
※ 슬래그 발생 시 발생부분을 깎아 내고 재용접할 것

3. 선상조직 : 아크 용접부 파단면에 생기는 것으로 용접부의 냉각속도가 너무 빠르고 모재의 탄소, 탈산 생성물 등이 너무 많을 때 생기는 결함
   - 용접부에 급랭을 피하고(냉각속도가 빠를 때)
   - 모재의 재질 불량 시
4. 오버랩
   - 용접전류가 너무 낮을 때
   - 용접속도가 너무 느릴 때
   - 용접봉 유지각도 불량(위빙불량)

55 관리도에서 점이 관리한계 내에 있으나 중심선 한쪽에 연속해서 나타나는 점의 배열현상을 무엇이라 하는가?

① 연   ② 경향
③ 산포   ④ 주기

해설

- 런(Run) : 중심선 한 쪽에 연속해서 나타나는 점의 배열 현상 (관리도에서 점이 관리 한계내에 있으나 중심선 한 쪽에 연속해서 나타나는 점의 배열현상)
- 경향(Trend) : 관측 값이 연속해서 6 이상의 점이 하강 또는 상승하는 점의 배열현상
- 주기(Cycle) : 점이 주기적으로 상하로 변동하여 파형을 나타내는 점의 배열현상
- 산포(Scatter) : 흩어진 정도(즉, 자료가 퍼져있는 정도이다.)

56 로트의 크기 30, 부적합품률 10%인 로트에서 시료의 크기를 5로 하여 랜덤 샘플링할 때, 시료 중 부적합품 수가 1개 이상일 확률은 약 얼마인가?(단, 초기하분포를 이용하여 계산한다.)

① 0.3695   ② 0.4335
③ 0.5665   ④ 0.6305

정답 53 ③   54 ②   55 ①   56 ②

해설

$$L = \frac{\binom{PN}{m}\binom{N-PN}{n-x}}{\binom{N}{n}} = \frac{\binom{0.1\times30}{1}\binom{30-0.1\times30}{5}}{\binom{30}{3}} = 0.4335$$

57 다음 중 브레인스토밍(Brainstorming)과 가장 관계가 깊은 것은?

① 파레토도 ② 히스토그램
③ 회귀분석 ④ 특성요인도

해설
- 브레인스토밍(Brainstorming)은 생선뼈 형태로 그린 그림으로 문제가 되는 결과와 이에 대응하는 원인과의 관계를 알 수 있다.
- 파레토도(Pareto Diagram)에 나타난 부적합 항목이 영향을 주는 여러 가지 요인을 찾아내는 데 유용한 기법으로 브레인스토밍 방법을 이용한다.

58 작업개선을 위한 공정분석에 포함되지 않는 것은?

① 제품 공정분석 ② 사무 공정분석
③ 직장 공정분석 ④ 작업자 공정분석

해설
작업개선을 위한 공정분석
- 작업자 공정분석 : 작업자가 A 장소에서 B 장소로 이동할 때 수행하는 모든 행위를 분석하는 것
- 사무 공정분석 : 공장이나 사무실 제도나 수속 등을 분석하며 개선하는 데 쓰이며 서비스 분야에서 적용하고 있다.
- 제품 공정분석 : 어떤 재료가 제품으로 되어가는 과정을 분석 기록하는 것
- 부대분석 : 특정 항목을 연구해 구체적인 개선안을 마련하고 작업 현장의 실태를 알기 위해 실시되는 것

59 로트의 크기가 시료의 크기에 비해 10배 이상 클 때, 시료의 크기와 합격판정 개수를 일정하게 하고 로트의 크기를 증가시키면 검사특성곡선의 모양 변화에 대한 설명으로 가장 적절한 것은?

① 무한대로 커진다.
② 거의 변화하지 않는다.
③ 검사특성곡선의 기울기가 완만해진다.
④ 검사특성곡선의 기울기 경사가 급해진다.

해설
- 로트 검사 특성이 OC곡선이다. 로트의 크기가 시료의 크기에 비하여 10배 이상 클 경우 시료 크기와 합격 판정 개수를 일정하게 하고 로트의 크기를 증가시키면 QC곡선은 거의 변화가 없다.
- 로트의 품질에 따라 로트 합격률을 나타내는 곡선

60 과거의 자료를 수리적으로 분석하여 일정한 경향을 도출한 후 가까운 장래의 매출액, 생산량 등을 예측하는 방법을 무엇이라 하는가?

① 델파이법 ② 전문가패널법
③ 시장조사법 ④ 시계열분석법

해설
시계열분석법
① 미리 수요를 예측하는 방법으로 예전(과거)의 수요를 수리적으로 분석하는 것을 기초로 하는 기법이다.
② 일정한 시간 변화에 따른 형태 변화 혹은 생산성 변화를 파악해 현실진단 또는 미래예측에 적용한다.

정답 57 ④ 58 ③ 59 ② 60 ④

2011년 제49회(4.17)

01 인버터 방식의 아크용접기의 특징이 아닌 것은?

① 용접기가 소형 경량이다.
② 고속 정밀 제어가 가능하다.
③ 아크 스타트(arc start)율이 높다.
④ 용접기의 보수 유지가 간단하다.

해설

인버터 아크용접기 특징
- 아크 스타트(Arc Start)율이 높다.
- 고속 정밀 제어가 가능하다.
- 용접기가 소형 경량이다.
- 용접기 보수 유지가 복잡하다.

02 가스 절단용 산소 중의 불순물이 증가될 때 나타나는 현상으로 올바른 것은?

① 절단면이 깨끗해진다.
② 절단속도가 빨라진다.
③ 산소의 소비량이 많아진다.
④ 슬래그의 이탈성이 좋아진다.

해설

절단 산소 중 불순물 증가 시
- 절단면이 거칠어진다.
- 절단속도가 느려진다.
- 산소 소비량이 많아진다.
- 슬래그 이탈성이 나빠진다.
- 절단 개시 시간이 길어진다.
- 절단 홈 폭이 넓어진다.
- 산소 순도가 1% 저하 시 절단속도가 25% 저하된다.

03 금속재료를 접합하는 방법 중 용접은 무슨 접합법인가?

① 기계적 접합법   ② 야금적 접합법
③ 전자적 접합법   ④ 자기적 접합법

해설

- 야금적 접합 : 용접의 종류에는 융접, 압접, 납땜이 있으며, 용접을 야금적 접합이라 한다.
- 기계적 접합 : 리벳이음, 볼트이음, 시임, 코터이음 등

04 피복아크용접봉의 피복제에 대하여 설명한 것 중 맞지 않는 것은?

① 저수소계를 제외한 다른 피복아크용접봉의 피복제는 아크 발생 시 탄산(CO_2)가스와 수증기(H_2O)가 가장 많이 발생한다.
② 아크 안정제는 아크열에 의하여 이온화가 되어 아크 전압을 강화시키고 이에 의하여 아크를 안정시킨다.
③ 가스 발생제는 중성 또는 환원성 가스를 발생하여 용접부를 대기로부터 차단하여 용융금속의 산화 및 질화를 방지하는 작용을 한다.
④ 슬래그 생성제는 용융점이 낮은 슬래그를 만들어 용융금속의 표면을 덮어서 산화나 질화를 방지하고 용착금속의 냉각속도를 느리게 한다.

해설

저수소계(Low Hydrogen Type) 용접봉은 석회석(탄산칼슘 $CaCO_3$)과 형석(불화칼슘 CaF_2)을 주성분으로 용착금속 중 수소 함유량이 타 용접봉에 비해 1/10 정도 적다. 또한 용접봉에서 발생되는 가스는 용융금속과 아크를 대기로부터 보호해 주는데 이산화탄소 가스가 이 역할을 한다.
※ 일반 용접봉은 수소(H_2)와 일산화탄소(CO)를 가장 많이 발생한다.

정답 01 ④ 02 ③ 03 ② 04 ①

05 절단부에 철분 등을 압축공기로 팁을 통해 분출시키며 예열불꽃 중에서 연소반응에 따른 고온을 이용한 절단법으로 맞는 것은?

① 산소창 절단   ② 탄소 아크 절단
③ 분말 절단   ④ 미그 절단

> 해설

분말 절단과 산소창 절단
- 분말 절단 : 스테인리스강, 비철금속, 주철 등은 가스 절단이 용이하지 않기 때문에 철분이나 용제를 연속해서 절단 산소에 공급함으로써 발생하는 산화열 또는 용제의 화학 작용을 이용하여 절단한다.(연소 반응에 따른 고온열을 이용한 절단법)
- 산소창 절단 : 토치 대신 가늘고 긴 강관(내경 3.2~6mm, 길이 1.5~3m)인 창을 통해 절단 산소를 내보내 연소시킴으로써 절단을 한다. 용광로(고로), 평로의 탭구멍 천공, 콘크리트 절단 암석 천공 등에 쓰인다.

06 가스용접 시 가변압식 토치에 사용하는 팁 번호가 250번인 것을 중성불꽃으로 용접한다면 아세틸렌가스의 소비량은 매 시간당 몇 L가 소비되는가?

① 100   ② 150
③ 200   ④ 250

> 해설

1. 불변압식(A형, 독일식) : 용접할 수 있는 판 두께
   - 1번 팁 : 두께 1mm 연강판에 적당
   - 2번 팁 : 두께 2mm 연강판에 적당
   ※ 니들 밸브가 없다.
2. 가변압식(B형, 프랑스식) : 1시간당 소비되는 아세틸렌 소비량
   - 250번 팁 : 표준불꽃으로 용접했을 때 1시간당 아세틸렌 소비량이 250l
   ※ 니들 밸브가 있어 불꽃 조절이 용이하다.

07 아세틸렌가스의 자연발화 온도는 몇 도인가?

① 306~308℃   ② 355~358℃
③ 406~408℃   ④ 455~458℃

> 해설

1. 자연발화 온도 : 406~408℃
2. 폭발위험 : 505~515℃
3. 산소가 없어도 780℃ 이상이면 자연 폭발
4. 압력 : • 1.3kg/cm^2 이하에서 사용
   • 1.5kg/cm^2 이상 충격 가열에 의해 분해 폭발
   • 2.0kg/cm^2 이상 폭발

08 자기불림 또는 아크쏠림의 방지책이 아닌 것은?

① 큰 가접부를 향하여 용접할 것
② 긴 용접부는 후퇴법을 사용할 것
③ 용접봉 끝은 아크쏠림 쪽으로 기울여 용접할 것
④ 접지점 2개를 연결하여 용접할 것

> 해설

아크쏠림의 방지책(자기불림)
- 용접봉의 끝은 아크쏠림 반대방향으로 기울여 용접한다.
- 큰 가접부를 향하여 용접한다.
- 긴 용접부는 후퇴법을 사용한다.
- 접지점 2개를 연결하여 용접할 것
- 직류용접 대신 교류용접을 한다.
- 모재와 동일한 재료 조각을 용접선에 연장하도록 가용접한다.
- 짧은 아크를 사용한다.
- 용접부에서 접지점을 될 수 있는 대로 멀리있게 할 것
- 이음부 처음과 끝에 엔드탭을 사용한다.
※ 아크쏠림(자기쏠림, 자기불림(Magnetic Blow)) : 용접 중 아크가 용접봉 방향에서 한쪽으로 쏠리는 현상

09 교류 아크용접기(AC arc welding machine)에 관한 설명 중 옳은 것은?

① 교류 아크용접기는 극성 변화가 가능하고 전격의 위험이 적다.
② 교류 아크용접기는 가동철심형, 탭전환형, 엔진구동형, 가포화리엑터형 등으로 분류된다.
③ AW-300은 교류 아크용접기의 정격 입력 전류가 300(A) 흐를 수 있는 전류 용량의 값을 표시하고 있다.
④ 교류 아크용접기의 부속장치에는 고주파 발생장치, 전격방지장치, 원격제어장치 등이 있다.

해설

- ①번은 직류 아크용접기 특성이다.
- ②번에서 교류 아크용접기 종류는 **가동철심형, 가동코일형, 가포화리엑터형, 탭전환형** 등으로 분류된다.
- ③번 AW-300은 교류 아크용접기의 정격 입력 전류가 300(A) 흐를 수 있는 전류 용량의 값을 표시하고 있다. 또는 AW-300은 교류 아크용접기 정격 2차 전류 의미
- ④번 교류 아크용접기 부속장치는 고주파 발생장치, 전격방지 장치, 원격제어 장치, 핫 스타트 장치 등이다.

10 아크 에어 가우징에 대한 설명으로 틀린 것은?

① 그라인딩, 치핑, 가스 가우징보다 작업능률이 2~3배 높다.
② 가우징 토치는 일반 피복 아크용접봉 토치와 비슷하나 부수적으로 압축공기를 보내는 공기통로와 분출구가 마련되어 있다.
③ 용융금속을 쉽게 불어내므로 가우징 속도가 느려 모재의 가열범위가 넓다.
④ 활용범위가 넓어 비철금속(스테인리스강, 알루미늄, 동합금 등)에도 적용된다.

해설

아크 에어 가우징(Arc Air Gouging)
탄소 아크 절단에 압축공기(5~7kg/cm²)를 병용해서 전원은 직류 역극성을 이용하여 아크열로 용융시킨 부분을 압축공기로 홈을 파내는 작업으로 절단 작업도 가능하다.
- 용융금속을 순간적으로 쉽게 불어내므로 모재에 영향을 주지 않는다.
- 그라인딩, 치핑, 가스 가우징보다 **작업능률이 2~3배 높다.**
- 가우징 토치는 일반 피복 아크 용접봉 토치와 비슷하나 부수적으로 압축공기를 보내는 공기통로와 분출구가 마련되어 있다.
- 활용 범위가 넓어 철, 비철금속(스테인리스강, 알루미늄, 동합금 등)에도 적용된다.
- 소음이 없고 경비가 저렴하며 용융범위가 넓다.
- 균열 등 용접 결함부 발견이 쉽다.
- 아크 에어 가우징 장치에는 가우징 토치, 가우징봉(용접봉) 전원(직류 역극성), 압축공기(콤프레서) 등이 있다.

11 가스용접에서 전진법과 비교한 후진법에 대한 설명으로 틀린 것은?

① 판 두께가 두꺼운 후판에 적합하다.
② 용접속도가 빠르다.
③ 용접변형이 작다.
④ 열 이용률이 나쁘다.

해설

- **전진법(좌진법)** : 오른쪽에서 왼쪽으로 용접하는 방법
- **후진법(우진법)** : 왼쪽에서 오른쪽으로 용접하는 방법
- ※ 후진법은 비드 모양만 나쁘고 모두 다 좋다.

구분	후진법	전진법
용접속도	빠르다	느리다
열 이용률	좋다	나쁘다
용접변형	적다	크다
산화정도	약하다	심하다
판 두께	두껍다	얇다
용도	후판에 좋다	박판에 좋다
비드 모양	매끈하지 못하다	매끈하다
홈 각도	작다	크다

12 용접 수축량에 미치는 용접시공 조건의 영향으로 맞는 것은?

① 용접속도가 빠를수록 각 변형이 커진다.
② 용접봉 직경이 큰 것이 수축이 크다.
③ 용접 밑면 루트 간격이 클수록 수축이 크다.
④ 용접 홈의 형상에서 V형 홈이 X형 홈보다 수축이 적다.

해설

용접 수축량에 미치는 용접시공 조건
- 용접 밑면 루트 간격이 클수록 수축이 크다.
- 용접 속도가 느릴수록 각 변형이 커진다.
- 용접봉 직경이 큰 것이 수축이 적다.
- 용접 홈의 형상에서 V형 홈이 X형 홈보다 수축이 크다.

정답 10 ③ 11 ④ 12 ③

13 용접기의 자동전격 방지장치에서 아크를 발생하지 않을 때는 보조변압기에 의해 용접기의 2차 무부하 전압을 몇 V 이하로 유지하는 것이 가장 적합한가?

① 30　　　　　　② 40
③ 45　　　　　　④ 50

해설

전격 방지 장치(Voltage Reducing Device)
교류 용접기는 무부하 전압이 75~80V여서 전격 감전 위험이 있으므로, 용접사를 보호하기 위해 용접 작업을 수행하지 않을 때는 2차 무부하 전압을 20~30V로 유지하고 있다가 용접봉이 모재에 접촉되는 순간 릴레이가 작동하여 용접 작업이 가능하도록 하는 장치

14 피복 아크용접봉 중 염기성이면서 내균열성이 가장 우수한 것은?

① 저수소계　　　　② 라임티타니아계
③ 일루미나이트계　　④ 고셀룰로오스계

해설

저수소계(Low Hydrogen Type)(E4316)
- 염기성이며 내균열성 등 기계적 성질 우수
- 석회석, 형석이 주성분이며 다른 용접봉에 비해 수소 함유량이 1/10 정도로 적다.
- 아크가 불안하며 용접속도가 느리고 용접 시점에선 기공이 생기므로 후진법이 대안이다.
- 용접봉의 습기는 기공과 균열의 원인이므로 사용 전에 300~350℃ 정도에서 1~2시간 정도 건조 후 사용함

15 다음은 여러 가지 절단법에 대하여 설명한 것이다. 틀린 것은?

① 산소창 절단법의 용도는 스테인리스강이나 구리, 알루미늄 및 그 합금을 절단하는 데 주로 사용한다.
② 아크 에어 가우징은 탄소아크 절단에 압축공기를 같이 사용하는 방법으로 용접부의 홈파기, 결함부 제거 등에 사용된다.
③ 수중 절단에 사용되는 연료가스로는 수소, 아세틸렌, LPG 등이 쓰인다.
④ 레이저 절단은 다른 절단법에 비해 에너지 밀도가 높고 정밀 절단이 가능하다.

해설

절단 가공
- 산소창 절단(Oxygen Lance Cutting)은 강괴 절단이나 후판 절단, 시멘트나 암석의 구멍 뚫기에 사용된다.
- 아크 에어 가우징은 탄소아크 절단에 압축공기를 같이 사용하는 방법으로 용접부의 홈파기, 결함부 제거 등에 사용된다.
- 수중절단에 사용되는 연료 가스로는 수소, 아세틸렌, LPG 등이 쓰인다. (교량교각 개조, 침몰선 해체, 방파제 공사 등 절단에 사용)
- 레이저 절단은 다른 절단법에 비해 에너지 밀도가 높고 정밀 절단이 가능하다.

16 일렉트로 슬래그 용접의 장점이 아닌 것은?

① 후판을 단일층으로 한 번에 용접할 수 있다.
② 최소한의 변형과 최단 시간의 용접법이다.
③ 아크가 눈에 보이지 않고 아크불꽃이 없다.
④ 높은 입열로 인하여 기계적 성질이 향상된다.

해설

일렉트로 슬래그 용접 특징
- 두꺼운 판(후판)을 단층으로 한번에 용접할 수 있다.
- 변형이 적고 능률적이며 경제적이어서 최소 변형과 짧은 시간의 용접법이다.
- 아크가 불가시이므로 아크불꽃이 없다.
- 높은 입열로 인하여 열영향부가 크므로 기계적 성질이 나쁘다.
- 홈 모양은 간단한 I형이므로 가공이 간단하다.
- 가격은 고가이며 용접시간에 비해 준비시간이 많이 걸린다.
- 보일러 드럼, 대형 부품 롤, 수력 발전소 터빈 축 등에 쓰인다.
- 각 변형이 적고 용접 품질이 우수하다.
- 전기 저항열을 이용해 용접한다. (줄의 법칙 적용)
- 스패터 발생이 적고 용융금속 용착량은 100%이다.
- 박판용접엔 적용할 수 없다.

정답 13 ①　14 ①　15 ①　16 ④

17 TIG 용접에 대한 설명으로 가장 거리가 먼 것은?

① TIG 용접은 알루미늄 합금과 스테인리스강을 비롯한 대부분의 금속을 접합할 수 있다.
② TIG 용접은 용제(flux)를 사용하지 않으므로 슬래그 제거가 불필요하다.
③ TIG 용접은 교류전원만을 용접에 사용하고 있다.
④ TIG 용접에 사용하는 아르곤 가스는 용착금속의 산화, 질화를 방지한다.

> **해설**

TIG 용접
- TIG 용접은 직류 정극성(DCSP), 직류 역극성(DCRP), 고주파 교류(ACHF)를 용접에 사용하고 있다.
- TIG 용접은 산화하기 쉬운 금속인 알루미늄, 구리, 스테인리스강을 비롯한 대부분 금속 등의 용접이 용이하고 용착부 성질이 우수하다.
- TIG 용접은 용제를 사용치 않으므로 슬래그 제거가 불필요하며 연성, 강도, 기밀성 등이 우수하다. TIG용접에 사용하는 아르곤 가스는 용착금속의 산화, 질화를 방지한다.
- 직류 역극성과 아르곤 가스 사용 시 청정 작용을 얻을 수 있다.
- 보호가스로 아르곤 25%, 헬륨 75% 가장 많이 사용
- 후판 용접에는 부적당하고 박판 용접에 적당하며 전자세 용접이 용이
- 박판 용접 시 용가재를 사용치 않아도 용접부는 양호하다.

18 MIG 용접의 특징 설명으로 틀린 것은?

① 수동 피복아크용접에 비하여 능률적이다.
② 각종 금속의 용접에 다양하게 적용할 수 있다.
③ 박판(3mm 이하) 용접에서는 적용이 곤란하다.
④ CO_2 용접에 비해 스패터의 양이 많다.

> **해설**

MIG 용접 특징(GMAW)
- CO_2 용접에 비해 스패터 양이 적다.(용접 후 처리 불필요)
- 수동 피복아크용접에 비해 능률적이다.(조작이 간단하고 쉽게 용접이 가능)
- 각종 금속 용접에 다양하게 적용할 수 있다.(응용 범위 넓다.)
- 3mm 이하 박판 용접에서는 적용이 곤란하고 후판 용접에 적합하다.
- 용착 효율이 높다.(수동 피복아크용접 60%, MIG는 95%이다.)
- 용접속도가 빠르다.
- 전자세 용접이 가능하고 용입이 크고, 전류 밀도는 TIG 용접에 2배, 일반 용접에 4~6배로 매우 크다.
- 방풍 대책이 필요하다.(이유 : 바람의 영향을 크게 받기 때문에 옥외에서 사용하기는 힘들다.)
- 상품명으로 에어 코우 메틱, 시그마, 필터아크, 아르고 노트 용접법이 있다.

19 저항 점용접(spot welding)에서 용접을 좌우하는 중요인자가 아닌 것은?

① 용접전류   ② 통전시간
③ 용접전압   ④ 전극 가압력

> **해설**

저항 용접 3요소
용접전류, 통전시간, 가압력

> **암기팡** ▶▶ 저항받은 전.통.가.요

20 화재의 분류 및 구성, 안전에 대한 설명 중 틀린 것은?

① 전기화재에는 포말소화기를 사용한다.
② 인화성 액체의 반응 또는 취급은 폭발 한계범위 이외의 농도로 한다.
③ 화재의 구성 요소는 가연성 물질, 산소 그리고 점화원이다.
④ 화재의 분류 중 D급 화재는 금속화재를 말한다.

> **해설**

구분	A급	B급	C급	D급
화재 종류	일반 화재	유류, 가스	전기	금속
표시색	백색	황색	청색	무색

> **암기팡** ▶▶ A.B.C.D. - 일.유.전.금.(공)이 백.황.청.무.를 먹는구나.

1. 화재 분류 구성, 안전
   - 전기 화재에는 CO_2, 분말소화기를 사용할 것
   - 화재의 3요소는 가연물, 산소공급원, 점화원이다.
   - 인화성 액체의 반응 또는 취급은 폭발 범위 이외의 농도로 한다.

정답 17 ③   18 ④   19 ③   20 ①

2. 연소의 색과 온도
- 암적색 : 700~750℃
- 적색 : 850℃
- 휘적색 : 925~950℃
- 황적색 : 1,100℃
- 백적색 : 1,200~1,300℃
- 휘백색 : 1,500℃

> **암기팡** ▶▶ 암칠(700)이와 저(적)팔가 휘파람 불구 황땡땡(11)이와 백땡이(12)는 회오리(15) 바람이다.

21 오버레이 용접에 대한 설명으로 맞는 것은?

① 연강과 고장력강의 맞대기 용접을 말한다.
② 연강과 스테인리스강의 맞대기 용접을 말한다.
③ 모재에 약 1mm 이상의 두께로 내마모, 내식, 내열성이 우수한 용접금속을 입히는 방법을 말한다.
④ 스테인리스강판과 연강판재를 접합 시 스테인리스강판에 구멍을 뚫어 용접하는 것을 말한다.

해설

오버레이 용접은 모재에 약 1mm 이상의 두께로 내식, 내마모성, 내열성이 우수한 용접금속을 입히는 방법으로 마모된 부위의 보수 등 용접에 사용하고 있다.

22 탄산가스 아크용접에서 전극 와이어의 송급방식으로 맞는 것은?

① 자기제어 특성을 이용하여 정속 송급한다.
② 전류[A]의 크기에 따라 달라진다.
③ 아크길이 제어 특성과 관계없다.
④ 용접속도에 따라 달라진다.

해설

- 자기제어 특성을 이용하여 전극 와이어를 정속 공급한다.
- 팁과 모재 거리가 200A 이하 시 10~15mm, 200A 이상 시 15~25mm
- YGA−50W−1.2−20(Y : 용접 와이어, G : 가스 실드 아크 용접, A : 내후성 강용, 50 : 용착금속 최소 인장 강도, W : 와이어 화학성분, 1.2 : 와이어 굵기, 20 : 와이어 무게)

23 서브머지드 아크용접의 장단점에 대한 각각의 설명에서 틀린 것은?

① 장점 : 용접속도가 피복아크용접에 비해 빠르므로 능률이 높다.
② 장점 : 1회에 깊은 용입을 얻을 수 있어, 용접이음의 신뢰도가 높다.
③ 단점 : 아크가 보이지 않으므로 용접부의 적부를 확인해서 용접할 수 없다.
④ 단점 : 와이어에 많은 전류를 흘려줄 수 없고, 용입이 얕다.

해설

서브머지드 아크용접 특징

1. 장점
   - 용접속도가 피복 아크용접에 비해 빠르고 능률이 높다.
   - 용입이 깊으므로 용접 홈의 크기가 작아도 되며, 용접재료 소비와 변형이 적다. (용접변형 잔류응력이 적다.)
   - 용접사 숙련도 차이가 품질에 영향을 주지 않아 신뢰도가 높다.
   - 전원으로 교류, 직류 다 쓰고 있다.
   - 아름다운 비드를 얻을 수 있다. (직류역극성으로 시공하면)
   - 1회 용접으로 75mm까지 용접이 가능하다. (용입이 깊다.)
2. 단점
   - 아크가 보이지 않으므로 용접의 적부를 확인해서 용접할 수가 없다. (결함이 많이 발생할 수 있다.)
   - 용접선이 구부러져 있거나 길이가 짧을 때 또는 복잡할 때는 수동 용접에 비해 비능률적이다.
   - 아래보기나 수평 필릿 자세 등으로 자세 제한을 받는다.
   - 용접 입열량이 크므로 열영향부가 크다.

24 불활성가스 텅스텐 아크용접에서 용착속도를 향상시키는 방법으로 옳은 것은?

① 핫 가스법   ② 핫 와이어법
③ 콜드 가스법   ④ 콜드 와이어법

해설

핫 와이어(Hot Wire)법은 용가재(Filler Metal)에 전류를 가함으로서 발생되는 저항열을 이용하여 아크열과 더불어 용가재를 용융시키는 방식이다.

25 이산화탄소 아크용접 시 솔리드와이어와 복합와이어를 비교한 사항으로 틀린 것은?

① 솔리드와이어가 복합와이어보다 용착효율이 양호하다.
② 솔리드와이어가 복합와이어보다 전류밀도가 높다.
③ 복합와이어가 솔리드와이어보다 스패터가 많다.
④ 복합와이어가 솔리드와이어보다 아크가 안정된다.

[해설]
- 솔리드와이어 고전류 용접은 입상 이행(글로뷸러형) 아크이므로 스패터가 많으며 외관은 나쁘다.
- 복합와이어가 솔리드와이어보다 스패터가 적으며 비드 외관도 아름답다.

26 연납용으로 사용되는 용제가 아닌 것은?

① 염산
② 붕산염
③ 염화아연
④ 염화암모니아

[해설]
- 연납 : 450℃ 이하에서 용가재 사용(땜납)
- 경납 : 450℃ 이상에서 용가재 사용(은납, 황동납)
- 연납용 용제 : 염산, 인산, 염화암모늄, 염화아연, 송진 등
- 경납용 용제 : 붕사, 붕산, 붕산염, 염화나트륨, 염화리튬, 빙정석, 산화제일구리

27 플라스마 아크용접장치가 아닌 것은?

① 용접 토치
② 제어장치
③ 페룰
④ 가스공급장치

[해설]
- 플라스마 아크용접장치에는 가스 공급 장치, 용접 토치, 제어 장치 등이 필요하다.
- 페룰(Ferrule)은 아크 스터드 용접에서 볼트나 환봉을 피스톤형 홀더에 끼워 볼트와 모재 사이를 순간적으로 플래시(아크)를 발생시킴으로써 급열, 급랭을 받으므로 용융금속을 담고 아크 안정과 보호를 위해 스터드 끝부분을 둘러싸고 있는 세라믹 부품을 말한다.

28 아크 용접 작업의 안전 중 전격에 의한 재해 예방법으로 틀린 것은?

① 좁은 장소의 용접작업자는 열기에 의하여 땀을 많이 흘리게 되므로 몸이 노출되지 않게 항상 주의하여야 한다.
② 전격을 받은 사람을 발견했을 때에는 즉시 스위치를 꺼야 한다.
③ 무부하 전압이 90V 이상 높은 용접기를 사용한다.
④ 자동 전격 방지기를 사용한다.

[해설]
- 전격 방지 장치는 교류 용접기 사용 시 1차 무부하 전압이 85~96V이므로 전격의 위험이 있으므로, 2차 무부하 전압을 20~30V 이하로 유지하다가, 부하가 가해진 순간(용접봉과 모재가 접촉되는 순간)에 릴레이가 작동하여 용접 작업을 할 수 있도록 한 안전장치이다.
- ③번에서 무부하 전압을 20~30V로 할 것

29 아크 광선에 대한 설명으로 옳은 것은?

① 아크 광선은 적외선으로만 구성되어 있다.
② 아크 빛이 반사하여 눈에 들어오면 전광성 안염은 발생하지 않는다.
③ 아크 광선 중 자외선은 화학선이라고도 하며 가시광선보다 파장이 짧다.
④ 아크 광선 중 적외선은 전자기파 중의 하나로 가시광선보다 파장이 짧다.

[해설]
- 아크 광선 중 자외선은 화학선이라 하며 자외선을 직접 보게 되면 결막염, 안염(전안염)의 눈병이 생기며, 자외선은 가시광선보다 파장이 짧다.
- 눈에 화상이 일어났을 때 응급처치로 환부에 냉습포 찜질을 한다.

정답 25 ③ 26 ② 27 ③ 28 ③ 29 ③

30 주철은 고온으로 가열과 냉각을 반복하면 차례로 팽창하면서 치수가 변하게 된다. 주철의 성장에 대한 대책으로 틀린 것은?

① C와 결합하기 쉬운 Cr 등의 원소를 첨가한다.
② 구상흑연 또는 국화무늬 모양의 흑연을 발생시킨다.
③ Si의 양을 많게 한다.
④ Ni을 첨가하여 준다.

> [해설]
> 주철의 성장이란 장시간 고온으로 유지 혹은 가열 냉각을 반복하면 부피가 팽창하여 균열이 발생하는 현상이다.
> - A_1변태에 따른 체적의 변화
> - 페라이트 중의 규소(Si) 산화에 의한 팽창
> - 불균일한 가열로 생기는 균열에 의한 팽창
> - 흡수된 가스의 팽창에 따른 부피 증가
> - Fe_3C의 흑연화에 의한 팽창
>
> **주철의 성장 방지법**
> - C 및 S 양을 증가시킨다.
> - 편상 흑연을 구상화시킨다.
> - 흑연의 미세화로 조직을 치밀하게 한다.
> - Fe_3C 분해를 막는다.
>
> ※ 흑연화 촉진제 : Al, Si, Ni, Ti, Co, P(알.시.니.티.코.인)
> ※ 흑연화 방지제 : S, Mn, Mo, W, Cr, V(황.망.모.텅.크.바)

31 강철 재료에서 탄소량이 증가될 때 용접성에 미치는 영향으로 옳은 것은?

① 용접부의 경도가 증가된다.
② 용접부의 강도가 낮아진다.
③ 용착금속의 유동성이 나쁘다.
④ 용접성이 우수해진다.

> [해설]
> **탄소량 증가 시 용접에 미치는 영향**
> - 강도, 경도, 항복점, 항자력, 비저항 증가
> - 연신율, 단면수축율 감소
> - 충격치가 떨어진다.

32 담금질 시효에 의하여 강도가 증가하며 내열성, 연신율, 절삭성이 좋으나 고온취성이 크고 수축에 의한 균열 등의 결점을 가지고 있는 합금은?

① Al-Cu계 합금
② Al-Si계 합금
③ Al-Cu-Si계 합금
④ Al-Si-Ni계 합금

> [해설]
> - Al-Cu계 합금은 담금질 시효에 의해 강도, 경도가 증가하여 상온 시효에 의해 내열성, 절삭성, 연신율이 좋으나 인장강도는 구리 함유량이 4~5%일 때가 적당하다.
> - Al-Cu계 합금은 주조성, 절삭성이 좋지만 고온메짐, 수축균열이 있다.

33 오스테나이트계 스테인리스강 용접 시 유의해야 할 사항 중 틀린 것은?

① 예열을 해야 한다.
② 아크를 중단하기 전에 크레이터 처리를 한다.
③ 짧은 아크길이를 유지한다.
④ 용접봉은 모재의 재질과 동일한 것을 사용한다.

> [해설]
> **오스테나이트계 스테인리스강 용접 시 주의사항**
> - 예열하지 않는다.
> - 층간 온도가 320℃ 이상을 넘어서는 안된다.
> - 용접봉은 가는 용접봉을 쓰며 모재와 동일한 재료를 사용한다.
> - 크레이터 처리를 꼭 한다.
> - 낮은 전류로 용접함으로서 용접 입열을 억제시킨다.
> - 짧은 아크길이를 유지한다.

34 철강의 풀림 중에서 고온풀림의 종류가 아닌 것은?

① 완전풀림
② 응력제거풀림
③ 확산풀림
④ 항온풀림

정답 30 ③ 31 ① 32 ① 33 ① 34 ②

[해설]
- 고온뜨임의 종류 : 완전뜨임, 항온뜨임, 확산뜨임
  > 암기팡 ➡ 고온뜨임은 완전.항온.에 확산.된다.
- 저온뜨임의 종류 : 연화뜨임, 구상화뜨임, 응력제거뜨임
  > 암기팡 ➡ 저온뜨임은 연.구.에 응.한다.

35 합금강에서 Cr 원소의 첨가효과 중 틀린 것은?

① 내열성 증가
② 내마모성 증가
③ 내식성 증가
④ 인성 증가

[해설]
Cr은 적은 양을 첨가해도 경도, 인장강도가 증가되고 함유량 증가로 내식성, 내열성, 자경성이 커지며, 탄화물을 만들기 쉬워지므로 내식성과 내마멸성이 증가한다.

36 알루미늄 청동에 대한 설명 중 틀린 것은?

① 알루미늄 청동은 알루미늄의 함유량과 그 열처리에 따라 기계적 성질이 변한다.
② 알루미늄을 12% 이상 포함한 것으로 주조, 단조, 용접 등이 용이하다.
③ 황동이나 청동에 비하여 기계적 성질, 내식성, 내열성, 내마멸성이 우수하다.
④ 알루미늄 청동은 선박용 펌프, 용접기 부품, 기어, 자동차용 엔진밸브 등으로 쓰인다.

[해설]
알루미늄 청동은 구리에 Al 6~10.5% 첨가한 것
- 주물용 알루미늄 청동은 강도가 높고 비중이 작고 내식성이 좋으므로 대형 프로펠러 등에 사용
- 가공용 알루미늄 청동은 내열, 내마멸성, 강도가 좋아 소성 가공도 할 수 있다.
- 강도는 알루미늄 10%에서 최대이고 가공성은 8%에서 최대이지만 주조성은 나쁘다.
- 자기 뜨임이 발생해 결정이 커진다.

37 Ni-Cr계 합금의 특성으로 맞지 않는 것은?

① 전기저항이 대단히 크다.
② 내열성이 크고 고온에서 경도 및 강도의 저하가 작다.
③ 내식성 및 산화도가 크다.
④ 산이나 알칼리에 침식이 되지 않는다.

[해설]
니켈 크롬계 합금의 특성
- 내열, 내식성, 전기저항이 크다.
- 고온에서 강도, 경도가 저하되고 산화가 적다.
- Fe과 Cu에 열전효과가 크고 열전대선, 전기저항선, 니크롬선 등에 사용된다.

38 Co를 주성분으로 한 Co-Cr-W-C계의 합금으로서 주조 경질합금의 대표적인 것은?

① 비디아(Widia)
② 트리디아(Tridia)
③ 스텔라이트(Stellite)
④ 텅갈로이(Tungalloy)

[해설]
스텔라이트
W-Cr-Co-C(텅스텐-크롬-코발트-탄소)
> 암기팡 ➡ 텅.크.코.에 탄. 자를 봐라.

39 탄소강의 용접에 대한 설명으로 틀린 것은?

① 노치 인성이 요구되는 경우 저수소계 계통의 용접봉이 사용된다.
② 중탄소강의 용접에는 650℃ 이상의 예열이 필요하다.
③ 저탄소강의 경우 일반적으로 판 두께 25mm까지는 예열이 필요 없다.
④ 고탄소강의 경우는 용접부의 경화가 현저하여 용접균열이 발생될 위험이 있다.

[해설]
- 중탄소강 용접에는 650℃ 이하의 예열이 필요하다.
- 탄소함유량 : 0.3% 이하(저탄소강), 0.3~0.5%(중탄소강),

정답 35 ④ 36 ② 37 ③ 38 ③ 39 ②

0.5~1.3%(고탄소강)
- 순철은 연하기 때문에 일반 구조용 재료로 부적당하므로 C(탄소), P(인), S(황), Si(규소), Mn(망간) 등을 첨가해 일반 구조용 강으로 만든 것을 탄소강이라 한다.

40 동소 변태를 일으키는 순철의 A_3 변태점은?

① 912℃   ② 1,112℃
③ 1,394℃ ④ 1,494℃

[해설]

순철 동소 변태(Allotropic Transformation)
- A_3 변태(912℃) : α철(체심입방격자) ↔ γ철(면심입방격자)
- A_4 변태(1,400℃) : γ철(면심입방격자) ↔ δ철(체심입방격자)

41 내마모성의 표면처리법으로 시안화소다, 시안화칼륨을 주성분으로 한 염(salt)을 사용하여 침탄온도 750~900℃에서 30분~1시간 침탄시키는 방법은?

① 액체침탄법   ② 고체침탄법
③ 가스침탄법   ④ 기체침탄법

[해설]

침탄법(carburization)
탄소 함유량이 적은 저탄소강 제품의 표면부에 탄소를 침투시킨 후 담금질을 해서 표층부만을 경화시키는 표면 경화법. 종류에는 액체 침탄법, 기체 침탄법, 고체 침탄법 등이 있다.
- 액체 침탄법 : 시안화나트륨(NaCN), 시안화칼륨(KCN)에 염화물(NaCl, KCl, $CaCl_2$) 등과 탄화염(Na_2CO_3, K_2CO_3) 등을 사용하여 750~900℃에서 30분 내지 1시간 침탄시키는 방법이다.
- 기체 침탄법 : 메탄(CH_4)가스나 프로판(C_3H_8)가스 등을 이용하여 강 제품을 침탄하는 방법으로 균일한 침탄층을 얻을 수 있고 열효율이 높고 작업이 간단하다.
- 고체 침탄법 : 목탄 조각(3~5mm 각)에 침탄 촉진제로 탄산바륨, 적혈염, 탄산소다를 첨가한 다음 침탄 대상물과 함께 900~950℃로 3~4시간 가열해 표면에서 0.5~2mm의 침탄층을 얻는다.

42 방식법 중 15~25% 황산액에서 산화물계의 피막을 형성하는 방법은?

① 알루마이트법   ② 알루미나이트법
③ 크롬산염법   ④ 하이드로날륨법

[해설]

- 알루마이트법(Alumite Method)은 알루미늄이나 알루미늄합금을 양극으로 납(Pb)을 음극으로 하여 황산액 15~25% 산성 수용액 속에서 전해하면 양극의 Al이 용출하여 산화물계의 피막을 형성한다.
- 용도로는 장식품 내식겸 미장용, 건축자재, 식기 등이 있다.

43 용접부에 두꺼운 스케일이나 오물 등이 부착되었을 때, 용접 홈이 좁을 때, 양모재의 두께 차이가 클 경우 운봉속도가 일정하지 않을 때 생기는 용접결함은?

① 언더컷   ② 융합불량
③ 크랙(crack)   ④ 선상조직

[해설]

1. 융합불량(Lack of Fusion)
   용접금속과 용접금속 사이가 충분히 융합되지 않는 것
2. 원인
   - 용접속도가 빠를 때
   - 용접전류가 낮을 때
   - 이음 설계의 결함
   - 용접봉 선택 불량
   - 양 모재의 두께 차이가 클 경우

44 비접촉식 용접선 추적 센서로서 아크용접 도중 위빙할 때 용접 파라미터를 감지하여 용접선을 추적하면서 용접을 진행하도록 하는 센서는?

① 전자기식 센서   ② 아크 센서
③ 적응체적 제어 센서 ④ 전방인식 광센서

[해설]

아크 센서는 용접 파라미터를 감지하여 용접선을 추적하면서 용접 위빙을 진행하는 센서

정답 40 ① 41 ① 42 ② 43 ② 44 ②

45 용접변형에 영향을 미치는 인자 중 용접열에 관계되는 인자와 거리가 가장 먼 것은?

① 용접속도 ② 용접층 수
③ 용접전류 ④ 부재치수

해설

용접입열(Welding Heat Input)이란 용접부위에 외부로부터 주어지는 열량을 말한다.

$H = \dfrac{60E \cdot I}{V}$ (Joule/cm)

E=아크전압(V), I=아크전류(A), V=용접속도(cm/min)
용접입열에 관계되는 인자는 용접전류, 용접속도, 용접층 수, 아크전압 등이다.

46 용착부의 단면적 A에 작용하는 허용인장응력이 σ_t일 경우의 인장하중 P를 구하는 식은?

① $P = A\sigma_t$ ② $P = 2A\sigma_t$
③ $P = \dfrac{A}{\sigma_t}$ ④ $P = \dfrac{2A}{\sigma_t}$

해설

- 허용응력 = $\dfrac{\text{인장하중}}{\text{단면적}}$
- 맞대기 이음에서 최대인장하중 $P = \sigma h l = \sigma t l$
  (P=최대인장하중, σ=인장강도, h=목두께, l=용접길이, t=판두께)
- 필릿용접 이론상 목두께(N) = 목길이(L)×cos45° = 0.707L
  (L=목길이, N=목두께)

47 큰 하중이나 충격 또는 교번하중을 받거나 저온에 사용되는 완전용입 이음형태는?

 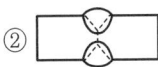

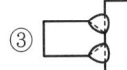 

해설

- 안전율(Safety Factor)이란 재료의 극한강도(인장강도) σ_l의 허용응력 σ_a에 대한 비이다.
- 안전율 = $\dfrac{\text{극한강도}(\sigma_l)}{\text{허용응력}(\sigma_a)}$

  (정하중 : 3~4, 동하중 : 6~8, 교반하중 : 8, 진동하중 : 10~13, 충격하중 : 12)
- 문제에서 완전용입의 이음형태는 ④번이다.

48 용접지그(jig)의 사용 목적으로 틀린 것은?

① 소량 생산을 위해 사용된다.
② 용접작업을 쉽게 한다.
③ 제품의 정밀도와 용접부의 신뢰성을 높인다.
④ 공정수를 절약하므로 능률을 좋게 한다.

해설

용접지그(Jig)의 사용 목적(장점)
- 작업을 쉽게 한다.
- 용접부의 신뢰성이 높다.
- 공정수가 절감되고 능률이 높다.
- 동일 제품 대량 생산(경제적 생산)
- 아래보기 자세로 용접할 수 있다.

※ 단점 : 구속력을 크게 하면 잔류응력이나 균열 발생 우려가 있다.

49 용접이음의 안전율을 계산하는 식으로 맞는 것은?

① 안전율 = $\dfrac{\text{허용응력}}{\text{인장강도}}$
② 안전율 = $\dfrac{\text{인장강도}}{\text{허용응력}}$
③ 안전율 = $\dfrac{\text{피로강도}}{\text{변형률}}$
④ 안전율 = $\dfrac{\text{파괴강도}}{\text{연신율}}$

해설

안전율 = $\dfrac{\text{인장강도}}{\text{허용응력}}$

정답 45 ④ 46 ① 47 ④ 48 ① 49 ②

50 용접부에 생기는 잔류응력 제거법이 아닌 것은?

① 노 내 풀림법
② 국부 풀림법
③ 기계적 응력 완화법
④ 역 변형 풀림법

해설

잔류응력 제거법의 종류
- 노 내 풀림법 : 유지온도가 높고 시간이 길수록 효과가 크다.
- 국부 풀림법 : 제품이 커서 노 내 풀림이 곤란할 경우 사용
- 기계적 응력 완화법 : 용접부에 하중을 주어 소성 변형을 약간 주어 응력을 제거한다.
- 저온 응력 완화법 : 가스 불꽃으로 150~200℃로 가열 후 수랭하는 방법
- 피닝법 : 끝이 둥근 특수 해머가 용접부를 연속 타격하여 용접부 표면에 소성 변형을 주어 인장응력을 완화한다.

51 다음 용접기호는 무슨 용접법인가?

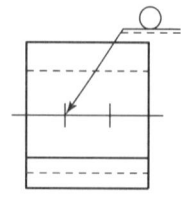

① 스폿 용접
② 심 용접
③ 필릿 용접
④ 플러그 용접

해설

① 스폿(점)용접 : ○
② 심용접 : ⊖
③ 필릿용접 : ▷
④ 플러그용접 : □

52 용접부의 시험에서 파괴시험이 아닌 것은?

① 형광침투시험
② 육안조직시험
③ 충격시험
④ 피로시험

해설

용접부 파괴시험의 종류
- 굽힘시험
- 피로시험
- 경도시험
- 내압시험
- 낙하시험
- 인장시험
- 충격시험

53 한 부분의 몇 층을 용접하다가 이것을 다음 부분의 층으로 연속시켜 전체가 단계를 이루도록 용착시켜 나가는 것으로 변형 및 잔류응력을 줄이기 위해 용접하는 방법으로 맞는 것은?

① 덧붙이법
② 블록법
③ 스킵법
④ 캐스케이드법

해설

- 캐스케이드법 : 한 부분에 대해 몇 층을 용접하다가 다음 부분으로 연속 용접하는 방법
- 블록법(전진블록법) : 짧은 용접 길이로 표면까지 용착하는 방법이며, 첫 층에 균열이 발생하기 쉬울 때 사용
- 스킵법=비석법 : 용접 이음의 전 길이에 대해서 뛰어 넘어서 용접하는 방법
- 빌드업법(덧살올림법) : 용접 전 길이에 대해서 각 층을 연속하여 용접하는 방법
- 대칭법 : 이음 중앙에 대하여 대칭으로 용접하는 방법
- 후진법 : 용접 진행 방향과 불꽃 방향이 반대 인 방법
- 전진법 : 이음의 한쪽 끝에서 다른 쪽 끝으로 용접 진행을 하는 방법

54 결함 중 가장 치명적인 것으로, 발생되면 그 양단에 드릴로 정지구멍을 뚫고 깎아내어 규정의 홈으로 다듬질하는 것은?

① 균열(crack)
② 은점(fish eye)
③ 언더컷(under cut)
④ 기공(blow hole)

해설

- 균열 : 양단에 드릴로 구멍(stop hole)을 뚫고 균열 부분을 연삭하여 정상 홈으로 한 후 용접한다.
  ※ stop hole의 원리 : 균열의 끝은 다른 곳보다 큰 응력이 작용한다. 균열의 끝이 점점 이어져 가는데 그 끝에 구멍을 뚫어 응력을 분산시키는 것
- 은점 : 용착 금속의 파단면에 나타나는 은백색의 물고기 눈 모양의 결함부
- 언더컷 : 가는 용접봉으로 재용접
- 기공, 슬래그, 오버랩 발생 시 : 발생부분을 깎아내고 재용접

55 다음 중 계량값 관리도에 해당되는 것은?

① c 관리도 ② nP 관리도
③ R 관리도 ④ u 관리도

해설

계량값 관리도 : R 관리도

56 다음 검사의 종류 중 검사공정에 의한 분류에 해당되지 않는 것은?

① 수입검사 ② 출하검사
③ 출장검사 ④ 공정검사

해설

- 검사 공정에 의한 분류 : 수입검사, 공정검사, 완성검사, 출하검사
- 검사 장소에 의한 분류 : 출장검사, 순회검사, 정위치검사

57 로트 크기 1,000, 부적합품률이 15%인 로트에서 5개의 랜덤시료 중에서 발견된 부적합품 수가 1개일 확률을 이항분포로 계산하면 약 얼마인가?

① 0.1648 ② 0.3915
③ 0.6085 ④ 0.8352

해설

$$P(x=1) = {n \choose x} P(1-P)^{n-x} = {5 \choose 1} \times 0.15^1 \times (1-0.15)^{5-1}$$
$$= 5 \times 0.15 \times 0.85^4$$
$$= 0.3915046875$$
$$= 0.3915$$

58 Ralph M. Barnes 교수가 제시한 동작경제의 원칙 중 작업장 배치에 관한 원칙(Arrangement of the workplace)에 해당되지 않는 것은?

① 가급적이면 낙하식 운반방법을 이용한다.
② 모든 공구나 재료는 지정된 위치에 있도록 한다.
③ 충분한 조명을 하여 작업자가 잘 볼 수 있도록 한다.
④ 가급적 용이하고 자연스런 리듬을 타고 일할 수 있도록 작업을 구성하여야 한다.

해설

작업장 배치에 관한 원칙

- 공구와 재료는 작업이 용이하도록 작업자 주위에 있도록 할 것(정위치)
- 가급적 낙하식 운반방법을 이용할 것
- 재료를 될 수 있는 대로 사용 위치 가까이에 공급할 수 있도록 중력을 이용한 호퍼 및 용기를 사용할 것
- 모든 공구나 재료는 지정된 위치에 있도록 할 것
- 충분한 조명을 하여 작업자가 잘 볼 수 있도록 할 것
- 공구 및 재료는 동작에 가장 편리한 순서로 배치한다.
- 의자와 작업대의 모양과 높이는 각 작업자에게 알맞도록 설계하고 디자인도 좋은 것으로 지급한다.

59 품질코스트(quality cost)를 예방코스트, 실패코스트, 평가코스트로 분류할 때, 다음 중 실패코스트(failure cost)에 속하는 것이 아닌 것은?

① 시험 코스트
② 불량대책 코스트
③ 재가공 코스트
④ 설계변경 코스트

해설

품질코스트의 종류

- 실패코스트(Failure Cost) : 소정의 품질 수준을 유지하는데 실패하였기 때문에 생긴 불량품에 의한 손실. 폐각 코스트, 설계변경 코스트, 재가공 코스트, 불량대책 코스트, 외주 부적합 코스트, 현지 서비스 코스트, 대품 서비스 코스트
- 평가 코스트(Appraisal Cost) : 제품의 품질을 정식으로 평가함으로써 회사의 품질 수준을 유지하는 데 드는 비용. 수임검사 코스트, 공정검사 코스트, 완성품검사 코스트, 시험 코스트, PM 코스트
- 예방코스트(Prevention Cost) : 처음부터 불량이 생기지 않도록 하는 데 소요되는 비용. Qc 계획 코스트, Qc 기술 코스트, Qc 사무 코스트, Qc 교육 코스트

정답 55 ③ 56 ③ 57 ② 58 ④ 59 ①

60 그림과 같은 계획공정도(Network)에서 주공정은?(단, 화살표 아래의 숫자는 활동시간을 나타낸 것이다.)

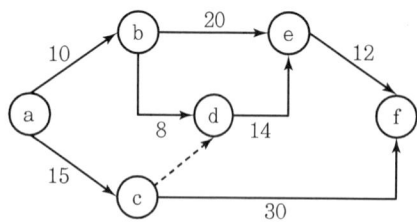

① ⓐ-ⓒ-ⓕ
② ⓐ-ⓑ-ⓔ-ⓕ
③ ⓐ-ⓑ-ⓓ-ⓔ-ⓕ
④ ⓐ-ⓒ-ⓓ-ⓔ-ⓕ

해설

① a-c-f = 15+30 = 45시간
② a-b-e-f = 10+20+12 = 42시간
③ a-b-d-e-f = 10+8+14+12 = 44시간
④ a-c-d-e-f = 15

주공정은 가장 긴 작업시간이 예상되는 공정이므로 정답은 ①번이다.

정답 60 ①

2011년 제50회(8.1)

01 다음 중 양호한 가스 절단면을 얻기 위한 조건으로 틀린 것은?

① 드래그가 가능한 한 작을 것
② 절단면이 평활하며 드래그의 홈이 높을 것
③ 슬래그의 이탈성이 양호할 것
④ 절단면 표면의 각이 예리할 것

해설

양호한 가스 절단면을 얻기 위한 조건
- 드래그(drag)는 가능한 한 작을 것
- 슬래그(slag)는 이탈성이 좋을 것
- 절단면 표면의 각이 예리할 것
- 절단면이 평활하며 드래그 홈이 낮을 것
- 산소 순도(99.5% 이상)가 높으면 절단속도가 빠르고 절단면이 양호하다.
- 예열 불꽃의 백심 끝을 모재 표면에서 1.5~2.0m 이격시킬 것

02 다음 중 아크 절단법의 종류에 해당되지 않는 것은?

① TIG 절단   ② 분말 절단
③ MIG 절단   ④ 플라스마 절단

해설

아크 절단법의 종류
- 탄소 아크 절단
- 금속 아크 절단
- TIG 절단
- MIG 절단
- 플라스마 아크 절단
- 산소아크 절단
- 아크 에어 가우징

03 직류 아크용접의 극성 중 직류 역극성(DCRP)의 특징이 아닌 것은?

① 모재의 용입이 깊다.
② 용접봉 용융속도가 빠르다.
③ 비드의 폭이 넓다.
④ 박판, 주철, 고탄소강, 합금강, 비철금속의 용접에 이용된다.

해설

직류 역극성(DCRP)의 특성
- 열분배 용접봉(+) 70%, 모재(-) 30%
- 용입이 얕고 폭이 넓다.
- 용접봉의 용융(녹는)속도가 빠르다.
- 박판, 고탄소강, 합금강, 주철, 비철 금속 용접에 이용

04 아크 에어 가우징 시 압축공기의 압력으로 적당한 것은?

① 1~3kgf/cm²   ② 5~7kgf/cm²
③ 8~10kgf/cm²   ④ 11~13kgf/cm²

해설

1. 아크 에어 가우징 (arc air gouging) : 탄소 아크 절단장치에 압축공기를 병용해서 아크열로 용융시킨 부분을 압축공기로 불어 날려서 홈을 파내는 작업(5~7kg/cm²). 절단 작업도 가능하다.

2. 장점
   - 작업 능률이 2~3배 높다.(그라인딩 치핑, 가우징 작업보다)
   - 모재에 악영향을 주지 않는다.(용융금속을 순간적으로 불어내므로)
   - 용접 결함부의 발견이 쉽다.
   - 소음이 적고 조작이 간단하다.
   - 경비가 저렴하고 응용범위가 넓다.
   - 철, 비철금속에도 사용된다.

정답 01 ② 02 ② 03 ① 04 ②

05 아크전류 200A, 아크전압 25V, 용접속도 20cm/min인 경우 용접단위길이가 1cm당 발생하는 용접입열은 얼마인가?

① 12,000J/cm ② 15,000J/cm
③ 20,000J/cm ④ 23,000J/cm

[해설]

용접입열 $(H) = \dfrac{60EI}{V} = \dfrac{60 \times 25 \times 200}{20} = 15{,}000 \text{J/cm}$

06 전면 필릿 용접이음에서 인장하중 20ton에 견디기 위해 필요한 용접 길이는 얼마인가?(단, 인장강도 $\sigma_1 = 40\text{kgf/mm}^2$, 목두께 $h = 10\text{mm}$이다.)

① 30mm ② 40mm
③ 50mm ④ 60mm

[해설]

$\sigma_1 = \dfrac{P}{hl}$

용접길이 $(l) = \dfrac{P}{\sigma h} = \dfrac{20{,}000}{40 \times 10} = 50\text{mm}$

07 다음 중 용접속도와 관련된 설명으로 잘못된 것은?

① 운봉속도 또는 아크속도라고도 한다.
② 모재의 재질, 이음의 형상, 용접봉의 종류 및 전류값, 위빙의 유무에 따라 용접속도가 달라진다.
③ 용접변형을 적게 하기 위하여 가능한 한 높은 전류를 사용하여 용접속도를 느리게 한다.
④ 용입의 정도는 용접전류값을 용접속도로 나눈 값에 따라 결정되므로 전류가 높을 때 용접속도가 증가한다.

[해설]

용접속도란 모재에 대한 용접선 방향의 아크속도로서 운봉속도 혹은 아크속도라 한다. 용접 변형을 적게 하기 위해 가능한 높은 전류를 사용하고 용접속도를 빠르게 한다.

08 다음 중 저수소계 용접봉에 대한 설명으로 틀린 것은?

① 용착금속은 강인성이 풍부하고 내균열성이 우수하다.
② 논가스실드계의 대표적인 용접봉으로 유기물을 20~30% 정도 포함하고 있다.
③ 용착금속 중의 수소 함유량이 다른 용접봉에 비해 약 1/10 정도로 낮다.
④ 습기의 영향이 다른 용접봉보다 커서 사용 전에 300~350℃ 정도에서 1~2시간 정도 건조시킨다.

[해설]

저수소계 용접봉 (E4316)
- 주성분 : 탄산칼슘($CaCO_3$) = 석회석, 불화칼슘(CaF_2) = 형석
- 수소 함유량이 다른 용접봉에 비해 1/10로 적다.
- 건조 : 흡습성이 커 사용 전에 반드시 300~350℃에서 2시간 건조시킨 후 사용할 것. 단, 일반 용접봉은 70~100℃에서 0.5~1시간 정도 건조 후 사용
- 연성, 인성이 풍부하며 기계적 성질이 우수하나 아크 다소 불안정
- 용도 : 중요 부재의 용접, 기계구조용 강, 유황 함유량이 많은 강 용접
- 작업성 : 고산화티탄계(E4313) > 일미나이트계(E4301) > 저수소계(E4316)
- 기계적 성질 : 저수소계(E4316) > 일미나이트계(E4301) > 고산화티탄계(E4313)
- 피복제의 염기도가 높을수록 내균열성이 우수하며 저수소계, 일미나이트, 티탄계 순으로 높다.
- ※ 가스 실드계는 고셀룰로오스계(E4311)로 셀룰로오스를 20~30% 정도 포함한 용접봉이다.

09 아세틸렌은 기체 상태로 압축하면 위험하므로 다공성 물질(옥탄-규조토)에 (   )을(를) 흡수시킨 다음 아세틸렌을 흡수시킨다. (   )에 들어갈 적당한 용어는?

① 벤젠 ② 헬륨
③ 알코올 ④ 아세톤

정답 05 ② 06 ③ 07 ③ 08 ② 09 ④

해설

다공성 물질에 아세톤을 흡수시킨 다음 아세틸렌을 흡수시킨다. 아세틸렌은 여러 가지 물질에 용해된다.
- 물 : 1배
- 석유 : 2배
- 벤젠 : 4배
- 알콜 : 6배
- 아세톤 : 25배

10 용접부 비파괴 검사에 대한 설명 중 잘못된 것은?

① 방사선 투과검사는 내부의 결함을 쉽게 찾을 수 있다.
② 자분탐상검사는 어두운 곳에서는 적용이 불가능하다.
③ 염색침투 탐상검사는 표면에 노출된 결함을 검출할 수 있다.
④ 초음파 탐상검사는 필릿 용접부 및 내부의 라미네이션 검사에 좋다.

해설

자분탐상검사의 특징
- 자분탐상검사는 어두운 곳에서도 적용이 가능하다.
- 작업이 신속하며 간단하다.
- 강자성체의 표면 균열 검출 감도가 높지만 오스테나이트계 비자성체인 스테인리스강 같은 재료는 사용 불가능하다.
- 자동화가 가능하며 얇은 도장, 도금 등의 검사가 가능하다.
- 내부결함 등 검출은 어렵다.
- 대형구조물 검사 시 대전류가 필요하다.

11 아세틸렌은 15℃에서 몇 기압 이상으로 압축하면 충격이나 가열에 의해 분해·폭발의 위험이 있는가?(단, 아세틸렌은 얼마간의 불순물을 포함하고 있는 사용 조건이다.)

① 0.8기압   ② 1.2기압
③ 1.5기압   ④ 1.0기압

해설

아세틸렌(C_2H_2)의 위험성
1. 압력
   - $1.3kg/cm^2$ 이하에서 사용
   - $1.5kg/cm^2$: 충격, 가열로 폭발
   - $2.0kg/cm^2$: 자연폭발
2. 온도
   - 406~408℃ : 자연발화
   - 505~515℃ : 폭발위험
   - 780℃ : 자연폭발
3. 아세틸렌(15%) : 산소(85%)일 때 가장 폭발위험이 크다.
4. 아세틸렌은 구리 또는 구리합금(62% 이상 구리 함유), 은, 수은 등과 접촉하면 폭발성 화합물(아세틸라이트)을 생성하므로 가스통로에 접촉을 금한다.

12 용접 아크의 특성을 잘못 설명한 것은?

① 부하전류(아크전류)가 증가하면 단자전압이 저하하는 특성을 수하 특성이라고 한다.
② 아크는 전류가 크게 되면 저항이 적어져서 전압도 낮아지는데 이러한 현상을 부저항 특성이라고 한다.
③ 부하전류(아크전류)가 증가할 때 단자전압이 다소 높아지는 특성을 상승 특성이라고 한다.
④ 아크쏠림(arc blow)은 교류 용접에서 피복 용접봉 사용 시 특히 심하게 발생한다.

해설

용접 아크 특징
1. 수하 특성 : 부하 전류가 증가하면 단자 전압이 저하하는 특성. 수동 피복 아크 용접에서 볼 수 있다.
2. 부저항(부) 특성 : 부하 전류가 증가하면 단자 전압이 저하하는 특성
3. 상승 특성 : 전류 증가에 따라 전압이 약간 높아지는 특성
4. 정전류 특성 : 부하 전압이 변해도 단자 전류는 거의 변하지 않는 특성. 수동 피복 아크 용접에서 볼 수 있다.
5. 정전압 특성 : 부하 전류가 변해도 단자 전압은 거의 변하지 않는 특성. 탄산가스 아크 용접, 서브 머지드 용접, MIG용접 등에서 볼 수 있다.
6. 아크쏠림(자기불림) : 직류용접에서 용접 중에 아크가 용접봉 방향에서 한쪽으로 치우쳐 쏠리는 현상
7. 아크쏠림 방지 대책
   - 직류용접 대신 교류용접을 할 것
   - 짧은 아크를 사용하며 접지점을 용접부보다 멀리둘 것

정답 10 ② 11 ③ 12 ④

- 모재와 동일한 재료 조각을 용접선에 연장하도록 가용접 할 것
- 후퇴법(back step)으로 할 것(용접부가 길 경우)

※ 아크쏠림 현상은 교류용접에서 발생하는 것이 아니고 직류용접에서 발생하므로 잘못 설명한 것은 ④번이다.

13 연강 판 두께 100mm인 판재 절단을 예열 없이 자동가스 절단기에 의하여 절단하고자 한다. 팁(Tip) 구멍의 지름으로 가장 적합한 것은?

① 0.5~1.0mm ② 1.0~1.5mm
③ 2.1~2.2mm ④ 3.2~4.0mm

[해설]

산소-아세틸렌 자동 절단 조건

판 두께	팁 구멍 지름
• 3mm	• 0.5~1.0mm
• 6~9mm	• 0.8~1.5mm
• 15mm	• 1.0~1.5mm
• 20mm	• 1.2~1.5mm
• 40~50mm	• 1.7~2.0mm
• 100mm	• 2.1~2.2mm

14 연강용 피복 아크용접봉 중 주성분인 산화철에 철분을 첨가하여 만든 것으로 아크는 분무상이고 스패터가 적으며 비드표면이 곱고 슬래그의 박리성이 좋아 아래보기 및 수평 필릿 용접에 적합한 용접봉은?

① E4304 ② E4311
③ E4316 ④ E4327

[해설]

철분산화철계(E4327)

산화철에 철분을 30~45% 첨가한 용접봉으로 규산염을 많이 포함

- 산성슬래그가 생성됨
- 비드표면이 곱고 슬래그의 박리성이 좋음
- 수평필릿 용접에서 많이 사용
- 스패터가 적고 철분산화티탄계(E4324)보다 깊으며 아크는 스프레이형이다.

15 가스용접에서 토치 내부의 청소가 불량할 때 막힘이 생겨 고압의 산소가 배출되지 못하고 산소보다 압력이 낮은 아세틸렌 통로로 밀면서 아세틸렌 호스 쪽으로 흐르는 현상은?

① 산화현상 ② 역류현상
③ 역화현상 ④ 인화현상

[해설]

가스의 흐름

- **역류**(contra flow) : 토치의 벤투리와 팁 사이가 청소불량 등으로 막혀 높은 압력의 산소(O_2)가 아세틸렌(C_2H_2) 도관 쪽으로 흘러 들어가는 것을 역류라 한다.
- **역화**(back fire or poping) : 불꽃이 순간적으로 폭음을 내면서 꺼졌다가 다시 켜졌다가 하는 현상
- **인화**(flash back or back fire) : 팁 끝이 순간적으로 막히게 되면 가스의 분출이 나빠지고 혼합실까지 불꽃이 들어가는 현상

16 TIG 용접에 사용되는 전극의 조건으로 틀린 것은?

① 전자방출이 잘 되는 금속
② 저용융점의 금속
③ 전기저항률이 적은 금속
④ 열전도성이 좋은 금속

[해설]

TIG 용접에 사용되는 전극의 조건

- 고용융점의 금속일 것
- 전자방출이 잘 되는 금속일 것
- 전기저항률이 적은 금속일 것
- 열전도성이 좋은 금속일 것

※ TIG 절단은 마그네슘, 구리 및 구리합금, 알루미늄, 스테인리스강 등의 금속재료 절단에만 사용된다.

암기팁 ▶ 마-구-알-스 (춤을 추는 장면을 상상하며)

17 불활성가스 텅스텐 아크용접(TIG)에서 고주파 발생장치를 더하면 다음과 같은 이점이 있다. 설명 중 틀린 것은?

① 전극을 모재에 접촉시키지 않아도 아크가 발생된다.
② 아크가 안정되고 아크가 길어도 끊어지지 않는다.
③ 전극봉의 소모가 적어 수명이 길어진다.
④ 일정 지름의 전극에 대해서만 지정된 전압의 사용이 가능하다.

해설

펄스 TIG 용접 특징
- 전극을 모재에 접촉하지 않아도 아크가 발생하여 전극의 오손을 줄일 수 있다.
- 전극봉의 소모가 적어서 수명이 길다.
- 저주파 펄스용접기와 고주파 펄스용접기가 있다.
- 직류용접기에다 펄스 발생회로를 추가한 것
- 전자세 용접이 가능하다.
- 일정한 용접봉 사이즈로 용접할 수 있는 범위가 넓다.
- 20A 이하 저전류에서도 아크 발생이 용이하다.

18 아크용접 중 아크 빛으로 인해 눈이 따갑거나 전광성 안염이 발생한 경우 가장 먼저 조치하여야 하는 것으로 옳은 것은?

① 안약을 넣고 계속 작업을 해도 좋다.
② 냉수로 얼굴과 눈을 닦은 후 냉습포를 얹어 놓는다.
③ 신선한 공기와 맑은 하늘을 보면 된다.
④ 소금을 물에 타서 눈을 닦고 작업한다.

해설

눈이 따갑거나 전광성 안염 발생 시 냉수로 얼굴과 눈을 닦은 후 냉습포를 얹어 놓는다. 자외선은 직접 보게 되면 결막염, 안막 염증을 일으키고 적외선은 망막을 상하게 할 우려가 있다.

19 일렉트로 가스 아크용접에 관한 설명 중 틀린 것은?

① 사용하는 용접봉은 솔리드 와이어 또는 플랙스 코어드 용접봉이다.
② 판 두께에 관계없이 단층으로 상진 용접한다.
③ 보호가스로는 아르곤, 헬륨, 이산화탄소 또는 이들을 혼합한 가스를 사용한다.
④ 전류의 저항발열을 이용하는 수직자동용접법이며, 아크용접은 아니다.

해설

일렉트로 가스 아크용접
- 저항발열을 이용한 수직 자동 용접이다.
- 판 두께에 관계없이 단층으로 상진 용접하여 판 두께가 두꺼울수록 경제적이다.(이동용 냉각동판에 급수장치 필요)

20 CO_2 용접의 복합 와이어 구조에 해당하지 않는 것은?

① U관상 와이어　　② Y관상 와이어
③ 아코스 와이어　　④ NCG 와이어

해설

CO_2 **용접의 복합 와이어 구조**
- NCG 와이어
- 아코스 와이어
- Y관상 와이어

21 처음 용접시작 시 아크 발생이 잘 되지 않아 스틸 울(steel wool)을 끼워 전류를 통하게 하거나 고주파를 사용하여 아크를 쉽게 발생시키는 용접법은?

① 서브머지드 아크 용접
② MIG 용접
③ 그래비티 용접
④ 전자빔 용접

해설

서브머지드 아크 용접의 점화방법으로 스틸 울(steel wool, 강모), 탄소봉 점화, 전극봉 점화, 용접금속에 의한 점화, 고주파 점화 등의 방법으로 전류를 통하여 아크발생을 돕거나 고주파 등을 사용해서 아크 발생을 쉽게 한다.

정답　17 ④　18 ②　19 ④　20 ①　21 ①

22 반자동 MIG 용접기와 비교한 전자동 MIG 용접기의 장점 설명으로 틀린 것은?

① 제품 생산비를 최소화시킬 수 있다.
② 용접사의 기량에 의존하지 않고 숙달이 비교적 쉽다.
③ 용접속도가 빠르고 용착효율이 낮아 능률이 매우 좋다.
④ 반자동 용접에 비해 우수한 품질의 용접이 얻어진다.

[해설]
전자동 MIG 용접기의 장점
- 용접속도가 빠르고 용착 효율이 높아 능률이 매우 좋다.
- 우수한 품질의 용접이 얻어진다.(반자동 용접에 비례)
- 숙달이 비교적 쉽고 용접사 기량에 의존하지 않는다.
- 제품 생산비를 최소화할 수 있다.

23 연납땜에 사용하는 용제(Flux) 중 부식성 용제에 해당하는 것은?

① 송진   ② 올리브유
③ 염산   ④ 송진+알코올

[해설]
- 연납용 용제 종류 : 인산, 염산, 염화아연, 염화암모니아
- 연납용 용제 중 부식성 용제 : 인산, 염산
- 경납용 용제 종류 : 붕사, 붕산, 염화나트륨(식염), 염화리튬, 빙정석, 산화제일구리

24 프로젝션 용접의 특징을 바르게 설명한 것은?

① 서로 다른 금속을 용접할 때 열전도가 낮은 쪽에 돌기를 만든다.
② 전극 면적이 넓으므로 기계적 강도나 열전도 면에서 유리하나 전극의 소모가 많다.
③ 점간 거리가 작은 점용접이 가능하고 동시에 여러 점의 용접을 할 수 있어 작업속도가 빠르다.
④ 모재의 두께가 각각 다른 경우에는 용접할 수 없다.

[해설]
프로젝션 용접(돌기 용접)의 특징
- 모재 한쪽 혹은 양쪽에 작은 돌기(projection)를 만들어 압접하는 방법
- 돌기를 내는 쪽은 두꺼운 판, 열전도와 용융점이 높은 쪽에 만든다.
- 돌기 지름(판 두께×2+0.7), 높이(판 두께×2+0.25)
- 돌기의 정밀도가 높아야 정확한 용접이 된다.
- 용접 설비비가 비싸다.
- 전극의 소모가 적다.(작업능률이 높고, 수명이 길다.)
- 이종 금속도 용접이 가능하다.
- 동시에 많은 점용접이 가능하다.

25 서브머지드 아크용접을 설명한 것 중 틀린 것은?

① 콘택트 팁에서 통전되므로 와이어 중에 저항열이 적게 발생되어 고전류 사용이 가능하다.
② 2개 이상의 심선을 사용하는 다전극 서브머지드 아크용접도 있다.
③ 용접 전원으로 직류는 비드형상이나 아크의 안정면에서 우수하다.
④ 용접 전원으로 교류는 아크의 자기불림 현상으로 이음 성능이 좋아진다.

[해설]
서브머지드 아크용접
- 직류와 교류 전원을 쓰고 직류 역극성으로 시공하면 아름다운 비드를 얻을 수 있다.
- 교류는 설비비가 적고 자기불림(magnetic blow)이 없다.
- 열효율이 높고 용착 속도가 빠르다.
- 1회 용접으로 75mm까지 용접이 가능(용입이 깊다.)
- 아크나 발생가스가 다 같이 용제 속에 있어서 보이지 않으므로 불가시 잠호용접, 유니온 멜트용접, 링컨용접으로 부른다.
- 콘택트 팁에서 통전되므로 와이어 중에 저항열이 적게 발생하므로 고전류 사용이 가능하다.
- 개선각을 작게 하며 용접하여 패스를 줄일 수 있다.

정답 22 ③ 23 ③ 24 ③ 25 ④

26 다음 중 초음파 용접의 장점이 아닌 것은?

① 대형구조물의 용접에 적용하기 쉽다.
② 냉간압접에 비해 정지 가압력이 작기 때문에 용접물의 변형이 작다.
③ 경도 차이가 크지 않는 한 이종금속의 용접이 가능하다.
④ 박판과 Foil의 용접이 가능하다.

해설
초음파 용접의 특징
- 이종 재료나 판 두께 0.01~2mm 정도 얇은 판 용접 가능(박판 및 Foil 용접이 가능)
- 압연한 그대로 용접이 된다.
- 판 두께에 따라 용접 강도가 달라진다.
- 냉간압접에 비해 가하는 압력이 작아 **변형도 적다**.

27 테르밋 용접에 대한 설명 중 맞지 않는 것은?

① 철도 레일의 맞대기 용접, 크랭크축, 배의 프레임 등의 보수용접에 사용한다.
② 테르밋 반응의 발화제로서 산화구리, 알루미늄 등의 혼합분말을 이용한다.
③ 용접시간이 짧고, 용접 후 변형이 적다.
④ 설비가 싸고, 전원이 필요 없으므로 이동해서 사용이 가능하다.

해설
테르밋 용접의 특징
- 미세한 알루미늄 분말과 산화철 분말을 3~4 : 1 중량비로 혼합한 테르밋 반응에 의해 생성된 열을 이용한 용접
- 용접 작업이 간단하고 용접시간도 비교적 짧다.
- 전력이 불필요하므로 설비비가 싸고 이동사용이 가능하다.
- 기술 습득이 용이하다.
- 용도로는 철도레일의 맞대기 용접, 배의 프레임, 크랭크 축 등 보수 용접에 사용된다.

28 가스용접 및 절단작업의 안전 중 산소와 아세틸렌 용기의 취급사항으로 맞지 않는 것은?

① 산소병은 40℃ 이하 온도에서 보관하고 직사광선을 피해야 한다.
② 산소병을 운반할 때에는 공기가 잘 환기되도록 캡(Cap)을 벗겨서 이동한다.
③ 아세틸렌 병은 세워서 사용하며 병에 충격을 주어서는 안 된다.
④ 용기는 진동이나 충격을 가하지 말고 신중히 취급해야 한다.

해설
산소와 아세틸렌 용기 취급 시 주의사항
- 직사광선을 피하고 산소병은 40℃ 이하에서 보관
- 산소 용기는 화기로부터 5m 이상 거리 유지
- 산소 용기에 조정기를 설치 시 밸브를 가볍게 2~3회 열어서 압력 조정기에 있는 먼지를 털어낼 것
- 압력 용기를 취급할 때는 기름 묻은 장갑을 사용하지 않는다.
- 미량의 산소가 누설되어도 고압이어서 산소가 없어지므로 반드시 비눗물로 철저히 점검할 것
- 산소 분출 중에는 손을 분출구에 대지 말 것
- 아세틸렌은 기체상태로 압축하면 **폭발** 위험이 있다.
- 산소병 운반 시 반드시 캡을 씌워서 이동한다.

29 서브머지드 아크용접의 장단점에 대한 설명으로 잘못된 것은?

① 장비가격이 비싸고, 적용 자세에 제약을 받는다.
② 용융속도 및 용착속도가 느리다.
③ 용접 홈의 가공정밀도가 높아야 한다.
④ 용접 진행상태의 양·부를 육안으로 확인할 수 없다.

해설
서브머지드 아크 용접의 장단점
- 장비가격이 고가이며 용접 적용 자세에 제한을 받는다.
- 용융속도와 용착속도가 빠르다.
- 개선홈의 정밀도가 높아야 한다.
- 불가시(잠호)용접이므로 용접 진행 상태의 양, 부를 육안으로 확인할 수 없다. 상품명은 유니온멜트 용접, 링컨용접
- 직류 역극성으로 시공하면 외관이 아름다운 비드를 얻을 수 있다.
- 1회 용접으로 75mm까지 용접이 가능하며 용입이 깊다.

정답 26 ① 27 ② 28 ② 29 ②

30 다음 중 아연에 대한 설명 중 틀린 것은?

① 아연은 철강재의 부식 방지용으로 많이 쓰인다.
② 아연은 공기 중에 산화되며 알칼리에 강하다.
③ 비중이 7.1, 용융점이 420℃ 정도이다.
④ 조밀육방격자의 금속이다.

[해설]

아연(Zn)
- 비중 7.1, 용융점 420℃, 조밀육방격자, 청회색의 부서지기 쉬운 금속
- 철강 재료의 내부식성 도금으로, 부식 방지 피복용으로 많이 사용
- 구리와 합금은 **황동**(동+아연) 제조, 건전지 등에 사용

31 철강 표면에 아연을 확산 침투시키는 세라다이징에서 주로 향상시키고자 하는 성질로 가장 적당한 것은?

① 경도
② 인장강도
③ 내식성
④ 연성

[해설]

금속침투법
강재 표면에 다른 금속을 확산침투시키므로 강재 표면의 내식, 내산성을 높인다.
- 크로마이징(Chromizing) : 크롬(Cr)분말을 재료 표면에 침투시켜 내식, 내열, 내마모성 향상
- 세라다이징(Sheradizing) : 아연(Zn)분말을 확산 침투시켜 내식성, 내열성, 내산성 향상
- 칼로라이징(Calorizing) : 알루미늄(Al)을 재료 표면에 침투시켜 내열, 내산, 내식성 향상
- 실리코나이징(Siliconizing) : 규소(Si)를 침투시켜 내식성 향상
- 보로나이징(Boronizing) : 붕산(B)을 확산 침투시켜 표면 경도 향상

암기팁 ▶ 크로-크롬(Cr), 칼로-카알(Al), 세라-세아(Zn), 보로-붕소(B).

32 쇼터라이징 또는 도펠-듀로(doppel-durro)법이라 하며, 국부담금질이 가능한 표면경화처리법은?

① 화염경화법
② 구상화 처리법
③ 강인화 처리법
④ 결정입자 처리법

[해설]

화염경화법
쇼터라이징(Shoterizing) 또는 도펠-듀로법(doppel-durro process)은 산소, 아세틸렌 불꽃으로 강의 표면을 국부적으로 급격히 가열하여 즉시 수랭시켜 경화하는 방법이다. 이 방법은 **쇼터법, 불꽃 담금질법**이라 하며 미국, 독일에서 주로 쓰이고 일본에서는 **KKK식 담금질법**이라 한다.

33 알루미늄-규소계 합금에 속하는 실루민(silumin)을 개량하기 위하여 소량의 마그네슘을 첨가하여 시효성을 부여한 것은?

① α실루민
② β실루민
③ γ실루민
④ δ실루민

[해설]

실루민(silumin)
- 주조용 알루미늄 합금으로(Al 86~89%, Si 11~14%) 가볍고 전성과 연성이 크며 주조 후 수축이 매우 적고 해수에 잘 침식되지 않으나 절삭성이 불량하다.
- 실루민에 소량의 Mg(1% 이하)을 첨가하여 시효성을 부여한 γ실루민(Si 9%, Mg 0.5%)
- 실루민에 구리를 넣어 시효성을 부여한 구리 실루민(Si 9%, Cu 3%)

34 강을 표준상태로 하기 위하여 가공조직의 균일화, 결정립의 미세화, 기계적 성질의 향상을 목적으로 실시하며, 가열온도가 A_3 또는 A_{cm}점 이상까지 가열하는 열처리 방법은?

① 담금질
② 어닐링
③ 템퍼링
④ 노멀라이징

> 해설

1. 담금=퀜칭=소입 : 강을 오스테나이트(r) 조직영역으로 가열 후 급랭시켜 재질을 경화시킨 것으로 냉각 속도에 따라서 마텐자이트, 트루스타이트, 솔바이트, 오스테나이트 조직으로 분류한다.(급랭하여 표면 경화)
2. 뜨임=템퍼링=소려 : 내부응력 제거와 인성을 부여하기 위해 A_1 변태점 이하로 가열해 서랭하는 방법
   - 저온뜨임 : 경도를 필요시 100~200℃에서 공랭 시 마텐자이트 조직을 얻는다.(목적 : 연마균열방지, 내마멸성 향상, 담금질 응력제거, 치수의 경년변화 방지)
   - 고온뜨임 : 강인성이 필요한 부분에 500~650℃ 가열하여 솔바이트 조직을 만든 것
3. 풀림=어닐링=소둔 : 재질연화 목적으로 A_3 변태점 부근에서 서랭하여 내부응력 제거, 절삭성 향상, 성분 균일화, 결정조직의 조정 등
   - 고온풀림 : 확산풀림, 완전풀림, 항온풀림
   - 저온풀림 : 응력제거풀림, 재결정풀림, 구상화풀림
4. 불림=노멀라이징=소준 : 강을 오스테나이트까지 가열(A_3, A_{cm}선 이상 30~60℃)해 공기 중에서 서랭함으로써 결정립의 미세화, 기계적 성질 향상, 가공 재료의 내부응력 제거 등 목적으로 실시(재질의 표준화)

35 다음 중 일반 고장력강의 용접 시 주의사항으로 틀린 것은?

① 용접봉은 저수소계를 사용한다.
② 아크 길이는 가능한 한 짧게 한다.
③ 위빙 폭을 가급적 크게 한다.
④ 용접 개시 전에 이음부 내부 또는 용접할 부분을 청소한다.

> 해설

고장력강이란 인장강도가 50kg/mm² 이상인 강으로 망간강, 합동석출강, 몰리브덴함유강 등이 있다.

고장력강 이용 시 주의사항
- 위빙 폭을 작게 하고 아크 길이는 가능한 짧게 한다.
- 엔드탭 등을 설치하여 사용한다.
- 용접봉은 저수소계로 300~350℃로 1~2시간 건조한 봉을 사용할 것
- 용접 개시 전에 용접할 부분 및 이음부 내부를 청소할 것

36 용접 후 열처리의 목적으로 관계가 먼 것은?

① 용접잔류응력 완화 ② 용접 후 변형방지
③ 용접부 균열방지   ④ 연성 증가, 파괴인성 감소

> 해설

용접 후 열처리 목적
- 잔류응력 완화 및 제거
- 용접 후 변형방지 및 변형교정
- 용접부 균열 방지

37 오스테나이트계 스테인리스강은 용접 시 냉각되면서 고온균열이 발생하기 쉬운데 그 원인이 아닌 것은?

① 아크 길이가 너무 길 때
② 크레이터 처리를 하지 않았을 때
③ 모재가 오염되어 있을 때
④ 모재를 구속하지 않은 상태에서 용접할 때

> 해설

1. 오스테나이트계 스테인리스강 용접 시 냉각되면서 고온 균열(Hot Crack)이 발생하는 원인
   - 구속력이 가해진 상태에서 용접할 때
   - 모재가 불결하는 등 오염이 되었을 때
   - 크레이터 처리를 실시하지 않았을 때
   - 아크 길이가 너무 길 때
2. 오스테나이트계 스테인리스강 용접 시 주의사항
   - 용접 입열을 억제하기 위해 낮은 전류 값으로 용접할 것
   - 가는 용접봉을 사용하고 모재와 같은 재료를 쓸 것
   - 아크를 중단하기 전에 꼭 크레이터 처리를 할 것
   - 짧은 아크 길이를 유지할 것
   - 예열을 하지 말 것
   - 층간 온도는 320℃ 이상을 넘지 말 것

38 불즈 아이 조직(Bull's Eye Structure)이 나타나는 주철로 맞는 것은?

① 칠드 주철   ② 미하나이트 주철
③ 백심가단주철   ④ 구상흑연주철

정답 35 ③ 36 ④ 37 ④ 38 ④

해설

불즈 아이 조직
구상흑연주철, 가단주철의 현미경 조직에 구상 혹은 괴상의 흑연 둘레를 페라이트가 둘러싸되 바탕이 펄라이트로 되어 마치 황소의 눈(Bull's Eye)처럼 된 조직을 말한다.

39 탄소강의 조직 중 현미경 조직으로는 흰 결정으로 나타나며, 대단히 연하고 전성과 연성이 크며 A_2점 이하에서는 강자성을 나타내는 조직은?

① 페라이트 ② 펄라이트
③ 레데뷰라이트 ④ 시멘타이트

해설

페라이트(Ferrite)
900℃ 이하에서 안정한 체심 입방 결정의 철에 합금원소 또는 불순물이 용융된 고용체로 외관은 순철과 같지만 규소철 또는 실리콘 페라이트라 한다. 탄소강을 현미경으로 보면 탄소가 조금 녹아 있는 페라이트 흰 결정(흰 부분)과 펄라이트의 검게 보이는 부분이 섞여 보인다. 대단히 연하며 전연성이 크고 A_2점 이하에선 강자성 조직이다.

40 6 : 4 황동에 관한 설명으로 옳지 않은 것은?

① 상온에서 7 : 3 황동에 비하여 전연성이 낮고, 인장강도가 크다.
② 내식성이 높고, 탈아연 부식을 일으키지 않는다.
③ 아연 함유량이 많고 황동 중에서 값이 싸서, 기계 재료로 많이 사용된다.
④ 일반적으로 판재, 선재, 볼트, 너트, 파이프, 밸브 등의 재료로 쓰인다.

해설

6 : 4 황동은 탈아연 부식을 일으킨다. 6 : 4 황동에선 7 : 3 황동과 동일하게 α고용체 합금 결정과 Cu−Zn의 β금속간 화합물(구리 50%, 아연 50%) 결정으로 되어 있어 산에 침식되면 β쪽이 빨리 녹아 거친 표면이 된다. 이를 탈아연(Dezincification, Dezinking) 현상이라 부른다.

41 주철의 흑연화를 촉진시키는 원소가 아닌 것은?

① Si ② Al
③ Mn ④ Ti

해설

주철의 흑연화(graphitization)
주철을 오랜 시간 적당한 온도(400~1,000℃)로 가열하여 조직 중의 시멘타이트(Fe_3C)를 유리탄소와 페라이트로 분해시키며 탄소를 흑연모양으로 한 것
($Fe_3C \rightleftharpoons 3Fe + C$, 화합 탄소가 $3Fe$와 C로 분리되는 것)
- 흑연화 촉진제 : 알루미늄(Al), 실리콘(규소, Si), 니켈(Ni), 티탄(Ti), 코발트(Co), 인(P)
- 흑연화 방지제 : 황(S), 망간(Mn), 몰리브덴(Mo), 텅스텐(W), 크롬(Cr), 바나듐(V), 텔루륨(Te)

42 78~80% Ni, 12~14% Cr의 합금으로 내식성과 내열성이 우수하며, 특히 산화기류 중에서 내열성이 우수한 합금은?

① 니크롬 ② 콘스탄탄
③ 인코넬 ④ 모넬메탈

해설

인코넬(inconel)
Ni 70~80%, Cr 14%, Fe 6% 합금으로 내산성, 내식성, 내열성이 우수하며 900℃ 이상의 온도에서도 산화되지 않기 때문에 전열기 부분품, 고온계 보호판, 항공기 배기 밸브, 우유 가공기 등에 응용되고 있다.

43 용접 길이를 짧게 나누어 간격을 두면서 용접하는 것으로 잔류응력이 적게 발생하도록 하는 용착법은?

① 빌드업법 ② 후진법
③ 전진법 ④ 스킵법

해설

스킵법(skip) = 비석법
용접 전 길이에 대해 뛰어 넘어서 용접하는 방법. 변형이나 잔류응력을 균일하게 하지만, 능률이 안 좋아서 용접 시작부분과 끝나는 부분에 결함이 생기는 경우가 많다.

정답 39 ① 40 ② 41 ③ 42 ③ 43 ④

44 보조기호 중 영구적인 이면 판재 사용을 표시하는 기호는?

① ⌐M⌐ ② ⌒
③ ⌐MR⌐ ④ ⌣⌣

[해설]

① ⌐M⌐ : 영구적인 덮개판 사용
② ⌒ : 제거 가능한 덮개판 사용
③ ⌐MR⌐ : 블록형
④ ⌣⌣ : 끝단부를 매끄럽게

45 비커스(vickers) 경도시험에 사용되는 압입자는?

① 지름 1.5mm의 강구
② 꼭지각 120°의 다이아몬드 사각추
③ 꼭지각 136°의 다이아몬드 사각추
④ 1mm 구형의 다이아몬드 사각추

[해설]

비커스 경도시험은 꼭지각이 136°인 다이아몬드 사각추를 1~120kgf의 하중으로 시험편에 압입 후 생긴 오목 자국의 대각선을 측정하는 시험방법이다.

46 용접할 때 일어나는 균열결함현상 중 저온균열에서 볼 수 없는 것은?

① 토 균열   ② 비드 밑 균열
③ 루트 균열   ④ 크레이터 균열

[해설]

- 용접 균열(Weld Crack) : 용접 금속이 응고할 때 수축 또는 구속응력에 의해 발생한다.
- 저온 균열 : 약 200℃ 이하 비교적 낮은 온도에서 발생하는 균열로 용접 후 온도가 상온 부근으로 떨어지고 나서 발생하는 균열이다. 루트 균열, 지단 균열(끝 균열), 비드 밑 균열이 있다.

47 용접 후 변형을 교정하는 방법을 나열한 것 중 틀린 것은?

① 냉각 후 해머질하는 방법
② 형재에 대한 직선 수축법
③ 롤러에 거는 방법
④ 절단에 의하여 성형하고 재용접하는 방법

[해설]

용접 후 변형을 교정하는 방법

- 가열한 후 해머질하여 변형을 교정(해머링 법)
- 형재에는 직선 수축법을 이용
- 롤러에 걸어서 변형을 교정하는 방법
- 절단 성형 후 재용접하여 변형을 교정하는 방법
- 피닝법을 사용, 변형 교정
- 후판은 가열 후 압력을 걸고 수랭하는 방법
- 박판은 점 수축법(가열시간 30초 정도, 가열온도 500~600℃, 가열 지름 20~30mm, 가열 즉시 수랭처리 하는 방법)
- 소성 변형시켜 교정하는 방법

48 다음 중 스패터링 현상이 발생하는 원인이 아닌 것은?

① 슬랙의 점도가 낮을 때   ② 아크 길이가 길 때
③ 용접전류가 높을 때   ④ 모재온도가 낮을 때

[해설]

스패터링 발생 원인

- 용접전류가 높을 때
- 아크 길이가 너무 길 때
- 모재의 온도가 낮을 때
- 용접봉의 흡습

49 가접(track welding)에 대한 설명으로 가장 거리가 먼 것은?

① 부재강도상 중요한 장소는 가접을 피한다.
② 가접할 때 용접봉은 본 용접봉보다 지름이 약간 굵은 것을 사용한다.
③ 본 용접 전에 좌우의 홈 부분을 잠정적으로 고정하기 위한 짧은 용접이다.
④ 가접은 본 용접 못지않게 중요하므로 본 용접사와 기량이 동등해야 한다.

정답 44 ① 45 ③ 46 ④ 47 ① 48 ① 49 ②

[해설]

가접(tack welding)
공작물에 비틀림이나 휨을 방지하기 위해 모재양단이나 뒷면에 잠정적으로 교정하기 위한 짧은 용접
- 응력이 집중되는 곳은 피할 것(강도상 중요부분 피할 것)
- 본 용접보다 지름이 가는 것을 사용한다.
- 전류는 본 용접보다 높게 하고 가접을 너무 짧게 하지 말 것
- 가접사도 본 용접사와 동등한 기량일 것
- 시·종단에 엔드탭을 설치할 것
※ 슬래그 섞임, 용입불량, 루트 균열 등 결함이 수반되기 쉬우므로 모서리 부분이나 끝부분을 피할 것

50 로봇 종류의 일반 분류에서 교시 프로그래밍을 통해서 입력된 작업 프로그램을 반복해서 실행할 수 있는 로봇은?

① 학습 제어 로봇
② 시퀀스 로봇
③ 지능 로봇
④ 플레이 백 로봇

[해설]

플레이 백 로봇(Playback robot)
- 직접형과 간접형이 있는데 직접형은 인간이 직접 로봇을 잡고 가르치는 형이며, 간접형은 원격제어장치를 사용한다. 인간이 로봇에게 동작의 순서를 가르치는 동작과 같은 동작을 반복하는 로봇이다.
- 교시 프로그래밍을 통해 입력된 작업 프로그램을 반복 실행하는 로봇

51 용접부의 검사법 중 비파괴시험 방법에 대한 용도의 설명으로 잘못된 것은?

① 외관검사 : 용접부의 표면에 대한 검사로 비드의 모양, 용입, 크레이터 처리상황 조사를 위한 검사
② 누설검사 : 탱크, 용기 등의 기밀, 수밀 밑 내압을 요하는 용접부에 대한 검사
③ 초음파 탐상 검사 : 검사물의 내부에 파장이 짧은 음파를 침투시켜 내부의 결함 또는 불균일층의 존재를 검지

④ 방사선 투과검사 : 교류전류를 통한 코일을 검사물에 접근시켜 용접부 내부의 균열, 용입불량, 슬래그 섞임

[해설]

방사선 투과 검사(RT)의 특징
- 가장 확실하고 검사 결과의 기록(필름 등) 보존이 우수해 널리 사용되고 있다.(신뢰성이 가장 높음)
- 내부 결함 검출(균열, 기공, 슬래그 섞임, 융합불량 등)에 사용되는 것이 주 목적이다.
- X선 종사자는 자주 백혈구 검사를 받아 X선량을 알아둘 것 (인체에 위험 등 안전관리 문제)
- 감마(γ)선은 X선보다 더 투과력이 크며 방사선을 계속 끊임없이 내고 있기에 특히 주의할 것
- 선량한도 : 일반인 1mSv/년, 수시 출입자 12mSv/년, 작업 종사자 50mSv/년, 100mSv/5년
- 검사할 용접부에 X선 또는 γ선을 투과하여 결함 유무를 검사하는 방법이 방사선 투과 검사이다.

52 용접작업 전 예열의 주된 목적에 대한 설명으로 틀린 것은?

① 용접금속의 결정립을 조대하게 하여 용접부의 입계부식 및 응력부식 균열을 예방한다.
② 용접부의 냉각속도를 늦추어 용접금속 및 용접 열영향부의 균열을 방지한다.
③ 용접부의 확산성 수소의 방출을 용이하게 하여 수소 취성 및 저온균열을 방지한다.
④ 용접부의 기계적 성질을 향상시키고 취성파괴를 예방한다.

[해설]

1. **예열의 주 목적**
   - 냉각속도를 천천히 늦추어 **균열 발생을 억제**
   - 수소성분의 방출할 수 있는 시간을 주어 **저온균열**이나 수소취성을 방지한다.
2. **후열의 목적**
   - 용접 후 급랭에 의한 **균열방지**
   - 용접금속의 **수소량 감소 효과**

53 용접 이음부의 형상에서 변형을 가능한 한 줄이고, 또한 재료두께가 100mm 정도에 달한다고 할 때의 형상으로서 가장 적당한 것은?

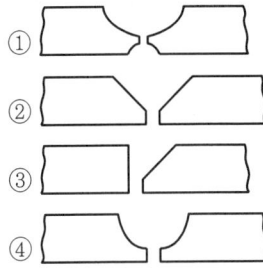

[해설]
- ①번 그림 : H형
- ②번 그림 : V형
- ③번 그림 : J형
- ④번 그림 : U형
- I형 : 판 두께 6mm까지
- V형, 베벨형, J형 : 6~19mm 간격
- X형, K형, J형 : 12mm 이상
- U형 : 16~50mm
- H형 맞대기 이음 : 50mm 이상

54 판 두께 12mm, 용접 길이가 25cm인 판을 맞대기 용접하여 4,200N의 인장하중을 작용시킬 때 인장응력은 얼마인가?

① 140N/cm² ② 280N/cm²
③ 420N/cm² ④ 560N/cm²

[해설]
인장응력(σ) = $\dfrac{P}{lt} = \dfrac{4,200}{1.25 \times 25} = 140$

55 어떤 측정법으로 동일 시료를 무한 횟수 측정하였을 때 데이터 분포의 평균치와 참값의 차를 무엇이라 하는가?

① 재현성 ② 안정성
③ 반복성 ④ 정확성

[해설]
- 정확성(accuracy) : 참값에서 평균값을 뺀 값. 편차가 적은 정도이며 정밀성과 구별하여 사용한다.
- 정밀성(precision) : 측정값의 편차가 작은 정도. 정밀성의 정도라 하는 경우도 있다.
- 근사값 – 참값 = 오차값

56 관리도에서 측정한 값을 차례로 타점했을 때 점이 순차적으로 상승하거나 하강하는 것을 무엇이라 하는가?

① 런(run) ② 주기(cycle)
③ 경향(trend) ④ 산포(dispersion)

[해설]
- 경향(trend) : 관측값을 순서대로 타점했을 때 연속 ∂ 이상의 점이 점점 상승하거나 하강하는 상태
- 런(run) : 관리한계 내에 있지만 중심선 한쪽(위 또는 아래)에 연속해서 나타나는 점(7 이상)
- 주기(cycle) : 일정한 간격을 가지고 주기적으로 상하로 변동, 좌현을 나타내는 경우
- 산포(dispersion) : 측정치의 고르지 않는 정도. 측정값이 평균 중심으로 집중되었나 또는 얼마만큼 퍼져있는가의 정도

57 도수분포표를 작성하는 목적으로 볼 수 없는 것은?

① 로트의 분포를 알고 싶을 때
② 로트의 평균치와 표준편차를 알고 싶을 때
③ 규격과 비교하여 부적합품률을 알고 싶을 때
④ 주요 품질항목 중 개선의 우선순위를 알고 싶을 때

[해설]
도수분포표 작성 목적
- ①, ②, ③항
- 분포가 통계적으로 어떤 분포형에 근사한지 알기 위해
- 규격과 비교하여 공정 현황을 파악하기 위해

정답 53 ① 54 ① 55 ④ 56 ③ 57 ④

58 정상소요기간이 5일이고, 이때의 비용이 20,000원이며 특급소요기간이 3일이고, 이때의 비용이 30,000원이라면 비용구배는 얼마인가?

① 4,000원/일
② 5,000원/일
③ 7,000원/일
④ 10,000원/일

해설

비용구배 = $\dfrac{특급비용 - 정상비용}{정상시간 - 특급시간}$

= $\dfrac{30,000 - 20,000}{5 - 3}$ = 5,000원/일

59 "무결점 운동"으로 불리는 것으로 미국의 항공사인 마틴사에서 시작된 품질개선을 위한 동기부여 프로그램은 무엇인가?

① ZD
② 6σ
③ TPM
④ ISO 9001

해설

ZD(Zero Defect)운동
미국 항공사인 마틴사에서 처음 시작된 품질 개선을 위한 동기부여 프로그램으로 작업자 오류에 의한 일체의 결함이나 결점을 없애기 위한 경영기법이다.

60 컨베이어 작업과 같이 단조로운 작업은 작업자에게 무력감과 구속감을 주고 생산량에 대한 책임감을 저하시키는 등 폐단이 있다. 다음 중 이러한 단조로운 작업의 결함을 제거하기 위해 채택되는 직무설계방법으로서 가장 거리가 먼 것은?

① 자율경영팀 활동을 권장한다.
② 하나의 연속작업시간을 길게 한다.
③ 작업자 스스로가 직무를 설계하도록 한다.
④ 직무확대, 직무충실화 등의 방법을 활용한다.

해설

컨베이어 작업같이 일정하고 단조로운 작업을 계속해서 반복하면 작업자는 구속감과 무력감을 더욱 느끼게 되므로 직무는 순환작업이 좋고 하나의 연속 작업시간은 짧게 하는 것이 좋다.

2012년 제51회(4.9)

01 피복 아크용접봉 중 내균열성이 가장 우수한 것은?

① E4313 ② E4316
③ E4324 ④ E4327

해설

저수소계(E4316) 용접봉
- 석회석(=탄산칼슘 $CaCO_3$)과 형석(=불화칼슘 CaF_2)을 주성분으로 한 용착금속 중 수소함유량이 타 용접봉에 비해 1/10 정도이다.
- 내균열성이 우수해 후판, 구속력이 큰 고탄소강, 고장력강 등에 사용 가능
- 사용 전 300~350℃ 정도로 1~2시간 정도 건조시켜 사용

02 아세틸렌가스의 성질 중 틀린 것은?

① 순수한 아세틸렌가스는 무색무취이다.
② 아세틸렌가스의 비중은 0.906으로 공기보다 가볍다.
③ 아세틸렌가스는 산소와 적당히 혼합하여 연소시키면 낮은 열을 낸다.
④ 아세틸렌가스는 아세톤에 25배가 용해된다.

해설

아세틸렌(C_2H_2)의 특징
- 산소와 혼합할 때 최고 3,430℃의 높은 열을 발생시킨다.
- 순수한 것은 무색, 무취 가스지만 인화수소(PH_3), 유화수소(H_2S), 암모니아(NH_3) 등이 1% 정도 포함되면 악취가 난다.
- 여러 가지 물질에 잘 용해되며 물 : 1배, 석유 : 2배, 벤젠 : 4배, 알콜 : 6배, 아세톤 : 25배 용해된다. 그 용해량은 압력에 따라 증가하나, 소금물에는 용해되지 않는다.
- 온도 : 406~408℃ **자연발화**, 505~515℃ **위험**, 780℃ 이상 산소가 없어도 **자연폭발**
- 압력 : 1.3기압 이하 **사용**, 1.5기압에서 충격, 가열 등의 자극으로 **폭발**, 2기압의 경우 **자연폭발**
- 아세틸렌 15% 산소 85%에서 가장 위험, 인화수소를 포함한 경우 : 0.02% 이상 폭발성, 0.06% 이상 자연폭발
- 구리, 구리합금(구리 62% 이상), 수은 등은 120℃에서 맹렬한 폭발성 화합물 생성(아세틸라이드)
- 압력이 가해져 있는 가스에 마찰, 진동, 충격 등의 외력이 가해지면 폭발 위험이 있다.
- 비중 0.096(15℃ 1기압에서 1l무게는 1.176g이다.)

03 저압식 가스 절단 토치를 올바르게 설명한 것은?

① 아세틸렌가스의 압력이 보통 $0.07kgf/cm^2$ 이하에서 사용한다.
② 산소가스의 압력이 보통 $0.07kgf/cm^2$ 이하에서 사용한다.
③ 아세틸렌가스의 압력이 보통 $0.07kgf/cm^2$ 이상에서 사용한다.
④ 산소가스의 압력이 보통 $0.07~0.4kgf/cm^2$ 정도에서 사용한다.

해설

아세틸렌 게이지 압력에 따른 구분
- 저압식 절단 토치 : $0.07kgf/cm^2$ 이하
- 중압식 절단 토치 : $0.07~0.4kgf/cm^2$

04 피복 아크용접봉 피복제 중에 포함되어 있는 주요 성분은 용접에 있어서 중요한 작용과 역할을 하는데 이 중 관계가 없는 것은?

① 아크 안정제 ② 슬래그 생성제
③ 고착제   ④ 침탄제

정답 01 ② 02 ③ 03 ① 04 ④

[해설]

피복배합제 종류
- 아크 안정제 : 이온화하기 쉬운 물질을 만들어 재점호 전압을 낮추어 아크를 안정시킨다.(적철강, 석회석, 규산칼륨, 규산나트륨, 자철강, 산화티탄, 탄산소다)
- 슬래그 생성제 : 용융금속의 표면을 덮어 산화, 질화를 방지하고 용착금속의 냉각속도를 느리게 한다.(이산화망간, 형석, 석회석, 알루미나일미나이트, 규사)
- 가스 발생제 : 석회석, 탄산바륨, 셀룰로오스, 녹말, 톱밥 등은 가스를 발생해 용융금속을 대기로부터 보호한다.
- 탈산제 : 용융금속 중의 산화물을 탈산정련하는 작용을 한다.(알루미늄, 바나듐, 페로티탄, 페로망간, 크롬, 페로실리콘)
- 고착제 : 피복제가 심선에 달라붙게 하는 역할을 한다.(아교, 소맥분, 해초, 규산칼륨)
- 합금첨가제 : 여러 가지 성질을 개선하기 위해 피복제에 첨가 (크롬, 니켈, 망간, 구리, 몰리브덴, 실리콘)

05 용접열원으로서 제어가 매우 용이하고 에너지의 집중화를 예측할 수 있는 에너지원은?

① 전자기적 에너지 ② 기계적 에너지
③ 화학반응 에너지 ④ 결정 에너지

[해설]
전자기적 에너지는 제어가 매우 용이하고 에너지 집중화를 예측할 수 있다.

06 교류 아크용접기에서 용접사를 보호하기 위하여 사용한 장치는?

① 전격방지기 ② 핫스타트 장치
③ 고주파 발생 장치 ④ 원격제어장치

[해설]
전격방지기(voltage reducing device)
교류 아크 용접기는 무부하 전압이 85~95V 정도로 비교적 높아 전격 위험이 있어 용접사 보호 차원에서 2차 무부하 전압을 20~30V로 낮추어 유지하는 장치

07 아세틸렌가스의 통로에 구리 또는 구리합금(62% 이상 구리)을 사용하면 안 되는 이유는?

① 아세틸렌의 과다한 공급을 초래하기 때문에
② 폭발성 화합물을 생성하기 때문에
③ 역화의 원인이 되기 때문에
④ 가스성분이 변하기 때문에

[해설]
구리, 구리합금(구리62% 이상), 수은 등은 120℃에서 맹렬한 폭발성 화합물을 생성한다.(아세틸라이드)

08 교류 아크용접기의 종류표시와 사용된 기호의 수치에 대한 설명 중 옳은 것은?

① AW-300으로 표시하며 300의 수치는 정격출력 전류이다.
② AW-300으로 표시하며 300의 수치는 정격 1차 전류이다.
③ AC-300으로 표시하며 300의 수치는 정격출력 전류이다.
④ AC-300으로 표시하며 300의 수치는 정격 1차 전류이다.

[해설]
AW-300(AW : 교류 아크용접기, 300 : 정격 2차 전류 300A)

09 레이저 절단기의 구성요소가 아닌 것은?

① 광전송부
② 가공 테이블
③ 광파 측정볼
④ 레이저 발진기

[해설]
레이저 절단기 구성요소
레이저 발진기, 가공 테이블, 광전송부

정답 05 ① 06 ① 07 ② 08 ① 09 ③

10 용해 아세틸렌을 충전하였을 때 용기 전체의 무게가 62.5kgf이었는데, B형 토치의 200번 팁으로 표준불꽃 상태에서 가스용접을 하고 빈 용기를 달아보았더니 무게가 58.5kgf이었다면 가스용접을 실시한 시간은 약 얼마인가?

① 약 12시간   ② 약 14시간
③ 약 16시간   ④ 약 18시간

해설

$C = 905(B-A)(l)$
(A : 빈병무게, B : 충전된 병 전체무게, C : 용적(l))
$C = 905 \times (62.5 - 58.5) = 3,620 l$
200번 팁은 1시간당 아세틸렌 소비량이 200l이므로
$\frac{3,620 l}{200 l/h} = 18.1$시간

11 다음 중 용착효율(deposition efficiency)이 가장 낮은 용접은?

① MIG 용접
② 피복 아크용접
③ 서브머지드 아크용접
④ 플럭스코어드 아크용접

해설

MIG 용접, 서브머지드 아크용접, 플럭스코어드 아크용접은 반자동 및 자동용접이며 수동용접인 피복 아크용접이 용착효율이 가장 낮다.

12 용접 케이블에 대한 설명으로 틀린 것은?

① 2차 측 케이블은 유연성이 좋은 캡타이어 전선을 사용한다.
② 전원에서 용접기에 연결하는 케이블을 2차 측 케이블이라 한다.
③ 2차 측 케이블은 저전압 대전류를 사용한다.
④ 2차 측 케이블에 비하여 1차 측 케이블은 움직임이 별로 없다.

해설

용접용 케이블

- 1차 측 케이블 : 전원에서 용접기에 연결하는 케이블로 고정된 선으로 유동성이 없어야 하므로 단선으로 지름(mm)을 사용해 크기를 표시한다.
- 2차 측 케이블 : 유연성, 즉 용접홀더를 작업하기 위해 자유자재로 움직여야 하기 때문에 전선 지름이 0.2~0.5mm인 가는 구리선을 수백선, 수천선 꼬아서 만든 캡타이어 전선을 사용하고 있다. 단위도 1개선은 의미가 없기에 단면적(mm²)을 사용한다. 홀더(모재)에서 용접기로 연결된 케이블이 2차측 케이블이다.

구분	200A	300A	400A
1차 측 지름(mm)	5.5	8	14
2차 측 단면적(mm²)	38	50	60

13 공정변경에 의한 용접매연 및 유독성분 발생 감소방안에 대한 설명 중 틀린 것은?

① 용접매연 발생량이 적은 용접공정의 선택
② 스패터를 최소화할 수 있는 용접조건의 설정
③ 작업 가능한 최소의 용접전류 및 아크전압 선택
④ 주위 환경에 최대의 산소를 보장할 수 있는 플럭스의 선택

해설

이산화탄소 아크용접, 피복 아크용접 등에 사용되는 용제 등에서 가스에 의해 퓸(fume)을 발생하여 용선 작업 등에서 가스 중독을 일으킬 수도 있다. 고로 환기장치 등이 반드시 필요하며 지나치게 좁은 장소는 피할 것. 한편으로는 적당한 용접 전류값, 전압선택, 용접조건의 설정 등 매연발생이 적은 작업이 필요하다.

14 피복 아크용접봉의 피복제 중 탈산제가 아닌 것은?

① Fe-Cu   ② Fe-Si
③ Fe-Mn   ④ Fe-Ti

정답 10 ④   11 ②   12 ②   13 ④   14 ①

[해설]

탈산제는 용융금속 중에 산화물을 탈산 정련 작용을 한다.
알루미늄(Al), 바나듐(V), 페로티탄(Ti), 페로망간(Fe-Mn), 크롬(Cr), 페로실리콘(Fe-Si)

15 강재 표면의 흠이나 개재물, 탈탄층 등을 제거하기 위해서 될 수 있는 대로 얇게, 타원형으로 표면을 깎아내는 가공법은?

① 가우징
② 아크 에어 가우징
③ 스카핑
④ 플라스마 제트 절단

[해설]

스카핑(scarping)이란 강재, 강괴 표면의 흠이나 개재물, 탈층 등 y면 결함을 제거하기 위해 될 수만 있다면 얇게, 그리고 타원형으로 표면 결함 등을 불꽃 가공으로 제거하는 방법이다. 절단속도는 냉간재 5~7m/min, 열간재 20m/min이다.

16 서브머지드 용접과 같이 대전류 영역에서 비교적 큰 용적이 단락되지 않고 옮겨가는 용적 이행방식은?

① 입상용적 이행(globular transfer)
② 단락 이행(short-circuiting transfer)
③ 분사식 이행(spray transfer)
④ 중간 이행(middle transfer)

[해설]

용적 이행방식의 종류
- 글로뷸러형(globular) = 입상용적 이행형 : 서브머지드 용접 같은 큰 전류 영역에서 볼 수 있으며 비교적 큰 용적이 단락되지 않고 옮겨가는 형식
- 스프레이형(spray type) : 미세한 용적이 스프레이와 같이 날려 모재에 옮겨가는 이행 형식. 분무상 이행형이라고도 한다. 일미나이트계, 고산화티탄계 등에서 발생한다.
- 단락형(short-circuiting type) : 표면 장력의 작용으로 모재 쪽으로 이행하는 형식. 비피복 용접봉이나 저수소계 용접봉에서 흔히 볼 수 있다.

17 서브머지드 아크용접용 용제의 종류 중 광물성 원료를 혼합하여 노(爐)에 넣어 1,300℃ 이상으로 가열해서 용해하여 응고시킨 후 분쇄하여 알맞은 입도로 만든 것으로 유리 모양의 광택이 나며 흡습성이 적은 것이 특징인 것은?

① 용융형 용제
② 소결형 용제
③ 혼성형 용제
④ 분쇄형 용제

[해설]

용융형 용제
- 외관은 유리모양의 광택이 나고 흡습성이 적어 보관이 편리하다.
- 용접 후 필요로 하는 기계적 성질에 따라서 적당한 와이어를 선정한다.
- 입자는 입도로 표시하며 입자가 가늘수록 고전류를 사용하며, 전류가 낮을 때는 굵은 입자를 전류가 높을 때는 가는 입자를 사용한다.

18 MIG 용접 시 송급 롤러의 형태가 아닌 것은?

① 롤렛형
② 기어형
③ 지그재그형
④ U형

[해설]

MIG 용접(MIG, GMAW) 시 송급 롤러 형태에는 롤렛형, 기어형, U형 등이 있다.

19 전류가 인체에 미치는 영향 중 순간적으로 사망할 위험이 있는 전류량은 몇 [mA] 이상인가?

① 10
② 20
③ 30
④ 50

[해설]

- 감전 조금 느낌 : 1mA
- 상당한 고통 : 5mA
- 견디기 힘든 고통 : 10mA
- 근육수축, 근육지배력 상실 : 20mA
- 사망 위험 : 50mA
- 치명적 영향 : 100mA

정답 15 ③ 16 ① 17 ① 18 ③ 19 ④

20 레이저 용접(Laser Welding)의 장점 설명으로 틀린 것은?

① 좁고 깊은 용접부를 얻을 수 있다.
② 소입열 용접이 가능하다.
③ 고속 용접과 용접 공정의 융통성을 부여할 수 있다.
④ 접합되어야 할 부품의 조건에 따라서 한 방향의 용접으로는 접합이 불가능하다.

해설

레이저 용접
- 접합할 부품의 조건에 따라 한 방향 용접으로는 접합이 불가능하다.(단점)
- X선 방출이 없고 자기장의 영향을 받지 않는다.
- 대기중에 용접이 가능하고 진공실이 필요 없다.

21 돌기(projection) 용접의 장점 설명으로 틀린 것은?

① 여러 점을 동시에 용접할 수 있으므로 생산성이 높다.
② 좁은 공간에 많은 점을 용접할 수 있다.
③ 용접부의 외관이 깨끗하며 열변형이 적다.
④ 용접기의 용량이 적어 설비비가 저렴하다.

해설

돌기 용접의 장점
- 동시에 많은 점용접이 가능하므로 생산성이 높다.
- 이종금속 판 두께가 서로 다른 것도 용접이 가능하다.
- 작업능률이 높고 수명이 길다.
- 좁은 공간이라도 많은 개수의 점을 용접할 수 있다.

22 불활성가스 아크용접에서 주로 사용되는 불활성가스는?

① C_2H_2 ② Ar
③ H_2 ④ N_2

해설

불활성가스 종류
아르곤(Ar), 네온(Ne), 크립톤(Kr), 라돈(Rn), 크세논(Xe)

암기팁 ▶ 아.네.는 크.라.크세.

23 전기저항 용접의 3대 요소에 해당되는 것은?

① 도전율 ② 용접전압
③ 용접저항 ④ 가압력

해설

전기저항 용접의 3대 요소
용접전류, 통전시간, 가압력

암기팁 ▶ 전기저항은 전.통.가.

24 기체를 가열하여 양이온과 음이온이 혼합된 도전(導電)성을 띤 가스체를 적당한 방법으로 한 방향에 분출시켜, 각종 금속의 접합에 이용하는 용접은?

① 서브머지드 아크용접
② MIG 용접
③ 피복 아크용접
④ 플라스마(plasma) 아크용접

해설

플라스마 아크용접
기체를 가열하여 양이온과 음이온으로 혼합된 도전성을 띤 가스 상태를 플라스마 상태라 하며 이때의 온도는 10,000~30,000℃ 정도이다. 탄소강, 스테인리스강, 티탄, 니켈합금, 구리 등에 적합하다.

25 탄산가스(CO_2) 아크용접 작업 시 전진법의 특징으로 맞는 것은?

① 용접 스패터가 비교적 많으며 진행방향 쪽으로 흩어진다.
② 용접선이 잘 안 보이므로 운봉을 정확하게 할 수 없다.
③ 용착금속의 용입이 깊어진다.
④ 비드 폭의 높이가 높아진다.

해설

전진법의 특징
- 용접선이 잘 보이기 때문에 비드 등 운봉을 정확히 할 수 있다.
- 평탄한 비드로 비드 높이가 낮다.
- 용착금속이 아크보다 앞서가므로 용입이 얕다.
- 스패터가 많으며 진행 방향으로 튀어서 흩어진다.

정답 20 ④ 21 ④ 22 ② 23 ④ 24 ④ 25 ①

26 TIG 용접 시 텅스텐 혼입이 일어나는 이유로 거리가 먼 것은?

① 전극의 길이가 짧고 노출이 적어 모재에 닿지 않을 때
② 전극과 용융지가 접촉하였을 때
③ 전극의 굵기보다 큰 전류를 사용하였을 때
④ 외부 바람의 영향으로 전극이 산화되었을 때

해설
TIG 용접 시 텅스텐 혼입이 일어나는 이유
- 전극과 용융 쇳물이 접촉할 때
- 전극의 굵기보다 큰 전류를 사용할 때
- 바람 등의 영향으로 전극이 산화될 경우 등

27 티그(TIG) 용접과 비교한 플라스마(plasma) 아크용접의 단점이 아닌 것은?

① 플라스마 아크 토치가 커서 필릿 용접 등에 불리하다.
② 키홀 용접 시 언더컷이 발생하기 쉽다.
③ 용입이 얕고, 비드 폭이 넓으며, 용접속도가 느리다.
④ 키홀 용접과 용융 용접을 모두 사용해야 하는 다층 용접 시 용접변수의 변화가 크다.

해설
티그 용접과 비교한 플라스마 아크용접의 단점
- 무부하가 높고 설비비가 많이 든다.
- 모재표면이 오염되어 있으면 플라스마 아크 상태가 변해 용접부의 품질이 떨어진다.
- 용입이 깊고, 비드 폭이 좁으며 용접속도가 빠르다.

28 가스용접 및 절단작업 시 안전사항으로 가장 거리가 먼 것은?

① 작업 시 작업복은 깨끗하고 간편한 복장으로 갈아입고 작업자의 눈을 보호하기 위해 보안경을 착용한다.
② 납이나 아연합금 및 도금 재료의 용접이나 절단 시 중독의 우려가 있으므로 환기에 신경에 쓰며 방독마스크를 착용하고 작업을 한다.
③ 산소병은 고압으로 충전되어 있으므로 운반 시는 전용 운반장비를 이용하며, 나사부분의 마모를 적게 하기 위하여 윤활유를 사용한다.
④ 밀폐된 용기를 용접하거나 절단할 때 내부의 잔여물질 성분이 팽창하여 폭발할 우려를 충분히 검토한 후 작업을 한다.

해설
산소병에 밸브, 조정기, 도관 취급부 등은 윤활유를 사용해서는 안 되며 기름 묻은 천 등으로 닦아서는 절대 안 된다.

29 납땜에 사용하는 용제가 갖추어야 할 조건 중 틀린 것은?

① 모재의 산화 피막과 같은 불순물을 제거하고 유동성이 좋을 것
② 모재나 땜납에 대한 부식 작용이 최대일 것
③ 납땜 후 슬래그 제거가 용이할 것
④ 인체에 해가 없어야 할 것

해설
납땜 용제 구비조건
- 모재나 땜납에 대한 부식 작용이 최소일 것
- 인체에 무해할 것
- 납땜 후 슬래그 제거가 쉬울 것
- 모재에 산화 피막 같은 불순물을 제거하고 유동성이 좋을 것
- 전기저항 납땜일 경우 전도체일 것
- 침지 땜에 사용될 경우 수분을 함유해서는 안 된다.
- 납땜의 온도와 용제의 유효온도 범위가 일치할 것
- 청정한 금속면의 산화를 방지할 것
- 땜납의 표면 장력을 맞추어 모재와 친화도가 양호할 것
- 장시간 납땜일 때는 용제 유효 온도 범위가 넓고 용제의 탄화가 일어나기 어려울 것

30 스테인리스강을 조직상으로 분류한 것 중 틀린 것은?

① 시멘타이트계
② 페라이트계
③ 마텐자이트계
④ 오스테나이트계

> 해설

스테인리스강(STS)의 종류

1. 마텐자이트계
   - 13크롬 강의 표준. 대표적이며 950~1,020℃에서 담금질해 마텐자이트 조직으로 하고, 인성이 필요할 땐 550~650℃에서 뜨임하여 솔바이트 조직으로 한다.
   - 내식, 내열, 기계적 성질이 좋다.
   - 상온에서 자성을 가지며 일반 강과 같이 담금질에 의해 마텐자이트가 생긴다.
   - 경화성 스테인리스강을 말하며 공구나 날이 있는 연장에 사용된다.
2. 페라이트계
   - 담금질에 의해 경화되지 않으며 내식성이 크다.
   - Cr 13~18%, Si 1%, C 0.2%, Mn 1%이며, 냉간 가공할 수 있고 장식품, 여과장치, 차량 부품 등에 사용
   - 질산, 유기산에는 침식되지 않지만 다른 산에는 침식된다.
   - 오스테나이트에 비해 내식성이 부족하고 자성이 강하다.
3. 석출경화형 : 구리(Cu), 알루미늄(Al) 원소 등을 소량 첨가. 열처리에 의해 원소 화합물 등을 석출시켜 경화 성질을 갖는 SUS 630 상당 강이다. PH스테인리스강(PH stainless steel)이라고도 한다.
4. 오스테나이트계(Cr 18%-Ni 8%)
   - 용접성이 SUS중 가장 우수하다.
   - 비자성체로 내산, 내식성이 13Cr 강보다 우수하다.
   - 염산, 염소가스에 약하며 결정 입계부식 발생이 쉽다.
   - 열 및 전기 전도도가 보통 강에 비해 1/4 정도이다.

31 티탄합금을 용접할 때, 용접이 가장 잘 되는 것은?

① 피복아크용접
② 불활성가스 아크용접
③ 산소-아세틸렌가스 용접
④ 서브머지드 아크용접

> 해설

티탄 합금 용접 시 불활성 가스 아크용접이 가장 용접이 잘 된다.

32 다음 중 70~90% Ni, 10~30% Fe을 함유한 합금으로 니켈-철계 합금은?

① 어드밴스(advance)
② 큐프로 니켈(cupro nickel)
③ 퍼멀로이(permalloy)
④ 콘스탄탄(constantan)

> 해설

- 퍼멀로이 : Ni 75~80%, Co 0.5%, C 0.5%, 나머지 Fe이다. 고투자율 합금, 해저 전선 장하코일용, 전자 차폐용 관에 사용
- 어드밴스 : Cu 54%, Ni 44%, Mn 1%, Fe 0.5%. 전기 저항 값이 크므로 정밀한 전기 기계 저항선에 사용
- 큐프로 니켈 : 백동이라고도 한다. Cu 80%, Ni 20%. 구리에 소량의 니켈을 첨가하면 홍황색을 띤 진백색으로 변한다.
- 콘스탄탄 : 구리(Cu) 50~60%, 니켈(Ni) 40~45%, Mn 1%. 합금 열전대 계측기 등에 사용

33 담금질 균열 방지책이 아닌 것은?

① 급격한 냉각을 위하여 빠른 속도로 냉각한다.
② 가능한 한 수랭을 피하고 유랭을 한다.
③ 설계 시 부품의 직각 부분을 적게 한다.
④ 부분적인 온도차를 적게 하기 위해 부분 단면을 작게 한다.

> 해설

담금질 균열 방지책
- 될 수 있으면 서랭한다.(시간 담금질을 채용한다.)
- 날카로운 모서리를 피하기 위해 설계할 때 직각 부분을 되도록 적게 한다.
- 냉각할 때 온도의 불균일을 적게 하기 위해서 부분 단면적을 적게 하고 변태는 동시에 일어나게 한다.
- 석면이나 찰흙으로 구멍을 채운다.
- 구멍을 뚫어서 부품의 각 부분을 균일하게 냉각시킨다.

정답 31 ② 32 ③ 33 ①

34 오스테나이트계 스테인리스강의 용접 시 입계부식 방지를 위하여 탄화물을 분해하는 가열온도로 가장 적당한 것은?

① 480~600℃
② 650~750℃
③ 800~950℃
④ 1,000~1,100℃

해설

입계부식
- 예민화(sensitize)라 부르는데 오스테나이트계 스테인리스강이 결정 입계 부근에 크롬이 탄소와 결합해 70% 크롬 이하로 줄어듦으로써 부식을 일으키는 현상으로 Cr_4C(크롬 탄화물)이 생성된다.
- 입계 부식을 방지하기 위해 탄화물을 분해하는 가열온도로 1,000~1,100℃ 가열, 충분하게 유지 후 급랭해 Cr합금 성분 석출을 저해한다.
- 티탄, 니오브 등을 섞어 주어서 입계부식을 방지할 수 있다.
- 오스테나이트계 스테인리스강은 황산, 염산, 염소가스에 약하고 결정 입계부식 발생이 쉽다.

35 풀림의 목적으로 틀린 것은?

① 냉간가공 시 재료가 경화됨
② 가스 및 분출물의 방출과 확산을 일으키고 내부응력이 저하됨
③ 금속합금의 성질을 변화시켜 연화됨
④ 일정한 조직의 균일화됨

해설

풀림(Annealing)의 목적
- 내부응력제거 : 150~600℃ 저온에서 실시하는 풀림(내부응력 저하)
- 재질 연화 : 금속합금 강의 성질을 변화시켜 재질을 연하게 해서 기계 가공성 향상(금속합금 성질 연화)
- 기계적 성질 개선(구상화 풀림) : 일정한 조직 균일화

36 황동의 탈아연 부식에 대한 설명으로 틀린 것은?

① 탈아연 부식은 60:40 황동보다 70:30 황동에서 많이 발생한다.
② 탈아연된 부분은 다공질로 되어 강도가 감소하는 경향이 있다.
③ 아연이 구리에 비하여 전기화학적으로 이온화 경향이 크기 때문에 발생한다.
④ 불순물이 부식성 물질이 공존할 때 수용액의 작용에 의하여 생긴다.

해설

황동의 탈아연 부식 현상
- 탈아연 부식은 6 : 4 황동에서 주로 발생한다.
- 탈아연 부식된 부분은 다공질로 되어서 강강도가 감소
- 오염된 물 또는 해수 등 부식성 물질 등과 접촉하면 황동표면에 아연이 가용해서 연차로 산화물이 많은 동으로 되는 현상

37 고급주철인 미하나이트 주철은 저탄소, 저규소의 주철에 어떤 접종제를 사용하는가?

① 규소철, Ca-Si
② 규소철, Fe-Mn
③ 칼슘, Fe-Si
④ 칼슘, Fe-Mg

해설

미하나이트 주철(meehanite metal)
- 규소철, Si-Ca 분말을 접종해 흑연의 형상을 미세하고 균일하게 해 흑연의 핵 형성을 촉진시킨다.
- 시멘타이트(Fe_3C) 또는 펄라이트 일부를 남겨 강경도를 적당하게 유지시킨 것
- 조직은 펄라이트+흑연(미세)
- 담금질이 가능하고 내열, 내마모, 고강도 주철이다.

38 기어, 크랭크 축 등 기계요소용 재료의 열처리법으로 사용되고 표면은 내마모성을 가지고 중심은 강인성을 요구하는 재료의 열처리법이 아닌 것은?

① 화염경화법
② 침탄법
③ 질화법
④ 소성가공법

해설

표면은 내마모성을 갖고 중심은 강인성을 필요로 하는 열처리법
침탄법, 질화법, 화염경화법
※ 소성가공법(plastic working) : 소성을 이용, 물체를 변형시켜 여러 가지 필요로 하는 모양으로 만드는 가공법

39 특수강의 제조목적이 아닌 사항은?

① 고온기계적 성질 저하의 방지
② 담금질 효과의 증대
③ 결정입도의 조대화 증대
④ 기계적 성질의 증대

해설

특수강(합금강)의 제조 목적
- 기계적 성질 개선
- 담금질성 개선
- 고온에 기계적 성질 저하 방지
- 내식, 내마멸성 향상
- 용접 및 단접성 증가
- 전자기적 성질 개선
- 결정입자 성장 방지

40 탄소강을 질화처리한 것으로 그 특징이 아닌 것은?

① 경화층은 얇고, 경도는 침탄한 것보다 크다.
② 마모 및 부식에 대한 저항이 크다.
③ 침탄강은 침탄 후 담금질하나 질화강은 담금질할 필요가 없다.
④ 600℃ 이하의 온도에서는 경도가 감소되고 산화가 잘된다.

해설

질화처리 시 특징
- 암모니아(NH_3)가스를 이용, 520℃에서 50~100시간 가열 시 알루미늄(Al), 크롬(Cr), 몰리브덴(Mo) 등이 질화된다.
- 경도가 침탄법보다 크고 경화층은 얇다.
- 부식이나 마모에 대한 저항이 크다.

- 질화강은 담금질할 필요가 없지만 침탄강은 침탄 후 담금질이 필요하다.

41 일반 고장력강의 용접 시 주의사항이 아닌 것은?

① 용접봉은 저수소계를 사용한다.
② 아크 길이는 가능한 한 짧게 유지한다.
③ 위빙폭은 용접봉 지름의 3배 이상이 되게 한다.
④ 용접봉은 300~350℃ 정도에서 1~2시간 건조 후 사용한다.

해설

고장력강 용접 시 주의사항
- 위빙폭은 작게 하고 300~350℃에서 1~2시간 건조시킨 저수소계 용접봉을 사용한다.
- 용접할 부분이나 이음부 내부를 깨끗이 청소한다.
- 엔드탭 등을 사용한다.
- 담금질 경화성이 크다.
- 열영향부 연성저하로 저온균열 발생 우려가 있다.

42 알루미늄이나 그 합금은 용접성이 대체로 불량한데, 그 이유에 해당되지 않는 것은?

① 비열과 열전도도가 대단히 커서 단시간 내에 용융 온도까지 이르기가 힘들기 때문이다.
② 용접 후의 변형이 크며 균열이 생기기 쉽기 때문이다.
③ 용융점 660℃로서 낮은 편이고, 색채에 따라 가열온도의 판정이 곤란하여 지나치게 용융되기 쉽기 때문이다.
④ 용융응고 시에 수소가스를 배출하여 기공이 발생되기 어렵기 때문이다.

해설

알루미늄 또는 알루미늄 합금이 용접성이 불량한 이유
- 용융응고 시 수소가스를 흡수하여 기공이 생기기 쉽다.
- 열전도도와 비열이 대단히 높아 단시간 내에 용융온도에 도달하기가 힘들다.
- 용접 후 균열발생이 쉽고 변형이 크다.
- 알루미늄 용융점은 660℃ 정도로 낮은 편이며, 불꽃 색채에 따라 가열온도 판정이 곤란해 지나치게 용융되기 쉽다.

정답 39 ③ 40 ④ 41 ③ 42 ④

- 산화 알루미늄(Al₂O₃) 용융온도가 2,050℃로 알루미늄 용융온도 660℃보다 높기 때문에 용접성이 나쁘다.
- 산화 알루미늄 비중이 4이고 알루미늄 비중은 2.7로 비중이 높은 산화 알루미늄이 용융되어 표면으로 떠오르기가 어렵다.

43 다음 그림에서 강판의 두께 20mm, 인장하중 8,000N을 작용시키고자 하는 겹치기 용접이음을 하고자 한다. 용접부의 허용응력을 5N/mm²라 할 때 필요한 용접길이는 약 얼마인가?

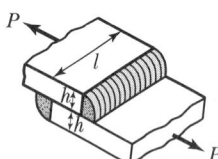

① 60mm ② 70mm
③ 80mm ④ 90mm

해설

허용응력 = $\dfrac{하중}{단면적}$ = $\dfrac{8,000}{5 \times 20}$ = 80

44 한국산업표준에서 현장용접을 나타내는 기호는?

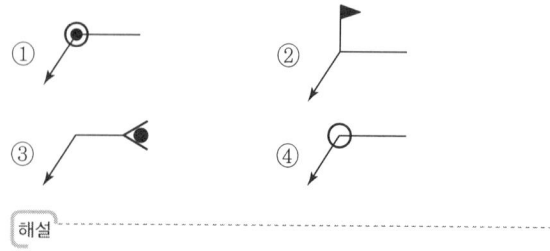

해설

현장용접은 깃발 모양이다.

45 19mm 두께의 알루미늄 판을 양면으로 TIG용접하고자 할 때 이용할 수 있는 이음방식은?

① I형 맞대기 이음   ② V형 맞대기 이음
③ X형 맞대기 이음   ④ 겹치기 이음

해설

- I형 맞대기 이음 : 6mm 이하
- X형 맞대기 이음 : 19mm
- H형 맞대기 이음 : 50mm 이상

46 관절좌표 로봇(articulated robot) 동작기구의 장점에 대한 설명으로 틀린 것은?

① 3개의 회전축을 가진다.
② 장애물의 상하에 접근이 가능하다.
③ 작은 설치공간에 큰 작업영역을 가진다.
④ 복잡한 머니퓰레이터 구조를 가진다.

해설

관절좌표 로봇은 간단한 머니퓰레이트 구조를 가진다.

47 다음 중 용접 포지셔너 사용 시 장점이 아닌 것은?

① 최적의 용접 자세를 유지할 수 있다.
② 로봇 손목에 의해 제어되는 이송각도의 일종인 토치 팁의 리드 각과 래그 각의 변화를 줄일 수 있다.
③ 용접 토치가 접근하기 어려운 위치를 용접이 가능하도록 접근성을 부여한다.
④ 바닥에 고정되어 있는 로봇의 작업영역 한계를 축소시켜 준다.

해설

용접 포지셔너(positioner)

용접하기 쉬운 상태로 용접할 물체를 놓기 위한 지그로 바닥에 고정되어 있는 작업 영역 한계를 확대시켜 준다.

48 용접부에 대한 비파괴시험 방법에 관한 침투탐상시험법을 나타낸 기호는?

① RT   ② UT
③ MT   ④ PT

정답 43 ③ 44 ② 45 ③ 46 ④ 47 ④ 48 ④

> 해설
- RT : 방사선 검사
- UT : 초음파 검사
- MT : 자분 검사
- PT : 침투 검사
- LT : 누설 검사
- VT : 육안 검사
- ET : 와류 검사

49 용접변형 교정방법 중 맞대기 용접이음이나 필릿 용접이음의 각 변형을 교정하기 위하여 이용하는 방법으로 이면 담금질법이라고도 하는 것은?

① 점가열법
② 선상가열법
③ 가열 후 해머링
④ 피닝법

> 해설

선상가열법
맞대기 이음이나 필릿용접이음의 각 변형을 교정하는 법으로 이면 담금질법

50 CO_2 아크용접에서 기공의 발생 원인이 아닌 것은?

① 노즐과 모재 사이의 거리가 15mm이었다.
② CO_2 가스에 공기가 혼입되어 있다.
③ 노즐에 스패터가 많이 부착되어 있다.
④ CO_2 가스 순도가 불량하다.

> 해설

기공 발생 원인
- CO_2 가스에 공기가 혼입 시
- 노즐에 스패터가 많이 부착 시
- CO_2 가스 품질이 불량할 때
- 노즐과 모재간에 거리가 너무 지나치게 길 때
- 용접할 부분이 불순물, 기름 등으로 불결할 때
- CO_2 가스 유량이 부족할 때

51 일반적인 각 변형의 방지대책으로 틀린 것은?

① 구속 지그를 활용한다.
② 용접속도가 빠른 용접법을 이용한다.
③ 판 두께가 얇을수록 첫 패스 측의 개선깊이를 크게 한다.
④ 개선각도는 작업에 지장이 없는 한도 내에서 크게 한다.

> 해설

개선각도는 용접 작업에 지장이 없는 한도 내에서 적게 한다.

52 예열을 하는 목적에 대한 설명 중 틀린 것은?

① 용접부와 인접된 모재의 수축응력을 감소시키기 위하여
② 임계온도 도달 후 냉각속도를 느리게 하여 경화를 방지하기 위하여
③ 약 200℃ 범위의 통과시간을 지연시켜 비드 및 균열 방지를 위하여
④ 후판에서 30~50℃로 용접 홈을 예열하여 냉각속도를 높이기 위하여

> 해설

후판에서 30~50℃로 용접 홈을 예열하여 냉각속도를 느리게 하여 모재의 취성을 방지한다.

53 금속현미경 조직시험의 진행과정 순서로 맞는 것은?

① 시편의 채취 → 성형 → 연삭 → 광연마 → 물세척 및 건조 → 부식 → 알코올 세척 및 건조 → 현미경검사
② 시편의 채취 → 광연마 → 연삭 → 성형 → 물세척 및 건조 → 부식 → 알코올 세척 및 건조 → 현미경검사
③ 시편의 채취 → 성형 → 물세척 및 건조 → 광연마 → 연삭 → 부식 → 알코올 세척 및 건조 → 현미경검사
④ 시편의 채취 → 알코올 세척 및 건조 → 성형 → 광연마 → 물세척 및 건조 → 연삭 → 부식 → 현미경검사

정답 49 ② 50 ① 51 ④ 52 ④ 53 ①

> [해설]

현미경검사는 시편을 샌드페이퍼 등으로 연마 후 광택을 내고 광학현미경으로 미소 결함 등을 관찰하는 검사이다.
시편의 채취→성형→연삭→광연마→물세척 및 건조→부식→알코올 세척 및 건조→현미경검사 순이다.

54 용접부의 국부가열 응력제거방법에서 용접구조용 압연강재의 응력 제거 시 유지온도와 유지시간으로 적합한 것은?

① 625±25℃ 판 두께 25mm에 대해 1시간
② 725±25℃ 판 두께 25mm에 대해 1시간
③ 625±25℃ 판 두께 25mm에 대해 2시간
④ 725±25℃ 판 두께 25mm에 대해 2시간

> [해설]

유지온도 625±25℃ 판 두께 25mm에 대해 1시간

55 여유시간이 5분, 정미시간이 40분일 경우 내경법으로 여유율을 구하면 약 몇 %인가?

① 6.33%
② 9.05%
③ 11.11%
④ 12.50%

> [해설]

여유율 = $\dfrac{여유시간}{정미시간+여유시간} \times 100 = \dfrac{5}{40+5} \times 100 = 11.11\%$

56 로트에서 랜덤하게 시료를 추출하여 검사한 후 그 결과에 따라 로트의 합격, 불합격을 판정하는 검사방법을 무엇이라 하는가?

① 자주검사
② 간접검사
③ 전수검사
④ 샘플링검사

> [해설]

샘플링 검사
로트에서 무작위(랜덤)하게 시료를 추출해 검사 후 결과에 따라 합격, 불합격을 판정, 결정하는 방법

57 다음과 같은 [데이터]에서 5개월 이동평균법에 의하여 8월의 수요를 예측한 값은 얼마인가?

월	1	2	3	4	5	6	7
판매실적	100	90	110	100	115	110	100

① 103
② 105
③ 107
④ 109

> [해설]

5개월 이동평균법 3월부터 수식을 적용
8월수요예측값 = $\dfrac{110+100+115+110+100}{5} = 107$

58 관리사이클의 순서를 가장 적절하게 표시한 것은?(단, A는 조치(Act), C는 체크(Check), D는 실시(Do), P는 계획(Plan)이다.)

① P → D → C → A
② A → D → C → P
③ P → A → C → D
④ P → C → A → D

> [해설]

관리 사이클 순서
계획(P)→실시(D)→체크(C)→조치(A)

암기팡 ▶▶ 계.실.체.조.

59 다음 중 계량값 관리도만으로 짝지어진 것은?

① c 관리도, u 관리도
② $x-R_s$ 관리도, P 관리도
③ $\bar{x}-R$ 관리도, nP 관리도
④ $Me-R$ 관리도, $\bar{x}-R$ 관리도

> [해설]

계량값 관리도
$Me-R$ 관리도, $\bar{x}-R$ 관리도

60 다음 중 모집단의 중심적 경향을 나타낸 측도에 해당하는 것은?

① 범위(Range)
② 최빈값(Mode)
③ 분산(Variance)
④ 변동계수(Coefficient of variation)

해설

최빈값(Mode)
- 자료 분포 중에서 가장 빈번히 관찰되는 **최다 도수를 갖는** 자료값이다. 즉, 모집 단위에 중심적 경향으로 중심적 경향으로 나타낸 축도 예를 들어서 명장 대학원에 20명의 학생이 있는데 19명의 대학원생은 1회 이내 상을 받았고 이우주 학생만 5회 표창장 받았다면 가장 많은 상을 받은 이우주 학생이 최빈값(Mode)가 된다.
- 두 개의 최빈치를 갖는 데이터 집합을 다중최빈이라 한다.

정답 60 ②

2012년 제52회(7.23)

01 AW-500 교류 아크용접기의 최고 무부하 전압은 몇 V 이하인가?

① 30V 이하
② 80V 이하
③ 95V 이하
④ 85V 이하

해설

AW-500에서 AW는 교류용접기(AC welder), 500은 정격 2차 전류(A)를 뜻하고 최고 2차 무부하 전압(개로 전압)은 AW-400까지는 85V 이하, AW-500 이상에선 95V 이하이다.

02 교량의 개조나 침몰선의 해체, 항만의 방파제 공사 등에 가장 많이 사용되는 것은?

① 산소창 절단
② 수중 절단
③ 분말 절단
④ 플라스마 절단

해설

수중 절단(Under Water Cutting)
- 침몰선 해체, 교량건설, 항만의 방파제 공사 등에 사용되며, 수심 45m 정도까지 작업이 가능하다.
- 예열 가스로 아세틸렌(폭발위험이 있다.), 수소(수심 깊이에 관계없이 사용 가능하나 예열온도가 낮다.), 벤젠(C_6H_6), 프로판 가스(LPG) 등이 사용되고 있다.
- 예열 불꽃은 육지보다 4~8배 높으며, 산소 절단 압력은 1.5~2.0배이며 절단 속도는 느리게 한다.

03 연강용 피복 아크용접봉을 KS에 의하여 E4316으로 표시할 때, "43"이 의미하는 것은?

① 용착금속의 최소 인장강도의 수준
② 피복 아크용접봉
③ 모재의 최대 인장강도의 수준
④ 피복제 계통

해설

E43△□에서
- E : 전기 용접봉(Electrode)의 첫글자
- 43 : 용착 금속의 최소 인장강도(kg/mm^2)의 수준
  ※ 43은 용착금속의 인장강도가 최소한 $43kg/mm^2$
- △ : 용접자세
  (0, 1 : 전자세, 2 : 아래보기 및 수평필릿자세, 3 : 아래보기, 4 : 전자세 또는 특정자세)
- □ : 피복제의 종류(극성에 영향)

04 저수소계 용접봉에 대한 설명으로 틀린 것은?

① 피복제는 석회석이나 형석을 주성분으로 한다.
② 타 용접봉에 비해 용착금속 중의 수소 함유량이 1/10 정도로 적다.
③ 용접봉은 사용하기 전에 300~350℃ 정도로 1~2시간 정도 건조시켜 사용한다.
④ 용착 금속은 강인성이 풍부하나 내균열성이 나쁘다.

해설

저수소계 용접봉(E4316)
- 주성분 : 석회석=탄산칼슘($CaCO_3$), 형석=(CaF_2)을 주성분으로 한다.
- 용착금속 수소량이 다른 용접봉에 비해 1/10정도 적다.
- 피복제가 습기를 잘 흡수하기 때문에 반드시 사용 전에 300~350℃로 1~2시간 정도 건조 후 사용할 것
  ※ 용접봉에 있는 습기는 기공, 균열의 원인이 된다.
  ※ 일반용 피복 아크용접봉은 70~100℃로 1시간 정도 건조 후 사용할 것
- 아크가 불안정하며 초보자일 경우 용접봉이 모재에 달라붙는 등 아크가 다소 불안정하고 작업성이 떨어지며 용접속도가 느리고 용접 출발된 시점에서 기공이 발생하기 쉽기 때문에 후진법(Back step)을 사용한다.

정답 01 ③ 02 ② 03 ① 04 ④

- 다른 연강봉보다 용접성이 우수하므로 후판, 중요구조물 구속이 큰 용접, 고탄소강, 유황 함유량이 큰 강 등에 용접. 결함 없이 용접부가 양호하다.
- 피복제의 **염기도가 높을수록 내균열성**이 우수하다.

05 가스용접에서 용제에 대한 설명으로 틀린 것은?

① 용제는 단독으로 사용하는 것보다 혼합제로 사용하는 것이 좋다.
② 용제는 용접 직전의 모재(母材) 및 용접봉에 엷게 바른 다음 불꽃으로 태워서 사용한다.
③ 용제로 지나치게 많은 양을 쓰는 것은 도리어 용접을 곤란하게 한다.
④ 강 이외의 많은 금속은 그 산화물보다 용융점이 높기 때문에 산화물을 제거하기 위하여 용제가 중요한 역할을 한다.

해설

1. 용제(Flux)
연강 외 합금이나 주철, 알루미늄 등의 가스용접에는 용제를 사용해야 한다.

2. 가스 용접용 용제

금속	용제
연강	사용하지 않음
반경강	중탄산나트륨 + 탄산나트륨
주철	붕사(15%), 탄산나트륨(15%), 중탄산나트륨(70%)
구리 합금	붕사(75%), 염화리튬(25%)
알루미늄	염화칼륨(45%), 염화나트륨(30%), 염화리튬(15%), 플루오르화칼륨(7%), 황산칼륨(3%)

- 용제는 단독으로 사용하는 것보다 **혼합제로 사용**한다. (중탄산소다+탄산소다, 붕사+중탄산소다+탄산소다, 붕사)
- 용제를 모재 및 용접봉에 엷게 바른 후 **불꽃을 태워 사용**할 것
- 용제는 적당량을 사용해야 하며 많은 양을 쓰면 용접을 곤란하게 만든다.

06 잠호용접(SAW)에 대한 특징 설명으로 틀린 것은?

① 용융속도 및 용착속도가 빠르다.
② 개선각을 작게 하여 용접 패스 수를 줄일 수 있다.
③ 용접진행 상태의 양·부를 육안으로 확인할 수 없다.
④ 적용 자세에 제약을 받지 않는다.

해설

잠호용접 = 서브머지드 아크용접 = 불가시 용접
상품명으로는 유니언 멜트 용접법, 링컨 용접법이라 부른다.

서브머지드 아크용접(Submerged Arc Welding)의 특징

1. 장점
- 용융속도 및 용착속도가 빠르고 용입도 깊다.(수동용접에 비해 용접속도가 10~20배, 용입은 2~3배 길다.)
- 용접홈(개선각)을 작게 해 용접봉 절약 및 용접패스 수가 줄어듦으로써 용접 변형도 적어진다.
- 1회 용접으로 75mm까지 용접 가능
- 열효율이 높고 비드 외관이 아름답다.
- 용접사 기량차가 품질에 영향을 미치지 않아 **신뢰도가 높다**.
- 기계적 성질이 우수하며 유해 광선이나 퓸(Fume) 등이 적게 발생해 **작업환경이 청결**하다.

2. 단점
- 적용 자세에 제약을 받는다.(아래보기 자세가 대부분)
- 용접 아크가 플럭스 내부에서 발생해 외부로 아크가 노출되지 않으므로 용접 진행 상태의 양·부를 육안으로 확인이 불가능하다.
- 용접선이 복잡하거나 짧을 경우에는 수동 용접에 비해 비능률적이다.
- 장비가 고가이며 탄소강, 스테인리스강, 합금강 등에만 사용된다.(재료의 제약을 받는다.)

07 산소-아세틸렌 용접에서 전진법은 보통 판 두께가 몇 mm 이하의 맞대기 용접이나 변두리 용접에 쓰이는가?

① 5mm
② 10mm
③ 15mm
④ 20mm

[해설]

가스용접법에는 **전진법(좌진법)**과 **후진법(우진법)**이 있다.
전진법의 특징
- 토치를 오른쪽에서 왼쪽으로 이동하는 방법
- 5mm 이하 박판이나 변두리 용접에 사용한다.
- 열 이용률은 나쁘고 용접속도는 느리다.
- 용착금속의 냉각속도는 급랭되고 용착금속 조직은 거칠다.
- 용접 변형이 크다.

08 가스용접으로 사용되는 산소의 성질에 대한 설명으로 잘못된 것은?

① 물에 조금 녹아 있기 때문에 수중생물의 호흡에 쓰인다.
② 다른 물질의 연소를 도와주는 조연성 가스이다.
③ 액체산소는 보통 연한 청색을 띤다.
④ 금, 백금, 수은 등을 제외한 모든 원소와 화합 시 탄화물을 만든다.

[해설]

산소(Oxygen)의 특징
- 산소는 공기 중에 21% 존재하며 물에도 산소가 녹아 있기에 수중생물의 호흡에 쓰이고 있다.
- 산소를 다른 물질의 연소를 돕는 가스이므로 조연성 가스 또는 지연성 가스라 한다.
- 액체 산소는 연한 청색을 띠며 액체 산소가 기화되면 800배 기체 체적이 된다.
- 모든 원소와 화합 시 산화물을 만들며 금, 수은, 백금 등은 제외한다.
- 고압용기에 35℃에서 $150kg/cm^2$의 고압으로 압축 충전한다.
- 무색, 무미, 무취 기체로 비중이 1.105로 공기보다 무겁다.
- 산소의 제조법 3가지는 화학약품에 의한 방법, 공기에서 산소를 채취하는 법, 물을 전기분해 하는 법 등이 있다.

09 가스 절단기 중 비교적 가볍고 2가지의 가스를 2중으로 된 동심형의 구멍으로부터 분출하는 토치의 종류는?

① 프랑스식 ② 덴마크식
③ 독일식   ④ 스웨덴식

[해설]

가스 절단기
- 동심형 : 프랑스식, 니들 밸브가 없다.
- 이심형 : 독일식, 니들 밸브가 있어 불꽃 조절이 용이하다.

10 가스 가우징 작업에 대해 설명한 것 중 틀린 것은?

① 용접부의 결함 제거
② 가접의 제거
③ 용접부의 뒤따내기
④ 강재 표면의 얕고 넓은 층, 탈탄층 제거

[해설]

가스 가우징(Gas gouging)
- 용접 표면에 뒷면을 따내기
- 가스 용접에 절단용 장치로 이용할 수 있어 가접 제거나 용접부 결함 제거 작업에 사용 가능
- 팁은 저압으로 대용량 산소를 방출이 가능하도록 슬로 다이버전트 팁을 사용한다.
- 작업이 용이하도록 팁의 끝이 구부러져 있다.

11 정격 2차 전류 250A, 정격사용률 40%의 아크용접기로 실제로 200A의 전류로 용접한다면 허용사용률은 몇 %인가?

① 22.5   ② 42.5
③ 62.5   ④ 82.5

[해설]

$$허용사용률 = \frac{(정격2차 전류)^2}{(실제 용접 전류)^2} \times 정격사용률$$
$$= \frac{250^2}{200^2} \times 40 = 62.5\%$$

12 아크용접 시 용접봉의 용융금속 이행형식이 될 수 없는 것은?

① 단락형   ② 스프레이형
③ 글로뷸러형 ④ 전류형

> [해설]

용융금속의 이행 형식

1. 단락형(Short Circuit Type)
   - 저수소계 용접봉, 비 피복 용접법
   - 표면 장력 작용으로 모재쪽으로 이행하는 형식
2. 스프레이형(Spray Type)
   - 작고 미세한 용적이 스프레이와 같이 날려 이행하는 형식
   - 분무상 이행형이라 칭한다.
   - 일미나이트계, 고산화티탄계 등에서 발생한다.
3. 글로뷸러형(Globular Type)
   - 큰 용적(덩어리)이 단락되지 않고 옮겨가는 형식
   - 입상 이행 형식, 핀치 효과형이라 부른다.
   - 서브머지드 용접과 같이 대전류 사용

13 용접구조물을 리벳구조물과 비교할 때 용접구조물의 장점으로 틀린 것은?

① 잔류응력이 발생하지 않는다.
② 재료의 절약도 가능하게 되고 무게도 경감된다.
③ 리벳구멍에 의한 유효단면적의 감소가 없으므로 이음 효율이 높다.
④ 리벳이음에 비해 수밀, 유밀, 기밀유지가 잘된다.

> [해설]

용접구조물의 장점
- 이음효율(joint efficiency) 향상
- 수밀 기밀성이 좋다.(리벳 이음에 비해)
- 작업 공정수가 단축되며 경제적이다.
- 중량이 경감되고 이종 재질도 접합 가능하다.
- 보수 수리가 용이하다.
- 재료 두께에 관계없이 접합이 가능하다.
- 이종 재질도 접합이 가능하다.
- 제품의 수명과 성능이 향상된다.
- ※ 단점으로 잔류응력이 발생한다.

14 직류 용접기와 교류 용접기의 비교 설명 중 틀린 것은?

① 무부하 전압은 교류 용접기가 높다.
② 직류 용접기가 역률이 양호하다.
③ 교류 용접기의 구조가 직류 용접기보다 간단하다.
④ 교류 용접기는 극성 변화가 가능하다.

> [해설]

직류 용접기와 교류 용접기 비교

구분	직류	교류
아크안정	안정	불안정
극성변화	가능	불가능
무부하 전압	40~60V	70~80V
전격 위험	작다	크다
구조	복잡	간단
가격	고가	저가
용도	박판	후판
아크쏠림	쏠림	쏠림방지
비피복봉	사용가능	사용불가
고장	많다	적다
소음	발전기형은 크다	적다

15 플라스마 절단방식에서 텅스텐 전극과 모재 사이에서 아크 플라스마를 발생시키는 것은?

① 이행형 아크 절단
② 비이행형 아크 절단
③ 단락형 아크 절단
④ 중간형 아크 절단

> [해설]

플라스마 아크 절단(Plasma Arc Cutting)
- 이행형 아크 절단 : 텅스텐 전극과 모재 사이에서 아크 플라스마를 발생시킨다.
- 비이행형 아크 절단 : 텅스텐 전극과 수랭 노즐 사이에서 아크를 발생시켜 절단을 행한다.

16 경납땜에 사용되는 용가재 중 은납에 관한 설명 중 틀린 것은?

① 구리, 은, 아연이 주성분인 합금이다.
② 구리, 구리합금, 스테인리스강 등에 사용한다.
③ 융점은 황동 납보다 높고 유동성이 좋다.
④ 불꽃 경납땜, 고주파 유도 가열 경납땜, 노내 경납땜에 사용한다.

해설

은납
- 아연(Zn)+은(Ag)+구리(Cu)가 주성분
- 융점이 황동보다 낮고 유동성이 좋고 전연성 인장강도가 우수하며, 아름다운 은백색을 띤다.
- 철강, 스테인리스강, 구리, 구리합금 등에 사용
- 불꽃 경납땜, 노내 경납땜, 고주파 가열 경납땜에 사용

17 가스용접작업에 관한 안전사항 중 틀린 것은?

① 아세틸렌 병은 저압이므로 눕혀서 사용하여도 좋다.
② 가스누설 점검은 수시로 비눗물로 점검한다.
③ 산소병을 운반할 때는 캡(cap)을 씌워 이동한다.
④ 작업종료 후에는 메인밸브 및 콕을 완전히 잠근다.

해설

산소, 아세틸렌 용기 취급 시 주의사항
- 아세틸렌 병은 반드시 세워서 보관한다.
- 산소 밸브는 반드시 캡을 씌우고 세워서 보관하고 운반한다.
- 가스 누설 검사는 수시로 비눗물로 점검한다.
- 저장실의 전기 스위치, 전등 등은 방폭 구조여야 한다.
- 밸브 개폐는 조용히 한다.
- 기름 묻은 손이나 장갑을 끼고 취급하지 말 것
- 화기와 격리시킨다.(불씨로부터 5m 이상 이격시킨다.)
- 동결 부분은 35℃ 이하 온수로 녹인 후 사용한다.
- 운반 시 충격을 금한다.
- 직사광선을 피하고 40℃ 이하 온도에서 통풍이 잘 되는 곳에 보관한다.

18 용접면을 가볍게 접촉시키면서 대전류를 흐르게 하여 접촉면에 전기불꽃을 발생시켜 그 열로 두 개의 면을 접합시키는 용접은?

① 플래시 용접   ② 마찰용접
③ 프로젝션 용접   ④ 심 용접

해설

플래시 용접(Flash Welding)
- 용접하고자 하는 2개 금속 단면을 가볍게 접촉시켜 대전류를 통하여 전기불꽃을 발생, 비산시켜 그 열로 접합시키는 용접법
- 비산되는 플래시로 작업자 안전 조치가 필요하다.
- 이음 강도가 높고 신뢰도 또한 좋다.
- 이종 재료 용접이 가능하며, 강재, 니켈, 니켈합금에 적합
- 예열-플래시-업셋 순으로 진행된다.

19 TIG 용접에 사용되는 전극의 조건으로 틀린 것은?

① 고용융점의 금속   ② 전자방출이 잘되는 금속
③ 전기저항률이 큰 금속 ④ 열전도성이 좋은 금속

해설

TIG 용접에 사용되는 전극 조건
- 전자방출 능력이 좋은 금속
- 고용융점 금속(토륨1~2% 포함한 텅스텐. 용융점 3,400℃)
- 열전도성이 좋은 금속
- 전기저항률이 적은 금속

20 산업보건기준에 관한 규칙에서 근로자가 상시 작업하는 장소의 작업면의 조도 중 정밀작업 시 조도의 기준으로 맞는 것은?(단, 갱내 및 감광재료를 취급하는 작업장은 제외한다.)

① 300럭스 이상   ② 750럭스 이상
③ 150럭스 이상   ④ 75럭스 이상

정답 16 ③ 17 ① 18 ① 19 ③ 20 ①

해설

공장		사무실	
장소	조도(lux)	장소	조도(lux)
거친 작업	70~150	서재(응접실)	50~1,300
정밀 작업	300~750	일반 사무	300~1,700
초정밀 작업	700~1,500	정밀 사무	700~1,500

※ 근로자 정밀작업 조도는 300럭스 이상이다.

21 테르밋 용접에서 테르밋제의 주성분은?

① 과산화바륨과 마그네슘 분말
② 알루미늄 분말과 산화철 분말
③ 아연 분말과 알루미늄 분말
④ 과산화바륨과 산화철 분말

해설

1. 테르밋제 주성분 : 중량비로 산화철 분말(3~4) : 알루미늄 분말(1)의 중량비
2. 테르밋 원리 : 외부로부터 용접 열원을 가한 것이 아니라 테르밋 화학 반응 온도가 2,800℃ 이상, 고온에 도달하는 데 매우 짧은 시간이 소요된다.
3. 점화제 : 과산화바륨, 마그네슘
4. 특징
   • 용접 시간이 비교적 짧고 작업이 단순하여 용접결과 재현성이 높다.
   • 용접 기구가 간단하고 설비비가 싸며 전력이 불필요하다.
   • 작업장소 이동도 용이하며 용접 시공 후 변형도 적다.

22 탄산가스 아크용접법에서 아크를 안정시키기 위하여 혼합가스를 사용한다. 다음 중 공급가스로서 사용되지 않는 것은?

① CO_2-O_2
② CO_2-Ar
③ CO_2-H_2
④ CO_2-Ar-O_2

해설

탄산가스 아크용접에서 아크 안정을 위해 사용하는 혼합가스 종류
• 이산화탄소-아르곤(CO_2-Ar)
• 이산화탄소-아르곤-산소(CO_2-Ar-O_2)
• 이산화탄소-산소(CO_2-O_2)

23 불활성가스 텅스텐 아크용접에서 사용되는 가스로서 무색, 무미, 무취로 독성이 없으며 대기 중에는 약 0.94% 정도 포함되어 있고 용접부 보호능력이 우수한 가스는?

① 헬륨(He)
② 수소(H_2)
③ 아르곤(Ar)
④ 탄산가스(CO_2)

해설

아르곤가스
• 대기중에 0.94% 포함되어 있고 무색, 무미, 무취이며 독성이 없는 가스
• 아크 전압이 낮기 때문에 박판 용접에 적당
• 용입이 얕고 청정작용이 있다.

24 일반적으로 곧고 긴 용접선의 용접에 적합하며 이음면 위에 뿌려놓은 분말 플럭스 속에 용가재(전극)를 찔러 넣은 상태에서 용접하는 용극식의 자동용접법은?

① 불활성가스 아크용접
② 전자빔 용접
③ 플라스마 아크용접
④ 서브머지드 아크용접

해설

서브머지드 아크용접
모재의 이음면 위에 살포한(뿌려놓은) 뒤 용제(Flux)에 용가재인 비피복 와이어를 찔러 넣고(집어넣고) 용접하는 용극식 자동 용접법

정답 21 ② 22 ③ 23 ③ 24 ④

25 서브머지드 아크용접에서 사용 재료로 가장 적당하지 않은 것은?

① 탄소강
② 주강
③ 주철
④ 스테인리스강

[해설]
서브머지드 아크용접에서 사용되는 재료
주강, 스테인리스강, 탄소강

26 탄산가스 아크용접(CO_2 gas shielded arc welding)의 원리와 같은 용접방식은?

① 미그(MIG) 용접
② 서브머지드 아크용접
③ 피복금속 아크용접
④ 원자수소 아크용접

[해설]
- 탄산가스 아크용접의 원리 : 불활성 가스 대신에 CO_2를 이용한 용극식 용접. 아크 및 용융지 상태를 보면서 용접한다.
- MIG 용접의 원리 : 금속 용접봉인 용가재와 모재 사이에 발생하는 아크열을 이용하는 방법으로 CO_2 용접에 비해 스패터 발생이 적다. 용극식이며 소모식이다.
※ 탄산가스 아크용접의 원리와 같은 용접방식은 미그(MIG) 용접이다.

27 고진공 상태에서 충격열을 이용하여 용접하며 원자력 및 전자제품의 정밀용접에 적용되는 용접은?

① 전자 빔 용접
② 레이저 용접
③ 원자수소 아크용접
④ 플라스마제트 용접

[해설]
전자 빔 용접(EBU, Electronic Beam Welding)
10^{-4}mmHg 이상 고진공 속에서 충격, 충돌에 의한 전자운동 에너지를 열에너지로 변환시켜 용접하는 것

28 MIG 용접의 특성이 아닌 것은?

① 직류 역극성 이용 시 청정작용에 의해 알루미늄, 마그네슘 등의 용접이 가능하다.
② TIG 용접에 비해 전류밀도가 낮다.
③ 아크 자기제어 특성이 있다.
④ 정전압 특성 또는 상승 특성의 직류 용접기가 사용된다.

[해설]
미그 용접의 특성
- TIG 용접에 비해 전류밀도가 높고 용융속도는 빠르다.
- 직류 역극성을 이용하면 청정작용으로 알루미늄, 마그네슘 등의 용접이 용이하다.
- 정전압 특성이나 상승특성을 이용한 직류 용접기가 사용된다.
- 바람 영향 때문에 방풍 대책이 필요하다.
- 용적 이행은 스프레이(분무)형이고, 3mm 이상 후판에 이용
- CO_2 용접에 비해 스패터 발생량이 적고 비드는 깨끗하고 아름답다.

29 일렉트로 가스 아크용접에서 사용되지 않는 보호가스는?

① CO_2
② Ar
③ He
④ N_2

[해설]
일렉트로 가스 아크용접에서 사용되는 가스
아르곤(Ar), 헬륨(He), 탄산가스(CO_2)
이들 혼합가스가 사용되지만 CO_2 가스를 많이 사용하며, 인클로즈 아크용접이라고도 한다.

30 다이캐스팅용 알루미늄 합금에 요구되는 성질이 아닌 것은?

① 유동성이 좋을 것
② 금형에 대한 점착성이 좋을 것
③ 응고수축에 대한 용탕 보급성이 좋을 것
④ 열간 취성이 적을 것

정답 25 ③ 26 ① 27 ① 28 ② 29 ④ 30 ②

해설

다이캐스팅용 알루미늄 합금에 요구되는 성질
- 금형에 점착하지 않을 것
- 응고수축에 대한 용탕 보급성이 양호할 것
- 열간 취성이 없을 것
- Fe 함유 시 점착성, 절삭성, 내식성을 해치므로 1%까지만 Fe 을 허용한다.

31 탄산가스 아크용접에서 와이어에 적당한 탈산제를 첨가하여 용착금속 내에 기공을 방지하는 데 사용되는 원소로 맞는 것은?

① Mn, Si
② Cr, Si
③ Ni, Mn
④ Cr, Ni

해설

탈산제에는 페로실리콘(Fe-Si), 페로망간(Fe-Mn), 알루미늄(Al)이 사용된다.

32 주철의 마우러(maurer) 조직도란 무엇인가?

① C와 Si 양에 따른 주철 조직도
② Fe와 Si 양에 따른 주철 조직도
③ Fe와 C 양에 따른 주철 조직도
④ Fe 및 C와 Si 양에 따른 주철 조직도

해설

탄소(C)와 규소(Si) 양과 냉각속도에 따라 변화하는 주철의 조직도를 마우러 조직도라 칭한다.

33 표면경화 열처리법 중에서 가열시간이 짧기 때문에 산화, 탈탄, 결정입자의 조대화는 일어나지 않지만, 급열 급랭으로 인한 변형과 마텐자이트 생성에 따른 담금질 균열의 발생이 우려되는 것은?

① 화염 경화법
② 가스 침탄법
③ 액체 침탄법
④ 고주파 경화법

해설

1. 고주파 경화법(induction hardening) : 0.4% 정도 탄소(C)에 고탄소강을 고주파를 이용해 물에 급랭시켜서 표면만 경화시키는 방법
2. 고주파 경화법의 특징
   - 가열 시간이 짧아 탈탄산화, 결정입자에 조대화가 일어나지 않지만, 탄화물을 고용시키기 쉽다.
   - 가열 후 수랭 등으로 급열, 급랭하며 특히 이동 가열 시는 분수 냉각법을 사용하고 있다.
   - 복잡한 모재도 쉽게 적응하고 있지만 급열, 급랭으로 조직이 마텐자이트 형성에 따른 담금 균열 발생이 우려되고 있다.

34 스테인리스강 용접 시 열영향부(HAZ) 부근의 부식저항이 감소되어 입계부식현상이 일어나기 쉬운데 이러한 현상의 주된 원인으로 맞는 것은?

① 탄화물의 석출로 크롬 함유량 감소
② 산화물의 석출로 니켈 함유량 감소
③ 유황의 편석으로 크롬 함유량 감소
④ 수소의 침투로 니켈 함유량 감소

해설

스테인리스강 용접 시 용접 열영향부(H, A, Z부)에서 450~850℃ 온도 구간에서 크롬 고갈층이 발생하는 예민화(sensitization) 현상이 발생, 크롬 함유량이 낮은 결정 입계 부근에서 부동태 특성을 잃어버림으로써 내식성이 감소되어 입계부식이 일어난다. 주원인은 탄화물의 석출로 인한 크롬 함유량 감소이다.

35 Al-Cu-Si계의 합금으로서 Si에 의해 주조성을 개선하고 Cu에 의해 피삭성을 좋게 한 주조용 알루미늄 합금은?

① Y합금
② 배빗메탈
③ 라우탈
④ 두랄루민

정답 31 ① 32 ① 33 ④ 34 ① 35 ③

해설

알루미늄 합금
- Y합금 : Al-Cu-Mg-Ni(알/구/마/니/와)
- 라우탈 : Al-Cu-Si(알/구/시/라)
- 두랄루민 : Al-Cu-Mg-Mn(알/구/마/망/두)
- 일렉트론 : Al-Mg-Zn(알/마/아/일렉)
- 로엑스(Lo-Ex) : Al-Cu-Mg-Ni-Si(알/구/마/니/사/알)
- 실루민 : Al-Si(알/시/실)
  ※ Si : 규소 or 실리콘
- 하이드로날륨(마그날륨) : Al-Mg(알/마/하)
- 알민(Almin) : Al-Mn(알/망/알)

36 강을 담금질한 후 0℃ 이하로 냉각하고 잔류오스테나이트를 마텐자이트화하기 위한 방법은?

① 저온뜨임   ② 고온뜨임
③ 오스템퍼   ④ 서브제로처리

해설

서브제로 처리(Subzero Treatment)
강을 담금질 후 0℃ 이하(드라이아이스, 액체산소 -183℃)로 냉각함으로서 잔류아스테나이트를 마텐자이트화로 완료하기 위한 열처리법

37 주강의 대표적인 특성에 대한 설명으로 틀린 것은?

① 수축이 크다.
② 유동성이 나쁘다.
③ 고온 인장강도가 낮다.
④ 표피 및 그 인접부위의 품질이 나쁘다.

해설

주강(Cast Steel)의 특성
- 용접 보수가 용이하고 주철에 비해 기계적 성질이 우수하다.
- 망간 함유 증가 시 인장강도는 커지지만 탄소에 비교할 때 영향은 크지 않다.
- 고온 인장강도가 낮고 유동성이 나쁘다.
- 탄소 함유량이 증가하면 강도는 증가, 연성 충격값은 감소하며 용접성은 나빠진다.
- 수축은 크다.

38 Fe-C계 평형상태도 상에서 탄소를 2.0~6.67% 정도 함유하는 금속재료는?

① 구리   ② 티탄
③ 주철   ④ 니켈

해설

Fe-C계 평생 상태도 상 탄소 함유량

구분		탄소함유량	조직
순철		0.02% 이하	페라이트
강	아공석강	0.02~0.85% 이하	페라이트+펄라이트
	공석강	0.85%	펄라이트
	과공석강	0.85~2.11% 이하	펄라이트+시멘타이트
주철	아공정주철	2.11~4.3% 이하	펄라이트+레데브라이트
	공정주철	4.3%	레데브라이트
	과공정주철	4.3~6.67% 이하	레데브라이트+시멘타이트

※ 탄소 2.0~6.67% 정도 범위에 해당되는 것은 주철이다.

39 엘린바의 주요 성분원소가 아닌 것은?

① 철   ② 니켈
③ 크롬   ④ 인

해설

엘린바
철(Fe), 크롬(Cr), 니켈(Ni)이 주성분이다.

40 구리(47%)-아연(11%)-니켈(42%)의 합금으로 니켈 함유량이 많을수록 융점이 높고 색은 변색한다. 융점이 높고 강인하므로 철강을 위시하여 동, 황동, 백동, 모넬메탈 등의 납땜에 사용하는 것은?

① 양은납   ② 은납
③ 인청동납   ④ 황동납

정답 36 ④ 37 ④ 38 ③ 39 ④ 40 ①

해설
- 아연(11%), 니켈(4%), 구리(47%)
- 다른 명칭으로 양백, 니켈황동, 커프로 니켈
- 7·3 황동에 Ni 7~30% 첨가한 것
- 장식품, 각종 식기, 전기재료, 스프링 선박

양은납(German Silver Solder)
- 아연(Zn) 11% - 니켈(Ni) 42% - 구리(Cu) 47% 합금으로 니켈(Ni) 함유량이 커질수록 융점이 높고 변색된다.
- 모넬메탈, 황동, 백동, 철강 등의 납땜에 사용

41 베어링용 합금이 갖추어야 할 조건 중 옳지 않은 것은?

① 충분한 경도와 내압력을 가져야 한다.
② 전연성이 풍부해야 한다.
③ 주조성, 절삭성이 좋아야 한다.
④ 내식성이 좋고 가격이 저렴해야 한다.

해설
베어링용 합금(bearing hardening)이 갖출 조건
- 충분한 경도와 내압력이 있을 것
- 조직 전체가 연하고 단단한 결정을 함유할 것
- 내식성이 양호하고 가격이 저렴할 것
- 절삭성, 주조성이 좋을 것

42 화염경화법의 장점에 해당되지 않는 것은?

① 부품의 크기나 형상에 제한이 없다.
② 국부 담금질이 가능하다.
③ 일반 담금질법에 비해 담금질 변형이 많다.
④ 설비비가 적게 든다.

해설
화염 경화법(flame hardening)의 특징
- 탄소(C) 함유량이 0.4% 정도인 아공석강 등을 산소-아세틸렌 혼합비가 1 : 1인 화염으로 가열 후 수랭시키면 표면만 단단하게 경화된다.(담금질 변형이 적다.)
- 국부 담금질이 가능하다.
- 부품 형상이나 크기에 제한없이 쉽게 시공할 수 있다.
- 시설 설비비가 적게 든다.

- 크랭크축, 샤프트, 레일, 롤, 선반베드 등의 표면경화에 응용된다.
- 쇼터법(Shorter Process), 도펠 듀로법(Doppel-duro Process) 등은 화염 경화법이다.

43 용접변형 교정법으로 맞지 않는 것은?

① 얇은 판에 대한 점수축법
② 형재에 대한 직선 수축법
③ 국부 템퍼링법
④ 가열한 후 해머링하는 방법

해설
용접변형 교정법
- 박판에 대한 점수축법(가열법)
- 형재에 대한 직선 수축법
- 가열 후 해머링하는 법
- 후판에 대한 가열 후 압력을 가한 뒤 수랭법
- 롤러에 의한 방법
- 절단 성형 후 재용접하는 방법
- 소성 변형시켜 교정하는 방법
- 피닝법

44 연강재료의 인장시험편이 시험 전의 표점거리가 60mm이고 시험 후의 표점거리가 78mm일 때 연신율은 몇 %인가?

① 77%   ② 130%
③ 30%   ④ 18%

해설
$$연신율 = \frac{늘어난길이 - 처음길이}{처음길이} \times 100 = \frac{78-60}{60} \times 100 = 30\%$$

45 피복 아크용접 시 열효율과 가장 관계가 없는 항목은?

① 용접봉의 길이   ② 아크 길이
③ 모재의 판 두께   ④ 용접속도

정답 41 ② 42 ③ 43 ③ 44 ③ 45 ①

해설

1. **열효율**(thermal efficiency) : 용접 입열의 몇 %가 모재에 흡수되었는가의 비율을 말한다.
2. **열효율과 상관 관계가 있는 인자**
    - 용접속도
    - 아크길이
    - 아크전류
    - 모재의 판 두께
    - 이음의 형상
    - 용접봉의 지름
    - 예열온도
    - 피복제 종류와 두께
    - 모재와 용접봉 열전도율
    - 온도 확산율

46 자동제어의 장점으로 가장 거리가 먼 것은?

① 제품의 품질이 균일화되어 불량품이 감소된다.
② 인간 능력 이상의 정밀 고속작업이 가능하다.
③ 인간에게는 부적당한 위험환경에서 작업이 가능하다.
④ 설비나 장치가 간단하며 이용이 용이하다.

해설

1. **자동제어**(automatic control) : 물체 제조공장, 기계 등에서 어느 양을 외부에서 주어지는 목표치와 맞추기 위해서 그 양을 검출해 목표값과 비교하여 상이할 경우 정정동작을 자동으로 작동시키는 제어

2. **자동제어 분류**
    - **시퀀스**(sequence) 제어 : 미리 정해진 순서에 의해서 차례대로 동작하여 제어하는 방법
    - **피드백**(feedback) 제어 : 실제 상태와 운동 상태의 일치 여부를 검사하여 목표값이 일치하도록 기기, 프로세스 등을 제어하는 방법. 즉, 제어량을 측정해 목표값과 비교해 그 차를 정정신호로 바꾸어 제어장치로 되돌리며(back) 목표값에 일치할 때까지 수정동작을 하는 자동제어

47 용접구조물의 본 용접 시 용접순서를 결정할 때 주의사항으로 틀린 것은?

① 동일 평면 내에 이음이 많을 경우, 수축은 가능한 자유단으로 보낸다.
② 가능한 한 수축이 큰 이음부를 먼저 용접한다.
③ 물품의 중심에 대하여 항상 대칭적으로 용접을 진행한다.
④ 리벳과 용접을 병행하는 경우 리벳이음을 먼저 한 후 용접이음을 한다.

해설

용접 시공 순서
- 이음 부분이 많을 때 수축은 가능한 자유단으로
- 수축이 큰 이음은 먼저 용접하고 수축이 작은 이음은 나중에 시공한다.(맞대기 용접 후 필릿용접)
- 수축력 모멘트 합이 중심축에 대하여 영(zero)이 되도록 시공한다.
- 물품 중심에 대하여 항상 대칭적으로 용접 시공한다.
- 용접 이음을 먼저 시공 후 나중에 리벳이음을 한다.

48 지그(jig)를 구성하는 기계요소에 해당되지 않는 것은?

① 공작물의 내마모장치
② 공작물의 위치결정장치
③ 공작물의 클램핑장치
④ 공구의 안내장치

해설

지그를 구성하는 요소
클램핑(clamping)장치, 위치결정장치, 공구 안내장치

49 용접부의 비파괴 검사 중 비자성체 재료에 이용할 수 없는 것은?

① 방사선 투과 검사
② 초음파 탐상 검사
③ 침투 탐상 검사
④ 자분 탐상 검사

정답 46 ④ 47 ④ 48 ① 49 ④

> **해설**
>
> **자분 탐상 검사**(MT, Magnetic Test)
> 검사하고자 하는 제품 표면에 쇳가루 같은 철분 등에 강자성 물질을 살포하면 결함이 있는 부분에서는 자력선에 교란, 즉 불균형, 불균일이 생기기 때문에 육안으로 결함 있는 부분을 찾을 수 있다. 단, 오스테나이트계 스테인리스강 등의 비자성체는 결코 이용할 수 없으며, 작은 결함이 많이 있는 제품은 강자성체일지라도 검출이 곤란하다. MT 종류에는 축통전법, 코일법, 극간법, 관통법, 직각통진법이 있다.

50 용접비드의 토(toe)에 생기는 작은 홈을 말하는 것으로 용접전류가 과대할 때, 아크길이가 길 때, 운봉속도가 너무 빠를 때 생기기 쉬운 용접결함은?

① 언더컷　　② 오버랩
③ 기공　　　④ 용입불량

> **해설**
>
> **언더컷의 원인**
> • 전류가 너무 과대할 때
> • 아크길이가 길 때
> • 부적당한 용접봉 사용 시
> • 용접도가 너무 빠를 때
> • 용접봉 선택이 불량할 때

51 잔류응력의 측정법에서 정성적 방법이 아닌 것은?

① 자기적 방법　　② 응력 와니스법
③ 응력 이완법　　④ 부식법

> **해설**
>
> 용접 잔류응력(welding residual stress)에서 정성적 방법에는 부식법, 응력 와니스법, 자기적 방법 등이 있다.

52 용접 이음을 설계할 때의 주의사항 중 틀린 것은?

① 맞대기 용접에서는 뒷면 용접을 할 수 있도록 해서 용입부족이 없도록 한다.
② 용접 이음부가 한곳에 집중하지 않도록 설계한다.
③ 맞대기용접은 가급적 피하고 필릿 용접을 하도록 한다.
④ 아래보기 용접을 많이 하도록 설계한다.

> **해설**
>
> **용접 이음부를 설계할 때 주의사항**
> • 필릿 용접은 피하고 맞대기 용접
> • 맞대기 시 뒷면 용접으로 용입 부족 없게
> • 아래보기 자세는 가능한 많이
> • 용접 시공 시 작업공간은 충분할 것
> • 응력 집중이 되지 않도록
> • 이종두께시 단면 변화 주어 집중 응력 현상 방지
> • 물품 중심에 대해 대칭 용접
> • 인성이 높은 재료를 선택

53 용접비드 바로 밑에서 용접선에 아주 가까이 거의 평행하게 모재 열영향부에 생기는 균열은?

① 토 균열　　　② 크레이터 균열
③ 루트 균열　　④ 비드 밑 균열

> **해설**
>
> **비드 밑 균열**
> 저탄소강 또는 고탄소강 등 담금질에 의해서 경화성이 강렬한 재료 등을 용접할 경우에 생긴다. 용접 비드 아래 용접선 가까이와 거의 평행하게 모재 열 영향부에 생기는 균열이 비드 밑 균열이다.

54 다음 그림의 용접도면을 설명한 것 중 맞지 않는 것은?

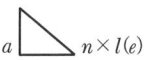

① a : 목두께
② l : 용접 길이(크레이터 제외)
③ n : 목길이의 개수
④ (e) : 인접한 용접부 간격

[해설]
n : 필릿 용접 개수

55 축의 완성지름, 철사의 인장강도, 아스피린 순도와 같은 데이터를 관리하는 가장 대표적인 관리도는?

① c 관리도
② $_nP$ 관리도
③ u 관리도
④ $\bar{x}-R$ 관리도

[해설]
- c 관리도 : 관리 항목이 에나멜 동선의 일정한 길이 중의 핀 홀 수. 라디오 한 대 중의 납땜불량수 등과 같이 미리 정해진 일정단위 중에 포함되는 결점 수
- p 관리도 : 공정 불량률 p에 의거, 관리할 경우에 사용
- u 관리도 : 직물의 얼룩, 에나멜 동선의 핀 홀 등과 같은 결점수를 취급
- 계량형 관리도 : $\bar{x}-R$ 관리도, x 관리도
- 계수형 관리도 : c 관리도, u 관리도, p 관리도, $_nP$ 관리도

56 로트의 크기가 시료의 크기에 비해 10배 이상 클 때, 시료의 크기와 합격판정개수를 일정하게 하고 로트의 크기를 증가시킬 경우 검사특성곡선의 모양 변화에 대한 설명으로 가장 적절한 것은?

① 무한대로 커진다.
② 별로 영향을 미치지 않는다.
③ 샘플링 검사의 판별능력이 매우 좋아진다.
④ 검사특성곡선의 기울기 경사가 급해진다.

[해설]
로트의 크기가 증가하게 되면 검사특성곡선의 기울기가 급경사가 되지만 로트의 크기가 시료 크기에 비해 10배 이상 아주 클 경우에는 별로 영향을 미치지 않는다.

57 작업시간 특정 방법 중 직접측정법은?

① PTS법
② 경험견적법
③ 표준자료법
④ 스톱워치법

[해설]
1. 직접측정법
   - 스톱워치(Stop Watch)법 : 스톱워치를 사용, 표준시간을 측정하는 방법
   - WS(Work Sampling) : 통계적 수법을 이용하여 작업자 혹은 기계의 작업상태를 파악하는 방법
2. 간접측정법
   - PTS(Predetermined Time Standard)법 : 작업을 시작하기 전에 모든 작업을 기본 동작으로 세분해서 각각의 동작에 대해 미리 작업 소요 시간치를 정하는 방법으로 MTM법과 WF법이 있다.
   - MTM(Method Time Measurement)법 : 몇 개의 기본동작으로 작업을 분석해서 그 기본동작과의 관계나 시간을 파악하는 방법
   - WF(Work Factor)법 : 정밀한 계측시계를 사용하여 아주 미세한 동작을 상세하게 데이터 분석하여 그 결과를 이용, 기초적인 동작 시간 공식을 작성해 분석하는 방법

58 준비작업시간 100분, 개당 정미작업시간 15분, 로트 크기 20일 때 1개당 소요작업시간은 얼마인가? (단, 여유시간은 없다고 가정한다.)

① 15분
② 20분
③ 35분
④ 45분

[해설]
표준시간 = 정미시간 × (1 + 여유율) = $15 \times (1 + \dfrac{100}{15 \times 20})$ = 20분

여유율 = $\dfrac{준비작업시간}{개당작업시간 \times 로트수}$

59 소비자가 요구하는 품질로서 설계와 판매정책에 반영되는 품질을 의미하는 것은?

① 시장품질
② 설계품질
③ 제조품질
④ 규격품질

[해설]
- 시장품질 : 소비자가 시장에서 요구하는 품질수준, 사용품질
- 설계품질 : 제품의 설계 시 품질명세에 설정한 최적의 목표 품질
- 제조품질 : 실제로 제조공정을 거쳐서 생산한 제품의 품질

정답 55 ④ 56 ② 57 ④ 58 ② 59 ①

60 다음 중 샘플링 검사보다 전수검사를 실시하는 것이 유리한 경우는?

① 검사항목이 많은 경우
② 파괴검사를 해야 하는 경우
③ 품질특성치가 치명적인 결점을 포함하는 경우
④ 다수 다량의 것으로 어느 정도 부적합품이 섞여도 괜찮을 경우

> 해설
>
> **전수검사가 유리한 경우**
> 불량품이 한 개라도 존재하면 안 될 경우. 예를 들어 인공위성이나 전투기는 불량품이 한 개라도 존재하면 치명적인 사고로 연결되므로 전수검사를 해야 한다.

정답 60 ③

2013년 제53회(4.14)

01 아세틸렌가스와 접촉하여도 폭발의 위험성이 가장 적은 재료는?

① 수은(Hg) ② 은(Ag)
③ 동(Cu) ④ 크롬(Cr)

해설

아세틸렌(C_2H_2)의 특징
- 화합물 생성 : 구리(Cu), 구리합금(구리 62% 이상), 은(Ag), 수은(Hg) 등과 접촉하면 120℃ 근방에서 폭발성 화합물을 생성한다.
- 혼합가스 : 아세틸렌 15%, 산소 85% 부근이 가장 폭발 위험성이 크다. 인화수소가 0.02% 이상일 때 폭발 위험성이 크고 0.06% 이상이면 일반적으로 자연 발화되어 폭발한다.
- 외력 : 압력이 가해진 아세틸렌가스에 충격, 마찰, 진동 등의 외력이 작용하면 폭발 위험성이 있다.
- 압력 : 1.3기압 이하에서 사용. 1.5기압에서 가열, 충격으로 폭발, 2.0기압에서 자연폭발
- 온도 : 자연발화온도 406~408℃, 폭발위험 505~515℃, 자연폭발 780℃
- 아세틸렌 가스용해량 : 물 1배, 석유 2배, 벤젠 4배, 알콜 6배, 아세톤 25배
- 인화수소(PH_3), 황화수소(H_2S), 암모니아와 같은 불순물이 포함되면 악취가 난다.
- 비중이 0.096으로 공기보다 가볍고 15℃ 1kg/cm²에서 아세틸렌 1L의 무게는 1.176g으로 산소보다 가볍다.(산소 1L의 무게는 1.429g이다.)

02 수동 가스 절단기의 설명 중 틀린 것은?

① 가스를 동심원의 구멍에서 분출시키는 절단토치는 전후, 좌우 및 직선 절단을 자유롭게 할 수 있다.
② 이심형의 절단토치는 작은 곡선 등의 절단에 능률적이다.
③ 독일식 절단토치는 이심형이다.
④ 프랑스식 절단토치는 동심형이다.

해설

1. 이심형(독일식) 토치
   - 토치에서 고압산소와 예열용 불꽃이 서로 다른 장소에서 분출된다.
   - 이심형은 짧은 곡선 절단은 곤란하고 곧고 긴 직선 절단에 유리하다.
   - 팁의 능력은 팁이 용접할 수 있는 판 두께
     예) 1번팁 : 강판 1mm 두께를 용접할 수 있다.
         2번팁 : 강판 2mm 두께를 용접할 수 있다.

2. 동심형(프랑스식) 토치
   - 토치에서 고압산소와 예열용 불꽃이 같은 장소에서 분출된다.
   - 작은 곡선 등을 자유롭게 절단이 가능하다.
   - 팁의 능력은 1시간 동안 표준불꽃(중성불꽃)으로 용접 시 아세틸렌 소비량으로 나타낸다.
     예) 100번 팁 : 시간 당 아세틸렌 소비량이 100L
         200번 팁 : 시간 당 아세틸렌 소비량이 200L

03 가스 절단면을 보면 거의 일정 간격의 평행곡선이 진행방향으로 나타나 있는데 이 곡선을 무엇이라 하는가?

① 비드 길이 ② 트랙
③ 드래그 라인 ④ 다리 길이

해설

1. 드래그(drag)
   가스 절단에서 절단 가스 입구와 출구 사이의 수평거리

   드래그 = $\dfrac{\text{드래그 길이(mm)}}{\text{판 두께(mm)}} \times 100$

판 두께(mm)	12.7	25.4	51	51~152
드래그 길이(mm)	2.4	5.2	5.6	6.4

   드래그 길이는 판 두께의 1/5, 즉 20% 정도가 좋다.

2. 드래그 라인(drag line, 자연곡선)
   절단면에 거의 일정한 간격으로 평행한 곡선으로 드래그 라인의 시종 양 끝의 거리 즉 입구점과 출구점간의 수평거리

정답 01 ④ 02 ② 03 ③

04 산소-아세틸렌 용접을 할 때 팁(tip) 끝이 순간적으로 막히면 가스의 분출이 나빠지고 토치의 가스 혼합실까지 불꽃이 그대로 도달되어 토치가 빨갛게 달구어지는 현상은?

① 인화(flash back)
② 역화(back fire)
③ 적화(red flash)
④ 역류(contra flow)

해설

1. 인화
   ㉠ 팁 끝이 순간적으로 막혀 가스가 분출되지 못하고 불꽃이 토치의 가스 혼합실까지 들어오는 현상
   ㉡ 역류나 역화에 비해 매우 위험하다.
   ㉢ 방지대책
      • 가스 유량을 적당하게 조정한다.
      • 팁을 항상 깨끗이 청소할 것
      • 토치 및 기구 등을 평소에 점검한다.
      • 인화 발생 시 아세틸렌 차단 후 산소 차단

2. 역화
   ㉠ 가스 용접 작업 시 팁 끝이 과열, 조임불량 및 압력이 적당하지 않을 때 "빵빵"소리가 나면서 꺼졌다가 다시 나타났다가 하는 현상을 역화라 한다.
   ㉡ 대책
      • 아세틸렌을 차단 후 산소를 차단할 것
      • 팁을 물에 담갔다가 냉각시키면 방지

3. 역류
   ㉠ 산소 압력이 아세틸렌 가스 압력 보다 높게 할 때 토치 내부 청소 불량이나 토치 팁 끝이 막혔을 때 높은 압력 산소가 정상적으로 흐르지 못하고 산소보다 압력이 낮은 호스 쪽으로 흘러 폭발 위험성이 있는 현상
   ㉡ 원인 : 공급량 부족, 팁 청소불량, 산소압력 과다
   ㉢ 대책
      • 팁 끝을 깨끗이 청소
      • 역류 발생 시 먼저 산소 차단 후 아세틸렌을 차단한다.

05 다음은 피복 아크용접기법에 대하여 설명한 것이다. 이 중 맞지 않는 것은?

① 용접봉은 건조로 작업에 필요한 양만큼 사전에 건조시켜 놓아야 한다.
② 작업자를 보호하기 위하여 반드시 지정된 규격품의 보호구를 착용하여야 한다.
③ 피복 아크용접할 때 일반적으로 3mm 정도 짧은 아크길이를 사용하는 것이 유리하다.
④ 용접을 정지하려면 정지시키는 곳에 아크를 길게 하여 운봉을 크게 하면서 아크를 소멸시킨다.

해설

• 용접봉은 70~100℃에서 0.5~1시간 정도로 구입 후 1회에 한하여 재건조 사용한다.
• 작업자 보호를 위해 필터렌즈(filter lens)는 피복 아크 용접 시 10~11번, 가스 용접에선 4~6번을 사용한다.
• 용접 아크 길이는 용접봉 심선의 지름 1배 이하 정도(대략 1.5~4m)로 3mm 정도 짧은 아크 길이
• 아크를 중단할 때는 아크 길이를 짧게 하면서 크레이터를 처리하며 진행 반대 방향으로 용접봉을 든다.

06 가스용접 기법 중 전진법과 후진법에 대한 비교 설명 중 옳은 것은?

① 열이용률은 후진법보다 전진법이 좋다.
② 홈각도는 전진법보다 후진법이 크다.
③ 용접변형은 후진법보다 전진법이 작다.
④ 산화의 정도는 전진법보다 후진법이 약하다.

해설

• 전진법(좌진법) : 오른쪽에서 왼쪽으로 용접하는 방법
• 후진법(우진법) : 왼쪽에서 오른쪽으로 용접하는 방법
  후진법은 비드의 모양만 나쁘고 나머지는 모두 다 좋다.

구분 용접작업	후진법(우진법)	전진법(좌진법)
용접속도	빠르다	느리다
열 이용률	좋다	나쁘다
변형	적다	크다(심하다)
산화성	적다(약하다)	크다
용도	후판	박판
비드 모양	나쁘다	좋다
홈 각도	작다(60°)	크다(80°)

정답 04 ① 05 ④ 06 ④

07 토치를 사용하여 용접부분의 뒷면을 따내든지 U형, H형의 용접 홈 가공법으로 일명 가스 파내기라고도 하는 것은?

① 스카핑
② 가스 가우징
③ 산소창 절단
④ 포갬 절단

해설

가스 가우징(Gas gouging)
- 용접 뒷면을 따내든지, H형, U형의 용접 홈을 가공하기 위해 깊은 홈을 파내는 가공법으로 일명 가스 파내기라 한다.
- 가우징 팁에 예열 작업 각 30~45℃, 작업 시 각도 10~20° 홈의 깊이와 가스 폭의 비율은 1 : 1~1 : 3 정도를 많이 쓴다.
- 가스압력 3~7기압, 아세틸렌 0.2~0.3기압

08 플라스마 아크 절단의 작동가스 중 일반적으로 알루미늄 등의 경금속에 사용되는 가스는?

① 질소와 수소의 혼합가스
② 아르곤과 수소의 혼합가스
③ 헬륨과 산소의 혼합가스
④ 탄산가스와 산소의 혼합가스

해설

플라스마 아크 절단(Plasma Arc Cutting)
- 플라스마 아크의 바깥 둘레를 냉각수로 강제로 냉각해 생성된 고온, 고속의 플라스마를 이용한 절단법
- 아르곤+수소 혼합가스 : Al 등 경금속에 사용하는 가스
  질소+수소 혼합가스 : 스테인리스강에 사용하는 가스
- 이행형 아크 절단(Transferred Arc Cutting) : 텅스텐 전극과 모재 사이에 아크 플라스마를 발생시킨다.
- 비이행형 아크 절단(Non-transferred arc cutting) : 텅스텐 전극과 수랭 노즐 사이에 접촉시켜 아크 발생(플라스마 제트 절단)
- 열적 핀치 효과를 이용한다.
- 금속 외에 내화물, 콘크리트 등의 비금속 재료도 절단 가능
- 절단부에 슬래그가 부착되지 않으며 열 영향이 적어 변형이 거의 없다.
- 플라스마는 10,000~30,000℃, 높은 에너지를 이용한다.
- 전극으로 비소모식 텅스텐 봉을 쓰고 **직류 정극성**을 쓴다.

09 교류와 직류 용접기를 비교할 때 교류용접기가 유리한 항목은?

① 아크의 안정이 우수하다.
② 비피복봉 사용이 가능하다.
③ 자기쏠림 방지가 가능하다.
④ 역률이 매우 양호하다.

해설

직류 용접기와 교류 용접기의 비교

구분	직류	교류	구분	직류	교류
아크전압	안정	불안정	구조	복잡	간단
자기쏠림 방지	불가능	가능	역률	우수	불량
극성변화	가능	불가능	소음	발전기형은 크다	조용하다
무부하 전압	40~60V	70~80V	가격	고가	저렴
전격위험	작다	크다	고장	회전기에 많다	적다
비피복봉	사용가능	사용불가	용도	박판	후판

10 아크쏠림(arc blow)의 방지대책으로 맞지 않는 것은?

① 접지점을 용접부에서 멀리할 것
② 교류(AC) 대신에 직류(DC)를 쓸 것
③ 짧은 아크를 사용할 것
④ 이음부의 처음과 끝에 엔드 탭(end tap)을 이용할 것

해설

아크쏠림=자기불림(magnetic blow)=자기쏠림=아크블로우 (arc blow)
1. 직류 용접 시 전류에 의해 아크 주위에 발생하는 자장이 용접에 대해 비대칭일 때 일어나는 현상
2. 전류방향이 바뀌는 교류에선 일어나지 않고 직류용접에서 아크쏠림이 일어난다.
3. 아크쏠림 방지 대책
   ㉠ 직류 용접 대신 교류 용접을 하며 용접봉 끝을 쏠림 반대 방향으로 기울인다.

ⓒ 엔드 탭을 이음의 처음과 끝에 사용한다.
ⓒ 긴 용접일 때 후퇴법으로 용접한다.
ⓔ 접지점을 용접부에서 멀리하며 접지점 2개를 연결한다.
ⓜ 짧은 아크를 사용한다.
ⓗ 아크쏠림 현상 발생 시
 • 아크가 불안정하다.
 • 용착 금속의 재질 변화
 • 슬래그 섞임, 기공 발생

11 아크 전류(welding current)가 210A, 아크 전압이 25V, 용접속도가 15cm/min인 경우 용접의 단위 길이 1cm당 발생하는 용접입열은 몇 joule/cm인가?

① 11,000joule/cm   ② 3,000joule/cm
③ 21,000joule/cm   ④ 8,000joule/cm

[해설]

용접입열(welding heat input)
• 용접부에 외부에서 주어지는 열량이며 용접 이음부를 위해 충분해야 한다.
• 모재에 흡수되는 열량은 75~85%이다.

$$H = \frac{60EI}{V}(joule/cm)$$

여기서, H=용접입열,
  E=아크전압 [A],
  I=아크전류 [V],
  V=용접속도(cm/min)

$$H = \frac{60 \times 25 \times 210}{15} = 21,000 joule/cm$$

12 서브머지드 아크용접에서 소결형 플럭스(flux)의 특성으로 맞는 것은?

① 가스 발생이 적다.
② 슬래그의 박리성이 좋다.
③ 고전류가 되기 곤란하다.
④ 외관은 유리 형상(grass)의 형태를 나타낸다.

[해설]

소결형 용제(sintered type flux)
• 용융형에 비해 슬래그 박리성이 좋고 미분 발생이 거의 없으며 용제 사용량도 적다.
• 높은 전류에서 낮은 전류에 이르기까지 동일 입도의 용제로 용접 가능하다.
• 비드 외관이 용융형에 비해 거칠다.
• 다층 용접에 적합하지 못하다.
• 흡습성이 가장 높다.

13 피복아크 용접봉의 피복제 중에 포함되어 있는 주요 성분이 아닌 것은?

① 가스발생제   ② 고착제
③ 탈수소제   ④ 탈산제

[해설]

피복제 역할(작용)
• 용융 금속이 대기와 직접적으로 접촉을 하지 않음으로써 산화나 질화를 방지한다.
• 용융점이 낮은 적당한 점성의 가벼운 슬래그를 만든다.
• 아크를 안정하게 하고 스패터 발생을 적게 한다.
• 중성 또는 환원성 분위기로 대기중으로부터 용착 금속을 보호한다.
• 용착 금속의 탈산 정련 작용을 한다.
• 전기 절연 작용을 한다.
• 적당한 합금 원소를 첨가(보충)
• 용착 금속 응고 및 냉각속도를 느리게 하여 급랭방지, 취성방지
• 용적을 미세화하여 용적 효율을 높인다.
• 슬래그를 쉽게 제거하고 파형이 고운 비드를 만든다.
• 어려운 자세 용접을 쉽게 한다.

14 연강 피복 아크용접봉 중 산화티탄과 염기성 산화물이 함유되어 작업성이 뛰어나고 비드 외관이 좋은 것은?

① E4301   ② E4303
③ E4311   ④ E4326

> 해설

1. **E4301(일미나이트계)**
   - 일미나이트(산화티탄, 산화철)를 30% 이상 포함하며 작업성, 용접성 우수, 가격은 저렴
   - 내균열성, 연성이 우수하며 후판 용접 가능
   - 전자세 용접이 가능하다.

2. **E4304(라임티탄계)**
   - 산화티탄 약 30% 이상과 석회석($CaCO_3$)이 주성분이다.
   - 작업성이 뛰어나고 비드 외관이 좋다.(전자세 가능)
   - 산화티탄과 염기성 산화물이 다량으로 함유된 슬래그 생성

3. **E4311(고셀룰로오스계)**
   - 셀룰로오스를 30%정도 함유한 가스 실드계이다.
   - 피복제가 얇고 슬래그 양이 적어 위보기, 수직 상하진과 좁은 홈 용접이 가능
   - 피복제에 다량의 유기물이 첨가되어 있어 보관 시 습기를 흡수하기 쉬워 기공 발생이 우려되므로 70~100℃로 0.5~1시간 정도 건조한다.
   - 아크는 스프레이형으로 빠른 용융속도를 내나 비드 표면이 거칠고 스패터가 많은 결점이 있다.
   - 파이프 용접에 사용한다.

4. **E4313(고산화 티탄계)**
   - 산화티탄(TiO_2)을 약 30% 함유한 슬래그 생성제
   - 비드 표면이 고우며 작업성이 우수하다.
   - 고온 균열 발생 등 기계적 성질이 좋지 못하며 중요한 부분의 용접에는 부적당하다.
   - 박판용접, 수직하진 용접이 가능하다.

5. **E4316(저수소계)**
   - 석회석이나 형석을 주성분으로 기계적 성질, 내균열성이 우수하다.
   - 수소 함유량이 다른 용접봉에 비해 1/10정도 적다.
   - 용접봉의 습기는 기공이나 균열의 원인이 되므로 300~350℃로 1~2시간 건조 후 사용한다.
   - 아크가 불안정하고 용접속도가 느리고 작업성도 나쁘며 용접 출발점에서 기공이 발생하기 쉬워 백 스텝법을 사용한다.
   - 강력한 탈산작용 및 강인성이 풍부하다.
   - 중요부재 용접, 구속이 큰 용접, 유황 함유량이 높은 강 용접 등에 적합

6. **E4324(철분산화 티탄계)**
   - 고산화 티탄계에 철분을 약 50% 첨가시킨 봉이다.
   - 작업성이 좋고 스패터가 적고 용입이 얕다.
   - 저합금강, 저탄소강, 고탄소강 등에 사용

7. **E4326(철분 저수소계)**
   - 저수소계 용접봉 피복제에 30~50% 정도 철분을 첨가한 용접봉
   - 기계적 성질이 우수하고 슬래그 박리성이 저수소계보다 우수
   - 수평 필릿, 아래보기 자세 사용

8. **E4327(철분 산화철계)**
   - 산화철에 규산염을 첨가. 산성 슬래그를 생성한다.
   - 용착효율이 크고 능률적이다.
   - 스패터가 적은 스프레이 형으로 슬래그 제거가 쉽고 용입이 양호하다.

15 교류아크 용접기에서 1차 전압 220V, 1차 코일의 감긴 수가 15회, 2차 코일의 감긴 수가 6회이면 2차 전압은 몇 V인가?

① 75V ② 80V
③ 88V ④ 90V

> 해설

$$\frac{n_2}{n_1} = \frac{V_2}{V_1} = \frac{6}{15} = \frac{x}{220} \qquad \therefore x = \frac{6 \times 220}{15} = 88$$

16 다음 가스용접의 안전작업 중 적합하지 않은 것은?

① 가스를 들이마시지 않도록 주의한다.
② 산소 누설시험에는 비눗물을 사용한다.
③ 토치 끝으로 용접물의 위치를 바꾸거나 재를 제거하면 안 된다.
④ 토치에 불꽃을 점화시킬 때에는 산소 밸브를 먼저 충분히 열고 다음에 아세틸렌 밸브를 연다.

> 해설

산소와 아세틸렌 용기 취급 시 주의사항
- 점화할 때는 아세틸렌 밸브를 조금(15° 정도) 열어 점화 후 산소 밸브를 열어서 불꽃을 조절한다.
- 산소병 내에 다른 가스와 함께 보관하지 말 것
- 누설시험은 비눗물을 사용할 것

정답 15 ③ 16 ④

- 산소병 운반 시 충격을 주지말 것
- 산소병은 세워서 사용하며 산소병에 충격을 주어선 안된다.
- 산소병은 40℃ 이하 온도에서 보관하고 직사광선을 피해야 한다.
- 가스를 들이마시지 않도록 주의한다.
- 압력계는 금유 표시가 있는 산소 전용 압력계를 사용할 것
- 산소병과 가연성 가스 용기는 구분해서 저장할 것
- 밸브 개폐는 천천히 열 것
- 산소병은 화기로부터 5m 이상 이격할 것
- 최고 충전압력 150kg/cm^2
- 산소병 색은 녹색. 의료용은 백색이다.
- 용해 아세틸렌 사용 후 용기 내 약간 잔압(0.1kg/cm^2)을 남길 것
- 용해 아세틸렌 밸브는 1/2~1/4만 연다.
- 용해 아세틸렌 운반 시 캡을 씌울 것
- 동결 부분은 35℃ 이하 온수로 녹인다.
- 용해 아세틸렌 가용접 안전밸브는 끓는 물이나 증기를 쐬지말 것(용융점 105±5℃이므로)

17 CO_2 가스 아크용접 작업 시 전진법의 특징을 설명한 것이 아닌 것은?

① 용접선이 잘 보이므로 운봉을 정확하게 할 수 있다.
② 스패터가 비교적 많으며 진행방향 쪽으로 흩어진다.
③ 용착금속이 아크보다 앞서기 쉬워 용입이 얕아진다.
④ 비드 높이가 약간 높고 폭이 좁은 비드가 형성된다.

[해설]

CO_2 아크용접 작업 시 전진법 특징
- 용접선이 잘 보이므로 운봉을 정확히 할 수 있다.
- 비드 높이가 낮고 평탄한 비드가 형성된다.
- 용착 금속이 아크보다 선행하기 쉬워 용입이 얕아진다.
- 스패터가 비교적 많고 진행방향 쪽으로 스패터가 분산된다.

18 염화아연을 사용하여 납땜을 사용하였더니 그 후에 납땜 부분이 부식되기 시작했다. 그 주된 원인은?

① 인두의 가열온도가 높기 때문에
② 땜납과 모재가 친화력이 없기 때문에
③ 납땜 후 염화아연을 닦아내지 않았기 때문에
④ 땜납과 금속판이 전기작용을 일으켰기 때문에

[해설]

- 염화아연($ZnCl_2$), 염화암모늄(NH_4Cl) 등은 부식성 용제로 납땜 작업 후 깨끗이 닦아내야 부식 등을 방지한다.
- 염화아연은 연납땜에서 사용되는 용제이다.

19 같은 재료에서 심용접은 점용접에 비해 몇 배 정도의 용접전류를 필요로 하는가?

① 0.1~0.5　　② 0.6~0.8
③ 1.5~2.0　　④ 3.0~3.5

[해설]

심 용접(seam welding)
- 저항용접의 일종이며 원판상의 롤러 전극 사이에 용접할 2장의 판을 가압 통전하여 전극을 회전시켜 모재를 이동하면서 점용접을 반복하는 방법
- 점용접에 비해 전류는 1.5~2배, 가압력은 1.2~1.6배가 요구된다.
- 용접방법에 따라 맞대기 시임, 매시 시임, 포일 시임, 롤러 심 용접 등이 있다.
- 용접기 종류에는 횡시임, 종시임, 만능시임 용접기가 있다.

20 텅스텐 전극을 사용하여 모재를 가열하고 용접봉으로 용접하는 불활성가스 아크용접법은 무엇인가?

① MIG 용접　　② TIG 용접
③ 논 가스 아크용접　　④ 플래시 용접

[해설]

TIG(Tungsten inert gas) 용접의 특징
- 고주파 발생 장치가 모재와 텅스텐 전극 사이에서 용접 전원과 아크를 손쉽게 발생하도록 하며, 이때 모재 표면과 텅스텐 전극선단 사이가 접촉되지 않아도 아크가 발생되는 용접이 TIG 용접이다.
- Al, Mg 합금 용접에서 사용되는 전극봉은 지르코늄을 0.15~0.5% 함유한 지르코늄 텅스텐 전극봉이다.
- 토륨 텅스텐 전극봉은 토륨을 1~2% 함유하며, 주로 강 스테인리스강 용접에 사용된다.
- 200A 이하는 공랭식 토치, 200A 이상은 수랭식 토치

정답　17 ④　18 ③　19 ③　20 ②

- 혼합가스는 아르곤 25%, 헬륨 75%가 가장 많이 사용된다.
- 전극봉 식별색은 순 텅스텐-녹색, 지르코니아-갈색, 1% 토륨-노란색, 2% 토륨-적색
- TIG 용접은 GTAW라 하며, 비 소모성 불활성가스 아크용접비 용극식이다. 상품명은 헬륨아크, 헬리아크, 아르곤 용접, 헬리웰드, 아르곤 아크라고도 부른다.

21
서브머지드 아크용접에서, 비드 중앙에 발생되기 쉬우며 그 주된 원인은 수소가스가 기포로서 용착금속 내에 포함되기 때문이다. 이 결함은 다음 중 어느 것인가?

① 용입 부족 ② 언더컷
③ 용락   ④ 기공

해설

기공의 원인
- 수소나 일산화탄소 과잉
- 급히 용접 시공부를 냉각 응고시켰을 때
- 기름, 페인트 등이 모재 표면에 묻어 청결하지 않을 때
- 유황 함유량이 과다할 때
- 용접봉에 습기가 존재할 때
- 아크 길이나 전류값이 부적당할 때
- 용접속도가 너무 빠를 때

22
이산화탄소 아크용접법이 아닌 것은?

① 아코스 아크법   ② 플라스마 아크법
③ 유니언 아크법   ④ 퓨즈 아크법

해설

용제가 들어있는 와이어 CO_2법
- 유니언 아크법(자성용)
- 버나드 아크 용접(NCG법)
- 컴파운드 와이어(아아고스 아크법)
- 퓨즈 아크법

23
GTAW(Gas Tungsten Arc Welding) 용접 방법으로 파이프이면 비드를 얻기 위한 방법으로 옳은 것을 [보기]에서 있는 대로 고른 것은?

[보기]
ㄱ. 파이프 안쪽에 알맞은 플럭스를 칠한 후 용접한다.
ㄴ. 용접부 전면과 같이 뒷면에도 아르곤가스 등을 공급하면서 용접한다.
ㄷ. 세라믹 가스컵을 가능한 한 큰 것을 사용하고 전극봉을 길게 하여 용접한다.

① ㄱ, ㄴ   ② ㄱ, ㄷ
③ ㄴ, ㄷ   ④ ㄱ, ㄴ, ㄷ

해설

가스 퍼징(Gas Purging)
일정하게 이면(뒷면) 비드를 얻기 위한 방법으로 용접 전면과 같이 후면에도 아르곤, 헬륨 등을 공급함으로써 용착 금속의 산화를 방지한다. 가스 공급량은 분당 $27l$ 정도이다.

24
다음 중 일렉트로 가스 아크용접의 특징으로 적합하지 않은 것은?

① 판 두께에 관계없이 단층으로 상진 용접한다.
② 판 두께가 두꺼울수록 경제적이다.
③ 용접장치가 복잡하며 고도의 숙련이 필요하다.
④ 용접속도는 자동으로 조절된다.

해설

1. 일렉트로 가스 용접(EGW, Electro Gas Arc Welding) : 이산화탄소(CO_2) 가스를 보호가스로 사용하며 CO_2 가스 분위기 속에서 아크를 발생시키며 아크열로 모재를 용융해서 집합시킨다.
2. 일렉트로 가스 용접 특징
   - 판 두께가 두꺼울수록 경제적이며, 판 두께에 관계없이 단층으로 상진 용접한다.
   - 용접속도는 빠르고 용접홈은 가스 절단 그대로 사용한다.
   - 용접속도는 자동으로 조절되며 용접홈의 기계가공이 필요하다.
   - 용접장치가 간단하고 취급이 쉽고 고숙련이 필요치 않다.
   - 가스 발생량이 많으며 용접작업 시 바람의 영향을 많이 받는다.

정답 21 ④ 22 ② 23 ① 24 ③

25 다음 중 압접에 해당되는 용접법은?

① 스폿 용접 ② 피복금속 아크용접
③ 전자 빔 용접 ④ 스터드 용접

해설

- 압접(pressure welding) : 접합하고자 하는 부분을 열간 혹은 냉간 상태로 압력을 주어 접합하는 방법
- 압접의 종류 : 저항용접(점, 심, 프로젝션, 플래시 맞대기, 업셋 맞대기, 방전 충격), 단접, 냉간압접, 유도가열, 초음파, 마찰, 가압테르밋, 가스 압접

26 테르밋 용접(thermit welding)에서 테르밋제는 무엇의 미세한 분말 혼합인가?

① 규소와 납의 분말
② 붕사와 붕산의 분말
③ 알루미늄과 산화철의 분말
④ 알루미늄과 마그네슘의 분말

해설

테르밋제는 산화철 분말 3~4, 알루미늄 분말 1의 중량비로 혼합한 것이다.

27 전자빔 용접의 장단점을 설명한 것 중 틀린 것은?

① 전자빔은 전자 렌즈에 의해 에너지를 집중시킬 수 있으므로 용융점이 높은 몰리브덴, 텅스텐 등을 용접할 수 있다.
② 전자빔은 전기적으로 정확히 제어되므로 얇은 판의 용접에 적용되며 후판의 용접은 곤란하다.
③ 일반적으로 용접봉을 사용하지 않으므로 슬래그 섞임 등의 결함이 생기지 않는다.
④ 진공 중에서 용접을 하기 때문에 기공의 발생, 합금 성분의 감소 등이 생긴다.

해설

전자빔 용접의 장단점

- 고진공($10^{-4} \sim 10^{-6}$mmHg)속에서 용접하므로 용접부가 대기의 유해한 원소와 차단되어 용접부가 양호하다.
- 고용융 재료나 이종 금속 용접이 용이하다.
- 박판에 두꺼운 후판까지 광범위하게 용접이 가능
- 고속 용접이 가능하므로 이음부 열영향부가 적고 용접부 변형이 없어 정밀도가 높다.
- 고진공형, 저진공형, 대기압형 등이 있다.
- 슬래그 섞임 등 결함이 생기지 않는다.(용접봉을 사용하지 않으므로)
- 진공중에 용접하기 때문에 기공, 합금성분의 감소 등이 발생한다.
- 대기압형 용접기를 사용할 경우 X선 방호장치가 필요하다.
- 아연(Zn), 카드뮴(Cd)은 진공용접 시 증발하기 때문에 부적당하다.

28 다음 용접 중 전기저항열을 이용하여 용접하는 것은?

① 탄산가스 아크용접
② 플라스마 아크용접
③ 일렉트로 슬래그 용접
④ 일렉트로 가스 아크용접

해설

일렉트로 슬래그 용접

1. 원리 : 용융 슬래그 저항열에 의한 와이어와 모재를 용융시키면서 연속 주조 방식에 의한 단층 수직 상진 용접을 한다.
2. 특징
   - 후판 용접에 적합(단층으로 한번에 용접 가능)
   - 특별한 홈 가공이 필요치 않다.(홈 가공 준비 간단, 각변형 적음, 홈I형 그대로 사용)
   - 용접시간이 단축되기 때문에 능률적, 경제적이다.(아래보기 서브머지드 용접에 비해 1/3~1/5정도 감소)
   - 다른 용접에 비해 경제적이다.
   - 아크가 눈에 보이지 않고 아크 불꽃도 없다.
   - 전극 와이어 지름은 보통 2.5~3.2mm를 주로 사용
   - 용접시간에 비해 준비 시간이 길다.
   - 각(角) 변형이 적고 용접 품질이 우수하다.
   - 스패터 발생이 적고 용융금속 용착량은 100%이다.
   - 가격이 고가이며 기계적 성질이 나쁘다.
   - 박판 용접엔 적용할 수 없다.
   - 용접장치가 복잡하고 냉각장치(수랭식 동판 등)가 필요하다.

정답 25 ① 26 ③ 27 ② 28 ③

29 다음 중 서브머지드 아크용접에서 다 전극 방식에 따른 분류에 해당되지 않는 것은?

① 횡횡렬식 ② 횡병렬식
③ 횡직렬식 ④ 텐덤식

해설

전극에 따른 분류
1. 텐덤식
   - 비드폭이 좁고 용입이 깊다.
   - 용접속도가 빠르다.
2. 횡직렬식
   - 아크 복사열에 의해 용접
   - 용입이 매우 얕다.
   - 자기 불림이 생길 수 있다.
3. 횡병렬식
   서브머지드 아크용접의 다 전극 용접기에서 비드폭이 넓고 용입이 깊은 용접부를 얻는 방식

30 탄소강에서 펄라이트 조직은 구체적으로 어떤 조직인가?

① α 고용체 ② γ 고용체 + Fe_3C
③ α 고용체 + Fe_3C ④ Fe_3C

해설

펄라이트(pearlite), $\alpha + Fe_3C$
- 723℃에서 오스테나이트가 페라이트와 시멘타이트의 층상의 공석정으로 변태한 것
- 페라이트보다 강경도가 크며 연성, 자성이 있다.

31 배빗메탈(babbit metal)은 무슨 계를 주성분으로 하는 화이트 메탈인가?

① Sb계 ② Sn계
③ Pb계 ④ Zn계

해설

배빗메탈(Sn 75~90%, Sb 3~15%, Cu 3~10%)
- 주석(Sn)을 주성분으로 한 합금으로 납(Pb)을 주성분으로 하는 합금보다 경도, 인장강도, 충격, 진동을 잘 견딘다.
- 주조성이 양호하며 기계용에 사용된다.

32 백주철을 열처리하여 연신율을 향상시킨 주철은?

① 반주철 ② 회주철
③ 구상흑연 주철 ④ 가단주철

해설

가단주철
- 백심가단주철(WMC) : 탈탄이 주 목적, 산화철과 함께 풀림상자에 넣고 70~100시간 동안 975℃ 부근에서 가열한 후 서랭하면 중심에 흑연과 시멘타이트가 남아 강경도가 있는 조직이 된다.
- 흑심가단주철(BMC) : Fe_3C의 흑연화가 주목적

33 담금질 조직 중에서 가장 경도가 높은 것은?

① 펄라이트 ② 소르바이트
③ 마텐자이트 ④ 트루스타이트

해설

담금(quenching, 소입)
변태 및 A_1선 이상 30~50℃로 가열한 후 서랭하면 중심에 흑연과 시멘타이트가 남아 강경도가 있는 조직이 된다.
- 마텐자이트(martensite) : 강을 수랭한 침상조직, 강도, 경도, 인장강도는 크나 취성이 있다.
- 트루스타이트(troosite) : $\alpha-Fe$과 Fe_3C 혼합 조직으로 강을 유랭한 조직
- 소르바이트(sorbite) : $\alpha-Fe$과 Fe_3C 혼합 조직으로 유랭 또는 공랭 A_3조직이다.
- 오스테나이트(austenite) : $\alpha-Fe$과 Fe_3C 침상조직, 노중 냉각해서 얻는 조직
- 펄라이트(pearlite) : 페라이트와 시멘타이트 침상조직, 절삭과 상온에서 가공이 양호하다.

34 알루미늄 용접의 전처리 방법으로 부적합한 것은?

① 와이어 브러시나 줄로 표면을 문지른다.
② 화학약품과 물을 사용하여 표면을 깨끗이 한다.
③ 불활성가스 용접의 경우는 전처리를 하지 않아도 된다.
④ 전처리는 용접 하루 전에 실시하는 것이 좋다.

정답 29 ① 30 ③ 31 ② 32 ④ 33 ③ 34 ④

> 해설

전처리는 용접 전에 하는 것이 적합하다.

35 화염경화법의 담금질 경도(HRC)를 구하는 식은?(단, C는 탄소 함유량이다.)

① 24+40×C%
② C%×100+15
③ 600/(경화 깊이)³
④ 550−350×C%

> 해설

화염경화법(flame hardening)
탄소강을 산소(1) : 아세틸렌(1) 혼합비로 가열한 다음 수랭시켜 표면만 경화시키는 법
담금질 경도＝C%×100+15 (C＝탄소 함유량)

36 고급주철은 주철의 기지조직을 펄라이트로 하고 흑연을 미세화시켜 인장강도를 약 몇 MPa 이상 강화시킨 것인가?

① 104
② 154
③ 245
④ 294

> 해설

고급주철(high grade cast iron)
- 인장강도 245MPa(25kg/mm²) 이상
- 펄라이트 주철이다.
- 주철은 펄라이트＋흑연
- 종류 : 파워스키, 탄쯔, 코살리, 에멜, 미하나이트 주철
※ 1kg/mm² ＝ 25×9.8 ＝ 245MPa

37 마텐자이트 조직이 생기기 시작하는 점(M_s)부터 마텐자이트 변태가 완료하는 점(M_f) 부근에서의 항온 열처리로서 오스테나이트 구역의 강은 점 M_s 이하의 염욕(100~200℃)에서 담금질하고, 변태가 거의 끝날 때까지 항온 유지시킨 후 강을 꺼내어 공기 중에서 냉각하는 방법은?

① 오스템퍼링
② 마템퍼링
③ 마퀜칭
④ 마르에이징

38 다음 중 특수 황동의 종류가 아닌 것은?

① Al 황동
② 강력황동
③ 7 : 3 황동
④ Y합금

> 해설

- Al 황동 : Al 소량 첨가
- 강력황동 : 6 : 4황동에 Al, Mn, Fe, Ni, Sn 첨가
- 델타메탈(철황동) : 6 : 4황동에 Fe(1%내외)

39 마그네슘(Mg)의 성질에 대한 설명 중 틀린 것은?

① 고온에서 발화하기 쉽다.
② 비중은 1.74 정도이다.
③ 조밀육방 격자로 되어 있다.
④ 바닷물에 대단히 강하다.

> 해설

마그네슘(Mg)의 성질
- 산, 염류 수용액에는 현저하게 침식된다(특히 바닷물에 현저하게 침식된다.).
- 조밀육방격자, 비중 1.74, 용융점 650℃, 재결정온도 650℃
- 실용금속 중 가장 가볍다.
- 선팽창 계수가 철의 2배

40 알루미늄(Al)을 침투 확산시키는 금속침투법은?

① 보로나이징(boronizing)
② 세라다이징(sheradizing)
③ 칼로라이징(calorizing)
④ 크로마이징(chromizing)

> 해설

금속 침투법 종류
- 칼로라이징 : Al을 재료 표면에 침투. 내열, 내산, 내식성 향상
- 세라다이징 : Zn 분말을 침투 확산. 내식성 향상 및 표면 경화층 얻음
- 크로마이징 : Cr 분말을 재료 표면에 침투. 내식, 내열, 내마모성 향상
- 실리코나이징 : Si을 침투시켜 내식성 향상
- 보로나이징 : B을 침투 확산. 표면경화 향상

정답 35 ② 36 ③ 37 ② 38 ④ 39 ④ 40 ③

41 스테인리스강 용접 시 열영향부 부근의 부식저항이 감소되어 입계부식 저항이 일어나기 쉬운데 이러한 현상의 주된 원인은?

① 탄화물의 석출로 크롬 함유량 감소
② 산화물의 석출로 니켈 함유량 감소
③ 수소의 침투로 니켈 함유량 감소
④ 유황의 편석으로 크롬 함유량 감소

해설

- 스테인리스강(stainless steel) : 크롬(Cr)이 11.5% 이상 함유되면 금속표면에 산화크롬 막이 생겨 녹이 슬지 않는 내식강이 된다(불수강).
- 입계부식 : C가 0.02% 이상에서 용접으로 인한 열에 의해 탄화크롬이 생겨 카바이트 석출을 일으켜 내식성을 잃게 된다.(탄화물 석출로 크롬 함유량 감소)

입계부식 방지법
- 탄소(C)를 극히 적게(0.02% 이하) 한다.
- Ti, V, Zr 첨가하여 크롬(Cr) 감소를 막을 것

42 일반 고장력강을 용접할 때 주의사항으로 틀린 것은?

① 용접봉은 용접작업성이 좋은 고산화티탄계 용접봉을 사용한다.
② 용접 개시 전에 이음부 내부 또는 용접할 부분에 청소를 한다.
③ 아크 길이는 가능한 한 짧게 한다.
④ 위빙 폭은 크게 하지 않는다.

해설

고장력강 피복 아크 용접봉
- 저수소계 용접봉을 사용한다.
- 인장강도와 항복점을 높이기 위해서 Ni, Cr, Mn, Si, Cu, Ti 등의 합금 원소를 일정량 첨가한 저합금강이다.
- 용접 시 아크 길이는 가능한 짧게 한다.
- 위빙 폭도 크게 하지 않는다.
- 용접 시공할 부위는 청소를 철저히 한다. 특히 기름, 습기 등을 완전히 제거한다.

43 T형이음(홈완전용입)에서 인장하중 6ton, 판두께를 20mm로 할 때 필요한 용접길이는 몇 mm인가? (단, 용접부의 허용 인장응력은 5kgf/mm²이다.)

① 60
② 80
③ 100
④ 102

해설

허용인장응력 $= \dfrac{6,000}{5 \times 20} = 60$

44 용접 후 용착 금속부의 인장응력을 연화시키는데 효과적인 방법으로 구면 모양의 특수해머로 용접부를 가볍게 때리는 것은?

① 어닐링(annealing)
② 피닝(peening)
③ 크리프(creep) 가공
④ 저온응력 완화법

해설

피닝 법

끝이 둥근 특수 해머로 연속 타격하여 표면에 소성변형을 주어 인장응력을 완화하는 방법

45 용접 결함 중 언더컷(under cut)에 대한 설명 중 맞지 않는 것은?

① 대부분 언더컷의 깊이는 사양서에 명시하되 일반적으로 0.8mm까지 허용한다.
② 방사선 투과시험에서 필름상의 언더컷 모양은 흰색으로 용접부 중앙에 나타난다.
③ 언더컷의 방지대책으로 짧은 아크 길이를 유지한다.
④ 언더컷의 방지대책으로 용접속도를 늦춘다.

해설

언더컷 발생 원인
- 전류가 높을 때
- 아크길이가 길 때
- 부적당한 용접봉 사용 시
- 용접속도가 너무 빠를 때

※방사선 투과 검사(RT)는 가장 확실하고 널리 쓰이며, 투과 사진 상 언더컷의 모양은 가늘고 긴 검은선으로 나타난다.

정답 41 ① 42 ① 43 ① 44 ② 45 ②

46 용접부의 검사에서 초음파 탐상시험 방법에 속하지 않는 것은?

① 공진법　　　② 투과법
③ 펄스반사법　④ 맥진법

해설
초음파 탐상검사(UT)의 종류
- **투과법** : 시험 물체에서 송신 후 반대편에서 수신하여 초음파 강도를 가지고 결함 여부를 판별하는 방법
- **펄스반사법** : 시험 물체에 펄스를 입사시켜 반사파를 같은 탐독자에서 받아 전압 펄스를 브라운관으로 관찰하는 방법
- **공진법** : 송수신파가 공진하여 정상이 되는 원리를 이용

47 용접시공에서 한 부분의 몇 층을 용접하다가 이것을 다음 부분의 층으로 연속시켜 전체가 한 단계로 이루도록 용착시켜 나가는 용착법은?

① 전진법　　　② 대칭법
③ 스킵법　　　④ 캐스케이드법

해설
캐스케이드법
한 부분의 몇 층을 용접하다 다음 부분의 층으로 연속해 용접하는 방법으로 후진법과 같이 사용하여 용접 결함은 적지만 특별한 경우 외에는 잘 사용하지 않는다.

48 용접 모재의 제조서(mill sheet)에 기재되어 있지 않은 것은?

① 강재의 제조 공정　② 해당 규격
③ 재료 치수　　　　④ 화학 성분

해설
제조서
금속 재료 시험 성적 증명서를 일컬으며 재료회사에서 해당 규격, 화학성분, 재료 치수 등을 기재한 제조서를 발행한다.

49 용접작업에서 잔류응력의 경감과 완화를 위한 방법으로 적합하지 않은 것은?

① 용착 금속량의 감소　② 용착법의 적절한 선정
③ 포지셔너 사용　　　④ 직선 수축법 선정

해설
잔류응력 경감법
- 노내 풀림법
- 국부 풀림법
- 저온응력 완화법
- 기계적 응력 완화법
- 피닝법

50 압력용기를 회전하면서 아래보기 자세로 용접하기에 가장 적합하지 않은 용접설비는?

① 스트롱 백(strong back)
② 포지셔너(positioner)
③ 머니퓰레이터(manipulator)
④ 터닝롤러(turning roller)

해설
- **스트롱 백** : 용접 지그(Jig)의 일종으로 가접을 하지 않을 목적으로 피용접체를 구속시키는 지그의 일종이다.
- **포지셔너** : 언제든지 용접하기 쉽게 용접할 소재를 자유롭게 회전할 수 있도록 유지하는 장치
- **머니퓰레이터** : 사람의 팔과 유사한 기능을 가진 기계
- **터닝 롤러** : 철로 된 바퀴 위에 파이프나 작업 모재를 올려놓고 모재를 정 또는 역회전으로 변속하면서 용접하는 장비

51 용접부 검사법 중 비파괴시험에 속하지 않는 것은?

① 부식시험　　② 와류시험
③ 형광시험　　④ 누설시험

해설
부식시험(corrosion test)은 용접재료의 내식성을 검사하는 시험으로 부식제로는 산, 알칼리, 염의 용액 등이다.

정답　46 ④　47 ④　48 ①　49 ④　50 ①　51 ①

52 용접자동화의 장점이 아닌 것은?

① 생산성 증대   ② 품질 향상
③ 노동력 증가   ④ 원가 절감

해설

자동화의 장점
- 노동력 대체 및 작업자 보호
- 원가절감
- 균일 양질 제품 생산
- 생산성 향상
- 재고 감소

53 용접기본기호 중 심(seam) 용접기호로 맞는 것은?

해설
- ①번 그림 : 스폿용접
- ②번 그림 : 심용접
- ③번 그림 : 표면육성용접
- ④번 그림 : 겹침 접합부

54 설퍼프린트의 황편석 분류 중 황이 강의 외주부로부터 중심부로 향하여 감소하여 분포되고, 외주부보다 중심부의 방향으로 착색도가 낮게 된 편석은?

① 정편석   ② 역편석
③ 주상편석   ④ 중심부편석

해설

역편석(inverse segregation, liquation)
청동이나 황동에서 볼 수 있는 현상으로 황편석 중 외주부로부터 중심부로 향하여 감소 분포되는 것. 역편석을 일으키는 데는 합금의 응고 범위가 넓을 것, 그리고 급랭이 필요조건이다.

55 단계여유(slack)의 표시로 옳은 것은?(단, TE는 가장 이른 예정일, TL은 가장 늦은 예정일, TF는 총 여유시간, FF는 자유여유시간이다.)

① TE-TL   ② TL-TE
③ FF-TF   ④ TE-TF

해설

단계여유 = 가장 늦은 예정일 − 가장 이른 예정일
TS = TL − TE

56 테일러(F.W. Taylor)에 의해 처음 도입된 방법으로 작업시간을 직접 관측하여 표준시간을 설정하는 표준시간 설정기법은?

① PTS법   ② 실적자료법
③ 표준자료법   ④ 스톱워치법

해설
- **스톱워치법**(Stop Watch) : 스톱워치를 사용하여 표준 시간을 측정하는데, 이 경우에 시간 연구를 통해서 표준 시간을 결정하고 있다.
- **PTS**(Predetermined Time Standard)법 : 실제 작업이 시작되기 전에 미리 작업 동작의 성격, 조건에 따라 미리 정해진 표준 시간을 적용하는 법

57 다음 중 브레인스토밍(Brainstorming)과 가장 관계가 깊은 것은?

① 파레토도   ② 히스토그램
③ 회귀분석   ④ 특성요인도

해설
- **브레인스토밍** : 각 팀별로 일정한 테마에 대해서 회의 형식을 택하고 각자의 자유발언을 통해 아이디어의 연쇄반응을 일으키고 자유롭게 아이디어를 발표함으로써 문제점의 개선 내지 해결책을 찾는 데 사용한다.
- **특성요인도** : 특성에 대해 문제점을 해결하려면 어떠한 대책이 필요할 것인지 검토할 수 있도록 명확히 하여 원인 규명을 쉽게 할 수 있도록 하는 기법이다.

정답   52 ③   53 ②   54 ②   55 ②   56 ④   57 ④

58 검사의 분류방법 중 검사가 행해지는 공정에 의한 분류에 속하는 것은?

① 관리 샘플링검사 ② 로트별 샘플링 검사
③ 전수검사 ④ 출하검사

해설
검사 공정에 의한 분류에는 최종검사, 수입검사, 출하검사, 공정검사가 있다.

59 공정 중에 발생하는 모든 작업, 검사, 운반, 저장, 정체 등이 도식화된 것이며 또한 분석에 필요하다고 생각되는 소요시간, 운반거리 등의 정보가 기재된 것은?

① 작업분석(Operation Analysis)
② 다중활동분석표(Multiple Activity Chart)
③ 사무공정분석(Form Process Chart)
④ 유통공정도(Flow Process Chart)

해설
제품이 생산되는 공정 중에 발생하는 작업, 검사, 운반, 저장 등을 도표로 도식화하여 소요시간, 운반거리 등의 정보가 기재된 도표가 유통 공정도이다.

60 C 관리도에서 k=20인 군의 총 부적합수 합계는 58이었다. 이 관리도의 UCL, LCL을 계산하면 약 얼마인가?

① UCL=2.90, LCL=고려하지 않음
② UCL=5.90, LCL=고려하지 않음
③ UCL=6.92, LCL=고려하지 않음
④ UCL=8.01, LCL=고려하지 않음

해설
$$C = \frac{\sum C}{K} = \frac{58}{20} = 2.9$$
(관리상한선) $UCL = C + 3\sqrt{c} = 2.9 + 3\sqrt{2.9} = 8.01$
(관리하한선) $LCL = C - 3\sqrt{c} = 2.9 - 3\sqrt{2.9} = -2.209$

정답 58 ④ 59 ④ 60 ④

2013년 제54회(7.21)

01 피복 아크용접봉의 피복제에 대하여 설명한 것 중 틀린 것은?

① 저수소계를 제외한 다른 피복 아크용접봉의 피복제는 아크 발생 시 탄산(CO_2)가스와 수증기(H_2O)가 가장 많이 발생한다.
② 아크 안정제는 아크열에 의하여 이온화가 되어 아크 전압을 강화시키고 이에 의하여 아크를 안정시킨다.
③ 가스 발생제는 중성 또는 환원성 가스를 발생하여 용접부를 대기로부터 차단하여 용융금속의 산화 및 질화를 방지하는 작용을 한다.
④ 슬래그 생성제는 용융점이 낮은 슬래그를 만들어 용융금속의 표면을 덮어서 산화나 질화를 방지하고 용착금속의 냉각속도를 느리게 한다.

해설

피복제의 종류
1. 아크 안정제
   - 아크열에 의해 이온화되기 쉬운 물질을 만들어 아크 전압도 경화시키고 재점호전압을 낮추어 아크를 안정화시킨다.
   - 적철강, 석회석, 규산칼륨, 규산나트륨, 자철강, 산화티탄, 탄산소다 등
2. 가스 발생제
   - 환원성 가스나 중성가스를 만들어 산소나 질소 침입으로 인한 산화나 질화를 방지한다.
   - 셀룰로오스, 석회석, 탄산바륨, 톱밥, 녹말 등
3. 슬래그 생성제
   - 용융점이 낮은 가벼운 슬래그를 만들어 용융금속의 표면을 덮어 산화나 질화를 방지하며 냉각 속도도 느리게 한다.
   - 일미나이트, 형석, 규사, 석회석, 탄산나트륨, 이산화망간, 산화티탄, 산화철 등
4. 탈산제
   - 용융금속 중에 있는 산소를 제거하는 역할을 한다.
   - 페로망간, 페로실리콘, 페로티탄, 알루미늄 등
5. 고착제
   - 피복제가 심선에 달라붙게 하는 역할을 한다.
   - 소맥분, 아교, 규산나트륨, 규산칼륨, 해초 등
6. 합금 첨가제
   - 화학 성분을 개선하는 역할을 한다.
   - 망간, 구리, 몰리브덴, 실리콘, 크롬, 니켈 등

02 정격 2차 전류가 300A, 정격사용률이 40%인 용접기로 180A로 용접할 때, 허용사용률(%)은?

① 약 111%
② 약 101%
③ 약 91%
④ 약 121%

해설

$$허용사용률 = \frac{(정격2차전류)^2}{(실제사용전류)^2} \times 정격사용률 = \frac{300^2}{180^2} \times 40$$
$$= 111.11\%$$

03 가스 절단 시 양호한 절단면을 얻기 위한 조건이 아닌 것은?

① 드래그(drag)가 가능한 한 클 것
② 절단면 표면의 각이 예리할 것
③ 슬래그 이탈이 양호할 것
④ 절단면이 평활하여 노치 등이 없을 것

해설

가스 절단 조건
- 드래그가 가능한 작을 것
- 절단 모재 표면각이 예리할 것
- 슬래그 박리성(이탈)이 양호할 것
- 절단면이 평활할 것
- 드래그 홈이 작고 노치 등이 없을 것
- 경제적인 절단이 이루어질 것

정답 01 ① 02 ① 03 ①

04 다음 중 가스 가우징용 토치에 대한 설명으로 옳은 것은?

① 팁 끝은 일직선으로 되어 있다.
② 산소 분출공이 일반 절단용에 비하여 작다.
③ 토치 본체는 일반 절단용과 매우 차이가 크다.
④ 예열 화염의 구멍은 산소 분출구멍의 상하 또는 둘레에 만들어져 있다.

> 해설
>
> **가스 가우징(gas gouging)**
> - 예열 화염의 구멍은 산소 분출구멍의 상하 또는 둘레에 만들어져 있다.
> - 작업을 용이하고 쉽게 하기 위해 팁 끝이 구부러져 있다.
> - 저압으로 대용량 산소를 방출할 수 있도록 슬로우 다이버전트(slow divergent)로 설계되어 있다.
> - 토치 본체는 가스용접 또는 가스 절단용 장치 그대로 사용 가능
> - 토치 예열 각도 30~40°, 작업 시 각도 10~20°
> - 홈의 깊이와 폭의 비율은 1 : 1~1 : 3
> - 가스압력 3~7kgf/cm²(294~486kPa, 산소가스), 아세틸렌 0.2~0.3kgf/cm²(19.6~29.4kPa)
> - 용접 뒷면 따내기, H형, U형 용접 표면의 홈 가공을 하기 위해 깊은 홈을 파내는 가공법

05 용해 아세틸렌을 취급할 때 주의사항으로 틀린 것은?

① 저장 장소는 통풍이 잘 되어야 한다.
② 용기가 넘어지는 것을 예방하기 위하여 용기는 뉘어서 사용한다.
③ 화기에 가깝거나 온도가 높은 장소에는 두지 않는다.
④ 용기 주변에 소화기를 설치해야 한다.

> 해설
>
> **산소와 아세틸렌 용기 취급 시 주의사항**
> - 산소병은 세워서 사용하며 병에 충격을 주어서는 안 된다.
> - 산소병 운반 시 충격을 주지 말며, 밸브 개폐는 서서히 할 것
> - 최고 충전 압력 150kg/cm², 누설 시험 시 비눗물을 사용할 것
> - 산소병은 40° 이하 온도에서 보관하고 직사광선을 피해야 한다.
> - 압력계는 금유 표시가 있는 산소 전용 압력계를 사용할 것
> - 산소병과 가연성 가스 용기와는 구분해서 저장할 것
> - 산소병 내에 다른 가스와 함께 보관하지 말 것
> - 산소병은 화기로부터 5m 이상 이격시킬 것
> - 용해 아세틸렌 운반 시 캡을 씌우며, 용해 아세틸렌 용기 밸브는 1/2~1/4만 연다.
> - 용해 아세틸렌 사용 후 용기 내 약간 잔압(0.1kg/cm²)을 남길 것
> - 산소병 색은 녹색이며 의료용은 백색이다.
> - 동결 부분은 35℃ 이하 온수로 녹인다.
> - 용해 아세틸렌 가용 전 안전밸브는 끓는 물이나 증기를 쐬지 말 것(용융점이 105±5℃이므로)

06 용접에서 용융금속의 이행방식 분류에 속하지 않는 것은?

① 연속형   ② 글로뷸러형
③ 단락형   ④ 스프레이형

> 해설
>
> **용융금속의 이행형식**
> - 글로뷸러형=입상이행 : 서브머지드 용접(SAW)과 같이 중, 고 전류 밀도나 아크길이가 길 때 발생한다. 비교적 큰 용적이 단락되지 않고 옮겨가는 형식
> - 단락형 : 저수소계 비피복용접봉 사용 시 표면 장력 작용으로 모재로 옮겨가서 용착되는 형식
> - 스프레이형=분무상 이행형 : 미세한 용적이 스프레이 같이 날려서 모재에 옮겨가 용착되는 형식. 일미나이트계, 피복아크 용접봉 사용 시 볼 수 있다.
> ※ 용융금속의 이행형식=용적 이행형식의 종류는 단락형, 스프레이형, 글로뷸러형
>
> 암기팡 ▶▶ 단스글.

07 내용적이 40L인 산소용기의 고압게이지에 압력이 90kgf/cm²로 나타났다면 가변압식 토치 팁(tip) 300번으로 몇 시간 사용할 수 있는가?

① 3.5   ② 7.5
③ 12   ④ 20

정답 04 ④ 05 ② 06 ① 07 ③

해설

- 산소용기 총 가스량 = 내용적 × 기압
  $3,600L = 40L \times 90 kg/cm^2$
- 사용가능시간 = 산소용기 총 가스량/시간당 소비량
  $= 3,600L \div 300L/h = 12h$

08 직류용접에서 정극성과 비교한 역극성의 특징은?

① 비드의 폭이 넓다.
② 모재의 용입이 깊다.
③ 용접봉의 녹음이 느리다.
④ 용접열이 용접봉 쪽보다 모재 쪽에 많이 발생한다.

해설

직류 역극성(DCRP) 특징
- 열 분배가 용접봉(+) 쪽에 70%, 모재(−) 쪽에 30%
- 용접봉의 녹는(용융) 속도가 빠르다.
- 용입이 얕고, 비드 폭이 넓다.
- 박판, 고탄소강, 합금강, 주철, 비철금속 용접에 사용된다.

09 다음 [보기]는 어떤 용접봉의 특성을 나타낸 것인가?

- 주성분은 산화티탄(TiO_2) 30% 이상과 석회석($CaCO_3$)이다.
- 용입이 얕으므로 박판용접에 적합하다.
- 비드 표면은 평면적이며 언더컷이 생기지 않고 곱다.
- 피복의 두께가 두껍고 슬래그는 유동성이 좋고 가벼우며 박리성이 양호하다.

① 저수소계　　　② 라임티타니아계
③ 고셀룰로오스계　④ 일미나이트계

해설

1. 라임티타니아계(Lime–titania type) 용접봉(E4303)
   - 피복제 주성분이 산화티탄 30% 이상과 석회석이 주성분이다.
   - 슬래그 제거가 쉽고 용입이 얕아 박판용접에 적합해 선박, 기계, 차량, 일반 구조물에 사용된다.
   - 비드 외관이 아름답고 언더컷 발생이 적다.
   - 고산화티탄계 보다 약간 높은 전류를 사용한다.

2. 저수소계 용접봉(E4316)
   - 주성분 : 석회석 = 탄산칼슘($CaCO_3$), 형석 = 불화칼슘(CaF_2)을 주성분으로 한다.
   - 수소양이 다른 용접봉에 비해 1/10 정도 적다.
   - 피복제가 습기를 잘 흡수하기 때문에 반드시 사용 전에 300~350℃로 1~2시간 정도 건조 후 사용할 것
   - 아크가 불안정하며 초보자일 경우 용접봉이 모재에 달라붙는 등 아크가 다소 불안정하고, 작업성이 떨어진다.
   - 용접속도가 느리며 용접이 출발된 시점에서 기공이 생기기 쉽기 때문에 후진법(back step)을 사용한다.
   - 다른 연강봉보다 용접성이 우수하므로 후판, 중요 구조물, 구속이 큰 용접, 고탄소강, 유황 함유량이 큰 강 등에 용접 결함 없이 용접부가 양호하다.
   - 피복제의 염기도가 높을수록 내 균열성이 우수하다.
   - 구속이 큰 용접, 유황 함유량이 높은 용접에 양호한 용접부를 얻는다.
   - 작업성 : 고산화티탄계(E4313) > 일미나이트계(E4301) > 저수소계(E4316)
   - 기계적 성질 : 저수소계(E4316) > 일미나이트계(E4301) > 고산화티탄계(E4313)
   - 다층 용접 시 첫 층을 저수소계를 사용함으로서 수소와 잔류응력으로 인한 균열을 방지한다.
   - 비드 이음부에서 기공(porosity)이 생기기 쉬우므로 짧은 아크 길이로 하며 운봉 시 주의해야 한다.
   - 피복제 염기성이 높고 내균열성이 좋다.

10 용접작업에 영향을 주는 요소 중 아크길이가 너무 길 때 용접부의 특징에 대한 설명으로 틀린 것은?

① 스패터가 많고 기공이 생긴다.
② 용착금속이 산화나 질화가 된다.
③ 비드 표면이 거칠고 아크가 흔들린다.
④ 비드 폭이 좁고 볼록하다.

해설

1. 아크길이가 길 경우
   - 질소나 산소 영향으로 질화나 산화가 발생하며 기공이나 균열의 원인이 된다.
   - 스패터가 많아지고 아크가 불안정해 비드 표면이 불량하다.

정답　08 ①　09 ②　10 ④

2. 아크길이가 짧을 경우
- 용접 입열량이 적어 용입이 불충분하다.
- 슬래그나 불순물 혼입이 될 수 있다.
- 접봉이 모재에 달라붙고 용적이 모재와 단락이 된다.

11 아크용접에서 아크길이가 너무 길 때, 용접부에 미치는 현상으로 틀린 것은?

① 스패터가 많다. ② 아크 실드효과가 떨어진다.
③ 열 집중이 많다. ④ 기공이 생긴다.

해설

아크길이가 너무 길 때 나타나는 현상
- 스패터가 많아지고 열 집중성이 나빠진다.
- 산화나 질화로 인해 균열과 기공이 발생한다.
- 아크실드 효과가 감소된다.
※ 아크길이는 3mm 정도가 좋고 용접봉 지름이 2.6mm 이하의 용접봉일 경우 심선지름과 동일하게 한다.

12 자동가스 절단에서 절단면에 대한 설명으로 맞는 것은?

① 절단속도가 빠를 경우 드래그가 작다.
② 절단속도가 느린 경우 표면이 과열되어 위 가장자리가 둥글게 된다.
③ 산소 중에 불순물이 증가하면 슬래그의 이탈성이 좋아진다.
④ 팁의 위치가 높을 때에는 예열범위가 좁아진다.

해설

자동가스 절단 조건
- 산소절단에서 불꽃이 너무 강할 경우 위 모서리가 녹아 둥글게 된다.
- 산소절단에서 산소압력이 낮고 절단속도가 느리면 위 가장자리가 녹는다.
- 산소 순도가 99% 이상 높으면 절단속도가 빠르고 절단면도 곱지만 순도가 1% 정도 낮으면 절단속도는 급격히 떨어진다.
- 산소중에 불순물이 증가한다면 슬래그 이탈성도 떨어진다.
- 팁의 위치가 높으면 가장자리가 둥글어진다.

13 아크 에어 가우징의 장점에 해당되지 않는 것은?

① 가스 가우징에 비해 작업능률이 2~3배 높다.
② 용융금속에 순간적으로 불어내므로 모재에 악영향을 주지 않는다.
③ 소음이 매우 심하다.
④ 용접결함부를 그대로 밀어붙이지 않는 관계로 발견이 쉽다.

해설

1. 아크 에어 가우징 : 절단 장치에 압축공기를 병용해서 아크 열로 용융시킨 부분을 압축공기로 불어 날려 홈을 파내는 작업(5~7kg/cm²), 절단작업도 가능하다.
2. 장점
   - 작업능률이 2~3배 높다.(그라인딩, 치핑, 가우징 작업에 비해)
   - 모재에 악영향이 없다.(순간적으로 불어내므로)
   - 용접 결함부 발견이 쉽고, 소음이 적고 조작이 간단하다.
   - 용접부의 홈 가공, 뒷면 따내기, 용접 결함부 제거 등에 사용
   - 철, 비철금속에 사용으로 응용범위가 넓고 경비가 싸다.
   - 아크 에어 가우징 장치에는 가우징 토치, 가우징봉(용접봉), 전원(직류 역극성), 압축공기(콤프레서) 등이 있다.

14 피복아크용접의 품질에 영향을 주는 요소가 아닌 것은?

① 용접전류 ② 용접기의 사용률
③ 용접봉 각도 ④ 용접속도

해설

피복아크용접 품질에 영향을 좌우하는 요소

1. 용접전류
   - 낮을 때 : 용입 불량, 오버랩, 슬래그 섞임
   - 높을 때 : 언더컷, 스패터
   - 과대전류 : 균열, 블로우 홀

2. 아크길이 : 아크길이 3mm 정도 지름 2.6mm 이하(심선지름과 동일), 아크길이가 길면 전압에 비례해 증가하고 발열량도 증대, 아크발생 중 용접 전압은 약 20~30V 정도이다.
   ※ 아크길이가 길면 스패터가 발생하며 용접전류값은 심선 단면적 1mm²에 10~11A정도

3. 용접속도(운봉속도=아크속도) : 속도가 증가하면 비드 너비는 감소하여 용입 또한 감소한다. 용접속도는 1분당 8~30cm(8~30cm/min), 용접속도가 빠르면 용입불량, 언더컷이 발생, 과대속도일 때는 균열의 원인

4. 용접봉 각도
   - 진행각 : 용접선과 용접봉이 이루는 각도(용접봉과 수직선 사이의 각도)
   - 작업각 : 용접봉과 이음 방향에 나란하게 세워진 수직 평면과 각도
   ※ 용접봉 각도 불량 시 오버랩, 슬래그 섞임 등의 원인

5. 용접봉 건조 : 반드시 적정온도 및 유지시간으로 건조할 것 (기공결함을 예방하기 위해 건조함)

6. 모재 청소 : 녹, 페인트, 그리스, 먼지 등 함유 시 기공과 균열의 원인, 용접 시공 후 스패터, 슬래그 제거가 필수

15 보통 가스 절단 시 판 두께 12.7mm의 표준 드래그 길이는 몇 mm인가?

① 2.4   ② 5.2
③ 5.6   ④ 6.4

[해설]

드래그(drag)
- 가스 절단 가공에서 절단재 표면(절단 가스 입구)과 절단재 이면(절단 가스 출구) 사이의 수평거리
- 절단면에 일정한 간격의 곡선이 진행방향으로 나타난 것을 드래그 라인(drag line)이라 한다.
- 표준 드래그 길이는 보통 판 두께의 20% 정도이다.
- 절단면 말단부가 남지 않을 정도의 드래그를 표준 드래그 길이라 한다.

※ 표준 드래그 길이(mm) = 판두께 $\times \frac{1}{5}$ = 12.7 $\times \frac{1}{5}$ = 2.54mm

판 두께(mm)	12.7	25.4	51.0	51.0~152.0
드래그 길이(mm)	2.4	5.2	5.6	64

16 그래비티 용접의 설명으로 틀린 것은?

① 철분계 용접봉을 사용한다.
② 한 사람이 여러 대(2~7대)의 용접기를 조작할 수 있다.
③ 중력을 이용한 용접법이다.
④ 스프링으로 압력을 가하여 자동적으로 용접봉이 모재에 밀착되도록 설계된 특수 홀더를 사용한다.

[해설]

그래비티(gravity) 용접과 오토콘(auto con) 용접
- 피복 아크용접법으로 피더(feeder)에 철분계(E4324, E4326, E4327) 용접봉을 설치, 수평필릿 용접을 주로 사용하는 중력을 이용한 용접법이다.
- 하향 필릿 용접부에만 적용이 가능하며 소형 반자동으로 가볍고 설치 조작이 간단해 한 사람이 여러 대(2~7대)를 용접할 수 있어 매우 능률적이다.
- 운봉비를 조절할 수 있어(일반적으로 1.2~1.6) 필요한 각장 및 목 두께를 얻을 수 있다(그래비티).
- 철분계 용접봉을 사용한다.
- 용접사 기량을 크게 요구하지 않는다.

구분	오토콘	그래비티
구조	간단	복잡
부피	작다	크다
중량	가볍다	무겁다
사용법	쉽다	어렵다
자세	F. Hi-Fi	F. Hi-Fi
종류	연강, 고장력강	연강, 고장력강
운봉속도	조절 불가	조절 가능
스패터	약간 많다	보통
용입 깊이	약간 얕다	보통
비드 모양	양호	양호

1. 그래비티 용접(gravity welding)
   ㉠ 모재와 경사를 이루는 금속제 지주인 슬라이드를 따라서 용접 홀더가 내려가면서 홀더에 끼워진 긴 용접봉을 일정한 각도로 유지하면서 중력에 의해 천천히 하강시키면서 자동적으로 용접하는 방법
   ㉡ 장점
      - 조작이 간단하며 여러 대를 조작 가능
      - 균일하고 정확한 용접을 할 수 있다.

- 수평필릿과 아래보기 용접 가능
- 최근 교량, 건축, 조선 등에 사용
- 일반 용접봉에 비해 500~700mm 긴 것을 사용(일반 용접봉은 450~400mm)

2. 오토콘 용접(auto-contact welding)
   길이가 700mm 정도인 용접봉을 이용, 용접봉 끝은 아크를 발생시킨 다음 영구자석이나 스프링의 힘을 이용, 용접봉이 회전, 용접을 진행시키는 저각도 용접이 오토콘 용접이다.

17 이산화탄소 아크용접 20L/min의 유량으로 연속 사용할 경우 액체 이산화탄소 25kg 용기는 대기 중에서 가스량이 약 12,700L라 할 때 약 몇 시간 정도 사용할 수 있는가?

① 6.6
② 10.6
③ 15.6
④ 20.6

해설

가스 사용시간 = $\dfrac{\text{잔가스량}}{\text{분당사용량}(l/min) \times 60}$

h = $\dfrac{12,700}{20 \times 60}$ = 10.58 = 10.6시간

18 다음 용접법 중 가장 두꺼운 판을 용접할 수 있는 것은?

① 이산화탄소 아크 용접
② 일렉트로 슬래그 용접
③ 불활성가스 아크 용접
④ 스터드 용접

해설

일렉트로 슬래그 용접

1. 원리 : 용융 슬래그 저항 열에 의한 와이어와 모재를 용융시키면서 연속 주조방식에 의한 단층 수직 상진 용접을 한다.
2. 특징
   - 후판용접에 적합(단층으로 한 번에 용접 가능하며 가장 두꺼운 판을 용접할 수 있다.
   - 특별한 홈 가공이 필요하지 않다.(홈 가공 준비 간단, 각변형 적음, 홈I형 그대로 사용)
   - 용접시간이 단축되기 때문에 능률적, 경제적(아래보기 서브머지드 용접에 비해 1/3~1/5 감소)
   - 다른 용접에 비해 경제적이고 각(角) 변형이 적고 용접 품질이 우수
   - 아크가 눈에 보이지 않고 아크불꽃도 없으며, 전기 저항열을 이용하여 용접한다.(줄의 법칙 적용)
   - 전극 와이어는 주로 지름 2.5~3.2mm 사용, 스패터 발생이 적고 용융금속 용착량이 100%이다.
   - 준비시간이 길며(용접시간에 비해) 고가이며 기계적 성질이 나쁘다.
   - 용접장치가 복잡하고 냉각장치(수랭식 동판 등)가 필요하다.
   - 보일러 드럼, 대형부품, 롤, 수력발전소, 터빈 축 등에 쓰인다.

19 납땜에 대한 설명으로 틀린 것은?

① 비철금속의 접합에 이용할 수 있다.
② 납은 접합할 금속보다 높은 온도에서 녹아야 한다.
③ 용접용 땜납으로 경납을 사용한다.
④ 일반적으로 땜납은 합금으로 되어 있다.

해설

납땜(brazing and soldering)의 정의

- 모재는 녹이지 않고 첨가봉(용가재, 납)만 녹여서 접합시키는 것(즉, 납땜에서 납은 접합할 금속보다 낮은 온도에서 용융되어야 한다.)
- 비철금속인 구리, 납, 극석, 아연 등에 접합 가능
- 땜납(납땜)에는 용융점이 450℃ 이상인 경납(brazing)과 450℃ 이하인 연납(soldering)이 있으며 용접용 납땜은 주로 경납을 사용하고 있다.
- 모재 표면에 잘 퍼지는 등 모재와 친화력이 좋아야 한다.
- 기계적, 물리적 성질을 충족시킬 것
- 모재(재료)에는 결코 수축현상은 없다(가열로 하기 때문에).
- 땜납이 연납인 경우 주석-납계 합금이 많이 사용되며 비율은 주석 50% : 납 50%일 때 납땜 작업이 쉽고 용융온도가 215℃로 낮다.

정답 17 ② 18 ② 19 ②

20 스테인리스강의 용접방법에 대한 설명으로 옳은 것은?

① 용접 전류는 연강 용접 시보다 약 10% 높게 용접한다.
② 오스테나이트계 용접 시 고온에서 탄화물이 형성될 수 있다.
③ 마텐자이트계는 열에 의해 경화되지 않는다.
④ 오스테나이트계 용접 시 예열을 800℃로 높이고 시간은 길게 한다.

해설

스테인리스강 용접
- 오스테나이트(18~8) 용접봉은 모재와 동일한 것을 사용하며 될 수 있으면 가는 용접봉을 사용한다.
- 짧은 아크길이를 유지하는데 아크길이가 길면 크롬, 탄화크롬 석출이 생겨 부식, 저항도 저하된다.
- 예열을 하지 않는다.(두꺼운 판을 제외하고는 예열하지 말 것)
- 층간 온도가 320℃ 이상을 넘지 말 것
- 크레이터 처리 후 아크를 중단한다.
- 용접전류는 연강 용접보다 낮은 전류로 작업한다.
- 오스테나이트계를 용접할 때 고온에서 탄화물이 생성될 수 있다.

21 테르밋 용접에서 산화철과 알루미늄이 반응할 때 화학반응을 통하여 발생되는 온도는 약 몇 도(℃)인가?

① 800
② 2,800
③ 4,000
④ 5,800

해설

테르밋 용접
- 산화철 분말(FeO, Fe_2O_3, Fe_3O_4, 금속 철, 3~4)과 알루미늄 분말(1)의 화학 반응열을 이용한 것으로 2,800℃의 열이 발생된다.
- 점화제 : 과산화바륨, 마그네슘
- 테르밋 반응이란 Al에 의해 산소를 빼앗는 반응이다.
- 용융 테르밋 용접과 가압 테르밋 용접이 있다.
- 전력이 불필요하고 용접기구가 간단하며 용접시간도 짧고 용접 후 변형도 적다.
- 이동작업이 가능하며 특별한 홈 가공이 필요하지 않다.

22 점 용접기를 사용하여 서로 다른 종류 금속을 납땜할 때 가장 적합한 방법은?

① 인두납땜(soldering-iron brazing)
② 가스납땜(gas brazing)
③ 저항납땜(resistance brazing)
④ 노내납땜(furance brazing)

해설

저항납땜(resistance brazing)
점 용접기를 사용해서 납땜재와 용제를 발화, 저항열을 이용해 가열하는 방법으로 저항용접이 곤란한 금속의 납땜이나 서로 다른 이종금속을 납땜할 때 적합한 방법
※ 납땜 가열방법에 따라 분류 : 유도가열납땜, 인두납땜, 가스납땜

암기팡 ▶▶ 유/인/가

23 미그(MIG) 용접의 와이어(wire) 송급장치가 아닌 것은?

① 푸시(push) 방식
② 푸시-아웃(push-out) 방식
③ 풀(pull) 방식
④ 푸시-풀(push-pull) 방식

해설

미그(MIG) 용접의 와이어 송급 장치 종류
- 푸시방식(Push, 미는) : 반자동 용접장치에서 사용
- 풀 방식(Pull, 당기는) : 전자동 용접장치에서 사용
- 푸시풀 방식(push-pull, 밀고 당기는) : 송급은 양호하지만 토치 조작이 불편하다.
- 더블 푸시방식(double push) : 용접 토치 중간에 보조 푸시 진동기를 사용해서 긴 송급 튜브를 사용할 수 있고 조작은 편리한 편이다.
※ 송급 장치에는 전동기, 송급 롤러, 감속장치가 있다.

암기팡 ▶▶ 전/송/감

24 불활성가스 아크용접에서 스테인리스강을 용접할 때의 설명 중 잘못된 것은?

① 깊은 용입을 위하여 직류 정극성을 사용한다.
② 전극봉은 지르코늄 텅스텐을 사용한다.
③ 전극의 끝이 뾰족할수록 전류가 안정되고 열집중성이 좋다.
④ 보호가스는 아르곤가스를 사용하며 낮은 유속에서도 우수한 보호작용을 한다.

해설

불활성가스 아크용접으로 스테인리스강을 용접할 때
1. TIG 용접 시
   - 용접전류 : 직류 정극성(깊은 용입을 얻기 위해)
   - 적용 : 0.4~0.8mm 박판용접에 사용
   - 전극 봉 : 토륨(Th)이 들어있는 텅스텐 전극봉 사용
   ※ 텅스텐 전극 봉 끝은 열집중성과 전류 안정을 위해 끝을 뾰족하게 하여 사용한다.
2. MIG 용접 시
   - 용접전류 : 직류 역극성
   - 적용 : 0.9~1.6mm 두꺼운 판에 사용
   - 보호가스 : 순수 아르곤을 사용할 경우 아크가 불안정하고 스패터가 많이 발생, 아크가 불안정하므로 2~4% 산소가 혼합된 아르곤 가스를 사용한다.

25 티그(TIG) 용접 시 불활성가스를 용접 중에는 물론 용접 전후에도 약간 유출시켜야 하는 이유를 설명한 것 중 틀린 것은?

① 용접 전에 가스 유출은 도관이나 토치에 공기를 배출시키기 위함이다.
② 용접 후에 가스 유출은 가열된 상태의 용접부가 산화 혹은 질화되는 것을 방지하기 위함이다.
③ 용접 후에 가스 유출은 가열된 텅스텐 전극의 산화 방지를 하기 위함이다.
④ 용접 전에 가스 유출은 세라믹 노즐을 보호하기 위함이다.

해설

티그(TIG) 용접 시 불활성가스를 용접 전후에 약간 분출시키는 이유
- 산화나 질화를 방지하기 위해(Gas Purging)
- 에어 퍼징(Air Purging) 하기 위해
- 가열된 텅스텐 전극의 산화를 방지하기 위해
※ 가스 퍼징(Gas Purging) : 양호하고 일정한 이면 비드를 생성하기 위해 용접 전면부와 같이 이면부(뒷면)에도 아르곤, 헬륨을 공급해 용착금속의 산화, 질화를 방지하는 것으로 공급량은 분당 27l이다.
※ 에어 퍼징(Air Purging) : 용접하기 전에 도관이나 토치 등에 잔류하고 있는 공기(air)를 배출하기 위해 불활성가스를 약간 배출하는 행위

26 탄산가스 아크용접에서 전진법의 특징이 아닌 것은?

① 용접선이 잘 보이므로 운봉을 정확하게 할 수 있다.
② 용융금속이 앞으로 나가지 않으므로 깊은 용입을 얻을 수 있다.
③ 스패터가 비교적 많으며 진행 방향 쪽으로 흩어진다.
④ 비드 높이가 낮고 평탄한 비드가 형성된다.

해설

탄산가스 아크용접 특징
1. 전진법
   - 스패터가 비교적 많고 진행방향 쪽으로 흩어진다.
   - 용착금속이 선행하기(앞서기) 쉬워 용입이 얕다.
   - 비드 높이가 낮고 평탄한 비드가 형성된다.
   - 용접선이 잘 보여 운봉을 정확하게 할 수 있다.
   - 용접 진행 방향은 우측에서 좌측으로 하는 것이다.
2. 후진법
   - 스패터가 전진법에 비해 적다.
   - 용착금속이 후행하므로 용입이 깊다.
   - 비드 높이가 약간 높고 좁은 비드 폭을 얻는다.
   - 용접선이 노즐에 가려 정확한 운봉이 어렵다.
   - 용접 진행 방향은 좌측에서 우측으로 한다.

정답 24 ② 25 ④ 26 ②

27 서브머지드 아크용접기에 사용되는 용제(flux)의 종류가 아닌 것은?

① 용융형
② 고온 소결형
③ 저온 소결형
④ 가입형

해설

1. 서브머지드 아크용접 용제(flux) 종류
   용융형 용제, 소결형 용제(고온, 저온 소결형), 혼성형 용제

   암기팜 ▶ (서브를)용/소/(하는)혼

2. 원료 광석의 가열 용융온도
   - 용융형 용제 : 1,300℃ 이상
   - 소결형 용제 : 300~1,000℃ 정도
   - 혼성형 용제 : 300~400℃ 정도

28 서브머지드 아크용접의 장점에 해당하는 것은?

① 자유곡선 용접이 가능하다.
② 용착금속의 품질이 양호하다.
③ 용접홈 가공이 정밀해야 한다.
④ 용접자세의 제한을 받는다.

해설

서브머지드 아크용접
- 용착 금속의 품질이 양호하다.
- 용접사 기량 차이가 품질에 영향을 미치지 않아 신뢰도가 높다.
- 용융속도 및 용착속도가 빠르고 용입도 깊다(수동용접에 비해 10~20배, 용입은 2~3배).
- 용접 홈(개선각)을 작게 해 용접봉 절약 및 용접 패스 수가 줄어들어 용접 변형도 적어진다.
- 1회 용접으로 75mm까지 가능
- 열효율이 높고 비드 외관이 아름다우며 용착속도가 빠르다.
- 기계적 성질이 우수하며 유해 광선이나 퓸(fume) 등이 적게 발생해 작업환경이 청결하다.
- 직류와 교류 전원을 쓰고 직류 역극성으로 시공하면 아름다운 비드를 얻을 수 있다.
- 교류는 설비비가 적고 자기불림(magnetic blow)이 없다.
- 콘택트 팁에서 통전되므로 와이어 중에 저항열이 적게 발생되어 고전류 사용이 가능하다.
- 용입이 깊어 용접 홈의 크기가 작아도 되며 용접재료 소비와 변형이 적다.(용접변형 및 잔류응력이 적다.)

29 가스용접 작업에서 팁 끝이 모재에 닿아 순간적으로 팁 끝이 막히면서 팁의 과열, 사용가스의 압력이 부적당할 때 팁 속에서 폭발음이 나면서 불꽃이 꺼졌다가 다시 나타나는 현상은?

① 역류
② 역화
③ 인화
④ 산화

해설

1. 역화(Back Fire or Poping) : 가스용접 작업 시 팁 끝이 모재에 닿는 순간 팁 끝이 막히거나 팁 끝이 과열, 조임불량 및 압력이 적당하지 않을 때 "빵빵" 소리가 나면서 꺼졌다가 다시 나타났다가 하는 현상을 **역화**라 한다.

2. 방지대책
   - 아세틸렌(C_2H_2)을 차단 후 산소를 차단할 것
   - 팁을 물에 담갔다가 냉각지연 방지

30 용접부는 급격한 열팽창 및 응고수축으로 인한 결함 발생 우려가 있어 예열을 실시한다. 그 목적으로 거리가 먼 것은?

① 수축응력 감소
② 용착금속 및 열영향부 경화방지
③ 비드 밑 균열방지
④ 내부식성 향상

해설

1. 예열의 목적
   - 수축응력이 감소됨으로써 균열 발생이 억제된다.
   - 비드 밑 균열이 방지된다.(예열함으로써 수소(H_2)가 나갈 수 있는 시간적 여유가 생기므로)
   - 서랭됨으로써 모재의 취성 방지(열영향부에 경화 방지)

2. 후열의 목적
   - 급랭으로 인한 균열을 방지, 수소량 감소

31 다음 주조용 알루미늄 합금 중 Alcoa(알코아) No.12 합금의 종류는?

① Al-Ni계 합금
② Al-Si계 합금
③ Al-Cu계 합금
④ Al-Zn계 합금

해설

Alcoa(알코아) No.12합금
Al-Cu 합금 중에서 가장 많이 사용됨. Alcoa No.12란 Al에 8% Cu를 첨가한 것으로 인장강도가 약 13kg/mm²이다.

32 오스테나이트 스테인리스강의 용접 시 유의해야 할 사항 중 틀린 것은?

① 짧은 아크 길이를 유지한다.
② 층간 온도는 320℃ 이상으로 유지한다.
③ 아크를 중단하기 전에 크레이터 처리를 한다.
④ 낮은 전류값으로 용접하여 용접 입열을 억제한다.

해설

오스테나이트계 스테인리스강 용접 시 주의사항
- 짧은 아크 길이를 유지할 것
- 층간 온도는 320℃ 이상 넘기지 말 것
- 아크를 중단하기 전에 반드시 크레이터 처리를 할 것
- 낮은 전류 값으로 용접할 것(용접 입열을 억제하기 위해)
- 가는 용접봉을 사용하며 모재와 같은 재료를 쓸 것
- 예열을 하지 말 것

33 열전대 중 가장 높은 온도를 측정할 수 있는 것은?

① 백금-백금로듐
② 철-콘스탄탄
③ 크로멜-알루멜
④ 구리-콘스탄탄

해설

열전대의 온도 측정 범위
- 백금-백금로듐(PR) : 측정온도 범위 0~1,600℃, 양극(백금로듐)←음극(백금), 정도±3℃
- 크로멜-알루멜(CA) : 측정온도 범위 0~1,200℃, 양극(크로멜)←음극(알루멜), 정도±2.3℃
- 철-콘스탄탄(IC) : 측정온도 범위 -200~-800℃, 양극(순철)←음극(콘스탄탄), 정도±2.3℃
- 동-콘스탄탄(CC) : 측정온도 범위 -200~300℃, 양극(순동)←음극(콘스탄탄), 정도±1.0℃

34 절삭되어 나오는 칩 처리의 능률, 공정의 단축, 가공 단가의 저렴화 등을 고려하여 탄소강에 S, Pb, P, Mn을 첨가한 구조용 강은?

① 강인강
② 스프링강
③ 표면 경화용강
④ 쾌삭강

해설

1. **쾌삭강(Free-cutting Steel)**
   강의 피삭성을 증가시켜 절삭하기 쉽게 하는 강으로 탄소강에 유황(S), 납(Pb), 인(P), 망간(Mn)을 첨가한 구조용 강으로 유황쾌삭강, 연 쾌삭강, 칼슘 쾌삭강, 초 쾌삭강(유황쾌삭강+연 쾌삭강), 초초 쾌삭강(유황쾌삭강+텔루륨) 등이 있다.
2. **절삭 저항의 3분력**
   배분력, 이송분력, 주 분력

   암기팡 ▶ 배/이/주

35 침탄, 질화, 고주파 담금질 등으로 내마모성과 인성이 요구되는 기계적 성질을 개선하는 열처리는?

① 뜨임
② 표면경화
③ 항온 열처리
④ 담금질

해설

표면경화
침탄법, 질화법, 화염경화법, 고주파 경화법, 금속침투법, 쇼트피닝 등으로 강재의 표면을 경화시켜 인성 및 내마모성, 기계적 성질을 크게 향상시키는 열처리법이다.

36 스테인리스강의 입계(粒界)부식 방지를 위한 가장 적합한 설명은?

① 용접 후 입계부식 온도를 서서히 통과할 수 있도록 한다.
② 모재가 STS 321, STS 347 등의 용접에 사용한다.
③ 용접 후 서랭시킨다.
④ 용접 후 1,100℃에서 응력제거를 위하여 열처리한다.

> 해설

1. 스테인리스강의 입계부식 방지
   입계부식이 발생하는 것을 예민화(sensitize)라 하며 탄소량이 0.02% 이상일 때 용접시공 시 열에 의해 크롬(Cr) 원자가 탄소(C) 원자와 결합해 70% 크롬 이하의 크롬 탄화물을 형성, 카바이트 석출을 일으키며 내식성을 잃는다.
2. 입계부식 방지법
   - 고온으로 가열 후 크롬 탄화물을 오스테나이트 조직 중에 1,100℃ 부근에서 용체화하여 공랭 850℃ 이상 가열 후 급랭시킨다.
   - 탄소량을 0.02% 이하로 적게 한다.
   - 탄화크롬(Cr_4C)의 발생을 억제하기 위해 티탄(Ti), 바나듐, 니오브 등을 첨가, TiC 등을 형성시켜 크롬 감소를 막는다.
   - 모재로 STS321, STS347 등이 용접에 쓰인다.

37 흑연봉을 양극으로 하고 WC, TiC 등의 초경합금을 음극으로 하여 공구 표면에 불꽃을 일으켜 그 열로 주위를 경화시키는 방법은?

① 고주파담금질   ② 화염경화법
③ 금속침투법   ④ 방전경화법

> 해설

방전 경화법(Arc Hardening)
철강재 표면과 초 경합금 전극 사이에 불꽃 방전을 일으켜 내구성을 필요로 하는 기계 부품의 표면을 경화하는 방법

38 고망간강의 주요 성분으로 다음 중 가장 적합한 것은?

① C 0.2~0.8%, Mn 11~14%
② C 0.2~0.8%, Mn 5~10%
③ C 0.9~1.3%, Mn 5~10%
④ C 0.9~1.3%, Mn 10~14%

> 해설

고망간강(High Manganese Steel)
C 0.9~1.3%, Mn 10~14%, 나머지는 Fe. 내마모성이 우수하고 가격이 저렴하다.(텅스텐, 티탄계 합금에 비해)

39 백주철을 풀림 열처리에서 탈탄 또는 흑연화 방법으로 제조한 것은?

① 칠드 주철   ② 구상 흑연 주철
③ 가단 주철   ④ 미하나이트 주철

> 해설

가단주철
- 백심 가단주철(WMC) : 탈탄이 주 목적, 산화철과 함께 풀림 상자에 넣고 70~100시간 동안 975℃ 부근에서 남아 강, 경도가 있는 조직이 된다. 가열한 후 서랭하면 중심에 흑연과 시멘타이트가 생김
- 흑심 가단주철(BMC) : 시멘타이트(Fe_3C)의 흑연화가 목적
- 펄라이트 가단주철(PMC) : 흑심 가단주철 일부인 2단계 흑연화를 생략하고, 구상, 층상, 펄라이트, 솔바이트 조직 등으로 만든 주철

40 강을 담금질할 때 가장 냉각속도가 빠른 것은?

① 식염수   ② 기름
③ 비눗물   ④ 물

> 해설

냉각속도 순서
소금물 > 물 > 기름
- 소금물 : 가장 빠르다.
- 물 : 기포 발생으로 냉각응력이 떨어진다.
- 기름 : 처음엔 약하지만 점점 온도상승으로 커진다.

41 일반적으로 탄소강 가공 시 특히 가공성을 요구하는 경우에 가장 적합한 탄소 함유량의 범위는?

① 0.05~0.3%C
② 0.45~0.6%C
③ 0.76~1.2%C
④ 1.34~1.9%C

> 해설

탄소강
철에 탄소가 증가하면 인장강도, 항복점 등이 증가하고 연신율, 연성, 단면 수축율이 저하된다.

정답 37 ④ 38 ④ 39 ③ 40 ① 41 ①

- 저탄소강 : C 0.3% 이하로 연강
- 중탄소강 : C 0.3~0.5% 반 경강
- 고탄소강 : C 0.5~2.0 경강
※ 가공성을 필요로 할 때 탄소 함유량은 0.05~0.3%이다.

42 코발트를 주성분으로 하는 주조경질합금의 대표적 강으로 주로 절삭공구에 사용되는 것은?

① 고속도강 ② 스텔라이트
③ 화이트 메탈 ④ 합금 공구강

[해설]

1. 스텔라이트(stellite)
   텅스텐(W) – 크롬(Cr) – 코발트(Co) – 탄소(C)

   암기팡 ▶ 텅/크/코/탄 놈을 봐라!

2. 특징
   - 열처리를 하지 않아도 충분한 경도가 있다.
   - 절삭 속도가 고속도강의 2배이다.
   - 코발트가 40~50%로 주성분이다.
   - 단조가 불가능하기 때문에 주조를 하여 제품을 생산하고 있다.(주조경질 합금)
   - 용도 : 절삭공구인 바이트, 착암용 드릴, 의료용 기구(내산화성을 이용하므로), 항공기, 가솔린 기관의 배기 밸브

43 경도 측정방법 중 압입경도시험기가 아닌 것은?

① 쇼어 경도계 ② 브리넬 경도계
③ 로크웰 경도계 ④ 비커즈 경도계

[해설]

압입 경도 시험기 종류
비커즈 경도계, 브리넬 경도계, 로크웰 경도계

쇼어경도(Hs)
※ 일정한 높이에서 추를 낙하시켜 시편에 부딪혀 반발하여 올라가는 높이에 따라 경도를 측정

$$Hs = \frac{10,000 \times \text{낙하물체의 튀어오른 높이(mm)}}{65 \times \text{낙하물체 높이(mm)}}$$

44 용접변형을 방지하는 방법 중 냉각법이 아닌 것은?

① 수랭동판 사용법 ② 살수법
③ 피닝법 ④ 석면포 사용법

[해설]

변형 방지법

1. 억제법
   - 공작물을 가접 혹은 구속 지그 등을 사용해서 변형을 억제한다.
   - 잔류응력이 생기기 쉽다.
2. **역변형법** : 용접한 후 변형 각도만큼 용접 전에 미리 반대 방향으로 용접하는 방법(150mm × 9t에서 변형을 2–3 준다.)
3. **도열법** : 용접부 주위를 물에 적신 동판을 접촉시킴으로써 수랭으로 열을 낮추는 방법(수랭동판 사용법)
4. **융착법** : 스킵법, 대칭법, 후퇴법 등을 사용한다.
※ **피닝법** : 끝이 둥근 특수 해머로 연속 타격하여 표면에 소성변형을 주어 인장응력을 완화하는 방법(인장응력 완화법)

45 초음파 탐상시험의 장점이다. 틀린 것은?

① 표면에 아주 가까운 얕은 불연속을 검출할 수 있다.
② 고감도이므로 아주 작은 결함의 검출도 가능하다.
③ 휴대가 가능하다.
④ 검사 시험체의 한 면에서도 검사가 가능하다.

[해설]

초음파 탐상시험

1. 초음파검사(UT, Ultrasonic Test) : 인간이 들을 수 없는 비가청 주파수(0.5~14MHz)를 시험편 내부에 침입시켜 불균일 층이나 결함을 찾는 방법. 이 때 탐상시험에 사용되는 음파의 종류 3가지는 저음파, 청음파, 초음파이다.
2. 초음파검사의 특징
   - 길이나 두께가 큰 물체 탐상에 적합
   - 검사자에게 위험이 없고 한 쪽에 탐상 가능
   - 얇은 시편, 표면이 울퉁불퉁 심한 것은 곤란
   - 휴대 가능
3. 종류 : 펄스반사법, 공진법, 투과법

정답 42 ② 43 ① 44 ③ 45 ①

46 용접 잔류응력을 경감하기 위한 방법이 아닌 것은?

① 용착금속의 양을 될 수 있는 대로 적게 한다.
② 예열을 이용한다.
③ 적당한 용착법과 용접순서를 선택한다.
④ 용접 전에 억제법, 역변형법 등을 이용한다.

해설

잔류응력 경감 방법(용접 후 처리)
- 기계적 응력 완화법 : 잔류응력이 존재하는 구조물에 인장이나 압축하중을 걸어 용접부를 약간 소성 변형시킨 후 하중을 제거하면 잔류응력이 감소하는 현상
- 저온응력 완화법 : 가스불꽃에 의해서 너비의 60~130mm에 걸쳐 150~200℃ 가열 후 곧 수랭하는 법
- 국부 풀림법 : 커다란 제품이나 현장 구조물인 경우 노내 풀림이 곤란할 때 용접선 좌우 양측을 각각 250mm 범위 또는 판 두께 12mm 이상의 범위를 가열한 후 서랭한다. 이 경우 주의할 점은 국부풀림 온도를 불균일하게 할 뿐만 아니라 오히려 잔류응력이 발생될 수 있으므로 주의해야 한다.
- 노내 풀림법 : 유지시간이 길수록, 유지온도가 높을수록 효과가 크다. 제품 전체를 가열로 안에 넣고 적당한 온도에서 일정시간 유지한 다음 노에서 서랭한다.
- 피닝법 : 끝이 둥근 특수 해머로 연속 타격하여 표면에 소성 변형을 주어 인장응력을 완화하는 방법(인장응력 완화법)

※ 억제법, 역변형법은 용접 전 변형 방지책이다.

47 로봇의 구성에서 구동부와 제어부를 가동시키기 위한 에너지를 동력원이라 하는데 에너지를 기계적인 움직임으로 변환하는 기기의 명칭은?

① 액추에이터   ② 머니퓰레이터
③ 교시박스   ④ 시퀀스 제어

해설

액추에이터(actuator)
유체 에너지(전기, 유압, 압축공기 등)를 사용하여 기계적인 일을 하는 기기로 전기식 액추에이터의 경우 로봇이나 자동화 생산라인에서 소형화, 자동화, 고성능화로 사용되고 있다. 공압식 액추에이터는 정지-운동 등에 쓰이며 큰 동력이 필요할 때 사용된다.

48 V형 맞대기 피복아크 용접 시 슬래그 섞임의 방지대책이 아닌 것은?

① 슬래그를 깨끗이 제거한다.
② 용접 전류를 약간 세게 한다.
③ 용접 이음부의 루트 간격을 좁게 한다.
④ 봉의 유지각도를 용접 방향에 적절하게 한다.

해설

슬래그(slag) 섞임 방지대책
- 슬래그를 깨끗이 제거할 것
- 용접전류를 약간 세게, 운봉조작을 적당히
- 용접봉의 유지 각도가 용접 방향과 적당하게
- 루트 간격을 넓게 설계할 것
- 슬래그가 선행하지 않게 운봉속도를 맞춘다.
- 용접부에 예열을 실시한다.

※ 이음부에 루트간격이 좁을 경우 용입불량 원인이 된다.

49 저온균열의 발생 원인으로 틀린 것은?

① 와이어 흡습   ② 예열 부족
③ 저입열 용접   ④ 심한 구속

해설

저온균열 발생원인
- 예열 부족
- 지나친 구속
- 와이어 흡습
- 아크 분위기에 수소가 많을 때

50 용접 보조기호 중 용접부의 다듬질 방법을 표시하는 기호 설명으로 잘못된 것은?

① P-치핑   ② G-연삭
③ M-절삭   ④ F-지정 없음

해설

1. 용접 보조기호(다듬질 방법에 의한)
   - C : 치핑
   - G : 연삭, 그라인딩
   - M : 절삭, 기계 절삭
   - F : 특별히 지정하지 않음

정답 46 ④ 47 ① 48 ③ 49 ③ 50 ①

2. 보조기호
- A : 경사각
- F : 형광
- S : 한방향 탐상
- D : 비형광
- N : 수직탐상
- W : 이중벽

51 [그림]과 같이 두께 12mm, 폭 100mm의 강판에 맞대기 용접이음을 할 때 이음효율 $\eta=0.8$로 하면 인장력(P)은 얼마인가?(단, 판의 최저인장강도는 420MPa이고 안전율은 4로 한다.)

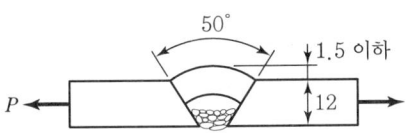

① 100,200N
② 10,080N
③ 108,800N
④ 100,800N

해설

허용응력 = $\dfrac{인장강도}{안전율} = \dfrac{420\text{MPa}}{4} = 105\text{MPa}$

인장력(F) = $105\text{MPa} \times 10^6 \times 0.012\text{m} \times 0.1\text{m} \times 0.8$
= 100,800N

52 지그(JIG)의 사용목적에 부합되지 않는 것은?

① 제품의 정밀도가 향상되고 대량생산에서 호환성 있는 제품이 만들어진다.
② 불량률이 감소되고 미숙련공의 작업을 용이하게 한다.
③ 제작상의 공정 수가 감소하고 생산능률을 향상시킨다.
④ 비교적 본 기계장비에 비해 소형 경량이며, 큰 출력을 발생시키는 데 사용된다.

해설

1. 지그(jig)의 사용목적
- 작업을 쉽게 한다.
- 용접부의 신뢰성이 높다.
- 공정 수가 절감되고 능률이 높다.
- 동일제품 대량 생산(경제적 생산)
- 아래보기 자세로 용접할 수 있다.
- 미숙련자도 작업을 쉽게 할 수 있다.

2. 지그를 구성하는 기계요소
클램핑(clamping) 장치, 위치 결정장치, 공구 안내장치 등

53 용접이음 설계 시 일반적인 주의사항이 아닌 것은?

① 가급적 능률이 좋은 아래보기 용접자세를 많이 할 수 있도록 설계한다.
② 될 수 있는 대로 용접량이 많은 홈 형상을 선택한다.
③ 용접이음을 1개소로 집중시키거나 너무 접근하여 설계하지 않는다.
④ 안전상 필릿용접보다 맞대기 용접을 주로 한다.

해설

용접이음 설계 시 주의사항
- 아래보기 자세를 가능한 많이 하게 한다.
- 가능한 용접량이 최소가 됨으로써 응력집중이 되지 않도록 한다.
- 이종두께일 경우 단면변화 등을 주어 **집중응력 현상을 방지**한다.
- 맞대기용접 시 뒷면 용접을 해서 **용입 부족이 없도록** 한다.
- 필릿용접을 피하고 **맞대기 용접**을 한다.
- 물품 중심에 대해 **대칭으로** 용접한다.
- 인성이 높은 재료를 선택한다.
- 용접시공 시 **작업공간을 충분히** 하도록 한다.

54 용접 순서를 결정하는 방법으로 옳은 것은?

① 같은 평면 안에 많은 이음이 있을 때 수축량이 큰 이음은 가능한 한 지그로 고정한다.
② 물품에 대하여 처음부터 끝까지 일률적으로 용접을 진행한다.
③ 수축이 작은 이음을 가능한 한 먼저 하고 수축이 큰 이음을 뒤에 용접한다.
④ 용접물의 중립축에 대하여 수축력 모멘트의 합이 "0"이 되도록 한다.

정답 51 ④ 52 ④ 53 ② 54 ③

해설

용접 순서 결정 방법
- 이음부분이 많을 경우 수축은 가능한 자유단으로
- 수축이 큰 이음을 먼저 용접하고 수축이 작은 이음을 나중에 시공한다.(맞대기 용접 후 필릿용접)
- 수축력 모멘트 합이 중심축에 대해 영(Zero)이 되도록 시공한다.
- 물품 중심에 대해 항상 대칭적으로 용접 시공한다.
- 용접이음을 먼저 시공 후 나중에 리벳이음을 한다.

55 모집단으로부터 공간적·시간적으로 간격을 일정하게 하여 샘플링하는 방식은?

① 단순랜덤샘플링(simple random sampling)
② 2단계샘플링(two-stage sampling)
③ 취락샘플링(cluster sampling)
④ 계통샘플링(systematic sampling)

해설

샘플링
- 로트에서 무작위(랜덤)하게 시료를 추출해 검사 후 결과에 따라 합격, 불합격을 판정, 결정하는 법
  ※ 로트(rot) : 1회의 준비로 만드는 물품의 집단
- 계통 샘플링 : 로트의 이동 중에 모집단으로부터 시간적, 양적, 공간적으로 일정한 간격에서 시료를 채취하는 방법

56 예방보전(Preventive Maintenance)의 효과가 아닌 것은?

① 기계의 수리비용이 감소한다.
② 생산시스템의 신뢰도가 향상된다.
③ 고장으로 인한 중단시간이 감소한다.
④ 잦은 정비로 인해 제조원단위가 증가한다.

해설

예방보전의 효과
- 사전에 정기점검 및 검사와 예방
- 고장으로 인한 작업중단 시간이 감소된다.
- 기계 및 설비 등에 수리 비용이 절약된다.
- 잦은 고장과 정비로 인한 제조원가 상승을 막을 수 있다.
- 생산 시스템의 신뢰도가 높아 납품일자 등을 지킬 수 있어 제

조회사 인지도를 높일 수 있다.
- 돌발사고, 프로세스 트러블 예방을 위해 검사, 정비, 청소, 부품교환 등으로 양호한 설비상태 보존 가능

57 제품공정도를 작성할 때 사용되는 요소(명칭)가 아닌 것은?

① 가공
② 검사
③ 정체
④ 여유

해설

제품공정도 작성 시 사용되는 명칭(요소)
저장, 가공, 검사, 정체, 운반

암기팁 ▶ 저.가.검.정.운.

58 부적합수 관리도를 작성하기 위해 $\Sigma c = 559$, $\Sigma n = 222$를 구하였다. 시료의 크기가 부분군마다 일정하지 않기 때문에 u관리도를 사용하기로 하였다. $n = 10$일 경우 u 관리도의 UCL 값은 약 얼마인가?

① 4.023
② 2.518
③ 0.502
④ 0.252

해설

u 관리도

$$\text{UCL} = \bar{\mu} + \sqrt{\frac{\bar{\mu}}{n}} = 2.52 + 3\sqrt{\frac{2.52}{10}} = 4.023$$

※ CL(중심선) $\bar{\mu} = \frac{\Sigma c}{\Sigma n} = \frac{559}{222} = 2.52$

59 작업방법 개선의 기본 4원칙을 표현한 것은?

① 층별-랜덤-재배열-표준화
② 배제-결합-랜덤-표준화
③ 층별-랜덤-표준화-단순화
④ 배제-결합-재배열-단순화

해설

작업방법 개선 4원칙
배제-결합-재배열-단순화

정답 55 ④ 56 ④ 57 ④ 58 ① 59 ④

60 이항분포(Binomial Distribution)의 특징에 대한 설명으로 옳은 것은?

① $P = 0.01$일 때는 평균치에 대하여 좌우대칭이다.
② $P \leq 0.1$이고, $nP = 0.1 \sim 10$일 때는 푸아송 분포에 근사한다.
③ 부적합품의 출현 개수에 대한 표준편차는 $D(x) = nP$이다.
④ $P \leq 0.5$이고, $nP \leq 5$일 때는 정규분포에 근사한다.

> 해설

이항분포는 $nP = 0.1 \sim 10$일 때는 푸아송 분포에 근사한다.

정답 60 ②

2014년 제55회(4.6)

01 아세틸렌 도관 내에 산소가 역류하는 원인에 대한 설명 중 틀린 것은?

① 토치가 과열되었을 때
② 토치가 산화물 등 부착물이 붙어서 화구 구멍이 막혔을 때
③ 토치의 능력에 비해 산소의 압력이 지나치게 낮을 때
④ 토치의 콕과 밸브가 마모되었을 때

해설

1. 역류(Contra Flow)
   ㉠ 역류 원인
   • 산소 압력이 아세틸렌 가스 압력보다 지나치게 높게 될 때
   • 토치 콕과 밸브가 마모될 때
   • 토치 내부 청소 불량이나 토치 팁 끝이 막혔을 때
   • 토치가 과열되었을 때
   ㉡ 역류 방지대책
   • 팁 끝을 깨끗이 청소
   • 역류 발생 시 먼저 산소 차단 후 아세틸렌을 차단
2. 인화(Flash Back)
   ㉠ 팁 끝이 순간적으로 막혀 가스가 분출되지 못하고 불꽃이 토치의 가스 혼합실까지 들어오는 현상
   ㉡ 역류나 역화에 비해 매우 위험하다.
   ㉢ 인화 방지대책
   • 가스 유량을 적당하게 조절
   • 팁을 항상 깨끗이 청소
   • 토치, 기구 등을 평소에 점검
   • 인화 발생 시 아세틸렌 차단 후 산소 차단
3. 역화(Back Fire)
   ㉠ 가스용접 작업 시 팁 끝이 모재에 닿는 순간 팁 끝이 막히거나 팁 끝이 과열, 조임 불량 및 압력이 적당하지 않을 때 "빵빵" 소리가 나면서 꺼졌다가 다시 나타났다가 하는 현상
   ㉡ 역화 방지대책
   • 아세틸렌(C_2H_2)을 차단 후 산소를 차단할 것
   • 팁을 물에 담갔다가 냉각시키면 방지

02 아크 에어 가우징(arc air gouging)을 가스가우징과 비교했을 때 작업능률에 대한 설명으로 맞는 것은?

① 작업능률이 가스 가우징과 대략 동일하다.
② 작업능률이 가스 가우징의 1.5배이다.
③ 작업능률이 가스 가우징의 2~3배이다.
④ 작업능률이 가스 가우징보다 조금 낮다.

해설

아크 에어 가우징(arc air gouging) 특징
탄소 아크 절단 장치에 압축 공기를 병용해서 아크열로 용융 시킨 부분을 압축 공기로 불어 날려서 홈을 파내는 작업($5kg/cm^2$ ~$7kg/cm^2$). 절단 작업도 가능
• 작업능률이 2~3배 높다.(그라인딩 치핑, 가우징 작업보다)
• 모재에 악영향이 없다.
• 용접 결함부 발견이 쉬움
• 소음이 적고 조작이 간단함
• 응용범위가 넓고 경비가 저렴
• 철, 비철금속에 사용
• 용접부의 홈 가공, 뒷면 따내기, 용접부 결함 제거
• 아크 에어 가우징 장치 : 가우징 토치, 가우징 봉(탄소용접봉), 전원(직류 역극성), 압축 공기

03 가스 절단 작업에서 예열불꽃이 강할 때 일어나는 현상이 아닌 것은?

① 절단면이 거칠어진다.
② 드래그가 증가한다.
③ 모서리가 용융되어 둥글게 된다.
④ 슬래그 중의 철 성분의 박리가 어려워진다.

정답 01 ③ 02 ③ 03 ②

> 해설

1. 자동가스절단조건 중 예열불꽃이 강할 때
   - 슬래그 중 철 성분 박리가 어려워진다.
   - 위모서리가 녹아 둥글게 된다.
   - 절단면이 거칠어진다.
   - 드래그가 감소한다.
2. 드래그(Drag)
   가스 절단 때 한 번에 토치를 이동한 거리이며, 절단면에 일정 간격 곡선이 나타난다.

04 용접 중 피복제의 중요한 작용이 아닌 것은?

① 슬래그(slag)의 작용
② 피복통(被覆筒)의 작용
③ 용접비드 형성 작용
④ 아크 분위기의 생성

> 해설

피복제의 중요한 작용
- 슬래그 작용
- 피복통의 생성
- 아크 분위기 생성 및 용착 금속 보호
- 산화, 질화 방지와 스패터 발생 적게
- 탈산 정련 작용
- 적당한 합금원소 보충
- 전기 절연 작용
- 용착금속 응고와 급랭방지
- 용적을 미세화, 용적 효율을 높임
- 슬래그 제거 쉽게, 파형이 고운 비드 생성

05 전류가 일정할 때 아크 전압이 높아지면 용접봉의 용융속도가 늦어지고, 아크 전압이 낮아지면 용융속도가 빨라지는 특성은?

① 부저항 특성
② 전압회복 특성
③ 정전압 특성
④ 아크길이 자기제어 특성

> 해설

아크의 특성
- 부저항 특성 : 전류가 커지면 저항이 작아지고 더불어 전압도 낮아지는 특성
- 전압회복 특성 : 아크가 꺼진 후 다시 아크를 발생시키기 위해 높은 전압을 필요로 하게 되는데 아크가 중단된 순간에 아크회로의 과도 전압을 급속히 상승, 회복시키는 특성
- 정전압 특성 : 부하전류가 변해도 단자 전압은 거의 안 변하는 특성. 탄산가스 아크용접, 서브머지드 용접, MIG 용접 등에서 본다.
- 아크길이 자기제어 특성 : 아크 전류가 일정할 때 아크 전압이 높아지면 용접봉 용융 속도가 늦어지며, 아크 전압이 낮아지면 용융 속도가 빨라지는 현상

06 다음 재료의 용접 예열온도로 가장 적합한 것은?

① 주철 : 150~300℃
② 주강 : 150~250℃
③ 청동 : 60~100℃
④ 망간(Mn)- 몰리브덴강(Mo) : 20~100℃

> 해설

주철 용접 예열온도
150~300℃가 가장 적당하다.

07 연료가스 아세틸렌의 공기 중 대기압에서의 발화온도는 몇 ℃인가?

① 406~408℃
② 515~543℃
③ 520~630℃
④ 650~750℃

> 해설

- 자연발화온도 : 406~408℃, 폭발위험 : 505~515℃, 자연폭발 : 780℃ 이상(산소가 없어도)
- 화합물생성 : 구리, 구리합금(구리 62% 이상), 은, 수은, 등과 접촉하면 120℃ 근방에서 폭발성 화합물인 아세틸라이드 생성
- 혼합가스 : 아세틸렌 15%, 산소 85% 부근이 가장 폭발 위험성 큼. 인화수소가 0.02% 이상일 때 폭발 위험성이 크고 0.06% 이상이면 자연 발화되어 폭발

- 압력 : 1.3기압 사용, 1.5기압 : 가열충격 폭발, 2.0기압 : 자연폭발(분해폭발)
- 아세틸렌가스 용해량 : 물−1배, 석유−2배, 벤젠−4배, 알코올−6배, 아세톤−25배

> **암기팁** ➡ 물 1. 석 2. 벤 4. 알 6. 아 25.

※ C_2H_2(아세틸렌) : 탄소와 수소의 화합물로 매우 불안정한 기체

08 용접전류 조정은 직류여자전류의 조정에 의하여 증감하며 조작이 간단하고 소음이 없으며 원격조정(remote control)이나 핫스타트가 용이한 용접기는?

① 가동철심형 교류아크 용접기
② 가포화 리액터형 교류아크 용접기
③ 탭전환형 교류아크 용접기
④ 가동코일형 교류아크 용접기

> **해설**

가포화 리액터형 교류아크 용접기
- 소음이 없고 수명이 길다.
- 원격조정이나 핫스타트가 용이
- 가변저항 변화로 **전류조정**
- 용접전류 조정은 직류여자전류의 조정에 의하여 증감하며 조작이 간단

핫스타트
아크 발생 초기 때만 용접 전류를 크게 해 아크 불안정을 해소하고, 용입과 비드 모양을 개선하는 장치

09 피복 아크용접봉의 종류를 나타내는 기호 중 철분 저수소계를 나타내는 것은?

① E4303
② E4316
③ E4324
④ E4326

> **해설**

- E4301 : 일미나이트계
- E4303 : 라임티탄계
- E4311 : 고셀룰로오스계
- E4313 : 고산화티탄계
- E4316 : 저수소계

- E4324 : 철분산화티탄계
- E4326 : 철분저수소계
- E4327 : 철분산화철계
- E4340 : 특수계

10 용접 시 수축량에 대한 설명으로 틀린 것은?

① 선팽창계수가 클수록 수축이 증가한다.
② 입열량이 클수록 수축이 증가한다.
③ 다층 용접에서 층수가 증가함에 따라 수축량의 증가 속도도 차츰 증가한다.
④ 재료의 밀도가 클수록 수축량은 감소한다.

> **해설**

용접 시 수축량
- 용접밑면 루트간격이 커질수록 수축도 큼
- 선팽창계수가 클수록 수축이 증가한다.
- 용접속도가 느릴수록 각 변형이 커짐
- 입열량이 클수록 수축이 증가
- 용접봉 직경이 큰 것은 수축이 적음
- 재료의 밀도가 클수록 수축량은 감소
- 용접 홈인 V형 홈이 X형보다 수축이 큼
- 다층용접은 층수 증가 따라 수축량 증가 속도 차츰 감소

11 정격전류 200A, 정격사용률 50%의 아크용접기로 150A의 용접 전류로 용접하는 경우 허용사용률은 약 몇 %인가?

① 38
② 66
③ 89
④ 112

> **해설**

$$허용사용률 = \frac{(정격2차전류)^2}{(실제용접전류)^2} \times 정격사용률$$

$$= \frac{200^2}{150^2} \times 50 = 88.88$$

정답 08 ② 09 ④ 10 ③ 11 ③

12 연강용 피복아크 용접봉 중 주성분이 산화철에 철분을 첨가하여 만든 것으로 아크는 분무상이고 스패터가 적으며 비드 표면이 곱고 슬래그의 박리성이 좋아 아래보기 및 수평필릿 용접에 적합한 용접봉은?

① E4301
② E4311
③ E4316
④ E4327

해설

E4327(철분산화철계)
- 산화철에 규산염 30~40% 첨가, 산성 슬래그를 생성
- 아크는 분무상, 스패터가 적으며 비드 표면 고움
- 아래보기 및 수평필릿 용접에 적합한 용접봉
- 슬래그 박리성이 좋고 용착효율 크고 능률적임

※ E4301 : 일미나이트계
　 E4303 : 라임티탄계
　 E4311 : 고셀룰로오스계
　 E4313 : 고산화티탄계
　 E4316 : 저수소계
　 E4324 : 철분산화티탄계
　 E4326 : 철분저수소계
　 E4327 : 철분산화철계
　 E4340 : 특수계

13 플라스마 제트 절단 시 알루미늄 등 경금속에 많이 사용되는 혼합가스는?

① 아르곤과 수소의 혼합가스
② 아르곤과 산소의 혼합가스
③ 헬륨과 질소의 혼합가스
④ 헬륨과 산소의 혼합가스

해설

1. 플라스마 제트 절단 특징
   - 아르곤과 수소의 혼합가스 사용
   - 알루미늄, 구리, 스테인리스강, 내화물재료 절단가능
   - 이행형과 비이행형 아크절단으로 분류
   - 직류 정극성을 씀
2. 플라스마 아크 절단(Plasma Arc Cutting)
   - 플라스마 아크의 바깥 둘레를 냉각수로 강제로 냉각, 고온, 고속의 플라스마를 이용한 절단법

- 아르곤+수소 혼합가스 : Al 등 경금속에 사용하는 가스
  질소+수소 혼합가스 : 스테인리스강에 사용되는 가스
- 이행형 아크절단 : 텅스텐 전극과 모재 사이에 아크 플라스마를 발생시킨다.
- 비이행형 아크절단 : 텅스텐 전극과 수랭 노즐 사이에 접촉시켜 아크 발생(플라스마 제트 절단)
- 열적 핀치 효과를 이용
- 금속 외에 내화물, 콘크리트 등의 비금속 재료도 절단 가능
- 절단부에 슬래그가 부착되지 않으며 열영향 적어 변형이 거의 없다.
- 플라스마는 10,000~30,000℃의 높은 에너지를 이용, 절단
- 전극으로 비소모식 텅스텐봉을 쓰고 직류 정극성 사용

14 용적이 40L인 산소 용기에 고압력계가 90kgf/cm^{2}이 나타났다면 300L의 팁으로 몇 시간을 용접할 수 있겠는가?

① 3.5시간
② 7.5시간
③ 12시간
④ 20시간

해설

$(40 \times 90) \div 300 = 12$시간

15 MIG 용접에서 많이 사용하는 분무형 이행(spray transfer)을 설명한 것 중 틀린 것은?

① 용융방울 입자(용적)가 느리게 모재로 이행한다.
② 고전압, 고전류에서 주로 얻어진다.
③ 아르곤가스나 헬륨가스를 사용하는 경합금 용접에서 주로 나타난다.
④ 용착속도가 빠르고 능률적이다.

해설

분무형 이행(Spray Transfer) = 스프레이형
- 용융방울 입자(용적)가 빠르게 분무형태로 모재에 이행
- 고전압, 고전류로 높은 전류 밀도에서 주로 얻어진다.
- 아르곤 가스, 헬륨 가스를 사용한 경합금 용접에서 나타난다.
- 용착 속도가 빠르고 능률적이며 전자세 용접이 가능

정답　12 ④　13 ①　14 ③　15 ①

16 서브머지드 아크용접용 용제의 구비조건이 아닌 것은?

① 용접 후 슬래그의 이탈성이 좋을 것
② 적당한 입도를 가져 아크의 보호성이 좋을 것
③ 아크 발생을 안정시켜 안정된 용접을 할 수 있을 것
④ 적당한 수분을 흡수하고 유지하여 양호한 비드를 얻을 것

해설

서브머지드 아크용접용 용제의 구비 조건
- 소결형 플럭스(Flux)의 경우 흡습성이 강해 150~300℃로 한 시간 정도 재건조 후 사용(수분을 제거해야 한다.)
- 아크발생을 안정시켜 안정된 용접을 할 수 있을 것
- 적당한 입도를 가져 아크의 보호성이 좋을 것
- 용접 후 슬래그의 이탈성이 좋을 것

17 연납땜 시 용제를 사용하게 되는데 연납용 용제의 종류가 아닌 것은?

① 염산   ② 붕산염
③ 염화아연   ④ 염화암모늄

해설

용제의 종류
- 연납용 용제 : 염화 암모늄, 염화아연, 염산, 송진, 인산
- 경납용 용제 : 붕사, 붕산, 붕산염, 불화물, 염화물

18 가스용접 작업에 관한 안전사항 중 틀린 것은?

① 가스누설 점검은 수시로 비눗물로 점검한다.
② 아세틸렌 병은 저압이므로 눕혀서 사용하여도 좋다.
③ 산소병을 운반할 때는 캡(cap)을 씌워 이동한다.
④ 작업종료 후에는 메인벨브 및 콕을 완전히 잠근다.

해설

가스용접 안전사항
- 산소와 아세틸렌 병은 세워서 사용하며 병에 충격을 주지 말 것
- 가스누설 점검은 수시로 비눗물로 점검하고 압력계는 산소전용 압력계를 사용
- 산소병을 운반할 때는 캡(Cap)을 씌워 이동한다.
- 작업종료 후 메인밸브 콕을 완전히 잠그며 용해 아세틸렌 용기 밸브는 1/4~1/2만 개방
- 산소병은 40℃ 이하 온도에서 보관하며, 직사광선을 피해야 한다.
- 산소 충전은 35℃에서 150kg/cm^{2}로, 아세틸렌(C_2H_2)은 15℃에서 15.5kg/cm^{2}로 충전
- 동결부분은 35℃ 이하의 온수로 녹이며, 화기로부터 5m 이상 이격
- 산소병은 녹색, 의료용은 백색, 산소병과 가연성 가스용기는 구분해서 저장
- 용해 아세틸렌 사용 후 용기 내 약간 잔압(0.1kg/cm^2)을 남길 것

19 서브머지드 아크용접 시 와이어 표면에 구리도금을 하는 목적이 아닌 것은?

① 콘택트 팁과 전기적 접촉을 원활히 해준다.
② 와이어의 녹 방지를 함으로써 기공 발생을 적게 한다.
③ 송급 롤러와 접촉을 원활히 해줌으로써 용접속도에 도움이 된다.
④ 용착금속의 강도를 저하시키고 기계적 성질도 저하시킨다.

해설

와이어 표면에 구리도금 목적
- 송급 롤러의 접촉을 원활하게 해 용접속도에 도움이 된다.
- 와이어의 녹 방지로 기공 발생을 적게 한다.
- 콘택트 팁과 전기적 접촉을 원활히 해준다.

20 저항점용접(spot welding) 중 접합면의 일부가 녹아 바둑알 모양의 단면으로 오목하게 들어간 부분을 무엇이라고 하는가?

① 너깃   ② 스폿
③ 슬래그   ④ 플라스마

> [해설]
>
> **너깃(Nugget)**
> - 용접 중 접합면 일부가 녹아 바둑알 모양 단면으로 오목 들어간 부분
> - 겹치기 저항 용접에 있어 접합부에 나타나는 용융 응고된 금속 부분

21 전기적 에너지를 열원으로 사용하는 용접법에 해당되지 않는 것은?

① 테르밋 용접
② 플라스마 아크용접
③ 피복금속 아크용접
④ 일렉트로 슬래그 용접

> [해설]
>
> **테르밋 원리**
> 외부로부터 용접 열원을 가한 것이 아니라 테르밋 화학 반응온도 2,800℃ 이상의 고온에 도달, 매우 짧은 시간이 소요된다.
> ※ 테르밋 제 주성분은 산화철 분말(3~4) : 알루미늄 분말(1)의 중량 비

22 프로젝션 용접의 특징을 옳게 설명한 것은?

① 모재의 두께가 각각 다른 경우에는 용접할 수 없다.
② 서로 다른 금속을 용접할 때 열전도가 낮은 쪽에 돌기를 만든다.
③ 점과 거리가 작은 점용접이 가능하고 동시에 여러 점의 용접을 할 수 있어 작업속도가 빠르다.
④ 전극 면적이 넓으므로 기계적 강도나 열전도 면에서 유리하나 전극의 소모가 많다.

> [해설]
>
> **프로젝션 용접의 특징**
> - 점간 거리가 작은 점용접이 가능하고 동시에 여러 점의 용접을 할 수 있어 작업속도가 빠르다.
> - 돌기를 내는 쪽은 두꺼운 판, 열전도와 용융점이 높은 쪽에 만듦
> - 전극의 소모가 적고(작업능률이 높고 수명이 길다.) 용접 설비 비가 비싸다.
> - 이종금속도 용접이 가능하며 돌기의 정밀도가 높아야 정확한 용접이 된다.

23 MIG 용접의 특징이 아닌 것은?

① 전류의 밀도가 대단히 크다.
② 아크의 자기 제어 특성이 있다.
③ 용접전원은 직류의 정전압 특성과 상승 특성이다.
④ 모재 표면에 대한 청정작용이 있고, 수하특성이다.

> [해설]
>
> **MIG 용접의 특징**
> - 전류밀도가 TIG 용접의 2배, 일반용접의 4~6배로 대단히 크다.
> - 아크 자기 제어특성이 있다.
> - 정전압특성 또는 상승특성의 직류용접이다.
> - 용제를 사용하지 않아 비드표면이 매우 아름답다.
> - 용접속도가 빠르고 전자세 용접 가능
> - 후판 용접에 적당(3mm 이하 박판은 부적당)
> - 방풍대책이 필요(바람의 영향을 크게 받으므로 옥외사용 시 어려움이 있다.)

24 서브머지드 용접 시 금속 분말(metal powder)을 용접 진행방향에 미리 추가할 때 이점으로 옳은 것은?

① 비드 외관은 거칠어진다.
② 용착률을 최고 120% 증대시킬 수 있다.
③ 용착 금속의 크랙 발생을 억제할 수 있다.
④ 입열을 증대시켜 인성의 저하를 막을 수 있다.

> [해설]
>
> 금속분말을 용접 진행 방향에 따라 추가 시 용착 금속의 크랙 발생을 억제하는 이점이 있다.

25 일렉트로 슬래그 용접의 특징 중 틀린 것은?

① 입형상진 전용 용접임
② 박판 용접에 사용함
③ 소모성 노즐을 사용함
④ 용접능률과 용접 품질이 우수함

정답 21 ① 22 ③ 23 ④ 24 ③ 25 ②

해설

일렉트로 슬래그 용접의 특징
- 박판 용접에 사용할 수 없고 후판 용접에 적합(단층으로 한번에 용접 가능)
- 입형상진 전용 용접으로 아크가 눈에 보이지 않고 아크불꽃도 없다.
- 각(角) 변형이 작고 용접능률과 품질이 우수하며 다른 용접에 비해 경제적임
- 모재의 용입 깊이는 용접 전압이 높으면 용입도 깊어진다.
- 전기 저항열을 이용해 용접함(줄의 법칙 $Q=0.24I^2Rt$)

26 저항점용접에서 용접을 좌우하는 중요인자가 아닌 것은?

① 용접전류   ② 통전시간
③ 용접전압   ④ 전극 가압력

해설

전기 저항용접 3대요소
용접전류, 통전시간, 가압력

암기팡 ▶ 저항용접으로 전.통.가.요를 부르자

27 레이저 용접에 대한 설명으로 틀린 것은?

① 비접촉용접이며 어떤 분위기에서도 용접이 가능하다.
② 고에너지밀도로 모든 금속 및 이종금속의 용접도 가능하다.
③ 정밀하지 않은 넓은 장소의 용접에 응용되고, 열에 민감한 부품에 근접 용접이 가능하다.
④ 레이저 빔은 거울에 의해 반사될 수 있으므로 직각 및 기존의 용접방식으로는 도달하기 어려운 영역에서도 용접 가능하다.

해설

레이저 용접
- 비접촉용접 방식(접근하기 곤란한 물체에 용접 가능)으로 미세하고 정밀한 용접이 가능하다.
- 진공 중에 용접이 가능하며, 모재의 열변형 없음
- 원격조작도 가능하고 육안으로 확인해 용접
- 직각 및 기존의 용접방식으로는 도달하기 어려운 영역에서 용접 가능

※ 용접장치 : 고체 금속형, 가스 방전형, 반도체형이 있다.

암기팡 ▶ 레이저 용접이 고.가.반.

28 GTAW(Gas Tungsten Arc Welding) 용접 시 텅스텐의 혼입을 막기 위한 대책으로 옳은 것은?

① 사용전류를 높인다.
② 전극의 크기를 작게 한다.
③ 용융지와의 거리를 가깝게 한다.
④ 고주파 발생장치를 이용하여 아크를 발생시킨다.

해설

고주파 발생장치를 이용하여 아크를 발생시킴으로써 GTAW (Gas Tungsten Arc Welding) 용접 시 텅스텐의 혼입을 막을 수 있다.

29 탄산가스 아크용접에서 토치의 작동형식에 의한 분류가 아닌 것은?

① 수동식   ② 용극식
③ 반자동식   ④ 전자동식

해설

탄산가스 아크용접 토치 작동 형식
수동식, 전자동식, 반자동식

암기팡 ▶ 탄산가스 토치 형식은 수.전.반.

30 금속침투법 중 철강표면에 Zn을 확산 침투시키는 방법을 무엇이라고 하는가?

① 크로마이징(chromizing)
② 칼로라이징(calorizing)
③ 보로나이징(boronizing)
④ 세라다이징(sheradizing)

정답 26 ③ 27 ③ 28 ④ 29 ② 30 ④

해설

금속 침투법
강재 표면에 다른 금속을 침투, 확산시켜 강재 표면의 내식, 내산성을 높임

- 크로마이징 : 크롬(Cr) 분말을 재료 표면에 침투시켜 내식, 내열, 내마모성 향상
- 칼로라이징 : 알루미늄(Al)을 재료 표면에 침투시켜 내열, 내산, 내식성 향상
- 세라다이징 : 아연(Zn) 분말을 침투, 확산시켜 내식성 향상 및 표면 경화층 얻음
- 실리코나이징 : 실리콘(Si)을 침투시켜 내식성 향상
- 보로나이징 : 붕소(B)를 침투, 확산시켜 표면 경도 향상

> 암기팜 ▶ 크로—크롬. 칼로—카알. 세라—세아. 실리—실리콘. 보로—붕소.

---

31 두랄루민(Duralumin)의 조성으로 옳은 것은?

① Al—Cu—Mg—Mn
② Al—Cu—Ni—Si
③ Al—Ni—Cu—Zn
④ Al—Ni—Si—Mg

해설

두랄루민의 주성분
알루미늄—구리—마그네슘—망간(Al—Cu—Mg—Mn)
(알.구.마.망.)

---

32 황동의 종류 중 톰백(Tombac)이란 무엇을 말하는가?

① 0.3~0.8% Zn 황동
② 1.2~3.7% Zn 황동
③ 5~20% Zn 황동
④ 30~40% Zn 황동

해설

황동 합금의 종류
- 톰백(Tombac) : Cu(80%)에 Zn(5~20%)
- 네이벌(Naval) : 6-4 황동에 Sn(1~2%)
- 에드미럴티(Admiralty) : 7-3황동에 Sn(1~2%)
- 델타메탈(Fe황동) : 6-4황동에 Fe(1~2%)
- 문쯔메탈(Muntz Metal) : 6-4황동
- 두라나메탈(Durana Metal) : 7-3황동에 Fe(1~2%)

- 토빈 브라스(tobin Brass) : 6-4황동에 Sn(0.7~2.5%), 소량의 Pb, Al, Fe 첨가

---

33 담금질할 때 생긴 내부응력을 제거하고 인성을 증가시키기 위한 목적으로 하는 열처리는?

① 뜨임
② 담금질
③ 표면경화
④ 침탄처리

해설

열처리법
- 담금질(Quenching, 소입) : 강을 A_3 또는 A_1 선 이상 30~60℃로 가열한 후 수랭 또는 유랭으로 급랭시켜 경도와 강도 증가
- 뜨임(Tempering, 소려) : 담금질한 후 내부응력을 제거하고 인성을 증가시키고 안정도 있는 조직으로 변화시키는 열처리
- 풀림(Annealing, Thens, 소둔) : 재질의 연화, 내부응력 제거 목적으로 노내에서 서랭함
- 불림(Normalizing, 소준) : 재질을 표준화할 목적으로 A_3, Acm선 이상 30~60℃까지

---

34 주철의 성질에 대한 설명으로 옳은 것은?

① 비중은 C와 Si 등이 많을수록 높아진다.
② 용융점은 C와 Si 등이 많을수록 높아진다.
③ 흑연편이 클수록 자기감응도가 나빠진다.
④ 투자율을 크게 하기 위해서는 화합탄소를 많게 하여 균일하게 분포시킨다.

해설

주철의 성질
- 흑연편이 클수록 자기감응도가 나빠진다.
- 주철의 흑연화 촉진제 : 황, 망간, 몰리브덴, 텅스텐, 크롬, 바나듐, 알루미늄, 실리콘, 니켈, 티탄, 코발트, 인

> 암기팜 ▶ 흑연화 촉진은 황.망.몰.텅.크.바.알.실.니.티.코.인.

- 흑연화 방지제 : 황, 망간, 몰리브덴, 텔루륨, 텅스텐, 크롬, 바나듐

> 암기팜 ▶ 황.망.하게 모텔로 들어간 텅.크.를 바.!

정답 31 ① 32 ③ 33 ① 34 ③

35 경질 주조합금 공구재료로서, 주조한 상태 그대로를 연삭하여 사용하는 것은?

① 스텔라이트 ② 오일리스 합금
③ 고속도 공구강 ④ 하이드로날륨

해설
스텔라이트(Stellite)
- 경질 주조합금 재료로서 주조한 상태로 연삭하여 사용
- 텅스텐(W) – 크롬(Cr) – 코발트(Co) – 탄소(C)

암기짱 ▶▶ 텅.크.코.에. 탄. 사람을 봐라

- 스텔라이트는 열처리 안 해도 충분한 경도를 가지며, 단련 불가능해 금형 주조로 필요한 모양을 만들어 사용

36 청동에 대한 설명 중 틀린 것은?

① 구리와 주석의 합금이다.
② 포금은 청동의 일종이다.
③ 내식성이 나쁘다.
④ 내마멸성이 좋다.

해설
청동
- 구리와 주석의 합금
- 포금은 청동의 일종
- 내식성이 좋다.
- 내마멸성이 좋다.

37 35~36% Ni, 0.4% Mn, 0.1~0.3% Co에 나머지는 Fe의 합금으로 열팽창계수가 상온 부근에서 매우 작아 길이의 변화가 거의 없어 측정용 표준자 등에 쓰이는 불변강은?

① 인바(Invar)
② 코엘린바(Coelinver)
③ 스텔라이트(stellite)
④ 플래티나이트(platinite)

해설
불변강의 종류
1. 인바(Invar)
   - Ni 36%
   - 팽창계수가 작다.
   - 표준척, 열전쌍, 시계추 등에 사용
   - 열팽창계수가 영(Zero)에 가까워 정밀기구류에 사용

2. 엘린바(Elinvar)
   - Ni 36% – Cr 12%
   - 상온에서 탄성률이 변하지 않음(열팽창계수 작다.)
   - 정밀계측기, 시계, 스프링 등에 사용

3. 플래티나이트(Platinite)
   - Ni 10~16%
   - 유리 백금선 대용
   - 전구, 진공관, 유리 봉입선

4. 퍼멀로이(Permalloy)
   - Ni 75~80%
   - 고투자율 합금
   - 해저 전선의 장하 코일용

5. 코엘린바(Coelinvar)
   - Ni 0%~16.5%
   - 엘린바를 계량한 것

38 주석계 화이트 메탈(white metal)의 주성분으로 옳은 것은?

① 주석, 알루미늄, 인 ② 구리, 니켈, 주석
③ 납, 알루미늄, 주석 ④ 구리, 안티몬, 주석

해설
주석계 화이트 메탈(white metel)
안티몬, 주석, 구리(안.주.구.)

39 탄소강이 200~300℃에서 단면수축률, 연신율이 현저히 감소되어 충격치가 저하하는 현상을 무엇이라 하는가?

① 상온취성 ② 적열취성
③ 청열취성 ④ 저온취성

정답 35 ① 36 ③ 37 ① 38 ④ 39 ③

> 해설

청열취성(Blue Shortness)
- 탄소강을 200~300℃로 가열 시, 인장강도, 경도가 최대치, 연신율, 단면수축율 최소치
- 200~300℃ 부근은 상온보다 취약한 성질, 청색의 산화 피막이 생성되면 P(인)이 주원인, 200~300℃ 부근에선 소성가공을 피하는 것이 좋음

40 고주파 담금질의 특징을 설명한 것 중 틀린 것은?

① 직접가열에 의하므로 열효율이 높다.
② 조작이 간단하며 열처리 가공시간이 단축될 수 있다.
③ 열처리 불량은 적으나 변형 보정이 항상 필요하다.
④ 가열시간이 짧아 경화면의 탈탄이나 산화가 극히 적다.

> 해설

고주파 담금질의 특징
- 고주파 전류의 줄열로 표면만을 급속 가열하고, 물로 급랭시킨 것으로 대량생산에 적당
- 가열시간이 짧아 경화면의 탈탄이나 산화가 극히 적다.
- 조작이 간단하며 열처리 가공 시간이 단축될 수 있다.
- 직접가열에 의하므로 열효율이 높고, 보통 담금질에 비해 인장강도 항복점이 우수하다.
- 담금질 균열에 주의가 필요(큰 인장응력이 발생하므로)

41 잔류 오스테나이트를 마텐자이트화하기 위한 처리를 무엇이라고 하는가?

① 심랭처리　　② 용체화 처리
③ 균질화 처리　　④ 블루잉 처리

> 해설

심랭처리(서브제로처리)
- 잔류 오스테나이트를 마텐자이트화 하기 위한 열처리
- 담금질한 후 0℃ 이하로 냉각 후 잔류 오스테나이트를 마텐자이트화 한 열처리가 심랭처리
- 담금질된 강의 경도를 증가시키고 시효경화를 방지할 목적으로 0℃ 이하의 온도에서 처리

42 Fe-C 평형 상태도에서 공석반응이 일어나는 곳의 탄소함량은 얼마 정도인가?

① 0.025%　　② 0.33%
③ 0.80%　　④ 2.0%

> 해설

공석반응이 일어나는 곳의 탄소 함량은 0.80%이다.

43 피복 아크용접에서 모재 재질이 불량하고 용착금속의 냉각속도가 빠를 때 발생하는 결함은?

① 언더 컷　　② 용입불량
③ 기공　　④ 선상조직

> 해설

융합불량(lack of fusion)
1. 현상 : 용접금속과 용접 금속 사이가 충분히 융합되지 않는 것
2. 원인
   - 용접 속도가 빠를 때
   - 용접전류가 낮을 때
   - 이음 설계의 결함
   - 용접봉 선택 불량
   - 양 모재 두께 차이가 클 경우

44 용접 지그 사용 시 장점이 아닌 것은?

① 구속력이 커도 잔류응력이 발생하지 않는다.
② 제품의 정밀도와 용접부 신뢰성을 높인다.
③ 작업을 용이하게 하고 용접능률을 높인다.
④ 동일 제품을 다량 생산할 수 있다.

> 해설

1. 지그 사용 시 특징
   - 제품의 정밀도 향상과 신뢰성 높임
   - 작업이 용이하며 용접능률, 생산능률을 높인다.
   - 동일제품을 다량 생산
   - 모재가 고정되므로 아래보기자세 용접 가능
   - 공수가 절감, 능률 향상에 좋음
   - 잔류응력이나 균열 발생 우려
   - 미숙련자도 작업 쉽고 불량률도 낮출 수 있다.

정답　40 ③　41 ①　42 ③　43 ④　44 ①

2. 채널 지그 : 박스 지그 중 단순한 형태의 것으로 공작물은 두 표면 사이에 유지되고 제 3표면을 가공하며 때론 지그 다리를 사용하여 3개의 면을 가공할 수 있는 지그

45 용접 잔류응력에 관한 설명 중 틀린 것은?

① 용접에 의한 영향 중 역학적인 것으로 잔류응력이 가장 크다.
② 잔류응력은 일반적으로 용접선 부근에서는 인장항복응력에 가까운 값으로 존재한다.
③ 일반적으로 하중방향의 인장 잔류응력은 피로강도를 어느 정도 증가시킨다.
④ 잔류응력이 존재하는 상태에서는 재료의 부식저항이 약화되어 부식이 촉진되기 쉽다.

해설

용접 잔류응력
- 잔류응력 존재 상태에선 재료의 부식저항이 약화되어 부식이 촉진
- 일반적으로 용접선 부근에서는 인장 항복 응력에 가까운 값으로 존재
- 용접에 의한 영향 중 역학적인 것으로 잔류응력이 가장 크다.
- 잔류응력 완화법(용접 후 처리) : 국부 풀림법, 기계적응력완화법, 노내풀림법, 저온응력완화법

46 용접 전에 변형 발생을 적게 하는 변형 방지 방법이 아닌 것은?

① 억제법
② 역변형법
③ 압축법
④ 비드순서나 용착방법을 바꾸는 법

해설

용접 전에 변형 방지 방법
용착법, 역변형법, 도열법, 억제법

암기팡 ▶ 용.역.도.억제.

47 용접균열시험 중 열적구속도 시험이라고도 부르는 것은?

① 피스코 균열시험
 (Fisco Cracking Test)
② CTS 균열시험
 (Controlled Thermal Severity Cracking Test)
③ 리하이 구속균열시험
 (Lehigh Controlled Cracking Test)
④ 슬릿형 균열시험
 (Slit Type Cracking Test)

해설

열적구속도 시험은 CTS 균열시험이다.

48 용착 금속의 균열 방지법이 아닌 것은?

① 적당한 수축에 의한 인장응력
② 적당한 예열과 서랭
③ 적당한 용접조건 및 순서
④ 적당한 피닝(Peening)

해설

용착금속의 균열 방지법
- 적당한 예열과 서랭
- 적당한 피닝(Peening)
- 적당한 용접조건 및 순서

49 맞대기 이음에서 1,500kgf의 인장력을 작동시키려고 한다. 판 두께가 6mm일 때 필요한 용접 길이는?(단, 허용인장응력은 7kgf/mm²이다.)

① 25.7mm ② 35.7mm
③ 38.5mm ④ 47.5mm

해설

$$허용인장응력 = \frac{하중}{단면적}$$

$$7\text{kgf/mm}^2 = \frac{1,500\text{kgf}}{6\text{mm}^2 \times L}$$

$$L = \frac{1,500}{7 \times 6} = 35.71$$

정답 45 ③ 46 ③ 47 ② 48 ① 49 ②

50 용접부 육안검사의 장점이 아닌 것은?

① 육안검사는 어떤 용접부이건 제작 전, 중, 후에 할 수 있다.
② 검사원의 경험과 지식에 따라 크게 좌우되지 않는다.
③ 육안검사는 용접이 끝난 즉시 보수해야 할 불연속을 검출, 제거할 수 있다.
④ 육안검사는 대부분 큰 불연속을 검출하나 기타 다른 방법에 의해 검출되어야 할 불연속도 예측할 수 있게 된다.

[해설]
용접부 육안검사의 장점
- 육안검사는 용접이 끝난 즉시 보수해야 할 불연속을 검출 제거할 수 있다.
- 육안검사는 대부분 큰 불연속을 검출하나 기타 다른 방법에 의해 검출되어야 할 불연속도 예측할 수 있다.
- 육안검사는 어떤 용접부이건 제작 전, 중, 후에 한다.

51 다음 그림과 같은 형상을 한 용접부를 용접기호로 나타낸 것은?

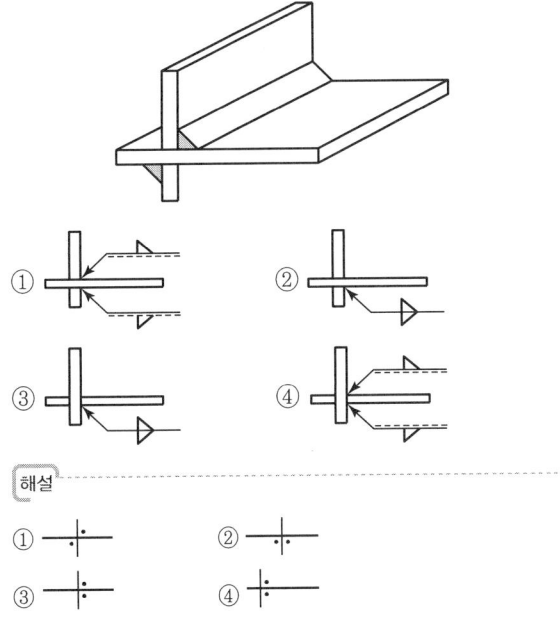

52 아크용접 자동화의 센서(sensor) 종류에서 과전류, 전격방지 등을 위한 비접촉식 센서로 가장 많이 활용되는 것은?

① 포텐셔미터(potentio meter)식 센서
② 기계식 센서
③ 전자기식 센서
④ 전기접점식 센서

[해설]
전기접점식 센서
과전류, 전격방지 등을 위한 비접촉식 센서로 가장 많이 활용

53 주철의 보수용접 종류 중 스터드 볼트 대신 용접부 바닥면에 둥근 홈을 파고 이 부분에 걸쳐 힘을 받도록 하여 용접하는 것은?

① 스터드법   ② 비녀장법
③ 버터링법   ④ 로킹법

[해설]
로킹법
보수용접 종류 중 스터드 볼트 대신 용접부 바닥면에 둥근 홈을 파고 이 부분에 걸쳐 힘을 받도록 하여 용접하는 것

54 다음 중 용접 조건의 결정 시 점검사항이 아닌 것은?

① 용접전류   ② 아크길이
③ 용접자세   ④ 예열 유무

[해설]
용접 조건의 결정 시 점검 사항
용접전류, 아크길이, 용접자세

[암기땀] ▶ 점검사항은 전.길.자.가 하세요

정답 50 ② 51 ① 52 ④ 53 ④ 54 ④

55 근래 인간공학이 여러 분야에서 크게 기여하고 있다. 다음 중 어느 단계에서 인간공학적 지식이 고려됨으로써 기업에 가장 큰 이익을 줄 수 있는가?

① 제품의 개발단계
② 제품의 구매단계
③ 제품의 사용단계
④ 작업자의 채용단계

해설

인간공학이 제품 개발단계에서 인간공학적 지식이 고려됨으로써 기업에 가장 큰 이익을 줄 수 있다.

56 다음 [표]를 참조하여 5개월 단순이동평균법으로 7월의 수요를 예측하면 몇 개인가?

[단위 : 개]

월	1	2	3	4	5	6
실적	48	50	53	60	64	68

① 55개
② 57개
③ 58개
④ 59개

해설

단순이동평균법

$(50+53+60+64+68) \div 5개월 = 58.8개 ≒ 59개$

57 도수분포표에서 도수가 최대인 계급의 대표값을 정확히 표현한 통계량은?

① 중위수
② 시료평균
③ 최빈수
④ 미드-레인지(Mid-range)

해설

최빈수(Mode)

- 자료 분포 중에서 가장 빈번히 관찰되며 최대 도수를 갖는 자료 값
- 모집 단위에서 중심적 경향으로 나타난 것(예를 들어 축구 대표선수 11명 중 손흥민이 3골을 넣었고, 나머지 선수들이 1골씩 넣었다고 가정하면 **최빈값은 손흥민**이다.)

58 다음 중 두 관리도가 모두 푸아송 분포를 따르는 것은?

① $\bar{x}$ 관리도, R 관리도
② c 관리도, u 관리도
③ nP 관리도, P 관리도
④ c 관리도, P 관리도

해설

여러 가지 관리도

1. c 관리도 : 관리 항목이 에나멜 동선의 일정한 길이 중의 핀 홀 수나 스마트폰 한 대 중 납땜 불량 수 등과 같이 미리 정해진 일정 단위 중에 포함되는 결점 수
2. P 관리도
   - 공정 불량률을 P에 의거 관리할 경우에 사용
   - 측정이 불가능해 계수치만 나타낼 수 없는 품질 특성
   - 합격여부 판정만이 목적일 때
3. u 관리도 : 직물의 얼룩, 에나멜 동선의 핀 홀 등과 같은 결점수를 취급

59 전수검사와 샘플링검사에 관한 설명으로 가장 올바른 것은?

① 파괴검사의 경우에는 전수검사를 적용한다.
② 전수검사가 일반적으로 샘플링검사보다 품질 향상에 자극을 더 준다.
③ 검사항목이 많을 경우 전수검사보다 샘플링검사가 유리하다.
④ 샘플링검사는 부적합품이 섞여 들어가서는 안 되는 경우에 적용한다.

해설

1. **전수검사**
   불량품이 한 개라도 존재하면 안 되는 경우(예를 들어 우주선의 경우 전수 검사가 필수)
2. **샘플링검사**
   - 로트에서 **무작위(랜덤하게)** 시료를 추출해 검사 후 결과에 따라 합격 불합격을 판정, 결정하는 방법(단 1회 샘플링검사를 해 합격, 불합격 판정)
   - 샘플은 우연하게 불량품이지만 나머지 전체 제품은 양품

정답 55 ① 56 ④ 57 ③ 58 ② 59 ③

인데, 전 제품을 불량 판결할 위험성
- 역으로 샘플은 양품이지만, 대상 전체가 불량품이더라도 전체를 합격 판정할 위험성
- 다량 다수의 것으로 어느 정도 불량품이 섞여도 허용되는 경우
- 샘플링 검사는 충분하게 **검토 후 도입**하는 것이 중요
- 검사 비용이 적게 드는 것이 이익이 되는 경우
- **검사항목이 많을 경우** 전수검사보다 **샘플링검사가 유리**
- 불완전한 전수검사에 비해 높은 신뢰성이 얻어질 때
- 생산자에게 품질 향상의 자극을 주고 싶을 때

60 다음 중 반즈(Ralph M. Barnes)가 제시한 동작 경제원칙에 해당되지 않는 것은?

① 표준작업의 원칙
② 신체의 사용에 관한 원칙
③ 작업장의 배치에 관한 원칙
④ 공구 및 설비의 디자인에 관한 원칙

해설

반즈(Ralph M. Barnes)의 동작 경제 원칙
- 공구 및 설비의 디자인에 관한 원칙
- 작업장의 배치에 관한 원칙
- 신체의 사용에 관한 원칙

2014년 제56회(7.20)

01 정격 2차 전류가 300A, 정격 사용률이 60%인 용접기를 사용하여 200A로 용접할 때, 허용사용률은?

① 91%   ② 111%
③ 121%   ④ 135%

해설

허용사용률 = $\dfrac{(정격2차전류)^2}{(실제용접전류)^2} \times 정격사용률$

$= \dfrac{300^2}{200^2} \times 60$

$= 135\%$

02 절단작업에 관한 설명 중 옳은 것은?

① 절단 속도가 같은 조건에서 보통 팁에 비하여 다이버젠트 노즐은 산소 소비량이 25~40% 절약된다.
② 예열불꽃의 끝에서 모재 표면까지의 거리를 15~25mm 정도 유지하면 절단이 가장 능률적이다.
③ 산소의 순도가 높으면 절단속도가 빠르나 절단면은 거칠게 된다.
④ 드래그는 판 두께의 10%를 표준으로 하고 있다.

해설

절단작업의 조건
- 드래그(Drag)는 가능한 적고, 표준 드래그 길이는 판 두께의 20%(강판 두께의 1/5)
- 절단면 위 표면각(윗모서리각)이 예리할 것
- 절단면 말단부가 남지 않을 정도의 드래그를 "표준 드래그 길이"라 한다.
- 예열불꽃의 백심 끝을 모재 표면에서 1.5~2.0mm 이격시킬 것
- 산소 순도(99.5% 이상)가 높으면 절단 속도가 빠르고 절단면이 양호
- 다이버젠트 노즐은 산소소비량이 25~40% 절약된다.

03 가스 절단작업 시 예열불꽃이 강한 경우 절단 결과에 미치는 영향이 아닌 것은?

① 드래그가 증가한다.
② 절단면이 거칠게 된다.
③ 모서리가 용융되어 둥글게 된다.
④ 슬래그 중의 철 성분의 박리가 어렵다.

해설

가스절단 작업시 예열불꽃이 강한 경우 절단 결과에 미치는 영향
- 절단면이 거칠게 된다.
- 모서리가 용융되어 둥글게 된다.
- 슬래그 중의 철 성분의 박리가 어렵다.

드래그(drag)
- 절단면에 일정한 간격의 곡선이 진행방향으로 나타난 것이 드래그 라인
- 하나의 드래그 라인의 시작점에서 끝점까지의 수평거리를 드래그라 함
- 절단면의 말단부가 남지 않을 정도의 드래그를 표준 드래그 길이라 함
- 표준 드래그 길이는 보통 판 두께의 20% 정도

04 아크 에어 가우징에 대한 설명 중 틀린 것은?

① 압축공기를 사용한다.
② 전극을 텅스텐으로 사용한다.
③ 가스 가우징에 비해 작업능률이 2~3배 높다.
④ 용접 결함 제거, 절단 및 천공 작업에 적합하다.

해설

1. 아크 에어 가우징 : 탄소 아크 절단 장치에 압축공기를 병용해서 아크열로 용융시킨 부분을 압축공기로 불어 날려서 홈을 파내는 작업(5~7kg/cm²). 절단 작업도 가능하며, 결함부 발견이 쉽다.

정답 01 ④ 02 ① 03 ① 04 ②

2. 아크 에어 가우징의 장점
- 탄소 전극봉(가우징봉), 가우징 토치, 압축공기(콤프레서), 전원(직류 역극성) 등이 있다.
- 작업능률이 가스 가우징이나 그라인딩 치핑에 비해 2~3배 높다.
- 용접 결함 제거, 절단 및 천공 작업, 용접부 홈가공, 뒷면 따내기(back chipping)에 적합
- 소음이 적고, 조작이 간단하고, 응용범위가 넓고, 경비가 싸다.
- 철, 비철금속에 사용하며, 용접 결함부 발견이 쉽다.

05 다음 중 피복아크 용접봉의 피복제 역할에 대한 설명으로 틀린 것은?

① 용적을 미세화하여 용착효율을 높인다.
② 모재 표면의 산화물을 제거하고 아크를 안정시킨다.
③ 용착금속의 급랭을 막아주나, 슬래그의 제거를 어렵게 한다.
④ 중성 또는 환원성 분위기로 공기에 의한 산화, 질화 등의 해를 방지하여 용착금속을 보호한다.

해설

피복제의 중요한 작용
- 아크 분위기 생성(중성, 환원성 분위기로 대기 중으로부터 용착 금속 보호)
- 슬래그 작용(적당한 점성의 가벼운 슬래그 생성)
- 피복통의 생성
- 산화, 질화 방지와 스패터 발생을 적게 함
- 탈산 정련 작용
- 적당한 합금원소 보충
- 전기 절연 작용
- 용착금속 응고와 냉각속도를 느리게 해 급랭 방지
- 용적 미세화, 용착 효율을 높임
- 슬래그를 쉽게 제거하고 파형이 고운 비드를 만듦

06 연강용 피복아크 용접봉 심선의 KS규격기호로 옳은 것은?

① SMAW   ② SM40
③ SWR11   ④ SS41

해설

- 연강용 아크용접봉 1종 A(SWRW 1A), 1종 B(SWRW 1B)
- 연강용 아크용접봉 2종 A(SWRW 2A), 2종 B(SWRW 2B)

07 아세틸렌가스 소비량이 1시간당 200리터인 저압토치를 사용해서 용접할 때, 게이지 압력이 60kgf/cm²인 산소병을 몇 시간 정도 사용할 수 있는가?(단, 병의 내용적은 40리터, 산소는 아세틸렌가스의 1.2배 정도 소비하는 것으로 한다.)

① 2시간   ② 8시간
③ 10시간   ④ 12시간

해설

산소병사용시간 $= \dfrac{60 \text{kgf/cm}^2 \times 40l}{200 l/h \times 1.2} = 10$시간

08 아크전류 200A, 아크전압 25V, 용접속도 20cm/min인 경우 용접단위길이 1cm당 발생하는 용접 입열은 얼마인가?

① 12,000J/cm   ② 15,000J/cm
③ 20,000J/cm   ④ 23,000J/cm

해설

$H = \dfrac{60EI}{V} (\text{Joule/cm}) = \dfrac{60 \times 25V \times 200A}{20\text{cm/min}} = 15,000 \text{Joule/cm}$

09 스테인리스 클래드강 용접 시 탄소강과 스테인리스강의 경계부(이종재질부)에 중화작용 역할을 하는 용접봉은?

① E 308   ② E 309
③ E 316   ④ E 317

해설

E 309 용접봉은 스테인리스 클래드강 용접 시 탄소강과 스테인리스강의 경계부(이종재질부)에 중화작용 역할을 하는 용접봉이다.

정답   05 ③   06 ③   07 ③   08 ②   09 ②

10 용해 아세틸렌병의 전체 무게가 33kg, 빈 병의 무게가 30kg일 때 이 병 안에 있는 아세틸렌가스의 양은 몇 L인가?

① 2,115L
② 2,315L
③ 2,715L
④ 2,915L

[해설]

아세틸렌가스양 계산

$C = 905(B-A) = 905 \times (33-30) = 2,715l$

여기서, A : 빈병의 무게
B : 병 전체무게
C : 용적(l)

11 다음 중 용접속도와 관련된 설명으로 틀린 것은?

① 운봉속도 또는 아크속도라고도 한다.
② 모재의 재질, 이음의 형상, 용접봉의 종류 및 전류값, 위빙의 유무에 따라 용접속도가 달라진다.
③ 용접변형을 적게 하기 위하여 가능한 한 높은 전류를 사용하여 용접속도를 느리게 한다.
④ 용입의 정도는 용접전류 값을 용접속도로 나눈 값에 따라 결정되므로 전류가 높을 때 용접속도도 증가한다.

[해설]

1. 용접속도
   - 운봉속도 또는 아크속도라고 한다.
   - 용접 변형을 적게 하기 위해 가능한 높은 전류를 사용하고, 용접 속도를 빠르게 한다.
   - 용접봉 용융속도 = 아크전류 × 용접봉 쪽 전압 강하
   - 용접 속도에 영향을 주는 요소 : 모재재질과 이음모양, 용접봉의 종류 및 전류값, 위빙 유무

2. 용융속도
   - 단위 시간당 소비되는 용접봉 무게 또는 길이
   - 같은 종류이면 봉의 지름에 상관 없다.
   - 아크 전압도 관계 없다.

12 가스용접에서 사용되는 용제(Flux)에 대한 설명으로 틀린 것은?

① 용착금속의 성질을 양호하게 한다.
② 일반적으로 연강에는 용제를 사용하지 않는다.
③ 용접 중에 생기는 금속산화물을 제거하는 역할을 한다.
④ 구리 및 구리합금의 용제로는 염화나트륨이나 염화칼륨 등이 쓰인다.

[해설]

가스용접 용제(Flux)
- 구리 및 구리합금의 용제로는 붕사가 쓰인다.
- 연강에는 용제를 사용하지 않으며 용재를 모재 및 용접봉에 엷게 바른 후 불꽃을 태워 사용할 것
- 용제는 모재 표면에 산화물이나 불순물을 제거토록 도와 준다.
- 산화물과 유해물을 용융시켜 슬래그를 만듦
- 용착 금속 성질을 양호하게 한다.

13 용접봉 선택 및 취급 시 주의사항으로 틀린 것은?

① 용접봉의 편심률은 10%가 넘는 것을 선택한다.
② 용접봉은 사용 전에 충분히 건조해야 한다.
③ 일미나이트계 용접봉의 건조온도는 70~100℃이다.
④ 저수소계 용접봉의 건조온도는 300~350℃이다.

[해설]

용접봉 선택, 취급 시 주의사항
- 편심여부 확인 후 편심율 3% 이내 용접봉 사용
- 용접봉은 사용 전 충분히 건조한다.
- 저수소계 용접봉은 300~350℃ 건조
- 일미나이트계 용접봉은 70~100℃ 건조

14 용접봉을 선정하는 인자가 아닌 것은?

① 용접자세
② 모재의 재질
③ 모재의 형상
④ 사용전류의 극성

[해설]

용접봉을 선정하는 인자
용접자세, 사용전류의 극성, 모재의 재질 (자.극.재.)

정답 10 ③ 11 ③ 12 ④ 13 ① 14 ③

15 산소-아세틸렌가스를 1 : 1로 혼합하여 생긴 불꽃에서 백심의 온도는 약 몇 ℃인가?

① 2,000℃ ② 2,500℃
③ 3,000℃ ④ 4,000℃

해설

백심의 온도
약 3,000℃(최고온도 3,430℃)

16 그래비티(gravity) 및 오토콘(autocon) 용접 시 T형 필릿 용접에 많이 이용되는 피복 용접봉의 종류는?

① 저수소계 ② 일미나이트계
③ 철분산화철계 ④ 라임티타니아계

해설

그래비티(Gravity) 및 오토콘(Autocon) 용접
- 반자동 용접장치로 한 명의 용접사가 여러 대(2~7대)의 용접기를 조작할 수 있으며, 피복 아크 용접법으로 피더(Feeder)에 철분계(E4324, E4327) 용접봉을 설치
- 수평필릿용접을 주로 사용하는 중력을 이용한 용접법
- 운봉비를 조절할 수 있어 필요한 각장 및 목 두께를 얻을 수 있음(그래비티)
- 철분계 용접봉을 사용
- 용접사 기량에 크게 좌우되지 않는다.

종류	오토콘	그래비티
구조	간단	복잡
부피	작음	큼
중량	가벼움	약간 무거움
사용	쉬움	약간 어려움
자세	F, Hi-Fi	F, Hi-Fi
종류	연강, 고장력강	연강, 고장력강
운봉속도	조절 불가	조절 가능
스패터	약간 많음	보통
용입 깊이	약간 얕음	보통
비드 모양	양호	양호

17 다음 중 레이저 용접의 특징을 설명한 것으로 옳은 것은?

① 레이저 용접의 경우 용융 폭이 매우 넓다.
② 아크용접에 비해 깊은 용입을 얻을 수 있다.
③ 아크용접에 비하여 용접부가 조대화되어 품질이 우수하다.
④ 용접 에너지를 모재에 전달할 때 표면을 기점으로 점진적으로 열을 전달한다.

해설

레이저 용접 특징
- 아크 용접에 비해 좁고 깊은 용입을 얻는다.
- 소입열 용접이 가능하다.
- X선 방출이 없고 자기장의 영향을 받지 않음
- 대기중 용접이 가능하고 진공실이 필요 없음
- 부품의 조건에 따라 한방향 용접 접합이 불가능

18 불활성가스 텅스텐 아크용접(TIG)에서 고주파 발생장치를 더하면 다음과 같은 이점이 있다. 설명 중 틀린 것은?

① 전극을 모재에 접촉시키지 않아도 아크가 발생된다.
② 아크가 안정되고 아크가 길어도 끊어지지 않는다.
③ 전극봉의 소모가 적어 수명이 길어진다.
④ 일정 지름의 전극에 대해서만 지정된 전압의 사용이 가능하다.

해설

TIG에서 고주파 발생 장치를 더할 때 이점
- 아크가 안정되고 아크가 길어도 안 끊어짐
- 전극봉의 소모가 적어 수명이 길어진다.
- 전극을 모재에 접촉시키지 않아도 아크가 발생
- 전극 지름에 관계없이 사용가능하다.

19 MIG 용접에서 일반적으로 사용되는 용접극성은?

① 직류 역극성 ② 직류 정극성
③ 교류 역극성 ④ 교류 정극성

정답 15 ③　16 ③　17 ②　18 ④　19 ①

해설

MIG 용접 극성
직류 역극성을 사용하며, 정전압 특성의 직류 아크 용접기

20 겹치기 저항용접에서 접합부에 나타나는 용융응고된 금속 부분을 무엇이라고 하는가?

① 오목 자국   ② 너깃
③ 튐   ④ 오손

해설

너깃
- 겹치기 저항 용접에 있어서 접합부에 나타나는 **용융응고된 금속 부분**이다.
- 너깃(Nugget)은 용접 중에 일부가 녹아 바둑알 모양 단면으로 오목하게 들어간 부분이다.

21 TIG 용접에 관한 설명으로 틀린 것은?

① 직류 정극성은 용입이 깊고 비드폭이 좁아진다.
② 스테인리스강, 주철, 탄소강 등의 강은 주로 고주파 교류전원으로 용접한다.
③ 직류 역극성으로 용접할 때 전극봉의 직경은 같은 전류에서 직류 정극성보다 4배 정도 큰 것을 사용한다.
④ 교류전원은 청정효과가 있어 알루미늄이나 마그네슘 등의 용접에 이용된다.

해설

TIG 용접
- TIG 용접은 산화하기 쉬운 금속인 알루미늄, 구리, 스테인리스강을 비롯한 대부분 금속 등의 용접이 용이하고 용착부 성질이 우수
- 직류 정극성은 용입이 깊고 비드폭이 좁아지며, 직류 역극성과 아르곤가스 사용 시 청정작용을 얻을 수 있다.
- TIG 용접은 **직류 정극성(DCSP), 직류 역극성(DCRP), 고주파 교류(ACHF)**를 용접에 사용
- 직류 역극성으로 용접할 때 전극봉의 직경은 같은 전류에서 직류 정극성보다 4배 정도 큰 것을 사용
- TIG 용접은 용제를 사용하지 않으므로 슬래그 제거가 불필요

- TIG 용접에 사용하는 아르곤 가스는 용착 금속의 산화, 질화를 방지
- 보호가스로 아르곤 25%, 헬륨 75%를 가장 많이 사용

22 수랭 동판을 용접부의 양편에 부착하고 용융된 슬래그 속에서 전극와이어를 연속적으로 송급하여 용융슬래그 내를 흐르는 저항열에 의하여 전극와이어 및 모재를 용융접합시키는 용접법은?

① 일렉트로 슬래그 용접
② 일렉트로 가스 아크 슬래그 용접
③ 일렉트로 피복금속 슬래그 용접
④ 일렉트로 플럭스코어드 아크용접

해설

일렉트로 슬래그 용접
- 수랭 동판을 용접부의 양편에 부착하고 용융된 슬래그 속에서 전극와이어를 연속적으로 송급하여 용융슬래그 내를 흐르는 저항열에 의하여 전극와이어 및 모재를 용융접합시키는 용접법
- 저항열을 이용한 용접으로 서브머지드 아크용접과 같이 플럭스 안에서 모재와 용접봉 사이에 ARC가 발생하여 플럭스가 녹아서 액상 슬래그가 되면 전류를 통하기 쉬운 도체의 성질을 갖게 되면서 아크는 꺼지고 와이어와 용융 슬래그 사이에 흐르는 저항발열을 이용한 수직 자동 용접법(줄의 법칙을 적용)
- 매우 두꺼운 판 용접에 적당(단층 용접으로 용접이 가능), 박판용접엔 부적당
- 아크가 눈에 안 보이고 불꽃도 없음
- 각(角) 변형이 적고 용접 품질이 우수

23 납땜에 대하여 설명한 것 중 틀린 것은?

① 용가재의 용융온도에 따라 연납땜, 경납땜으로 구분된다.
② 황동납은 구리와 아연의 합금으로 그 융점은 600℃ 정도이다.
③ 흡착 작용은 주석 함량이 100%일 때 가장 좋다.
④ 주석과 납이 공정 합금 땜납일 때 용융점이 가장 낮다.

정답 20 ② 21 ② 22 ① 23 ②

해설

납땜
- 황동납은 구리와 아연의 합금으로 그 융점은 820~935℃ 정도이다.
- 용가재의 용융온도에 따라 450℃ 이하가 연납땜, 450℃ 이상이 경납땜으로 구분된다.
- 흡착 작용은 주석 함량이 100%일 때 가장 좋고, 납 100%일 땐 흡착작용이 없다.
- 주석과 납이 공정 합금 땜납일 때 용융점이 가장 낮고, 납땜 작업이 쉽다.

24 서브머지드 아크용접에 사용되는 용융형 플럭스(fused flux)는 원료광석을 몇 ℃로 가열 용융시키는가?

① 1,200℃ 이상
② 800~1,000℃
③ 500~600℃
④ 150~300℃

해설

서브머지드 아크용접에 사용되는 용융형 플럭스(fused flux)는 원료광석을 1,200℃로 가열 용융시킨다.

25 가스용접 안전에서 산소용기와 아세틸렌 용기의 취급에 있어서 적합하지 못한 것은?

① 산소용기는 40℃ 이하에서 보관하고 직사광선을 피해야 한다.
② 아세틸렌 용기는 넘어지므로 뉘어서 사용하여 충격을 주어서는 안 된다.
③ 산소용기 밸브 조정기, 도관 등은 기름 묻은 천으로 닦아서는 안 된다.
④ 산소용기를 운반할 때에는 반드시 캡(cap)을 씌워서 이동한다.

해설

산소용기와 아세틸렌용기 취급 시 주의사항
- 아세틸렌병이나 산소병은 세워서 사용하며 운반 시 충격을 주지 말 것
- 산소용기는 40℃ 이하에서 보관하고 직사광선은 피해야 함
- 용해 아세틸렌이나 산소용기를 운반할 때에는 반드시 캡(Cap)을 씌워서 운반한다.
- 압력계는 금유 표시가 있는 산소 전용 압력계를 사용할 것
- 산소병과 가연성 가스 용기와는 구분해서 저장할 것
- 밸브 개폐는 서서히 천천히 열며, 누설 시험 시 비눗물을 사용할 것
- 최고충전압력은 $150kg/cm^2$이며, 용해 아세틸렌 용기밸브는 1/4~1/2만 열 것
- 누설 시험 시 비눗물을 사용할 것
- 산소용기 밸브 조정기, 도관 등은 기름 묻은 천으로 닦아서는 안 된다.

26 탄산가스 아크용접용 토치의 구성품이 아닌 것은?

① 콘택트 팁(contact tip)
② 노즐 인슐레이터(nozzle insulator)
③ 오리피스(orifice)
④ 조정기(regulator)

해설

탄산가스 아크용접용 토치의 구성품
노즐 인슐레이터(nozzle insulator), 오리피스(orifice), 콘택트 팁(contact tip), 가스디퓨져, 스프링라이너

암기팁 ➡ 노.오.가.스.

27 탭이나 구멍 뚫기 등의 작업 없이 모재에 볼트나 환봉 등을 용접할 수 있는 용접법은?

① 심 용접
② 스터드 용접
③ 레이저 용접
④ 테르밋 용접

해설

스터드 용접
모재에 볼트나 환봉 등을 용접할 수 있는 용접법으로 탭이나 구멍 뚫기 등의 작업 없이 순간적으로 플래시를 발생해 용접하는 방법으로 스터드 주변에 페룰(ferrule)을 사용해야 한다.

정답 24 ① 25 ② 26 ④ 27 ②

28 탄산가스 아크용접에서 후진법으로 용접할 때 나타나는 현상이 아닌 것은?

① 용입이 깊다.   ② 스패터가 적다.
③ 아크가 안정적이다.   ④ 용접선을 잘 볼 수 있다.

해설

탄산가스 아크 용접에서 후진법을 사용할 때
- 용접선을 잘 볼 수 없다.
- 아크가 안정적이다.
- 스패터가 적다.
- 용입이 깊다.

29 전기저항용접(Electric Resistance Welding)의 원리를 설명한 것 중 틀린 것은?

① 전기저항 용접은 모재를 서로 접촉시켜 놓고 전류를 통하면 저항열로 접합면을 가압하여 용접하는 방법이다.
② 저항열은 줄(Joule)의 법칙, 즉 $H=0.42I^2RT$의 공식에 의해 계산한다.
③ 전류를 통하는 시간은 짧을수록 좋다.
④ 용접변압기, 단시간 전류개폐기, 가압장치, 전극 및 홀더(Holder) 등으로 구성된다.

해설

전기저항용접(Electric Resistance Welding)의 원리
- 저항열은 줄(Joule)의 법칙, 즉 $H=0.24I^2RT$의 공식에 의해 계산
- 전기저항 용접은 모재를 서로 접촉시켜 놓고 전류를 통하면 저항열로 접합면을 가압해 용접하는 방법
- 전류를 통하는 시간은 짧을수록 좋다.
- 용접변압기, 단시간 전류개폐기, 가압장치, 전극 및 홀더(holder) 등으로 구성

30 금속침투법은 철과 친화력이 강한 금속을 표면에 침투시켜 내열 및 내식성을 부여하는 방법으로 실리코나이징(siliconizing)은 어느 금속을 침투시키는가?

① B   ② Al
③ Si   ④ Cr

해설

금속침투법

강재 표면에 다른 금속을 침투, 확산시켜 강재 표면의 내식, 내산성을 높임
- 크로마이징 : 크롬(Cr)분말을 재료 표면에 침투시켜 내식, 내열, 내마모성 향상
- 칼로라이징 : 알루미늄(Al)을 재료 표면에 침투시켜 내열, 내산, 내식성 향상
- 세라다이징 : 아연(Zn) 분말을 침투, 확산시켜 내식성 향상 및 표면 경화층 얻음
- 실리코나이징 : 실리콘(Si)을 침투시켜 내식성 향상
- 보로나이징 : 붕소(B)를 침투, 확산시켜 표면 경도 향상

암기팁 ▶ 크로-크롬. 칼로-카알. 세라-세아. 실리-실리콘. 보로-붕소.

31 Fe-C 상태도에서 γ고용체+Fe_3C의 조직으로 옳은 것은?

① 페라이트(ferrite)
② 펄라이트(pearlite)
③ 레데뷰라이트(ledeburite)
④ 오스테나이트(austenite)

해설

레데뷰라이트(ledeburite)
- γ고용체(오스테나이트)+Fe_3C(시멘타이트)의 공정조직
- 공정점은 1,145℃로 레데뷰라이트(ledeburite)

32 순철에 합금성분이 증가하면 나타나는 현상이 아닌 것은?

① 경도가 높아진다.   ② 전기 전도율이 저하된다.
③ 용융 온도가 높아진다.   ④ 열전도율이 저하된다.

해설

순철에 합금 성분이 증가하면 나타나는 현상
- 경도가 높아진다.
- 전기 전도율이 저하된다.
- 용융 온도가 낮아진다.
- 열전도율이 저하된다.

정답 28 ④ 29 ② 30 ③ 31 ③ 32 ③

33 메탄가스와 같은 탄화수소계 가스를 사용하여 침탄하는 방법으로 침탄온도 900~950℃에서 침탄하는 방법은?

① 액체 침탄법
② 고체 침탄법
③ 가스 침탄법
④ 고액 침탄법

> 해설

침탄법
- 가스 침탄법 : 메탄가스와 같은 탄화수소가스(메탄가스, 프로판가스)를 사용하여 침탄하는 방법
- 액체 침탄법 : 시안화나트륨(NaCN), 시안화칼륨(KCN)을 주성분으로 한 열을 사용하여 침탄 온도 750~950℃에서 30~60분 침탄시키는 방법. 침탄질화법이라고도 함
- 고체 침탄법 : 고체 침탄제(목탄, 코크스분말, 침탄 촉진제)를 사용하여 강 표면에 침탄 탄소를 확산 침투시켜 표면을 경화시키는 방법

34 알루미늄의 용접성에 대한 설명 중 옳은 것은?

① 열팽창률과 온도 확산율이 저조하다.
② 알루미나가 용접성을 좋게 해준다.
③ 용융상태에서 수소를 흡수, 기공이 발생하기 쉽다.
④ 알루미늄은 산화가 안 되며 공기 중에서 내부까지 부식한다.

> 해설

알루미늄 용접성
용융상태에서 수소를 흡수, 기공이 발생하기 쉽다.

35 황동에 관한 설명 중 틀린 것은?

① 6-4황동은 60%Cu-40%Zn 합금으로 상온조직은 $\alpha + \beta$ 조직으로 전연성이 낮고 인장강도가 크다.
② 7-3황동은 70%Cu-30%Sn 합금으로 상온조직은 β 조직으로 전연성이 크고 인장강도가 작다.
③ 황동은 가공재, 특히 관, 봉 등에서 잔류응력으로 인한 균열을 일으키는 일이 있다.
④ α황동을 냉간가공하여 재결정온도 이하의 낮은 온도로 풀림하면 가공상태보다도 오히려 경화한다.

> 해설

7-3황동
70%Cu-30%Zn 합금으로 상온 조직은 α조직으로 전연성과 인장강도가 크며, Zn 35%까지는 α상으로 α황동은 가공성이 풍부하다.

36 탄소강에 함유된 원소 중 망간(Mn)의 영향으로 옳은 것은?

① 적열취성을 방지한다.
② 뜨임취성을 방지한다.
③ 전자기적 성질을 개선시킨다.
④ Cr과 함께 사용되어 고온강도와 경도를 증가시킨다.

> 해설

망간(Mn)의 영향
- 적열취성(메짐)을 방지하는 등 고온에서 거칠어질 수 있는 결정을 방지한다.
- Mn+S → MnS로 되어 S의 해를 방지하고 담금질 효과 향상

37 오스테나이트계 스테인리스강 용접 시 발생하는 입계부식(intergranular corrosion)을 방지하기 위한 방법으로 옳은 것은?

① 용접 후 200~350℃로 가열하여 지나치게 모재가 용해되지 않도록 하거나, 500℃에서 완전 풀림한다.
② 용접 후 475℃로 장시간 가열하여 불안정한 고용체에서 탄화물을 석출시키거나 서랭시킨다.
③ 용접 후 800℃ 정도의 풀림을 하거나, 200~400℃의 예열로서 용접한 후, 100℃에서 풀림하여 인성을 회복시킨다.
④ 용접 후 1,000~1,050℃로 용체화 처리를 하고 급랭시킨다.

> 해설

입계부식(Intergranular Corrosion) 방지 방법
- 용접 후 1,000~1,050℃로 용체화 처리를 하고 급랭시킨다.
- 탄소(C) %함량을 극히 적게 0.02% 이하로 한다.

정답 33 ③ 34 ③ 35 ② 36 ① 37 ④

- 스테인리스강 용접 열영향부(HAZ부)에서 450~850℃ 온도구간에 크롬 고갈층이 발생하는 예민화(Sensitization) 현상이 발생
- 크롬 함유량이 낮은 결정 입계 부근에서 부동태 특성을 잃어버려 내식성이 감소되어 입계부식이 일어난다. 주원인은 탄화물 석출로 인한 크롬 함유량 감소

38 열처리 방법 중 가열온도는 A_3 또는 A_{cm} 선보다 30~50℃ 높은 온도에서 가열하였다가 공기 중에 냉각하여 표준화된 조직을 얻는 열처리 방법은?

① 뜨임
② 풀림
③ 담금질
④ 노멀라이징

해설

열처리법
- 담금질(Quenching, 소입) : 강을 A_3 또는 A_1 선 이상 30~60℃로 가열한 후 수랭 또는 유랭으로 급랭시켜 경도와 강도 증가
- 뜨임(Tempering, 소려) : 담금질 후 내부응력 제거와 인성을 증가시키고 안정도 있는 조직으로 변화시키는 열처리
- 풀림(Annealing, thens, 소둔) : 재질의 연화, 내부응력 제거 목적으로 노내에서 서랭함
- 불림(Normalizing, 소준) : 재질을 표준화하기 위한 목적으로 A_3, A_{cm} 선 이상 30~60℃까지 높은 온도에서 가열하였다가 공기 중에 냉각하여 표준화된 조직을 얻는 방법

39 물리적 표면경화법으로 강이나 주철제의 작은 볼을 고속으로 분사하여 표면층을 가공 경화시키는 것은?

① 질화법
② 쇼트 피닝법
③ 불꽃 경화법
④ 고주파 경화법

해설

쇼트 피닝법
강(Steel)이나 주철제의 작은 볼을 고속 분사하여 표면층을 가공 경화시킨다.

40 다음 특수원소가 강 중에서 나타나는 일반적인 특성이 아닌 것은?

① Si - 적열취성 · 방지
② Mn - 담금질 효과 향상
③ Mo - 뜨임취성 방지
④ Cr - 내식성, 내마모성 향상

해설

- Si : 내식성, 내열성, 강도 증가, 연신율 및 충격값 감소
- Mn : 황으로 인한 취성(메짐) 현상 감소, 담금질 효과 향상
- Mo : 뜨임 및 저온 취성 방지, 고온강도 개선
- Cr : 내식성, 내마모성 향상, 흑연화 안정, 탄화물 안정

41 베어링용 합금으로 갖추어야 할 조건으로 틀린 것은?

① 마찰계수가 적고 저항력이 클 것
② 충분한 점성과 인성이 있을 것
③ 소착성이 크고 내식성이 있을 것
④ 주조성, 절삭성이 좋고 열전도율이 클 것

해설

베어링용 합금으로 갖추어야 할 조건
- 소착성이 적고 내식성이 있을 것
- 충분한 점성과 인성이 있을 것
- 마찰계수가 적고 저항력이 클 것
- 주조성, 절삭성이 좋고 열전도율이 클 것

42 78~80%Ni, 12~14%Cr의 합금으로 내식성과 내열성이 우수하며, 특히 산화기류 중에서 내열성이 우수한 합금은?

① 니크롬(nichrome)
② 콘스탄탄(constantan)
③ 인코넬(inconel)
④ 모넬 메탈(monel metal)

> [해설]
>
> **인코넬(inconel)**
> 78~80%Ni, 12~14%Cr의 합금으로 내식성과 내열성이 우수하며, 특히 산화기류 중에서 내열성이 우수한 합금

43 용접 비드 끝단에 생기는 작은 홈의 결함으로 전류가 높고, 아크(Arc) 길이가 길 때 생기기 쉬운 결함은?

① 피트 ② 언더컷
③ 오버 랩 ④ 용입 불량

> [해설]
>
> 1. 언더컷 발생원인
>   - 아크 길이가 너무 길 때
>   - 용접전류가 높을 때
>   - 용접속도가 너무 빠를 때
>   - 부적당한 용접봉 사용 시
>   - 용접봉 선택 부적당(불량)
>   ※ 언더컷 발생 시 가는 용접봉으로 재용접할 것
>   ※ 방사선 투과검사(RT)는 가장 확실하게 널리 쓰인다. 언더컷의 모양은 투과 사진상 가늘고 긴 검은 선으로 나타나며, 언더컷 깊이는 사양서에 명시하며 0.8mm까지 허용
> 2. 오버랩 발생원인
>   - 용접전류가 너무 낮을 때
>   - 오버랩 결함 시 결함 부분을 깎아내고 재용접
>   - 용접봉 선택 불량
>   - 운봉이나 용접봉의 유지 각도가 불량할 때

44 용접로봇의 작업기능에 해당되지 않는 것은?

① 동작기능 ② 구속기능
③ 계측기능 ④ 이동기능

> [해설]
>
> 1. 용접로봇의 작업 기능 : 이동, 동작, 구속
> 2. 관절좌표로봇(Articulated robot) 동작기구 장점
>   - 장애물의 상하 접근이 가능
>   - 작은 설치공간으로 큰 작업 공간 활용
>   - 간편한 매니퓰레이터구조를 가짐

- 3개의 회전축(로봇이 3차원 위치를 인식해야 하기 때문에 좌표는 X, Y, Z의 공간좌표임)
※ 매니퓰레이터(Manipulator) : 사람의 팔과 유사한 기능을 가진 기계나 로봇

45 아크 용접부 파단면에 생기는 것으로 용접부의 냉각속도가 너무 빠르고 모재의 탄소, 탈산 생성물 등이 너무 많을 때의 원인으로 생성되는 결함은?

① 선상조직 ② 스패터링
③ 수지상 조직 ④ 아크 스트라이크

> [해설]
>
> - 선상조직 원인 : 용접부 냉각속도가 너무 빠르고 모재의 탄소, 탈탄생성물 등이 너무 많을 때
> - 선상조직 대책 : 용접부에 급랭을 피하고 모재 재질에 적당한 용접봉 선택

46 CO_2 가스 아크용접 결함 중 기공 발생의 원인이 아닌 것은?

① CO_2 가스 유량이 부족하다.
② 전원 전압이 불안정하다.
③ 노즐과 모재 간 거리가 지나치게 길다.
④ 노즐에 스패터가 많이 부착되어 있다.

> [해설]
>
> **기공 발생의 원인**
> - CO_2 가스 유량 부족 시
> - 용접할 부위가 불순물, 기름 등으로 불결 할 때
> - 노즐과 모재간 거리가 지나치게 길다.
> - CO_2 가스 순도가 낮아 품질이 불량할 때
> - 노즐에 스패터 부착이 많이 있다.
> - CO_2 가스에 공기 혼입 시
> ※ 이산화탄소(CO_2) 아크용접법은 연강 금속에 가장 적합하다.

정답 43 ② 44 ③ 45 ① 46 ②

47 다음 중 용접이음의 기본 형식에 해당되지 않는 것은?

① T이음
② 겹치기 이음
③ 맞대기 이음
④ 플러그 이음

해설

용접이음의 기본 형식
T이음, 겹치기 이음, 맞대기 이음 등

48 가용접 시 주의하여야 할 사항으로 틀린 것은?

① 본 용접과 같은 온도에서 예열을 한다.
② 본 용접사와 동등한 기량을 갖는 용접사가 가접을 시행한다.
③ 위치는 부재의 단면이 급변하여 응력이 집중될 우려가 있는 곳은 피한다.
④ 가접 용접봉은 본 용접 작업 시 사용하는 것보다 지름이 굵은 것을 사용한다.

해설

1. 가용접(Tack Welding) 시 주의사항
   - 가접 용접봉은 본 용접 작업 시 사용하는 것보다 지름이 가는 것을 사용
   - 본용접과 같은 온도에서 예열
   - 가접사는 본 용접사와 동등 기량을 갖는 용접사가 가접을 한다.
   - 응력이 집중될 우려가 있는 곳은 피할 것(강도상 중요 부분을 피할 것)
   - 전류는 본 용접보다 높게 하고 가접을 너무 짧게 하지 않음
   - 시·종단에 엔드탭을 설치할 것
   - 슬래그 섞임, 융입불량, 루트균열 등 결함이 동반되기 쉬우므로 모서리 부분이나 끝부분은 피할 것

2. 엔드탭(end tab)
   - 모재와 같은 재질, 홈의 형상이 같으며 용접선의 시작과 끝부분에 설치하는 보조 판
   - 모재를 구속시키며 용접이 불량하게 되는 것을 방지
   - 용접 끝부분에서 자기쏠림 방지에 효과 있다.

49 용접순서를 결정하는 기준으로 틀린 것은?

① 용접물의 중심에 대하여 항상 대칭으로 용접을 해 나간다.
② 수축이 작은 이음을 먼저 용접하고 수축이 큰 이음을 나중에 용접한다.
③ 용접 구조물이 조립되어감에 따라 용접 작업이 불가능한 곳이나 곤란한 경우가 생기지 않도록 한다.
④ 용접구조물의 중립축에 대하여 용접 수축력의 모멘트 합이 0(zero)이 되게 용접한다.

해설

용접순서 결정 기준
- 수축이 큰 이음을 먼저 용접하고 수축이 작은 이음을 나중에 용접
- 용접 구조물이 조립되는 과정 중 용접 작업이 불가능하거나 곤란한 경우가 생기지 않도록 한다.
- 용접물의 중심에 대하여 항상 대칭으로 용접을 해 나간다.(중앙에서 끝으로)
- 용접구조물 중립축에 대해 용접 수축력의 모멘트 합이 0(Zero)이 되게 용접방향에 대한 굽힘을 줄임
- 한 평면 내 이음부가 많을 때 수축은 가능한 자유단으로 보내 외적 수고에 의한 잔류응력을 적게 한다.

50 보통 판 두께가 4~19mm 이하인 경우를 한쪽에서 용접으로 완전용입을 얻고자 할 때 사용하며 홈 가공이 비교적 쉬우나 판의 두께가 두꺼워지면 용착 금속의 양이 증가하는 맞대기 이음 형상은?

① V형 홈
② H형 홈
③ J형 홈
④ X형 홈

해설

V형 홈
보통 판 두께가 4~19mm 이하의 경우를 한쪽에서 용접으로 완전용입을 얻고자 할 때 사용하며 홈 가공이 비교적 쉬우나 판의 두께가 두꺼워지면 용착 금속의 양이 증가하는 맞대기 이음 형상

정답 47 ④ 48 ④ 49 ② 50 ①

51 용접부의 단면을 연삭기나 샌드페이퍼 등으로 연마하고 적당한 부식을 해서 육안이나 저배율의 확대경으로 관찰하여 용입의 상태, 열영향부의 범위, 결함의 유무 등을 알아보는 시험은?

① 파면 시험
② 현미경 시험
③ 응력부식 시험
④ 매크로 조직시험

해설

매크로 조직시험
용접부의 단면을 연삭기나 샌드페이퍼 등으로 연마하고 적당한 부식을 해서 육안이나 저배율의 확대경으로 관찰하여, 용입의 상태, 열영향부의 범위, 결함의 유무 등을 알아보는 시험

52 용접변형의 교정방법에 해당되지 않는 것은?

① 구속법
② 점가열법
③ 가열 후 헤머링법
④ 롤러에 의한 법

해설

용접변형의 교정방법
재용접법(절단성형후), 수랭법(후판 가열 뒤 압력 가한 후), 소성변형시켜 교정, 피닝법, 직선 수축법, 점수축법, 해머링법(가열 후)

암기짬 ▶ 재.수.있게 소.피.를 직.접(점) 해머링(맞는다)

53 각 층마다 전체의 길이를 용접하면서 쌓아 올리는 용접방법은?

① 스킵법
② 덧살 올림법
③ 전진 블록법
④ 캐스케이드법

해설

- 덧살 올림법(빌드업법) : 용접 전체의 길이에 대해서 각 층을 연속하여 용접하는 방법
- 스킵법(비석법) : 용접 이음의 전 길이에 대해 띄어 넘어서 용접하는 방법
- 전진 블록법 : 짧은 용접 길이로 표면까지 용착하는 방법, 첫 층에 균열이 발생하기 쉬울 때 사용
- 캐스케이드법 : 한 부분에 대해서 몇 층을 용접하다가 다음 부분으로 연속 용접하는 법
- 대칭법 : 이음 중앙에 대해서 대칭으로 용접하는 방법
- 후진법 : 용접 진행 방향과 용착 방법이 반대되는 법
- 전진법 : 이음의 한쪽 끝에서 다른 쪽 끝으로 용접 진행을 하는 법

54 용접선이 교차하는 것을 방지하기 위한 조치로서 옳은 것은?

① 교차되는 곳에는 용접을 하지 않는다.
② 교차되는 곳에는 돌림 용접을 시공한다.
③ 교차되는 곳에는 용접 각장을 키워준다.
④ 교차되는 곳에는 스칼롭을 만들어 준다.

해설

용접선이 교차하는 것을 방지하기 위한 조치로 교차되는 곳에 스칼롭을 만들어 준다.

55 nP관리도에서 시료군마다 시료 수(n)는 100이고, 시료군의 수(k)는 20, $\sum nP = 77$이다. 이때 nP관리도의 관리상한선(UCL)을 구하면 약 얼마인가?

① 8.94
② 3.85
③ 5.77
④ 9.62

해설

nP(Pn)관리도
측정이 불가능해 개수값으로만 나타낼 수밖에 없을 때, 판정이 합격여부가 목적일 경우 사용(이항분포를 이용해 구함)

1. 불량개수($\overline{Pn}$) = $\dfrac{\sum Pn}{k}$

   ($\sum Pn$: 각 시료의 불량개수의 합, k : 시료의 수)

   $(\overline{Pn}) = \dfrac{\sum Pn}{k} = \dfrac{77}{20} = 3.85$

2. $\overline{P} = \dfrac{\sum Pn}{nk} = \dfrac{77}{(100 \times 20)} = 0.0385$

3. 관리상한선(UCL) = $\overline{Pn} + 3\sqrt{\overline{Pn}(1-\overline{P})}$
   $= 3.85 + 3\sqrt{3.85(1-0.0385)}$
   $= 9.62199922$
   $= 9.62$

정답 51 ④ 52 ① 53 ② 54 ④ 55 ④

56 그림의 OC곡선을 보고 가장 올바른 내용을 나타낸 것은?

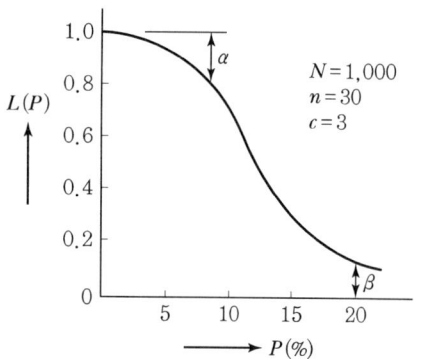

① α : 소비자 위험
② $L(P)$: 로트가 합격할 확률
③ β : 생산자 위험
④ 부적합품률 : 0.03

해설

OC(검사특성) 곡선(Operating Characteristic Curve)
검사에서 발취 방법을 평가하기 위해서 사용하는 곡선 그림이다.
- α : 생산자 위험으로, 합격될 로트(lot)를 불합격으로 판정하는 오류 구간
- β : 소비자 위험으로, 불합격되어야 할 불량품이 합격품이라고 판정되고 소비자가 구입할 수 있는 경우
- $L(P)$: 로트가 합격할 활률
- $P(\%)$: 샘플링 검사에 불량률

57 미국의 마틴 마리에타사(Martin Marietta Corp.)에서 시작된 품질개선을 위한 동기 부여 프로그램으로, 모든 작업자가 무결점을 목표로 설정하고, 처음부터 작업을 올바르게 수행함으로써 품질비용을 줄이기 위한 프로그램은 무엇인가?

① TPM 활동
② 6시그마 운동
③ ZD 운동
④ ISO 9001 인증

해설

ZD(Zero Defect) 운동 = 무결점운동
- 미국 항공사인 마틴사에서 처음 시작된 품질 개선을 위한 동기 부여 프로그램으로 작업자 오류에 의한 일체의 결함이나 결점을 없애기 위한 경영기법
- TPM(Total Productive Management) : 기업체질 개선을 위한 목적은 기업은 수익성 창출이며 종사자 직원은 교류기술, 관리기술 등 설비의 개선능력 향상을 통해 자아 가치 향상으로 체질 개선
- 각 종업원들이 끊임없는 연구와 꼼꼼한 주의를 통해 작업 중 발생할 수 있는 모든 결함을 없애는 운동

58 다음 중 단속생산시스템과 비교한 연속생산시스템의 특징으로 옳은 것은?

① 단위당 생산원가가 낮다.
② 다품종 소량 생산에 적합하다.
③ 생산방식은 주문생산방식이다.
④ 생산설비는 범용설비를 사용한다.

해설

연속생산 시스템의 특징
- 단위당 생산원가가 낮다.
- 소품종 다량생산
- 생산방식은 예측생산방식(사전생산)
- 생산설비는 특수목적 전용설비를 사용한다.
- 설비투자액은 많다.
- 마케팅활동은 수요예측에 따라 전개한다.
- 생산속도는 빠르다.
- 기계공업적 연속생산

59 일정 통제를 할 때 1일당 그 작업을 단축하는 데 소요되는 비용의 증가를 의미하는 것은?

① 정상 소요시간(Normal Duration Time)
② 비용 견적(Cost Estimation)
③ 비용 구배(Cost Slope)
④ 총비용(Total Cost)

해설

비용구배(Cost Slope)
일정 통제를 할 때 1일당 그 작업을 단축하는 데 소요되는 비용의 증가를 의미

정답 56 ② 57 ③ 58 ① 59 ③

비용구배 = $\dfrac{\text{특급비용} - \text{정상비용}}{\text{정상시간} - \text{특급시간}}$

60 MTM(Method Time Measurement) 법에서 사용되는 1TMU(Time Measurement Unit)는 몇 시간인가?

① $\dfrac{1}{100,000}$시간
② $\dfrac{1}{10,000}$시간
③ $\dfrac{6}{10,000}$시간
④ $\dfrac{36}{1,000}$시간

> 해설
> **방법시간측정법**(MTM, Method Time Measurement)
> $\dfrac{1}{100,000}$시간 = 0.00001시간 = 0.0006분 = 0.036초

정답 60 ①

2015년 제57회(4.4)

01 KS D 7004 규정에서 연강용 피복 용접봉의 표시는 E43△□이다. 용착금속의 최저인장강도를 나타내는 것은?

① E
② 43
③ △
④ □

해설

E4316 − AC − 4 − 400
- E : 전극봉의 첫 글자
- 43 : 용착금속의 최소인장강도 43kg/mm^2
- 1 : 전자세
- 6 : 저수소계 용접봉
- AC : 교류 용접기
- 4 : 용접봉 직경 4mm
- 400 : 용접봉 길이 400mm

02 스테인리스강, 스텔라이트, 모넬메탈 등의 용접에 사용되며 금속 표면에 침탄 작용을 일으키기 쉬운 산소-아세틸렌 불꽃은?

① 중성불꽃
② 산화불꽃
③ 산소과잉불꽃
④ 탄화불꽃

해설

탄화불꽃
스테인리스강, 스텔라이트, 모넬메탈 용접에 사용되며, 침탄 작용을 일으키기 쉽다.

03 가스용접에서 역류, 역화, 인화의 주된 원인으로 틀린 것은?

① 토치 체결부분의 나사가 풀렸을 때
② 팁에 석회가루, 먼지, 기타 이물질이 막혔을 때
③ 팁의 과열, 토치의 취급을 잘못할 때
④ 산소가스의 공급이 부족할 때

해설

1. 인화(flash back or back flash)
   ㉠ 팁 끝이 순간적으로 막혀 가스가 분출되지 못하고 불꽃이 토치의 가스 혼합실까지 들어오는 현상
   ㉡ 역류나 역화에 비해 매우 위험하다.
   ㉢ 인화 방지대책
      - 가스 유량을 적당하게 조절
      - 팁을 항상 깨끗이 청소
      - 토치, 기구 등을 평소에 점검
      - 인화 발생 시 아세틸렌 차단 후 산소 차단

2. 역화(back fire or poping)
   ㉠ 가스용접 작업 시 팁 끝이 모재에 닿는 순간 팁 끝이 막히거나 팁 끝이 과열, 조임불량, 압력이 부적당할 때 "빵빵" 소리 나면서 꺼졌다가 다시 나타났다가 하는 현상
   ㉡ 역화 방지대책
      - 아세틸렌(C_2H_2)을 차단 후 산소를 차단할 것
      - 팁을 물에 담갔다가 냉각시킴

3. 역류(contra flow)
   ㉠ 산소 압력을 아세틸렌가스 압력보다 높게 할 때, 토치 내부 청소 불량이나 토치 팁 끝이 막혔을 때, 높은 압력의 산소가 압력이 낮은 C_2H_2 호스 쪽으로 흘러 폭발 위험성이 있는 현상
   ㉡ 역류 원인
      - C_2H_2 공급량 부족
      - 팁 청소 불량
      - 산소압력 과다
   ㉢ 역류 방지대책
      - 팁 끝을 깨끗이 청소
      - 역류 발생 시 먼저 산소 차단 후 아세틸렌(C_2H_2)을 차단

정답 01 ② 02 ④ 03 ④

04 용접자세에 사용된 기호 F가 나타내는 용접자세는?

① 아래보기자세
② 수직자세
③ 수평자세
④ 위보기자세

해설

- F : 아래보기자세
- H : 수평자세
- V : 수직자세
- O : 위보기자세

05 교류 아크용접기 중 가동철심형에 대한 설명으로 틀린 것은?

① 가변저항기 부분을 분리하여 용접전류를 원격으로 조정한다.
② 가동철심으로 누설 자속을 이용하여 전류를 조정한다.
③ 중간 이상 가동철심을 빼면 누설 자속의 영향으로 아크가 불안정되기 쉽다.
④ 미세한 전류 조정이 가능하다.

해설

교류 아크용접기 종류

가동철심형, 가동코일형, 가포화 리액터형, 탭 전환형

암기팡 ▶ 가철.가코.가리.탭.

1. 가동철심형(moving core arc welder)
   - 가동 철심(가동저항변화)으로 누설 자속을 가감, 전류 조정용
   - 원격제어가 간단하고, 미세한 전류 조정 가능
   - 현재 가장 많이 사용됨

2. 가동코일형(moving coil arc welder)
   - 1, 2차 코일 중 1차 코일을 이동시켜 전류를 조정
   - 가격이 비싸며 현재 거의 사용하지 않음

3. 가포화 리액터형(saturable arc welder)
   - 원격 제어가 간단하고 가변저항 변화로 전류 조정
   - 소음이 없고 수명이 길다.

4. 탭 전환형(tap bend arc welder)
   - 탭 전환으로 전류를 조정하기에는 미세 전류 조정이 어렵다.
   - 탭 전환부 소손이 발생할 우려가 많아 전격(감전)위험이 있다.
   - 코일 감김수에 따라 전류를 조정한다.
   - 주로 소형에서 많이 사용한다.

06 용접성에 영향을 미치는 탄소강의 5대 인자 중 강도, 경도, 인성을 증가시키고 유황의 해를 제거하며 강의 고온가공을 쉽게 하는 원소는?

① 탄소(C)
② 규소(Si)
③ 망간(Mn)
④ 인(P)

해설

망간(Mn)의 적열메짐 방지

Mn + S → MnS가 되어 S(황)의 해를 방지한다.

07 다음 중 피복아크 용접에서 아크의 성질 중 정극성(DCSP)의 특징으로 옳은 것은?

① 모재의 용입이 얕다.
② 용접봉의 녹음이 느리다.
③ 비드 폭이 넓다.
④ 박판, 주철, 비철금속의 용접에 쓰인다.

해설

1. 직류 정극성(DCSP)의 특징
   - 모재(+) 70%열, 용접봉(−) 30%열
   - 모재 용입 깊고 용접봉은 천천히 녹음
   - 비드 폭은 좁으며 후판 등 일반 용접에 사용

2. 직류 역극성(DCRP)의 특징
   - 모재(−) 30%열, 용접봉(+) 70%열
   - 모재 용입 얕고 용접봉은 빨리 녹음
   - 비드 폭은 넓고 박판, 비철금속에 사용

※ 용입이 깊은 순서 DCSP > AC > DCRP

정답 04 ① 05 ① 06 ③ 07 ②

08 순수한 카바이드 5kg은 이론적으로 몇 L의 아세틸렌가스를 발생시키는가?

① 174L ② 1,740L
③ 219L ④ 2,190L

해설
순수한 카바이트는 이론적으로 1kg당 약 348L의 아세틸렌 가스를 발생시키므로
5kg × 348L = 1,740L

09 피복아크용접봉의 피복제의 주요 기능을 설명한 것 중 틀린 것은?

① 아크를 안정하게 하며 슬래그를 제거하기 쉽게 하고, 파형이 고운 비드를 만든다.
② 중성 및 환원성의 가스를 발생하여 아크를 덮어서 대기 중 산소나 질소의 침입을 방지하고 용융 금속을 보호한다.
③ 용착 금속의 탈산정련작용을 하며, 용융점이 낮은 적당한 점성의 가벼운 슬래그를 만든다.
④ 용착 금속의 냉각속도를 빠르게 하여 급랭을 방지한다.

해설
피복제는 용착 금속의 냉각속도를 느리게 하여 급랭을 방지한다.

10 가스 절단에 관한 설명으로 옳은 것은?

① 모재가 산화 연소하는 온도는 그 금속의 용융점보다 높아야 한다.
② 생성된 산화물의 용융점은 모재의 용융점보다 높아야 한다.
③ 예열 불꽃을 약하게 하면 역화가 발생하지 않는다.
④ 동심형 팁은 전후좌우 및 직선을 자유롭게 절단할 수 있다.

해설
동심형 팁은 프랑스식(=가변압식)으로 전후, 좌우 및 직선을 자유롭게 절단할 수 있고, 이심형은 독일식(=불변압식)으로 직선 절단에 유용하게 쓰이고 있다.

11 스테인리스강을 플라스마 절단하고자 할 때 어떤 작동가스를 사용하는가?

① $O_2 + H_2$ ② $Ar + N_2$
③ $N_2 + O_2$ ④ $N_2 + H_2$

해설
스테인리스강을 플라스마 절단하고자 할 때 작동가스로 $N_2 + H_2$를 사용한다.

12 용접기 사용상의 일반적인 주의사항으로 틀린 것은?

① 탭전환형 용접기에서 탭전환은 반드시 아크를 멈추고 행한다.
② 용접기 케이스에 접지(earth)를 시키지 않는다.
③ 정격사용률 이상 사용하면 과열되므로 사용률을 준수한다.
④ 1차 측의 탭은 1차 측의 전류 전압의 변동을 조절하는 것이므로 2차 측의 무부하 전압을 높이거나 용접 전류를 높이는 데 사용해서는 안 된다.

해설
용접기 케이스에 접지를 시켜야 한다.

13 용접기의 자동전격 방지장치에서 아크를 발생하지 않을 때는 보조변압기에 의해 용접기의 2차 무부하 전압을 몇 V 이하로 유지하는 것이 가장 적합한가?

① 30 ② 40
③ 45 ④ 50

정답 08 ② 09 ④ 10 ④ 11 ④ 12 ② 13 ①

> [해설]
>
> **자동전격 방지장치**
> 교류용접기 사용 시 1차 무부하 전압이 85~95V이어서 전격(감전) 위험이 있으므로 2차 무부하 전압을 20~30V 이하로 유지하다가 부하가 가해진 순간(용접봉과 모재가 접촉되는 순간)에 릴레이가 작동하여 용접 작업을 할 수 있도록 한 장치(작업자를 보호하는 안전장치)

14 산소가스 절단의 원리를 가장 바르게 설명한 것은?

① 산소와 금속의 산화반응열을 이용하여 절단한다.
② 산소와 금속의 탄화반응열을 이용하여 절단한다.
③ 산소와 금속의 산화아크열을 이용하여 절단한다.
④ 산소와 금속의 탄화아크열을 이용하여 절단한다.

> [해설]
>
> **산소가스 절단 원리 : 산소와 금속의 산화반응열 이용**
> 1. 이심형(A형, 불변압식) : 독일식
>   - 토치에서 고압산소와 예열용 불꽃이 서로 다른 장소에서 분출된다.
>   - 짧은 곡선 절단은 곤란하고 곧고 긴 직선 절단에 유리
>   - 니들 밸브가 없어 압력 변화는 적고 역화 시 인화 가능성이 적다.
>   - 팁 능력은 팁이 용접할 수 있는 판 두께
>   예) 1번 팁 : 강판 1mm 두께를 용접할 수 있다.
>   2번 팁 : 강판 2mm 두께를 용접할 수 있다.
> 2. 동심형(B형, 가변압식) : 프랑스식
>   - 토치에서 고압산소와 예열용 불꽃이 같은 장소에서 분출
>   - 작은 곡선 등을 자유롭게 절단이 가능하다.
>   - 팁의 능력은 1시간 동안 표준불꽃(중성불꽃)으로 용접 시 아세틸렌 소비량으로 나타낸다.
>   - 니들 밸브가 있어 압력 유량 조절이 쉽다.
>   예) 100번 팁 : 시간 당 아세틸렌 소비량 100L
>   200번 팁 : 시간 당 아세틸렌 소비량 200L

15 아크 에어가우징 시 압축공기의 압력은 몇 kgf/cm^2 정도가 좋은가?

① 2~4 ② 5~7
③ 8~10 ④ 11~13

> [해설]
>
> - 작업능률이 가스 가우징보다 2~3배 크다.
> - 아크 에어가우징 시 압축공기의 압력은 5~7kgf/cm^2 정도이다.

16 용접 관련 안전사항에 대한 설명으로 옳은 것은?

① 탭 전환 시 아크를 발생하면서 진행한다.
② 용접봉 홀더는 전체가 절연된 B형을 사용하여 작업자를 보호한다.
③ 작업자의 안전을 위하여 무부하 전압은 높이고 아크 전압은 낮춘다.
④ 정격 2차 전류가 낮을 때 정격사용률 이상으로 용접기를 사용해도 안전하다.

> [해설]
>
> 정격 2차 전류가 낮아도 정격사용률 이상으로 용접기를 사용해서는 안 된다.

17 레이저광에 의한 눈의 위험을 방지하기 위한 주의사항으로 적합하지 않은 것은?

① 적당한 보호안경을 사용할 것
② 밝은 장소에서 레이저를 취급하지 말 것
③ 레이저 장치에 따른 레이저 광이 난반사되지 않게 정밀히 조절할 것
④ 레이저 장치의 주위에 반사율이 높은 물질을 사용하는 것을 피할 것

> [해설]
>
> 밝은 장소에서 레이저를 취급할 것

18 전기저항열을 이용한 용접법은?

① 전자빔 용접
② 일렉트로 슬래그 용접
③ 플라스마 용접
④ 레이저 용접

정답 14 ① 15 ② 16 ④ 17 ② 18 ②

[해설]
일렉트로 슬래그 용접은 용융 슬래그 저항열로 와이어와 모재를 용융시키는 연속 주조 방식에 의한 수직 상진 용접법이다.

19 CO_2 가스아크용접에서 사용되는 복합와이어의 구조가 아닌 것은?

① U관상 와이어
② Y관상 와이어
③ S관상 와이어
④ 아코스 와이어

[해설]
CO_2 가스아크용접의 복합 와이어 구조
아코스 와이어, S관상 와이어, NCG(버나드) 와이어, Y관상 와이어

암기쌤 ➡ 아! S.N.Y.

20 납땜에서 용제가 갖추어야 할 조건이 아닌 것은?

① 모재의 산화 피막과 같은 불순물을 제거하고 유동성이 좋을 것
② 청정한 금속면의 산화를 방지할 것
③ 용제의 유효온도 범위와 납땜 온도가 일치할 것
④ 침지 땜에 사용되는 것은 충분한 수분을 함유할 것

[해설]
침지 땜에 사용되는 것은 수분이 함유되지 않을 것

21 탄산가스 아크용접은 어느 극성으로 연결하여 사용해야 하는가?(단, 복합와이어는 사용하지 않는다.)

① 교류(AC)를 사용하므로 극성에 제한이 없다.
② 직류(DC)전원을 사용하며 극성에 제한이 없다.
③ 직류 정극성(DCSP)을 사용한다.
④ 직류 역극성(DCRP)을 사용한다.

[해설]
탄산가스 아크용접
• 탄산가스 아크용접에서 복합 와이어 미사용 시 직류 역극성을 사용하여 용접한다.
• 아르곤(Ar) 가스는 용기에 약 140 기압으로 충전하여 사용한다.

22 헬륨을 이용하여 불활성가스 아크용접을 하고자 할 때 가장 적합한 금속은?

① 비중이 높은 금속
② 저속도의 수동 용접
③ 연성이 큰 얇은 금속
④ 열전도율이 높은 금속

[해설]
불활성가스 아크용접(TIG, GTAW)은 비철금속인 구리 및 구리합금, 아연, 알루미늄, 니켈 등 열전도율이 높은(큰) 비철금속 용접이 적합하다.

23 불활성가스 아크용접에서 일반적으로 헬륨(He) 가스는 아르곤(Ar)가스의 몇 배의 유량을 분출해야만 아르곤과 같은 정도의 실드효과를 나타내는가?

① 약 1배
② 약 2배
③ 약 3배
④ 약 4배

[해설]
실드효과가 같을 조건
헬륨가스량×2배＝아르곤 가스량

24 서브머지드 아크용접 시 용접속도가 지나치게 빠른 경우 어떤 현상이 나타나는가?

① 용입은 다소 증가하고 이음가공의 정도가 좋아진다.
② 용접선이 길어져 단열작용의 원인이 된다.
③ 비드가 좁고 용입이 깊어진다.
④ 용접전류와 전압이 높아져 용입이 깊게 된다.

정답 19 ① 20 ④ 21 ④ 22 ④ 23 ② 24 ③

> [해설]

서브머지드 아크용접 시 용접속도가 지나치게 빠른 경우 비드가 좁고 용입이 깊어진다.

25 스터드 용접에서 페룰의 역할이 아닌 것은?

① 용접이 진행되는 동안 아크열을 집중시켜 준다.
② 용착부의 오염을 방지한다.
③ 용융금속의 유출을 증가시킨다.
④ 용융금속의 산화를 방지한다.

> [해설]

페룰

아크 스터드 용접에서 볼트나 환봉을 피스톤형 홀더에 끼워 볼트와 모재 사이에 순간적으로 플래시(아크)를 발생시켜 급열, 급랭을 받아 용융 금속을 담고 아크 안정과 보호를 위해 스터드 끝부분을 둘러싸고 있는 세라믹 부품

26 아크용접법에 속하지 않는 것은?

① 프로젝션 용접   ② 그래비티 용접
③ MIG 용접   ④ 스터드 용접

> [해설]

아크용접 종류

서브머지드, 이산화탄소, 원자수소, 피복, 플라스마, 아크스폿, 스터드, 불활성가스 아크용접

암기팡 ➡ 서.이.원.피.플.아.스.불.

27 전자빔 용접법의 특징이 아닌 것은?

① 에너지 밀도가 크다.
② 고용융점 재료의 용접이 가능하다.
③ 얇은 판에서 두꺼운 판까지 용접할 수 있다.
④ 모재의 크기에 제한이 없고, 배기장치가 필요 없다.

> [해설]

전자빔 용접법의 단점으로 고진공형일 경우 작업실이 필요해 크기에 제한받는다.

28 용접매연 발생의 영향인자에 대한 설명으로 틀린 것은?

① 일반적으로 용접전류가 증가함에 따라 용접매연의 발생량이 증가한다.
② 일반적으로 모든 아크용접에는 용접전압이 증가함에 따라 용접매연의 발생량이 증가한다.
③ 보호가스의 조성은 용접매연의 조성뿐만 아니라 발생량에도 영향을 미친다.
④ 피복용접봉과 플럭스 코어드 와이어가 솔리드와이어보다 용접매연이 적게 발생한다.

> [해설]

보호가스의 조성은 발생량에도 영향을 미치지 않는다.

29 서브머지드 아크용접용 용제의 종류 중 광물성 원료를 혼합하여 노에 넣어 1,300℃ 이상으로 가열·용해하여 응고시킨 후 분쇄하여 알맞은 입도로 만든 것으로 유리 모양의 광택이 나며 흡습성이 적은 것이 특징인 것은?

① 용융형 용제   ② 소결형 용제
③ 혼성형 용제   ④ 분쇄형 용제

> [해설]

용융형 용제

• 광물성 원료를 1,300℃ 이상 고온으로 용융한 다음 분쇄
• 입자가 가늘수록 고전류를 사용(전류가 낮을 때 굵은 입자, 전류가 높을 때는 가는 입자를 사용)
• 외관은 유리 모양의 광택이 나고 흡습성이 적어 보관이 편리함

30 일반 고장력강의 용접 시 주의사항으로 틀린 것은?

① 용접봉은 저수소계를 사용한다.
② 아크 길이는 가능한 한 짧게 한다.
③ 위빙 폭을 가급적 크게 한다.
④ 용접 개시 전에 이음부 내부 또는 용접할 부분을 청소한다.

정답 25 ③ 26 ① 27 ④ 28 ③ 29 ① 30 ③

[해설]

일반 고장력강 용접 시 주의 사항
- 위빙 폭을 가급적 작게 한다.
- 저수소계 용접봉 사용과 건조 관리
- 예열 및 후열 시공
- 적당한 속도로 운봉
- 용접 금속 중 불순물 성분을 저하(청소한다.)
- 용접 조건의 선택에 의해 비드 단면 형상 조정
- 아크 길이는 가능한 짧게 한다.

31 주철의 용접이 곤란하고 어려운 이유를 설명한 것은?

① 주철은 연강에 비해 수축이 적어 균열이 생기기 어렵기 때문이다.
② 일산화탄소가 발생하여 용착금속에 기공이 생기기 쉽기 때문이다.
③ 장시간 가열로 흑연이 조대화된 경우 모재와의 친화력이 좋기 때문이다.
④ 주철은 연강에 비하여 경하고 급랭에 의한 흑선화로 기계가공이 쉽기 때문이다.

[해설]

주철 용접이 곤란하고 어려운 것은 일산화탄소(CO) 가스 발생으로 기공이 생기기 쉽기 때문이다.

32 순철이 1,539℃ 용융상태에서 상온까지 냉각하는 동안에 1,400℃ 부근에서 나타나는 동소변태의 기호는?

① A_1
② A_2
③ A_3
④ A_4

[해설]

- A_0(210℃) : 시멘타이트 자기변태점
- A_1(723℃) : 강의 특유변태
- A_2(768℃, 퀴리 포인트) : 순철의 자기변태점
- A_3(910℃) : 순철의 동소변태
- A_4(1,400℃) : 순철의 동소변태

33 탄소강의 기계적 성질인 취성(메짐)과 관계 없는 것은?

① 청열취성
② 저온취성
③ 흑연취성
④ 적열취성

[해설]

취성(메짐)의 종류

1. 청열취성(blue shortness)
   - 탄소강을 200~300℃로 가열하면 인장강도, 경도가 최대치로 되며 연신율과 단면 수축율이 최소치
   - 200~300℃ 부근에서 상온보다 취약한 성질이 있어, 청색의 산화피막이 생성되며 인(P)이 주원인으로 200~300℃ 부근에선 소성 가공을 피하는 것이 좋다.

2. 적열취성(red shortness) 또는 고온취성(hot shortness)
   - S은 적열취성의 원인으로, 인장강도, 연신율, 인성을 저하시킴
   - FeS은 융점이 낮아 그 온도에서 공작물 취약할 때 적열취성

3. 상온취성(cold shortness)
   - P(인)은 상온취성의 원인으로, 상온 이하로 내려가면 충격치가 감소하고 쉽게 파손되는 성질이 있다.
   - P으로 인한 유해는 C 양이 많을수록 크다.
   - 공구강에선 0.025% 이하, 반 경강에선 0.04%, 연강에선 0.06% 이하로 제한

34 탈산 및 기타 가스 처리가 불충분한 상태의 용강을 그대로 주형에 주입하여 응고한 것으로 강괴 내에 기포가 많이 존재하게 되어 품질이 균일하지 못한 강괴는?

① 림드강
② 킬드강
③ 캡드강
④ 세미킬드강

[해설]

강괴의 종류

- 림드강 : 탈산 및 기타 가스 처리가 불충분한 상태의 용강을 그대로 주형에 주입 응고해 기포가 많이 존재하므로 품질이 불균일함
- 킬드강 : 헤어크랙(hair crack)이 존재하지만 기포, 편석이 없고, 탈산제로 페로실리콘, 알루미늄을 사용함
- 세미킬드강 : 림드강과 킬드강의 중간

정답 31 ② 32 ④ 33 ③ 34 ①

35 표준자, 시계추 등 치수 변화가 적어야 하는 부품을 만드는 데 가장 적합한 재료는?

① 스텔라이트 ② 샌더스트
③ 인바 ④ 불수강

해설

인바(Invar, Ni 36%)
- 팽창계수가 작음
- "인바"는 열팽창계수가 영(Zero)에 가까워 정밀 기구류 등에 사용
- 표준척, 열전쌍, 시계 등에 사용

36 오스테나이트계 스테인리스강을 용접하면 내식성을 감소시키는 입계부식이 발생하는데 이 입계부식을 방지하는 방법이 아닌 것은?

① 탄소량을 감소시켜 Cr_4C 탄화물의 발생을 저지시킨다.
② 500~800℃로 가열하여 가능한 한 예민화(Sensitize)시키도록 한다.
③ 티탄(Ti), 바나듐(V), 니오븀(Nb) 등을 첨가하여 Cr의 탄화물화를 감소시킨다.
④ 고온으로 가열한 후 Cr 탄화물을 오스테나이트 조직 중에 용체화하여 급랭시킨다.

해설

입계부식 방지법
- 탄소 함유량이 0.03% 이하여야 한다.
- 탄소량을 감소시켜 Cr_4C 탄화물의 발생을 저지시킨다.
- 입계부식을 방지하기 위해 탄화물을 분해하는 가열온도 1,000~1,100℃로 충분히 유지한 후 급랭해 Cr 합금 성분 석출을 저해함
- 층간 온도는 320℃ 이상을 넘지 말며, 티탄, 니오브 등을 섞어 입계부식을 방지할 수 있음

암기팜 ▶ 입계부식 방지를 위해 티.니.

- 오스테나이트, 스테인리스강은 황산, 염산, 염소가스에 약하고 결정입계 부식 발생이 쉬움
- 크롬 함유량이 낮은 결정 입계 부근에서 부동태 특성을 잃어버려 내식성이 감소되어 입계 부식이 일어난다. 즉, 주원인은 탄화물의 석출로 인한 크롬 함유량 감소
- 오스테나이트, 스테인리스강이 결정 입계부근에 크롬이 탄소와 결합해 70% 크롬 이하로 줄어들어 부식을 일으키는 예민화(Sensitize) 현상으로 크롬 탄화물(Cr_4C) 생성됨
- 스테인리스강 용접 시 용접 열영향부(HAZ부)에서 450~850℃ 온도 구간에서 크롬 고갈층이 발생하는 예민화 현상이 발생

37 Fe-C 상태도에서 탄소함유량이 약 0.8%일 때 강의 명칭은?

① 공석강 ② 아공석강
③ 과공석강 ④ 공정주철

해설

- 아공석강 : 0.8% 이하, 공석강 : 0.8%, 과공석강 : 0.8% 이상 1.7% 이하
- 아공정주철 : 1.7% 이상 4.3% 미만, 공정주철 : 4.3%, 과공정 주철 : 4.4% 이상 6.67% 이하

38 Fe-C 평형상태도에서 나타나는 반응이 아닌 것은?

① 공석반응 ② 공정반응
③ 포정반응 ④ 포석반응

해설

Fe-C 상태도에 나타나는 반응
공석반응, 공정반응, 포정반응

39 구리 및 구리합금의 용접성에 관한 설명으로 틀린 것은?

① 충분한 용입을 얻으려면 예열을 해야 한다.
② 용접 후 응고 수축 시 변형이 발생하기 쉽다.
③ 구리합금의 경우 아연 증발로 중독을 일으키기 쉽다.
④ 가스 용접 시 수소 분위기에서 가열하면 산화물이 산화되어 수분을 생성하지 않는다.

정답 35 ③ 36 ② 37 ① 38 ④ 39 ④

[해설]

구리 및 구리합금 용접성
- 용접 후 응고 시 수축 변형이 생기기 쉬움(열팽창계수가 크므로)
- 구리합금의 경우 아연 증발로 중독을 일으키기 쉬움(아연(Zn)이 없어지는 고온 탈 아연 현상 때문)

40 오스테나이트 온도로 가열 유지시킨 후 절삭유 또는 연삭유의 수용액 등에 담금질하여 미세펄라이트 조직을 얻는 방법으로 200℃ 이하에서 공랭하는 것은?

① 슬랙(slack) 담금질 ② 시간(time) 담금질
③ 분사(jet) 담금질 ④ 프레스(press) 담금질

[해설]

슬랙(Slack) 담금질은 미세펄라이트 조직을 얻는 방법으로 200℃ 이하에서 공랭하는데, 오스테나이트 온도로 가열 유지시킨 후 절삭유 또는 연삭유의 수용액 등에 담금질한다.

41 열처리 방법 중 연화를 목적으로 하며, 냉각 시 서랭하는 열처리법은?

① 뜨임 ② 풀림
③ 담금질 ④ 노멀라이징

[해설]

풀림(Annealing)
재질의 연화, 내부 응력제거 목적으로 노내에서 서랭하는 열처리법

42 Cu에 5~20%Zn을 첨가한 황동으로 강도는 낮으나 전연성이 좋고 금색에 가까운 색을 나타내며, 금박 대용으로 사용되는 것은?

① 톰백 ② 쾌삭황동
③ 문츠메탈 ④ 네이벌황동

[해설]

황동 합금의 종류
- 톰백 : 구리 80%-아연 8~20%
- 네이벌황동 : 6.4황동-주석(Sn) 1~2%
- 애드미럴티 : 7.3황동-주석 1~2%
- 델타메탈(Fe황동) : 6.4황동-철(Fe) 1~2%
- 문츠메탈 : 6.4황동
- 두라나메탈 : 7.3황동-Fe 1~2%
- 토빈브라스 : 6.4황동-Sn 0.7~2.5%, Pb, Al, Fe소량

43 용접부 인장시험에서 모재의 인장강도가 450kg/mm², 용접시험편의 인장강도가 300kg/mm²으로 나타났다면 이음효율은 몇 %인가?

① 15% ② 66.7%
③ 150% ④ 86.7%

[해설]

이음효율 = $(300 \div 450) \times 100 = 66.67\%$

44 모재 가운데 유황 함유량의 과대, 아크길이 조작의 부적당, 과대전류 사용 등으로 기공이 발생하는데 기공의 방지대책으로 틀린 것은?

① 건조한 저수소계 용접봉을 사용한다.
② 정해진 범위 안의 전류로 긴 아크를 사용한다.
③ 적정전류를 사용한다.
④ 용접 분위기 가운데 수소량을 증가시킨다.

[해설]

서브머지드 아크용접에서 비드 중간에 발생되기 쉽고, 그 원인은 수소가스가 기포로서 용착 금속 내에 포함되기 때문에 기공이 생긴다.

45 용착법에 대해 잘못 표현된 것은?

① 후진법 : 잔류응력을 최소로 해야 할 경우에 이용된다.
② 대칭법 : 이음의 수축에 따른 변형이 서로 대칭이 되게 할 경우에 사용된다.
③ 스킵법 : 판이 매우 얇은 경우나 용접 후에 비틀림이 생길 염려가 있는 경우에 사용된다.
④ 전진법 : 이음의 수축에 따른 변형과 잔류응력을 최소화하여 기계적 성질을 높이는 데 사용된다.

해설

전진법
이음 한쪽 끝에서 다른 쪽 끝으로 진행하는 방법으로 시작 부분보다 끝나는 부분이 수축이나 잔류 응력이 더 큼

46 대형 공작물을 일정하게 고정하고 용접기를 용접부위로 이동시켜 작업을 능률적으로 하기 위한 장치로 대차주행 크로스헤드, 상승 컬럼, 선회 붐(boom) 등으로 구성되어 용접작업하는 자동화장치는?

① 포지셔너(positioner)
② 머니퓰레이터(manipulator)
③ 포지션 코더(position corder)
④ 포텐셔미터(potentiometer)

해설

머니퓰레이터(Manipulator)
사람의 팔과 유사한 기능을 가진 로봇기계로 대차주행 크로스헤드, 칼럼, 선회 붐(boom) 등으로 구성되어 용접 작업하는 자동화장치

47 보수용접의 설명으로 틀린 것은?

① 용접부분의 기공은 연삭하여 제거 후에 재용접한다.
② 용접 균열부는 균열 정지구멍을 뚫고 용접홈을 만든 다음 재용접한다.
③ 언더컷은 굵은 용접봉을 사용한다.
④ 용접부의 천이온도가 높을수록 취화가 적다.

해설

결함 보수방법
- 언더컷 : 작은 용접봉으로 용접할 것
- 오버랩 : 오버랩되는 부분을 깎아낸 후 재용접
- 균열 : 균열 끝에 정지구멍(stop hole)을 뚫고, 가우징이나 스카핑으로 파낸 후 재용접
- 슬래그 섞임, 기공 : 깎아낸 후 재용접

48 꼭지각이 136°인 다이아몬드 4각추의 압자를 1~120kg의 하중으로 시험편에 압입한 후에 생긴 오목자국의 대각선을 측정하여 경도를 측정하는 시험은?

① 로크웰 경도
② 브리넬 경도
③ 쇼어 경도
④ 비커스 경도

해설

비커스 경도
- 다이아몬드 4각추의 입자의 꼭지각이 136°인 경도기로 시험편에 1~120kg의 하중으로 생긴 오목자국의 대각선을 측정하여 경도를 측정하는 시험
- 비커스 경도=하중(kg)/자국의 표면적(mm^2)
  $= 1.8544 P/d^2$

49 용접의 결함 중 마이크로(Micro) 결함에 속하는 것은?

① 본드부
② 연화영역
③ 취성화영역
④ 불순물 또는 비금속 게재물 편석

해설

마이크로 결함에 속하는 것으로는 불순물 또는 비금속 게재물 편석 등이 있다.

50 초음파 탐상법의 종류가 아닌 것은?

① 직각통전법
② 투과법
③ 펄스반사법
④ 공진법

> [해설]

초음파 탐상법의 종류
투과법, 펄스반사법, 공진법

51 다음 용접 보조 기호는?

① 용접부를 볼록으로 다듬질함
② 끝 단부를 매끄럽게 함
③ 용접부를 오목으로 다듬질함
④ 영구적인 덮개판을 사용함

> [해설]

위 기호는 끝 단부를 매끄럽게 함을 의미한다.

52 용접용 로봇을 동작기능으로 분류할 때 좌표계의 종류로 해당되지 않는 것은?

① 원통 좌표 로봇
② 평행 좌표 로봇
③ 극좌표 로봇
④ 관절 좌표 로봇

> [해설]

좌표계의 종류
관절 좌표 로봇, 원통 좌표 로봇, 극좌표 로봇 (관/원/극)

53 용접변형에 영향을 미치는 인자 중 용접열에 관계되는 인자가 아닌 것은?

① 용접속도
② 용접층수
③ 용접전류
④ 부재치수

> [해설]

용접열 인자
용접전류, 용접속도, 용접층수 (전/속/층)

54 용접 설계상 주의하여야 할 사항으로 틀린 것은?

① 용접 이음이 한군데 집중되거나 너무 접근하지 않도록 할 것
② 반복하중을 받는 이음에서는 이음표면을 볼록하게 할 것
③ 용접길이는 가능한 한 짧게 하고, 용착금속도 필요한 최소한으로 할 것
④ 필릿 용접은 가능한 한 피할 것

> [해설]

용접구조물 설계 시 주의 사항
• 용접길이는 짧게, 용착량도 최소로 할 것
• 후판 용접 시 용접 층수를 가능한 적게 할 것
• 고장력강 용접봉(저수소계)으로 한다.
• 아래보기 용접을 많이 한다.
• 이음은 집중 접근 및 교차를 피한다.
• 필릿 용접을 피하고 맞대기 용접을 한다.
• 맞대기 용접 시 뒷면, 용입 부족이 없게 할 것
• 가능한 다듬질 부분에 포함되지 않게 할 것
• 우수 재료를 선택, 시공하기 쉽게 설계
• 용접선을 될 수 있는 한 교차하지 않게 할 것

55 생산보전(PM ; productive maintenance)의 내용에 속하지 않는 것은?

① 보전예방
② 안전보전
③ 예방보전
④ 개량보전

> [해설]

생산보전 내용
보전예방, 예방보전, 개량보전 등

56 200개들이 상자가 15개 있을 때 각 상자로부터 제품을 랜덤하게 10개씩 샘플링할 경우 이러한 샘플링 방법을 무엇이라 하는가?

① 층별 샘플링
② 계통 샘플링
③ 취락 샘플링
④ 2단계 샘플링

정답 51 ② 52 ② 53 ④ 54 ② 55 ② 56 ①

해설

1. **층별 샘플링** : 모집단을 몇 개의 층으로 나눌 수 있을 때, 각 층별로 샘플링하는 것이 좋을 때, 각각의 층에 포함한 품목 수에 따라서 시료 크기를 비례 배분하여 추출하는 방법
2. **랜덤 샘플링**
   - 시료 수가 증가하면 할수록 샘플링 정도가 높다.
   - 모집단의 어느 부분이라도 목적하는 특성을 확률로 시료 중에 뽑혀지도록 샘플링하는 방법
   - 단순 랜덤 샘플링, 계통 샘플링, 지그재그 샘플링 방법 등이 있다.
3. **2단계 샘플링** : 모집단을 몇 개 부분으로 나누어 1단계로 그 것들 중 몇 개를 취출하고 2단계로 그 부분 중 몇 개를 단위체 또는 단위량을 취출하는 방법
4. **취락 샘플링(집락 샘플링)** : 여러 집단으로 모집단을 나누고 이 중 몇 개를 무작위로 선택한 후 선택된 집단 전체를 검사하는 방법
5. **다단계 샘플링** : 모집단에서 랜덤하게 1차 시료를 샘플링 한 다음 1차 시료에서 다시 2차 시료를 샘플링하고, 다시 2차 시료에서 3차 시료를 샘플링 해나가는 방법
6. **유의 샘플링** : 일부 특정 부분을 샘플링하여 그 시료의 값으로 전체를 내다보는 방법

57 모든 작업을 기본동작으로 분해하고, 각 기본동작에 대하여 성질과 조건에 따라 미리 정해놓은 시간치를 적용하여 정미시간을 산정하는 방법은?

① PTS법
② Work Sampling법
③ 스톱워치법
④ 실적자료법

해설

PTS법(Predetermined Time Standard)
모든 작업을 기본동작으로 분해해 실제로 작업에 필요한 소요시간을 각 작업방법에 따라 이론적으로 정해 놓은 시간치를 적용, 정미시간을 정하는 방법으로 MTM법과 WF법이 있다.
- **MTM(Method Time Measurement)법** : 작업을 몇 개의 기본동작으로 분석, 기본동작 간의 관계나 필요로 하는 시간 값을 밝히는 것
- **WF(Work Factor)법** : 표준 시간을 정하기 위해 정밀한 계측 시계를 사용, 아주 미소한 극소 동작에 대한 상세한 데이터를 분석한 결과 기초적인 동작 시간 공식을 작성, 분석하는 방법

58 어떤 공장에서 작업을 하는 데 있어서 소요되는 기간과 비용이 다음 표와 같을 때 비용구배는?(단, 활동시간의 단위는 일(日)로 계산한다.)

정상작업		특급작업	
기간	비용	기간	비용
15일	150만 원	10일	200만 원

① 50,000원
② 100,000원
③ 200,000원
④ 500,000원

해설

$$비용구배 = \frac{특급비용 - 정상비용}{정상시간 - 특급시간} = \frac{200만원 - 150만원}{15일 - 10일}$$
$$= \frac{50만원}{5일} = 100,000원/일$$

59 관리도에서 측정한 값을 차례로 타점했을 때 점이 순차적으로 상승하거나 하강하는 것을 무엇이라 하는가?

① 런(run)
② 주기(cycle)
③ 경향(trend)
④ 산포(dispersion)

해설

- **런(run)** : 관리도 내에서 점이 관리 한계 내에 있고 중심선 한쪽에 연속해서 나타나는 점
- **주기(cycle)** : 점이 주기적으로 상하로 변동하여 파형을 나타내는 것
- **경향(trend)** : 연속 7점 이상의 점이 점점 올라가거나 내려가는 상태
- **산포(dispersion)** : 측정치의 고르지 않는 정도. 측정값이 평균 중심으로 집중되었나, 얼마만큼 퍼져있는가의 정도

60 품질특성을 나타내는 데이터 중 계수치 데이터에 속하는 것은?

① 무게
② 길이
③ 인장강도
④ 부적합품률

해설

계수치 데이터에 속하는 것은 부적합품률이다.

정답 57 ① 58 ② 59 ③ 60 ④

2015년 제58회(7.19)

01 저수소계 용접봉은 용접하기 전에 어느 정도의 온도에서 일정 시간 건조시켜 사용하는가?

① 100~150℃ ② 200~250℃
③ 300~350℃ ④ 400~450℃

[해설]

E4316(저수소계)
- 주성분 : 석회석 = 탄산칼슘($CaCO_3$), 형석 = 불화칼슘(CaF_2)을 주성분으로 한다.
- 수소양이 다른 용접봉에 비해 1/10정도 적다.
- 피복제가 습기를 잘 흡수하기 때문에 반드시 사용 전에 300~350℃로 1~2시간 정도 건조 후 사용할 것
- 아크가 불안정하며 초보자일 경우 용접봉이 모재에 달라붙는 등 아크가 다소 불안정하고, 작업성이 떨어진다.
- 용접속도가 느리며 용접이 출발된 시점에서 기공이 생기기 쉽기 때문에 후진법(back step)을 사용한다.
- 다른 연강봉보다 용접성이 우수하므로 후판, 중요 구조물, 구속이 큰 용접, 고탄소강, 유황 함유량이 큰 강 등에 용접 결함 없이 용접부가 양호하다.
- 피복제의 염기도가 높을수록 내 균열성이 우수하다.
- 작업성 : 고산화티탄계(E4313) > 일미나이트계(E4301) > 저수소계(E4316)
- 기계적 성질 : 저수소계(E4316) > 일미나이트계(E4301) > 고산화티탄계(E4313)
- 다층 용접 시 첫 층을 저수소계를 사용함으로써 수소와 잔류응력으로 인한 균열을 방지한다.
- 비드 이음부에서 기공(porosity)이 생기기 쉬우므로 짧은 아크 길이로 하며 운봉 시 주의해야 한다.
- 피복제 염기성이 높고 내균열성이 좋다.
※ 저수소계봉은 300~350℃에서 1~2시간 가열 건조 후 사용

02 가스 절단이 원활하게 이루어질 수 있는 재료의 성질은?

① 모재의 산화물의 유동성이 좋아야 한다.
② 산화물의 용융온도가 모재의 용융온도보다 높아야 한다.
③ 모재의 점도가 높아야 한다.
④ 산소와 결합하여 연소되면 안 된다.

[해설]

원활한 가스 절단의 조건
- 산소와 결합해 연소가 잘 될 것
- 모재의 점도가 낮을 것
- 모재의 산화물이 유동성이 좋을 것
- 산화물 용융온도가 모재의 용융온도보다 낮을 것

03 산소-아세틸렌을 사용한 수중 절단 시 팁 끝과 연강판 사이의 거리는 백심에서 약 몇 mm 정도가 가장 적당한가?

① 0.5~1.0 ② 1.5~2.0
③ 2.5~3.0 ④ 3.5~4.0

[해설]

수중 절단 시 팁 끝과 연강판 사이의 거리는 백심에서 1.5~2.0mm가 적당

04 아세틸렌가스 발생기가 아닌 것은?

① 투입식 ② 청정식
③ 주수식 ④ 침지식

정답 01 ③ 02 ① 03 ② 04 ②

> **해설**

아세틸렌가스 발생기 종류
침지식, 투입식, 주수식 (침.투.주.)

05 가스 절단팁의 노즐 모양으로 가우징, 스카핑 등에서 사용하는 것으로 넓고 얇게 용착을 행하기 위한 노즐로 가장 적합한 것은?

① 스트레이트 노즐
② 곡선형 노즐
③ 저속 다이버전트 노즐
④ 직선형 노즐

> **해설**

저속 다이버전트 노즐은 넓고 얇게 용착을 행하는 노즐로 가우징, 스카핑 등에서 사용

06 용착(deposit)을 가장 잘 설명한 것은?

① 모재가 녹은 깊이
② 용접봉이 용융지에 녹아 들어가는 것
③ 모재의 열영향을 받는 경계부
④ 아크열에 녹은 모재의 용융지 면적

> **해설**

- 용입 : 모재가 녹는 깊이
- 용착 : 용접봉이 용융지에 녹아 들어가는 것
- 용융지 : 용융풀이며, 아크열로 용접봉과 모재가 녹는 쇳물 부분

07 다음 중 전류 100A 이상 300A 미만의 금속 아크 용접 시 어떤 범위의 차광렌즈를 사용하는 것이 가장 적당한가?

① 8~9   ② 10~12
③ 13~14   ④ 15 이상

> **해설**

차광유리 No
- 전류 30A 이상 75A 미만 : No 7~8
- 전류 100A 이상 300A 미만 : No 10~12
- 전류 300A 이상 400A 미만 : No 13

08 강재 표면의 홈이나 개재물, 탈탄층 등을 제거하기 위하여 될 수 있는 대로 얇게 그리고 타원형 모양으로 표면을 깎아내는 가공법은?

① 가우징(gouging)   ② 드래그(drag)
③ 스테이킹(staking)   ④ 스카핑(scarfing)

> **해설**

- 스카핑 : 강재 표면의 홈이나 개재물, 탈탄층 등을 제거하기 위하여 될 수 있는 대로 얇게, 그리고 타원형 모양으로 표면을 깎아내는 가공법
- 드래그 : 가스 절단 입구와 출구 사이의 수평거리
- 가우징 : 용접부 뒷면을 따내든지, 깊은 U형, H형 용접 홈을 파내는 가공법

09 E4313-AC-5-400 연강용 피복아크 용접봉의 규격을 표시한 것 중 규격 설명이 잘못된 것은?

① E : 전기용접봉
② 43 : 용착금속의 최저인장강도
③ 13 : 피복제의 계통
④ 400 : 용접전류

> **해설**

E4313-AC-5-400
- E : 전극봉의 첫 글자
- 43 : 용착금속의 최소인장강도 43kg/mm^2
- 1 : 전 자세
- 3 : 고산화티탄계 용접봉
- AC : 교류 용접기
- 5 : 용접봉 직경 5mm
- 400 : 용접봉 길이 400mm

정답 05 ③ 06 ② 07 ② 08 ④ 09 ④

10 용접부의 내식성에 영향을 미치는 인자가 아닌 것은?

① 용접이음 형상 ② 용제(flux)
③ 잔류응력 및 재질 ④ 용접방법

[해설]
내식성에 영향을 미치는 인자
용접이음 형상, 용제, 잔류응력 및 재질

11 용접기의 핫스타트(hot start) 장치의 장점이 아닌 것은?

① 아크 발생을 쉽게 한다.
② 크레이터 처리를 잘 해준다.
③ 비드 모양을 개선한다.
④ 아크 발생 초기의 비드 용입을 양호하게 한다.

[해설]
핫 스타트 장점
- 아크 발생을 쉽게 한다.
- 비드 모양을 개선한다.
- 초기 비드 용입을 양호하게 한다.

12 아세틸렌가스의 자연발화 온도는 몇 도인가?

① 306~308℃ ② 355~358℃
③ 406~408℃ ④ 455~458℃

[해설]
- 406~408℃ : 자연발화
- 505~515℃ : 폭발위험
- 780℃ : 산소 없이 자연 폭발

13 정격사용률이 40%, 정격 2차 전류 300A, 무부하 전압 80V, 효율 85%인 용접기를 200A의 전류로 사용하고자 할 때 이 용접기의 허용사용률은 몇 %인가?

① 60% ② 70.6%
③ 76.5% ④ 90%

[해설]
$$허용사용률 = \frac{(정격2차전류)^2}{(실제용접전류)^2} \times 정격사용률$$
$$= \frac{300^2}{200^2} \times 40 = 90\%$$

14 가스용접에서 전진법에 대한 설명으로 옳은 것은?

① 용접봉의 소비가 많고 용접시간이 길다.
② 용접봉의 소비가 적고 용접시간이 길다.
③ 용접봉의 소비가 많고 용접시간이 짧다.
④ 용접봉의 소비가 적고 용접시간이 짧다.

[해설]
전진법은 용접봉 소비가 많고 용접 시간이 길다.

15 아세틸렌의 발화나 폭발과 관계없는 것은?

① 압력 ② 가스혼합비
③ 유화수소 ④ 온도

[해설]
아세틸렌의 발화나 폭발과 관계가 있는 것
압력, 가스 혼합비, 온도, 불순물 영향, 화합물 생성

16 TIG 용접으로 Ti 합금재질의 파이프(pipe)용접 시의 설명으로 틀린 것은?

① Ar 가스로 용접부의 용접 비드 보호를 위하여 파이프 내면의 퍼징과 외면에 퍼징기구를 사용하여 보호가스로 퍼징하여 산화를 막는다.
② Ti 합금의 용접부 가공 시 초경합금 또는 다이아몬드 숫돌로 가공 후 용접한다.
③ Ti 합금의 용접 전류는 펄스(Pulse)전류를 사용하는 것이 좋으며 직류 정극성을 사용하여야 한다.
④ Ti 합금 용접 시 예열온도는 350℃, 층간온도는 300℃로 하여야 한다.

정답 10 ④ 11 ② 12 ③ 13 ④ 14 ① 15 ③ 16 ④

해설

- **층간온도** : 직전 pass 용접열로 인해 높아진 모재 온도이다. 층간온도는 200℃ 이하로 할 것
- Ti 합금의 용접전류는 펄스전류를 사용하는 것이 좋고 직류 정극성을 사용한다.
- Ti 합금 용접부 가공 시 초경합금 또는 다이아몬드 숫돌로 가공 후 용접한다.
- Ar 가스로 용접 비드 보호를 위하여 파이프 내면의 퍼징과 외면에 퍼징기구를 사용하여 보호가스로 퍼징해서 산화를 막는다.

17 용접면을 가볍게 접촉시키면서 대전류를 흐르게 하여 접촉면에 전기불꽃을 발생시켜 그 열로 두 개의 면을 접합시키는 용접은?

① 플래시 용접
② 마찰 용접
③ 프로젝션 용접
④ 심 용접

해설

플래시 용접은 용접면을 가볍게 접촉시키면서 대전류를 흐르게 하여 접촉면에 전기 불꽃을 발생시켜 그 열로 두 개의 면을 접합시키는 용접이다.

18 불활성가스 아크용접에서 주로 사용되는 불활성 가스는?

① C_2H_2
② Ar
③ H_2
④ N_2

해설

불활성가스 아크용접에서 주로 사용되는 불활성가스는 Ar 이다.

19 탄산가스(CO_2) 아크용접 작업 시 전진법의 특징으로 옳은 것은?

① 용접 스패터가 비교적 많으며 진행방향 쪽으로 흩어진다.
② 용접선이 잘 안 보이므로 운봉을 정확하게 할 수 없다.
③ 용착금속의 용입이 깊어진다.
④ 비드 폭의 높이가 높아진다.

해설

전진법의 특징

- 용접 스패터가 비교적 많으며 진행방향 쪽으로 흩어진다.
- 용접선이 잘 보이므로 운봉을 정확하게 할 수 있다.
- 용착금속의 용입이 얕아진다.(용착금속이 아크보다 앞서기 쉬워서)
- 비드 폭의 높이가 낮아지고 평탄한 비드를 형성

20 가스용접 및 절단작업 시 안전사항으로 가장 거리가 먼 것은?

① 작업 시 작업복은 깨끗하고 간편한 복장으로 갈아입고 작업자의 눈을 보호하기 위해 보안경을 착용한다.
② 납이나 아연합금 및 도금 재료의 용접이나 절단 시 중독의 우려가 있으므로 환기에 신경을 쓰며 방독마스크를 착용하고 작업을 한다.
③ 산소병은 고압으로 충전되어 있으므로 운반 시는 전용 운반장비를 이용하며, 나사부분의 마모를 적게 하기 위하여 윤활유를 사용한다.
④ 밀폐된 용기를 용접하거나 절단할 때 내부의 잔여물질 성분이 팽창하여 폭발할 우려를 충분히 검토한 후 작업을 한다.

해설

산소는 지연성(＝조연성) 가스이므로, 윤활유와 접촉 혼합 시 발화 위험이 있어 윤활유를 사용해서는 안 된다.

21 서브머지드 아크용접에 사용하는 용제(flux)의 작용이 아닌 것은?

① 용착금속에 포함된 불순물을 제거한다.
② 용접금속의 급랭을 방지한다.
③ 용제의 공급이 많아지면 기공의 발생이 적어진다.
④ 단열 작용으로 아크열이 외부에 발산되는 것을 막아 용접부에 집중시킨다.

정답 17 ① 18 ② 19 ① 20 ③ 21 ③

해설

용제 공급이 많아지면 기공이 더 많이 생긴다.

용제의 작용
- 용접 금속의 급랭을 방지한다.
- 용착 금속에 포함된 불순물을 제거한다.
- 단열작용으로 아크열이 외부에 발산되는 것을 막아 용접부에 집중시킨다.

22 CO_2 용접에서 용접부에 가스를 잘 분출시켜 양호한 실드(shield)작용을 하도록 하는 부품은?

① 토치 바디(Torch Body)
② 노즐(Nozzle)
③ 가스 분출기(Gas Diffuse)
④ 인슐레이터(Insulator)

해설

노즐(Nozzle)은 CO_2 용접에서 가스를 잘 분출시켜 양호한 실드 작용을 하는 부품이다.

23 땜납 가운데 결정 입자가 치밀하며 강도도 충분하여 스테인리스강의 납땜에 이용되는 것은?

① 20[%] 주석-납
② 30~40[%] 주석-납
③ 50[%] 주석-납
④ 60[%] 주석-납

해설

60[%] 주석-납은 결정 입자가 치밀하고, 강도가 충분해 스테인리스강 납땜에 이용된다.

24 서브머지드 아크용접에서 고능률 용접법이 아닌 것은?

① 다전극법
② 컷 와이어(cut wire) 첨가법
③ CO_2+UM 다전극법
④ 일렉트로 슬래그 용접법

해설

고능률 용접법(서브머지드 아크용접 중에서)
- CO_2+UM 다전극법
- 컷 와이어(Cut wire) 첨가법
- 다전극법

25 테르밋 용접의 특징은?

① 용접시간이 짧고 용접 후 변형이 적다.
② 설비비가 비싸고 작업 장소 이동이 어렵다.
③ 용접에 전기가 필요하다.
④ 불활성가스를 사용하여 용접한다.

해설

테르밋 용접
1. 테르밋제 주성분 : 산화철 분말(3~4)과 알루미늄 분말(1)의 중량비
2. 테르밋 원리 : 외부로부터 용접 열원을 가한 것이 아니라 테르밋 화학 반응온도 2,800℃ 이상 고온에 도달하는 데 매우 짧은 시간이 소요된다.
   ※ 테르밋 반응이란 Al에 의해 산소를 빼앗기는 반응
3. 접합제 : 과산화바륨, 마그네슘
4. 특징
   - 용접시간이 비교적 짧고 용접 후 변형이 적다.
   - 용접 기구가 간단하고, 설비비가 싸며 전력이 불필요
   - 이동이 용이하며 용접결과 재현성이 높다.
   - 종류에는 용융 테르밋 용접법과 가압 테르밋 용접법
   - 작업이 단순하고 기술 습득이 쉽다.
   - 특별한 모양의 홈 가공이 필요하지 않다.

26 일렉트로 가스 아크용접(EGW) 시 사용되는 보호가스가 아닌 것은?

① 아르곤가스
② 헬륨가스
③ 이산화탄소
④ 수소가스

해설

일렉트로 가스 아크용접에 사용되는 보호가스
CO_2(탄산가스), Ar(아르곤), He(헬륨)

암기팁 ▶ 탄/알(이)/헬(기에서 떨어진다.)

정답 22 ② 23 ④ 24 ④ 25 ① 26 ④

27 불활성가스 금속 아크용접법에 대한 설명 중 틀린 것은?

① 알루미늄(Al), 마그네슘(Mg), 동합금, 스테인리스강, 저합금강 등 거의 모든 금속에 적용되며, TIG 용접의 2~3배 용접 능률을 얻을 수 있다.
② MIG 용접에서 아크길이를 일정하게 유지할 수 있게 하는 것은 고주파장치가 있기 때문이다.
③ MIG 용접에서의 용적이행에는 단락이행, 입상이행, 스프레이 이행이 있으며 이 중 가장 많이 사용하는 것은 스프레이 이행이다.
④ TIG 용접과 같이 청정작용으로 용제(flux)가 필요 없다.

해설
고주파 장치가 있는 것은 TIG 용접이다.

28 TIG 용접에서 고주파 교류전원은 일반 교류전원에 비하여 다음과 같은 장점을 가지고 있다. 틀린 것은?

① 텅스텐 전극봉의 수명이 연장된다.
② 텅스텐 전극봉을 모재에 접촉시키지 않아도 아크가 발생된다.
③ 아크가 더욱 안정된다.
④ 텅스텐 전극봉에 보다 많은 열이 발생한다.

해설
고주파 교류전원이 일반 교류전원에 비해 장점
- 텅스텐 전극봉을 모재에 접촉시키지 않아도 아크가 발생
- 아크가 더욱 안정된다.
- 텅스텐 전극봉의 수명이 연장된다.
- 텅스텐 전극봉에 적은 열이 발생한다.

29 이음 형상에 따른 심 용접기의 종류가 아닌 것은?

① 횡 심 용접기
② 종 심 용접기
③ 만능 심 용접기
④ 업셋 심 용접기

해설
심 용접기의 종류
(종, 횡, 만능) 심 용접기

30 베어링 합금의 필요조건으로 틀린 것은?

① 충분한 점성과 인성이 있을 것
② 마찰계수가 크고 저항력이 작을 것
③ 전동피로수명이 길고, 내마모성을 가질 것
④ 하중에 견딜 수 있는 정도의 경도와 내압력을 가질 것

해설
베어링 합금의 필요조건
- 전동 피로수명이 길고, 내마모성을 가질 것
- 마찰계수가 작고 저항력이 작을 것
- 충분한 점성과 인성이 있을 것
- 하중에 견딜 수 있는 정도의 경도와 내압력을 가질 것
- 방열로 인한 열전도율이 클 것

31 합금강에서 Cr 원소의 첨가효과로 틀린 것은?

① 내열성을 증가시킨다.
② 자경성을 증가시킨다.
③ 부식성을 증가시킨다.
④ 내마멸성을 증가시킨다.

해설
Cr 원소의 첨가 효과
- 자경성을 증가시킨다.
- 내마멸성을 증가시킨다.
- 내열성을 증가시킨다.
- 강도와 경도를 증가시킨다.

32 금속 침투법 중에서 Al을 침투시키는 것은?

① 세라다이징
② 크로마이징
③ 실리코나이징
④ 칼로나이징

> [해설]

금속 침투법

강재 표면에 다른 금속을 침투, 확산시켜 강재 표면의 내식, 내산성을 높인다.
- 크로마이징 : 크롬(Cr) 분말을 재료 표면에 침투시켜 내식, 내열, 내마모성 향상
- 칼로라이징 : 알루미늄(Al)을 재료 표면에 침투시켜 내열, 내산, 내식성 향상
- 세라다이징 : 아연(Zn) 분말을 침투, 확산시켜 내식성 향상 및 표면 경화층 얻음
- 실리코나이징 : Si를 침투시켜 내식성 향상
- 보로나이징 : B를 침투, 확산시켜 표면 경도 향상

> [암기팡] ▶ 크로-크롬. 칼로-카알. 세라-세아. 실리-실리콘. 보로-붕소.

33 용접구조용 압연강재의 한국산업표준(KS D3515)의 기호로 옳은 것은?

① SM400A
② SS400A
③ STS410A
④ SWR11A

> [해설]

- SS400A : 일반 구조용 압연강재
- SM400A : 용접 구조용 압연강재
  ※ "400"은 작업 가능한 최대 용접전류(A)

34 다음 탄소공구강 중 탄소 함유량이 가장 많은 것은?

① STC1
② STC2
③ STC3
④ STC4

> [해설]

탄소 함유량이 가장 많은 것부터 순위
STC1 > STC2 > STC3 > STC4

35 Sn 청동의 용해 주조 시에 탈산제로 사용되는 P를 합금 중에 0.05~0.5% 정도 남게 하여 용탕의 유동성이 좋아지고 합금의 경도, 강도가 증가하며, 내마모성·탄성이 개선되는 청동은?

① 인청동
② 연청동
③ 규소청동
④ 알루미늄청동

> [해설]

인청동은 Sn 청동의 용해 주조 시에 탈산제로 사용되는 P을 합금 중에 0.05~0.5% 정도 남게 하여 용탕의 유동성이 좋아지고 합금의 경도, 강도가 증가하며, 내마모성, 탄성이 개선되는 청동

36 주철의 기계적 성질로서 틀린 것은?

① 압축강도가 크다.
② 내마멸성이 크다.
③ 절삭성이 크다.
④ 연성 및 전성이 크다.

> [해설]

주철의 기계적 성질
- 내마멸성이 크다.
- 절삭성이 크다.
- 연성 및 전성이 작다.
- 압축강도가 크다.

37 시멘타이트(cementite)란?

① Fe와 C의 화합물
② Fe와 S의 화합물
③ Fe와 N의 화합물
④ Fe와 O의 화합물

> [해설]

시멘타이트(Cementite)는 Fe과 C의 화합물이다.

38 스테인리스강 용접 시 열영향부 부근의 부식저항이 감소되어 입계부식이 일어나기 쉬운데 이러한 현상의 주된 원인은?

① 탄화물의 석출로 크롬 함유량 감소
② 산화물의 석출로 니켈 함유량 감소
③ 수소의 침투로 니켈 함유량 감소
④ 유황의 편석으로 크롬 함유량 감소

해설
탄화물 석출로 크롬 함유량이 감소하여 스테인리스강 용접 시 열영향부 부근의 부식저항이 감소되어 **입계부식**이 일어나기 쉽다.

39 Fe-C 평형상태도에 대한 설명 중 틀린 것은?

① BCC격자가 FCC격자로 변태하면 팽창한다.
② 결정격자가 변화하는 것을 동소변태라 한다.
③ 강자성을 잃고 상자성으로 변화하는 것을 자기변태라 한다.
④ 성질 변화가 일정한 온도에서 급격히 불연속적으로 일어나는 것을 동소변태라 한다.

해설
- BCC격자가 FCC격자로 변태하면 결정 입자가 잠시 수축 후 팽창한다.
- 성질 변화가 일정한 온도에서 급격히 불연속적으로 일어나는 것을 동소변태라 한다.
- 강자성을 잃고 상자성으로 변화하는 것을 자기변태라 한다.
- 결정격자가 변화하는 것을 동소변태라 한다.

40 WC, TiC, TaC 등의 분말에 Co 분말을 결합제로 혼합하여 1,300~1,600℃로 가열소결시키는 재료는?

① 세라믹 ② 초경합금
③ 스테인리스 ④ 스텔라이트

해설
초경합금은 WC, TiC, TaC 등의 분말에 CO 분말을 결합제로 혼합하여 1,300~1,600℃로 가열 소결시키는 재료

41 라우탈(lautal)의 주요 합금 조성으로 옳은 것은?

① Al-Si
② Al-Cu-Si
③ Al-Cu-Ni-Mn
④ Al-Cu-Mg-Mn

해설
- Al-Si : 실루민(알/실/실루)
- Al-Cu-Si : 라우탈(알/구/실/라우)
- Al-Cu-Mg-Ni : Y합금(알/구/아/만/Y)
- Al-Cu-Mg-Mn : 두랄루민(알/구/마/망/두랄)

42 불변강이란 온도 변화에 따라 열팽창계수, 탄성계수 등이 변하지 않는 것이다. 이러한 불변강에 해당되지 않는 것은?

① 인바(invar)
② 코엘린바(coelinvar)
③ 센더스트(sendust)
④ 슈퍼인바(superinvar)

해설
불변강의 종류
- 인바(invar, Ni 36%) : 팽창 계수가 적어 표준척, 열전쌍, 시계 등에 사용
- 엘린바(elinvar, Ni 36%-Cr 12%) : 상온에 탄성률이 변하지 않아 정밀계측기, 시계, 스프링 등에 사용
- 플래티나이트(platinite, Ni 10~16%) : 유리 백금선 대용, 전구, 진공관, 유리의 봉압선 등
- 퍼멀로이(permalloy, Ni 75~80%) : 고 투자율 합금, 해저 전선의 장하 코일용
- 코엘린바 : 엘린바를 개량한 것

43 인장을 받는 맞대기 용접이음에서 굽힘모멘트 M[kgf·mm], 굽힘응력 : σ_b[kgf/mm²], 용접길이 : L[mm]일 때, 용접치수(모재두께) : t[mm]를 구하는 식으로 옳은 것은?

① $t = \sqrt{\dfrac{\sigma_b L}{6M}}$ ② $t = \sqrt{\dfrac{\sigma_b M}{6L}}$

③ $t = \sqrt{\dfrac{6M}{\sigma_b L}}$ ④ $t = \sqrt{\dfrac{6L}{\sigma_b M}}$

정답 39 ① 40 ② 41 ② 42 ③ 43 ③

> [해설]

용접치수(모재두께) $t = \sqrt{\dfrac{6M}{\sigma_b L}}$

44 용접전류가 과대하거나 운봉속도가 너무 빨라서 용접 비드 토(toe)에 생기는 작은 홈과 같은 용접결함을 무엇이라 하는가?

① 기공
② 오버랩
③ 언더컷
④ 용입불량

> [해설]

용접부 결함의 종류

1. 언더컷
  - 아크길이가 길 때
  - 용접전류가 너무 높을 때
  - 부적당한 용접봉 사용 시
  - 용접봉 선택 불량
  - 접속속도가 너무 빠를 때
  ※ 언더컷 발생 시 가는 용접봉으로 재용접할 것

2. 슬래그 혼입
  - 용접 전류가 흐를 때
  - 용접 속도가 너무 느릴 때
  - 용접 이음 부적당
  - 루트 간격이 좁을 때
  - 슬래그가 용융 풀보다 선행 시
  - 용접봉 각도 부적당
  - 슬래그 제거를 불완전하게 할 때
  ※ 슬래그 발생 시 발생 부분을 깎아내고 재용접할 것

3. 선상조직
  - 아크 용접부 파단면에 생기는 것
  - 용접부의 냉각속도가 너무 빠를 때
  - 모재 재질이 불량할 때
  - 모재의 탄소 탈산 생성물 등이 너무 많을 때
  - 냉각 속도가 빠를 때

4. 오버랩
  - 용접전류가 너무 낮을 때
  - 용접 속도가 너무 느릴 때
  - 용접봉 유지각도 불량 시

45 용접에서 잔류응력이 영향을 주는 것은?

① 좌굴강도
② 은점(fish eye)
③ 용접 덧살
④ 언더컷

> [해설]

좌굴강도는 용접에서 잔류응력에 영향을 준다.

46 꼭지각이 136°인 다이아몬드 사각추의 압입자를 시험 하중으로 시험편에 압입한 후에 생긴 오목자국의 대각선을 측정해서 환산표에 의해 경도를 표시하는 것은?

① 비커스 경도
② 피로 경도
③ 브리넬 경도
④ 로크웰 경도

> [해설]

비커스 경도는 꼭지각이 136°인 다이아몬드 사각추의 압입자를 시험 하중으로 시험편에 압입한 후에 생긴 오목자국의 대각선을 측정해서 환산표에 의해 경도를 표시

47 주철은 대체적으로 보수용접에 많이 쓰이며, 주물의 상태, 결함의 위치, 크기와 특징, 겉모양 등에 대하여 요구될 때에는 여러 가지 시공법에 유의하여 용접하여야 한다. 다음 중 주철의 보수용접에 쓰이는 용접방법이 아닌 것은?

① 스터드법
② 비녀장법
③ 버터링법
④ 홀더링법

> [해설]

주철 보수용접 종류

버터링법, 스터드법, 로킹법, 비녀장법

| 암기팜 ▶ 버/스/로/비 |

48 비파괴검사법 중 표면 바로 밑의 결함 검출에 가장 좋은 검사법은 어느 것인가?

① 방사선투과시험　② 육안검사시험
③ 자기탐상시험　④ 침투탐상시험

[해설]
방사선 투과시험은 X선이나 γ선 같은 방사선 단파를 검사물에 투과시켜 용접부의 결함 유무를 조사하는 비파괴 시험인데, 현재 상용되는 검사법 중 가장 신뢰가 높다. 독일인 윌헬름 뢴트겐 박사가 처음 발견해서 의학분야에선 X선을 뢴트겐 선이라 칭한다.

49 제조업의 피크 전력 시간대에 용접된 제품의 품질이 저하되는 이유는?

① 전압 강하로 인한 용접 조건의 변화
② 기온 상승에 의한 모재 온도 상승
③ 전류 밀도 증가로 용적 이행 상태 변화
④ 작업 권태 발생으로 품질의식 저하

[해설]
피크 전력 시간대에 전압강하로 인한 용접 조건의 변화로 제조업의 피크 전력 시간대에 용접된 제품의 품질저하를 유발할 수 있다.

50 보조기호 중 영구적인 이면 판재 사용을 표시하는 기호는?

① ⬜M　② ⌒
③ ⬜MR　④ ⌣

[해설]
① ⬜M : 영구적인 이면판 재사용
② ⌒ : 용접부 표면 모양을 볼록하게
③ ⬜MR : 제거 가능한 이면판 재사용
④ ⌣ : 끝단부 토(Toe)를 매끄럽게

51 다음 중 각 변형의 방지대책으로 틀린 것은?

① 개선각도는 용접에 지장이 없는 한도 내에서 작게 한다.
② 판 두께가 얇을수록 첫 패스의 개선깊이를 작게 한다.
③ 용접속도가 빠른 용접방법을 선택한다.
④ 구속 지그 등을 활용한다.

[해설]
각 변형의 방지 대책
• 첫 패스의 개선 깊이를 판 두께가 얇을수록 크게 한다.
• 용접속도가 빠른 용접 방법을 선택한다.
• 개선 각도는 용접에 지장이 없는 한도 내에서 작게 한다.
• 구속 지그 등을 활용한다.

52 가접에 대한 설명 중 가장 올바른 것은?

① 가접은 가능한 한 크게 한다.
② 가접은 중요치 않으므로 본 용접공보다 기능이 떨어지는 용접공이 해도 된다.
③ 강도상 중요한 곳, 용접 시점 및 종점이 되는 끝부분은 가접을 피하도록 한다.
④ 가접은 본 용접에는 영향이 없다.

[해설]
• 강도상 중요한 곳, 용접 시점 및 종점이 되는 끝부분은 가접을 피하도록 한다.
• 가접은 본용접에 영향을 미친다.
• 가접은 중요하므로 본 용접공과 기능이 비슷한 용접공이 해야 한다.
• 가접은 가능한 작게 한다.

53 용접성(weldability) 시험법에 속하는 것은?

① 화학분석시험　② 부식시험
③ 노치취성시험　④ 파면시험

[해설]
노치취성시험은 언더컷으로 인한 용접성 시험법이다.

정답　48 ①　49 ①　50 ①　51 ②　52 ③　53 ③

54 용접패스상의 언더컷이 발생하는 가장 큰 원인은?

① 용접전류가 너무 높을 때
② 짧은 아크 길이를 유지할 때
③ 이음 설계가 적당할 때
④ 용접부가 급랭될 때

해설

언더컷이 발생하는 원인
- 용접전류가 너무 높을 때
- 롱 아크 길이를 유지할 때
- 용접속도가 빠를 때
- 부적당한 용접봉으로 시공 시

55 TPM 활동체제 구축을 위한 5가지 기둥과 가장 거리가 먼 것은?

① 설비 초기 관리체제 구축활동
② 설비효율화의 개별 개선활동
③ 운전과 보전의 스킬 업 훈련활동
④ 설비경제성 검토를 위한 설비투자 분석활동

해설

TPM 활동체제 구축 활동
- 설비 효율화의 개별 개선 활동
- 운전과 보존의 스킬 업 훈련 활동
- 설비 초기 관리체제 구축활동

56 로트에서 랜덤하게 시료를 추출하여 검사한 후 그 결과에 따라 로트의 합격, 불합격을 판정하는 검사방법을 무엇이라 하는가?

① 자주검사   ② 간접검사
③ 전수검사   ④ 샘플링검사

해설

샘플링검사는 로트에서 랜덤하게 시료를 추출하여 검사한 후 그 결과에 따라 로트의 합격, 불합격을 판정하는 검사방법

57 도수분포표에서 알 수 있는 정보로 가장 거리가 먼 것은?

① 로트 분포의 모양
② 100단위당 부적합 수
③ 로트의 평균 및 표준편차
④ 규격과의 비교를 통한 부적합품률의 추정

해설

도수분포표 작성 목적
- 규격과 비교해서 부적합품을 알고 싶을 때
- 로트의 평균치와 표준편차를 알고 싶을 때
- 로트의 분포를 알고 싶을 때
- 분포가 통계적으로 어떤 분포형인지 근사값을 알기 위해
- 규격과 비교해 공정 현황을 파악하기 위해

58 ASME(American Society of Mechanical Engineers)에서 정의하고 있는 제품공정분석표에 사용되는 기호 중 "저장(Storage)"을 표현한 것은?

① ○   ② □
③ ▽   ④ ⇨

해설

①번 그림 : 작업   ②번 그림 : 검사
③번 그림 : 저장   ④번 그림 : 운반

59 자전거를 셀 방식으로 생산하는 공장에서, 자전거 1대당 소요공수가 14.5H이며, 1일 8H, 월 25일 작업을 한다면 작업자 1명당 월 생산 가능 대수는 몇 대인가?(단, 작업자의 생산종합효율은 80%이다.)

① 10대   ② 11대
③ 13대   ④ 14대

해설

$$\frac{8\text{시간/일} \times 25\text{일}}{14.5\text{h/대}} \times 0.8 = 11.03\text{대}$$

60 미리 정해진 일정단위 중에 포함된 부적합 수에 의거하여 공정을 관리할 때 사용되는 관리도는?

① c 관리도   ② P 관리도
③ X 관리도   ④ nP 관리도

[해설]

계수치 관리도
- c 관리도 : 미리 정해진 일정 단위 중에 포함된 결점 수를 취급할 때(결점 수)
- P 관리도 : 측정이 불가능해 계수치만 나타낼 수 없는 품질특성 합격여부 판정이 목적일 때(불량률)
- nP 관리도 : 공정을 불량개수 nP에 의해 관리할 때(불량개수)
- u 관리도 : 시료의 면적이나 길이 등이 일정하지 않은 경우에 사용(단위당 결점 수)

정답 60 ①

2016년 제59회(4.2)

01 가스 절단 작업에서 산소의 순도가 99.5% 이상 높을 때 나타나는 현상이 아닌 것은?

① 절단속도가 빠르다.
② 절단면이 양호하다.
③ 절단 홈의 폭이 넓어진다.
④ 경제적인 절단이 이루어진다.

〔해설〕

산소의 순도가 99.5% 이상일 때 나타나는 현상
- 절단 홈 폭이 좁아진다.
- 경제적인 절단이 이루어진다.
- 절단속도가 빠르다.
- 절단면이 양호하다.

02 피복 아크용접에서 아크쏠림 방지대책 중 옳은 것은?

① 아크길이를 길게 할 것
② 접지점은 가급적 용접부에 가까이 할 것
③ 교류용접으로 하지 말고 직류용접으로 할 것
④ 용접봉 끝을 아크쏠림 반대방향으로 기울일 것

〔해설〕

아크쏠림 방지대책
- 용접봉 끝을 쏠림 반대 방향으로 기울인다.
- 엔드 탭을 이음의 처음과 끝에 사용한다.
- 긴 용접일 때 후퇴법으로 용접한다.
- 접지점을 용접부에서 멀리 하며 접지점 두 개를 연결한다.
- 짧은 아크 사용(피복재가 모재에 닿을 정도로)
- 용접을 마친 부분 또는 가접이 큰 부분 방향으로 용접한다.
- 접지 지점을 바꾸며 용접 지점과 거리를 멀리한다.
- 직류용접 대신 교류용접으로 한다.

03 토치를 사용하여 용접부의 결함 뒤따내기, 가접의 제거, 압연강재 및 주강의 표면결함 제거 등에 사용되는 가공법은?

① 가스 가우징   ② 산소창 절단
③ 산소아크 절단   ④ 아크에어 가우징

〔해설〕

가스 가우징(Gas gouging)
- 용접 표면 뒷면을 따내기 하거나 깊은 홈을 파내는 가공법
- 가접 제거나 용접부 결함 제거 작업
- 슬로 다이버전트 팁을 사용한다.
- 작업이 용이하도록 팁 끝이 구부러져 있다.
- H형, U형 홈을 파내는 가공법(가스 파내기)
- 가우징 팁 예열 작업 각 30~40°, 작업 각도 20°
- 홈의 깊이와 가스 폭의 비율은 1 : 1~1 : 3
- 스카핑(scarfing)에 비해 너비가 좁은 홈을 가공한다.
- 가스압력 : 3~7기압, 아세틸렌 : 0.2~0.3기압

04 저수소계 용접봉은 사용 전에 충분한 건조가 되어야 한다. 가장 적당한 건조온도와 건조시간은?

① 150~200℃, 30분~1시간
② 200~250℃, 1~2시간
③ 300~350℃, 1~2시간
④ 400~450℃, 30분~1시간

〔해설〕

- 건조 온도 : 300~350℃
- 건조 시간 : 1~2시간

05 다음 가연성 가스 중 발열량이 가장 큰 것은?

① 수소   ② 부탄
③ 에틸렌   ④ 아세틸렌

정답 01 ③ 02 ④ 03 ① 04 ③ 05 ②

해설

가스의 발열량 순서

아세틸렌 > 부탄 > 수소 > 프로판, 일산화탄소 > 메탄
(아/부/수/프/메)

06 교류와 직류 용접기를 비교할 때 교류 용접기가 유리한 항목은?

① 역률이 매우 양호하다.
② 아크의 안정이 우수하다.
③ 비피복봉 사용이 가능하다.
④ 자기쏠림 방지가 가능하다.

해설

직류 & 교류 용접기 비교

구분	직류	교류
아크안정	안정	불안정
자기쏠림방지	불가능	가능
극성변화	가능	불가능
무부하전압	40~60V	70~80V
전격위험	작다	크다
비피복봉	사용가능	사용불가
구조	복잡	간단
역률	우수	불량
소음	발전기형은 크다	조용하다
가격	고가	저렴
고장	회전기에 많다	적다
용도	박판	후판

※ 교류 용접기가 유리한 점 : 자기쏠림 방지, 구조 간단, 소음이 적어 조용함, 후판 용접 가능 등

07 정격 2차 전류 250A, 정격사용률 40%의 아크용접기를 가지고 실제로 200A의 전류로 용접한다면 허용사용률은 몇 %인가?

① 22.5 ② 42.5
③ 62.5 ④ 82.5

해설

$$허용사용률 = \frac{(정격2차전류)^2}{(실제용접전류)^2} \times 정격사용률$$
$$= \frac{250^2}{200^2} \times 40 = 62.5\%$$

08 포갬 절단(stack cutting)에 대한 설명으로 틀린 것은?

① 비교적 얇은 판(6mm 이하)에 사용된다.
② 절단 시 판 사이에 산화물이나 불순물을 깨끗이 제거한다.
③ 0.08mm 이하의 틈이 생기도록 포개어 압착시킨 후 절단한다.
④ 예열 불꽃으로 산소-프로판 불꽃보다 산소-아세틸렌 불꽃이 적합하다.

해설

포갬 절단

- 포갬 절단 시 판과 판 사이 거리(틈)가 0.08mm 이하로 포개어 압착 후 절단한다.
- 예열불꽃으로 산소 프로판 불꽃이 적당하다.
- 작업 효율을 높이기 위해 6mm 이하 얇은 판을 겹쳐 절단한다.

09 아세틸렌가스에 관한 설명으로 틀린 것은?

① 공기보다 무겁다.
② 탄소와 수소의 화합물이다.
③ 압축하면 분해폭발을 일으킬 수 있다.
④ 카바이드와 물의 화학작용으로 발생한다.

해설

아세틸렌(C_2H_2) 특징

- 공기보다 가볍다.(비중 0.9)
- C_2H_2 즉, 탄소와 수소의 화합물
- 압축하면 분해폭발
- 카바이트와 물의 화학작용으로 발생
- **자연발화온도** : 406℃~408℃, **폭발온도** : 505~515℃, 산소가 없어도 780℃ 이상이면 **자연폭발**

정답 06 ④ 07 ③ 08 ④ 09 ①

- **화합물생성** : 구리, 구리합금(구리 62% 이상), 은, 수은 등과 접촉하면 120℃ 근방에서 폭발성 화합물인 아세틸라이드 생성
- **혼합가스** : 아세틸렌 15%, 산소 85% 부근이 가장 폭발 위험성 큼. 인화수소가 0.02% 이상일 때 폭발 위험성이 크고 0.06% 이상이면 자연발화되어 폭발
- **압력** : 1.3기압 사용, 1.5기압 : 가열충격 폭발, 2.0기압 : 자연폭발(분해폭발)
- **아세틸렌가스 용해량** : 물-1배, 석유-2배, 벤젠-4배, 알코올-6배, 아세톤-25배

암기팡 ▶ 물 1. 석 2. 벤 4. 알 6. 아 25.

---

10 강판 두께 25.4mm를 가스 절단 시 표준 드래그 길이는 약 몇 mm 정도인가?

① 3.1 ② 5.1
③ 7.1 ④ 9.1

해설

드래그(Drag)
- 가스 절단 가공에서 절단재 표면(절단가스 입구)과 절단재 이면(절단가스 출구) 사이의 수평거리
- 절단면에 일정한 간격의 곡선이 진행방향으로 나타난 것을 드래그 라인(drag line)이라 한다.
- 표준 드래그 길이는 보통 판 두께의 20% 정도이다.
- 절단면 말단부가 남지 않을 정도의 드래그를 표준 드래그 길이라 한다.

드래그(%) = $\frac{드래그길이(mm)}{판두께(mm)} \times 100$

$25.4 \times \frac{1}{5} = 5.08$m

판 두께(mm)	12.7	25.4	51.0	51.0~152.0
드래그 길이(mm)	2.4	5.2	5.6	6.4

---

11 가스 절단 시 예열 불꽃이 강할 때 일어나는 현상이 아닌 것은?

① 절단속도가 늦어진다.
② 절단면이 거칠어진다.
③ 모서리가 용융되어 둥글게 된다.
④ 슬래그 중 철 성분의 박리가 어려워진다.

해설

예열 불꽃이 강할 때 일어나는 현상
- 절단속도가 빨라진다.
- 모서리가 용융되어 둥글게 된다.
- 절단면이 거칠어진다.
- 철 성분의 박리가 어려워진다.

---

12 일명 핀치 효과형이라고도 하며, 비교적 큰 용적이 단락되지 않고 옮겨가는 이행형식은?

① 단락형 ② 입자형
③ 스프레이형 ④ 글로뷸러형

해설

용융금속의 이행 형식
1. 단락형(short circuit type)
   - 저수소계 용접봉, 비 피복 용접봉
   - 표면 장력 작용으로 모재 쪽으로 이행
2. 스프레이형(spray type)
   - 작고 미세한 용적이 스프레이처럼 날린다.
   - 분무상 이행형이라 칭한다.
   - 일미나이트계, 고산화티탄계
3. 글로뷸러형(globular type)
   - 큰 용적(덩어리)이 단락되지 않고 옮긴 형식
   - 입상 이행형식, **핀치 효과형**이라 부른다.
   - 서브머지드 용접과 같이 대전류 사용 시 봄

암기팡 ▶ 단/스/글

---

13 공업용 LP가스는 상온에서 얼마 정도로 압축하는가?

① 1/100 ② 1/150
③ 1/200 ④ 1/250

해설

- LP가스 : 1/250 압축(상온)
- 도시가스 : 1/600 압축(상온)

14 스카핑(scarfing)에 대한 설명으로 옳은 것은?

① 탄소 또는 흑연 전극봉과 모재와의 사이에 아크를 일으켜서 절단하는 방법이다.
② 강재 표면의 탈탄층 또는 홈을 제거하기 위해 타원형 모양으로 얇고 넓게 표면을 깎는 것이다.
③ 탄소 아크 절단에 압축공기를 병용한 방법으로 결함 제거, 절단 및 구멍 뚫기 작업이다.
④ 물의 압력을 초고압 이상으로 압축하여 물의 정지에너지를 운동에너지로 전환하여 절단하는 작업이다.

해설

스카핑(scarfing)
- 강재 표면의 홈, 탈탄층을 제거하기 위해 사용
- 표면을 얇고 넓게 타원형으로 깎아내는 가공법
- 스카핑 토치와 공작물 표면을 75° 각도 유지
- 속도는 냉간재 5~7m/min, 열간재 20m/min

15 AW-500 교류 아크용접기의 최고 무부하 전압은 몇 V 이하인가?

① 30   ② 80
③ 95   ④ 110

해설

종류	AW200	AW300	AW400	AW500
정격 2차 전류 (A)	40	40	40	60
정격 사용률 (%)	40	40	40	60
정격 부하 (V)	28	32	36	40
최고 2차 무부하 전압 (V)	85V 이하	85V 이하	85V 이하	95V 이하
출력 전류 최댓값	220	330	440	550
출력 전류 최솟값	200	300	400	500
사용 가능한 용접봉 지름 (mm)	2.0~4.0	2.6~6.0	3.2~8.0	4.0~8.0

- AW-500에서 AW는 교류용접기, 500은 정격 2차 전류(A)를 뜻하며 최고 2차 무부하 전압(개로전압)은 AW400까지는 85V 이하, AW500 이상에선 95V 이하이다.
- 정격 2차 전류 조정범위는 20~110%이다.
- 전원의 무부하 전압이 항시 재점호 전압보다 높아야 아크가 안정된다.

16 CO_2 아크용접 시 아크전압은 비드형상을 결정하는 가장 주요한 요인이 되는데 아크전압을 높이면 어떤 현상이 나타나는가?

① 용입이 약간 깊어진다.
② 비드가 볼록하고 좁아진다.
③ 비드가 넓어지고 납작해진다.
④ 와이어가 녹지 않고 모재 바닥에 부딪힌다.

해설

아크 전압을 높이면 비드가 넓어지고 납작해진다.

17 불활성가스 아크용접으로 스테인리스강을 용접할 때의 설명 중 가장 거리가 먼 것은?

① 깊은 용입을 위하여 직류 정극성을 사용한다.
② 용접성이 우수한 순 텅스텐 전극봉을 가장 많이 사용한다.
③ 전극의 끝은 뾰족할수록 전류가 안정되고 열집중성이 좋다.
④ 보호가스는 아르곤 가스를 사용하며 낮은 유속에서도 우수한 보호작용을 한다.

해설

불활성가스 아크용접으로 스테인리스강을 용접할 때는, 1~2%의 토륨을 함유한 토륨텅스텐봉을 가장 많이 사용한다.

18 논 가스 아크용접법의 특징으로 틀린 것은?

① 보호가스나 용제를 필요로 하지 않는다.
② 수소가 많이 발생하여 아크 빛과 열이 약하다.
③ 보호가스의 발생이 많아서 용접선이 잘 보이지 않는다.
④ 용접 길이가 긴 용접물에 아크를 중단하지 않고 연속으로 용접할 수 있다.

정답 14 ② 15 ③ 16 ③ 17 ② 18 ②

해설

※ 논 가스 아크용접은 수소가스가 발생하지 않는다.

논 가스 아크용접 특징
- wire 가격이 고가이다.
- 기계적 성질이 조금 떨어진다.
- 바람이 부는 옥외에서도 작업 가능
- 용접 장치가 간단하고 운반이 편리하다.
- 보호 가스나 용제를 필요로 하지 않는다.
- 교류, 직류 모두 가능하며 전 자세 용접이 가능
- slag 박리성이 우수하고 용접 비드가 아름답다.
- 아크 빛이 강해 보호가스 발생이 많아 용접선이 잘 보이지 않는다.
- 아크길이가 긴 용접물에 아크를 중단하지 않고 연속 용접할 수 있다.

19 CO_2 가스 아크용접용 토치의 구성품이 아닌 것은?

① 노즐
② 오리피스
③ 송급 롤러
④ 콘택트 팁

해설

CO_2 토치구성

디퓨져, 절연통(노즐 인슐레이터), 콘택트 팁, 노즐, 오리피스

암기팜 ▶ 디/절/콘/노/오

20 테르밋 용접에 대한 설명으로 틀린 것은?

① 용접시간이 짧고, 용접 후 변형이 적다.
② 설비비가 싸고, 전원이 필요 없으므로 이동해서 사용이 가능하다.
③ 테르밋 반응의 발화제로서 산화구리, 티타늄 등의 혼합분말을 이용한다.
④ 철도 레일의 맞대기 용접, 크랭크축, 배의 프레임 등의 보수용접에 사용한다.

해설

테르밋 용접의 특징
- 기술습득이 용이하다.
- 용접 작업이 간단하고 용접시간도 비교적 짧다.
- 전력이 불필요하므로 설비비가 싸고 이동사용이 가능하다.
- 용도로는 철도레일의 맞대기 용접, 배의 프레임, 크랭크축 등의 보수용접에 사용한다.
- 미세한 알루미늄 분말과 산화철 분말을 3~4 : 1 중량비로 혼합한 테르밋 반응으로 생성된 열을 이용한 용접법이다.

21 TIG 용접에 사용되는 텅스텐 전극봉의 종류에 해당되지 않는 것은?

① 순 텅스텐
② 바륨 텅스텐
③ 2% 토륨 텅스텐
④ 지르코늄 텅스텐

해설

불활성가스 텅스텐 아크용접(TIG, GTAW)
- 직류 역극성의 경우 폭이 넓고 얕은 용입을 얻는다.
- 모재는 용접기 음극, 토치는 양극에 연결하므로 **청정작용**이 있다.
- **청정작용**이란 아르곤 가스의 이온이 모재 표면 산화막에 충돌하여 산화막을 파괴, 제거하는 작용으로 He가스보다 Ar 가스가 효과가 크다.
- 텅스텐 전극봉의 종류 : 순 텅스텐, 2% 토륨 텅스텐, 지르코늄 텅스텐

22 다음과 같은 성질을 무엇이라고 하는가?

> 아크 플라스마는 고전류가 되면 방전전류에 의하여 생기는 자장과 전류의 작용으로 아크 단면이 수축하여 가늘게 되고 전류밀도는 증가한다.

① 플라스마
② 단락 이행 효과
③ 자기적 핀치 효과
④ 플라스마 제트 효과

해설

아크 플라스마는 고전류가 되면 방전전류에 의하여 생기는 자장과 전류의 작용으로 아크 단면이 수축하여 가늘게 되고 전류밀도는 증가한다. 이를 자기적 핀치효과라 한다.

23 납땜과 용제를 삽입한 틈을 고주파 전류를 이용하여 가열하는 납땜 방법으로 가열시간이 짧고 작업이 용이한 것은?

① 저항 납땜
② 노 내 납땜
③ 인두 납땜
④ 유도 가열 납땜

> [해설]
> 유도 가열 납땜은 납땜과 용제를 삽입한 틈을 고주파 전류를 이용하여 가열하는 납땜 방법으로 가열시간이 짧고 작업이 용이하다.

24 플라스마(plasma) 아크용접장치의 구성 요소가 아닌 것은?

① 토치
② 홀더
③ 용접전원
④ 고주파 발생장치

> [해설]
> **플라스마 아크용접**
> - 플라스마 아크용접 장치에는 용접 홀더 대신 토치를 사용한다.
> - 기체를 가열하여 양이온과 음이온으로 혼합된 도전성을 띤 가스를 플라스마 상태라 하며, 온도는 10,000~30,000℃ 정도이다.
> - 토치, 용접전원, 고주파 발생장치로 구성
> - 용도로 탄소강, 스테인리스강, 티탄, 니켈합금, 구리 등에 적합하다.

25 전자빔 용접의 단점이 아닌 것은?

① 냉각속도가 빨라 경화현상이 일어난다.
② 배기장치가 필요하고 피용접물의 크기도 제한받는다.
③ X선이 많이 누출되므로 X선 방호장비를 착용해야 한다.
④ 용접봉을 일반적으로 사용하지 않으므로 슬래그 섞임 등의 결함이 생기지 않는다.

> [해설]
> **전자빔 용접 특징**
> - 고진공(10^{-6}~10^{-4}mmHg) 속에서 대기의 유해한 원소와 차단되어 용접부가 양호하다.
> - 고용융 재료나 이종금속 용접이 용이하다.
> - 박판에 두꺼운 후판까지 광범위하게 용접이 가능하다.
> - 고속 용접 가능 이음부, 열영향부가 적고 용접부 변형이 없어 정밀도가 높다.
> - 고진공형, 저진공형, 대기압형이 있다.
> - 슬래그 섞임 등 결함이 생기지 않는다(용접봉 미사용).-장점
> - 진공 중에 용접하기 때문에 기공발생, 합금성분 등이 감소한다.
> - 대기압형 용접기를 사용할 경우 X선 방호장치가 필요하다.
> - 아연(Zn), 카드뮴(Cd)은 진공용접 시 증발하기 때문에 부적당하다.

26 플래시 버트 용접의 특징으로 틀린 것은?

① 용접면에 산화물 개입이 적다.
② 업셋 용접보다 전력 소비가 적다.
③ 용접면을 정밀하게 가공할 필요가 없다.
④ 가열부의 열영향부가 넓고 용접시간이 길다.

> [해설]
> **플래시 버트 용접의 특징**
> - 가열부의 영향부가 좁고 용접시간이 짧다.
> - 용접면에 산화물 개입이 적다.
> - 용접면을 정밀하게 가공할 필요가 없다.
> - 업셋 용접보다 전력 소비가 적다.
> - 신뢰도가 높고 이음 강도가 좋다.
> - 종류가 다른 재료도 용접 가능하다.

27 레이저 용접(Laser welding)에 관한 설명으로 틀린 것은?

① 소입열 용접이 가능하다.
② 좁고 깊은 용접부를 얻을 수 있다.
③ 고속 용접과 용접 공정의 융통성을 부여할 수 있다.
④ 접합되어야 할 부품의 조건에 따라서 한 방향의 용접으로는 접합이 불가능하다.

> [해설]
> **레이저 용접(laser welding)**
> 접합되어야 할 부품의 조건에 따라서 한 방향의 용접으로 접합이 가능하다.

정답 23 ④ 24 ② 25 ④ 26 ④ 27 ④

28 금속 또는 금속화합물의 분말을 가열하여 반용융 상태로 하여 불어서 밀착 피복하는 방법은?

① 용사
② 스카핑
③ 레이저
④ 가우징

해설

용사
금속 또는 금속화합물의 분말을 가열해 반용융 상태로 하여 불어서 밀착 피복하는 방법(분무시켜서 밀착한다.)

29 탄산가스 아크용접에서 전진법의 특징이 아닌 것은?

① 비드 높이가 낮고 평탄한 비드가 형성된다.
② 용접선이 잘 보이므로 운봉을 정확하게 할 수 있다.
③ 스패터가 비교적 많으며 진행방향 쪽으로 흩어진다.
④ 용융 금속이 앞으로 나가지 않으므로 깊은 용입을 얻을 수 있다.

해설

탄산가스 아크용접에서 전진법 특징
- 스패터가 비교적 많으며 진행방향 쪽으로 흩어진다.
- 용접선이 잘 보이므로 운봉을 정확하게 할 수 있다.
- 비드 높이가 낮고 평탄한 비드가 형성된다.
- 용착 금속이 아크보다 앞서기 쉬워 용입이 얕다.

30 고Mn강의 조직으로 옳은 것은?

① 오스테나이트
② 펄라이트
③ 베이나이트
④ 마텐자이트

해설

오스테나이트가 고Mn강의 조직이다.

31 알루미늄 및 알루미늄합금 재료의 용접에 가장 적절한 용접방법은?

① TIG 용접
② CO_2 용접
③ 피복 아크용접
④ 서브머지드 아크용접

해설

TIG 용접의 특징
- 직류 정극성, 직류 역극성, 고주파 교류를 용접에 사용
- 산화가 쉬운 금속 알루미늄, 구리, 스테인리스강 기타 금속 용접 용이, 용착부 성질 우수
- 용제를 사용하지 않으므로 슬래그 제거가 불필요, 연성, 강도, 기밀성 우수
- TIG 용접에 사용하는 아르곤 가스는 용착 금속의 산화, 질화를 방지
- 직류 역극성과 아르곤 가스 사용 시 청정작용 용이
- 보호가스로 아르곤 25%, 헬륨 75%를 가장 많이 사용
- 후판 용접에 부적당하고 박판 용접에 적당하며 전 자세 용접 용이
- 박판 용접 시 용가재를 사용하지 않아도 용접부는 양호

32 다음 금속 중 비중이 가장 큰 것은?

① Mo
② Ni
③ Cu
④ Mg

해설

- Mo : 10.22
- Ni : 8.85
- Cu : 8.96
- Mg : 1.74

33 철강재료 선정 시 고려사항 중 틀린 것은?

① 기계적 강도가 요구되며 인장강도가 클 것
② 반복하중을 받는 것이면 피로강도가 클 것
③ 마모되는 곳에는 탈탄 산화성이 클 것
④ 부식되는 곳에는 내부식성이 클 것

해설

마모되는 곳에는 탈탄 산화성이 적을 것

정답 28 ① 29 ④ 30 ① 31 ① 32 ① 33 ③

34 용접 후 열처리(Post Weld Heat Treatment)를 실시한 후 시간의 경과에 따라 형상 치수를 안정시키는 방법으로 옳은 것은?

① 최종 잔류응력을 증가시켜야 한다.
② 냉각속도는 가급적 빠르게 진행한다.
③ 노로부터 반출 온도는 가급적 낮게 하여야 한다.
④ 용접부의 가열 후 유지 온도의 상하한 폭을 가능한 한 높게 한다.

해설
열처리 실시 후 노로부터 반출온도는 가급적 낮게 하여야 한다.

35 알루미늄 합금 중 플루오린화알칼리, 금속나트륨 등을 첨가하여 개량처리하는 합금은?

① 실루민   ② 라우탈
③ 로엑스 합금   ④ 하이드로날륨

해설
실루민(silumin)
- 주조용 알루미늄 합금(Al 86~89%, Si 11~14%). 가볍고 전연성이 크고, 주조 후 수축이 매우 작고 해수에 잘 침식되지 않지만, 절삭성은 불량하다.
- 실루민에 소량의 마그네슘(Mg) 1% 이하를 첨가, 시료성을 부여한 합금은 감마(γ) 실루민(Si 9%, Mg 0.5%)
- 실루민에 구리를 넣어 시료성을 부여한 합금은 구리 실루민(Cu 3%, Si 9%)

36 질화처리에 대한 설명 중 틀린 것은?

① 내마모성이 커진다.
② 피로한도가 향상된다.
③ 높은 표면경도를 얻을 수 있다.
④ 고온에서 처리되는 관계로 변형이 많다.

해설
질화법의 특징
- 높은 표면 경도를 얻는다.
- 피로한도가 향상
- 내마모성 증가
- 침탄법보다 가열온도가 낮다.

37 한국산업표준에서 정한 일반 구조용 탄소강관을 나타내는 기호로 옳은 것은?

① STS   ② SKS
③ SNC   ④ STK

해설
- STS : 배관용 스테인리스강관
- SPP : 일반 배관용 탄소강관
- SPPS : 압력 배관용 탄소강관
- SPPH : 고압 배관용 탄소강관
- SPHT : 고온 배관용 탄소강관
- SPLT : 저온 배관용 탄소강관

38 Fe-C 평형상태도에서 시멘타이트의 자기변태점에 해당되는 것은?

① A_0 변태점   ② A_1 변태점
③ A_3 변태점   ④ A_4 변태점

해설
- A_0 : 210℃ 시멘타이트 자기변태점
- A_1 : 723℃ 강의 특유변태
- A_2 : 768℃(Qurie point) 순철의 자기변태점
- A_3 : 910℃ 순철의 동소변태
- A_4 : 1,400℃ 순철의 동소변태

39 주철 용접 시 주의사항 중 틀린 것은?

① 용접봉은 가능한 한 가는 지름을 사용한다.
② 용접전류는 필요 이상 높이지 말아야 한다.
③ 가스용접에 사용되는 불꽃은 산화 불꽃으로 한다.
④ 균열의 보수는 균열의 연장을 방지하기 위하여 균열 끝에 작은 구멍을 뚫는다.

해설
주철 용접 시 주의사항
- 가스용접에 사용되는 불꽃은 **중성 불꽃** 또는 약한 **탄화 불꽃**으로 한다.
- 용접전류는 필요 이상 높이지 말아야 한다.

정답 34 ③ 35 ① 36 ④ 37 ④ 38 ① 39 ③

- 용접봉은 가능한 가는 지름을 사용한다.
- 비드 배치는 짧게 여러 번 조작하여 완료한다.
- 균열의 보수는 균열의 연장을 방지하기 위하여 균열 끝에 작은 구멍을 뚫는다.
- 균열 보수 시 양끝에 정지구멍을 뚫는다.

40 철강 표면에 아연(Zn)을 확산 침투시키는 세러다이징(sheradizing)의 주요 목적으로 옳은 것은?

① 연성
② 가단성
③ 내식성
④ 인장강도

〖해설〗

금속 침투법
강재 표면에 다른 금속을 침투, 확산 시켜 강재 표면의 내식, 내산성을 높인다.
- 크로마이징 : 크롬(Cr) 분말을 재료 표면에 침투시켜 내식, 내열, 내마모성 향상
- 칼로라이징 : 알루미늄(Al)을 재료 표면에 침투시켜 내열, 내산, 내식성 향상
- 세라다이징 : 아연(Zn) 분말을 침투, 확산시켜 내식성 향상 및 표면 경화층 얻음
- 실리코나이징 : Si를 침투시켜 내식성 향상
- 보로나이징 : B를 침투, 확산시켜 표면 경도 향상

〖암기팡〗 ▶ 크로-크롬. 칼로-카알. 세라-세아. 실리-실리콘. 보로-붕소.

41 CO_2 용접으로 용접하기에 가장 용이한 재료로 사용되는 것은?

① 철강
② 구리
③ 실루민
④ 알루미늄

〖해설〗

CO_2 용접은 철강(Fe)을 용접하기에 가장 용이하고, 전 자세 용접이 가능하다.

42 강의 담금질 조직에서 경도가 높은 순서로 옳게 표시한 것은?

① 마텐자이트 > 트루스타이트 > 소르바이트 > 오스테나이트
② 마텐자이트 > 소르바이트 > 오스테나이트 > 트루스타이트
③ 오스테나이트 > 트루스타이트 > 마텐자이트 > 소르바이트
④ 마텐자이트 > 소르바이트 > 트루스타이트 > 오스테나이트

〖해설〗

강의 담금질 조직에서 경도가 높은 순서
마텐자이트 > 트루스타이트 > 소르바이트 > 오스테나이트
(마/트/소/오)

43 오버랩(overlap)의 결함이 있을 경우, 보수방법으로 가장 적합한 것은?

① 비드 위에 재용접한다.
② 드릴로 구멍을 뚫고 재용접한다.
③ 결함 부분을 깎아내고 재용접한다.
④ 직경이 작은 용접봉으로 재용접한다.

〖해설〗

오버랩(Overlap)의 결함 시 보수 방법으로 결함 부분을 깎아내고 재용접한다.

44 양호한 용접품질을 얻기 위하여 용접시공 시 예열이 많이 사용되고 있다. 다음 중 예열을 하는 가장 주된 이유는?

① 표면 오염을 제거하기 위하여
② 고강도의 용착금속을 얻기 위하여
③ 저열전도도 재료를 용이하게 용접하기 위하여
④ 열영향부와 용착금속의 경화를 방지하고 연성을 증가하기 위하여

〖해설〗

용접 시공 시 예열하는 목적은 열영향부 및 용착금속 경화방지와 인성, 연성을 증가하기 위해서이다.

정답 40 ③ 41 ① 42 ① 43 ③ 44 ④

45 용접작업에서 잔류응력의 경감과 완화를 위한 방법으로 적합하지 않은 것은?

① 포지셔너 사용
② 직선 수축법 선정
③ 용착 금속량의 감소
④ 용착법의 적절한 선정

해설

잔류응력 경감 완화 방법
용착 금속량 감소, 용착법의 적절한 선정, 포지셔너 사용

46 판 두께 12mm, 용접 길이 25cm인 판을 맞대기 용접하여 4,200N의 인장하중을 작용시킬 때 인장응력은 얼마인가?

① 14N/cm^2
② 140N/cm^2
③ 700N/cm^2
④ $1,400\text{N/cm}^2$

해설

인장응력 $= \dfrac{4,200\text{N}}{(1.2 \times 25)} = 140\text{N/cm}^2$

47 가접에 대한 설명으로 가장 거리가 먼 것은?

① 부재 강도상 중요한 곳은 가접을 피한다.
② 가접할 때 용접봉은 본 용접봉보다 지름이 굵은 것을 사용한다.
③ 본 용접사와 동등한 기량을 갖는 용접자로 하여금 가접을 하게 한다.
④ 본 용접 전에 좌우의 홈 부분을 잠정적으로 고정하기 위한 짧은 용접이다.

해설

가접
- 좌우 홈 부분을 잠정 고정키 위한 짧은 용접
- 본 용접봉보다 지름이 가는 것을 사용
- 부재 강도가 중요한 곳은 가접을 피할 것
- 본 용접사와 동등 기량을 갖는 용접자가 용접할 것

48 용접비드 끝에서 불순물과 편석에 의해 발생하는 응고균열은?

① 은점
② 스패터
③ 수소취성
④ 크레이터

해설

크레이터 균열
불순물이나 편석이 있는 경우, 냉각속도가 지나치게 빠를 때 비드 끝에 발생하는 고온 균열이며 응력 집중부분에서 발생

스패터링 발생원인
- 용접전류가 높을 때
- 아크길이가 너무 길 때
- 모재온도가 낮을 때
- 용접봉의 흡습(미건조)

49 용접 길이를 짧게 나누어 간격을 두면서 용접하는 것으로 잔류응력이 적게 발생하도록 하는 용착법은?

① 전진법
② 후진법
③ 스킵법
④ 빌드업법

해설

용접방법(용착법)
- 스킵(skip)법(비석법) : 용접 이음의 전 길이를 뛰어넘어 용접하는 방법
- 블록법(전진 블록법) : 짧은 용접 길이로 표면까지 용착하는 방법. 첫 층 균열이 발생하기 쉬울 때 사용
- 캐스케이드법 : 한 부분에 대해 몇 층을 용접하다가 다음 부분으로 연속 용접하는 방법
- 빌드업법(덧살 올림법) : 용접 전 길이에 대해 각 층을 연속 용접하는 방법
- 대칭법 : 이음 중앙에 대해 대칭으로 용접하는 방법
- 후진법 : 용접 진행 방향과 용착방법이 반대되는 방법
- 전진법 : 이음의 한쪽 끝에서 다른 쪽 끝으로 용접을 진행하는 방법

정답 45 ② 46 ② 47 ② 48 ④ 49 ③

50 용접구조 설계상의 주의사항으로 틀린 것은?

① 용접이음의 집중, 접근 및 교차를 가급적 피할 것
② 용접치수는 강도상 필요 이상으로 크게 하지 말 것
③ 용접에 의한 변형 및 잔류응력을 경감시킬 수 있도록 할 것
④ 후판 용접의 경우 용입이 얕은 용접법을 이용하여 용접 층수(패스 수)를 많게 할 것

[해설]
후판 용접의 경우 용입이 얕은 용접법을 이용하여 용접 패스 수를 적게 한다.

51 다음 용접기호를 바르게 설명한 것은?

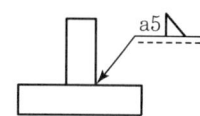

① 필릿 용접
② 플러그 용접
③ 목 길이가 5mm
④ 루트 간격은 5mm

[해설]
• 화살표 방향 필릿용접 :
• a5 : 목두께가 5mm이다.
• 화살표 반대방향 필릿용접 :

52 강재 용접부 표면에 발생한 기공의 탐상에 가장 적합한 비파괴 검사법은?

① 음향방출검사
② 자분탐상검사
③ 초음파 탐상검사
④ 방사선 투과검사

[해설]
• 용접부 표면 : 자분탐상검사, 침투탐상검사
• 용접부 내면 : 초음파 탐상검사, 방사선 투과검사

53 용접 후 변형을 교정하는 방법을 나열한 것 중 틀린 것은?

① 롤러에 거는 방법
② 형재에 대한 직선 수축법
③ 냉각 후 해머질하는 방법
④ 절단에 의하여 성형하고 재용접하는 방법

[해설]
용접 후 변형 교정 방법
• 가열 후 해머질
• 형재에 대한 직선 수축법
• 외력을 이용한 소성법
• 롤러에 거는 방법
• 절단으로 성형하고 재용접

54 용접지그를 선택하는 기준으로 틀린 것은?

① 용접변형을 억제할 수 있는 구조이어야 한다.
② 청소하기 쉽고 작업능률이 향상되어야 한다.
③ 피용접물과의 고정과 분해가 어렵고 용접할 간극이 좁아야 한다.
④ 용접하고자 하는 물체를 튼튼하게 고정시켜 줄 수 있는 크기와 강성이 있어야 한다.

[해설]
피용접물과의 고정과 분해가 쉽고 용접할 간극이 넓어야 한다.

55 작업측정의 목적 중 틀린 것은?

① 작업개선
② 표준시간 설정
③ 과업관리
④ 요소작업 분할

[해설]
작업측정 목적은 구성단위로 분할해서 1) 표준시간 설정, 2) 작업개선, 3) 작업관리를 하기 위해서이다.

작업요소 분할이 필요한 이유
• 작업방법의 작은 변화라도 찾아 개선키 위해
• 작업방법의 세부를 명확히 하기 위해
• 작은 방법이라도 찾아 개선하기 위해
• 다른 작업에도 공통요소 시 표준화하기 위해

정답 50 ④ 51 ① 52 ② 53 ③ 54 ④ 55 ④

56 어떤 작업을 수행하는 데 작업소요시간이 빠른 경우 5시간, 보통이면 8시간, 늦으면 12시간 걸린다고 예측되었다면 3점 견적법에 의한 기대 시간치와 분산을 계산하면 약 얼마인가?

① $t_e = 8.0$, $\sigma^2 = 1.17$
② $t_e = 8.2$, $\sigma^2 = 1.36$
③ $t_e = 8.3$, $\sigma^2 = 1.17$
④ $t_e = 8.3$, $\sigma^2 = 1.36$

해설

- 기대 시간치(t_e) ⇒ $(5h + 8h \times 4 + 12h) \div 6 = 8.2h$
- 분산(σ^2) ⇒ $\sigma^2 = [(12h - 5h) \div 6h]^2$
  $= (7 \div 6)^2 = 49/36 = 1.36$

57 계량값 관리도에 해당되는 것은?

① c 관리도   ② u 관리도
③ R 관리도   ④ np 관리도

해설

1. 관리도 종류
   - 관리도는 공정의 관리와 공정의 해석에 이용
   - 관리도는 과거 데이터 해석에 이용
   - 계량치인 경우 $\bar{x} - R$ 관리도를 일반적으로 이용
   - 관리도 종류에는 계량치 관리도와 계수치 관리도가 있음
2. 계량치 관리도 종류
   - $\bar{x} - R$ 관리도, X 관리도, X−R 관리도, R 관리도
   - 측정 : 강도, 전압, 전류, 무게, 길이
3. 계수치 관리도 종류
   - P(불량률) 관리도, nP(불량 개수) 관리도, C(결점 수) 관리도, U(단위당 결점 수) 관리도
   - 측정 : 직물의 얼룩, 홈 등과 같이 한 개, 두 개로 계수되는 수치, 그에 따른 불량률을 측정
4. $\bar{x} - R$ 관리도
   - 계량치인 경우 $\bar{x} - R$ 관리도가 일반적으로 이용된다.
   - 데이터가 연속적인 계량값으로 나타나는 공정을 관리할 때 사용

58 일반적으로 품질코스트 가운데 가장 큰 비율을 차지하는 것은?

① 평가코스트   ② 실패코스트
③ 예방코스트   ④ 검사코스트

해설

품질 코스트 중 실패코스트가 가장 큰 비율을 차지한다. 한 독일 자동차회사가 소비자에게 연비 등을 속인 사건으로 전 세계적으로 톡톡한 대가를 치룬 것은 실패 코스트의 한 예이다.

59 정규분포에 관한 설명 중 틀린 것은?

① 일반적으로 평균치가 중앙값보다 크다.
② 평균을 중심으로 좌우대칭의 분포이다.
③ 대체로 표준편차가 클수록 산포가 나쁘다고 본다.
④ 평균치가 0이고 표준편차가 1인 정규분포를 표준정규분포라 한다.

해설

정규분포 특징
- 일반적으로 평균치가 중앙값보다 작다.
- 평균치가 0이고 표준편차가 1인 정규분포를 표준정규분포라 한다.
- 대체로 표준편차가 클수록 산포가 나쁘다고 본다.
- 평균을 중심으로 좌우대칭의 분포이다.

60 계수 규준형 샘플링 검사의 OC 곡선에서 좋은 로트를 합격시키는 확률을 뜻하는 것은?(단, α는 제1종 과오, β는 제2종 과오이다.)

① α ② β
③ $1 - \alpha$ ④ $1 - \beta$

해설

$1 - \alpha$는 정상적인 범위이다 즉, OC 곡선에서 좋은 로트를 합격시키는 확률이다.

2016년 제60회(7.10)

01 교류 아크용접기에 관한 설명으로 옳은 것은?

① 교류 아크용접기는 극성 변화가 가능하고 전격의 위험이 적다.
② 교류 아크용접기의 부속장치에는 전격방지장치, 원격제어장치 등이 있다.
③ 교류 아크용접기는 가동철심형, 탭 전환형, 엔진구동형, 가포화 리액터형 등으로 분류된다.
④ AW-300은 교류 아크용접기의 정격 입력 전류가 300A 흐를 수 있는 전류 용량의 값을 표시하고 있다.

[해설]
교류 아크용접기의 부속장치
1. 원격제어장치 : 멀리서 전류와 전압을 조절하는 장치
2. 고주파발생장치 : Arc 전류 외에 3,000~4,000V를 발생해서 전류를 중첩하는 장치
3. 전격방지기 : 감전사고 방지를 위해 2차 무부하 전압을 20~30V로 유지시키는 장치
4. 핫스타트장치(=아크부스터) : 아크 발생 초기 0.2~0.25초에 순간적인 대전류를 보낸다.

[암기짬] ▶ 원.고.전.핫.

02 강괴, 강편, 슬래그 기타 표면의 흠이나 주름, 주조결함, 탈탄층 등을 제거하는 방법으로 가장 적합한 가공법은?

① 스카핑
② 분말 절단
③ 가스 가우징
④ 아크 에어 가우징

[해설]
스카핑(scarfing)
• 강재 표면의 흠, 탈탄층을 제거하기 위해 사용
• 표면을 얇고 넓게 타원형으로 표면을 깎는 가공법
• 스카핑 토치와 공작물 표면을 75° 각도 유지
• 속도는 냉간재 5~7m/min, 열간재 20m/min

03 피복 아크용접봉으로 운봉할 때 운봉 폭은 심선 지름의 어느 정도가 가장 적합한가?

① 2~3배　　② 4~5배
③ 6~7배　　④ 8~9배

[해설]
운봉할 때 운봉 폭은 심선 지름의 2~3배가 가장 적당하다.

04 200메시(mesh) 정도의 철분에 알루미늄 분말을 배합하여 절단하는 것으로 주철, 스테인리스강, 구리, 청동 등의 절단에 효과적인 절단법은?

① 수중 절단　　② 철분 절단
③ 산소창 절단　　④ 탄소 아크 절단

[해설]
철분 절단은 주철 스테인리스강, 구리 청동 등의 절단에 효과적인 절단법으로 200메시(mesh) 정도의 철분에 알루미늄 분말을 배합하여 절단하는 방법이다.
※ mesh(메시) : 1inch^2 내의 체눈(구멍)의 수

05 교량의 개조나 침몰선의 해체, 항만의 방파제 공사 등에 가장 많이 사용되는 절단은?

① 수중 절단　　② 분말 절단
③ 산소창 절단　　④ 플라스마 절단

정답　01 ②　02 ①　03 ①　04 ②　05 ①

> 해설

수중 절단(under water cutting)
- 교량의 개조나 침몰선 해체, 교량건설, 항만, 방파제 공사 등에 가장 많이 사용되며, 수심 45m 정도까지 작업이 가능
- 예열 가스로 아세틸렌, 수소, 벤젠(C_6H_6), 프로판 가스(LPG) 등
- 예열 불꽃은 육지보다 4~8배 높고, 산소절단압력 1.5~2.0배, 절단 속도는 느리게 한다.

※ 수심 45m이면 압력이 4.5kg/cm^2(0.45MPa)

06 용해 아세틸렌을 충전하였을 때 용기 전체의 무게가 62.5kgf이었는데, B형 토치의 200번 팁으로 표준불꽃 상태에서 가스용접을 하고 빈 용기를 달아보았더니 무게가 58.5kgf이었다면 가스용접을 실시한 시간은 약 얼마인가?

① 약 12시간 ② 약 14시간
③ 약 16시간 ④ 약 18시간

> 해설

$905 \times (62.5 - 58.5) = 3,624L$
$3,624L \div 200L/h = 18.12$시간

07 아세틸렌가스의 압력에 따른 가스 용접 토치의 분류에 해당하지 않는 것은?

① 저압식 ② 차압식
③ 중압식 ④ 고압식

> 해설

아세틸렌 가스 압력
- 저압식 : 0.07kg/cm^2 미만
- 중압식 : 0.07kg/cm^2 이상~1.3 kg/cm^2 미만
- 고압식 : 1.3 kg/cm^2 이상

08 절단법에 대한 설명으로 틀린 것은?

① 레이저 절단은 다른 절단법에 비해 에너지 밀도가 높고 정밀 절단이 가능하다.
② 산소창 절단법의 용도는 스테인리스강이나 구리, 알루미늄 및 그 합금을 절단하는 데 주로 사용한다.
③ 수중 절단에 사용되는 연료 가스로는 수소, 아세틸렌, LPG 등이 쓰이는데 주로 수소가스가 사용된다.
④ 아크 에어 가우징은 탄소아크 절단에 압축공기를 같이 사용하는 방법으로 용접부의 홈파기, 결함부 제거 등에 사용된다.

> 해설

1. 레이저 절단 : 다른 절단법에 비해 에너지 밀도가 높고 정밀 절단이 가능, 공업용은 적외선 레이저를 이용
2. 산소창 절단 : 강괴, 용광로, 평로의 탭 구멍 천공, 콘크리트 절단, 암석 천공, 후판 절단에 사용
3. 수중 절단 : 교량 교각 제조, 침몰선 해체, 방파제 절단에 사용되며, 수중 절단 연료로는 수소, 아세틸렌, LPG 사용
4. 아크 에어 가우징 : 탄소 아크 절단에 압축공기를 같이 사용하는 방법으로 용접부 홈파기, 결함부 제거 및 소음이 없고 경비가 싸며 균열 발견이 쉽고 가스 가우징보다 작업능률이 2~3배 좋다.
5. 가스 가우징(gas gouging) : 주로 홈가공에 이용되는데 U형, H형 등의 용접 홈 가공을 위해 홈의 깊이와 너비 비는 1 : 2~3 정도이며, 팁은 저압으로서 대용량의 산소를 방출할 수 있도록 슬로다이버전트로 되어 있음. 용도는 구멍 뚫기, 용접부 홈파기, 결함부 제거나 절단 등
6. 스카핑(scarfing) : 강재, 강괴, slag 주조결함, 탈탄층 등을 제거키 위해 얕고 넓게 깎는다.
7. 분말절단(powder cutting) : 철분 혹은 플럭스 분말을 자동으로 절단용 산소에 공급함으로써 용제의 화학열, 산화열 작용으로 절단하는 것으로 철분 절단과 플럭스 절단 2종류
    - 철분 절단 : 철분을 사용하며 용도는 크롬철, 구리, 청동, 스테인리스강
    - 플럭스 절단 : 비금속 플럭스 분말을 사용하며 용도는 크롬철, 스테인리스강
8. 포갬절단 : 은판(두께 12mm 이하)을 포개 쌓아 놓고 한번에 절단하는 방법. 절단 능률 우수하나, 판과 판 사이에 산화물 또는 틈(8mm 이상)일 때는 절단 곤란

정답 06 ④ 07 ② 08 ②

09 교류 아크용접기 중 가변저항의 변화로 용접전류를 조정하는 용접기의 형식은?

① 탭 전환형
② 가동 철심형
③ 가동 코일형
④ 가포화 리액터형

해설

가포화 리액터형
교류 아크 용접기 중 가변저항의 변화로 용접전류를 조정하는 용접기의 형식

10 고산화 티탄계의 연강용 피복아크 용접봉을 나타낸 것은?

① E4301
② E4313
③ E4311
④ E4316

해설

연강용 피복 아크 용접봉 종류 및 특징

1. **E4301(일미나이트계)**
   - 일미나이트(산화티탄, 광석, 산화철)를 30% 이상 포함하며 작업성, 용접성 우수, 가격은 저렴
   - 내균열성, 연성 우수, 후판 용접 가능
   - 전 자세 용접이 가능
   - 70~100℃에서 1시간 정도 건조
   - 중요 강재 부재, 차량, 철도, 조선, 압력용기

2. **E4303(라임티탄계)**
   - 산화티탄(TiO_2)을 약 30% 이상 함유한 용접봉
   - 전자세로 용접이 가능하다.(장점)
   - 비드 외관이 아름답고, 언더컷이 발생하기 어렵다.(장점)

3. **E4311(고셀룰로오스계)**
   - 셀룰로오스를 30% 정도 함유한 가스 실드계
   - 피복제가 얇고 슬래그 양이 적어 위보기, 수직 상하진과 좁은 홈 용접이 가능
   - 피복제에 다량 유기물이 첨가돼 보관 시 습기 흡수 쉬워 기공 발생 우려 70~100℃로 0.5~1시간 정도 건조
   - 아크는 스프레이형으로 빠른 용융속도를 내나 비드 표면이 거칠고 스패터가 많은 결점이 있음
   - 파이프 용접에 사용

4. **E4313(고산화티탄계)**
   - 산화티탄(TiO_2)을 약 30% 함유한 슬래그 생성제
   - 비드 표면이 고우며 작업성이 우수하다.
   - 고온 균열 발생 등으로 중요 부분 용접에 부적당
   - 박판용접, 수직하진 용접이 가능

5. **E4316(저수소계)**
   - 주성분 : 석회석=탄산칼슘($CaCO_3$), 형석=불화칼슘(CaF_2)을 주성분으로 한다.
   - 수소양이 다른 용접봉에 비해 1/10정도 적다.
   - 피복제가 습기를 잘 흡수하기 때문에 반드시 사용 전에 300~350℃로 1~2시간 정도 건조 후 사용할 것
   - 아크가 불안정하며 초보자일 경우 용접봉이 모재에 달라붙는 등 아크가 다소 불안정하고, 작업성이 떨어진다.
   - 용접속도가 느리며 용접이 출발된 시점에서 기공이 생기기 쉽기 때문에 후진법(back step)을 사용한다.
   - 다른 연강봉보다 용접성이 우수하므로 후판, 중요 구조물, 구속이 큰 용접, 고탄소강, 유황 함유량이 큰 강 등에 용접 결함 없이 용접부가 양호하다.
   - 피복제의 염기도가 높을수록 내 균열성이 우수하다.
   - **작업성** : 고산화티탄계(E4313) > 일미나이트계(E4301) > 저수소계(E4316)
   - **기계적 성질** : 저수소계(E4316) > 일미나이트계(E4301) > 고산화티탄계(E4313)
   - 다층 용접 시 첫 층을 저수소계를 사용함으로써 수소와 잔류응력으로 인한 균열을 방지한다.
   - 비드 이음부에서 기공(porosity)이 생기기 쉬우므로 짧은 아크 길이로 하며 운봉 시 주의해야 한다.
   - 피복제 염기성이 높고 내균열성이 좋다.

6. **E4324(철분산화티탄계)**
   - 고산화티탄계에 철분을 약 50% 첨가시킨 용접봉이다.
   - 작업성이 좋고 스패터가 적고, 용입이 얕다.
   - 저합금강, 저탄소강, 고탄소강 등에 사용

7. **E4326(철분저수소계)**
   - 저수소계 용접봉 피복제에 30~50% 정도 철분을 첨가한 용접봉
   - 기계적 성질이 우수하고 슬래그 박리성이 저수소계보다 우수
   - 수평 필릿, 아래보기 자세 사용으로 한정됨

8. **E4327(철분산화철계)**
   - 산화철에 규산염을 30~45% 첨가, 산성 슬래그를 생성한다.
   - 용착 효율이 크고 능률적이다.
   - 스패터가 적은 스프레이형으로 슬래그 제거가 쉽고 용입이 양호하다.(비드 표면이 곱다.)
   - 아래보기나 수평 필릿 용접에서 많이 사용한다.

정답 09 ④ 10 ②

11 피복 아크용접봉의 피복제 역할이 아닌 것은?

① 아크를 안정시킨다.
② 용착 금속을 보호한다.
③ 파형이 고운 비드를 만든다.
④ 스패터의 발생을 많게 한다.

해설

피복제의 역할
- 가벼운 슬래그 생성
- 아크 안정화, 스패터 발생을 적게
- 용착 금속 보호
- 탈산 정련 작용
- 적당한 합금원소 보충
- 전기 절연 작용
- 급랭 방지
- 용적 미세화, 용적 효율 향상
- 슬래그 제거 쉽게
- 어려운 자세 용접을 쉽게
- 산화, 질화 방지
- 파형이 고운 비드 생성

12 피복 아크용접 시 아크전압 30V, 아크전류 600A, 용접 속도 30cm/min일 때 용접 입열은 몇 Joule/cm인가?

① 9,000
② 13,500
③ 36,000
④ 43,225

해설

용접 입열(Weld Heat Input)
- 용접작업 시 외부에서 모재에 주는 열량
- 용접입열, 용접입열은 75~85%
- $H = \dfrac{60E \cdot I}{V}$ (Joule/cm)

  여기서, H : 용접 입열
  E : 아크전압(V)
  I : 아크전류(A)
  V : 용접속도(cm/min)

※ 용접 입열에 관계되는 인자는 용접전류, 용접속도, 용접 층수, 아크 전압 등이다.

$$H = \dfrac{60E \cdot I}{V}\text{(Joule/cm)} = \dfrac{60 \times 30 \times 600}{30}\text{(Joule/cm)} = 36{,}000$$

13 산소-아세틸렌 용접을 할 때 팁(tip) 끝이 순간적으로 막히면 가스의 분출이 나빠지고 토치의 가스 혼합실까지 불꽃이 그대로 도달되어 토치가 빨갛게 달구어지는 현상은?

① 인화(flash back)
② 역화(back fire)
③ 적화(red flash)
④ 역류(contra flow)

해설

1. **인화(flash back or back flash)**
   ㉠ 팁 끝이 순간적으로 막혀 가스가 분출되지 못하고 불꽃이 토치의 가스 혼합실까지 들어오는 현상
   ㉡ 역류나 역화에 비해 매우 위험하다.
   ㉢ 인화 방지대책
   - 가스 유량을 적당하게 조절
   - 팁을 항상 깨끗이 청소
   - 토치, 기구 등을 평소에 점검
   - 아세틸렌 차단 후 산소 차단

2. **역화(back fire or poping)**
   ㉠ 가스용접 작업 시 팁 끝이 모재에 닿는 순간 팁 끝이 막히거나 팁 끝 과열, 조임 불량, 압력이 적당하지 않을 때 "빵빵" 소리 나면서 꺼졌다가 다시 나타났다가 하는 현상
   ㉡ 역화 방지대책
   - 아세틸렌(C_2H_2)을 차단 후 산소를 차단
   - 팁을 물에 담갔다가 냉각시키면 방지됨

3. **역류(contra flow)**
   ㉠ 산소가 아세틸렌가스 압력보다 높게 할 때, 토치 내부 청소 불량, 토치 팁 끝이 막혔을 때, 산소가 압력이 낮은 C_2H_2 쪽으로 흘러 폭발 위험성 있음
   ㉡ 역류 원인
   - C_2H_2 공급량 부족
   - 팁 청소 불량
   - 산소압력 과다
   ㉢ 역류 방지대책
   - 팁 끝을 깨끗이 청소
   - 역류 발생 시 먼저 산소 차단 후 아세틸렌(C_2H_2) 차단

정답 11 ④ 12 ③ 13 ①

14 피복 아크용접봉의 피복제에 포함되어 있는 주요 성분이 아닌 것은?

① 고착제 ② 탈산제
③ 탈수소제 ④ 가스발생제

> **해설**

피복 배합제 종류

1. 아크 안정제
   - 아크열에 의해 이온화하기 쉬운 물질을 만들어 아크 전압과 경화. 재점호 전압을 낮추어 아크 안정화
   - 적철강, 자철강, 석회석, 규산(칼륨, 나트륨), 탄산소다, 산화티탄

   암기팜 ▶ 적!.자.석.규.탄.산.

2. 가스발생제
   - 환원성, 중성가스를 만들어 용융금속을 대기로부터 산화나 질화 방지
   - 셀룰로오스, 석회석, 탄산바륨, 톱밥, 녹말

   암기팜 ▶ 셀.석.탄.에 톱.이 녹.슨다

3. 슬래그 생성제
   - 용융점 낮은 슬래그를 만들어 용융 금속의 표면을 덮어 산화, 질화 방지, 냉각속도도 느리게 천천히
   - 일미나이트, 형석, 규사, 석회석, 탄산나트륨, 이산화망간, 산화티탄, 산화철

   암기팜 ▶ 일.형.규.석.탄.이. 산.산.이 부서진다.

4. 탈산제
   - 용융 금속 중에 있는 산소를 제거하는 것
   - 페로실리콘(Fe-Si), 페로망간(Fe-Mn), 페로티탄(Fe-Ti), 알루미늄(Al)

   암기팜 ▶ 실.망.한 티.알.

5. 고착제
   - 피복제가 심선에 달라붙게 하는 역할을 한다.
   - 소맥분, 아교, 규산나트륨, 규산칼륨, 해초

   암기팜 ▶ 소.아.규.규.해.

6. 합금 첨가제
   - 화학 성분을 개선하는 것
   - 망간, 구리, 몰리브덴, 실리콘, 크롬, 니켈

   암기팜 ▶ 망.구.모.실.일이 크.니.

15 부하전류가 증가하면 단자 전압이 저하하는 특성으로서 피복 아크용접에서 필요한 전원 특성은?

① 수하 특성 ② 상승 특성
③ 부저항 특성 ④ 정전압 특성

> **해설**

용접기 필요 특성

- 수하 특성 : 부하전류가 증가하면 단자 전압이 저하하는 특성으로 아크 안정화. 수동 피복 아크 용접에서 볼 수 있다.
- 부저항(부) 특성 : 부하 전류가 증가하면 단자 전압이 저하하는 특성
- 상승 특성 : 전류 증가에 따라 전압이 약간 높아지는 특성
- 정전류 특성 : 부하 전압이 변해도 단자 전류는 거의 변화하지 않는 특성. 수동 피복 아크 용접에서 볼 수 있다.
- 정전압 특성 : 부하 전류가 변해도 단자 전압은 거의 변화하지 않는 특성. 탄산가스 아크 용접, 서브머지드 용접, MIG 용접 등에서 볼 수 있다.
- 아크쏠림(자기불림) : 직류용접에서 용접 중에 아크가 용접봉 방향에서 한쪽으로 치우쳐 쏠리는 현상

※ 수하 특성, 정전류 특성은 수동 아크 용접기가 갖추어야 할 특성이다.

16 TIG 용접에 사용되는 전극봉의 조건으로 틀린 것은?

① 저용융점의 금속
② 열 전도성이 좋은 금속
③ 전기저항률이 적은 금속
④ 전자방출이 잘 되는 금속

> **해설**

TIG 용접에 사용되는 전극의 조건

- 고용융점의 금속일 것
- 전자방출이 잘 되는 금속일 것
- 전기저항률이 적은 금속일 것
- 열 전도성이 좋은 금속일 것

17 MIG 용접에서 극성에 따른 아크상태 및 용접부의 형상에 관한 설명으로 틀린 것은?

① 직류 역극성에서는 스프레이 이행이 되고 용입이 깊다.
② 직류 정극성에서는 입상 이행이 되고 용입이 낮은 비드를 얻을 수 있다.
③ 직류 정극성에서는 큰 용적이 간헐적으로 낙하되어 볼록한 비드를 얻을 수 있다.
④ 직류 역극성에서는 안정된 아크를 얻고, 적은 스패터와 좁고 깊은 용입을 얻을 수 있다.

해설
MIG 용접에서 직류 정극성은 와이어에서 30% 열이 발생하므로 납작하고 용입이 얕은 비드가 생성된다.

18 서브머지드 아크용접과 같은 대전류를 사용하는 것에 알맞은 용융금속의 이행방법은?

① 직선형
② 단락형
③ 폭발형
④ 핀치 효과형

해설
서브머지드 아크용접 = 불가시 용접 = 잠호 용접, 상품명으로 유니온멜트 용접법, 링컨 용접법
1. 원리 : 모재 이음부 표면에 입상의 용제를 공급하고 용제 속으로 전극 와이어를 연속 송급해 그 속의 모재와 용접봉 안에서 아크를 일으켜 용접하는 방법. 아크가 보이지 않으므로 잠호, 불가시, 서브머지드 아크용접이라 한다.
2. 장점
- 용융속도 및 용착속도가 빠르고 용입도 깊다.(수동용접에 비해 용접 속도가 10~20배, 용입은 2~3배 깊다.)
- 용접 홈(개선각)을 작게 해 용접봉 절약 및 용접 패스 수가 줄어들어 용접 변형도 적어진다.
- 1회 용접으로 75mm까지 가능. 대전류를 사용하므로 핀치 효과가 알맞다.
- 열효율이 높고 비드 외관이 아름답고 용접속도가 빠르다.
- 용접사 기량차가 품질에 영향을 미치지 않아 신뢰도가 높다.(용착 금속의 품질이 양호하다.)
- 기계적 성질이 우수하며 유해 광선이나 흄(fume) 등이 적게 발생해 작업 환경이 청결하다.

- 직류와 교류 전원을 쓰고 직류 역극성으로 시공하면 아름다운 비드를 얻을 수 있다.
- 교류는 설비비가 적고 자기불림(magnetic blow)이 없다.
- 콘택트 팁에서 통전되므로 와이어 중에 저항 열이 적게 발생되므로 고전류 사용이 가능하다.
- 용입이 깊어 용접 홈의 크기가 작아도 되며, 용접재료 소비와 변형이 적다.(용접변형 및 잔류응력이 적다.)

3. 단점
- 적용 자세에 제약을 받는다.(아래보기, 수평 필릿 자세가 대부분)
- 용접 진행 상태 양, 부를 육안으로 확인 불가하다.(치명적 결함 등을 식별 불가능)
- 용접선이 복잡하거나 짧을 경우 수동용접에 비해 비능률적이다.
- 장비가 고가이며 탄소강, 스테인리스강, 합금강 등에만 사용된다.(사용에 제약을 받는다.)
- 용접 입열량이 커 열영향부가 크다.
- 루트 간격이 너무 크면 용락될 위험이 있다.

19 테르밋 용접에서 테르밋제의 주성분은?

① 과산화바륨과 산화철 분말
② 아연 분말과 알루미늄 분말
③ 과산화바륨과 마그네슘 분말
④ 알루미늄 분말과 산화철 분말

해설
테르밋 용접의 특징
- 미세한 알루미늄 분말과 산화철 분말을 3~4 : 1 중량비로 혼합한 테르밋 반응에 의해 생성된 열을 이용한 용접
- 용접 작업이 간단하고 용접시간도 비교적 짧다.
- 전력이 불필요하므로 설비비가 싸고 이동사용이 가능하다.
- 기술습득이 용이하다.
- 용도로는 철도레일의 맞대기 용접, 배의 프레임, 크랭크축 등의 보수용접에 사용된다.

정답 17 ③ 18 ④ 19 ④

20 아세틸렌가스와 접촉 시 폭발의 위험성이 없는 것은?

① Cu
② Zn
③ Ag
④ Hg

해설
아세틸렌 가스는 Ag(은), Hg(수은), Cu(구리)와 접촉 시 폭발 위험성 화합물인 아세틸라이드를 생성한다.(은/수/구)

21 용접법은 에너지원의 종류에 따라 분류할 수 있는데 용접에너지원과 용접법을 연결한 것 중 틀린 것은?

① 전기 에너지 – 확산용접법
② 기계적 에너지 – 마찰용접법
③ 전자기적 에너지 – 폭발용접법
④ 화학적 에너지 – 테르밋용접법

해설
폭발용접법은 2개 금속판을 순간적인 화약 폭발의 큰 압력을 이용해서 금속을 압접하는 용접법이다.

22 오토콘 용접과 비교한 그래비티 용접의 특징을 설명한 것으로 옳은 것은?

① 사용법이 쉽다.
② 중량이 가볍다.
③ 구조가 간단하다.
④ 운봉속도의 조절이 가능하다.

해설
그래비티(Gravity) 및 오토콘(Autocon) 용접
- 반자동 용접장치로 한 명의 용접사가 여러 대(2~7대)의 용접기를 조작할 수 있으며, 피복 아크 용접법으로 피더(Feeder)에 철분계(E4324, E4327) 용접봉을 설치
- 운봉비를 조절할 수 있어 필요한 각장 및 목 두께를 얻을 수 있음(그래비티)
- 수평 필릿 용접을 주로 사용하는 중력을 이용한 용접법
- 용접사 기량을 크게 좌우하지 않는다.

• 철분계 용접봉을 사용

종류	오토콘	그래비티
구조	간단	복잡
부피	작음	적음
중량	가벼움	약간 무거움
사용	쉬움	약간 어려움
자세	F.Hi-Fi	F.Hi-Fi
종류	연강, 고장력강	연강, 고장력강
운봉속도	조절 불가	조절가능
스패터	약간 많음	보통
용입 깊이	약간 얕음	보통
비드 모양	양호	양호

23 용제가 들어 있는 와이어 CO_2법은 복합와이어의 구조에 따라 분류하는데, 다음 그림과 같은 와이어는?

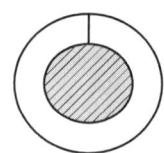

① NCG 와이어
② S관상 와이어
③ Y관상 와이어
④ 아코스 와이어

해설
그림은 NCG 와이어에 해당한다.

24 저항용접의 3대 요소에 해당되는 것은?

① 도전율
② 가압력
③ 용접전압
④ 용접저항

해설
저항용접의 3대 요소는 통전전압, 통전전압, 가압력

25 솔더링(soldering)용 용제와 용도가 서로 맞게 연결된 것은?

① 인산 – 염화아연 혼합용
② 염산(HCl) – 아연도금 강판용
③ 염화아연($ZnCl_2$) – 일반 전기제품용
④ 염화암모니아(NH_4Cl) – 구리와 동합금용

[해설]
솔더링(soldering, 납땜)용 용제는 염산(HCl) – 아연도금 강판용으로 흔히 볼 수 있다.

26 후판 구조물 제작과 스테인리스강 용접이 가능하며, 잠호용접이라고도 하는 것은?

① 테르밋 용접
② 논 가스 아크용접
③ 서브머지드 아크용접
④ 일렉트로 슬래그 용접

[해설]
서브머지드 아크용접 = 불가시 용접 = 잠호 용접, 상품명으로 유니온멜트 용접법, 링컨 용접법

1. 원리 : 모재 이음부 표면에 입상의 용제를 공급하고 용제 속으로 전극 와이어를 연속 송급해 그 속의 모재와 용접봉 안에서 아크를 일으켜 용접하는 방법. 아크가 보이지 않으므로 잠호, 불가시, 서브머지드 아크용접이라 한다.

2. 장점
• 용융속도 및 용착속도가 빠르고 용입도 깊다.(수동용접에 비해 용접 속도가 10~20배, 용입은 2~3배 깊다.)
• 용접 홈(개선각)을 작게 해 용접봉 절약 및 용접 패스 수가 줄어들어 용접 변형도 적어진다.
• 1회 용접으로 75mm까지 가능, 대전류를 사용하므로 핀치 효과가 알맞다.
• 열효율이 높고 비드 외관이 아름답고 용접속도가 빠르다.
• 용접사 기량차가 품질에 영향을 미치지 않아 신뢰도가 높다.(용착 금속의 품질이 양호하다.)
• 기계적 성질이 우수하며 유해 광선이나 품(fume) 등이 적게 발생해 작업 환경이 청결하다.
• 직류와 교류 전원을 쓰고 직류 역극성으로 시공하면 아름다운 비드를 얻을 수 있다.
• 교류는 설비비가 적고 자기불림(magnetic blow)이 없다.
• 콘택트 팁에서 통전되므로 와이어 중에 저항 열이 적게 발생되므로 고전류 사용이 가능하다.
• 용입이 깊어 용접 홈의 크기가 작아도 되며, 용접재료 소비와 변형이 적다.(용접변형 및 잔류응력이 적다.)

3. 단점
• 적용 자세에 제약을 받는다.(아래보기, 수평 필릿 자세가 대부분)
• 용접 진행 상태 양, 부를 육안으로 확인 불가하다.(치명적 결함 등을 식별 불가능)
• 용접선이 복잡하거나 짧을 경우 수동용접에 비해 비능률적이다.
• 장비가 고가이며 탄소강, 스테인리스강, 합금강 등에만 사용된다.(사용에 제약을 받는다.)
• 용접 입열량이 커 열영향부가 크다.
• 루트 간격이 너무 크면 용락될 위험이 있다.

27 플라스마 아크용접의 장점으로 틀린 것은?

① 높은 에너지 밀도를 얻을 수 있다.
② 용접속도가 빠르고 품질이 우수하다.
③ 용접부의 기계적 성질이 좋으며 변형이 적다.
④ 맞대기 용접에서 용접 가능한 모재 두께의 제한이 없다.

[해설]

1. 플라스마 아크용접 : 기체를 가열하여 양이온과 음이온으로 혼합된 도전성을 띤 가스를 플라스마 상태라 하며 이때 온도는 10,000~30,000℃ 정도이다. 용도로 탄소강, 스테인리스강, 티탄, 니켈합금, 구리 등에 적합하다.

2. 플라스마 아크용접의 특징
• 용접속도가 빠르고, 품질이 우수
• 기계적 성질 우수, 아크 방향성과 집중성이 좋다.
• 1층 용접으로 완성 가능
• 아크 길이가 변해도 용접부는 영향이 없다.
• 수동 용접도 쉽게 할 수 있다.
• 설비비가 고가이다.
• 용접속도가 빠르므로 가스보호가 불충분하다.
• 무부하 전압이 높다.
• 아크 길이가 변해도 용접부는 영향이 없다.

정답 25 ② 26 ③ 27 ④

28 다음 용접법 중 압접법에 속하는 것은?

① 초음파용접
② 피복아크용접
③ 산소 아세틸렌용접
④ 불활성가스 아크용접

해설

압접의 종류
1. 전기저항 용접
   - 겹치기 이음(점, 심, 프로젝션)
   - 맞대기 이음(업셋, 플래시, 퍼커션)
2. 가스압접
3. 단접
4. 냉간용접
5. 초음파용접
6. 마찰용접
7. 고주파용접
8. 폭발용접
9. 확산용접

29 납땜의 용제가 갖추어야 할 조건으로 틀린 것은?

① 청정한 금속면의 산화를 방지할 것
② 모재나 땜납에 대한 부식작용이 최소한일 것
③ 용제의 유효온도 범위와 납땜온도가 일치할 것
④ 땜납의 표면장력을 맞추어서 모재와의 친화력을 낮출 것

해설

납땜 용제의 구비조건
- 모재나 땜납에 대한 부식작용이 최소일 것
- 인체에 무해할 것
- 모재에 산화피막 같은 불순물을 제거하고 유동성이 좋을 것
- 납땜 후 슬래그 제거가 쉬울 것
- 전기저항 납땜일 경우 전도체일 것
- 침지 땜에 사용될 경우 수분을 함유해선 안 된다.
- 납땜의 온도와 용제의 유효 온도 범위가 일치할 것
- 청정한 금속면의 산화를 방지할 것
- 땜납의 표면장력을 맞춰 모재와 친화력이 좋을 것
- 장시간 납땜일 때는 용제의 유효 온도 범위가 넓고 용제의 탄화가 일어나기 어려울 것

30 베어링용 합금이 갖추어야 할 조건으로 틀린 것은?

① 열전도율이 작아야 한다.
② 주조성, 절삭성이 좋아야 한다.
③ 충분한 경도와 내압력을 가져야 한다.
④ 내 소착성이 크고 내식성이 좋아야 한다.

해설

베어링용 합금이 갖추어야 할 조건
- 내 소착성이 크고 내식성이 좋아야 한다.
- 열전도율이 커야 한다.
- 충분한 경도와 내압력을 가져야 한다.
- 주조성, 절삭성이 좋아야 한다.

31 담금질강의 취성을 줄이고 인성(toughness)을 부여하기 위한 열처리법으로 가장 좋은 것은?

① 풀림(annealing)
② 뜨임(tempering)
③ 담금질(quenching)
④ 노멀라이징(normalizing)

해설

열처리법
- 담금질(quenching, 소입) : 강을 A_3 또는 A_1선 이상 30~50℃로 가열한 후 수랭 또는 유랭으로 급랭시켜 경도와 강도 증가
- 뜨임(tempering, 소려) : 담금질 한 후 내부응력 제거, 인성을 증가시키고 안정된 조직으로 변화시키는 열처리
- 풀림(annealing, 소둔) : 재질의 연화, 내부응력 제거 목적으로 노내에서 서랭함
- 불림(normalizing, 소준) : 재질을 표준화하기 위한 목적으로 A_3, A_{cm}선 이상 30~60℃까지 가열 후 공랭하는 열처리

32 용접 시 산화아연이 발생되는 용접재료는?

① 황동
② 주철
③ 연강
④ 스테인리스강

[해설]

구리 및 구리합금
- 용접 후 응고 시 수축 변형이 생기기 쉽다.(열팽창 계수가 크므로)
- 구리 합금의 경우 아연 증발로 중독을 일으키기 쉽다.(고온에서 증발로 황동 표면에 아연(Zn)이 없어지는 고온 탈아연 현상 때문)
  황동=동(Cu)+아연(Zn)
  청동=동(Cu)+주석(Sn)

> [암기짱] ▶ 황동 아연에 무법자가 청동 주석을 마신다.

- 황동의 경우 산화불꽃으로 용접한다.
- TIG 용접으로 할 경우 6mm 이하 판 두께에 많이 사용한다.

33 Fe-C 평형상태도에서 3상이 공존하는 곳의 자유도는?(단, 압력은 일정하다.)

① 0　　② 1
③ 2　　④ 3

[해설]

Fe-C 평형상태도에서 3상(고체, 액체, 기체)이 공존하는 곳의 자유도는 0이다.

34 일반 고장력강을 용접할 때 주의사항으로 틀린 것은?

① 아크 길이는 가능한 한 짧게 한다.
② 위빙 폭은 크게 하지 않는다.
③ 용접 개시 전에 이음부 내부 또는 용접할 부분에 청소를 한다.
④ 용접봉은 용접작업성이 좋은 고산화티탄계 용접봉을 사용한다.

[해설]

일반 고장력강 용접 시 주의사항
- 용접봉은 용접 작업성이 좋은 저수소계 용접봉 사용
- 위빙 폭은 크게 하지 않고, 아크 길이는 가능한 짧게 한다.
- 용접 개시 전에 이음부 내부 또는 용접할 부분에 청소를 한다.

35 침탄, 질화 등으로 내마모성과 인성이 요구되는 기계적 성질을 개선하는 열처리는?

① 수인법　　② 담금질
③ 표면경화　　④ 오스포밍

[해설]

표면 경화법은 침탄, 질화, 고주파 경화법, 화염경화, 금속 침투법 등으로 내마모성과 인성이 요구되는 기계적 성질을 개선하는 열처리이다.

36 고주파 담금질의 특징을 설명한 것으로 틀린 것은?

① 직접가열에 의하므로 열효율이 높다.
② 조작이 간단하며 열처리 가공시간이 단축될 수 있다.
③ 열처리 불량은 적으나 변형 보정이 항상 필요하다.
④ 가열시간이 짧아 경화면의 탈탄이나 산화가 극히 적다.

[해설]

고주파 담금질 특징
- 열처리 불량이 적지만, 변형 보정이 필요 없다.
- 가열시간이 짧아 경화면의 탈탄과 산화가 극히 적다.
- 조작이 간단하며 열처리 가공 시간이 단축될 수 있다.
- 직접가열에 의하므로 열효율이 높다.

37 표면 열처리방법인 금속침투법의 침투원소 종류 중 칼로라이징은 어떤 금속을 침투시키는 방법인가?

① Zn　　② Cr
③ Al　　④ Cu

[해설]

금속침투법

강재 표면에 다른 금속을 침투, 확산시켜 강재 표면의 내식, 내산성을 높인다.
- 크로마이징 : 크롬(Cr) 분말을 재료 표면에 침투시켜 내식, 내열, 내마모성 향상
- 칼로라이징 : 알루미늄(Al)을 재료 표면에 침투시켜 내열, 내산, 내식성 향상

정답　33 ①　34 ④　35 ③　36 ③　37 ③

- 세라다이징 : 아연(Zn) 분말을 침투, 확산시켜 내식성 향상 및 표면 경화층 얻음
- 실리코나이징 : Si를 침투시켜 내식성 향상
- 보로나이징 : B를 침투, 확산시켜 표면 경도 향상

> 암기팜 ➡ 크로-크롬. 칼로-카알. 세라-세아. 실리-실리콘. 보로-붕소.

38 주철의 마우러(maurer) 조직도란?

① C와 Si 양에 따른 주철 조직도
② Fe와 Si 양에 따른 주철 조직도
③ Fe와 C 양에 따른 주철 조직도
④ Fe 및 C와 Si 양에 따른 주철 조직도

해설

주철의 마우러(maurer)조직도
C와 Si 양에 따른 주철의 조직도

39 강을 담금질한 후 0℃ 이하로 냉각하고 잔류오스테나이트를 마텐자이트화하기 위한 방법은?

① 저온풀림   ② 고온뜨임
③ 오스템퍼링   ④ 서브제로 처리

해설

서브제로 처리
강을 담금질 후 0℃ 이하로 냉각하고 잔류오스테나이트를 마텐자이트화하기 위한 방법

40 Fe-C 평형 상태도에서 공석반응이 일어나는 곳의 탄소함량은 약 몇 %인가?

① 0.025%   ② 0.33%
③ 0.80%   ④ 2.0%

해설

- 포정반응 : 0.18%
- 공석반응 : 0.80%
- 공정반응 : 4.30%

41 Ni 36%를 함유하는 Fe-Ni 합금으로서 상온에서 열팽창계수가 매우 적고 내식성이 대단히 좋으므로 줄자, 계측기, 시계의 진자, 바이메탈 등으로 사용되는 강은?

① 인바   ② 라우탈
③ 퍼멀로이   ④ 두랄루민

해설

인바(invar)는 불변강으로 Ni 36%, C 0.2%, Mn 0.4%를 함유하는 Fe-Ni 합금으로서 상온에서 열팽창계수가 매우 작고 내식성이 대단히 좋으므로 줄자, 계측기 부품, 시계의 진자, 바이메탈 등으로 사용된다.

42 탄산가스 아크용접에서 와이어에 적당한 탈산제를 첨가하여 용착금속 내에 기공을 방지하는 데 사용되는 원소는?

① Mn, Si   ② Cr, Si
③ Ni, Mn   ④ Cr, Ni

해설

Mn, Si은 Fe과 반응하여 Fe-Mn과 Fe-Si 탈산제가 된다.

43 용접부에 생기는 용접 균열 결함의 종류에 속하지 않는 것은?

① 가로 균열   ② 세로 균열
③ 플랭크 균열   ④ 비드 밑 균열

해설

플랭크 균열은 없다.

44 비드를 쌓아 올리는 다층 용접법에 해당되지 않는 것은?

① 스킵법   ② 덧살 올림법
③ 전진 블록법   ④ 캐스케이드법

정답 38 ① 39 ④ 40 ③ 41 ① 42 ① 43 ③ 44 ①

> [해설]
- 다층 용접법 종류 : 덧살 올림법, 전진 블록법, 캐스케이드법
- 단층 용접법 종류 : 전진법, 후진법, 대칭법, 스킵법(비석법)

45 용접구조 설계상의 주의사항으로 틀린 것은?

① 용접이음이 집중되게 한다.
② 단면형상의 급격한 변화 및 노치를 피한다.
③ 용접치수는 강도상 필요 이상 크게 하지 않는다.
④ 용접에 의한 변형 및 잔류응력을 경감시킬 수 있도록 한다.

> [해설]
용접구조 설계상의 주의사항
- 용접이음의 집중, 접근, 교차를 피한다.
- 용접에 의한 변형 및 잔류응력을 경감시킬 수 있도록 한다.
- 용접치수는 강도상 필요 이상 크게 하지 않는다.
- 단면형상의 급격한 변화 및 노치를 피한다.

46 다음 용접기호의 설명으로 틀린 것은?

① a : 목두께
② n : 목길이의 개수
③ (e) : 인접한 용접부 간격
④ l : 용접 길이(크레이터 제외)

> [해설]
n : 용접부 개수

47 용접 비드 끝부분에서 흔히 나타나는 고온균열로서 고장력강이나 합금원소가 많은 강 중에서 나타나는 균열은?

① 토 균열(toe crack)
② 설퍼 균열(sulfur crack)
③ 크레이터 균열(crater crack)
④ 비드 밑 균열(under bead crack)

> [해설]
크레이터 균열은 노치부에 의한 응력 집중부인 용접 비드 끝부분에서 흔히 나타나는 고온균열로 고장력강이나 합금 원소가 많은 강 중에서 나타나는 균열이다.

48 용접 시 발생하는 변형 또는 잔류응력을 경감시키는 방법에 대한 설명으로 틀린 것은?

① 용접부의 잔류응력을 경감하는 방법으로 급랭법을 쓴다.
② 용접 전 변형방지책으로 억제법 또는 역변형법을 쓴다.
③ 용접 금속부의 변형과 잔류응력 경감을 위하여 피닝을 한다.
④ 용접시공에 의한 경감법으로는 대칭법, 후퇴법, 스킵 블록법, 스킵법 등을 쓴다.

> [해설]
변형 또는 잔류응력 경감 방법으로 널리 사용하는 방법은 제품을 가열로 안에 넣고 적당한 온도와 시간을 유지 후 노 내에서 서랭하는 것이다.

49 용접이음의 안전율을 계산하는 식은?

① 안전율 = $\dfrac{허용응력}{인장강도}$
② 안전율 = $\dfrac{인장강도}{허용응력}$
③ 안전율 = $\dfrac{피로강도}{변형률}$
④ 안전율 = $\dfrac{파괴강도}{연신율}$

> [해설]
안전율 = $\dfrac{인장강도}{허용응력}$

50 강재 이음제작 시 용접 이음부 내에 라멜라 티어(lamella tear)가 발생할 수 있다. 다음 중 라멜라 티어 발생을 방지할 수 있는 대책은?

① 다층용접을 한다.
② 모서리 이음을 한다.
③ 킬드강재나 세미킬드강재의 모재를 사용한다.
④ 모재의 두께 방향으로 구속을 부과하는 구조를 사용한다.

정답 45 ① 46 ② 47 ③ 48 ① 49 ② 50 ③

> [해설]

라멜라 티어링 현상을 방지하려면 강판을 탈산시키는 킬드, 세미 킬드 강재의 모재를 사용

1. 라멜라 티어링(lamellar tearing) 현상
   - 판 두께 방향의 강력한 인장응력이 생기는 용접 이음으로 용접 열영향부 외측이나 재료 표면과 평행하게 계단모양으로 진행되는 층간 박리를 칭하며, 박리 균열이라 한다.
   - 열영향부가 고온가열과 냉각 온도차로 수축과 평행이 발생하며 용접 내부에 생기는 미세한 균열 현상
   - 다층 용접으로 완전 용입할 경우 압연 강판 두께 방향 응력에 의해 구속이 심할 때 용접 금속의 수축을 수반하는 국부적인 변형이 주원인으로 압연 강판의 층(라미네이션) 사이에 생김
2. 라멜라 티어(lamellar tear) : 십자형 맞대기 이음부나 필릿 다층 용접 이음부같이 모재 표면에 직각방향으로 인장 구속 응력이 강하게 형성되는 이음부에 용접 열영향부 및 그 인접부 모재 표면과 평행하게 계단 모양으로 발생하는 균열

51 용접 작업에서 피닝을 실시하는 가장 큰 이유는?

① 급랭을 방지한다.
② 잔류응력을 줄인다.
③ 모재의 연성을 높인다.
④ 모재의 경도를 높인다.

> [해설]

피닝법
끝이 둥근 특수한 구면상 해머로 용접부를 연속적으로 타격하며 용접 표면에 소형 변형을 주어 인장응력을 경감(완화)한다. 첫 층 용접에서 균열방지 목적으로 700℃에서 열간피닝한다.

52 파이프 용접 시 용접 능률과 품질을 향상시킬 수 있는 아래보기자세의 유지가 가능한 기구로, 파이프의 원주 속도와 용접 속도를 같게 조정하여 파이프의 맞대기 용접을 자동으로 시공할 수 있게 하는 기구는?

① 정반
② 터닝 롤러
③ 회전지그
④ 용접용 포지셔너

> [해설]

터닝롤러(Turning Roller)는 아래보기 자세의 유지가 가능한 기구로, 파이프 원주 속도와 용접 속도를 같게 조정하여 파이프의 맞대기 용접을 자동으로 시공할 수 있게 한 기구이다.

53 용접 자동화의 장점으로 틀린 것은?

① 용접의 품질 향상
② 용접의 원가 절감
③ 용접의 생산성 증대
④ 용접의 설비투자비용 감소

> [해설]

용접 자동화로 용접 설비투자비용 증가가 된다.

54 용접지그(jig)를 사용하여 용접작업할 때 얻는 효과로 가장 거리가 먼 것은?

① 용접변형을 억제한다.
② 작업능률이 향상된다.
③ 용접작업을 용이하게 한다.
④ 용접 공정 수를 늘리게 된다.

> [해설]

지그(jig) 사용 효과
- 공정 수 감소
- 용접 변형 억제
- 제품 정도 균일
- 신뢰성 향상
- 작업능률 향상
- 동일제품 대량생산
- 용접 작업 용이

55 다음 표는 어느 자동차 영업소의 월별판매실적을 나타낸 것이다. 5개월 단순이동평균법으로 6월의 수요를 예측하면 몇 대인가?

월	1월	2월	3월	4월	5월
판매량	100대	110대	120대	130대	140대

① 120대
② 130대
③ 140대
④ 150대

정답 51 ② 52 ② 53 ④ 54 ④ 55 ①

해설

6월의 수요 = [100 + 110 + 120 + 130 + 140] ÷ 5개월
= 120대/월

56 표준시간 설정 시 미리 정해진 표를 활용하여 작업자의 동작에 대해 시간을 산정하는 시간연구법에 해당되는 것은?

① PTS법
② 스톱워치법
③ 워크샘플링법
④ 실적자료법

해설

1. 간접 측정법
   - PTS(predetemined time standard)법 : 작업을 시작하기 전에 모든 작업을 기본 동작으로 세분해서 각각의 동작에 대해 미리 작업 소요 시간을 정하는 방법으로 MTM법과 WF법이 있다.
   - MTM(method time measurement)법 : 몇 개의 기본동작으로 작업을 분석해서 그 기본동작과의 관계나 시간을 파악하는 법
   - WF(work factor)법 : 정밀한 계측 시계를 사용하여 아주 미세한 동작을 상세하게 데이터를 분석하여 그 결과를 이용, 기초적인 동작 시간 공식을 작성해 분석하는 방법
2. 직접 측정법
   - 스톱워치(stopwatch)법 : 스톱워치를 사용, 표준시간을 측정하는 법
   - WS(work sampling)법 : 통계적 수법을 이용, 작업자 혹은 기계의 작업 상태를 파악하는 방법

57 다음 내용은 설비보전조직에 대한 설명이다. 어떤 조직의 형태에 대한 설명인가?

> 보전작업자는 조직상 각 제조부문의 감독자 밑에 둔다.
> - 단점 : 생산 우선에 의한 보전작업 경시, 보전기술 향상의 곤란성
> - 장점 : 운전자와 일체감 및 현장감독의 용이성

① 집중보전
② 지역보전
③ 부문보전
④ 절충보전

해설

부문보전
- 각 제조부분 감독자 밑에 두어 운전자와 일체감 및 현장 감독의 용이성이 장점
- 생산우선에 의한 보전작업 경시, 보전기술 향상의 곤란성이 단점

58 다음은 관리도의 사용 절차를 나타낸 것이다. 관리도의 사용 절차를 순서대로 나열한 것은?

> ㉠ 관리하여야 할 항목의 선정
> ㉡ 관리도의 선정
> ㉢ 관리하려는 제품이나 종류 선정
> ㉣ 시료를 채취하고 측정하여 관리도를 작성

① ㉠ → ㉡ → ㉢ → ㉣
② ㉠ → ㉢ → ㉣ → ㉡
③ ㉢ → ㉠ → ㉡ → ㉣
④ ㉢ → ㉣ → ㉠ → ㉡

해설

㉢ 관리하려는 제품이나 종류 선정 → ㉠ 관리하여야 할 항목의 선정 → ㉡ 관리도의 선정 → ㉣ 시료를 채취하고 측정하여 관리도를 작성

59 이항분포(binomial distribution)에서 매회 A가 일어나는 확률이 일정한 값 P일 때, n회의 독립시행 중 사상 A가 x회 일어날 확률 $P(x)$를 구하는 식은? (단, N은 로트의 크기, n은 시료의 크기, P는 로트의 모부적합품률이다.)

① $P(x) = \dfrac{n!}{x!(n-x)!}$

② $P(x) = e^{-x} \cdot \dfrac{(nP)^x}{x!}$

③ $P(x) = \dfrac{\binom{NP}{x}\binom{N-NP}{n-x}}{\binom{N}{n}}$

④ $P(x) = \binom{n}{x} P^x (1-P)^{n-x}$

> [해설]

A가 x회 일어날 확률은 로트의 크기 N을 고려하지 않으므로
$P(x) = \binom{n}{x} P^x (1-p)^{n-x}$ 식이 답이다.

60 샘플링에 관한 설명으로 틀린 것은?

① 취락 샘플링에서는 취락 간의 차는 작게, 취락 내의 차는 크게 한다.
② 제조공정의 품질 특성에 주기적인 변동이 있는 경우 계통 샘플링을 적용하는 것이 좋다.
③ 시간적 또는 공간적으로 일정 간격을 두고 샘플링하는 방법을 계통 샘플링이라고 한다.
④ 모집단을 몇 개의 층으로 나누어 각 층마다 랜덤하게 시료를 추출하는 것을 층별 샘플링이라고 한다.

> [해설]

계통 샘플링
시료를 시간적 또는 공간적으로 일정 간격을 두고 샘플링하는 방법

정답 60 ②

2017년 제61회(3.5)

01 아세틸렌과 산소를 대기 중에서 연소시킬 때 공급되는 산소량에 따라 불꽃을 나눌 수 있다. 다음 중 불꽃의 종류에 포함되지 않는 것은?

① 탄화불꽃 ② 중성불꽃
③ 인화불꽃 ④ 산화불꽃

해설

불꽃 종류 : 산화불꽃, 중성불꽃, 탄화불꽃 (산/중/탄)

02 보통 가스 절단 시 판두께 12.7mm의 표준 드래그 길이는 약 몇 mm인가?

① 2.4 ② 5.2
③ 5.6 ④ 6.4

해설

표준 드래그 길이 = 판두께 × $\frac{1}{5}$ = 판두께 20%

표준 드래그 길이 = 12.7 ÷ 5 = 2.54mm

03 용접이음에서 안전율의 결정조건으로 가장 거리가 먼 것은?

① 재료의 용접성
② 용접시공 조건
③ 하중과 응력계산의 정확성
④ 모재와 용착금속의 화학적 성질

해설

안전율 결정조건(용/모/하/재)
- 용접시공 조건
- 모재와 용착금속의 기계적 성질
- 하중과 응력 계산의 정확성
- 재료의 용접성

04 다음 중 용접기의 사용률을 계산하는 식은?

① 사용률(%) = $\frac{\text{아크시간}}{\text{휴식시간}}$

② 사용률(%) = $\frac{\text{아크시간}}{\text{아크시간}+\text{휴식시간}} \times 100$

③ 사용률(%) = $\frac{(\text{정격 2차 전류})^2}{(\text{실제의 용접전류})^2} \times 100$

④ 사용률(%) = $\frac{(\text{정격 2차 전류})^2}{(\text{실제의 용접전류})^2} \times$ 정격사용률

해설

1. 용접기 사용률과 허용사용률
   - 사용률(%) = $\frac{\text{아크시간}}{\text{아크시간}+\text{휴식시간}} \times 100$
   - 허용사용률 = $\frac{(\text{정격 2차 전류})^2}{(\text{실제의 용접전류})^2} \times$ 정격사용률

2. 용접기 역률과 효율
   - 역률(%) = $\frac{\text{소비전력(kW)}}{\text{전원입력(kW)}} \times 100(\%)$
   - 효율(%) = $\frac{\text{아크전력(kW)}}{\text{소비전력(kW)}} \times 100(\%)$

   여기서, 아크전력 = 아크전압 × 정격 2차 전류
   소비전력 = 아크전력 + 내부 손실력
   전원입력 = 무부하 전압 × 정격 2차 전류

05 피복 아크용접에서 피복제의 역할로 틀린 것은?

① 아크를 안정시킨다.
② 스패터 발생을 적게 한다.
③ 용융 금속의 용적을 조대화하여 용착효율을 높인다.
④ 모재 표면의 산화물을 제거하고 양호한 용접부를 만든다.

정답 01 ③ 02 ① 03 ④ 04 ② 05 ③

> [해설]

피복제의 역할
- 가벼운 슬래그 생성
- 아크 안정화, 스패터 발생을 적게
- 용착금속을 보호
- 탈산 정련 작용
- 적당한 합금원소 보충
- 전기 절연 작용
- 급랭 방지
- 용적 미세화, 용적 효율 향상
- 슬래그 제거 쉽게
- 어려운 자세 용접을 쉽게
- 산화, 질화 방지
- 파형이 고운 비드 생성

06 피복 아크용접에서 용접봉의 용융속도(melting rate)를 가장 적합하게 설명한 것은?

① 전체 사용된 용접봉의 길이
② 전체 사용된 용접봉의 중량
③ 단위시간당 사용된 용접 재료
④ 단위시간당 소비되는 용접봉의 길이

> [해설]

단위 시간당 소비되는 용접봉의 길이를 용접봉의 용융속도라 함

07 용접 후 열처리에서 고려 대상이 아닌 것은?

① 냉각속도(cooling rate)
② 가열속도(heating rate)
③ 연료의 종류(type of fuel)
④ 가열온도(heating temperature)

> [해설]

냉각속도, 가열속도, 가열온도 등은 용접 후 열처리 고려 대상이다.

08 교류 용접기에서 2차 무부하전압 80V, 아크전압 30V, 아크전류 300A라고 하면 역률은 약 몇 %인가? (단, 용접기의 내부손실은 4kW이다.)

① 26
② 48
③ 54
④ 69

> [해설]

- 역률(%) = $\dfrac{\text{소비전력(kW)}}{\text{전원입력(kW)}} \times 100(\%) = \dfrac{13\text{kW}}{24\text{kW}} \times 100 = 54.16\%$
- 소비전력 = 아크전력 + 내부손실 = 9 + 4 = 13kW
- 전원입력 = 무부하전압 × 정격 2차 전류
  = 80 × 300 = 24,000W = 24kW
- 아크전력 = 아크전압 × 정격 2차 전류
  = 30 × 300 = 9,000W = 9kW
- 효율(%) = $\dfrac{\text{아크전력(kW)}}{\text{소비전력(kW)}} \times 100(\%)$
  = $\dfrac{9\text{kW}}{13\text{kW}} \times 100(\%) = 69.23\%$

09 가스 용접 불꽃의 구성에 포함되지 않는 것은?

① 불꽃심
② 속불꽃
③ 겉불꽃
④ 제3불꽃

> [해설]

가스 용접 불꽃의 구성 : 속불꽃, 겉불꽃, 불꽃심

10 플라스마 절단 시 절단품질에 영향을 미치는 요소가 아닌 것은?

① 작동가스
② 절단전류
③ 토치 높이
④ 토치 도선의 길이

> [해설]

절단 품질에 영향을 미치는 요소는 절단전류, 작동가스, 토치높이 등이다.

11 주철, 비철금속, 스테인리스강 등을 절단하는 데 용제 및 철분을 혼합 사용하는 절단방법은?

① 스카핑
② 분말 절단
③ 산소창 절단
④ 플라스마 절단

정답 06 ④ 07 ③ 08 ③ 09 ④ 10 ④ 11 ②

해설

1. 분말 절단(powder cutting)
   - 주철, 비철금속, 스테인리스강은 절단이 쉽지 않아 철분이나 플럭스 분말을 연속 산소에 공급해 산화열, 화학작용을 이용하여 절단한다. 철분 절단과 분말(플럭스) 절단이 있다.
   - 철분 절단은 구리, 주철, 크롬, 철, 스테인리스강, 청동에 사용
   - 분말 절단은 철, 크롬, 스테인리스강에 사용
   - 절단면이 매끄럽지 못하다.

2. 산소창 절단
   - 가늘고 긴 강관(내경 3.2~6.0mm, 길이 1.5~3.0mm)창을 통해 절단 산소를 내보내 절단을 한다.
   - 용광로(고로), 평로의 탭 구멍 천공, 콘크리트 절단, 암석 천공(구멍 뚫기), 후판 절단
   - 아세틸렌가스가 불필요하다.

12 강철을 산소-아세틸렌가스를 이용하여 절단할 경우 예열온도는 약 몇 ℃ 정도가 가장 적당한가?

① 100~200
② 300~500
③ 800~1,000
④ 1,100~1,500

해설
- 강(Fe) 예열온도 : 800~900℃
- 알루미늄(Al) 및 동(Cu) 예열온도 : 200~400℃

13 연강용 피복 아크용접봉의 종류 중 철분산화철계에 해당되는 것은?

① E4324
② E4340
③ E4326
④ E4327

해설
- E4324(철분산화티탄계)
- E4326(철분저수소계)
- E4327(철분산화철계)
- E4340(특수계)
- E4301(일미나이트계)
- E4303(라임티타니아계)
- E4311(고셀룰로오스계)
- E4313(고산화티탄계)
- E4316(저수소계)

14 피복 아크용접봉의 피복 배합제 중 탈산제가 아닌 것은?

① 페로티탄
② 알루미늄
③ 페로실리콘
④ 규산나트륨

해설

탈산제 종류
실리콘, 망간, 티탄, 알루미늄, 소맥분

암기팁 ▶ 실(Si),망(Mn)한, 티(Ti)를 알(Al) 수 없소(소맥분)

15 가스용접에서 사용하는 토치의 취급 시 주의사항으로 틀린 것은?

① 토치를 망치 등 다른 용도로 사용한다.
② 점화되어 있는 토치를 아무 곳에나 방치하지 않는다.
③ 팁 및 토치를 작업장 바닥이나 흙 속에 방치하지 않는다.
④ 팁을 바꿔 끼울 때는 반드시 양쪽 밸브를 모두 닫은 다음에 행한다.

해설

토치를 망치 등 다른 용도로 절대로 사용해서는 안 된다.

16 다음 중 주철의 보수용접 방법이 아닌 것은?

① 로킹법
② 크라운법
③ 비녀장법
④ 버터링법

해설
- **버터링법** : 식빵에 버터 바르듯 처음엔 모재와 특성이 비슷한 것으로 용접 후 다른 용접봉으로 겉을 두른 용접법
- **비녀장법** : 균열 부분을 보수할 때, 여자들이 머리에 비녀를 꽂듯이 용접선에 직각이 되게 ㄷ자형 강봉을 박은 용접
- **로킹법** : 용접부 바닥에 둥근 홈을 판 후 이 부분이 응력을 받을 수 있게 하는 용접

정답 12 ③ 13 ④ 14 ④ 15 ① 16 ②

17 다음 중 레이저 용접장치의 기본형에 속하지 않는 것은?

① 반도체형
② 엔드밀형
③ 고체금속형
④ 가스방전형

해설

레이저 기본형
- 반도체형
- 고체금속형
- 가스방전형

18 오스테나이트계 스테인리스강 용접 시 유의해야 할 사항으로 틀린 것은?

① 예열을 실시해야 한다.
② 짧은 아크 길이를 유지한다.
③ 용접봉은 모재의 재질과 동일한 것을 사용한다.
④ 낮은 전류값으로 용접하여 용접 입열을 억제한다.

해설

- 오스테나이트계 스테인리스강 용접 시에는 예열을 하지 말 것
- 층간 온도가 320℃를 넘지 말고, 모재와 재질이 동일한 용접봉으로 짧은 아크 길이 유지
- 전류값을 낮게 해 용접 입열을 억제

19 CO_2 가스 아크용접법의 종류 중 용제가 들어있는 와이어 CO_2법이 아닌 것은?

① 퓨즈 아크법(fuse arc process)
② 필러 아크법(filler arc process)
③ 유니언 아크법(union arc process)
④ 아코스 아크법(arcos arc process)

해설

용제가 있는 와이어 CO_2법에는 아코스 아크법, 유니언 아크법, 퓨즈 아크법, NCG 아크법이 있다.

20 CO_2 가스 아크용접의 용적이행 형태가 아닌 것은?

① 단락 이행
② 입상 이행
③ 복합 이행
④ 스프레이 이행

해설

CO_2 가스 아크 용적 형태
- 단락 이행 : 박판 용접에 적합하다.
- 입상 이행(글로뷸러) : 일명 핀치 효과형
- 스프레이 이행 : 용착 속도가 빠르고 능률적
- 맥동이행(펄스 아크) : 박판 용접 가능

21 연납용으로 사용되는 용제가 아닌 것은?

① 염산
② 붕산염
③ 염화아연
④ 염화암모니아

해설

1. 연납용 용제
   - 염산
   - 염화아연
   - 염화암모니아
   - 인산
   - 주석-납
2. 경납용 용제
   - 염화나트륨
   - 염화리튬
   - 붕사
   - 붕산
   - 산화제1구리
   - 빙정석
   - 양은납

22 일렉트로 가스 아크용접의 특징으로 틀린 것은?

① 판 두께가 두꺼울수록 경제적이다.
② 판 두께에 관계없이 단층으로 상진 용접한다.
③ 용접장치가 간단하며, 취급이 쉽고 고도의 숙련을 요하지 않는다.
④ 스패터 및 가스의 발생이 적고, 용접작업 시 바람의 영향을 받지 않는다.

해설

일렉트로 가스 아크용접은 용제 대신 CO_2, Ar가스를 보호가스로 하는 용접이므로 바람의 영향을 받는다.

정답 17 ② 18 ① 19 ② 20 ③ 21 ② 22 ④

23 플라스마 아크용접에 관한 설명으로 틀린 것은?

① 핀치효과에 의해 열에너지의 집중이 좋으므로 용입이 깊다.
② 가스가 충분히 이온화되어 전류가 통할 수 있는 상태를 플라스마라 한다.
③ 플라스마 아크 발생 방법은 플라스마 이행형태에 따라 크게 2가지가 있다.
④ 아크의 형태가 원통형이며, 일반적으로 토치에서 모재까지의 거리변화에 영향이 크지 않다.

해설

플라스마 아크의 발생방법
이행형 아크, 비이행형 아크, 중간형 아크 등 3가지가 있다.

플라스마 아크용접의 특징
- 가스가 충분히 이온화되어 전류가 통할 수 있는 상태를 플라스마라 한다.
- 아크 길이가 변해도 용접부는 영향이 없고 기계적 성질 우수
- 1층 용접으로 완성 가능하고 수동 용접도 쉽게 할 수 있다.
- 아크 형태가 원통형이며, 일반적으로 토치에서 모재까지 거리 변화의 영향이 크지 않다.
- 아크 방향성와 집중성이 좋다.
- 핀치효과에 의해 열에너지 집중이 좋으므로 용입이 깊다.
- 무부하 전압이 높고, 설비비가 고가이다.
- 용접속도가 빠르므로 가스 보호가 불충분하다.

24 다음 중 전자빔 용접의 특징으로 틀린 것은?

① 용접변형이 적어 정밀한 용접을 할 수 있다.
② 에너지의 집중이 가능하기 때문에 용융속도가 빠르고 고속 용접이 가능하다.
③ 전자빔은 전기적으로 정확한 제어가 어려워 얇은 판의 용접에 적용되며 후판의 용접은 곤란하다.
④ 전자빔은 자기 렌즈에 의해 에너지를 집중시킬 수 있으므로 용융점이 높은 재료의 용접이 가능하다.

해설

전자빔 용접은 전자빔을 접합부에 조사하여 충격 열을 이용해 용접하며, 얇은 판에서 두꺼운 판까지 용접이 가능하다.

25 겹치기 저항 용접에서 접합부에 나타나는 용융응고된 금속 부분을 무엇이라고 하는가?

① 튐 ② 오손
③ 너깃 ④ 오목 자국

해설

너깃(nugget)
- 겹치기 저항 용접에 있어 접합부에 나타나는 용융응고된 금속 부분
- 용접 중에 접합면 일부가 녹아 바둑알 모양의 단접으로 용접되는 것

26 가스용접 작업에 관한 안전사항 중 틀린 것은?

① 가스누설 점검은 비눗물로 수시로 점검한다.
② 아세틸렌 병은 저압이므로 눕혀서 사용하여도 좋다.
③ 산소병을 운반할 때는 캡(cap)을 씌워 이동한다.
④ 작업 종료 후에는 메인밸브 및 콕을 완전히 잠근다.

해설

아세틸렌 병은 세워서 사용한다.

27 서브머지드 아크용접에서 수소가스가 기포상태로 용착금속 내에 포함될 때 발생하며, 주로 비드 중앙에서 발생하기 쉬운 결함은?

① 용락 ② 기공
③ 언더컷 ④ 용입 부족

해설

수소가스가 기포 상태 시 결함
기공, 헤어크랙, 균열, 선상조직, 은점

28 티타늄의 용접성에 관한 설명으로 틀린 것은?

① 열간가공이나 용접이 어렵다.
② 해수 및 암모니아 등에 우수한 내식성을 가지고 있다.
③ 물리적 성질은 용융점이 낮고 탄소강에 비해 밀도가 낮다.
④ 티타늄의 용접에는 플라스마 아크용접, 전자빔 용접 등의 특수용접법이 사용되고 있다.

해설

티타늄(Ti)의 성질
- 용융점 1,800℃(철 1,538℃), 비중 4.54, 원자량 47.9, 전기전도율 3.4(은 100, 구리 : 94)
- 티타늄이 탄소강(철)보다 밀도가 높다.

29 불활성가스 텅스텐 아크용접의 장점이 아닌 것은?

① 모든 용접자세가 가능하며 특히 박판용접에서 능률이 좋다.
② 후판 용접에서는 다른 아크용접에 비해 능률이 떨어진다.
③ 거의 모든 금속을 용접할 수 있으므로 응용범위가 넓다.
④ 용접부에 산화, 질화 등을 방지할 수 있어 우수한 이음을 얻을 수 있다.

해설

TIG 용접의 특징
- 직류 정극성, 직류 역극성, 고주파 교류를 용접에 사용하고 있다.
- 산화하기 쉬운 금속인 알루미늄, 구리, 스테인리스강 등 대부분 금속의 용접이 용이, 용착부 성질이 우수
- 용제를 사용하지 않으므로 슬래그 제거가 불필요하며 연성, 강도, 기밀성 등이 우수하다.
- TIG 용접에 사용하는 아르곤 가스는 용착 금속의 산화, 질화를 방지
- 직류 역극성과 아르곤 가스 사용 시 청정작용을 얻을 수 있다.
- 보호가스로 아르곤 25%, 헬륨 75%를 가장 많이 사용
- 후판 용접에 부적당하고 박판 용접에 적당하며 전 자세 용접이 용이
- 박판 용접 시 용가재를 사용하지 않아도 용접부는 양호하다.

30 탄소강에서 탄소량이 증가할 경우 나타나는 현상은?

① 경도 감소, 연성 감소
② 경도 감소, 연성 증가
③ 경도 증가, 연성 증가
④ 경도 증가, 연성 감소

해설

탄소강에서 탄소량 증가 시
경도, 인장강도, 항복점, 항복 및 항자력 비열, 전기저항은 증가한다.(경/인/항/비/전)

31 일반적인 화염경화법의 특징으로 틀린 것은?

① 국부 담금질이 가능하다.
② 가열장치의 이동이 가능하다.
③ 장치가 간단하며 설비비가 저렴하다.
④ 담금질 변형을 일으키는 경우가 많다.

해설

화염경화법 특징
- 국부 담금질이 가능
- 가열장치 이동이 가능
- 장치가 간단, 설비비 저렴
- 화염경화법 : 산소-아세틸렌 혼합비를 1 : 1로 해서 가열한 후 물로 냉각시켜 경화

32 담금질하여 경화된 강을 변태가 일어나지 않는 A_1 점(온도) 이하에서 가열한 후 서랭 또는 공랭하는 열처리 방법은?

① 뜨임
② 담금질
③ 침탄법
④ 질화법

해설

열처리법
- 담금(quenching, 소입) : 강을 A_3 또는 A_1 선 이상 30~50℃로 가열한 후 수랭 또는 유랭으로 급랭시켜 경도와 강도 증가
- 뜨임(tempering, 소려) : 담금질 한 후 내부응력 제거와 인성을 증가시키고 안정된 조직으로 변화시키는 열처리
- 풀림(annealing, 소둔) : 재질의 연화, 내부응력 제거 목적으로 노내에서 서랭함

정답 28 ③ 29 ② 30 ④ 31 ④ 32 ①

- 불림(normalizing, 소준) : 재질을 표준화하기 위한 목적으로 A_3, A_{cm} 선 이상 30~60℃까지 가열 후 공랭하는 열처리

- 황동의 경우 산화불꽃으로 용접한다.
- TIG 용접으로 할 경우 6mm 이하 판 두께에 많이 사용한다.

33 다음 중 베이나이트 조직을 얻기 위한 항온 열처리방법은?

① 퀜칭
② 심랭처리
③ 오스템퍼링
④ 노멀라이징

해설

오스템퍼링
강인한 베이나이트 조직을 얻기 위한 열처리 방법으로 항온 변태 후 상온까지 냉각

35 Al의 표면을 적당한 전해액 중에 양극 산화처리하여 표면에 방식성이 우수하고 치밀한 산화 피막을 만드는 방법이 아닌 것은?

① 수산법
② 크롤법
③ 황산법
④ 크롬산법

해설

Al 표면에 방식성이 우수 치밀한 산화 피막 방법(황.수.크.)
- 황산법
- 수산법
- 크롬산법

34 7-3 황동에 Sn을 1% 첨가한 황동으로 전연성이 좋아 관 또는 판을 만들어 증발기, 열교환기 등에 사용하는 것은?

① 양은
② 톰백
③ 네이벌 황동
④ 애드미럴티 황동

해설

구리 및 구리합금
- 애드미럴티 황동 : 7-3 황동에 Sn을 1% 첨가한 황동으로 전연성이 좋아 관 또는 판을 만들어 증발기, 열교환기 등에 사용하는 것
- 양은 : Zn(아연)-Ni(니켈)-Cu(구리)

  암기팜 ▶ 김양은 아.니.구. 이양이다

- 톰백 : Zn(아연)-Cu(구리)

  암기팜 ▶ 아.구.톰.

- 네이벌 황동 : Cu(구리)-Zn(아연)-Sn(주석 1~2%)
- 용접 후 응고 시 수축 변형이 생기기 쉽다.
  (열팽창 계수가 크므로)
- 구리 합금의 경우 아연 증발로 중독을 일으키기 쉽다.
  (고온에서 증발로 황동 표면에 아연(Zn)이 없어지는 고온 탈아연 현상 때문)
  황동 = 동(Cu) + 아연(Zn)
  청동 = 동(Cu) + 주석(Sn)

  암기팜 ▶ 황동 아연에 무법자가 청동 주석을 마신다.

36 다음 중 트루스타이트보다 냉각 속도를 느리게 하면 얻어지는 조직으로 트루스타이트보다는 연하지만 펄라이트보다는 강인하고 단단한 조직은?

① 페라이트
② 마텐자이트
③ 소르바이트
④ 오스테나이트

해설

소르바이트
트루스타이트보다 냉각속도를 느리게 하면 얻어지는 조직으로 트루스타이트보다는 연하지만 펄라이트보다는 강인하고 단단한 조직

강의 담금질 조직 경도 순서
마텐자이트 > 트루스타이트 > 솔바이트 > 펄라이트 > 오스테나이트 > 페라이트

암기팜 ▶ 마 > 트 > 소 > 펄 > 오 > 페

37 면심입방격자(FCC)에 속하지 않는 금속은?

① Ag
② Cu
③ Ni
④ Zn

정답 33 ③ 34 ④ 35 ② 36 ③ 37 ④

[해설]
면심입방격자(FCC)
은(Ag), 구(Cu), 금(Au), 알(Al), 백(Pt), 세(Ce), 니(Ni), 납(Pb)

> 암기팁 ▶ 은.구.금.알.백.세.니.납.으로 합시다!

38 다음 중 표면 경화 열처리 방법이 아닌 것은?

① 방전 경화법 ② 세라다이징
③ 서브제로 처리 ④ 고주파경화법

[해설]
표면 경화 열처리 방법(금, 고, 침, 질)
금속침투법, 고주파경화법, 침탄법, 질화법

39 특정의 결정면을 경계로 처음의 결정과 경면적 대칭의 관계에 있는 원자배열을 갖는 결정부분을 무엇이라고 하는가?

① 슬립 ② 쌍정
③ 전위 ④ 결정구조

[해설]
쌍정
특정의 결정면을 경계로 처음의 결정과 경면적 대칭의 관계에 있는 원자배열을 갖는 결정 부분

40 Y합금은 고온강도가 크므로 내연기관의 실린더, 피스톤 등에 사용된다. Y합금의 조성으로 옳은 것은?

① Cu-Zn ② Cu-Sn-P
③ Fe-Ni-C-Mn ④ Al-Cu-Ni-Mg

[해설]
Y합금은 Al-Cu-Ni-Mg(알.구.니.마.) 고온강도가 크므로 내연기관의 실린더, 피스톤 등에 사용된다.

41 용강 중에 Fe-Si 또는 Al 분말 등의 강한 탈산제를 첨가하여 완전히 탈산시킨 강은?

① 림드강 ② 킬드강
③ 캡드강 ④ 세미킬드강

[해설]
킬드강
용강 중에 Fe-Si 또는 Al 분말 등의 강한 탈산제를 첨가하여 완전히 탈산시킨 강

42 다음 중 용융점이 가장 높은 금속은?

① Au ② W
③ Cr ④ Ni

[해설]
- Au(금) : 1,063℃
- W(텅스텐) : 3,410℃
- Cr(크롬) : 1,860℃
- Ni(니켈) : 1,453℃

43 용접의 기본기호 중 심(seam) 용접기호로 맞는 것은?

① ○ ② ⌒
③ ⊖ ④ ⊃

[해설]
① 번 그림 : 점용접(스폿)
② 번 그림 : 표면(서페이싱) 육성용접
③ 번 그림 : 심용접
④ 번 그림 : 겹침 이음

44 용접부의 단면을 연삭기나 샌드페이퍼 등으로 연마하고 적당한 부식을 해서 육안이나 저배율의 확대경으로 관찰하여 용입의 상태, 열영향부의 범위, 결함의 유무 등을 알아보는 시험은?

① 파면 시험 ② 현미경 시험
③ 응력부식 시험 ④ 매크로 조직시험

정답 38 ③ 39 ② 40 ④ 41 ② 42 ② 43 ③ 44 ④

해설

매크로 조직시험은 용접부의 단면을 연삭기나 샌드페이퍼 등으로 연마하고 적당한 부식을 해서 육안이나 저배율 확대경으로 관찰하여 용입의 상태, 열영향부의 범위, 결함의 유무 등을 알아보는 시험이다.

45 주철의 보수용접 종류 중 스터드 볼트 대신 용접부 바닥면에 둥근 홈을 파고 이 부분에 걸쳐 힘을 받도록 하여 용접하는 방법은?

① 로킹법
② 스터드법
③ 비녀장법
④ 버터링법

해설

로킹법은 주철의 보수용접 종류 중 스터드 볼트 대신 용접부 바닥면에 둥근 홈을 파고 이 부분에 걸쳐 힘을 받도록 하여 용접하는 방법이다.

46 다음 중 용접부의 시험법 중에서 비파괴 검사방법이 아닌 것은?

① 피로시험
② 자분검사
③ 초음파검사
④ 침투탐상검사

해설

비파괴 시험
- ET : 와류검사
- LT : 누설검사
- MT : 자분검사
- RT : 방사선검사
- UT : 침투검사
- VT : 육안검사

47 용접 비드 끝단에 생기는 작은 홈의 결함으로 전류가 높고, 아크 길이가 길 때 생기기 쉬운 결함은?

① 피트
② 언더컷
③ 오버랩
④ 용입 불량

해설

언더컷 원인
- 용접전류가 클 때
- 부적당한 용접봉 사용 시
- 용접속도가 빠를 때
- 용접봉 유지각도 부적당

48 용접이음에서 정하중에 대한 안전율은 얼마인가?

① 1
② 3
③ 5
④ 8

해설

- 정하중(일반) : 3
- 동하중(일반) : 5
- 동하중(주기적) : 8
- 충격하중 : 12

49 용접재료 검사 중 경도시험에서 사용되지 않는 시험방법은?

① 쇼어 경도
② 브리넬 경도
③ 비커스 경도
④ 샤르피 경도

해설

샤르피 : 충격 시험법

50 용접시공 방법 중 잔류응력을 경감시키는 데 필요한 방법이 아닌 것은?

① 예열을 이용한다.
② 용접 후 열처리를 한다.
③ 적당한 용착법과 용접순서를 선정한다.
④ 용착금속의 양을 될 수 있는 대로 많게 한다.

해설

잔류응력을 경감시키는 방법
- 적당한 용착법과 용접순서를 선정한다.
- 용접후 후열 처리를 한다.
- 예열을 이용한다.

정답 45 ① 46 ① 47 ② 48 ② 49 ④ 50 ④

51 다음 용접이음에서 냉각속도가 가장 빠른 것은?

① 모서리 이음 ② T형 필릿 이음
③ I형 맞대기 이음 ④ V형 맞대기 이음

해설

용접이음에서 냉각속도가 가장 빠른 것은 T형 필릿 이음이다.

52 다음 중 잔류응력 완화법에 해당되지 않는 것은?

① 피닝법 ② 역변형법
③ 응력 제거 풀림 ④ 저온 응력 완화법

해설

1. 잔류응력 완화법(용접 후 처리)
   - **기계적 응력 완화법** : 잔류응력이 존재하는 구조물에 인장이나 압축하중을 걸어 용접부를 약간 소성 변형시킨 후 하중을 제거하면 잔류응력이 감소하는 현상
   - **저온응력 완화법** : 가스불꽃에 의해 너비의 60~130mm에 걸쳐 150~200℃로 가열 후 곧 수랭하는 법
   - **국부 풀림법** : 커다란 제품이나 현장 구조물인 경우 노 내 풀림이 곤란할 때 용접선 좌우 양측을 각각 250mm 범위 또는 판 두께 12배 이상의 범위를 가열한 후 서랭. 주의할 점은 국부풀림은 온도가 불균일하고, 오히려 잔류응력이 발생될 수 있다.
   - **노내 풀림법** : 유지시간이 길수록, 유지온도가 높을수록 효과가 크다. 제품 전체를 가열로 안에 넣고 적당한 온도에서 일정한 시간 유지한 다음 노에서 서랭
   - **피닝법** : 끝이 둥근 특수해머로 연속 타격하여 표면에 소성변형을 줘 인장응력을 완화

2. 열 영향 방지 냉각법
   - **억제법** : 공작물을 가접 혹은 구속 지그로 변형을 억제한다. 잔류응력이 생기기 쉽다.
   - **역변형법** : 용접한 후 변형 각도만큼 용접 전에 미리 반대 방향으로 용접하는 방법(150mm×9t에서 변형을 2~3° 준다.)
   - **도열법** : 물 적신 석면 동판을 접촉시켜 수랭으로 열을 낮추는 방법(수랭동판 사용법)
   - **용착법** : 스킵법, 대칭법, 후퇴법 등을 사용한다.

53 다음 그림과 같이 강판의 두께 25mm, 인장하중 10,000kgf를 작용시켜 겹치기 용접이음을 한다. 용접부 허용응력을 7kgf/mm²이라 할 때 필요한 용접 길이는?(단, 두 장의 판 두께는 동일하다.)

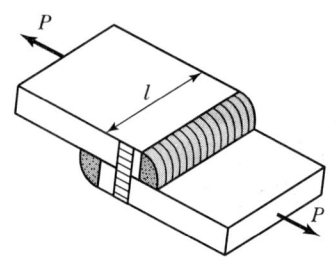

① 40.4mm ② 42.3mm
③ 45.6mm ④ 50.5mm

해설

단면적 = $\dfrac{하중}{허용응력}$ = $\dfrac{0.707 \times 10000}{7 \times 25}$ = 40.4

※ cos45° = 0.707

54 한 부분의 몇 층을 용접하다가 이것을 다음 부분의 층으로 연속시켜 전체가 계단 형태의 단계를 이루도록 용착시켜 나가는 용착방법은?

① 블록법 ② 스킵법
③ 덧붙임법 ④ 캐스케이드법

해설

용접방법(용착법)
- **캐스케이드법** : 한 부분에 대해 몇층을 용접하다가 다음 부분으로 연속용접 하는 방법
- **블록법(전진 블록법)** : 짧은 용접 길이로 표면까지 용착하는 방법, 첫 층에 균열이 발생하기 쉬울 때 사용
- **스킵(skip)법(비석법)** : 용접 이음의 전 길이를 뛰어넘어 용접하는 방법
- **빌드업법(덧살 올림법)** : 용접 전 길이에 대해 각 층을 연속 용접하는 방법
- **대칭법** : 이음 중앙에 대해 대칭으로 용접하는 법
- **후진법** : 용접 진행 방향과 용착방법이 반대되는 법
- **전진법** : 이음의 한쪽 끝에서 다른쪽 끝으로 용접을 진행하는 법

55 검사의 종류 중 검사공정에 의한 분류에 해당되지 않는 것은?

① 수입검사 ② 출하검사
③ 출장검사 ④ 공정검사

해설

검사 공정에 따른 분류
- 최종검사 : 완성품에 대한 검사
- 공정검사(중간검사) : 제조 공정이 끝나고 다음 제조공정으로 이동하는 사이 행하는 검사
- 수입검사 : 원재료 제품을 받을지의 여부를 판정하기 위한 검사
- 출하검사 : 재료제품을 출하할 때 행하는 검사

암기팁 ➡ 최/공(을) 수/출

56 설비 보전 조직 중 지역보전(area maintenance)의 장단점에 해당하지 않는 것은?

① 현장 왕복 시간이 증가한다.
② 조업요원과 지역보전요원과의 관계가 밀접해진다.
③ 보전요원이 현장에 있으므로 생산 본위가 되며 생산 의욕을 가진다.
④ 같은 사람이 같은 설비를 담당하므로 설비를 잘 알며 충분한 서비스를 할 수 있다.

해설

지역보전(area maintenance)의 장단점
- 현장 왕복 시간이 감소한다.(그 지역 지리가 밝은 지역 요원이므로)
- 조업요원과 지역보전요원과의 관계가 밀접해진다.
- 보전요원이 현장에 있으므로 생산 본위가 되며 생산 의욕을 가진다.
- 같은 사람이 같은 설비를 담당하므로 설비를 잘 알며 충분한 서비스를 할 수 있다.

57 설비배치 및 개선의 목적을 설명한 내용으로 가장 관계가 먼 것은?

① 재공품의 증가 ② 설비투자 최소화
③ 이동거리의 감소 ④ 작업자 부하 평준화

해설

설비 배치 및 개선의 목적
- 재공품의 감소
- 이동거리 감소
- 작업자 부하 평준화
- 설비투자 최소화

58 워크 샘플링에 관한 설명 중 틀린 것은?

① 워크 샘플링은 일명 스냅리딩(Snap Reading)이라 불린다.
② 워크 샘플링은 스톱워치를 사용하여 관측대상을 순간적으로 관측하는 것이다.
③ 워크 샘플링은 영국의 통계학자 L.H.C. Tippet가 가동률 조사를 위해 창안한 것이다.
④ 워크 샘플링은 사람의 상태나 기계의 가동상태 및 작업의 종류 등을 순간적으로 관측하는 것이다.

해설

WS(Work Sampling)법
통계적 수법을 이용하거나 무작위로 현장에서 작업하는 내용에 대해 측정률 및 가동시간에 대한 측정결과를 조합하여 표준시간을 설정하는 방법

59 부적합품률이 20%인 공정에서 생산되는 제품을 매시간 10개씩 샘플링 검사하여 공정을 관리하려고 한다. 이때 측정되는 시료의 부적합품 수에 대한 기댓값과 분산은 약 얼마인가?

① 기댓값 : 1.6, 분산 : 1.3
② 기댓값 : 1.6, 분산 : 1.6
③ 기댓값 : 2.0, 분산 : 1.3
④ 기댓값 : 2.0, 분산 : 1.6

정답 55 ③ 56 ① 57 ① 58 ② 59 ④

> [해설]
> - 기댓값 = 10개 × 0.2 = 2개
> - 분산 = 2 × (1−0.2) = 1.6

60 3σ법의 $\overline{X}$관리도에서 공정이 관리상태에 있는 데도 불구하고 관리상태가 아니라고 판정하는 제1종 과오는 약 몇 %인가?

① 0.27
② 0.54
③ 1.0
④ 1.2

> [해설]
> **3σ법의 $\overline{X}$ 관리도**
> 제1종 과오 : 공정에 변화가 없는데, 점이 한계치를 벗어나는 비율로 약 0.27%이다. 슈하트 박사는 0.30% 정도로 정의하고 있다.

2017년 제62회(7.8)

01 피복 아크용접봉에 사용되는 피복 배합제에서 아크 안정제로 사용되는 것은?

① 니켈   ② 산화티탄
③ 페로망간   ④ 마그네슘

해설

피복 배합제 종류

1. 아크 안정제
   - 적철강, 석회석, 규산칼륨, 규산나트륨, 자철강, 산화티탄, 탄산나트륨
   - **암기팡** ▶ 적.석.칼.나.자.산.탄.
   - 아크열에 의해 이온화되기 쉬운 물질을 만들어 아크 전압을 경화시키고, 재점호 전압을 낮추어 아크를 안정화시킨다.

2. 가스 발생제
   - 셀룰로오스, 석회석, 탄산바륨, 톱밥, 녹말
   - **암기팡** ▶ 셀.석.탄.에 톱.이 녹.슨다
   - 환원성 가스나 중성가스를 만들어 용융금속을 대기로부터 산소나 질소 침입으로 인한 산화나 질화 방지

3. 슬래그 생성제
   - 일미나이트, 형석, 규사, 석회석, 탄산나트륨, 이산화망간, 산화티탄, 산화철
   - **암기팡** ▶ 일.형.규.석.탄.이. 산.산.이 부서진다
   - 용융점이 낮은 가벼운 슬래그를 만들어 용융 금속의 표면을 덮어 산화, 질화를 방지하며 냉각속도 느리게 천천히

4. 탈산제
   - 페로티탄(Fe-Ti), 알루미늄(Al), 페로실리콘(Fe-Si), 페로망간(Fe-Mn)
   - **암기팡** ▶ 티.알.실.망.
   - 용융 금속 중에 있는 산소를 제거하는 것

5. 고착제
   - 소맥분, 아교, 규산나트륨, 규산칼륨, 해초
   - **암기팡** ▶ 소.아.규.규.해.
   - 피복제가 심선에 달라붙게 하는 역할을 한다.

6. 합금 첨가제
   - 망간, 구리, 몰리브덴, 실리콘, 크롬, 니켈
   - **암기팡** ▶ 망.구.모.실.일이 크.니.
   - 화학 성분을 개선하는 것

02 다음 중 아세틸렌가스의 폭발성과 관련이 가장 적은 것은?

① 외력   ② 압력
③ 온도   ④ 증류수

해설

아세틸렌(C_2H_2)의 특징

- 화합물 생성 : 구리, 구리합금(구리 62% 이상), 은, 수은과 접촉 시 120℃ 근방에서 폭발성 화합물 아세틸라이드 생성
- 혼합가스 : 아세틸렌 15%, 산소 85%에서 가장 폭발 위험성 크다. 인화수소 0.02% 이상일 때 폭발 위험성 크고, 0.06% 이상이면 일반적으로 자연 발화되어 폭발
- 외력 : 압력이 가해진 아세틸렌가스에 충격, 마찰, 진동 등의 외력이 작용하면 폭발 위험성
- 압력 : 1.3기압 이하에서 사용, 1.5기압-가열 충격으로 폭발, 2.0기압-자연폭발
- 온도 : 자연발화온도-406~408℃, 폭발위험-505~515℃, 자연폭발-780℃
- 아세틸렌가스 용해량 : 물-1배, 석유-2배, 벤젠-4배, 알콜-6배, 아세톤-25배로 용해량은 압력에 따라 증가한다. 다만, 소금물에는 용해하지 않는다.
- 인화수소(PH_3), 황화수소(H_2S), 암모니아(NH_3) 같은 불순물이 포함되어 악취가 난다.
- 비중이 0.906으로 공기보다 가볍다. 15℃ 1kg/mm²에서 아세틸렌 1L 무게는 1.176g(산소보다 가볍다. 산소 1L의 무게는 1.429g)
- 용기 안의 아세틸렌 양 C=905(A-B)(이때 C : 아세틸렌가스 양, A : 병 전체무게, B : 빈병의 무게)

정답 01 ② 02 ④

03 다음 중 융접에 속하지 않는 것은?

① 마찰 용접 ② 스터드 용접
③ 피복 아크용접 ④ 탄산가스 아크용접

해설

융접의 종류
- 가스용접(산소아세틸렌 용접, 산소수소 용접, 산소프로판 용접)
- 아크용접(서브머지드, 이산화탄소아크, 원자수소, 피복아크, 플라스마, 아크스폿, 스터드, 불활성가스 아크용접)

> **암기팁** ➡ 서.이.원.피.플.아.스.불.

- 일렉트로 슬래그 용접
- 테르밋 용접
- 일렉트로 가스 용접
- 전자빔 용접
- 플라스마 제트 용접

04 용접전류 200A, 아크전압 20V, 용접속도 15cm/min이라 하면 용접의 단위길이 1cm당 발생하는 용접 입열은 몇 joule/cm인가?

① 2,000 ② 5,000
③ 10,000 ④ 16,000

해설

$$H = \frac{60E \cdot I}{V}(\text{joule/cm}) = \frac{60 \times 20 \times 200}{15} = 16,000(\text{joule/cm})$$

용접입열(Weld heat input)
- 용접 작업 시 외부에서 모재에 주어지는 열량을 용접입열이라 하며 용접입열은 75~85%이다.
- $H = \frac{60E \cdot I}{V}(\text{joule/cm})$

  여기서, H : 용접입열
  E : 아크전압(V)
  I : 아크전류(A)
  V : 용접속도(cm/min)

※ 용접 입열에 관계되는 인자는 용접전류, 용접속도, 용접층 수, 아크전압 등이다.

05 아세틸렌가스와 프로판가스를 이용한 절단 시의 비교 내용으로 틀린 것은?

① 프로판은 슬래그의 제거가 쉽다.
② 아세틸렌은 절단 개시까지의 시간이 빠르다.
③ 프로판이 점화하기 쉽고 중성불꽃을 만들기도 쉽다.
④ 프로판의 포갬 절단 속도는 아세틸렌보다 빠르다.

해설

아세틸렌가스와 프로판가스 비교

프로판가스	아세틸렌가스
• 슬래그 제거가 쉽다. • 포갬 절단 속도는 아세틸렌보다 빠르다. • 아세틸렌보다 후판 절단속도가 빠르고 절단면이 깨끗하다. • 절단 상부 기슭이 녹는 것이 적다.	• 점화가 쉽고 중성불꽃 만들기도 쉽다. • 절단 개시까지 시간이 빠르다. • 표면 영향이 적다. • 박판 절단 시 빠르다.

※ 아세틸렌이 점화하기 쉽고 중성불꽃을 만들기 쉽다.

06 피복 아크용접봉 중 내균열성이 가장 우수한 것은?

① E4303 ② E4311
③ E4316 ④ E4327

해설

연강용 피복 아크 용접봉 종류 및 특징

1. **E4303(라임티타니아계)**
   - 산화티탄을 30% 이상 포함하며 슬래그 생성제
   - 용입이 얕고 슬래그 제거 쉽다.
   - 일반강재 박판용 등에 사용

2. **E4311(고셀룰로오스계)**
   - 셀룰로오스를 30% 정도 함유한 가스 실드계이다.
   - 피복제가 얇고 슬래그 양이 적어 위보기, 수직 상하진과 좁은 홈 용접이 가능
   - 보관 시 습기를 흡수하기 쉬워 기공 발생이 우려되므로 70~100℃로 0.5~1시간 정도 건조한다.
   - 아크는 스프레이형으로 빠른 용융속도를 내나 비드 표면이 거칠고 스패터가 많은 결점이 있다.
   - 파이프 용접에 사용한다.

정답 03 ① 04 ④ 05 ③ 06 ③

3. E4316(저수소계)
- 주성분 : 석회석=탄산칼슘($CaCO_3$), 형석=불화칼슘(CaF_2)을 주성분으로 한다.
- 수소양이 다른 용접봉에 비해 1/10정도 적다.
- 피복제가 습기를 잘 흡수하기 때문에 반드시 사용 전에 300~350℃로 1~2시간 정도 건조 후 사용할 것
- 아크가 불안정하며 초보자일 경우 용접봉이 모재에 달라붙는 등 아크가 다소 불안정하고, 작업성이 떨어진다.
- 용접속도가 느리며 용접이 출발된 시점에서 기공이 생기기 쉽기 때문에 후진법(back step)을 사용한다.
- 다른 연강봉보다 용접성이 우수하므로 후판, 중요 구조물, 구속이 큰 용접, 고탄소강, 유황 함유량이 큰 강 등에 용접 결함 없이 용접부가 양호하다.
- 피복제의 염기도가 높을수록 내 균열성이 우수하고, 피복제 염기성이 높고 내균열성이 좋다.
- 구속이 큰 용접, 유황 함유량이 높은 용접에 양호한 용접부를 얻는다.
- 작업성 : 고산화티탄계(E4313) > 일미나이트계(E4301) > 저수소계(E4316)
- 기계적 성질 : 저수소계(E4316) > 일미나이트계(E4301) > 고산화티탄계(E4313)
- 다층 용접 시 첫 층을 저수소계를 사용함으로써 수소와 잔류응력으로 인한 균열을 방지한다.
- 비드 이음부에서 기공(porosity)이 생기기 쉬우므로 짧은 아크 길이로 하며 운봉 시 주의해야 한다.

4. E4327(철분 산화철계)
- 산화철에 규산염을 30~45% 첨가, 산성 슬래그를 생성한다.
- 용착 효율이 좋고 능률적이다.
- 스패터가 적은 스프레이형으로 슬래그 제거가 쉽고 용입이 양호하다.(비드 표면이 곱다.)
- 아래보기나 수평 필릿 용접에서 많이 사용한다.

07 아세틸렌 용기 속에 아세틸렌가스가 3,200리터 보관되어 있다면, 프랑스식 200번 팁을 이용하여 표준 불꽃으로 연강판을 용접할 경우 약 몇 시간 동안 용접할 수 있는가?

① 4시간　　② 8시간
③ 16시간　　④ 32시간

해설

$3,200L \div 200L/h = 16h$

08 가스용접에서 공급압력이 낮거나 팁이 과열되었을 때 산소가 아세틸렌 쪽으로 흡입되는 것을 무엇이라고 하는가?

① 역류　　② 역화
③ 인화　　④ 폭발

해설

1. **인화**(flash back or back flash)
   ㉠ 팁 끝이 순간적으로 막혀 가스가 분출되지 못하고 불꽃이 토치의 가스 혼합실까지 들어오는 현상
   ㉡ 역류나 역화에 비해 매우 위험하다.
   ㉢ 인화 방지대책
   - 가스 유량을 적당하게 조절
   - 팁을 항상 깨끗이 청소
   - 토치, 기구 등을 평소에 점검
   - 인화 발생 시 아세틸렌 차단 후 산소 차단

2. **역화**(back fire or poping)
   ㉠ 가스용접 작업 시 팁 끝이 모재에 닿는 순간 팁 끝이 막히거나 팁 끝이 과열, 조임 불량 및 압력이 적당하지 않을 때 "빵빵"소리가 나면서 꺼졌다가 다시 나타났다가 하는 현상
   ㉡ 역화 방지대책
   - 아세틸렌(C_2H_2)을 차단 후 산소를 차단할 것
   - 팁을 물에 담갔다가 냉각시킴

3. **역류**(contra flow)
   ㉠ 산소 압력이 아세틸렌가스 압력보다 높게 할 때, 토치 내부 청소 불량이나 토치 팁 끝이 막혔을 때, 높은 압력의 산소가 정상적으로 흐르지 못하고 산소보다 압력이 낮은 C_2H_2 호스 쪽으로 흘러 폭발 위험성이 있는 현상
   ㉡ 원인
   - C_2H_2 공급량 부족
   - 팁 청소 불량
   - 산소압력 과다
   ㉢ 역류 방지대책
   - 팁 끝을 깨끗이 청소
   - 역류 발생 시 먼저 산소 차단 후 아세틸렌(C_2H_2)을 차단

09 다음 중 아크절단법의 종류에 해당되지 않는 것은?

① TIG 절단 ② 분말 절단
③ MIG 절단 ④ 플라스마 절단

[해설]
분말 절단은 비철금속, 주철, 스테인리스강 등은 가스 절단을 하지 않고, 용제, 철분을 연속으로 절단 산소에 혼합 공급함으로써 산화열 또는 화학작용을 이용하는 절단법이다.

10 탄소 아크 절단에서 압축공기를 병용하여 전극 홀더의 구멍에서 탄소 전극봉에 나란히 분출하는 고속의 공기를 분출시켜 용융금속을 불어내어 홈을 파는 방법을 무엇이라고 하는가?

① 철분 절단 ② 불꽃 절단
③ 가스 가우징 ④ 아크 에어 가우징

[해설]
아크 에어 가우징
탄소 아크 절단에 압축공기를 병용하여 전극 홀더 구멍에서 탄소 전극봉에 나란히 분출하는 고속의 공기를 분출시켜 용융금속을 불어 내어 홈을 파는 방법. 작업능률이 가스 가우징에 비해 2~3배 높다.

11 가스 절단에서 표준 드래그의 길이는 판 두께의 얼마 정도인가?

① 5% ② 10%
③ 15% ④ 20%

[해설]

1. 드래그(Drag)
   - 가스 절단 가공에서 절단재 표면(절단가스 입구)과 절단재 이면(절단가스 출구) 사이의 수평거리를 말한다.
   - 절단면에 일정한 간격의 곡선이 진행방향으로 나타난 것을 드래그 라인(drag line)이라 한다.
   - 표준 드래그 길이는 보통 판 두께의 20% 정도이다.
   - 절단면 말단부가 남지 않을 정도의 드래그를 표준 드래그 길이라고 한다.

$$드래그 = \frac{드래그 \ 길이(mm)}{판 \ 두께(mm)} \times 100$$

판 두께(mm)	12.7	25.4	51.0	51.0~152.0
드래그 길이(mm)	2.4	5.2	5.6	6.4

2. 드래그 라인(drag line, 지연곡선)
   절단면에 거의 일정한 간격으로 평행한 곡선으로 드래그라인의 시·종 양끝의 거리, 즉 입구점과 출구점 간의 수평거리이다.

12 피복 아크용접에서 양호한 용접을 하려면 짧은 아크를 사용하여야 하는데 아크 길이가 적당할 때 나타나는 현상이 아닌 것은?

① 아크가 안정된다.
② 산화 및 질화되기 쉽다.
③ 정상적인 입자가 형성된다.
④ 양호한 용접부를 얻을 수 있다.

[해설]
아크 길이(arc length)
- 아크 길이는 3mm 정도이고 2.6mm 용접봉은 심선 지름과 동일하게 한다.
- 품질이 좋은 용접을 하려면 짧은 아크를 사용해야 한다.
- 아크 발생 중 용접전압은 약 20~35V이며, 아크 전압은 아크 길이에 비례한다.
- 아크길이가 너무 길면 아크 값이 불안정하고 용융금속이 산화, 질화되기 쉽고 기공, 균열의 원인이 된다.
- 아크길이가 너무 길면 스패터가 심하며 용입이 얕고 나빠진다.
- 아크길이가 너무 짧으면 용접봉이 모재에 달라붙는다.
- 아크길이가 너무 짧으면 슬래그 혼입이 우려되며 입열이 적어 용입이 불충분하다.
- 아크길이가 길어지면 전압에 비례하여 증가하며 발열량도 증대된다.
- 아크길이가 너무 길면 **아크실드효과**(arc shielded)가 감소된다.
※ **아크실드효과** : 아크 및 용착금속을 보호매질로 대기로부터 차단하는 효과
※ 아크길이가 부적당할 때 산화 및 질화되기 쉽다.

정답 09 ② 10 ④ 11 ④ 12 ②

13 강재 표면에 흠이나 개재물, 탈탄층 등을 제거하기 위하여 얇고 넓게 표면을 깎아내는 가공법은?

① 스카핑   ② 가스 가우징
③ 탄소 가우징   ④ 아크 에어 가우징

해설

스카핑(scarfing)
- 강재 표면에 흠이나 개재물, 탈탄층 등을 제거하기 위하여 얇고 넓게 타원형모양으로 표면을 깎아내는 가공법
- 스카핑 속도는 냉간재의 경우 5~7m/min, 열간재의 경우 20m/min이다.

14 피복 아크 용접봉의 심선으로 주로 사용되는 재료는?

① 저탄소 림드강   ② 저탄소 킬드강
③ 고탄소 림드강   ④ 고탄소 세미킬드강

해설

피복 아크 용접봉의 심선으로 주로 사용되는 재료는 **저탄소 림드강**이다.

15 다음 중 아크쏠림 방지대책으로 옳은 것은?

① 긴 아크를 사용한다.
② 교류 용접기를 사용한다.
③ 접지점을 용접부로부터 가깝게 한다.
④ 용접봉 끝을 아크쏠림 방향으로 기울인다.

해설

1. 아크쏠림(arc blow, 아크블로우)
   - 자기불림(magnetic blow, 마그네틱 블로우)이라고도 한다.
   - 직류용접 시 전류에 의해 아크 주위에 발생하는 자장이 용접에 대해 비대칭으로 한쪽으로만 쏠리는 현상
   - 전류 방향이 바뀌는 교류에선 일어나지 않고 직류용접에서만 아크쏠림 현상이 일어난다.

2. 아크쏠림 방지대책
   - 직류용접 대신 교류용접을 하며 용접봉 끝을 아크쏠림 반대 방향으로 기울인다.
   - 엔드 탭을 이음의 처음과 끝에 사용한다.
   - 긴 용접일 때 후퇴법으로 용접한다.
   - 접지점을 용접부에서 멀리하며 접지점 두 개를 연결한다.
   - **짧은 아크**를 사용한다.(피복제가 모재에 닿을 정도로)
   - 용접을 마친 부분 또는 가접이 큰 부분 방향으로 용접한다.
   - 접지 지점을 바꾸며 용접 지점과 거리를 멀리한다.
   - 접지점을 2개 연결한다.

3. 아크 쏠림 발생 시 나타나는 현상
   - 아크가 불안정하다.
   - 용착금속의 재질 변화
   - 슬래그 섞임과 기공 발생

16 일반적인 레이저 빔 용접의 특징으로 옳은 것은?

① 용접속도가 느리고 비드 폭이 매우 넓다.
② 깊은 용입을 얻을 수 있고 이종금속의 용접도 가능하다.
③ 가공물의 열변형이 크고 정밀 용접이 불가능하다.
④ 여러 작업을 한 레이저로 동시에 작업할 수 없으며 생산성이 낮다.

해설

1. 레이저 빔 용접 : 레이저에서 얻는 접속성이 강한 단색 광선을 이용한다.
2. 특징
   - 깊은 용입을 얻을수 있고 이종 금속 용접도 가능하다.
   - 접근하기 곤란한 물체에 용접가능
   - 모재의 열변형이 없고 원격조작 부도체 용접 가능
   - 진공이 필요치 않다.
   - 미세하고 정밀한 용접이 가능

17 일반적인 CO_2 가스 아크용접 작업에서 전진법의 특징으로 틀린 것은?

① 스패터가 많으며 진행방향 쪽으로 흩어진다.
② 비드 높이가 높고 폭이 좁은 비드가 형성된다.
③ 용착 금속이 아크보다 앞서기 쉬워 용입이 얕아진다.
④ 용접 시 용접선이 잘 보여서 운봉을 정확하게 할 수 있다.

정답 13 ① 14 ① 15 ② 16 ② 17 ②

해설

CO_2 아크용접 작업 시 전진법의 특징
- 용접선이 잘 보여 운봉을 정확히 할 수 있다.
- 비드 높이가 낮고 평탄한 비드가 형성된다.
- 용착금속이 아크보다 선행하기 쉬워 용입이 얕아진다.
- 스패터가 비교적 많고 진행방향 쪽으로 스패터가 분산된다.

18 일반적인 저탄소강의 용접에 대한 설명으로 틀린 것은?

① 용접법의 적용에 제한이 없다.
② 용접 균열의 발생 위험이 적다.
③ 피복 아크용접의 경우 노치 인성이 요구될 때에는 저수소계 계통의 용접봉을 사용한다.
④ 서브머지드 아크용접의 경우 일반적으로 판 두께 25mm 이하에서도 예열이 필요하다.

해설

서브머지드 아크용접의 경우 일반적으로 판 두께 25mm 이하에서는 예열이 필요 없다.

19 가스 금속 아크용접에서 제어장치의 기능 중 크레이터 처리 기능에 의해 낮아진 전류가 서서히 줄어들면서 아크가 끊어져 이면 용접부가 녹아내리는 것을 방지하는 것은?

① 번 백 시간
② 스타트업 시간
③ 크레이터 지연시간
④ 이면 용접 보호시간

해설

- 번 백 시간 : 크레이터 처리 기능에 의해 낮아진 전류가 서서히 줄어들면서 아크가 끊어져 이면 용접부가 녹아 내리는 것을 방지
- 스타트 시간 : 아크가 발생되는 순간 용접 전류와 전압을 크게 높여 아크 발생과 모재 융합을 돕는 제어
- 크레이터 충전 시간 : 용접이 끝나는 점에서 토치 스위치를 다시 누르면 전압이 낮아져 손쉽게 크레이터에 충전이 되는 시간
- 예비가스 유출 시간 : 아크 발생 전 보호가스를 방출해서 안정시키는 제어

20 플라스마 아크용접의 장점으로 틀린 것은?

① 용접속도가 빠르다.
② 용입이 낮고 비드 폭이 넓다.
③ 1층으로 용접할 수 있으므로 능률적이다.
④ 용접부의 기계적 성질이 좋으며 변형이 적다.

해설

플라스마 아크용접의 특징
- 용입이 깊고 비드 폭이 좁다.
- 용접부의 기계적, 금속학적 성질이 좋고 변형도 적다.
- 1층 용접을 할 수 있어 능률적이다.
- 아크 방향성과 집중성이 좋고 용접속도가 빠르다.
- 아크 길이가 변해도 용접부는 영향이 없다.
- 수동 용접도 쉽게 할 수 있다.
- 설비비가 고가이다.
- 무부하 전압이 높다.
- 용접속도가 빠르므로 가스 보호가 불충분하다.

21 점 용접의 종류에 속하지 않는 것은?

① 직렬식 점 용접
② 맥동 점 용접
③ 인터랙 점 용접
④ 플래시 점 용접

해설

점 용접의 종류
단극식, 다전극, 직렬식, 맥동, 인터랙 점 용접

암기팁 ▶ 단/다/직(접)/맥/인/점(을)

22 박판(3mm 이하) 용접에 적용하기 곤란한 용접법은?

① TIG 용접
② CO_2 용접
③ 심(seam) 용접
④ 일렉트로 슬래그 용접

해설

일렉트로 슬래그 용접
1. 원리
   용융 슬래그 저항열에 의한 와이어와 모재를 용융시키면서 연속 주조 방식에 의한 단층 수직 상진 용접을 한다.

정답 18 ④ 19 ① 20 ② 21 ④ 22 ④

2. 특징
- 후판 용접에 적합, 박판 용접에는 적용할 수 없다.
- 특별한 홈 가공이 필요하지 않다.
- 용접시간이 단축되기에 능률적, 경제적이다.
- 아크가 눈에 안 보이고 아크불꽃도 없다.
- 전극 와이어는 주로 지름 2.5~3.2mm 사용
- 준비시간이 길다.
- 각(角)변형이 적고 용접 품질이 우수
- 전기 저항열을 이용하여 용접한다.
- 스패터 발생 적고 용융금속 용착량 100%
- 고가이며 기계적 성질이 나쁘다.
- 용접 장치가 복잡하고 냉각장치가 필요
- 보일러 드럼, 대형부품, 수력 발전소 터빈축에 쓰임

23 구리 및 구리 합금의 용접성에 대한 설명으로 틀린 것은?

① 용접 후 응고 수축 시 변형이 생기지 않는다.
② 열전도도, 열팽창계수는 용접성에 영향을 준다.
③ 구리합금의 경우 아연 증발로 용접사가 중독될 수 있다.
④ 가스 용접 시 수소 분위기에서 가열을 하면 산화물이 환원되어 수분을 생성시킨다.

[해설]
구리와 구리 합금 용접성
- 용접 후 응고 수축 시 변형이 생긴다.
- 가스 용접 시 수소 분위기에서 가열하면 산화물이 환원되어 수분 생성
- 구리 합금의 경우 아연 증발로 용접사가 중독될 수 있다.
- 열전도도, 열팽창 계수는 용접성에 영향을 준다.

24 서브머지드 아크용접에서 사용하는 플럭스 중 분말 원료에 결합제를 혼합하여 500~600℃에서 건조하여 제조한 것은?

① 용융형 용제   ② 혼합형 용제
③ 저온소결 용제 ④ 고온소결 용제

[해설]
저온소결 용제
서브머지드 아크용접에서 사용하는 플럭스 중 분말 원료에 결합제를 혼합하여 500~600℃에서 건조하여 제조

25 논 가스 아크용접에서 개봉된 와이어를 재사용하면 흡습으로 인하여 여러 가지 결함이 발생하기 쉽다. 이를 방지하기 위하여 사용하기 전 재건조를 실시하는데, 이때 가장 적당한 온도와 시간은?

① 50~100℃에서 1~2시간 건조
② 100~150℃에서 3시간 이상 건조
③ 200~300℃에서 1~2시간 건조
④ 400~500℃에서 3시간 이상 건조

[해설]
와이어 재사용으로 발생할 수 있는 여러 가지 결함을 방지키 위해 사용 전 200~300℃에서 1~2시간 건조한다.

26 고진공 상태에서 충격열을 이용하여 용접하며 원자력 및 전자제품의 정밀 용접에 적용되고 일반적으로 용접봉을 사용하지 않아 슬래그 섞임 등의 결함이 생기지 않는 용접은?

① 오토콘 용접   ② 전자빔 용접
③ 원자 수소 아크용접 ④ 일렉트로 가스 아크용접

[해설]
전자빔 용접
고진공 상태에서 충격 열을 이용하여 용접하며 원자력 및 전자제품의 정밀 용접에 적용되고 일반적으로 용접봉을 사용하지 않아 슬래그 섞임 등의 결함이 생기지 않는 용접

27 불활성가스 텅스텐 아크용접을 이용하여 알루미늄 주물을 용접할 때 사용하는 전류로 가장 적합한 것은?

① AC   ② DCRP
③ DCSP   ④ ACHF

정답 23 ① 24 ③ 25 ③ 26 ② 27 ④

> [해설]
>
> ACHF(고주파 교류)는 불활성가스 텅스텐 아크용접을 이용, 알루미늄 주물을 용접할 때 사용 전류로 가장 적합하며, 텅스텐 봉의 수명이 길어지는 장점이 있다.

28 피복 아크용접 작업에서 전기적 충격을 방지하기 위한 대책으로 틀린 것은?

① 용접기의 내부에 함부로 손을 대지 않는다.
② 홀더나 용접봉을 맨손으로 취급하지 않는다.
③ 땀, 물 등에 의해 습기 찬 작업복이나 장갑, 구두 등을 착용한다.
④ 가죽장갑, 앞치마, 발 덮개 등 규정된 보호구를 반드시 착용한다.

> [해설]
>
> 전기적 충격을 방지하기 위한 대책으로 땀, 물 등에 의해 습기 찬 작업복이나 장갑, 구두 등을 착용해서는 안 된다.

29 스터드 용접에서 페룰의 역할이 아닌 것은?

① 용착부의 오염을 방지한다.
② 용접이 진행되는 동안 아크열을 집중시켜준다.
③ 탈산제가 들어 있어 용접부의 기계적 성질을 개선해준다.
④ 용융금속의 산화를 방지하고, 용융금속의 유출을 막아준다.

> [해설]
>
> **페룰(ferrule)**
> 아크안정과 보호를 위해 스터드 끝부분을 둘러싸고 있는 세라믹 부품을 말한다. 작업자 눈도 보호한다.

30 오스테나이트계 스테인리스강에 대한 설명으로 틀린 것은?

① 가공경화성이 높다.
② 실온에서 조직이 마텐자이트이다.
③ 냉간가공에 의한 내력과 강도가 크게 상승한다.
④ 용접 등의 열 가공을 할 경우 변형이나 잔류응력에 대한 문제가 발생한다.

> [해설]
>
> **오스테나이트계 스테인리스강 용접 시 주의사항**
> • 가공경화성이 높고, 냉간가공에 의한 내력과 강도가 크게 상승
> • 용접 등의 열가공을 할 경우 변형이나 잔류응력에 대한 문제가 발생한다.
> • 낮은 전류로 용접하고 용접 입열을 억제할 것
> • 가는 용접봉을 사용하며 모재와 같은 재료를 쓸 것
> • 아크를 중단하기 전에 반드시 크레이터 처리를 할 것
> • 짧은 아크길이를 유지하고 예열을 하지 말 것
> • 층간 온도는 320℃ 이상을 넘지 말 것
> • 용접봉은 가는 것으로 쓰며, 모재와 동일한 재료를 사용할 것
> • 상온에서 오스테나이트 조직이다.

31 탄소강에 포함된 원소 인(P)의 영향이 아닌 것은?

① 연신율을 증가시킨다.
② 상온취성의 원인이 된다.
③ 결정립을 조대화시킨다.
④ Fe_3P는 MnS 등과 접합하여 고스트라인을 형성하여 강의 파괴 원인이 된다.

> [해설]
>
> **원소 인(P)의 영향**
> • 연신율을 감소시키고 상온 취성의 원인이 된다
> • Fe_3P는 MnS 등과 접합하여 고스트라인을 형성하여 강의 파괴 원인이 된다.
> • 결정립을 조대화시킨다.
> • 연신율과 충격값을 저하시킨다.
> • 편석과 균열의 원인이 된다.
> • 주철 융점이 낮아지고, 유동성이 양호해진다.

정답 28 ③ 29 ③ 30 ② 31 ①

32 다음 중 스테인리스강의 종류에 포함되지 않는 것은?

① 펄라이트계 스테인리스강
② 페라이트계 스테인리스강
③ 마텐자이트계 스테인리스강
④ 오스테나이트계 스테인리스강

해설

스테인리스강 종류
오스테나이트계, 마텐자이트계, 페라이트계, 석출 경화용 스테인리스강

암기짱 ▶ 오!.마.페.석.

33 재료의 선팽창계수나 탄성률 등의 특성이 변하지 않는 불변강에 해당되지 않는 것은?

① 인바(invar)
② 코엘린바(coelinvar)
③ 슈퍼인바(super invar)
④ 슈퍼엘린바(super elinvar)

해설

불변강의 종류
- 인바(invar, Ni36%) : 팽창 계수가 작고, 표준 척, 열전쌍, 시계 등에 사용
- 엘린바(elinvar, Ni36%-Cr12%) : 상온에서 탄성률 불변 정밀계측기, 시계, 스프링 등에 사용
- 플래티나이트(platinite, Ni10~16%) : 유리 백금선 대용 전구, 진공관, 유리의 봉압선 등에 사용
- 퍼멀로이(permalloy, Ni75~80%) : 고 투자율 합금, 해저 전선의 장하 코일용
- 코엘린바 : 엘린바를 계량한 것
- 슈퍼인바(super invar, Ni32%-Co 4~6%) : 표준 척도용 재료(열팽창계수가 0에 가깝다.)

암기짱 ▶ 슈퍼.코.플.인.초.엘

34 Ti합금의 결정구조 종류가 아닌 것은?

① α형 합금
② β형 합금
③ δ형 합금
④ ($\alpha+\beta$)형 합금

해설

Ti합금의 결정구조 종류
- α형 합금
- β형 합금
- ($\alpha+\beta$)형 합금

35 시안화법이라고도 하며 시안화나트륨(NaCN), 시안화칼륨(KCN)을 주성분으로 하는 용융염을 사용하여 침탄하는 방법은?

① 고체 침탄법
② 액체 침탄법
③ 가스 침탄법
④ 고주파 침탄법

해설

액체 침탄법
시안화법이라 하며 시안화나트륨(NaCl), 시안화칼륨(KCN)을 주성분으로 하는 용융염을 사용해 침탄하는 방법

36 다음 주철 중 조직은 주로 편상 흑연과 페라이트로 되어 있으나, 약간의 펄라이트를 함유하고 있으며 기계 가공성이 좋고 값이 저렴한 주철은?

① 보통주철
② 가단주철
③ 구상흑연주철
④ 미하나이트주철

해설

보통주철은 약간의 펄라이트를 함유하고 있으며, 기계 가공성이 좋고 값이 저렴한 주철이다. 주조성이 좋고 취성이 커서 연신율은 거의 없다.

37 다음 중 항온 열처리 방법에 해당되지 않는 것은?

① 마퀜칭
② 마템퍼링
③ 오스템퍼링
④ 노멀라이징

> [해설]

항온 열처리 종류
- 마퀜칭(마텐자이트 조직 얻는 방법)
- 마템퍼링(마텐자이트 + 베이나이트)
- 오스템퍼링(베이나이트 조직 얻는 방법)
- 노멀라이징(불림 = 소준)

38 황동의 종류 중 톰백에 대한 설명으로 옳은 것은?

① 0.3~0.8% Zn의 황동
② 1.2~3.7% Zn의 황동
③ 5~20% Zn의 황동
④ 30~40% Zn의 황동

> [해설]

톰백
- 구리(Cu) 80% 아연(Zn) 20%의 황동
- 화폐, 메달, 단추, 금박, 모조금 같은 장식품 재료에 사용

39 금속조직학상으로 강이라 함은 Fe-C합금 중 탄소의 함유량이 약 몇 % 정도 포함된 것인가?

① 0.008~2.1   ② 2.1~4.3
③ 4.3~6.6   ④ 6.6 이상

> [해설]

Fe-C 합금 중 탄소 함유량이 약 0.008~2.1% 정도 포함된 것을 금속 조직학상으로 강이라 한다.

40 다음 금속침투법 중 철강 표면에 알루미늄을 확산 침투시키는 것은?

① 칼로라이징   ② 크로마이징
③ 세라다이징   ④ 보로나이징

> [해설]

금속 침투법
강재 표면에 다른 금속을 침투, 확산시켜 강재 표면에 내식, 내산성을 높임

- 크로마이징 : 크롬(Cr) 분말을 재료 표면에 침투시켜 내식, 내열, 내마모성 향상
- 칼로라이징 : 알루미늄(Al)을 재료 표면에 침투시켜 내열, 내산, 내식성 향상
- 세라다이징 : 아연(Zn) 분말을 침투, 확산시켜 내식성 향상 및 표면 경화층 얻음
- 실리코나이징 : 실리콘(Si)을 침투시켜 내식성 향상
- 보로나이징 : 붕소(B)를 침투, 확산시켜 표면 경도 향상

> **암기팁** ➤ 크로-크롬. 칼로-카알. 세라-세아. 실리-실리콘. 보로-붕소.

41 다음 중 순철에 대한 설명으로 틀린 것은?

① 비중이 약 7.8 정도이다.
② 융점이 약 1,539℃ 정도이다.
③ 순철의 A_3 변태점은 약 910℃이다.
④ 순철이 조직인 페라이트는 공석강 조직보다 경도가 강하다.

> [해설]

순철의 조직인 페라이트의 탄소 함유량이 0~0.035% 정도로 공석강(0.035~2.1%) 조직보다 탄소 함유량이 적어 강도가 약하다.

42 다음 중 Al-Si계 합금인 것은?

① 청동   ② 실루민
③ 퍼민바   ④ 미시메탈

> [해설]

Al-Si[알루미늄-실리콘(규소)]은 개량효과가 양호하다.

실루민(silumin)
- 주조용 알루미늄 합금(Al 8.6~89%, Si 11~14%). 가볍고 전연성이 크고 주조 후 수축이 매우 작고 해수에 잘 침식되지 않지만, 절삭성은 불량
- 실루민에 소량의 마그네슘(Mg) 1% 이하를 첨가하여 시료성을 부여한 것은 감마(γ) 실루민(Si 9%, Mg 0.5%)
- 실루민에 구리를 넣어 시료성을 부여한 것은 구리 실루민(Cu 3%, Si 9%)

정답 38 ③ 39 ① 40 ① 41 ④ 42 ②

43 용접구조물 설계 시 주의할 사항 중 틀린 것은?

① 용접이음은 집중, 접근 및 교차를 피한다.
② 용접성, 노치인성이 우수한 재료를 선택하여 시공하기 쉽게 설계한다.
③ 용접금속은 가능한 한 다듬질 부분에 포함되지 않게 주의한다.
④ 후판을 용접할 경우는 용입을 깊게 하기 위하여 용접 층수를 가능한 한 많게 설계한다.

해설
후판을 용접할 경우는 용입을 깊게 하기 위하여 **용접 층수를 가능한 한 적게 설계**한다.

44 맞대기 이음에서 1,500kgf의 인장력을 작동시키려고 한다. 판 두께가 6mm일 때 필요한 용접길이는 약 몇 mm인가?(단, 허용인장응력은 7kgf/mm²이다.)

① 25.7 ② 35.7
③ 38.5 ④ 47.5

해설
허용인장응력 $= 7 = \dfrac{F}{A} = \dfrac{F}{t \times l} = \dfrac{1,500}{6 \times l} = 7$

$\therefore l = \dfrac{1,500}{6 \times 7} = 35.7\text{mm}$

45 재료의 인성과 취성을 측정하려고 할 때 사용하는 가장 적합한 파괴시험법은?

① 인장시험 ② 압축시험
③ 충격시험 ④ 피로시험

해설
충격시험은 재료의 **인성**과 **취성**을 측정하려고 할 때 사용하는 가장 적합한 파괴시험법이다.

46 용접부에 생기는 잔류응력 제거법이 아닌 것은?

① 국부 풀림법   ② 노 내 풀림법
③ 노멀라이징법 ④ 기계적 응력 완화법

해설
잔류응력(residual stress) 경감법
- 노 내 풀림법(furnace stress relief)
- 국부 풀림법(local stress relief)
- 기계적 응력 완화법(mechanical stress relief)
- 저온응력 완화법(low temperature stress relief)
- 피닝법 : 끝이 둥근 특수 해머로 연속 타격해 표면에 소성 변형을 주어 인장응력을 완화하는 법

47 용접 변형방법 중 용접부 부근을 냉각시켜서 열영향부의 넓이를 축소시킴으로써 변형을 감소시키는 방법은?

① 피닝법 ② 도열법
③ 구속법 ④ 역변형법

해설
도열법은 용접부 부근을 냉각시켜 열영향부 넓이를 축소시켜 변형을 감소하는 방법이다.(물을 적신 동판을 덧대어 열을 흡수함으로써 용접부의 부근을 냉각시킨다.)

48 용접으로 인한 변형교정방법 중에서 가열에 의한 교정방법이 아닌 것은?

① 롤러에 의한 법
② 형재에 대한 직선 수축법
③ 얇은 판에 대한 점 수축법
④ 후판에 대한 가열 후 압력을 주어 수랭하는 법

해설
롤러에 의한 법
재료를 가열하지 않고 롤러로 외력만 가해서 보일러 드럼통 등을 만든다.
용접변형교정법
- 박판에 대한 점 수축법

정답 43 ④ 44 ② 45 ③ 46 ③ 47 ② 48 ①

- 형재에 대한 직선 수축법
- 가열 후 해머링법
- 롤러에 의한 법
- 후판 가열 후 압력을 가한 후 수랭법
- 절단 성형 후 재용접하는 방법
- 소성 변형시켜 교정하는 방법
- 피닝법

49 용접 설계 시 주의사항으로 틀린 것은?

① 구조상의 노치부를 만들 것
② 용접하기 쉽도록 설계할 것
③ 용접에 적합한 구조의 설계를 할 것
④ 용접 이음의 특성을 고려하여 선택할 것

해설

용접 이음부 설계 시 주의사항
- 구조상의 노치부를 만들지 말 것
- 용접하기 쉽도록 설계할 것
- 용접에 적합한 구조의 설계를 할 것
- 용접 이음 특성 고려 선택
- 필릿 용접은 피하고 맞대기 용접
- 뒷면 용접을 해 용입 부족 없도록
- 될 수 있는 한 아래보기 자세 많이
- 용접할 때 작업 공간 충분히 확보
- 용접 최소로 응력집중 없도록
- 이종 두께시 단면변화로 집중응력 방지
- 인성이 높은 재료를 선택
- 물품 중심에 대해서 대칭용접

50 용접부의 비파괴검사 중 비자성체 재료에 적용할 수 없는 검사방법은?

① 침투 탐상 검사
② 자분 탐상 검사
③ 초음파 탐상 검사
④ 방사선 투과 검사

해설

자분 탐상 검사(MT) 특징
- 비자성체인 스테인리스강 재료 사용 불가
- 작업이 신속하며 간단
- 어두운 곳에서도 적용이 가능

- 자동화 가능, 얇은 도장, 도금 등 검사 가능
- 내부 결함 등의 검출은 어렵다.
- 대형 구조물일 경우 대전류가 필요

51 용접 아크길이가 길어지면 발생하는 현상으로 틀린 것은?

① 열 집중도가 좋다.
② 아크가 불안정하게 된다.
③ 용융금속이 산화되기 쉽다.
④ 용접금속에 개재물이 많게 된다.

해설

아크 길이가 길어지면 발생하는 현상
- 열 집중도가 나빠진다.
- 아크가 불안정하게 된다.
- 용융금속이 산화되기 쉽다.
- 용접금속에 개재물이 많게 된다.

52 보통 판 두께가 4~19mm 이하인 경우 한쪽에서 용접으로 완전 용입을 얻고자 할 때 사용하며 홈 가공이 비교적 쉬우나 판의 두께가 두꺼워지면 용착 금속의 양이 증가하는 맞대기 이음 형상은?

① V형 홈
② H형 홈
③ J형 홈
④ X형 홈

해설

맞대기 이음 형상
- I형(판 두께 6mm까지) : 판이 두꺼워지면 이음부를 완전히 녹일 수 없다.
- V형(6~9mm) : 두꺼운 판은 용착량이 많아지고 변형이 일어난다.
- J형(6~9mm, 양면 J형 12mm) : V형, K형보다 두꺼운 판 사용
- U형(6~50mm) : 두꺼운 판의 한쪽 방향에서 충분한 용입이 필요시
- H형(50mm 이상) : 양쪽 용접이므로 완전한 용입이다.
- ※ V형은 홈 가공이 쉬우나 판의 두께가 두꺼워지면 용착 금속의 양이 증가한다.

정답 49 ① 50 ② 51 ① 52 ①

53 용접 후 용착 금속부의 인장응력을 연화시키는데 효과적인 방법으로 구면 모양의 특수해머로 용접부를 가볍게 때리는 것은?

① 어닐링(annealing) ② 피닝(peening)
③ 크리프(creep)가공 ④ 저온응력 완화법

해설

피닝(peening)은 구면 모양의 특수 해머로 용접부를 가볍게 때리는 것으로 용접 후 용착 금속부의 인장응력을 완화시키는데 효과적인 방법이다.

54 로봇의 동작기능을 나타내는 좌표계의 종류에 포함되지 않는 것은?

① 극좌표로봇   ② 다관절로봇
③ 원통좌표로봇   ④ 삼각좌표로봇

해설

1. 좌표계의 종류
   극좌표로봇, 다관절로봇, 원통좌표로봇
2. 관절좌표 로봇(articulated robot) 동작기구의 장점
   • 회전축(X, Y, Z)의 공간좌표 가질 것
   • 장애물의 상하 접근 가능
   • 작은 설치공간으로 큰 작업 공간 활용
   • 간편한 머니퓰레이터 구조를 갖는다.
   ※ 머니퓰레이터(manipulator) : 사람의 팔과 유사한 기능을 가진 기계나 로봇

55 다음 그림의 AOA(Activity-on-Arc) 네트워크에서 E작업을 시작하려면 어떤 작업들이 완료되어야 하는가?

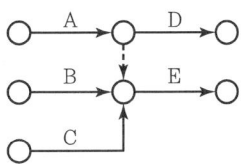

① B   ② A, B
③ B, C   ④ A, B, C

해설

AOA네트워크는 O를 마디로, →를 가지로 활동 상태를, 점선의 화살표는 활동을 나타낸 것이다.
이 네트워크는 PERT방식의 적용으로서 E작업을 시작하려면 A, B, C 작업 모두가 완료되어야 한다.

56 품질특성에서 $\bar{X}$ 관리도로 관리하기에 가장 거리가 먼 것은?

① 볼펜의 길이   ② 알코올 농도
③ 1일 전력소비량   ④ 나사길이의 부적합품 수

해설

$\bar{X}$ 관리도로 관리 가능한 것
• 알콜 농도
• 1일 전력 소비량
• 볼펜의 길이

57 검사특성곡선(OC Curve)에 관한 설명으로 틀린 것은?(단, N : 로트의 크기, n : 시료의 크기, c : 합격판정개수이다.)

① N, n이 일정할 때 c가 커지면 나쁜 로트의 합격률은 높아진다.
② N, c가 일정할 때 n이 커지면 좋은 로트의 합격률은 낮아진다.
③ $N/n/c$의 비율이 일정하게 증가하거나 감소하는 퍼센트 샘플링 검사 시 좋은 로트의 합격률은 영향이 없다.
④ 일반적으로 로트의 크기 N이 시료 n에 비해 10배 이상 크다면, 로트의 크기를 증가시켜도 나쁜 로트의 합격률은 크게 변화하지 않는다.

해설

N/n/c의 비율이 일정하게 증가하거나 감소하는 퍼센트 샘플링 검사 시 좋은 로트의 합격률은 영향이 있다.

정답 53 ② 54 ④ 55 ④ 56 ④ 57 ③

58 브레인스토밍(Brainstorming)과 가장 관계가 깊은 것은?

① 특성요인도　　② 파레토도
③ 히스토그램　　④ 회귀분석

해설

브레인스토밍(Brainstorming)과 관계가 깊은 것은 특성요인도이다. 특성요인도는 문제가 되고 있는 특성과 특성에 영향을 미치는 요인의 관계를 계통으로 그린 그림이다.

59 표준시간을 내경법으로 구하는 수식으로 맞는 것은?

① 표준시간=정미시간+여유시간
② 표준시간=정미시간×(1+여유율)
③ 표준시간=정미시간×$\left(\dfrac{1}{1-여유율}\right)$
④ 표준시간=정미시간×$\left(\dfrac{1}{1+여유율}\right)$

해설

내경법을 적용한 표준시간=정미시간×$\left(\dfrac{1}{1-여유율}\right)$

60 다음 데이터로부터 통계량을 계산한 것 중 틀린 것은?

| 21.5, 23.7, 24.3, 27.2, 29.1 |

① 범위(R)=7.6
② 제곱합(S)=7.59
③ 중앙값(Me)=24.3
④ 시료분산(s^2)=8.988

해설

- 범위(R)=최댓값−최솟값=29.1−21.5=7.6
- 평균값=[21.5+23.7+24.3+27.2+29.1]÷5회
　　　=25.16
- 제곱합(S)=35.9

※ 제곱합=$(21.5-25.16)^2+(23.7-25.16)^2+(24.3-25.16)^2$
　　　　　$+(27.2-25.16)^2+(29.12-25.16)^2=35.952$
- 중앙값(Me)=24.3
- 시료분산(s^2)=8.988

※ 시료분산=$\dfrac{제곱합}{갯수}=\dfrac{35.952}{4}=8.988$

정답　58 ①　59 ③　60 ②

2018년 제63회(3.31)

01 다음 연료가스 중 발열량(kcal/m³)이 가장 큰 것은?

① 메탄
② 수소
③ 부탄
④ 아세틸렌

해설

- 메탄 : 8,080kcal/m³
- 수소 : 2,420kcal/m³
- 부탄 : 26,691kcal/m³
- 아세틸렌 : 12,690kcal/m³

02 다음 중 용착효율이 가장 낮은 용접은?

① MIG 용접
② 피복 아크 용접
③ 서브머지드 아크 용접
④ 플럭스코어드아크용접

해설

- 피복 아크 용접의 용착효율이 가장 낮다.
- MIG 용접 : 피복 아크 용접에 비해 용착효율이 높다.
- 서브머지드 아크 용접 : 용융속도 및 용착속도가 빠르다.
- 플럭스 코어드 아크용접=CO_2=FCAW : 용접속도가 빠르고 용착금속의 기계적 성질이 우수하다.

03 가스절단에서 예열불꽃 세기의 영향을 설명한 것으로 틀린 것은?

① 예열불꽃이 약할 때 절단면이 거칠어진다.
② 예열불꽃이 약할 때 드래그가 증가한다.
③ 예열불꽃이 약할 때 절단속도가 늦어진다.
④ 예열불꽃이 강할 때 모서리가 용융되어 둥글게 된다.

해설

- 예열불꽃이 약할 때 : 드래그가 증가하고, 절단속도가 늦어진다.
- 예열불꽃이 강할 때 : 모서리가 용융되어 둥글게 되면서 절단면이 거칠어지고 철 성분 박리가 어렵고 모재에 드로스 등이 발생한다.
- 드로스(dross) : 가스 절단 시 완전히 배출되지 않은 용융금속이 절단 후 밑 부분에 매달려 응고된 것

04 스카핑 작업에 대한 설명으로 틀린 것은?

① 스카핑 작업은 강제 표면의 홈을 제거한다.
② 스카핑 토치는 가우징 토치에 비하여 능력이 적고 팁은 직선형을 사용한다.
③ 예열은 표면의 불순물이 떨어져 깨끗한 금속면이 나타날 때까지 가열한다.
④ 작업방법은 스카핑 토치를 공작물의 표면과 75° 정도로 경사지게 하고 예열불꽃의 끝이 표면에 접촉되도록 한다.

해설

스카핑(scarfing) 작업
- 스카핑 토치는 가우징 토치에 비하여 능력이 크고 팁은 슬로 다이버전트를 사용한다.
- 서서 작업할 수 있게 수동용 토치는 긴 것이 많다.
- 자동용 스카핑은 사각형이나 사각형에 가까운 모양이며, 수동용 스카핑은 대부분 원형이다.

스카핑(scarfing)
- 강재 표면의 홈이나 탈탄층을 제거하기 위해 사용한다.
- 표면을 얇고 넓게 타원형으로 깎아내는 가공법
- 스카핑 토치와 공작물 표면은 75°를 유지한다.
- 속도는 냉간재 5~7m/min, 열간재 20m/min로 한다.

정답 01 ③ 02 ② 03 ① 04 ②

05 산소-아세틸렌 가스용접 시 연강판 용접에 가장 적당한 불꽃은?

① 중성 불꽃   ② 산화 불꽃
③ 탄화 불꽃   ④ 환원 불꽃

해설
중성 불꽃이 산소-아세틸렌 가스용접 시 연강판 용접에 가장 적당한 불꽃이다.

06 아크가 발생하는 초기에 용접봉과 모재가 냉각되어 있어 용접 입열이 부족하고 아크가 불안정하기 때문에 아크 초기만 용접전류를 특별히 높게 하는 장치는?

① 전격 방지 장치   ② 원격 제어 장치
③ 핫 스타트 장치   ④ 고주파 발생 장치

해설

1. 핫 스타트 장치(hot start and arc booster)
   아크 발생 초기는 용접봉과 모재가 냉각되어 있어 아크가 불안정하므로 0.2~0.25초의 짧은 순간에 대전류를 흘려 초기에 용접 전류를 안정시키는 장치를 하는데 이를 핫 스타트 장치라 한다.
   장점
   - 용접 시점에서 기공이나 결함 발생이 적다.
   - 용접 시점에서 초기의 비드 용입을 개선한다.
   - 아크 발생을 쉽게 한다.

2. 전격방지장치(votage reducing device)
   교류 용접기 사용 시 1차 무부하 전압이 85~95V이므로 전격(감전)위험이 있다. 따라서 2차 무부하 전압을 20~30V 이하로 유지하다가 부하가 가해진 순간(용접봉과 모재가 접촉되는 순간)에 릴레이(relay)가 작동, 용접 작업을 할 수 있도록 안전장치(작업자를 보호하는 안전장치)를 하는데, 이를 전력방지장치라 한다.
   ※ 무부하 전압(개로전압)을 낮게 하여 감전 사고를 방지하는 장치

3. 원격제어장치(remote control equipment)
   용접사가 용접기에서 멀리 떨어져 작업할 때 현 작업위치에서 전류를 조정하는 장치이다.
   종류
   - 전농기 조작형

   - 가포화 리액터형 : 가변저항기 부분을 분리하고 작업자 위치에서 원격 전류 조정을 한다.

4. 고주파발생 장치(high frequency ionizer)
   고주파 방법은 비접촉식방식으로 용접봉 오염을 줄일 수 있고 용접봉과 모재 사이 틈이 1.2~3.0mm 범위일 때 아크를 발생한다.
   - 전류가 순간적으로 변할 때마다 아크가 불안정하기 때문에 사용한다.
   - 교류 아크 용접에 고주파를 병용하면 아크가 안정된다.
   - 고주파 병용 시 무부하 전압을 낮출 수 있다.
   - 고주파 발생장치를 사용 시 전원입력을 적게 함으로써 역률 개선과 전격 위험이 낮아진다.
   - 용접기의 경우 GTAW 혹은 PAW 용접기가 사용된다.

07 다음 용접자세 중 모재가 눈 위로 들려있는 수평면의 아래쪽에서 용접봉을 위로 향하게 하여 용접하는 것은?

① F   ② O
③ V   ④ H

해설
- O : 위보기 자세는 모재가 눈 위로 들려있는 수평면의 아래쪽에서 용접봉을 위로 향하게 하여 용접하는 자세이다.
- F : 아래보기   • O : 위보기
- V : 수직   • H : 수평

08 속이 빈 피복 용접봉과 모재 사이에 아크를 발생시켜 이때 발생하는 아크열을 이용하여 절단하는 방법으로 고크롬강, 스테인리스강 등을 절단할 때 사용되는 것은?

① 탄소 아크 절단   ② 금속 아크 절단
③ 플라스마 절단   ④ 산소 아크 절단

해설
산소 아크 절단은 속이 빈 피복 용접봉과 모재 사이에 아크를 발생시켜 이때 발생하는 아크열을 이용하여 절단하는 방법으로 고크롬강, 스테인리스강 등을 절단할 때 사용된다. 절단속도가 크므로 구조물 해체, 수중 해체 작업에 사용한다.

정답 05 ①   06 ③   07 ②   08 ④

09 접합하려고 하는 금속을 용융시키지 않고 모재보다 용융점이 낮은 용가재를 금속 사이에 용융 첨가하여 접합하는 방법은?

① 납땜
② 단접
③ 심 용접
④ 스폿 용접

해설

납땜
접합하려고 하는 금속을 용융시키지 않고 모재보다 용융점이 낮은 용가재를 금속 사이에 용융 첨가하여 접합하는 방법으로, 땜납의 용융점이 450℃ 이상이면 경납땜, 450℃ 이하이면 연납땜이라 한다.

10 피복 아크 용접기의 구비조건으로 틀린 것은?

① 일정한 전류가 흘러야 한다.
② 구조 및 취급이 간단해야 한다.
③ 아크 발생 및 유지가 용이해야 한다.
④ 사용 중에 온도 상승이 높아야 한다.

해설

피복 아크 용접기 특성으로 상승특성은 전류 증가에 따라 전압이 약간 높아지는 특성이 있지만, 사용 중 온도 상승이 높아서는 안 된다.
• 상승 특성 : 전류 증가에 따라 전압이 약간 높아지는 특성
• 수하 특성 : 부하 전류가 증가하면 단자 전압이 낮아지는 특성
• 정전류 특성 : 부하 전압이 변해도 단자 전류가 변하지 않는 특성
• 정전압 특성 : 부하 전류가 변해도 단자 전압은 변하지 않는 특성

11 다음 중 압력 조정기의 취급상 주의사항으로 틀린 것은?

① 압력 용기의 설치구 방향에는 장애물이 없어야 한다.
② 조정기를 취급할 때에는 기름이 묻은 장갑 등을 사용해서는 안 된다.
③ 압력 지시계가 잘 보이도록 설치하며 유리가 파손되지 않도록 주의한다.
④ 조정기를 설치한 다음 조정 나사를 풀고 밸브는 급격히 빨리 열어야 하며, 가스 누설 여부는 가스 불꽃으로 점검한다.

해설

압력 조정기는 산소 아세틸렌 용기가 높은 압력의 가스(산소 35℃ 150kgf/cm², 아세틸렌 15℃ 15kgf/cm²)를 상용압력으로 감압해서 필요한 가스량을 공급하는 장치이며, 압력 조정기는 밸브를 서서히 열 것

1. 압력 조정기 취급 시 유의사항
   • 가스누설검사는 비눗물 사용
   • 나사부 등에 그리스, 기름 등은 절대 사용금지
   • 연결부는 가스 누설없게 정확히 연결
   • 조정기 바늘이 잘 보이도록 설치
2. 압력 조정기의 구비조건
   • 가스의 방출량이 많아도 유량이 안정될 것
   • 사용 시 빙결하는 일이 없을 것
   • 조정압력과 사용압력의 차이가 적을 것
   • 용기 내 가스량이 변해도 조정압력은 변하지 않을 것

12 용해 아세틸렌의 전체 무게가 33kg, 빈병의 무게가 30kg일 때, 이 병 안에 있는 아세틸렌 가스의 양은 몇 리터[L]인가?

① 2,115
② 2,315
③ 2,715
④ 2,915

해설

용해 아세틸렌 = 905 × (충전된 용기무게 − 빈병의 무게)
= 905 × (33 − 30) = 2,715[L]

13 가스 용접에서 토치 내부의 청소가 불량할 때 막힘이 생겨 고압의 산소가 배출되지 못하고 산소보다 압력이 낮은 아세틸렌 통로로 흐르는 현상은?

① 탄화 현상
② 역류 현상
③ 역화 현상
④ 인화 현상

정답 09 ① 10 ④ 11 ④ 12 ③ 13 ②

해설

역류 현상은 토치 내부의 청소가 불량할 때 막힘이 생겨 고압의 산소가 배출되지 못하고 산소보다 압력이 낮은 아세틸렌 통로로 흐르는 현상

1. 역류(contra flow)
   - 산소 압력이 아세틸렌가스 압력보다 높게 할 때
   - 토치 내부의 청소 불량이나 토치 팁 끝이 막혔을 때
   - 높은 압력의 산소가 정상적으로 흐르지 못하고 산소보다 압력이 낮은 C_2H_2 호스 쪽으로 흘러 폭발위험성이 있는 현상

   ㉠ 원인
   - C_2H_2 공급량 부족
   - 팁 청소 불량
   - 산소압력 과다

   ㉡ 역류 방지대책
   - 팁 끝을 깨끗이 청소
   - 역류 발생 시 먼저 산소 차단 후 아세틸렌(C_2H_2) 차단

2. 인화(flash back or back fire)
   - 팁 끝이 순간적으로 막혀 가스가 분출되지 못하고 불꽃이 토치의 가스 혼합실까지 들어오는 현상
   - 역류나 역화에 비해 매우 위험하다.

   인화 방지대책
   - 가스 유량을 적당하게 조절
   - 팁을 항상 깨끗이 청소
   - 토치, 기구 등을 평소에 점검
   - 인화 발생 시 아세틸렌 차단 후 산소 차단

3. 역화(flash back or back fire)
   가스용접 작업 시 팁 끝이 모재에 닿는 순간 팁 끝이 막히거나 과열, 조임 불량 및 압력이 적당하지 않을 때 "빵빵" 소리가 나면서 꺼졌다가 다시 나타났다가 하는 현상

   역화 방지대책
   - 아세틸렌(C_2H_2) 차단 후 산소를 차단할 것
   - 팁을 물에 담갔다가 냉각시킬 것

14 다음 중 피복 아크 용접기 설치 시 가장 적합한 장소는?

① 먼지가 많은 장소
② 진동이나 충격이 심한 장소
③ 주위 온도가 4℃ 정도의 장소
④ 휘발성 기름이나 부식성 가스가 있는 장소

해설

피복 아크 용접기 설치 장소
- 먼지나 습기가 적은 장소
- 진동이나 충격이 적은 장소
- 주위 온도 4℃ 정도의 장소
- 휘발성 기름이나 부식성 가스가 없는 장소

15 용접기의 자동전격방지장치에서 아크를 발생하지 않을 때는 보조 변압기에 의해 용접기의 2차 무부하 전압을 몇 V 이하로 유지하는 것이 가장 적합한가?

① 25V
② 45V
③ 65V
④ 80V

해설

감전재해 예방차원으로 2차 무부하 전압을 20~30V 이하로 유지하는 것이 가장 적합하다.

16 불활성 가스 텅스텐 아크 용접 시 가스이온이 모재 표면에 흐를 때 모재의 표면과 충돌하면서 화학작용에 의해 모재 표면의 산화물을 파괴한다. 이러한 현상으로 얻어지는 효과는?

① 핀치효과
② 청정효과
③ 자기불림효과
④ 중력가속효과

해설

불활성 가스 텅스텐 아크 용접 시 가스이온이 모재 표면에 흐를 때 모재의 표면과 충돌하면서 화학작용에 의해 모재 표면의 산화물을 파괴하는데, 이로써 청정효과가 발생한다.

17 주철의 용접이 곤란한 이유가 아닌 것은?

① 용접부 또는 다른 부분에서 균열이 생기기 쉽다.
② 탄소가 많기 때문에 용접부에 기공이 생기기 쉽다.
③ 용접열에 의해 급열·급냉되기 때문에 용접부가 연화 된다.
④ 용접 시 용접부에 백주철이나 담금질 조직이 생겨 절삭가공이 어렵다.

정답 14 ③ 15 ① 16 ② 17 ③

해설

주철의 용접이 곤란한 이유
- 용접부 또는 다른 부분에서 수축이 많으므로 균열이 생기기 쉽다.
- 연강에 비해 여리고(=메짐=취성), 급냉으로 인한 백선화로 기계가공이 곤란하다.

18 플럭스 코어드 아크용접에서 기공의 발생 원인으로 가장 거리가 먼 것은?

① 아크 길이가 길 때
② 탄산가스가 공급되지 않을 때
③ 보호가스의 순도가 불량할 때
④ 용접 와이어의 공급이 적정할 때

해설

기공의 발생 원인
- 보호가스의 순도가 불량할 때
- 탄산가스가 공급되지 않을 때
- 아크 길이가 길 때
- 용접부에 녹, 기름 등 불순물이 있을 때
- 노즐에 스패터가 많을 때

19 플라스마 아크 용접에 사용되는 보호가스로 적당하지 않은 것은?

① 헬륨
② 아르곤
③ 아세틸렌
④ 아르곤과 수소의 혼합가스

해설

아세틸렌가스는 기체 상태로 압축하면 충격으로 분해 폭발하기 쉬운 가스이므로 보호가스로 적당하지 못하다.

20 서브머지드 아크용접 시 적용 재료로 적당하지 않은 것은?

① 티탄
② 탄소강
③ 저합금강
④ 스테인리스강

해설

티탄은 서브머지드 아크용접 시 적용 재료로 적당하지 않고, 티탄합금용접은 불활성 가스 아크용접이 가장 잘된다.

21 전극 와이어보다 앞에 미세한 입상의 용제를 살포하면서 전극 와이어를 연속적으로 송급하여 용제 속에 전극 선단과 모재 사이에 아크가 발생되면서 용접이 진행되는 자동 용접 방법은?

① 플라스마 아크용접
② 불활성 가스 아크용접
③ 서브머지드 아크용접
④ 이산화탄소 아크용접

해설

서브머지드 아크용접은 전극 와이어보다 앞에 미세한 입상의 용제를 살포하면서 전극 와이어를 연속적으로 송급하여 용제 속에 전극 선단과 모재 사이에 아크가 발생되면서 용접이 진행되는 자동 용접이다.

22 다음 중 텅스텐 전극봉을 사용하는 비용극식 용접법은?

① MIG 용접
② TIG 용접
③ 피복 아크용접
④ 탄산가스용접

해설

TIG 용접은 텅스텐 전극봉을 사용하는 비용극식 용접법이다.

23 아크 용접작업 중 전격의 위험이 발생할 수 있는 요인으로 가장 적당한 것은?

① 용접열량이 클 때
② 전류세기가 클 때
③ 어스의 접지가 불량할 때
④ 절연된 보호구를 사용할 때

정답 18 ④ 19 ③ 20 ① 21 ③ 22 ② 23 ③

> [해설]

전격의 위험이 발생할 수 있는 요인으로 "어스의 접지가 불량할 때"이다.

24 일반적인 일렉트로 슬래그 용접의 특징으로 틀린 것은?

① 박판 용접에 적용할 수 없다.
② 비교적 최소한의 변형과 최단 시간의 용접법이다.
③ 용접시간에 비하여 용접 준비시간이 길다.
④ 용접 진행 중 용접부를 직접 관찰할 수 있다.

> [해설]

일렉트로 슬래그 용접의 특징
- 용접 진행 중 용접부를 직접 관찰할 수 없다.
- 박판 용접에 적용할 수 없다.
- 용접시간에 비하여 용접 준비시간이 길다.
- 장비가 고가로 비싸다.
- 냉각장치가 필요하고, 장비는 가격이 비싸다.
- 용접 품질이 우수하다.

25 일반적인 이산화탄소 가스 아크용접의 특징으로 틀린 것은?

① 용접속도를 빠르게 할 수 있다.
② 전류밀도가 높으므로 용입이 깊다.
③ 적용 재질이 철 계통으로 한정되어 있다.
④ 바람의 영향을 크게 받지 않아 방풍장치가 필요 없다.

> [해설]

이산화탄소 가스 아크용접의 단점
- 풍속 2m/sec 이상 시 방풍장치가 필요
- 적용되는 재질이 Fe 계통에 한정(저탄소강 등)
- 비드 외관이 다른 용접에 비해 약간 거침

26 다음 중 테르밋 용접의 특징으로 틀린 것은?

① 전기가 필요 없다.
② 작업장소의 이동이 쉽다.
③ 용접시간이 짧고 용접 후 변형이 적다.
④ 용접용 기구가 복잡하고 설비비가 비싸다.

> [해설]

테르밋 용접의 특징
- 설비비가 싸며 전력이 불필요하다.
- 이동이 용이하며 용접 시공 후 변형이 적다.
- 용접기구가 간단하고 설비비가 싸다.
- 기술 습득이 쉽다.
- 특별한 모양의 홈가공이 필요치 않다.
- 용접시간이 짧고, 작업이 단순하며, 재현성이 높다.

27 다음 중 전자 빔 용접의 단점이 아닌 것은?

① 용접기 값이 고가이다.
② 피용접물의 크기에 제한을 받는다.
③ 에너지를 집중시킬 수 있어 고용융 재료의 용접이 가능하다.
④ 용융부가 좁기 때문에 냉각속도가 빨라 경화현상이 일어나기 쉽다.

> [해설]

전자 빔 용접의 장점
- 에너지를 집중시킬 수 있어 고용융 재료의 용접이 가능하다.
- 고용융 재료나 이종 금속 용접이 용이하다.
- 고진공($10^{-4} \sim 10^{-5}$mmHg) 속에서 용접하므로 용접부가 대기의 유해한 원소와 차단되어 용접부가 양호하다.
- 박판은 물론 후판까지도 광범위하게 용접이 가능하다.

28 저항용접에 대한 설명으로 틀린 것은?

① 저항용접의 기본적인 3대 요소는 가압력, 전류의 세기, 통전시간이다.
② 저항용접은 작업속도가 빠르고 대량생산적인 성격이 강한 특징이 있다.
③ 기밀, 수밀, 유밀성을 필요로 하는 탱크의 용접 등에 가장 적합한 것은 심용접법이다.
④ 퍼커션 용접은 제품 한쪽에 돌기부를 만들어 용접 전류를 집중시켜 압접하는 방법이다.

정답 24 ④ 25 ④ 26 ④ 27 ③ 28 ④

해설

퍼커션 용접은 두 전극 사이에 피용접물을 끼운 후 전류를 통전하면 고속도로 충돌하며, 이때 사용하는 콘덴서는 변압기를 거치지 않고 직접 피용접물에 단락시키게 되어 있으며, 일명 충돌용접이라 한다.

29 다음 중 화재의 분류가 잘못된 것은?

① A급 화재 – 일반 화재 ② B급 화재 – 유류 화재
③ C급 화재 – 전기 화재 ④ D급 화재 – 가스 화재

해설

화재의 분류와 표시 색
- A급 화재 – 일반 화재 – 백색
- B급 화재 – 유류 화재 – 황색
- C급 화재 – 전기 화재 – 청색
- D급 화재 – 금속 화재 – 무색

30 입방경계 결정계의 결정격자 종류가 아닌 것은?

① 체심정방격자 ② 면심입방격자
③ 단순입방격자 ④ 체심입방격자

해설

입방경계 결정계의 결정격자 종류
- 체심입방격자
- 면심입방격자
- 단순입방격자 등

31 알루미늄이나 그 합금은 용접성이 대체로 불량하다. 그 이유에 해당되지 않는 것은?

① 비열과 열전도도가 대단히 커서 단시간 내에 용융온도까지 이르기가 힘들기 때문이다.
② 용접 후 변형이 크며 균열이 생기기 쉽기 때문이다.
③ 용융점이 660℃로서 낮은 편이고, 색채에 따라 가열온도의 판정이 곤란하여 지나치게 용융되기 쉽기 때문이다.
④ 용융 응고 시에 수소가스를 배출하여 기공이 발생하기 어렵기 때문이다.

해설

알루미늄과 알루미늄 합금의 용접성이 불량한 이유
- 응고 및 용융 시 수소가스 흡수로 인한 기공이 발생하기 쉽기 때문이다.
- 비열과 열전도도가 크므로 짧은 시간 내에 용융온도에 도달하기 어렵기 때문이다.
- 용접 후 변형이 크며 균열이 생기기 쉽기 때문이다.(강에 비해 팽창계수가 2배, 응고수축이 1.5배 크므로 용접 변형도 크고 합금에 따라 응고 균열이 생기기 쉽다.)
- 용점이 650℃로 색채에 따른 가열온도 판정이 곤란하다.(지나친 용해가 되기 쉽다.)

32 금속재료의 표면에 강이나 주철의 작은 입자를 고속으로 분사시켜 표면층을 가공경화하여 경도를 높이는 방법은?

① 침탄법 ② 숏 피닝
③ 금속용사법 ④ 연속냉각변태처리

해설

숏 피닝
- 금속재료의 표면에 강이나 주철의 작은 입자를 고속으로 분사시켜 표면층을 가공경화하여 경도를 높이는 방법
- 끝이 둥근 구면상 해머로 용접부를 연속적으로 타격하며, 용접 표면에 소성 변형을 주어 인장응력을 완화한다.
- 첫층 용접에서 균열 방지 목적으로 700℃에서 열간 피닝을 한다.

33 다음 중 스테인리스강의 종류에 해당되지 않는 것은?

① 페라이트계 스테인리스강
② 펄라이트계 스테인리스강
③ 마텐자이트계 스테인리스강
④ 오스테나이트계 스테인리스강

정답 29 ④ 30 ① 31 ④ 32 ② 33 ②

> [해설]

스테인리스강의 종류
- 오스테나이트계
- 마텐자이트계
- 페라이트계
- 석출경화형 스테인리스강

> 암기팡 ➡ 오. 마. 페. 석.

---

34 용융점이 650℃, 비중 1.74 정도로 실용금속 중 가장 가벼운 재료이며 열전도율과 전기 전도율은 Cu, Al보다 낮고 강도는 작으나 절삭성이 좋은 비철금속 재료는?

① Ni
② Pb
③ Mg
④ Ti

> [해설]
>
> Mg(마그네슘)은 용융점이 650℃, 비중 1.74 정도로 실용금속 중 가장 가벼운 재료이며 열전도율과 전기 전도율은 Cu, Al보다 낮고 강도는 작으나 절삭성이 좋은 비철금속 재료이다.

---

35 다음 중 풀림의 목적으로 가장 거리가 먼 것은?

① 내부응력을 제거
② 강의 경도 및 강도 증가
③ 금속 조직의 표준화, 균일화
④ 강을 연하게 하여 기계가공을 향상

> [해설]
>
> **열처리법**
> - 담금질(Quenching, 소입) : 강을 A_3 또는 A_1 선 이상 30~60℃로 가열한 후 수냉 또는 유냉으로 급냉시켜 경도와 강도 증가
> - 뜨임(Tempering, 소려) : 담금질 한 후 내부응력 제거와 인성을 증가 시키고 안정도 있는 조직으로 변화 시키는 열처리 [제55회]
> - 풀림(Annealing, 소둔) : 재질의 연화, 내부응력 제거 목적으로 노 내에서 서냉함
> - 불림(Normalijing, 소준) : 재질을 표준화할 목적으로 A_3, Acm선 이상 30~60℃까지

---

36 강재의 KS 기호와 종류의 연결이 틀린 것은?

① STS11 : 합금 공구강 강재
② SKH2 : 고속도 공구강 강재
③ STC140 : 탄소 공구강 강재
④ SCM415 : 용접 구조용 압연 강재

> [해설]
>
> - SCM415 : 크롬 몰리브덴 강재
> - SM : 기계구조용 탄소강재
> - SB : 일반구조용 압연강재
> - STD : 합금공구강

---

37 베어링에 사용되는 Cu계 합금의 종류가 아닌 것은?

① 포금
② 켈멧
③ Al 청동
④ 화이트 메탈

> [해설]
>
> **톰백(Tombac)**
>
> 5~20% Zn의 황동
>
> **황동 합금의 종류**
> - 톰백(Tombac) : Cu(80%)에 Zn(5~20%)
> - 네이벌(Naval) : 6,4 황동에 Sn(1~2%)
> - 에드미럴티(Admiralty) : 7−3황동에 Sn(1~2%)
> - 델타메탈(Fe황동) : 6−4황동에 Fe(1~2%)
> - 문츠메탈(Muntz Metal) : 6−4황동
> - 두라나메탈(Durana Metal) : 7−3황동에(Fe1~2%)
> - 토빈 브라스(Tobin Brass) : 6−4황동에 Sn(0.7~2.5%) 소량의 pb, Al, Fe 첨가
>
> **청동합금의 종류**
> - 포금(gun metal) : Sn 8~12%, Zn 1~2%
> - 켈멧(Kelmet) : Pb 30~40% 나머지 Cu
> - 오일리스 베어링 합금 : Cu Sn 흑연분말
> - 코슨합금(corsan alloy) : Ni 4% Si 1% 나머지 Cu

정답 34 ③ 35 ② 36 ④ 37 ④

38 흑연봉을 양극으로 하고 WC, TiC 등의 초경합금을 음극으로 하여 공구 표면에 불꽃을 일으켜 그 열로 주위를 경화시키는 방법은?

① 화염 경화법 ② 금속 침투법
③ 방전 경화법 ④ 고주파 담금질

해설
방전 경화법은 흑연봉을 양극으로 하고 WC, TiC 등의 초경합금을 음극으로 하여 공구 표면에 불꽃을 일으켜 그 열로 주위를 경화시키는 방법이다.

39 강재를 가열하여 그 표면에 Zn을 고온에서 확산 침투시켜 내식성 및 대기 중의 부식방지 등을 향상시키는 목적으로 표면을 경화시키는 열처리는?

① 크로마이징 ② 세라다이징
③ 칼로라이징 ④ 실리코나이징

해설
금속 침투법
강재 표면에 다른 금속을 침투, 확산시켜 강재 표면에 내식, 내산성을 높임
• 세라다이징 : 아연(Zn) 분말을 침투, 확산시켜 내식성 향상 및 표면 경화층 얻음
• 크로마이징 : 크롬(Cr) 분말을 재료 표면에 침투시켜 내식, 내열, 내마모성 향상
• 칼로라이징 : 알루미늄(Al)을 재료 표면에 침투시켜 내열, 내산, 내식성 향상
• 실리코나이징 : 실리콘(Si)을 침투시켜 내식성 향상
• 브로나이징 : 붕소(B)를 침투, 확산시켜 표면 경도 향상

암기팡 ▶ 크로-크롬, 칼로-칼, 세라-세아, 실리-실리콘, 브로-붕소

40 Al-Si계 실용 합금으로 10~13% 정도의 Si가 함유된 것으로 용융점이 낮고 유동성이 좋으므로 넓고 복잡한 모래형 주물에 이용되는 것은?

① 실루민 ② 엘린바
③ 두랄루민 ④ 코로손 합금

해설
실루민은 Al-Si계 실용 합금으로 10~13% 정도의 Si가 함유된 것으로 용융점이 낮고 유동성이 좋으므로 넓고 복잡한 모래형 주물에 이용한다.

41 용융 금속이 응고하면서 중심을 향한 가늘고 긴 기둥 모양의 조직은?

① 쌍정조직 ② 편석조직
③ 주상조직 ④ 등축정조직

해설
주상 조직은 용융 금속이 응고하면서 중심을 향한 가늘고 긴 기둥 모양의 조직이다.

42 담금질한 강을 실온 이하로 열처리하여 잔류 오스테나이트를 마텐자이트로 변화시키는 열처리는?

① 심랭처리 ② 오스템퍼링
③ 하드페이싱 ④ 고주파 경화법

해설
심랭처리는 담금질한 강을 실온 이하로 열처리하여 잔류 오스테나이트를 마텐자이트로 변화시키는 열처리이다.

43 고온균열시험에 적합한 방법으로 재현성이 좋고 시편재를 절약할 수 있으며, 지그에 맞대기용접 시편을 볼트로 단단히 붙인 다음 비드를 놓아 균열 여부를 조사하는 시험은?

① 피스코(Fisco) 균열시험
② 킨젤(Kimgel) 시험
③ 슈나트(Schnadt) 시험
④ 리하이 구속(Lchigh restaint) 균열시험

해설
피스코(Fisco) 균열시험은 재현성이 좋고 시편재를 절약할 수 있으며, 지그에 맞대기용접 시편을 볼트로 단단히 붙인 다음 비드를 놓아 균열 여부를 조사하는 고온균열시험에 적합한 시험이다.

정답 38 ③ 39 ② 40 ① 41 ③ 42 ① 43 ①

44 용접 불량을 방지하기 위한 일반적인 방법으로 틀린 것은?

① 홈 각도에 알맞은 적당한 용접봉을 선택한다.
② 루트 간격을 좁게 하고 아크길이를 길게 한다.
③ 용접속도를 너무 빠르지 않게 적정한 속도를 유지한다.
④ 용접전류가 너무 낮지 않게 하여 홈의 밑 부분까지 충분하게 용출되도록 한다.

해설

아크 길이가 길 때
- 용입이 얕아진다.
- 아크가 불안전하고, 비드 외관은 거칠고 불량하다.
- 스패터가 많이 발생한다.
- 용착금속이 산화나 질화가 발생한다.
- 기공 균열의 원인이 된다.

아크 길이(Arc length)
- 아크 길이는 3mm 정도이고 2.6mm 용접봉은 심선 지름과 동일하게 한다.
- 품질이 좋은 용접을 하려면 짧은 아크를 사용해야 한다.
- 아크 발생 중 용접전압은 약 20~35V이며, 아크 전압은 아크 길이에 비례한다.
- 아크 길이가 너무 길면 아크 값이 불안정하고 용융금속이 산화, 질화되기 쉽고 기공 균열의 원인이 된다.
- 아크 길이가 너무 길면 스패터가 심하며 용입이 얕고 나빠진다.
- 아크 길이가 너무 짧으면 용접봉이 모재에 달라붙는다.
- 아크 길이가 너무 짧으면 슬래그 혼입이 우려되며 입열이 적어 용입이 불충분하다.
- 아크 길이가 길어지면 전압에 비례하여 증가하며 발열량도 증대된다.
- 아크 길이가 너무 길면 아크 실드효과(Arc shielded)가 감소된다.
※ 아크실드효과 : 아크 및 용착금속을 보호매질로 대기로부터 차단하는 효과

45 용접변형에 영향을 미치는 인자 중 용접열에 관계되는 인자가 아닌 것은?

① 용접속도   ② 용접층수
③ 용접전류   ④ 부재치수

해설

용접열에 관계되는 인자
용접(전류, 층수, 속도)

46 다음 그림에서 맞대기 이음을 나타낸 것은?

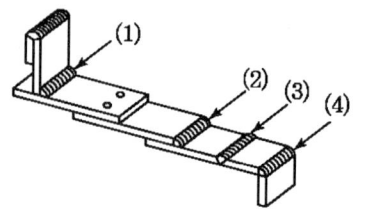

① (1)   ② (2)
③ (3)   ④ (4)

해설

① T형 이음   ② 겹치기 이음
③ 맞대기 이음   ④ 모서리 이음

47 용착금속의 인장강도가 450N/mm², 모재의 인장강도가 500N/mm² 일 때 용접의 이음 효율은 몇 %인가?

① 80   ② 85
③ 90   ④ 95

해설

이음효율(η) = $\frac{450}{500}$ × 100 = 90%

48 용접용 로봇의 구성 중 작업기능에 해당되지 않는 것은?

① 동작기능
② 구속기능
③ 계측기능
④ 이동기능

해설

산업용 로봇 3가지 기능
- 작업 기능 : 이동기능, 동작기능, 구속기능 등이 있다.

  암기팁 ▶ 이. 동. 구

- 제어기능 : 동작제어기능, 교시기능
- 계측인식기능 : 계측기능, 인식기능

용접용 로봇의 동작기능을 나타내는 좌표계의 종류
- 원통좌표로봇
- 극좌표로봇
- 관절좌표로봇

49 자동제어의 장점으로 가장 거리가 먼 것은?

① 제품의 품질이 균일화되어 불량률이 감소된다.
② 인간능력 이상의 정밀 고속작업이 가능하다.
③ 인간에게는 부적당한 위험환경에서 작업이 가능하다
④ 설비나 장치가 간단하며 이동이 용이하다.

해설

자동제어는 설비나 장치가 복잡하고 세밀하다.

50 다음 용접 보조기호 중 영구적인 이면관계 (backing strin) 사용을 의미하는 것은?

① M   ② S
③ MR   ④ SR

해설

- M : 영구적인 이면 판재 사용
- MR : 제거 가능한 덮개판 사용

51 용접 변형과 잔류응력을 경감시키는 방법에 관한 내용으로 틀린 것은?

① 용접 전 변형을 방지하기 위하여 억제법과 역변형법을 이용한다.
② 모재의 열전도를 억제하여 변형을 방지하는 방법으로 전진법을 이용한다.
③ 용접부의 변형과 응력을 완화시키기 위하여 피닝법을 이용한다.
④ 용접 시공에서 변형을 경감시키기 위하여 대칭법, 후진법 등을 이용한다.

해설

후진법은 잔류응력을 균일하게 함으로써 변형을 적게 할 수 있지만 능률이 약간 나쁘다.

52 용접시공 전의 일반적인 준비사항이 아닌 것은?

① 예열, 후열의 필요성 여부를 검토한다.
② 용접 전류, 용접순서, 용접조건을 미리 정해둔다.
③ 제작 도면을 잘 이해하고 작업 내용을 충분히 검토한다.
④ 용접부 검사 결과를 확인하고 보수용접 실시 여부를 검토한다.

해설

용접시공 전이므로 보수용접은 용접시공 후 용접부에 결함이 발견되었을 때, 용접 결과물을 보고 보수 용접 실시 여부를 검토·판단한다.

53 용접 설계상 주의하여야 할 사항으로 틀린 것은?

① 필릿 용접은 가능한 피할 것
② 반복하중을 받는 이음에서는 이음 표면을 볼록하게 할 것
③ 용접 이음이 한 군데 집중되거나 너무 접근하지 않도록 할 것
④ 용접길이는 가능한 짧게 하고, 용착금속도 필요한 최소한으로 할 것

해설

용접설계상 주의 사항
- 단면적의 급격한 변화를 피하고, 편심하중이나 응력집중을 받지 않도록 한다.
- 용법 이음부가 집중하지 않도록 하며, 용접량은 가능한 최소가 되는 홈을 선택한다.

정답 49 ④ 50 ① 51 ② 52 ④ 53 ②

54 방사선 투과검사의 특징으로 틀린 것은?

① 모든 재료에 적용할 수 있다.
② 내부 결함 검출에 용이하다.
③ 라미네이션 검출에 용이하다.
④ 검사결과를 필름에 영구적으로 기록할 수 있다.

[해설]

방사선 투과검사는 X 선과 γ선 투과검사가 있다.
- X선 : 용입불량, 균열, 기공, 언더컷, 융합불량, 슬래그 섞임 등을 검사할 수 있다.
- γ선 : X보다 투과력이 크므로 특히 주의해야 한다.

55 다음 데이터의 제곱합은 약 얼마인가?

[데이터]				
18.8	19.1	18.8	18.2	18.4
18.3	19.0	18.6	19.2	

① 0.129 ② 0.338
③ 0.359 ④ 1.029

[해설]

평균 = $[18.8+19.1+18.8+18.2+18.4+18.3+19.0+18.6+19.2] \div 9 = 168.4 \div 9 = 18.711111$

범위 = $19.2 - 18.2 = 1.0$
중앙값 = 18.8
제곱합 = $(1/9-1) \times \{(18.8-18.71)^2 + (19.1-18.71)^2$
$+ (18.8-18.71)^2 + (18.2-18.71)^2$
$+ (18.4-18.71)^2 + (18.3-18.71)^2$
$+ (19.0-18.71)^2 + (18.6-18.71)^2$
$+ (19.2-18.71)^2\}$

= $(1/8) \times \{(81/10,000) + (1521/10,000)$
$+ (81/10,000) + (2601/10,000)$
$+ (961/10,000) + (1681/10,000)$
$+ (841/10,000) + (121/10,000)$
$+ (2401/10,000)\}$

= 1.018

제곱합 = $\sqrt{1.018} = 1.049666614$

56 어떤 회사의 매출액이 80,000원, 고정비가 15,000원, 변동비가 40,000원일 때 손익분기점 매출액은 얼마인가?

① 25,000원 ② 30,000원
③ 40,000원 ④ 55,000원

[해설]

손익 분기점 = $\dfrac{고정비}{1-\dfrac{변동비}{매상고}} = \dfrac{15,000}{1-\dfrac{40,000}{80,000}} = 30,000$원

57 Ralph M Barnes 교수가 제시한 동작경제의 원칙 중 작업장 배치에 관한 원칙에 해당되지 않는 것은?

① 가급적이면 낙하식 운반방법을 이용한다.
② 모든 공구나 재료는 지정된 위치에 있도록 한다.
③ 적절한 조명을 하여 작업자가 잘 보면서 작업할 수 있도록 한다.
④ 가급적 용이하고 자연스런 리듬을 타고 일할 수 있도록 작업을 구성하여야 한다.

[해설]

반즈(M. Barnes)의 동작경제원칙
- 공구 및 설비의 디자인에 관한 원칙 : 적절한 조명을 하여 작업자가 잘 보면서 작업할 수 있도록 한다.
- 작업장 배치에 관한 원칙 : 모든 공구나 재료는 지정된 위치에 있도록 한다.
- 신체의 사용에 관한 원칙 : 가급적이면 낙하식 운반방법을 이용한다.

58 직물, 금속, 유리 등의 일정 단위 중 나타나는 흠의 수, 핀홀의 수 등 부적합 수에 관한 관리도를 작성하려면 가장 적합한 관리도는?

① C 관리도
② nP 관리도
③ P 관리도
④ X-관리도

정답 54 ③ 55 ④ 56 ② 57 ④ 58 ①

> 해설

계수치 관리도
- C 관리도 : 미리 정해진 일정 단위 중에 포함된 결점수를 취급할 때(결점수)
- nP 관리도 : 공정을 불량개수에 의해 관리할 때
- P 관리도 : 측정이 불가능해 계수치만 나타낼 수 없는 품질 특성 합격 여부 판정이 목적일 때(불량률)
- U 관리도 : 시료의 면적이나 길이 등이 일정하지 않은 경우에 사용(단위당 결점수)

59 전수검사와 샘플링 검사에 관한 설명으로 맞는 것은?

① 파괴검사의 경우에는 전수검사를 적용한다.
② 검사항목이 많을 경우 전수검사보다 샘플링 검사가 유리하다.
③ 샘플링 검사는 부적합품이 섞여 들어가서는 안 되는 경우에 적용한다.
④ 생산자에게 품질향상의 자극을 주고 싶을 경우 전수검사가 샘플링검사보다 더 효과적이다.

> 해설

검사항목이 많을 경우 전수검사보다 샘플링 검사가 더 유리하다.
1. 샘플링 검사 : 제품에서 시료를 단, 1회 샘플링하여 그 시험 결과를 합격, 불합격으로 판정한다.
2. 샘플링 검사가 유리한 경우
   - 생산자에게 품질 향상 자극을 주고 싶을 때
   - 검사비용을 적게 하는 것이 이익일 때
   - 검사항목이 많을 때
   - 대량이므로 어느 정도 불량품이 섞여도 허용될 때
   - 불완전한 전수검사에 비해 높은 신뢰성이 확보될 때
   - 파괴검사의 경우 같이 전수검사가 불가능할 때는 1회 샘플링 검사가 필요하다.

60 국제표준화의 의의를 지적한 설명 중 직접적인 효과로 보기 어려운 것은?

① 국제 간 규격통일로 상호 이익 도모
② KS 표시품 수출 시 상대국에서 품질 인증
③ 개발도상국에 대한 기술개발의 촉진을 유도
④ 국가 간의 규격상이로 인한 무역장벽의 제거

> 해설

KS 표시품은 한국공업규격으로 한국 내에서만 인정한 품질 인증이다.
- 한국 : KS
- 국제표준화규격 : ISO
- 미국 : ASA
- 영국 : BS
- 독일 : DIN
- 일본 : JIS
- 스위스 : VSM

정답 59 ② 60 ②

PART 03

Master
Craftsman
Energy
Management

CBT문제풀이편

용접기능장은 용접에 관한 최상급 숙련기능을 가진 전문기능인력으로서 산업현장에서 작업을 관리하고, 소속 기능자의 현장훈련, 지도와 감독 등의 업무를 수행하며, 경영층과 생산계층을 유기적으로 결합시켜 주는 현장의 중간관리자의 역할을 수행한다.

CBT 1회

01 아크 에어 가우징(arc air gouging)을 가스 가우징과 비교했을 때 작업능률에 대한 설명으로 맞는 것은?

① 작업능률이 가스 가우징과 대략 동일하다.
② 작업능률이 가스 가우징보다 1.5배이다.
③ 작업능률이 가스 가우징보다 2~3배이다.
④ 작업능률이 가스 가우징보다 조금 낮다.

[해설]

아크 에어 가우징(arc air gouging)의 특징

탄소 아크 절단장치에 압축 공기를 병용해서 아크열로 용융 시킨 부분을 압축공기로 불어 날려서 홈을 파내는 작업($5kg/cm^2$~$7kg/cm^2$) 절단작업도 가능하다.

- 작업능률이 2~3배 높다.(그라인딩 치핑, 가우징 작업보다)
- 모재에 악영향이 없다.
- 용접 결함부 발견이 쉽다.
- 소음이 적고 조작이 간단하다.
- 응용범위가 넓고 경비가 저렴하다.
- 철, 비철금속에 사용한다.
- 용접부의 홈 가공, 뒷면 따내기 용접부 결함 제거
- 아크 에어 가우징 장치에는 가우징 토치, 가우징 봉(탄소용접봉), 전원(직류 역극성), 압축 공기(컴프레서) 등이 있다.

02 MIG 용접에서 많이 사용하는 분무형 이행(Spray transfer)을 설명한 것 중 틀린 것은?

① 용융방울 입자(용적)가 느리게 모재로 이행한다.
② 고전압, 고전류에서 주로 얻어진다.
③ 아르곤 가스나 헬륨 가스를 사용하는 경합금 용접에서 주로 나타난다.
④ 용착속도가 빠르고 능률적이다.

[해설]

분무형 이행(Spray transfer, 스프레이형)

- 용융방울 입자(용적)가 빠르게 분무형태로 모재에 이행된다.
- 고전압, 고전류로 높은 전류 밀도에서 주로 얻어진다.
- 아르곤 가스, 헬륨 가스를 사용한 경합금 용접에서 나타난다.
- 용착속도가 빠르고 능률적이며 전자세 용접이 가능하다.

03 금속침투법 중 철강 표면에 Zn을 확산 침투시키는 방법이란?

① 크로마이징
② 칼로라이징
③ 브로나이징
④ 세라다이징

[해설]

금속 침투법

강재 표면에 다른 금속을 침투, 확산시켜 강재 표면에 내식성, 내산성을 높임

- 크로마이징 : 크롬(Cr) 분말을 재료 표면에 침투시켜 내식, 내열, 내마모성 향상
- 칼로라이징 : 알루미늄(Al)을 재료 표면에 침투시켜 내열, 내산, 내식성 향상
- 세라다이징 : 아연(Zn) 분말을 침투, 확산시켜 내식성 향상 및 표면 경화층 얻음
- 실리코나이징 : 실리콘(Si)을 침투시켜 내식성 향상
- 브로나이징 : 붕소(B)를 침투, 확산시켜 표면 경도 향상

암기팜 ▶ 크로-크롬, 칼로-카알, 세라-세아, 실리-실리콘, 브로-붕소

정답 01 ③ 02 ① 03 ④

04 전류가 일정할 때 아크 전압이 높아지면 용접봉의 용융속도가 늦어지고, 아크 전압이 낮아지면 용융속도가 빨라지는 특성은?

① 부저항특성
② 전압회복 특성
③ 정전압 특성
④ 아크길이 자기제어 특성

> 해설

아크의 특성
- 아크길이 자기제어 특성 : 아크전류가 일정할 때 아크전압이 높아지면 용접봉 용융 속도가 늦어지며, 아크 전압이 낮아지면 용융 속도가 빨라지는 현상
- 부저항특성 : 전류가 커지면 저항이 작아지고 전압도 낮아지는 특성
- 전압회복 특성 : 아크가 꺼진 후 다시 아크를 발생시키기 위해 높은 전압을 필요로 하게 되는데 아크가 중단된 순간에 아크 회로의 과도 전압을 급속히 상승, 회복시키는 특성
- 정전압 특성 : 부하전류가 변해도 단자 전압은 거의 변하지 않는 특성, 탄산가스 아크용접, 서브머지드 용접, MIG 용접 등에서 본다.

05 담금질 때 생긴 내부응력을 제거, 인성을 증가시키는 목적으로 한 열처리는?

① 뜨임
② 담금질
③ 표면경화
④ 침탄처리

> 해설

열처리법
- 담금질(Quenching, 소입) : 강을 A_3 또는 A_1 선 이상 30~60℃로 가열한 후 수랭 또는 유랭으로 급랭시켜 경도와 강도 증가
- 뜨임(Tempering, 소려) : 담금질한 후 내부응력 제거와 인성을 증가시키고 안정도 있는 조직으로 변화시키는 열처리
- 풀림(Annealing, 소둔) : 재질의 연화, 내부응력 제거 목적으로 노 내에서 서랭함
- 불림(Normalijing, 소준) : 재질을 표준화할 목적으로 A_3, Acm 선 이상 30~60℃까지

06 아크 에어 가우징에 대한 설명 중 틀린 것은?

① 압축 공기를 사용한다.
② 전극을 텅스텐으로 사용한다.
③ 가스 가우징에 비해 작업 능률이 2~3배 높다.
④ 용접 결함 제거, 절단 및 천공 작업에 적합하다.

> 해설

1. 아크 에어 가우징 : 탄소 아크 절단장치에 압축공기를 병용해서 아크열로 용융시킨 부분을 압축 공기로 불어 날려서 홈을 파내는 작업(5~7kg/cm^2)으로 절단작업도 가능하며, 결함부 발견이 쉽다.
2. 장점
   - 탄소 전극봉(가우징 봉), 가우징 토치. 압축공기(컴프레서), 전원(직류 역극성) 등이 있다.
   - 작업능률이 가스 가우징이나 그라인딩 치핑에 비해 2~3배 높다.
   - 용접 결함 제거, 절단 및 천공 작업, 용접부 홈가공, 뒷면 따내기(Back chipping)에 적합
   - 소음이 적고 조작이 간단하고 응용범위가 넓고 경비가 싸다.
   - 철, 비철금속에 사용하며, 용접 결함부 발견이 쉽다.

07 아크전류 200A, 아크전압 25V, 용접속도 20cm/min인 경우 용접단위길이 1cm당 발생하는 용접 입열은 얼마인가?

① 12,000J/cm
② 15,000J/cm
③ 20,000J/cm
④ 23,000J/cm

> 해설

$$H = \frac{60 E \cdot I}{V} \text{(Joule/cm)} = \frac{60 \times 25V \times 200A}{20cm/min} = 15,000 \text{joule/cm}$$

08 스테인리스 클래드강 용접 시 탄소강과 스테인리스강의 경계부(이종재질부)에 중화작용 역할을 하는 용접봉은?

① E 308
② E 309
③ E 316
④ E 317

정답 04 ④ 05 ① 06 ② 07 ② 08 ②

해설

E 309 용접봉은 스테인리스 클래드강 용접 시 탄소강과 스테인리스강의 경계부(이종재질부)에 중화작용 역할을 하는 용접봉이다.

09 다음 중 용접속도와 관련된 설명으로 틀린 것은?

① 운봉속도 또는 아크속도라고도 한다.
② 모재의 재질, 이음의 형상, 용접봉의 종류 및 전류값, 위빙의 유무에 따라 용접속도가 달라진다.
③ 용접변형을 적게 하기 위하여 가능한 높은 전류를 사용하여 용접속도를 느리게 한다.
④ 용입의 정도는 용접전류 값을 용접속도로 나눈 값에 따라 결정되므로 전류가 높을 때 용접속도가 증가한다.

해설

용접속도
- 운봉속도=아크속도이며, 용접 변형을 적게 하기 위해 가능한 높은 전류, 용접속도를 빠르게
- 용접봉 용융속도=아크전류×용접봉 쪽 전압 강하
- 용접속도에 영향 주는 요소 : 모재재질과 이음 모양, 용접봉의 종류 및 전류값, 위빙 유무

용융속도
- 단위 시간당 소비되는 용접봉 무게 또는 길이
- 같은 종류이면 봉의 지름에 상관 없다.
- 아크 전압도 관계 없다.

10 정격전류 200A, 정격사용률 50%의 아크 용접기로 150A의 용접 전류로 용접하는 경우 허용사용률은 약 몇 %인가?

① 38 ② 66
③ 89 ④ 112

해설

허용사용률 = $\frac{(정격2차전류)^2}{(실제용접전류)^2} \times 정격사용률 = \frac{200^2}{150^2} \times 50$
= 88.88

11 프로젝션 용접의 특징을 옳게 설명한 것은?

① 모재의 두께가 각각 다른 경우에는 용접할 수 없다.
② 서로 다른 금속을 용접할 때 열전도가 낮은 쪽에 돌기를 만든다.
③ 점간 거리가 작은 점용접이 가능하고 동시에 여러 점의 용접을 할 수 있어 작업속도가 빠르다.
④ 전극 면적이 넓으므로 기계적 강도나 열전도 면에서 유리하나 전극의 소모가 많다.

해설

프로젝션 용접의 특징
- 점간 거리가 작은 점용접이 가능하고 동시에 여러 점의 용접을 할 수 있어 작업속도가 빠르다.
- 돌기를 내는 쪽은 두꺼운 판, 열전도와 용융점이 높은 쪽에 만든다.
- 전극의 소모가 적고(작업능률이 높고 수명이 길다.) 용접 설비비가 비싸다.
- 이종금속도 용접이 가능하며 돌기의 정밀도가 높아야 정확한 용접이 된다.)

12 용접봉 선택 및 취급 시 주의사항으로 틀린 것은?

① 용접봉의 편심률은 10%가 넘는 것을 선택
② 용접봉은 사용 전 충분히 건조한다.
③ 일미나이트계 용접봉 건조온도 70~100℃
④ 저수소계 용접봉 건조온도 300~350℃

해설

용접봉 선택 취급 시 주의사항
- 편심 여부 확인 후 편심률 3% 이내 용접봉 사용
- 용접봉은 사용 전 충분히 건조한다.
- 저수소계 용접봉은 300~350℃ 건조
- 일미나이트계 용접봉 70~100℃ 건조

13 그래비티(Gravity) 및 오토콘(autocon) 용접 시 T형 필릿 용접에 많이 이용되는 피복 용접봉의 종류는?

① 저수소계 ② 일미나이트계
③ 철분산화철계 ④ 라임티타니아계

> **해설**

그래비티(Gravity) 및 오토콘(autocon) 용접
- 반자동 용접장치로 한 명의 용접사가 여러 대(2~7대)의 용접기를 조작할 수 있으며, 피복 아크 용접법으로 피더(Feeder)에 철분계(E4324, E4327) 용접봉을 설치
- 수평 필릿용접을 주로 사용하는 중력을 이용한 용접법
- 운봉비를 조절할 수 있어 필요한 각장 및 목 두께를 얻을 수 있ek.(그래비티)
- 철분계 용접봉을 사용한다.
- 용접사 기량을 크게 좌우하지 않는다.

종류	오토콘	그래비티
구조	간단	약간 복잡
부피	적음	적음
중량	가벼움	약간 무거움
사용	쉬움	약간 어려움
자세	F. Hi-Fi	F. Hi-Fi
종류	연강, 고장력강	연강, 고장력강
운봉속도	조절 불가	조절 가능
스패터	약간 많음	보통
용입깊이	약간 얕음	보통
비드모양	양호	양호

14 겹치기 저항 용접에 있어서 접합부에 나타나는 용융 응고된 금속 부분을 무엇이라고 하는가?

① 오목 자국   ② 너깃
③ 휨   ④ 오손

> **해설**

너깃(Nugget)
- 겹치기 저항용접에 있어서 접합부에 나타나는 용융 응고된 금속 부분이다.
- 용접 중에 일부가 녹아 바둑알 모양 단면으로 오목하게 들어간 부분이다.

15 용접 비드 끝단에 생기는 작은 홈의 결함으로 전류가 높고, 아크(Arc) 길이가 길 때 생기기 쉬운 결함은?

① 피트   ② 언더컷
③ 오버랩   ④ 용입불량

> **해설**

언더컷 발생원인
- 아크 길이가 너무 길 때
- 용접전류가 높을 때
- 용접속도가 너무 빠를 때
- 부적당한 용접봉 사용 시
- 용접봉 선택 부적당(불량)

오버랩 원인
- 용접전류가 너무 낮을 때
- 오버랩 결함 시 결함 부분을 깎아 내고 재 용접
- 용접봉 선택 불량
- 운봉이나 용접봉의 유지 각도가 불량할 때
※ 언더컷 발생 시 가는 용접봉으로 재용접할 것
  - 방사선 투과검사(RT)는 가장 확실하게 널리 쓰인다.
  - 언더컷의 모양은 투과 사진상 가늘고 긴 검은 선으로 나타남
  - 언더컷 깊이는 사양서에 명시하며 0.8mm까지 허용

16 아세틸렌 가스 발생기가 아닌 것은?

① 투입식   ② 청정식
③ 주수식   ④ 침지식

> **해설**

아세틸렌 가스 발생기 종류
침지식, 투입식, 주수식(침. 투. 주)

17 전류 100A 이상 300A 미만의 금속 아크 용접 시 어떤 범위의 차광렌즈를 사용하는가?

① 8~9   ② 10~12
③ 13~14   ④ 15이상

> **해설**

차광유리 No.
- 전류 30A 이상 75A 미만 : 7~8
- 전류 100A 이상 300A 미만 : 10~12
- 전류 300A 이상 400A 미만 : 13

정답 14 ② 15 ② 16 ② 17 ②

18 아세틸렌 가스 자연발화 온도는?

① 306~308℃   ② 355~358℃
③ 406~408℃   ④ 455~458℃

> **해설**
> - 406~408℃ : 자연발화
> - 505~515℃ : 폭발
> - 780℃ : 산소 없이 자연 폭발

19 판 두께 12mm, 용접길이가 25cm인 판을 맞대기 용접하여 4,200N의 인장하중을 작용시킬 때 인장응력은 얼마인가?

① 14N/cm²   ② 140N/cm²
③ 700N/cm²   ④ 1,400N/cm²

> **해설**
> 인장응력 = $\dfrac{4,200\text{N}}{(1.2 \times 25)}$ = 140N/cm²

20 철강 표면에 아연(Zn)을 확산 침투시키는 세라다이징(Sheradizing)의 주요 목적으로 옳은 것은?

① 연성   ② 가단성
③ 내식성   ④ 인장강도

> **해설**
> **금속 침투법**
> 강재 표면에 다른 금속을 침투, 확산시켜 강재 표면에 내식, 내산성 향상
> - 크로마이징 : 크롬(Cr) 분말을 재료 표면에 침투시켜 내식, 내열, 내마모성 향상
> - 칼로라이징 : 알루미늄(Al)을 재료 표면에 침투시켜 내열, 내산, 내식성 향상
> - 세라다이징 : 아연(Zn) 분말을 침투, 확산시켜 내식성 향상 및 표면 경화층 얻음
> - 실리코나이징 : Si를 침투시켜 내식성 향상
> - 브로나이징 : B를 침투, 확산시켜 표면 경도 향상
>
> **암기팜** ▶ 크로-크롬, 칼로-카알, 세라-세아, 브로-분소, 실리-실리콘

21 교류 아크 용접기에 관한 설명으로 옳은 것은?

① 교류 아크 용접기는 극성 변화가 가능하고 전격의 위험이 적다.
② 교류 아크 용접기의 부속장치에는 전격방지장치, 원격제어장치 등이 있다.
③ 교류 아크 용접기는 가동 철심형, 탭 전환형, 엔진 구동형, 가포화리액터형 등으로 분류
④ AW-300은 교류 아크 용접기의 정격 입력 전류가 300A 흐를 수 있는 전류 용량의 값

> **해설**
> **교류 아크 용접기 종류 및 특징**
> 종류 : 가동철심형, 가동코일형, 가포화 리액터형, 탭전환형
>
> **암기팜** ▶ 가철.가코.가리.탭
>
> 1. 가동철심형(moving core arc welder)
>   - 가동 철심으로 누설 자속 가감, 전류 조정
>   - 미세한 전류 조정 가능
>   - 현재 가장 많이 사용됨
> 2. 가동코일형(moving coil arc welder)
>   - 1, 2차 코일 중 1차 코일 이동시켜 전류 조정
>   - 가격이 비싸며 현재 거의 사용하지 않음
> 3. 가포화 리액터형(saturable arc welder)
>   - 원격 제어 간단, 가변저항 변화 전류 조정
>   - 소음이 없고 수명이 길다.
> 4. 탭 전환형(tap bend arc welder)
>   - 탭 전환으로 미세 전류 조정 어렵다.
>   - 탭 전환부 소손 발생 많아 전격위험이 있다.
>   - 코일 감김수에 따라 전류를 조정한다.
>   - 주로 소형에서 많이 사용한다.

22 200메시(mesh) 정도의 철분에 알루미늄 분말을 배합하여 절단하는 것으로 주철 스테인리스강, 구리청동 등의 절단에 효과적인 절단법은?

① 수중절단
② 철분절단
③ 산소 창 절단
④ 탄소 아크 절단

> 해설

철분 절단은 주철 스테인리스강, 구리 청동 등의 절단에 효과적인 절단법으로 200메시(mesh) 정도의 철분에 알루미늄 분말을 배합하여 절단한다.
※ mesh : 1inch² 내의 체눈(구멍)의 수

- 철분 절단 : 철분을 사용하며 용도 : 크롬철, 구리, 청동, 스테인리스강
- 플럭스 절단 : 비금속 플럭스 분말을 사용한다. 용도 : 크롬철, 스테인리스강

8. 포갬 절단 : 얇은 판(두께 12mm 이하)을 포개 쌓아 놓고 한 번에 절단하는 방법. 절단 능률이 우수한 판과 판사이에 산화물 또는 틈(8mm 이상)일 때는 절단 곤란

23 절단법에 대한 설명으로 틀린 것은?

① 레이저 절단은 다른 용접법에 비해 에너지 밀도가 높고 정밀절단이 가능하다.
② 산소창 절단법 용도는 스테인리스강이나 구리, 알루미늄 및 그 합금을 절단 시 주로 사용한다.
③ 수중 절단 사용 연료 가스로 수소, 아세틸렌, LPG 등이 쓰는 데 주로 수소가스를 사용한다.
④ 아크 웨어 가우징은 탄소 아크 절단에 압축공기를 같이 사용하는 방법으로 용접부의 홈파기, 결합부 제거 등에 사용된다.

> 해설

1. 레이저 절단 : 다른 절단법에 비해 에너지 밀도가 높고 정밀 절단이 가능, 공업용은 적외선 레이저를 이용
2. 산소창 절단 : 용광로 팁구멍, 주강 슬래그 덩어리, 암석 뚫기에 사용 산소창 절단은 강괴, 용광로, 평로의 탭 구멍 천공, 콘크리트 절단, 암석 천공, 후판 절단에 사용
3. 수중 절단 : 교량 교각 제조, 침몰선 해체, 방파제 절단에 사용되며, 수중 절단 연료 수소, 아세틸렌, LPG
4. 아크 에어 가우징 : 탄소 아크 절단에 압축공기를 같이 사용하는 방법으로 용접부 홈파기, 결합부 제거 및 소음이 없고 경비가 싸며 균열 발견이 쉽고 가스 가우징보다 작업능률이 2~3배 좋다.
5. 가스가우징(gas gouging) : 주로 홈가공에 이용되는데 U형, H형 등의 용접 홈 가공을 위해 홈의 깊이와 너비의 비는 1 : 2~3 정도이며, 팁은 저압으로서 대용량의 산고를 방출할 수 있도록 슬로다이버전트롤 되어 있다.
용도 : 구멍 뚫기, 용접부 홈파기, 결함부제거나 절단등
6. 스카핑(scarfing) : 강재, 강괴, slag 주조결함 탈탄층 등을 제거키 위해 얇고 넓게 깎는다.
7. 분말절단(Powder cutting) : 철분 혹은 플럭스 분말을 자동으로 절단용 산소에 공급함으로써 용제의 화학열, 산화열 작용으로 절단하는 것으로 철분 절단과 플럭스 절단 2종류

24 피복 아크용접봉의 피복제 역할이 아닌 것은?

① 아크를 안정시킨다.
② 용착금속을 보호한다.
③ 파형이 고운 비드 만든다.
④ 스패터 발생을 많게 한다.

> 해설

피복제의 역할

- 가벼운 슬래그 생성
- 아크 안정화 스패터 발생을 적게
- 용착금속 보호
- 탈산 정련 작용
- 적당한 합금원소 보충
- 전기절연작용
- 급랭 방지
- 용적 미세화, 용적효율 향상
- 슬래그 제거 쉽게
- 어려운 자세 용접을 쉽게
- 산화·질화 방지, 파형이 고운 비드 생성

25 피복 아크 용접 시 아크전압 30V, 아크전류 600A, 용접속도 30cm/mim일 때 용접입열은 몇 joule/cm 인가?

① 9,000
② 13,500
③ 36,000
④ 43,225

정답 23 ② 24 ④ 25 ③

> [해설]

용접입열(Weld heat input)
- 용접작업 시 외부에서 모재에 주는 열량을 용접입열, 용접입열은 75~85%
- $H = \dfrac{60E \cdot I}{V}$ (joule/cm)

  여기서, H : 용접입열
  E : 아크전압(V)
  I : 아크전류(A)
  V : 용접속도(cm/min)

※ 용접입열에 관계되는 인자는 용접전류, 용접속도, 용접층수, 아크전압 등이다.

$H = \dfrac{60E \cdot I}{V}$(joule/cm) $= \dfrac{60 \times 30 \times 600}{30}$(joule/cm) $= 36,000$

26 부하전류가 증가하면 단자 전압이 저하하는 특성으로 피복 아크 용접에서 필요한 전원 특성은?

① 수하 특성
② 상승 특성
③ 부저항 특성
④ 정전압 특성

> [해설]

용접기 필요 특성
- **수하특성** : 부하전류가 증가하면 단자 전압이 저하하는 특성으로 아크 안정화(수동 피복 아크 용접에서 볼 수 있다.)
- **부저항(부)특성** : 부하 전류가 증가하면 단자 전압이 저하하는 특성
- **상승특성** : 전류 증가에 따라 전압이 약간 높아지는 특성
- **정전류특성** : 부하 전압이 변해도 단자 전류는 거의 변화하지 않는 특성(수동 피복 아크 용접에서 볼 수 있다.)
- **정전압특성** : 부하 전류가 변해도 단자 전압은 거의 변화하지 않는 특성
  탄산가스 아크 용접, 서브머지드 용접, MIG 용접 등에서 볼 수 있다.
- **아크쏠림(자기불림)** : 직류용접에서 용접 중에 아크가 용접봉 방향에서 한쪽으로 치우쳐 쏠리는 현상
※ 수하특성, 정전류특성은 수동 아크 용접기가 갖추어야 할 특성이다.

27 솔더링(soldering)용 용제와 용도가 서로 맞게 연결된 것은?

① 인산 – 염화아연 혼합용
② 염산(HCL) – 아연 도금 강판용
③ 염화아연(Zncl₂) – 일반 전기제품용
④ 염화암모니아(NH₄Cl) – 구리와 동합금용

> [해설]

솔더링(soldering = 납땜)은 용제는 염산(HCL) – 아연 도금 강판용으로 흔히 볼 수 있다.

28 Fe – C 평형 상태도에서 공석반응이 일어나는 곳의 탄소함량은 약 몇 %인가?

① 0.025%
② 0.33%
③ 0.80%
④ 2.0%

> [해설]

- 포정반응 : 0.18%
- 공석반응 : 0.80%
- 공정반응 : 4.30%

29 용접부에 생기는 용접 균열 결함의 종류에 속하지 않는 것은?

① 가로균열
② 세로균열
③ 플랭크 균열
④ 비드 밑 균열

> [해설]

플랭크 균열은 없다.

30 다음 용접기호의 설명으로 틀린 것은?

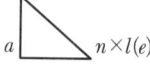

① a : 목두께
② n : 목길이 개수
③ (e) : 인접한 용접부 간격
④ l : 용접길이(크레이터 제외)

해설

n : 용접부 개수

31 플라스마 아크 용접의 장점으로 틀린 것은?

① 높은 에너지 밀도를 얻을 수 있다.
② 용접속도가 빠르고 품질이 우수하다.
③ 용접부의 기계적 성질이 좋고 변형도 적다.
④ 맞대기에서 용접가능한 모재 두께의 제한 없다.

해설

1. 플라스마 아크 용접 : 기체를 가열하여 양이온과 음이온으로 혼합된 도전성을 띤 가스를 플라스마 상태라 하며, 이때 온도는 10,000~30,000℃ 정도이다. 용도로 탄소강, 스테인리스강, 티탄, 니켈합금, 구리 등에 적합하다.

2. 플라스마 아크용접의 특징
   • 용접속도가 빠르고, 품질이 우수하다.
   • 기계적 성질 우수, 아크 방향성과 집중성이 좋다.
   • 1층 용접으로 완성 가능하다.
   • 아크 길이가 변해도 용접부에 영향이 없다.
   • 수동 용접도 쉽게 할 수 있다.
   • 설비비가 고가이다.
   • 용접속도가 빠르므로 가스보호가 불충분하다.
   • 무부하 전압이 높다.
   • 아크 길이가 변해도 용접부는 영향이 없다.

32 침탄, 질화 등으로 내마모성과 인성이 요구되는 기계적 성질을 개선하는 열처리는?

① 수인법
② 담금질
③ 표면경화
④ 오스포밍

해설

표면경화법은 침탄, 질화, 고주파 경화법, 화염경화, 금속 침투법 등으로 내마모성과 인성이 요구되는 기계적 성질을 개선하는 열처리

33 용접 시 산화 아연이 발생되는 용접 재료는?

① 황동
② 주철
③ 연강
④ 스테인리스강

해설

구리 및 구리합금
• 용접 후 응고 시 수축 변형이 생기기 쉽다.(열팽창계수가 크므로)
• 구리 합금의 경우 아연 증발로 중독을 일으키기 쉽다.
  (이유 : 고온에서 증발로 황동 표면에 아연(Zn)이 없어지는 고온탈아연 현상 때문)
  황동=동(Cu)+아연(Zn)
  청동=동(Cu)+주석(Sn)

암기팡 ▶▶ 황동 아연에 무법자가 청동 주석을 마신다.

• 황동의 경우 산화불꽃으로 용접한다.
• TIG 용접으로 할 경우 6mm 이하 판 두께에 많이 사용한다.

34 다음 특수원소가 강중에서 나타나는 일반적인 특성이 아닌 것은?

① Si : 적열취성방지
② Mn : 담금질 효과 향상
③ Mo : 뜨임 취성 방지
④ Cr : 내식성, 내마모성 향상

해설

• Si : 내식성, 내열성 강도 증가 연신율 충격값 감소
• Mn : 황으로 인한 취성(메짐) 현상 감소, 담금질 효과 향상
• Mo : 뜨임 및 저온 취성 방지 고온강도 개선
• Cr : 내식성·내마모성 향상, 흑연화 안정, 탄화물 안정

35 용해 아세틸렌병의 전체 무게가 33kg 빈병의 무게가 30kg일 때 이 병 안에 있는 아세틸렌 가스의 양은 몇 L인가?

① 2,115L
② 2,315L
③ 2,715L
④ 2,915L

> [해설]

아세틸렌 가스양 계산

$C = 905(B-A)[l] = 905 \times (33-30) = 2715 l$

여기서, A = 빈병의 무게
B = 병 전체 무게
C = 용적(l)

36 두랄루민의 주성분은?

① AL-Cu-Mg-Mn   ② Al-Cu-Ni-Si
③ Al-Ni-Cu-Zn   ④ Al-Ni-Si-Mg

> [해설]

두랄루민의 주성분

알루미늄-구리-마그네슘-망간(AL-Cu-Mg-Mn)(알. 구. 마. 망)

37 테르밋 용접에서 테르밋제의 주성분은?

① 과산화바륨과 산화철 분말
② 아연 분말과 알루미늄 분말
③ 과산화바륨과 마그네슘 분말
④ 알루미늄 분말과 산화철 분말

> [해설]

테르밋 용접의 특징

- 미세한 알루미늄 분말과 산화철 분말을 3~4 : 1 중량비로 혼합한 테르밋 반응에 의해 생성된 열을 이용한 용접
- 용접작업이 간단하고 용접시간도 비교적 짧다.
- 전력이 불필요하므로 설비비가 싸고 이동 사용이 가능하다.
- 기술 습득이 용이하다.
- 용도로는 철도레일의 맞대기용접, 배의 프레임, 크랭크축 등 보수용접에 사용된다.

38 표면 열처리 방법인 금속 침투법의 침투원소 종류 중 칼로라이징은 어떤 금속을 침투시키는 방법인가?

① Zn   ② Cr
③ Al   ④ Cu

> [해설]

금속 침투법

강재 표면에 다른 금속을 침투, 확산시켜 강재 표면에 내식, 내산성을 높인다.

- 크로마이징 : 크롬(Cr) 분말을 재료 표면에 침투시켜 내식, 내열, 내마모성 향상
- 칼로라이징 : 알루미늄(Al)을 재료 표면에 침투시켜 내열, 내산, 내식성 향상
- 세라다이징 : 아연(Zn) 분말을 침투, 확산시켜 내식성 향상 및 표면 경화층 얻음
- 실리코나이징 : Si를 침투시켜 내식성 향상
- 브로나이징 : B를 침투, 확산시켜 표면 경도 향상

> [암기팁] ▶ 크로-크롬, 칼로-카알, 세라-세아, 브로-분소, 실리-실리콘

39 용접이음의 안전율을 계산하는 식은?

① 안전율 = $\dfrac{\text{허용응력}}{\text{인장강도}}$

② 안전율 = $\dfrac{\text{인장강도}}{\text{허용응력}}$

③ 안전율 = $\dfrac{\text{인장강도}}{\text{변형률}}$

④ 안전율 = $\dfrac{\text{파괴강도}}{\text{연신율}}$

> [해설]

안전율 = $\dfrac{\text{인장강도}}{\text{허용응력}}$

40 샘플링에 관한 설명으로 틀린 것은?

① 취락 샘플링에서는 취락 간의 차는 작게, 취락 내의 차는 크게 한다.
② 제조공정의 품질 특성에 주기적인 변동이 있을 경우 계통 샘플링을 적용하는 것이 좋다.
③ 시간적 또는 공간적으로 일정 간격을 두고 샘플링하는 방법을 계통 샘플링이라고 한다.
④ 모집단을 몇 개의 층으로 나누어 각 층마다 랜덤하게 시료를 추출하는 것을 층별 샘플링이라고 한다.

정답 36 ① 37 ④ 38 ③ 39 ② 40 ②

해설

계통 샘플링 : 시료를 시간적 또는 공간적으로 일정 간격을 두고 샘플링하는 방법

41 용접 자동화의 장점으로 틀린 것은?

① 용접의 품질향상
② 용접 원가절감
③ 용접 생산성 증대
④ 용접설비투자 비용 감소

해설

용접 자동화로 용접설비투자 비용이 증가 된다.

42 용접작업에서 피닝을 실시하는 가장 큰 이유는?

① 급랭을 방지
② 잔류응력 경감
③ 모재 연성 증가
④ 모재 경도 증가

해설

피닝법

끝이 둥근 특수한 구면상 해머로 용접부를 연속적으로 타격하며 용접 표면에 소형 변형을 주어 인장응력을 경감(완화)한다. 첫층 용접에서 균열방지 목적으로 700℃에서 열간피닝한다.

43 다음 금속 중 비중이 가장 큰 것은?

① Mo
② Ni
③ Cu
④ Mg

해설

- Mo : 10.22
- Ni : 8.85
- Cu : 8.96
- Mg : 1.74

44 인장을 받는 맞대기 용접이음에서 굽힘모멘트 : M[kg.mm], 굽힘응력 : σ b[kg/mm²], 용접 길이 : L[mm]일 때, 용접치수(모재 두께) : t[mm]를 구하는 식으로 옳은 것은?

① $t = \sqrt{\dfrac{\sigma bL}{6M}}$
② $t = \sqrt{\dfrac{\sigma bM}{6L}}$
③ $t = \sqrt{\dfrac{6M}{\sigma bL}}$
④ $t = \sqrt{\dfrac{6L}{\sigma bM}}$

해설

모재두께(용접치수) $t = \sqrt{\dfrac{6M}{\sigma bL}}$

45 강의 담금질 조직에서 경도가 높은 순서로 옳게 표시한 것은?

① 마르텐자이트 > 트루스타이트 > 소르바이트 > 오스테나이트
② 마르텐자이트 > 소르바이트 > 오스테나이트 > 트루스타이트
③ 오스테나이트 > 트루스타이트 > 마르텐자이트 > 소르바이트
④ 마르텐자이트 > 소르바이트 > 트루스타이트 > 오스테나이트

해설

강의 담금질 조직에서 경도가 높은 순서
마르텐자이트 > 트루스타이트 > 소르바이트 > 오스테나이트

암기팁 ▶ 마/트/소/오

46 저항용접의 3대 요소에 해당되는 것은?

① 도전율
② 가압력
③ 용접전압
④ 용접저항

해설

저항용접의 3대 요소
가압력, 전류, 통전시간

정답 41 ④ 42 ② 43 ① 44 ③ 45 ① 46 ②

47 오토콘 용접과 비교한 그래비티 용접의 특징을 설명한 것으로 옳은 것은?

① 사용법이 쉽다. ② 중량이 가볍다.
③ 구조가 간단하다. ④ 운봉속도 조절이 가능하다.

해설

그래비티(Gravity) 및 오토콘(autocon) 용접
- 반자동 용접장치로 한 명의 용접사가 여러 대(2~7대)의 용접기를 조작할 수 있으며, 피복 아크 용접법으로 피더(Feeder)에 철분계(E4324, E4327) 용접봉을 설치
- 운봉비를 조절할 수 있어 필요한 각장 및 목 두께를 얻을 수 있음(그래비티)
- 수평 필릿 용접을 주로 사용하는 중력을 이용한 용접법
- 용접사 기량을 크게 좌우하지 않는다.
- 철분계 용접봉을 사용

종류	오토콘	그래비티
구조	간단	약간 복잡
부피	적음	적음
중량	가벼움	약간 무거움
사용	쉬움	약간 어려움
자세	F. Hi-Fi	F. Hi-Fi
종류	연강, 고장력강	연강, 고장력강
운봉속도	조절 불가	조절 가능
스패터	약간 많음	보통
용입깊이	약간 얕음	보통
비드모양	양호	양호

48 비파괴 검사법 중 표면 바로 밑의 결함 검출에 가장 좋은 검사법은 어느 것인가?

① 방사선 투과시험 ② 육안 검사시험
③ 자기 탐상시험 ④ 침투 탐상시험

해설

방사선 투과시험은 X 이나 γ선 같은 방사선 단파를 이용 검사물에 투과시켜 용접부의 결함 유무를 조사하는 비파괴 시험인데 현재 상용되는 검사법 중 가장 신뢰가 높다.
독일인 빌헬름 뢴트겐 박사가 처음 발견해서 의학분야에서는 X선을 뢴트겐 선이라 칭한다.

49 주철은 대체적으로 보수용접에 많이 쓰이며, 주물의 상태, 결함의 위치, 크기와 특징, 겉모양 등에 대하여 요구될 때 여러 가지 시공법에 유의하여 용접한다. 다음 중 주철 보수용접에 쓰이는 용접방법이 아닌 것은?

① 스터드법 ② 비녀장법
③ 버터링법 ④ 홀더링법

해설

주철 보수용접 종류
- 버터링법 • 스터드법
- 로킹법 • 비녀장법

암기짱 ▶ 버/스/로/비

50 용접전류가 과대하거나 용접속도가 너무 빨라서 용접 비드 토(toe)에 생기는 작은 흠과 같은 용접결함을 무엇이라 하는가?

① 기공 ② 오버랩
③ 언더컷 ④ 용입불량

해설

용접부 결함의 종류
1. 언더컷
   - 아크길이가 길 때
   - 용접전류가 너무 높을 때
   - 부적당한 용접봉 사용
   - 용접봉 선택 불량
   - 접속속도가 너무 빠를 때
※ 언더컷 발생 시 가는 용접봉으로 재용접할 것
2. 슬래그 혼입
   - 용접 전류가 흐를 때
   - 용접 속도가 너무 느릴 때
   - 용접 이음 부적당
   - 루트 간격이 좁을 때
   - 슬래그가 융융 풀보다 선행 시
   - 용접봉 각도 부적당
   - 슬래그 제거를 불완전하게 할 때
※ 슬래그 발생 시 발생 부분을 깎아내고 재용접할 것

정답 47 ④ 48 ① 49 ④ 50 ③

3. 선상조직
   아크 용접부 파단면에 생기는 것으로
   - 용접부의 냉각속도가 너무 빠르고
   - 모재 재질이 불량할 때
   - 모재의 탄소 탈산 생성물 등이 너무 많을 때
   - 냉각속도가 빠를 때
4. 오버랩
   - 용접전류가 너무 낮을 때
   - 용접속도가 너무 느릴 때
   - 용접봉 유지각도 불량 시

51 보조기호 중 영구적인 이면 판재 사용을 표시하는 기호는?

① M
② ⌒
③ MR
④ ⌣⌣

해설

① M : 영구적인 이면판 재사용
② ⌒ : 용접부 표면 모양을 볼록하게
③ MR : 제거가능한 이면판 재사용
④ ⌣⌣ : 끝단부 토(Toe)를 매끄럽게

52 용접변형의 교정방법에 해당되지 않는 것은?

① 구속법
② 점 가열법
③ 가열 후 해머링법
④ 롤러에 의한 법

해설

용접변형의 교정방법
- 재용접법(절단 성형 후)
- 수랭법(후판 가열뒤 압력 가한 후)
- 소성변형시켜 교정
- 피닝법
- 직선 수축법
- 점수축법
- 해머링법(가열후)

암기짱 ▶▶ 재,수,있게 소,피를 직,점,맞아 해!

53 철의 보수용접 종류 중 스터드 볼트 대신 용접부 바닥면에 둥근 홈을 파고 이 부분에 걸쳐 힘을 받도록 하여 용접하는 것은?

① 스터드법
② 비녀장법
③ 버터링법
④ 로킹법

해설

로킹법
보수용접 종류 중 스터드 볼트 대신 용접부 바닥면에 둥근 홈을 파고 이 부분에 걸쳐 힘을 받도록 하여 용접하는 것

54 가접에 대한 설명 중 가장 올바른 것은?

① 가접은 가능한 크게 한다.
② 가접은 중요치 않으므로 본 용접보다 기능이 떨어진 용접공이 해도 좋다.
③ 강도상 중요한 곳, 용접 시점 및 종점이 되는 끝부분은 가접을 피하도록 한다.
④ 가접은 본용접에는 영향이 없다.

해설

- 중요한 곳, 용접 시점 및 종점이 되는 끝부분은 가접을 피하도록 한다.
- 가접은 본용접에 영향을 미친다.
- 가접은 중요하므로 본 용접공과 기능이 비슷한 용접공이 해야 한다.
- 가접은 가능한 작게 한다.

55 제조업의 피크 전력 시간대에 용접된 제품의 품질이 저하되는 이유는?

① 전압강하로 인한 용접 조건의 변화
② 기온 상승에 의한 모재 온도 상승
③ 전류밀도 증가로 용적 이행 상태 변화
④ 작업 권태 발생으로 품질의식 저하

해설

피크 시간대에 전압강하로 인한 용접 조건의 변화로 제조업의 피크 전력 시간대에 용접된 제품의 품질이 저하됨으로써 품질 저하를 유발할 수 있다.

정답 51 ① 52 ① 53 ④ 54 ③ 55 ①

56 근래 인간공학이 여러 분야에서 크게 기여하고 있다. 다음 중 어느 단계에서 인간공학적 지식이 고려됨으로써 기업에 가장 큰 이익을 줄 수 있는가?[제55회]

① 제품의 개발단계
② 제품의 구매단계
③ 제품의 사용단계
④ 작업자의 채용단계

해설

인간공학이 제품의 개발단계에서 인간공학적 지식이 고려됨으로써 기업에 가장 큰 이익을 줄 수 있다.

57 모든 작업을 기본동작으로 분해하고 각 기본 동작에 대하여 성질과 조건에 따라 미리 정해 놓은 시간치를 적용하여 정미시간을 산정하는 방법은?

① PTS법
② Work Sampling법
③ 스톱워치법
④ 실직자료법

해설

PTS법(predetermined Time standard)

모든 작업을 기본동작으로 분해해 실제로 작업에 필요한 소요시간을 각 작업방법에 따라 이론적으로 정해 놓은 시간치를 적용, 정미시간을 정하는 방법을 MTM법과 WF법이 있다.
- MTM(method time measurement)법 : 작업을 몇 개의 기본 동작으로 분석, 기본동작 간의 관계나 필요로 하는 시간 값을 밝히는 것
- WF(work factor)법 : 표준시간을 정하기 위해 정밀한 계측시계를 사용, 아주 미소한 극소 동작에 대한 상세한 데이터를 분석한 결과 기초적인 동작시간 공식을 작성, 분석하는 방법

58 다음 중 두 관리도가 모두 푸아송 분포를 따르는 것은?

① $\bar{x}$ 관리도, R관리도
② c관리도, u관리도
③ nP 관리도, p관리도
④ c관리도, P 관리도

해설

관리도

1. C 관리도
   관리 항목이 에나멜 동선의 일정한 길이 중의 핀홀 수나 스마트폰 한 대 중 납땜 불량 수 등과 같이 미리 정해진 일정 단위 중에 포함되는 결점수
2. P 관리도
   - 공정 불량률을 P에 의거 관리할 경우에 사용
   - 측정이 불가능해 계수치만 나타낼 수 없는 품질 특성
   - 합격 여부 판정만이 목적일 때
3. U 관리도
   직물의 얼룩, 에나멜 동선의 핀 홀 등과 같은 결점수를 취급

59 MTM(Method Measurement) 법에서 사용되는 1TMU(Time Measurement Unit)는 몇 시간인가?

① 1/100000시간
② 1/10000시간
③ 6/10000시간
④ 36/10000시간

해설

방법시간측정법 MTM(Method Measurement)

=0.00000시간=0.0006분=0.036초

60 다음 [표]를 참조하여 5개월 단순이동평균법으로 7월의 수요를 예측하면 몇 개인가?

(단위 : 개)

월	1	2	3	4	5	6
실적	48	50	53	60	64	68

① 55개
② 57개
③ 58개
④ 59개

해설

단순이동평균법

(50+53+60+64+68)÷5개월=58.8개≒59개

01 탄산가스 아크용접에서 토치의 작동형식에 의한 분류가 아닌 것은?

① 수동식 ② 용극식
③ 반자동식 ④ 전자동식

해설

탄산가스 아크용접 토치의 작동형식
- 수동식
- 전자동식
- 반자동식

암기짱 ▶ 탄산가스 토치 형식은 수. 전. 반.

02 황동의 성분 중 톰백(Tombac)이란?

① 0.3%~0.8% Zn의 황동
② 1.2~3.7% Zn의 황동
③ 5~20% Zn의 황동
④ 30~40% Zn의 황동

해설

톰백(Tombac) : 5~20% Zn의 황동

황동 합금의 종류
- 톰백(Tombac) : Cu(80%)에 Zn(5~20%)
- 네이벌(Naval) : 6,4 황동에 Sn(1~2%)
- 에드미럴티(Admiralty) : 7-3황동에 Sn(1~2%)
- 델타메탈(Fe 황동) : 6-4황동에 Fe(1~2%)
- 문츠메탈(Muntz Metal) : 6-4황동
- 두라나메탈(Durana Metal) : 7-3황동에(Fe1~2%)
- 토빈 브라스(tobin Brass) : 6-4황동에 Sn(0.7~2.5%) 소량의 pb, Al, Fe 첨가

03 레이저 용접에 대한 설명 중 틀린 것은?

① 비접촉용접이며 어떤 분위기에도 용접이 가능하다.
② 고에너지 밀도로 모든 금속 및 이종금속의 용접도 가능하다.
③ 정밀하지 않은 넓은 장소의 용접에 응용되고, 열에 민감한 부품에 근접 용접이 가능하다.
④ 레이저 빔은 거울에 의해 반사될 수 있으므로 직각 및 기존의 용접방식으로는 도달하기 어려운 영역에서도 용접이 가능하다.

해설

레이저 용접
- 비접촉용접방식(접근하기 곤란한 물체에 용접 가능으로)미세하고 정밀한 용접이 가능하다.
- 진공 중에 용접이 가능하며, 모재의 열 변형이 없다.
- 원격조작도 가능하고 육안으로 확인해 용접한다.
- 직각 및 기존의 용접방식으로는 도달하기 어려운 영역에서 용접이 가능하다.
※ 용접장치는 고체 금속형, 가스방전형, 반도체형이 있다.

암기짱 ▶ 레이저 용접이 고,가,에. 반.이다.

04 절단작업에 관한 설명 중 옳은 것은?

① 절단속도가 같은 조건에서 보통 팁에 비하여 다이버전트 노즐은 산소 소비량이 2~40% 절약된다.
② 예열 불꽃의 끝에서 모재 표면까지의 거리를 15~25mm 정도로 유지하면 절단이 가장 능률적이다.
③ 산소의 순도가 높으면 절단속도가 빠르나 절단면은 거칠게 된다.
④ 드래그는 판 두께의 10%를 표준으로 하고 있다.

정답 01 ② 02 ③ 03 ③ 04 ①

> [해설]

절단작업의 조건
- 드래그(Drag)는 가능한 적고, 표준 드래그 길이는 판두께의 20%(강판 두께 1/5)
- 절단면 위 표면각(윗모서리각)이 예리할 것
- 절단면 말단부가 남지 않을 정도의 드래그를 "표준 드래그 길이"라 한다.
- 예열불꽃의 백심 끝이 모재 표면에서 1.5~2.0mm 이격시킬 것
- 산소 순도(99.5% 이상)가 높으면 절단속도가 빠르고 절단면이 양호

05 가스절단 작업 시 예열불꽃이 강한 경우 절단 결과에 미치는 영향이 아닌 것은?

① 드래그가 증가한다.
② 절단면이 거칠게 된다.
③ 모서리가 용융되어 둥글게 된다.
④ 슬래그 중의 철 성분의 박리가 어렵다.

> [해설]

가스절단작업 시 예열불꽃이 강한 경우 절단 결과에 미치는 영향
- 절단면이 거칠게 된다.
- 모서리가 용융되어 둥글게 된다.
- 슬래그 중의 철 성분의 박리가 어렵다.

드래그(drag)
- 절단면에 일정한 간격의 곡선이 진행방향으로 나타난 것이 드래그 라인
- 표준 드래그 길이는 보통 판두께의 20% 정도
- 절단면의 말단부가 남지 않을 정도의 드래그를 표준 드래그 길이라 함
- 하나의 드래그 라인의 시작점에서 끝점까지의 수평거리를 드래그라 함

06 용접봉을 선정하는 인자가 아닌 것은?

① 용접자세   ② 모재의 재질
③ 모재의 형상   ④ 사용전류의 극성

> [해설]

용접봉을 선정하는 인자
용접자세, 사용전류의 극성, 모재의 재질(자. 극. 재)

07 납땜에 대하여 설명한 것 중 틀린 것은?

① 용가재의 용융온도에 따라 연납땜, 경납땜으로 구분된다.
② 황동납은 구리와 아연의 합금으로 그 융점은 600℃ 정도이다.
③ 흡착작용은 주석 함량이 100%일 때 가장 좋다.
④ 주석과 납이 공정 합금 땜납일 때 용융점이 가장 낮다.

> [해설]

납땜
- 황동납은 구리와 아연의 합금으로 그 융점은 820~935℃ 정도이다.
- 용가재의 용융온도에 따라 450℃ 이하가 연납땜, 450℃ 이상이 경납땜으로 구분된다.
- 흡착작용은 주석 함량이 100%일 때 가장 좋고, 납100% 일 때는 흡착작용이 없다.
- 주석과 납이 공정 합금 땜납일 때 용융점이 가장 낮고, 납땜작업이 쉽다.

08 Fe-C 상태도에서 r 고용체+Fe_2C의 조직으로 옳은 것은?

① 페라이트(ferrite)
② 펄라이트(pearlite)
③ 레데뷰라이트(ledeburite)
④ 오스테나이트(austenite)

> [해설]

레데뷰라이트(ledeburite)
- r고용체(오스테나이트)+Fe_3C(시멘타이트)의 공정조직
- 공정점으로 1,145℃로 레데뷰라이트(ledeburite)

정답 05 ① 06 ③ 07 ② 08 ③

09 아세틸렌의 발화나 폭발과 관계가 없는 것은?

① 압력 ② 가스혼합비
③ 유화수소 ④ 온도

> [해설]
> 아세틸렌의 발화나 폭발과 관계가 있는 요인으로는 압력, 가스 혼합비, 온도, 불순물 영향, 화합물 생성 등이 있다.

10 용접에서 잔류응력이 영향을 주는 것은?

① 좌굴강도 ② 은점
③ 용접 덧살 ④ 언더컷

> [해설]
> 용접에서 잔류응력이 영향을 주는 것은 좌굴강도이다.

11 비드를 쌓아 올리는 다층 용접법에 해당되지 않는 것은?

① 스킵법 ② 덧살 올립법
③ 전진 블록법 ④ 캐스케이드법

> [해설]
> 1. 다층 용접법 종류
>   - 덧살 올립법
>   - 전진 블록법
>   - 캐스케이드법
> 2. 단층 용접법 종류
>   - 전진법
>   - 후진법
>   - 대칭법
>   - 스킵법(비석법)

12 다음 중 용접기 사용률 계산식은?

① 사용률(%) = $\dfrac{\text{아크시간}}{\text{휴식시간}}$

② 사용률(%) = $\dfrac{\text{아크시간}}{\text{아크시간}+\text{휴식시간}} \times 100$

③ 허용사용률 = $\dfrac{(\text{정격2차전류})^2}{(\text{실제 용접전류})^2} \times 100$

④ 허용사용률 = $\dfrac{(\text{정격2차전류})^2}{(\text{실제 용접전류})^2} \times \text{정격사용률}$

> [해설]
> **용접기 사용률과 역률 효율**
> 1. 사용률(%) = $\dfrac{\text{아크시간}}{\text{아크시간}+\text{휴식시간}} \times 100$
> 2. 허용사용률 = $\dfrac{(\text{정격2차전류})^2}{(\text{실제 용접전류})^2} \times \text{정격사용률}$
> 3. 용접기 역률과 효율
>   - 역률(%) = $\dfrac{\text{소비전력(kW)}}{\text{전원입력(kW)}} \times 100(\%)$
>   - 효율(%) = $\dfrac{\text{아크전력(kW)}}{\text{소비전력(kW)}} \times 100(\%)$
> 4. 아크전력 = 아크전압 × 정격 2차전류
> 5. 소비전력 = 아크전력 + 내부 손실력
> 6. 전 입력 = 무부하 전압 × 정격 2차전류

13 피복아크 용접봉의 피복 배합제 중 탈산제가 아닌 것은?

① 페로티탄 ② 알루미늄
③ 페로 실리콘 ④ 규산 나트륨

> [해설]
> **탈산제 종류**
> - 실리콘
> - 망간
> - 티탄
> - 알루미늄
> - 소맥분
>
> [암기팁] 실(Si), 망(Mn)한 ,티(Ti)를 알(Al) 수 없 소(소맥분)

14 다음 중 레이저 용접장치의 기본형에 속하지 않는 것은?

① 반도체형 ② 엔드밀형
③ 고체금속형 ④ 가스방전형

> [해설]

레이저 기본형
- 반도체형
- 고체금속형
- 가스 방전형

15 GTW(Gas Tungsten Arc Welding) 용접 시 텅스텐의 혼입을 막기 위한 대책은?

① 사용 전류를 높인다.
② 전극의 크기를 작게 한다.
③ 용융지와의 거리를 가깝게 한다.
④ 고주파 발생장치를 이용해 아크를 발생시킨다.

> [해설]

고주파 발생장치를 이용해 아크를 발생시킴으로써 GTW(Gas Tungsten Arc Welding) 용접 시 텅스텐의 혼입을 막을 수 있다.

16 서브머지드 아크용접에 사용되는 용융형 플럭스(fused flux)는 원료광석을 몇 ℃로 가열 용융시키는가?

① 1,200℃ 이상   ② 800~1,000℃
③ 500~600℃   ④ 150~300℃

> [해설]

서브머지드 아크용접에 사용되는 용융형 플럭스(fused flux)는 원료광석을 1,200℃로 가열 용융

17 철을 산소-아세틸렌 가스를 이용하여 절단할 경우 예열온도는 약 몇 ℃ 정도가 가장 적당한가?

① 100~200℃   ② 300~500℃
③ 800~1,000℃   ④ 1,100~1,500℃

> [해설]

- 알루미늄(Al) 및 동(Cu) 예열온도 : 200~400℃
- 강(Fe) 예열온도 : 800~900℃

18 오스테나이트계 스테인리스강 용접 시 유의해야 할 사항으로 틀린 것은?

① 예열을 실시
② 짧은 아크길이 유지
③ 용접봉은 모재와 동일한 것 사용
④ 낮은 전류값으로 용접해 용접 입열 억제

> [해설]

- 오스테나이트계 스테인리스강 용접 시에는 예열을 하지 말 것
- 층간 온도는 320℃를 넘지 않도록 하고 모재와 동일한 용접봉으로 짧은 아크 길이 유지
- 전류값을 낮게 해 용접 입열을 억제

19 다음 중 용접부의 시험법 중에서 비파괴 검사방법이 아닌 것은?

① 피로시험   ② 자분시험
③ 초음파검사   ④ 침투탐상검사

> [해설]

비파괴시험
- ET : 와류검사
- LT : 누설검사
- MT : 자분검사
- RT : 방사선검사
- UT : 침투검사
- VT : 육안검사

20 다음 용접 이음에서 냉각속도가 가장 빠른 것은?

① 모서리 이음
② T형 필릿이음
③ I형 맞대기 이음
④ V형 맞대기 이음

> [해설]

냉각속도가 가장 빠른 것 : T형 필릿이음

정답 15 ④ 16 ① 17 ③ 18 ① 19 ① 20 ②

21 용접 비드 끝단에 생기는 작은 흠의 결함으로 전류가 높고 아크 길이기 길 때 생기기 쉬운 결함은?

① 피트
② 언더컷
③ 오버랩
④ 용입불량

해설

언더컷 원인
- 용접전류 클 때
- 부적당한 용접봉 사용 시
- 용접속도가 빠를 때
- 용접봉 유지각도 부적당

22 피복 아크 용접에서 피복제 역할로 틀린 것은?

① 아크 안정
② 스패터 발생을 적게 한다.
③ 용융금속 용적을 조대화해 용착효율 높인다.
④ 모재 표면 산화물을 제거하고 양호한 용적부를 만든다.

해설

피복제의 역할
- 가벼운 슬래그 생성
- 아크 안정화와 스패터 발생을 적게 한다.
- 용착금속 보호
- 탈산 정련 작용
- 적당한 합금원소 보충
- 전기 절연 작용
- 급랭 방지
- 용적 미세화, 용적효율 향상
- 슬래그 제거 쉽게
- 어려운 자세 용접을 쉽게
- 산화 질화 방지 파형이 고운 비드 생성

23 교류 용접기에서 2차 무부하전압 80V, 아크전압 30V, 아크전류 300A라고 하면 역률은 약 몇 %인가? (단, 용접기의 내부손실은 4kW이다.)

① 26
② 48
③ 54
④ 69

해설

$$역률(\%) = \frac{소비전력(kW)}{전원입력(kW)} \times 100(\%) = \frac{13kW}{24kW} \times 100 = 54.16\%$$

- 소비전력 = 아크전력 + 내부손실 = 9 + 4 = 13kW
- 전원입력 = 무부하전압 × 정격2차전류 = 80 × 300 = 24,000 = 24kW
- 아크전력 = 아크전압 × 정격2차전류 = 30 × 300 = 9,000 = 97kW

$$효율(\%) = \frac{아크전력(kW)}{소비전력(kW)} \times 100(\%)$$

- 아크전력 = 아크전압 × 정격 2차전류
- 소비전력 = 아크전력 + 내부 손실력
- 전 입력 = 무부하 전압 × 정격 2차전류

24 용입 이음에서 정하중에 대한 안전율은 얼마인가?

① 1
② 3
③ 5
④ 8

해설

안전율
- 정하중 : 3
- 동하중 [단진응력 : 5, 교번하중 : 8]
- 충격하중 : 12

25 용접전류 200A, 아크전압 20V, 용접속도 15cm/min이라 하면 용접의 단위 길이 1cm 당 발생하는 용접입열은 몇 joule/cm인가?

① 2,000
② 5,000
③ 10,000
④ 16,000

해설

$$H = \frac{60E \cdot I}{V}(\text{joule/cm}) = \frac{60 \times 20 \times 200}{15} = 16,000(\text{joule/cm})$$

용접입열(Weld heat input)
- 용접 작업 시 외부에서 모재에 주어지는 열량을 말하며, 용접입열은 75~85%이다.
- $H = \frac{60E \cdot I}{V}(\text{joule/cm})$

여기서, H : 용접입열

정답 21 ② 22 ③ 23 ③ 24 ② 25 ④

E : 아크전압(V)
I : 아크전류(A)
V : 용접속도(cm/min)

※ 용접입열에 관계되는 인자는 용접전류, 용접속도, 용접층수, 아크 전압 등이다.

26 가스용접에서 공급압력이 낮거나 팁이 과열되었을 때 산소가 아세틸렌 쪽으로 흡입되는 것을 무엇이라고 하는가?

① 역류 ② 역화
③ 인화 ④ 폭발

해설

인화(flash back or back fire)
- 팁 끝이 순간적으로 막혀 가스가 분출되지 못하고 불꽃이 토치의 가스 혼합실까지 들어오는 현상
- 역류나 역화에 비해 매우 위험하다.

인화 방지대책
- 가스 유량을 적당하게 조절
- 팁을 항상 깨끗이 청소
- 토치, 기구 등을 평소에 점검
- 인화 발생 시 아세틸렌 차단 후 산소 차단

역화(flash back or back fire)
- 가스용접 작업 시 팁 끝이 모재에 닿는 순간 팁 끝이 막히거나
- 팁 끝이 과열, 조임 불량 및 압력이 적당하지 않을 때 "빵빵" 소리가 나면서 꺼졌다가 다시 나타났다가 하는 현상을 역화

역화 방지대책
- 아세틸렌(C_2H_2)을 차단 후 산소를 차단할 것
- 팁을 물에 담갔다가 냉각시킴으로써 방지

역류(contra flow)
- 산소 압력이 아세틸렌가스 압력보다 높게 할 때
- 토치 내부 청소 불량이나 토치 팁 끝이 막혔을 때
- 높은 압력의 산소가 정상적으로 흐르지 못하고 산소보다 압력이 낮은 C_2H_2 호스 쪽으로 흘러 폭발위험성 발생

원인
- C_2H_2 공급량 부족
- 팁 청소 불량
- 산소압력 과다

역류 방지 대책
- 팁 끝을 깨끗이 청소
- 역류 발생 시 먼저 산소 차단 후 아세틸렌(C_2H_2)을 차단

27 가스절단에서 표준 드래그 길이는 판 두께의 얼마 정도인가?

① 5% ② 10%
③ 15% ④ 20%

해설

드래그(Drag)
- 가스절단가공에서 절단재 표면(절단가스 입구)와 절단재 이면(절단가스 출구) 사이의 수평거리를 말한다.
- 절단면에 일정한 간격의 곡선이 진행방향으로 나타난 것을 드래그라인(drag line)이라 한다.
- 표준 드래그 길이는 보통 판 두께의 20% 정도이다.
- 절단면 말단부가 남지 않을 정도의 드래그를 표준 드래그 길이라고 한다.

판 두께(mm)	12.7	25.4	51.0	51.0~152.0
드래그 길이(mm)	2.4	5.2	5.6	64

- 드래그 = $\dfrac{\text{드래그 길이}(mm)}{\text{판두께}(mm)} \times 100$

- **드래그 라인(Drag line : 지연곡선)**
  절단면에 거의 일정한 간격으로 평행된 곡선으로 드래그 라인의 시종 양끝의 거리, 즉 입구점과 출구점 간의 수평거리이다.

28 피복아크용접에서 양호한 용접을 하려면 짧은 아크를 사용하여야 하는데, 아크 길이가 적당할 때 나타나는 현상이 아닌 것은?

① 아크가 안정된다.
② 산화 및 질화되기 쉽다.
③ 정상적인 입자가 형성된다.
④ 양호한 용접부를 얻을 수 있다.

해설

아크 길이(Arc length)

- 아크 길이는 3mm 정도이고 2.6mm 용접봉은 심선 지름과 동일하게 한다.
- 품질이 좋은 용접을 하려면 짧은 아크를 사용해야 한다.
- 아크 발생 중 용접전압은 약 20~35V이며, 아크 전압은 아크 길이에 비례한다.
- 아크 길이가 너무 길면 아크 값이 불안정하고 용융금속이 산화, 질화되기 쉽고 기공 균열의 원인이 된다.
- 아크 길이가 너무 길면 스패터가 심하며 용입이 얕고 나빠진다.
- 아크 길이가 너무 짧으면 용접봉이 모재에 달라붙는다.
- 아크 길이가 너무 짧으면 슬래그 혼입이 우려되며 입열이 적어 용입이 불충분하다.
- 아크 길이가 길어지면 전압에 비례하여 증가하며 발열량도 증대된다.
- 아크 길이가 너무 길면 아크 실드(Arc shielded)효과가 감소된다.
    ※ 아크실드효과 : 아크 및 용착금속을 보호매질로 대기로부터 차단하는 효과

29 일렉트로 가스 아크 용접의 특징으로 틀린 것은?

① 판 두께가 두꺼울수록 경제적
② 판 두께에 관계없이 단층으로 상진 용접한다
③ 용접장치가 간단하며 취급이 쉽고 고도 숙련을 요하지 않는다.
④ 스패터 및 가스 발생이 적고, 용접 시 바람의 영향을 받지 않는다.

해설

일렉트로 가스 아크 용접은 용제 대신 CO_2, Ar가스를 보호가스로 하는 용접이므로 바람의 영향을 받는다

30 아세틸렌 가스와의 관련성이 가장 적은 것은?

① 외력
② 압력
③ 온도
④ 증류수

해설

아세틸렌(C_2H_2)의 특징

- 외력 : 압력이 가해진 아세틸렌가스에 충격, 마찰, 진동 등의 외력이 작용하면 폭발 위험성
- 압력 : 1.3기압 이하에서 사용 1.5기압 – 가열 충격으로 폭발 2.0기압 – 자연폭발
- 자연발화온도 : 406~408℃, 폭발위험 : 505~515℃, 자연폭발 : 780℃
※ 증류수와 관련성이 가장 적다.

31 아세틸렌 용기 속에 아세틸렌가스가 3,200리터 보관되어 있다면, 프랑스식 200번 팁을 이용하여 표준 불꽃으로 연강 판을 용접할 경우 약 몇 시간 동안 용접할 수 있는가?

① 4시간
② 8시간
③ 16시간
④ 32시간

해설

3,200L ÷ 200L/h = 16h

32 열전대 중 가장 높은 온도를 측정할 수 있는 것은?

① 백금 – 백금로듐
② 철 – 콘스탄탄
③ 크로멜 – 알루멜
④ 구리 – 콘스탄탄

해설

- 백금 – 백금로듐(PR) : 측정온도 범위 0~1,600℃, 양극(백금로듐) ← 음극(백금), 정도±3℃
- 크로멜 – 알루멜(CA) : 측정온도 범위 0~1,200℃, 양극(크로멜) ← 음극(알루멜), 정도±2.3℃
- 철 – 콘스탄탄(IC) : 측정온도 범위 –200~–800℃, 양극(순철) ← 음극(콘스탄탄), 정도±2.3℃
- 동 – 콘스탄탄(CC) : 측정온도 범위 –200~300℃, 양극(순동) ← 음극(콘스탄탄), 정도±1.0℃

33 침탄, 질화, 고주파 담금질 등으로 내마모성과 인성이 요구되는 기계적 성질을 개선하는 열처리는?

① 뜨임 ② 표면경화
③ 항온 열처리 ④ 담금질

[해설]
표면경화
침탄법, 질화법, 화염경화법, 고주파 경화법, 금속침투법, 쇼트피닝 등으로 강재의 표면을 경화시켜 인성 및 내마모성, 기계적 성질을 크게 향상시키는 열처리법이다.

34 강을 담금질할 때 냉각속도가 가장 빠른 것은?

① 식염수 ② 기름
③ 비눗물 ④ 물

[해설]
냉각속도 순서 : 소금물>물>기름
- 소금물 : 가장 빠르다.
- 물 : 기포 발생으로 냉각응력이 떨어진다.
- 기름 : 처음엔 약하지만 점점 온도 상승으로 커진다.

35 로봇의 구성에서 구동부와 제어부를 가동시키기 위한 에너지를 동력원이라 하고 에너지를 기계적인 움직임으로 변환하는 기기의 명칭은?

① 액추에이터
② 머니퓰레이터
③ 교시박스
④ 시퀀스 제어

[해설]
액추에이터(actuator)
유체 에너지(전기, 유압, 압축공기 등)를 사용하여 기계적인 일을 하는 기기로 전기식 액추에이터의 경우 로봇이나 자동화 생산라인에서 소형화, 자동화, 고성능화로 사용되고 있다. 공압식 액추에이터는 정지-운동 등에 쓰이며 큰 동력이 필요할 때 사용된다.

36 용접 보조기호 중 용접부의 다듬질 방법을 표시하는 기호 설명으로 잘못된 것은?

① P-치핑 ② G-연삭
③ M-절삭 ④ F-지정 없음

[해설]
용접 보조기호(다듬질 방법에 의한)
- C : 치핑
- G : 연삭, 그라인딩
- M : 절삭, 기계 절삭
- F : 특별히 지정하지 않음

보조기호
- A : 경사각
- D : 비형광
- F : 형광
- N : 수직탐상
- S : 한방향 탐상
- W : 이중벽

37 지그(JIG)의 사용목적에 부합되지 않는 것은?

① 제품의 정밀도가 향상되고 대량생산에서 호환성 있는 제품이 만들어진다.
② 불량률이 감소되고 미숙련공의 작업을 용이하게 한다.
③ 제작상의 공정수가 감소하고 생산능률을 향상시킨다.
④ 비교적 본 기계장비에 비해 소형 경량이며, 큰 출력을 발생시키는 데 사용된다.

[해설]
지그(jig)의 사용목적
- 작업을 쉽게 한다.
- 용접부의 신뢰성이 높다.
- 공정 수가 절감되고 능률이 높다.
- 동일제품의 대량 생산(경제적 생산)이 용이하다.
- 아래보기자세로 용접할 수 있다.
- 미숙련자도 작업을 쉽게 할 수 있다.

지그를 구성하는 기계요소
클램핑(clamping) 장치, 위치 결정장치, 공구 안내장치 등

정답 33 ② 34 ① 35 ④ 36 ① 37 ④

38 아세틸렌가스와 프로판가스를 이용한 절단 시의 비교 내용으로 틀린 것은?

① 프로판은 슬래그 제거가 쉽다.
② 아세틸렌은 절단 개시까지 시간이 빠르다.
③ 프로판 점화가 쉽고 중성불꽃을 만들기도 쉽다.
④ 프로판이 포갬절단속도는 아세틸렌보다 빠르다.

해설

아세틸렌가스와 프로판가스 비교

프로판	아세틸렌
프로판은 슬래그 제거가 쉽다.	아세틸렌은 점화가 쉽고 중성불꽃을 만들기도 쉽다.
프로판은 포갬 절단 속도는 아세틸렌보다 빠르다.	아세틸렌은 절단 개시까지 시간이 빠르다.
아세틸렌보다 후판 절단속도가 빠르고 절단면이 깨끗하다.	표면 영향이 적다.
절단 상부 기슭이 녹는 것이 적다.	박판 절단 시 빠르다.

39 코발트를 주성분으로 하는 주조경질합금의 대표적 강으로 주로 절삭공구에 사용되는 것은?

① 고속도강
② 스텔라이트
③ 화이트메탈
④ 합금 공구강

해설

스텔라이트(stellite)

텅스텐(W) – 크롬(Cr) – 코발트(Co) – 탄소(C)

암기팀 ▶ 텅.크.코..탄. 놈을 봐래~~

특징
- 열처리를 하지 않아도 충분한 경도가 있다.
- 절삭속도가 고속도강의 2배이다.
- 코발트 40~50%, 주성분이다.
- 단조가 불가능하기 때문에 주조를 하여 제품을 생산하고 있다. (주조경질 합금)
- 용도로 절삭공구인 바이트, 착암용 드릴, 의료용 기구(내산화성을 이용하므로), 항공기, 가솔린 기관의 배기 밸브

40 백주철을 풀림 열처리에서 탈탄 또는 흑연화 방법으로 제조한 것은?

① 칠드 주철
② 구상 흑연 주철
③ 가단 주철
④ 미하나이트 주철

해설

가단 주철
- 백심 가단 주철(WMC) : 탈탄이 주 목적, 산화철과 함께 풀림 상자에 넣고 70~100시간 동안 975℃ 부근에서 남아 강, 경도가 있는 조직이 된다. 가열한 후 서랭하면 중심이 흑연과 시멘타이트가 생김
- 흑심 가단 주철(BMC) : 시멘타이트(Fe_3C)의 흑연화가 목적
- 펄라이트 가단 주철(PMC) : 흑심 가단 주철 일부인 2단계 흑연화를 생략, 구상, 층상, 펄라이트. 솔바이트 조직 등으로 만든 주철

41 일반적으로 탄소강의 가공 시 특히 가공성을 요구하는 경우에 가장 적합한 탄소 함유량의 범위는?

① 0.05~0.3%C
② 0.45~0.6C
③ 0.76~1.2%C
④ 1.34~1.9%C

해설

탄소강

철에 탄소가 증가하면 인장강도, 항복점 등이 증가하고 연신율, 연성, 단면 수축률이 저하된다.
- 저탄소강 : C 0.3% 이하로 연강
- 중탄소강 : C0.3~0.5% 반경강
- 고탄소강 : C0.5~2.0 경강

※ 가공성을 필요로 할 때 탄소 함유량은 0.05~0.3%이다.

42 코발트를 주성분으로 하는 주조경질합금의 대표적 강으로 주로 절삭공구에 사용되는 것은?

① 고속도강
② 스텔라이트
③ 화이트메탈
④ 합금 공구강

정답 38 ③ 39 ② 40 ③ 41 ① 42 ②

해설

스텔라이트(stellite)

텅스텐(W) – 크롬(Cr) – 코발트(Co) – 탄소(C)

암기팡 ▶ 텅/크/코/탄 놈을 봐라!

특징
- 열처리를 하지 않아도 충분한 경도가 있다.
- 절삭속도가 고속도강의 2배이다.
- 코발트 40~50%, 주성분이다.
- 단조가 불가능하기 때문에 주조를 하여 제품을 생산하고 있다. (주조경질 합금)
- 용도로 절삭공구인 바이트, 착암용 드릴, 의료용 기구(내산화성을 이용하므로), 항공기, 가솔린 기관의 배기 밸브

43 피복 아크 용접봉 중 내균열성이 가장 우수한 것은?

① E4303 ② E4311
③ E4316 ④ E4327

해설

연강용 피복아크용접봉의 종류 및 특징

1. E4303(라임티타니아계)
- 산화티탄을 30% 이상 포함하며 슬래그 생성제
- 용입이 얕고 슬래그 제거가 쉽다.
- 일반강재 박판용 등에 사용된다.

2. E4311(고 셀룰로오스계)
- 셀룰로오스를 30% 정도 함유한 가스 실드계이다.
- 피복제가 얇고 슬래그 양이 적어 위보기, 수직 상하진과 좁은 홈 용접이 가능하다.
- 보관 시 습기를 흡수하기 쉬워 기공 발생이 우려되므로 70~100℃로 0.5~1시간 정도 건조한다.
- 아크는 스프레이 형으로 빠른 용융속도를 내나 비드 표면이 거칠고 스패터가 많은 결점이 있다.
- 파이프 용접에 사용한다.

3. E4316(저수소계)
- 주성분 : 석회석=탄산칼슘($CaCO_3$), 형석=불화칼슘(CaF_2)을 주성분으로 한다.
- 수소 양이 다른 용접봉에 비해 1/10 정도 적다.
- 피복제가 습기를 잘 흡수하기 때문에 반드시 사용 전에 300~350℃로 1~2시간 정도 건조 후 사용할 것
- 아크가 불안정하며 초보자일 경우 용접봉이 모재에 달라붙는 등 아크가 다소 불안정하고, 작업성이 떨어진다.

- 용접속도가 느리며 용접이 출발된 시점에서 기공이 생기기 쉽기 때문에 후진법(back step)을 사용한다.
- 다른 연강봉보다 용접성이 우수하므로 후판, 중요 구조물, 구속이 큰 용접, 고탄소강, 유황 함유량이 큰 강 등에 용접 결함 없이 용접부가 양호하다.
- 피복제의 염기도가 높을수록 내균열성이 우수하고, 피복제의 염기성이 높고 내균열성이 좋다.
- 구속이 큰 용접, 유황 함유량이 높은 용접에 양호한 용접부를 얻는다.
- 작업성 : 고산화티탄계(E4313) > 일미나이트계(E4301) > 저수소계(E4316)
- 기계적 성질 : 저수소계(E4316) > 일미나이트계(E4301) > 고산화티탄계(E4313)
- 다층 용접 시 첫 층을 저수소계를 사용함으로써 수소와 잔류응력으로 인한 균열을 방지한다.
- 비드 이음부에서 기공(porosity)이 생기기 쉬우므로 짧은 아크 길이로 하며 운봉 시 주의해야 한다.

4. E4327(철분 산화철계)
- 산화철에 규산염을 30~45% 첨가, 산성 슬래그를 생성한다.
- 용착효율이 크고 능률적이다.
- 스패터가 적은 스프레이 형으로 슬래그 제거가 쉽고 용입이 양호하다.(비드 표면이 곱다.)
- 아래보기나 수평 필릿 용접에서 많이 사용한다.

44 아크 절단법의 종류에 해당되지 않는 것은?

① TIG 절단 ② 분말 절단
③ MIG 절단 ④ 플라스마 절단

해설

분말절단은 비철 금속, 주철, 스테인리스강 등은 가스절단을 하지 않고, 용제, 철분을 연속으로 절단 산소에 혼합·공급하는 산화열 또는 화학작용을 이용한 절단법이다.

45 가스 금속아크용접에서 제어장치의 기능 중 크레이터 처리 기능에 의해 낮아진 전류가 서서히 줄어들면서 아크가 끊어져 이면 용접부가 녹아내리는 것을 방지하는 것은?

정답 43 ③ 44 ② 45 ①

① 번 백 시간
② 스타트 업 시간
③ 번 백크레이터 지연시간
④ 이면 용접 보호시간

해설
- 번 백 시간은 크레이터 처리 기능에 의해 낮아진 전류가 서서히 줄어들면서 아크가 끊어져 이면 용접부가 녹아 내리는 것을 방지한다.

46 점용접 종류에 속하지 않는 것은?

① 직렬식 점용접 ② 맥동 점용접
③ 인터랙 점용접 ④ 플래시 점용접

해설
점용접의 종류
- 단극식
- 다전극
- 직렬식
- 맥동
- 인터랙 점용접

암기짱 ▶ 단. 다. 직(접). 맥.인.점(을)~~~

47 초음파 탐상시험의 장점이다. 틀린 것은?

① 표면에 아주 가까운 얕은 불연속을 검출할 수 있다.
② 고감도이므로 아주 작은 결함의 검출도 가능하다.
③ 휴대가 가능하다.
④ 검사 시험체의 한 면에서도 검사가 가능하다.

해설
초음파 탐상시험
초음파검사(UT, ultrasonic test) : 인간이 들을 수 없는 비가청 주파수(0.5~14MHz)를 시험편 내부에 침입시켜 불균일층이나 결함을 찾는 방법. 이때 탐상시험에 사용되는 음파의 종류 3가지는 저음파, 청음파, 초음파이다.

초음파검사의 특징
- 길이나 두께가 큰 물체 탐상에 적합
- 검사자에게 위험이 없고 한 쪽에 탐상 가능
- 얇은 시편, 표면이 울퉁불퉁이 심한 것은 곤란
- 휴대 가능

종류
- 펄스반사법
- 공진법
- 투과법

48 고망간강의 주요 성분으로 다음 중 가장 적합한 것은?

① Co 2~0.8%, Mn 11~14%
② Co 2~0.8%, Mn 5~10%
③ Co 9~1.3%, Mn 5~10%
④ Co 9~1.3%, Mn 10~14%

해설
고망간강(High manganese steel)
C0. 9~1.3%, Mn10~14%, 나머지는 Fe. 내마모성이 우수하고 가격이 저렴하다.(텅스텐, 티탄계 합금에 비해)

49 절삭되어 나오는 칩 처리의 능률, 공정의 단추와 그 가공단가의 저렴화 등을 고려하여 탄소강에 S, Pe, P, Mn을 첨가한 구조용 강은?

① 강인강 ② 스프링강
③ 표면 ④ 쾌삭강

해설
쾌삭강(Free-cutting steel)
강의 피삭성을 증가시켜 절삭하기 쉽게 하는 강으로 탄소강에 유황(S), 납(Pb), 인(P), 망간(Mn)을 첨가한 구조용 강으로 유황쾌삭강, 연쾌삭강, 칼슘쾌삭강, 초쾌삭강(유황 쾌삭강+연쾌삭강), 초초 쾌삭강(유황 쾌삭강+텔루륨) 등이 있다.

절삭저항의 3분력
- 배분력
- 이송분력
- 주분력

암기짱 ▶ 배. 이. 주~~~

정답 46 ④ 47 ① 48 ④ 49 ④

50 용접 시공 방법 중 잔류응력을 경감시키는 데 필요한 방법이 아닌 것은?

① 예열을 이용한다.
② 용접 후 후열 처리를 한다.
③ 적당한 용착법과 용접순서를 선정한다.
④ 용착금속의 양을 될 수 있는 대로 많게 한다.

해설

잔류응력을 경감시키는 방법
- 적당한 용착법과 용접순서를 선정
- 용접 후 후열처리를 한다.
- 예열을 이용한다.

51 아크용접 자동화의 센서(Sensor) 종류에서 과전류, 전격방지 등을 위한 비접촉식 센서로 가장 많이 활용되는 것은?

① 포텐셔미터식 센서 ② 기계식 센서
③ 전자기식 센서 ④ 전기접점식 센서

해설

전기접점식 센서
과전류, 전격방지 등을 위한 비접촉식 센서로 가장 많이 활용

52 관리도에서 측정한 값을 차례로 타점했을 때 점이 순차적으로 상승하거나 하강하는 것을 무엇이라 하는가?

① 런(run) ② 주기(Cycle)
③ 경향 ④ 산포

해설

- 런(run) : 관리도 내에서 점이 관리 한계 내에 있고 중심선 한쪽에 연속해서 나타나는 것
- 주기(Cycle) : 점이 주기적으로 상하로 변동하여 파형을 나타내는 것
- 경향 : 연속 7점 이상의 점이 점점 올라가거나 내려가는 상태
- 산포 : 측정치의 고르지 않은 정도. 측정값이 평균 중심으로 집중되었거나, 얼마만큼 퍼져있는지를 정도

53 다음 중 전자 빔 용접의 특징으로 틀린 것은?

① 용접 변경이 적어 정밀한 용접을 할 수 있다.
② 에너지 집중이 가능하기 때문에 용융속도가 빠르고 고속 용접이 가능하다.
③ 전자빔은 전기적으로 정확한 제어가 어려워 얇은 판의 용접에 적용되며 후판 용접은 곤란하다.
④ 전자빔은 자기 렌즈에 의해 에너지를 집중시킬 수 있으므로 용융점이 높은 재료의 용접이 가능하다.

해설

전자 빔 용접은 전자 빔을 접합부에 조사하여 충격 열을 이용해 용접하며, 얇은 판에서 두꺼운 판까지 용접이 가능하다.

54 검사의 종류 중 검사공정에 의한 분류에 해당되지 않는 것은?

① 수입검사 ② 출하검사
③ 출장검사 ④ 공정검사

해설

검사 공정에 따른 분류
- 최종검사 : 완성품에 대한 검사
- 공정검사(중간검사) : 하나의 제조공정이 끝나고 다음 제조공정으로 이동하는 사이 행하는 검사
- 수입검사 : 원재료 제품을 받을지의 여부를 판정하기 위한 검사
- 출하검사 : 재료제품을 출하할 때 행하는 검사

암기팜 ▶ 최/공(을)수/출

55 한 부분의 몇 층을 용접하다가 이것을 다음 부분의 층으로 연속시켜 전체가 계단 형태를 이루도록 용착시켜 나가는 용착방법은?

① 블록법
② 스킵법
③ 덧붙이법
④ 캐스케이드법

> [해설]

용접방법(용착법)
- 캐스케이드법 : 한 부분에 대해 몇 층을 용접하다가 다음 부분으로 연속용접하는 법
- 블록법(전진 블록법) : 짧은 용접 길이로 표면까지 용착하는 방법(첫 층의 균열 발생 쉬울 때 사용)
- 스킵법(skip)=비석법 : 용접 이음의 전 길이를 뛰어넘어 용접하는 방법
- 빌드업법(덧살올림법) : 용접 전 길이에 대해 각 층을 연속 용접한 방법
- 대칭법 : 이음 중앙에 대해 대칭으로 용접하는 법
- 후진법 : 용접 진행방향과 용착방법이 반대되는 법
- 전진법 : 이음의 한 쪽 끝에서 다른 쪽 끝으로 용접을 진행하는 법

56 자전거를 셀 방식으로 생산하는 공장에서, 자전거 1대당 소요공수가 14.5H이며, 1일 8H, 월 25일 작업을 한다면 작업자 1명당 월 생산 가능 대수는 몇 대인가?(단, 작업자 생산 종합효율은 80%이다.)

① 10대 ② 11대
③ 13대 ④ 14대

> [해설]

[8h×25일×0.8] ÷ [14.5 h/대] = 11.03대

57 도수분포표에서 알 수 있는 정보로 가장 거리가 먼 것은?

① 로트 분포의 모양
② 100단위 부적합 수
③ 로트의 평균 및 표준편차
④ 규격과의 비교를 통한 부적합품률의 추정

> [해설]

도수분포표의 작성 목적
- 규격과 비교해서 부적합품을 알고 싶을 때
- 로트의 평균치와 표준편차를 알고 싶을 때
- 로트의 분포를 알고 싶을 때
- 분포가 통계적으로 어떤 분포형에 근사한 값인지 알기 위해
- 규격과의 비교를 통해 공정 현황을 파악하기 위해

58 어떤 공장에서 작업을 하는 데 있어서 소요되는 기간과 비용이 다음 표와 같을 때 비용구배는?(단, 활동시간의 단위는 일(日)로 계산한다.)

정상작업		특급작업	
기간	비용	기간	비용
15일	150만 원	10일	200만 원

① 50,000원 ② 100,000원
③ 200,000원 ④ 500,000원

> [해설]

$$비용구배 = \frac{특급비용 - 정상비용}{정상시간 - 특급시간} = \frac{200만원 - 150만원}{15일 - 10일}$$
$$= \frac{50만원}{5일} = 100,000/일$$

59 동관 특성을 나타내는 데이터 중 계치수 데이터에 속하는 것은?

① 무게 ② 길이
③ 인장강도 ④ 부적합품률

> [해설]

계치수 데이터에 속하는 것은 부적합품률이다.

60 전수검사와 샘플링검사에 관한 설명으로 가장 올바른 것은?

① 파괴검사의 경우에는 전수검사를 적용한다.
② 전수검사가 일반적으로 샘플링검사보다 품질향상에 자극을 더 준다.
③ 검사항목이 많을 경우 전수검사보다 샘플링검사가 유리하다.
④ 샘플링검사는 부적합품이 섞여 들어가서는 안 되는 경우에 적용한다.

정답 56 ② 57 ② 58 ② 59 ④ 60 ③

[해설]

전수검사

불량품이 한 개라도 존재하면 안 될 경우(예를 들어 우주선의 경우 전수검사가 필수)

샘플링검사

- 로트에서 무작위(랜덤하게) 시료를 추출해 검사 후 결과에 따라 합격·불합격을 판정·결정하는 방법(단1회 샘플링검사를 해 합격·불합격 판정)
- 샘플은 우연하게 불량품이지만 나머지 전체 제품은 양품인데, 전제품을 불량 판결할 위험성
- 역으로 샘플은 양품이지만, 대상 전체가 불량품이더라도 전체를 합격 판정할 위험
- 다량 다수의 것으로 어느 정도 불량품이 섞여도 허용되는 경우
- 검사항목이 많을 경우 전수검사보다 샘플링검사가 유리
- 불완전한 전수검사에 비해 높은 신뢰성이 얻어질 때
- 샘플링 검사는 충분하게 검토 후 도입하는 것이 중요
- 검사 비용이 적게 드는 것이 이익이 되는 경우
- 생산자에게 품질 향상의 자극을 주고 싶을 때
- 검사항목이 많은 경우

이 영 진

● 약 력

- 전)기독교 광주방송 기술 강좌 담당강사
- 전)삼성 용접, 배관, 에너지관리 기능장 외래강사
- 전)현대직업전문학교 냉열과 교수
- 전)세기직업전문학교 가스, 에너지, 배관 교수
- 전)동두천시 특수용접 외래초빙강사
- 주경야독 에너지관리 기능장 인강 교수
- 주경야독 배관 기능장 인강 교수
- 주경야독 화물종사자격 인강 교수

- 용접직훈교사2급
- 냉동공조직훈교사2급
- 신재생에너지생산 직훈교사2급
- 건축설비설계시공직훈교사2급
- 플랜트직훈교사2급
- 산업안전관리직훈교사3급
- 소방직훈교사3급
- 의료기술지원직훈교사3급
- 진로직업상담사1급
- 한국어지도사1급
- HRD전문가1급

용접기능장 필기

발행일 | 2019. 3. 10 초판 발행

저 자 | 이영진
발행인 | 정용수
발행처 | 예문사

주 소 | 경기도 파주시 직지길 460(출판도시) 도서출판 예문사
TEL | 031) 955-0550
FAX | 031) 955-0660
등록번호 | 11-76호

- 이 책의 어느 부분도 저작권자나 발행인의 승인 없이 무단 복제하여 이용할 수 없습니다.
- 파본 및 낙장은 구입하신 서점에서 교환하여 드립니다.
- 예문사 홈페이지 http://www.yeamoonsa.com

정가 : 25,000원

ISBN 978-89-274-3001-8 13580

이 도서의 국립중앙도서관 출판예정도서목록(CIP)은 서지정보유통지원시스템 홈페이지(http://seoji.nl.go.kr)와 국가자료공동목록시스템(http://www.nl.go.kr/kolisnet)에서 이용하실 수 있습니다.
(CIP제어번호 : CIP2019006065)